科学元典丛书

The Series of the Great Classics in Science

主　　编　任定成
执行主编　周雁翎

策　　划　周雁翎
丛书主持　陈　静

科学元典是科学史和人类文明史上划时代的丰碑，是人类文化的优秀遗产，是历经时间考验的不朽之作。它们不仅是伟大的科学创造的结晶，而且是科学精神、科学思想和科学方法的载体，具有永恒的意义和价值。

科学元典丛书 / 彩图珍藏版

物种起源

附《进化论的十大猜想》

The Origin of Species

[英] 达尔文◎著
舒德干 等◎译

北京大学出版社
PEKING UNIVERSITY PRESS

图书在版编目(CIP)数据

物种起源：附《进化论的十大猜想》彩图珍藏版/（英）达尔文著；舒德干等译.
—北京：北京大学出版社，2018.6
（科学元典丛书）
ISBN 978-7-301-29235-8

Ⅰ.①物… Ⅱ.①达… ②舒… Ⅲ.①物种起源－达尔文学说 Ⅳ.①Q111.2

中国版本图书馆CIP数据核字（2018）第019225号

The Origin of Species and the Descent of Man
根据纽约现代图书出版社（N.Y. Modern Library）1936年英文版前半部分译出。
本中译本2010年3月第10次印刷和2019年12月第22次印刷时，译者分别进行了部分修订。

书　　名　物种起源（附《进化论的十大猜想》）（彩图珍藏版）
　　　　　WUZHONG QIYUAN
著作责任者　[英]达尔文 著　舒德干 等译
丛书策划　周雁翎
丛书主持　陈　静
责任编辑　陈　静
标准书号　ISBN 978-7-301-29235-8
出版发行　北京大学出版社
地　　址　北京市海淀区成府路205号　100871
网　　址　http://www.pup.cn　　新浪微博：@北京大学出版社
微信公众号　通识书苑（微信号：sartspku）　科学元典（微信号：kexueyuandian）
电子邮箱　编辑部 jyzx@pup.cn　　总编室 zpup@pup.cn
电　　话　邮购部 010-62752015　发行部 010-62750672　编辑部 010-62707542
印 刷 者　天津图文方嘉印刷有限公司
经 销 者　新华书店
　　　　　889毫米×1092毫米　16开本　29.75印张　550千字
　　　　　2018年6月第1版　2023年11月第4次印刷
定　　价　198.00元

弁　言

· Preface to the Series of the Great Classics in Science ·

这套丛书中收入的著作，是自古希腊以来，主要是自文艺复兴时期现代科学诞生以来，经过足够长的历史检验的科学经典。为了区别于时下被广泛使用的“经典”一词，我们称之为“科学元典”。

我们这里所说的“经典”，不同于歌迷们所说的“经典”，也不同于表演艺术家们朗诵的“科学经典名篇”。受歌迷欢迎的流行歌曲属于“当代经典”，实际上是时尚的东西，其含义与我们所说的代表传统的经典恰恰相反。表演艺术家们朗诵的“科学经典名篇”多是表现科学家们的情感和生活态度的散文，甚至反映科学家生活的话剧台词，它们可能脍炙人口，是否属于人文领域里的经典姑且不论，但基本上没有科学内容。并非著名科学大师的一切言论或者是广为流传的作品都是科学经典。

这里所谓的科学元典，是指科学经典中最基本、最重要的著作，是在人类智识史和人类文明史上划时代的丰碑，是理性精神的载体，具有永恒的价值。

一

科学元典或者是一场深刻的科学革命的丰碑，或者是一个严密的科学体系的构架，或者是一个生机勃勃的科学领域的基石，或者是一座传播科学文明的灯塔。它们既是昔日科学成就的创造性总结，又是未来科学探索的理性依托。

哥白尼的《天体运行论》是人类历史上最具革命性的震撼心灵的著作，它向统治西方思想千余年的地心说发出了挑战，动摇了“正统宗教”学说的天文学基础。伽利略《关于托勒密和哥白尼两大世界体系的对话》以确凿的证据进一步论证了哥白尼学说，更直接地动摇了教会所庇护的托勒密学说。哈维的《心血运动论》以对人类躯体和心灵的双重关怀，满怀真挚的宗教情感，阐述了血液循环理论，推翻了同样统治西方思想千余年、被“正统宗教”所庇护的盖伦学说。笛卡儿的《几何》不仅创立了为后来诞生的微积分提供了工具的解析几何，而且折射出影响万世的思想方法论。牛顿的《自然哲学之数学原理》标志着17世纪科学革命的顶点，为后来的工业革命奠定了科学基础。分别以惠更斯的《光论》与牛顿的《光学》为代表的波动说与微粒说之间展开了长达200余年的论战。拉瓦锡在《化学基础论》中详尽论述了氧化理论，推翻了统治化学百余年之久的燃素理论，这一智识壮举被公认为历史上最自觉的科学革命。道尔顿的《化学哲学新体系》奠定了物质结构理论的基础，开创了科学中的新时代，使19世纪的化学家们有计划地向未知领域前进。傅立叶的《热的解析理论》以其对热传导问题的精湛处理，突破了牛顿的《自然哲学之数学原理》所规定的理论力学范围，开创了数学物理学的崭新领域。达尔文《物种起源》中的进化论思想不仅在生物学发展到分子水平的今天仍然是科学家们阐释的对象，而且100多年来几乎在科学、社会和人文的所有领域都在施展它有形和无形的影响。《基因论》揭示了孟德尔式遗传性状传递机理的物质基础，把生命科学推进到基因水平。爱因斯坦的《狭义与广义相对论浅说》和薛定谔的《关于波动力学的四次演讲》分别阐述了物质世界在高速和微观领域的运动规律，完全改变了自牛顿以来的世界观。魏格纳的《海陆的起源》提出了大陆漂移的猜想，为当代地球科学提供了新的发展基点。维纳的《控制论》揭示了控制系统的反馈过程，普里戈金的《从存在到演化》发现了系统可能从原来无序向新的有序态转化的机制，二者的思想在今天的影响已经远远超越了自然科学领域，影响到经济学、社会学、政治学等领域。

科学元典的永恒魅力令后人特别是后来的思想家为之倾倒。欧几里得的《几何原本》以手抄本形式流传了1800余年，又以印刷本形式用各种文字出了1000版以上。阿基米德写了大量的科学著作，达·芬奇把他当作偶像崇拜，热切搜求他的手稿。伽利略以他的继承人自居。莱布尼兹则说，了解他的人对后代杰出人物的成就就不会那么赞赏了。为捍卫《天体运行论》中的学说，布鲁诺被教会处以火刑。伽利略因为其《关于托勒密和哥白尼两大世界体系的对话》一书，遭教会的终身监禁，备受折磨。伽利略说吉尔伯特的《论磁》一书伟大得令人嫉妒。拉普拉斯说，牛顿的《自然哲学之数学原理》揭示了宇宙的最伟大定律，它将永远成为深邃智慧的纪念碑。拉瓦锡在他的《化学基础论》出版后5年被法国革命法庭处死，传说拉格朗日悲愤地说，砍掉这颗头颅只要一瞬间，再长出这样的头颅一百年也不够。《化学哲学新体系》的作者道尔顿应邀访法，当他走进法国科学院会议厅时，院长和全体院士起立致敬，得到拿破仑未曾享有的殊荣。傅立叶在《热的解析理论》中阐述的强有力的数学工具深深影响了整个现代物理学，推动数学分析的发展达一个多世纪，麦克斯韦称赞该书是“一首美妙的诗”。当人们咒骂《物种起源》是“魔鬼的经典”“禽兽的哲学”的时候，赫胥黎甘做“达尔文的斗犬”，挺身捍卫进化论，撰写了《进化论与伦理学》和《人类在自然界的位置》，阐发达尔文的学说。经过严复的译述，赫胥黎的著作成为维新领袖、辛亥精英、五四斗士改造中国的思想武器。爱因斯坦说法拉第在《电学实验研究》中论证的磁场和电场的思想是自牛顿以来物理学基础所经历的最深刻变化。

在科学元典里，有讲述不完的传奇故事，有颠覆思想的心智波涛，有激动人心的理性思考，有万世不竭的精神甘泉。

二

按照科学计量学先驱普赖斯等人的研究，现代科学文献在多数时间里呈指数增长趋势。现代科学界，相当多的科学文献发表之后，并没有任何人引用。就是一时被引用过的科学文献，很多没过多久就被新的文献所淹没了。科学注重的是创造出新的实在知识。从这个意义上说，科学是向前看的。但是，我们也可以看到，这么多文献被淹没，也表明划时代的科学文献数量是很少的。大多数科学元典不被现代科学文献所引用，那是因为其中的知识早已成为科学中无须证明的常识了。即使这样，科学经典也会因为其中思想的恒久意义，而像人文领域里的经典一样，具有永恒的阅读价值。于是，科学经典就被一编再编、一印再印。

早期诺贝尔奖得主奥斯特瓦尔德编的物理学和化学经典丛书《精密自然科学经典》从1889年开始出版，后来以《奥斯特瓦尔德经典著作》为名一直在编辑出版，有资料说目前已经出版了250余卷。祖德霍夫编辑的《医学经典》丛书从1910年就开始陆续出版了。也是这一年，蒸馏器俱乐部编辑出版了20卷《蒸馏器俱乐部再版本》丛书，丛书中全是化学经典，这个版本甚至被化学家在20世纪的科学刊物上发表的论文所引用。一般把1789年拉瓦锡的化学革命当作现代化学诞生的标志，把1914年爆发的第一次世界大战称为化学家之战。奈特把反映这个时期化学的重大进展的文章编成一卷，把这个时期的其他9部总结性化学著作各编为一卷，辑为10卷《1789—1914年的化学发展》丛书，于1998年出版。像这样的某一科学领域的经典丛书还有很多很多。

科学领域里的经典，与人文领域里的经典一样，是经得起反复咀嚼的。两个领域里的经典一起，就可以勾勒出人类智识的发展轨迹。

正因为如此，在发达国家出版的很多经典丛书中，就包含了这两个领域的重要著作。1924年起，沃尔科特开始主编一套包括人文与科学两个领域的原始文献丛书。这个计划先后得到了美国哲学协会、美国科学促进会、美国科学史学会、美国人类学协会、美国数学协会、美国数学学会以及美国天文学学会的支持。1925年，这套丛书中的《天文学原始文献》和《数学原始文献》出版，这两本书出版后的25年内市场情况一直很好。1950年，沃尔科特把这套丛书中的科学经典部分发展成为“科学史原始文献丛书”出版。其中有《希腊科学原始文献》《中世纪科学原始文献》和《20世纪（1900—1950年）科学原始文献》，文艺复兴至19世纪则按科学学科（天文学、数学、物理学、地质学、动物生物学以及化学诸卷）编辑出版。约翰逊、米利肯和威瑟斯庞三人主编的“大师杰作丛书”中，包括了小尼德勒编的3卷《科学大师杰作》，后者于1947年初版，后来多次重印。

在综合性的经典丛书中，影响最为广泛的当推哈钦斯和艾德勒1943年开始主持编译的“西方世界伟大著作丛书”。这套书耗资200万美元，于1952年完成。丛书根据独创性、文献价值、历史地位和现存意义等标准，选择出74位西方历史文化巨人的443部作品，加上丛书导言和综合索引，辑为54卷，篇幅2500万单词，共32000页。丛书中收入不少科学著作。购买丛书的不仅有“大款”和学者，而且还有屠夫、面包师和烛台匠。迄1965年，丛书已重印30次左右，此后还多次重印，任何国家稍微像样的大学图书馆都将其列入必藏图书之列。这套丛书是20世纪上半叶在美国大学兴起而后扩展到全社会的经典著作研读运动的产物。这个时期，美国一些大学的寓所、校园和酒吧里都能听到学生讨论古典佳作的声音。有的大学要求学生必须深研100多部名著，甚至在教学中不得使用最新的实验设备而是借助历史上的科学大师所使用的方法和仪器复制品去再现划时代的著名实验。至20世纪40年代末，美国举办古典名著学习班的城市达300个，学员50000余众。

相比之下，国人眼中的经典，往往多指人文而少有科学。一部公元前300年左右古希腊人写就的《几何原本》，从1592年到1605年的13年间先后3次汉译而未果，经17世纪初和19世纪50年代的两次努力才分别译刊出全书来。近几百年来移译的西学典籍中，成系统者甚多，但皆系人文领域。汉译科学著作，多为应景之需，所见典籍寥若晨星。借20世纪70年代末举国欢庆“科学春天”到来之良机，有好尚者发出组译出版“自然科学世界名著丛书”的呼声，但最终结果却是好尚者抱憾而终。20世纪70年代初出版的“科学名著文库”，虽使科学元典的汉译初见系统，但以10卷之小的容量投放于偌大的中国读书界，与具有悠久文化传统的泱泱大国实不相称。

我们不得不问：一个民族只重视人文经典而忽视科学经典，何以自立于当代世界民族之林呢？

三

科学元典是科学进一步发展的灯塔和坐标。它们标识的重大突破，往往导致的是常规科学的快速发展。在常规科学时期，人们发现的多数现象和提出的多数理论，都要用科学元典中的思想来解释。而在常规科学中发现的旧范型中看似不能得到解释的现象，其重要性往往也要通过与科学元典中的思想的比较显示出来。

在常规科学时期，不仅有专注于狭窄领域常规研究的科学家，也有一些从事着常规研究但又关注着科学基础、科学思想以及科学划时代变化的科学家。随着科学发展中发现的新现象，这些科学家的头脑里自然而然地就会浮现历史上相应的划时代成就。他们会对科学元典中的相应思想，重新加以诠释，以期从中得出对新现象的说明，并有可能产生新的理念。百余年来，达尔文在《物种起源》中提出的思想，被不同的人解读出不同的信息。古脊椎动物学、古人类学、进化生物学、遗传学、动物行为学、社会生物学等领域的几乎所有重大发现，都要拿出来与《物种起源》中的思想进行比较和说明。玻尔在揭示氢光谱的结构时，提出的原子结构就类似于哥白尼等人的太阳系模型。现代量子力学揭示的微观物质的波粒二象性，就是对光的波粒二象性的拓展，而爱因斯坦揭示的光的波粒二象性就是在光的波动说和微粒说的基础上，针对光电效应，提出的全新理论。而正是与光的波动说和粒子说二者的困难的比较，我们才可以看出光的波粒二象性学说的意义。可以说，科学元典是时读时新的。

除了具体的科学思想之外，科学元典还以其方法学上的创造性而彪炳史册。这些方法学思想，永远值得后人学习和研究。当代诸多研究人的创造性的前沿领域，如认知心理学、科学哲学、人工智能、认知科学等，都涉及对科学大师的研究方法的研究。一些科学史学家以科学元典为基点，把触角延伸到科学家的信件、实验室记录、所属机构的档案等原始材料中去，揭示出许多新的历史现象。近二十多年兴起的机器发现，首先就是对科学史学家提供的材料，编制程序，在机器中重新做出历史上的伟大发现。借助于人工智能手段，人们已经在机器上重新发现了波义耳定律、开普勒行星运动第三定律，提出了燃素理论。萨伽德甚至用机器研究科学理论的竞争与接受，系统研究了拉瓦锡氧化理论、达尔文进化学说、魏格纳大陆漂移说、哥白尼日心说、牛顿力学、爱因斯坦相对论、量子论以及心理学中的行为主义和认知主义形成的革命过程和接受过程。

除了这些对于科学元典标识的重大科学成就中的创造力的研究之外，人们还曾经大规模地把这些成就的创造过程运用于基础教育之中。美国几十年前兴起的发现法教学，就是在这方面的尝试。近二十多年来，兴起了基础教育改革的全球浪潮，其目标就是提高学生的科学素养，改变片面灌输科学知识的状况。其中的一项重要举措，就是在教学中加强科学探究过程的理解和训练。因为，单就科学本身而言，它不仅外化为工艺、流程、技术及其产物等器物形态，直接表现为概念、定律和理论等知识形态，更深蕴于其特有的思想、观念和方法等精神形态之中。没有人怀疑，我们通过阅读今天的教科书就可以方便地学到科学元典著作中的科学知识，而且由于科学的进步，我们从现代教科书上所学的知识甚至比经典著作中的更完善。但是，教科书所提供的只是结晶状态的凝固知识，而科学本是历史的、创造的、流动的，在这历史、创造和流动过程之中，一些东西蒸发了，另一些东西积淀了，只有科学思想、科学观念和科学方法保持着永恒的活力。

然而，遗憾的是，我们的基础教育课本和科普读物中讲的许多科学史故事不少都存在误讹相传的东西。比如，把血液循环的发现归于哈维，指责道尔顿提出二元化合物的元素原子数最简比是当时的错误，讲伽利略在比萨斜塔上做过落体实验，宣称牛顿提出了牛顿定律的诸数学表达式，等等。好像科学史就像网络上传播的八卦那样简单和耸人听闻。为避免这样的误讹，我们不妨读一读科学元典，看看历史上的伟人当时到底是如何思考的。

现在，我们的大学正处于席卷全球的通识教育浪潮之中。就我的理解，通识教育固然要对理工农医专业的学生开设一些人文社会科学的导论性课程，要对人文社会科学专业的学生开设一些理工农医的导论性课程，但是，我们也可以考虑适当跳出专与博、文与理的关系的思考路数，对所有专业的学生开设一些真正通而识之的综合性课程，或者倡导这样的阅读活动、讨论活动、交流活动甚至跨学科的研究活动，发掘文化遗产、分享古典智慧、继承高雅传统，把经典与前沿、传统与现代、创造与继承、现实与永恒等事关全民素质、民族命运和世界使命的问题联合起来进行思索。

我们面对不朽的理性群碑，也就是面对永恒的科学灵魂。在这些灵魂面前，我们不是要顶礼膜拜，而是要认真研习解读，读出历史的价值，读出时代的精神，把握科学的灵魂。我们要不断吸取深蕴其中的科学精神、科学思想和科学方法，并使之成为推动我们前进的伟大精神力量。

任定成

2005年8月6日

北京大学承泽园迪吉轩

目　录 | Contents

导 读

Chinese Version Introduction

舒德干

（西北大学教授　中国科学院院士）

“作为一个科学工作者，我的成功取决于我复杂的心理素质。其中最重要的是：热爱科学、善于思索、勤于观察和搜集资料、具有相当的发现能力和广博的常识。这些看起来的确令人奇怪，凭借这些极平常的能力，我居然在一些重要地方影响了科学家们的信仰。”

——达尔文

达尔文的祖父是个自然科学家，同时也是个诗人，图为他诗作中的插图。

十多年前，当听到编辑先生要我为《物种起源》译本写一篇“导读”时，心里着实有些诚惶诚恐。尽管由于职业的缘故，我对进化理论的浓厚兴趣由来已久，但总担心自己对原作缺乏较好的理解，更无法做到对近百年来进化理论沿革的洞悉，难以胜任写出一篇有益的导读来。弄得不好，可能会适得其反，误导他人。

1964年在北京大学求学时，学校为我们古生物学专业设立的“达尔文主义”课程曾深深地吸引着我，热烈的课堂讨论让我们争论得面红耳赤，但结果仍一知半解。“文化大革命”后的1978年，当我能够回到大学继续学习时，第一件事便是到图书馆借一部《物种起源》，接着在旧书店买到一本朱洗先生的《生物的进化》，将自己埋在陋室里独自咀嚼玩味，自得其乐；躲进小楼成一统，管它春夏与秋冬。近二十年来我们拿着国家各种研究基金，一头扎进5.2亿年前的澄江化石宝库里折腾，希望通过这个独特的科学窗口能窥视并解绎出“寒武纪生命大爆发”的一些奥秘；这后者便正是达尔文当年创立以渐变论为基调的进化论时碰到的一个重大难题；这自然迫使我较仔细地学习了一些近代和现代进化论的新知识。1998年春夏之季，我在英国剑桥大学访问工作时，专门造访了剑桥的达尔文学院和达尔文当年就读的基督学院。在那里的图书馆我也学习了一些达尔文传记和现代进化论的书籍。此外，我专程赶到位于伦敦东南的肯特郡的达尔文故居博物馆“党豪思”（Down House），在达尔文伏案40年的工作室里，在他勤勉研究、观察过的植物暖房实验室里，在他日复一日行走并思索的沙径小路上，在众多实物原景无言但醉人的感染下，身临其境，聆听达尔文，自然让我对《物种起源》及其作者更添了一份感悟，多了一层理解。（请见导读第44页）然而，我也有自知之明，我离完全理解这部曾改变整个人类世界观的博大精深的伟大著作仍有很大距离。如果读者们宽宏大量，觉得这篇“导读”大体符合著者的原意，而未造成明显“误导”的话，那我就心满意足了。

2001年陕西人民出版社的版本里的“导读”曾分成四个部分，分插在译文的对应章节之前。2005年北京大学出版社的版本仍保留它们的基本格局，但已略加修改、增删，并将它们合并在一起了。这样，能增加一些阅读时的连贯性。此外，导读新增加了“达尔文生平及其科研活动简介”“达尔文学说问世以来生物进化论的发展概况及其展望”及英国皇家学会会员西蒙·康威莫里斯先生为《物种起源》这部汉译本所写的“前言”等三个部分的内容。为纪念原作首版发表150周年，在2009年，我对全书的译文和导读进行了再次修订。此外，还遵照编辑的要求在书末附上了我在《自然杂志》上新近发表的一篇小文的修改版（其题目也改为《进化论的十大猜想》），权当对进化论发展脉络的概要补记。

《物种起源》各章导读

一、引言和绪论导读

跟许多重大科学发现和技术发明一样，达尔文进化学说的诞生主要得助于三个方面：一是历史思想财富的继承和精练；二是大量直接和间接科学实践的累积；三是科学灵感的点燃。关于历史上进化思想财富的继承，达尔文在他这部科学巨著和哲学宏论的开首，便以“引言”的形式简述了34位先行者的工作。其实，进化思想源远流长，涉及面广，与达尔文学说的诞生关系密切。为了帮助读者对这一历史背景有更多的了解，这里再做些补充和简介。

在绪论中，达尔文介绍了他一生中两件后来导源出进化学说的最为重大的科学实践。一是1831年刚刚从剑桥大学基督学院（请注意：不是人们经常误传的“神学院”；其实剑桥大学没有神学院）毕业后便以船长的高级陪侍和兼职博物学者的双重身份投身历时五年的“贝格尔号”舰的环球旅行。广泛搜集和深入观察所得来的大量自然界中物种变化的事实，对年轻达尔文头脑中的自然神学观念产生了强烈撞击。此后的三年间（1836年至1839年），他认真思考了由这次环球考察所提出的种种问题，最终放弃了神学信仰。他在回忆录中写道：“正是在1836年至1839年间，我逐渐认识到，《旧约全书》中有明显伪造世界历史的东西……我逐渐不再相信基督是神的化身，以致最后完全不信神了。”1837年7月至1838年2月，他撰写了两篇物种演变的笔记，至此，他已认识到所有物种绝非上帝所造，而是由先前存在的其他物种逐渐演变的产物。导致达尔文学说诞生的另一长期实践是他在农作物的人工培植和家养动物人工饲养上直接和间接的工作经验。我们都知道，达尔文进化论的精髓之一是自然选择理论。然而，自然选择常常是一个极其缓慢的自然过程，很难有幸在短促的人生中直接观察得到。于是，作者从与自然选择异曲同工的人工选择入手，先论证家养状态下动植物的微小变异，为了迎合人类本身的某种需要而不断被“人为选择”和积累，从而产生了新品种以致新物种。正是达尔文这种广博而精细的人工选择和深入观察，为科学界接受他的自然选择理论启开了半扇大门。

达尔文进化论的诞生还得益于两次科学灵感的激发。一次是加拉帕戈斯群岛上的芬雀（Finch），后来被人们称为达尔文雀，通过不断变异而产生新物种的事实启发了达尔文“物种可变”思想的形成；另一次则是马尔萨斯的《人口论》使达尔文联想到，生存斗争驱使物种不断因适应环境而演变的主要动力应该是自然选择作用。1836年底结束贝格尔号航行回到英国之后，达尔文将他从太平洋加拉帕戈斯群岛上带回的雀类标本交给鸟类专家古尔德研究。经过反复比较论证后，古尔德明确表示，其中有些原来被认为属于同一物种内的不同变种或亚种的标本，实际上应该代表着完全不同的物种。由此，达尔文敏锐地领悟到，物种是可变的，一个物种完全可以通过渐变或“间断平衡”的方式演变成另一个新物种。1837年达尔文在他的物种演化笔记中首次勾勒出了言简意赅的动物演化树示意图（Branching Tree）。（请见导读第38页）

由物种可变或生物演化的观念到真正创立一个有说服力的进化理论，还必须解决生物演化的机制和驱动力问题。在达尔文之前，拉马克（J. Lamarck，1744—1829）等一批早期进化论者也曾试图探索生物演化的机制，但均未成功。正在这时，是马尔萨斯的《人口论》恰如捅破了一层窗户纸，给达尔文带来很大的灵感启迪，催生了“生存斗争、优胜劣汰”的自然选择理论的形成。他在回忆录中写道：“1838年10月……为了消遣，我偶尔翻阅了马尔萨斯的《人口论》。按当时对各种动植物生活方式的观察，我已胸有成竹，完全能够正确估价这种随时随地都在发生着的生存斗争的意义。于是，我头脑里便马上形成了这样一个想法：在这种生存斗争条件下，有利变异必然趋于保存，而不利变异应该趋于消亡，其结果必然导致新物种的形成。于是，我终于形成了一个能用来指导我工作的理论。”他所说的这个“理论”，就是他本人后来逐步完善的自然选择理论。

达尔文的祖父伊拉兹马斯·达尔文（Erasmus Darwin，1731—1802），医生、地质学家、博物学家，著有《动物生理学》。

在第一版原作中，并没有“引言”。至第三版才增添了该“引言”部分。在这里，达尔文介绍了近代进化思想的渊源。然而，对那时两位伟大的进化论先驱者——法国的布丰和拉马克介绍得过于简略。当年达尔文为什么要这样做？到底是他的疏忽，还是有意为之，现在很难说得清楚。但无论如何，我们有必要在这里做些客观的补充。

达尔文的父亲罗伯特·达尔文（Robert Waring Darwin，1766—1848）。他19岁时就出版了一部医学著作。他慈爱但过于严厉，一心希望达尔文长大后当医生，常常批评达尔文读书不用功。达尔文对父亲很是尊敬和爱戴，却又害怕会令父亲失望。

布丰（Buffon）在进化思想史上占有特殊的地位，他是第一个从科学上讨论物种变异的人，也是一个颇有争议的人物。布丰早年信奉物种不变论。在他54岁时，产生进化思想，然而在60岁以后，很可能由于其贵族阶层固有的软弱性，终又皈依物种不变论的阵营。由此看来，进化思想的发展历程，与其说是学术思想之争，不如说是一场旷日持久的政治思想斗争，在这里，斗争的勇气至关重要。回顾整个进化思想发展史，可以看出，欧洲进化的思想源自古希腊，历经2000年的休眠，至17世纪才再度发萌。这时，尽管有不少学者在探索、在讨论、在挑战，但终因宗教界的强力压制，只能在地下蠢蠢欲动，难以破土而出、形成气候。连林奈这样的大智大慧者明知物种在变，也为宗教势力所屈服，最终仍是沦为物种不变论的守护神。（只要不是圣贤，都会本能地趋利避害、明哲保身；“保命要紧，保全既得荣誉地位也要紧”常是第一选择。林奈是这样，布丰是这样，居维叶更是这样。恰好在这一点上，达尔文、哥白尼、伽利略最接近圣贤！）布丰对进化思想的主要贡献，并不完全限于其本身的学术著作，而是他亲手培养了拉马克和老圣伊莱尔（Saint-hilaire，1772—1844）两个竖起造反大旗的学生。尤其是前者，实为进化论的第一奠基人。

拉马克，出身戎伍，27岁时在巴黎银行供职，业余研究植物学，极其勤奋，七年后完成《全法植物志》，开始闻名于世；此后，兼攻无脊椎动物学。50岁时，被聘为巴黎博物院无脊椎动物学教授。1809年出版《动物学哲学》，从而创立了以渐变论为基调的生物进化论。

拉马克的进化学说主要包括两个方面。（1）一切物种，包括人类在内，都是由别的物种传衍而来；生物变异和进化是连续、缓慢的过程。他观察到，化石生物越是古老便越低级、越简单。反之，则与现代生物越相似。（2）在演化机制上，他突出强调环境的作用：环境变化使生物发生适应性变化；而环境的多样性便自然构成了生物多样性的主要原因。在进化的动因上，即生物遗传变异方面，他提出了两条著名的法则。第一法则：凡是尚未达到最大发展限度的生物，其器官如使用得越多便越发达，反之，长期不用，则会削弱和衰退，直至消亡，简称为用进废退。第二法则：获得性遗传，即生物由于后天变化所获得的性状是可以遗传的（该法则正确与否，文后的“附录”还将讨论）。拉马克学说，虽然没有形成严密完整的体系，但在19世纪后期至20世纪前期，却赢得了众多的信奉者。

［评述：达尔文对进化论的贡献主要体现在三个方面：物种可变，自然选择，“生命树”猜想。前两点已经被各种教材和评论文章反复陈述，而最后一点却常被人们所忽略。值得注意的是，达尔文在本书“引言”中不仅明确记述了30余人先于他提出了物种可变思想，而且还坦诚承认，至少有另外2人捷足先登提出了自然选择思想。这就是说，尽管达尔文在物种可变和自然选择思想论证上的贡献无人能望其项背，但他却不拥有这一伟大思想的首创权。但是，对于“生命树”猜想，情况就不一样了。我们都知道：“进化论是生物学中最大的统一理论。”那么，它最核心的灵魂到底是什么呢？著名进化论者张昀的看法一语中的：“现代进化概念的核心是‘万物同源’及分化、发展的思想。”（1998年，《生物进化》）显然，从本书第四章的“性状趋异”一节以后的文字及原书中的唯一插图（正文第96页）可以看出，达尔文是“生命树”猜想的缔造者。与此相反，拉马克最令人遗憾的学术失误莫过于他不慎落入了当时仍在流行的“简单生命可以不断自发地从无机物中产生出来”的忽悠圈套，从而武断地推测，在过去任何地质时期也同样会不断“自发地”产生出新的简单生命，此后它们沿着

各自的路线分别向较为复杂的生命步步渐变。其结果十分不妙：使他误导出了与“万物共祖”背离的所谓“平行演化”假说（请见本书正文第397页以及鲍勒的《进化思想史》，1989年）。这是一代伟人的悲哀。]

达尔文的外祖父乔塞亚·韦奇伍德（Josiah Wedgwood，1730—1795），英国著名的“韦奇伍德”美术瓷器厂创办人，1769年建立了伊特鲁里亚工业示范城。他与达尔文的祖父拉兹马斯是好朋友。

二、第1章至第5章导读：自然选择和万物共祖学说的建立

这一部分是全书的主体，在这里作者成功地创立了他的进化理论的核心——自然选择和万物共祖学说。前两章，作者通过详细的观察，分别列举了大量的家养动植物与自然状态下的动植物的变异现象。在自然界无时不有、无处不在的形形色色的生存斗争中，生物的各种微小变异无可避免地都要经受自然选择作用的“筛选”：对生物适应有利的变异便得以保存和积累，不利的变异则终究要遭受淘汰。正是这种无可回避的自然选择作用，构成了生物不断由一个物种演变成另一物种的基本驱动力。

第1章，家养状态下的变异。作者之所以在开首第1章就优先论证家养状态下生物变异的普遍性，这是因为变异是自然选择的基本“原料”。假若没有变异，那自然选择将成为无米之炊。但为什么作者不直接讨论自然状态下的变异，而要先研究家养状态下的变异呢？正如达尔文本人指出的那样，家养状态下的生活条件远不如在自然状态下的条件稳定均一，因而变异更大、更显著、更易于观察、更为人们所熟知。由显见的家养状态下的变异入手，然后再用类比的方法，逐步深入到较难于观察到的自然界中的微小变异，应当是人们认识复杂事物本质属性的常规逻辑。由显而微，先易后难，这也正是达尔文论证方法的高明之处。这一章的主要内容包括：

1. 生物变异具有普遍性，几乎没有生物不发生变异。

2. 变异的原因：内因是生物的本性，外因是生活条件；内因比外因更为重要，它决定了变异的性质和方向。

[评述：达尔文的判断是正确的，但当时的科学界尚未认识

到，这个“内因”主要寓寄于基因（即DNA的片段）的形形色色的遗传变化上。]

3. 生活条件的变化，对引发变异极为重要，它能直接作用于生物体，也能间接地影响到生殖器官。

4. 变异的性质包括一定变异和不定变异。一定变异，或称定向变异，是指在同样生活条件下，几乎所有个体都发生相似的变异。不定变异，或称非定向变异，是指在相同的生活条件下的个体发生了各不相同的变异。这时生物的内在特性起决定作用。

5. 变异的一些规律：用进废退：器官构造凡经常使用的，则发达，凡不经常使用的，则退化（评述：这是沿用了拉马克等人的观点。）相关变异：许多器官间彼此密切相关，其中一个器官发生变异，常可以引起相关的器官也随之变异。

6. 生物皆具有稳定的遗传性，于是才能保证鸡生鸡，狗生狗；生物的大多数变异可以遗传下去。

7. 达尔文接受了拉马克“获得性遗传”的理论，即生物后天获得的性状可以遗传给后代。[评述：过去的一个多世纪里，这一点一直未能在后来的遗传学实验中得到验证，因而常遭到传统遗传学的诟病。然而，最近表观遗传学（Epigenetics）的新进展显示，它有可能是自然选择理论的一个补充，而不是与后者对立或互相排斥的一种假说。探索仍在进行中，似可拭目以待。]

8. 有些性状极易发生变异。通过人工选择可使性状分歧定向发展，从而形成许多形态上相差很远的新品种。达尔文对近150个家鸽品种的比较研究表明，它们皆起源于一个叫岩鸽的野生种。

9. 在家养状态下动植物的各种变异中，人类总是刻意选择、保留那些对人类有利而不一定对动植物本身有益的性状变异，通过逐代积累，以培育出新品种。所以人工选择具有创造性。

10. 人工选择的基本方法有二：一是择优，

乔塞亚·韦奇伍德一家。右侧坐着的是乔塞亚及其妻子，中间戴白色帽子的是达尔文的母亲苏珊娜。

二是汰劣，或称剪除"无赖汉"。

11. 人工选择包括有意识选择和无意识选择。前者目的十分明确，计划周全，能在较短时期内培育出新品种；而后者则无明确目标，只是一般性的择优而育，因而需要漫长的过程才能产生新品种。

第2章，自然状态下的变异。自然选择是一个重大主题，不大容易一下子说得明白。而且自然选择过程进展十分缓慢，一个人的有生之年，难于观察到极明显的变异现象，所以在论述家养状态下的变异及人工选择之后，达尔文并没有一下子直接切入自然选择这一主题，而是按照自然选择的"原料"（变异）——自然选择的"工具"（生存斗争）——自然选择的必然结果（适者生存）的逻辑顺序分步逐层推进的。这一章的主要内容包括：

1. 举出大量事实论证了自然状态下变异的普遍性。

2. 有些生物类型，到底应该定为物种，还是视为物种之下的变种，有时很难判定，因此，我们称这些类型为可疑物种。这一事实表明，任何物种，都是经过变种阶段逐渐演化而来的。变种实际上是初期物种。

3. 常见的物种分布十分广泛，其生活环境也更为多样化，因而变异也更大。

4. 同样的道理，我们也可以观察到另一事实，就是大属内的物种比小属内的物种变异更为频繁。

第3章，生存斗争。生存斗争理论是自然选择学说的关键。没有生存斗争，便没有自然选择。达尔文的生存斗争学说受马尔萨斯《人口论》的启发，但又与后者有别。达尔文强调生存斗争并不一定都是血淋淋的，它只是广义的、喻义的，包括生物与环境的依存关系，强调生命体系的维持，还强调成功地传衍后代。

1. 生存斗争的内容包括三个方面：（1）生物同无机环境的斗争；（2）种间斗争；（3）种内斗争。（评述：在这里，达尔文似乎过分强调了种内斗争的残酷性，而在一定程度上忽视了种内的各种协作共存。实际上，任何物种为了自身的生存和繁衍利益，都必须学会协作共存。自然选择让它们懂得"大我"与"小我"的辩证关系。）

韦奇伍德家族勋章。

2. 斗争的原因：高繁殖率与食物和生存空间有限性的矛盾。

（评述：从学术思想的"优先律"规则上看，自然选择理论似乎应该是达尔文和华莱士共同创立的，因为该假说是他们于1858年7月1日联名在伦敦林奈学会共同发表的。然而，正如达尔文在《物种起源》的"引言"中所述，早在1813年威尔斯先生就提出了这一见解，尽管没有充分论述。）

第4章，自然选择即适者生存。这一章是达尔文进化论的核心和灵魂。在前两章充分讨论自然选择的原料（变异）和自然选择的工具（生存斗争）之后，本章着重论证在各种各样生存斗争中表现出来的适者生存，即生活环境对有利变异的选择作用及选择的结果，这的确是水到渠成的事了。那么，自然选择的最终结果是什么呢？是万物共祖的生命树的诞生，不断发展更替的生命树的繁衍。

1. 自然选择理论的要点：（1）生物普遍具有变异性，其中许多变异是可以遗传的。（2）生物广泛存在着生殖过剩，与其食物和生存空间构成的尖锐矛盾，必然导致形形色色的生存斗争或生存竞争。在生存斗争中，绝大多数个体死亡而不留下后代，只有少数个体得以生存并传衍后代。一般说来，在生存斗争中这些少数的成功者，就是那些具有有利变异的个体。（3）自然选择，就是适者生存，它是保存有利变异、淘汰有害变异的自然过程。（4）性选择也是一种广义的自然选择。与生存斗争中的“适者生存”相类似，性选择使“适者遗传”。不过，有时它也与狭义的自然选择作用相对立，因为不少有利于性选择的性状并不利于生物的生存，如雄孔雀巨幅的漂亮尾羽。（5）自然选择其实只是一种比喻，“自然”是指生物赖以生存的各种有机和无机环境条件，这里不存在神的意识作用。（6）文中举出了大量动植物经受自然选择作用的例证，其中狼与鹿的生存斗争，相互选择、共同进化的例子最为人所知：面对敏捷的鹿，“只有最敏捷、最狡猾的狼才能获得最好的生存机会，因而被保存或被选择下来”。另一方面，弱小病残的鹿最易成为狼的佳肴，结果是最敏捷的鹿被保存和被选择下来。

2. 自然选择与人工选择的差异：（1）选择的主动者不同，前者是“大自然”，后者则主要是人类的意愿。（2）被选择的性状特征不同，前者选择并积累那些对生物本身有利的性状特征，而后者选择了只对人类有益的性状特征。

3. 自然选择的结果，包括两个方面：一是生物对环境的适应性；二是形成新物种。

4. 达尔文适应理论的要点：（1）生物对环境的适应极为普遍，不仅见于形态构造，也见于生理机能、行为和习性。（2）适应是自然选择的结果；自然选择不断将有利变异保存和积累起来，必然造成生物对环境条件的进一步适应。达尔文不否认拉马克的用进废退和获得性遗传理论，但他认为这个理论远不足以解释形形色色的适应性的起源。（3）适应不是绝对的而是相对的，其根本原因在于环境的不断变化。（4）适应具有多向性，从而造成生物的广泛多样性。达尔文指出狼在生存斗争中可以分化出不同的变种，如在美国一些山地，有轻快敏捷型变种，也有体大腿短、靠偷袭羊群为生的变种。（5）达尔文用自然选择论证适应起源的重大意义，在于它推翻了目的论。目的论认为，生物的适应是上帝在创造生灵时预先安排好了的：上帝创造猫是为了捕鼠，而创造鼠便是为了被猫吃；生物之所以被创造得如此之美，目的是为了供人类欣赏。显然，这是无稽之谈。因为在人类出现之前，这些生物便早就存在于世了。

5. 新物种的形成是自然选择的创造性结果：（1）物种形成的先决条件是可遗传的变异。（2）物种形成的基本动力是自然选择，使那些可遗传的变异不断得以保存和积累，经过变种阶段，最后形成独立物种。换句话说，正如人工选择通过性状分歧可以形成新品种一样，自然选择也可以通过性状分歧和众多中间过渡类型的绝灭，形成新变种和新物种。（3）那些分布广、个体数目多的常见物种，面临着各种不同的无机和有机环境条件，由于自然选择作用，最容易形成各不相同的适应特征并使旧物种和中间过渡类型消亡，从而引发性状分歧，因而最易产生“显著变种”，即“初期物种”。（4）达尔文认为物种形成是逐渐、缓慢的过程，因而达尔文学说又被称为“渐变论”。其实，他的成种理论还隐含着“间断平衡”思想，这一点常被人们忽视。（评述：尽管达尔文在物种形成过程中也提到或暗示出隔离的作用，但并未予以强调。实际上，现代群体遗传理论认为，物种形成除了可遗传的变异和自然选择两个基本因素之外，还必须有隔离作用。物种的形成是种内连续性的间断。如无“隔离”，种内将继续共享一个基因库，结果将无法实现“间断”，即无法形成新物种。隔离作用包括地理隔离、生态隔离、季节隔离以及各种遗传性隔离等。此外，还需指出，古生物学和现代遗传学都证实，物种形成有两种基本形式，即除了渐变成种之外，还存在着许多快速突变成种的现象。）

6. 本章包含了原书唯一的一幅插图（第96页），它表达了作者的进化理论核心的核心，即万物共祖思想或生命树思想。这一思想仍是当代进化论的灵魂。生命树思想的诞生是自然选择作用的历史必然：自然选择能不断引发物种的性状趋异，能不断形成新物种，同时也不断地迫使一些不适应的物种绝灭。其历史结果是，由共同祖先衍生出来的大量后裔们便构成了各种不同的谱系演化树，并最终汇集成统一的地球生命树。现代遗传学支持了万物共祖的生命树猜想的正确性，因为所有地球生命共享同一套遗传密码，并采用同一种方式传衍。

第5章，变异的法则。遗传学是生物进化论的重要基础，但遗憾的是，达尔文时代尚未形成遗传学，人们对遗传和变异的机理几乎一无所知。达尔文坦诚地承认：“关于变异的法则，我们几乎毫无所知。”尽管如此，达尔文运用“比较的方法”，仍然通过仔细观察总结出一些变异的法则，的确难能可贵。

1. 环境条件与非环境条件（注：暗指生物本性）皆可引起变异，而且后者（内因）比前者（外因）更为重要。

2. 器官如果不断使用，则可以得到增强；不使用则退化、减缩，即“用进废退”。

3. 相关变异律：某些器官变异被自然选择累积时，与此相关的器官也会随之发生变异。

4. 由于重复构造、残迹构造和低等级构造不受或较少受自然选择的作用，所以更易于发生变异。

5. 种征比属征形成得晚，稳定性较差，因而易于变异。

（评述：受当时科学发展水平所限，达尔文进化论的缺陷集中体现在遗传学方面。但另一方面，即使未能了解遗传学的内在机理，达尔文在论证变异的普遍性和可遗传性之后，凭借自己的科学悟性，同样成功地建立了自然选择学

达尔文的母亲苏珊娜（Susannah Wedgwood，1765—1817）。

说。这算得上是一种天才的推理学说。后人将遗传学与自然选择学说综合在一起，使之更为完善，最终发展成为较完善的“现代达尔文主义”或“综合论”。值得注意的是，现代发育生物学、分子生物学和古生物学的新发现将使进化生物学获得进一步发展而走向完善。）

三、第6章至第10章导读：进化学说的各种难点及其化解

前述五章主要从正面论述并建立起了遗传变异——生存斗争——自然选择——物种起源和万物共祖或生命树学说。在第6章至第10章中作者设想站在反对者的立场上给进化学说提出了一系列质疑；然后再逐一作答或解释，使之归于化解。这正体现了作者的勇气和学说本身不可战胜的生命力。

第6章，进化学说的难点。本章一开首便系统地提出进化理论可能遇到的四个方面的主要难题。（1）既然物种是逐渐演变的，那为何在世界上我们不能随处都见到数不清的中间过渡演化类型呢？（2）像蝙蝠身上那些十分特别的器官构造和习性能从构造和习性上极不相同的动物那里演化而来吗？自然选择果真如此神奇，既能产生一些普通的器官构造，又能创造出像眼睛那样一些奇妙的器官构造吗？（3）生物的本能特性可以通过自然选择产生出来并为自然选择所改变吗？（4）自然选择理论对种间杂交不育性和变种杂交可育性能做出合理的解释吗？对前两大难题，本章将予以回答；而对后两个难题以及其他一些质疑，作者将在后续章节中逐一予以讨论。

达尔文家族的祖宅，名为Mount House，由达尔文的父亲于1800年建成。1809年达尔文就出生在这所房子里。

1. 无论是在空间分布上，还是在时间延续分布上，中间过渡型物种极为少见甚至缺乏，可以由下述事实进行说明：无论是自然界的藤壶，还是家养的绵羊，或是其他类型的生物，它们在广大空间分布范围上常表现出如下规律，即两个不同变种各占据着较大的地理分布空间，在介于其间的过渡型变种常常只占据较为狭小的地带，而且其数量也比这两个主要变种要少得多。无疑，在生存斗争中，这些数量较少的中间类型极易被这两个主要变种所排斥和取代而最终归于消亡。于是这两个变种便演化成两个有显著区别的新物种，而中间类型归于消亡。由于同样的原因，在时间序列

少年时代的达尔文与其妹妹凯瑟琳同校学习，其课业成绩不如妹妹；但他有一个天生的优点，就是热爱大自然，善于仔细观察自然中的各种动植物，以究其理。

上，中间过渡类型在数量上也总是居于劣势，在生存斗争中极难逃脱灭亡的命运。物种演化的这种时空分布特征，常使我们在化石记录中只能看到彼此区别显著的不同物种，而极难见到其间逐渐演化的过渡类型。

2. 为了论证一些生物由于生活习性的变化（如从陆生变成水生），其形态构造也必然发生相应的过渡，作者举出水貂的例子：冬季它在陆上以捕鼠为生，夏天则畅游水中，以鱼为食，因而它发育了特有的蹼。为了证明蝙蝠原本由食虫的四足动物演化而来，作者列出了一系列从扁平尾巴的松鼠到初具滑翔能力皮膜的鼯猴等中间形态类型，应该是很有说服力的。

3. 对于极为完善而复杂的器官，如动物的眼睛，是否能由自然选择作用而形成，的确很难找到直接证据。不过作者也列举了许多间接证据。一方面，在形态学中人们可以看到，脊椎动物的视觉器官的确从低等的无头类文昌鱼，到各种有头类（鱼和两栖类、爬行类直至人类），是不断复杂化的。在分节动物中，原始的类别仅有瞳孔状构造，进而出现晶状体，最后才分异成多种多样的复杂构造。另一方面，在人类早期胚胎发育中，其眼球晶体也极为简单。所有这些，不能不使我们理性地相信，眼睛很可能是自然选择长期作用的产物。

此外，作者还列举了一些昆虫呼吸器官的形成、硬骨鱼类的鳔演化成后来陆生脊椎动物的肺并使鳃退化等事实，证明主要是自然选择的力量造成了器官功能及构造的转变或过渡。

当然，自然选择学说似乎还存在一些很大的难点，如一些鱼类如何产生了奇异的发电器官。而且，有些发电鱼的亲缘关系相去很远，不可能通过谱系遗传而形成。其实，这些发电器官不是同源器官，而是同功器官。它们原本来自不同谱系的祖先，只是由于遭受相似的自然选择压力而产生了相似的适应功能罢了。类似的现象在生物界屡见不鲜，如昆虫的翅、鸟类的羽翼和蝙蝠的皮翼都是这样。进而，作者列举了一些异常适应的例子，如盔花兰属唇瓣下的“水桶状构造”的精巧，都是天工造物，都是生物长期变异、不断选择适应的结果。“各种高度发展的生物，都经历了无数的变异，并且每一个变异了的构造都有被遗传下去的趋向。”在此，他再次引用了一句古老格言，作为他的渐变式进化理论的别称：“自然界里没有飞跃。”

［评述：“自然界里没有飞跃”的说法有

一半是正确的，但显然不能将它绝对化。自然界里由于常规过程中突发而生的“飞来横祸”并不少见，它们多导致各种演化进程中的“飞跃”现象。]

自然选择的另一个难题是：既然自然选择是通过生死存亡的斗争才使最适者生存下来，那么，这些得以生存和发展的生物却为何保留了表面上看来不大重要的器官？其实，有些表面上不重要的器官，如长颈鹿和牛的尾巴，在驱赶苍蝇，求得生存斗争中的主动权上举足轻重。有些构造，如一些陆生动物的尾巴，现在对生物体已经不甚重要，但对其水生祖先却极为重要。

达尔文还在这里成功地驳斥了“目的论”。这一唯心论认定大自然各种各样美丽的东西，都是上帝特意创造出来专供人类欣赏的。假如果真如此的话，远在人类出现之前，许许多多极为美丽的东西，如鹦鹉螺、硅藻壳、艳丽的花朵、华美的蝴蝶该作何解释呢？其实，所有这些都不过是自然选择和性选择的结果。

第7章，对自然选择学说的种种异议。这一章是在第六版即最后一版才加进去的，此时离第一版面世已过去了13年。其间“万物共祖”思想得到学界越来越多的认同。然而，对自然选择学说却有不少人提出了质疑。在质疑者队伍中，既有公开反对进化论的，如瑞典植物学权威奈格利和英国动物学家米瓦特，也有支持进化论的德国古生物学家布朗等。显然，此时此刻如果再不及时地对这些主要质疑给予恰当的回答和解释，自然选择学说将有可能失去其学说的资格。所以，事不宜迟，达尔文在这里专辟一章讨论和驳斥了反对自然选择学说的各种主要异议和挑战。

达尔文就读的什鲁斯伯里中学。达尔文称这是他枯燥的学习生涯的开始。那时候达尔文无心学习诸如语言、历史、文学等传统文化课，却不知疲倦地观察植物、昆虫和鸟类。

1. 有人质疑，长寿显然对所有生物都有益，但为何在同一谱系中，后代并不一定总比其前代更加长寿。对此作者引用了兰克斯特先生的研究结果作答：长寿问题多与各物种的体制等级有关，也与新陈代谢和生殖过程中的能量耗损相关，而这些因素多由自然选择决定。

2. 有人提出，在过去三四千年间埃及的动植物皆无变化。达尔文认为，在过去数千年间，环境条件极为一致，所以生物发生的变异不能保存下来。而且，至少，这些三四千年前的动植物，不是凭空而来；它们应该是从其原始类型变异而来的。

3. 有人认为，有些性状对生物没有什么用处，因而不受自然选择的影响。达尔文列举了许多事例证明，首先，有些性状之所以被认为无用，是因为人们对它认识不足所致，其实它们十分重要；其次，相关变异法则和自发变异也会导致某些性状的变异。

4. 对于有人主张生物具有朝着不断完善自身并向进步方向发展的内在趋向，达尔文则不以为然，因为生物构造既有进化，也有退化。但另一方面，通过自然选择的连续作用，器官会愈益专业化和功能分化，从而使生物朝进步性方向发展。

5. 另一种异议是自然选择学说无法说明有用的器官构造在形成初期的变化原理。作者用长颈鹿何以获得长颈进行了合理的推论。比目鱼的情况也是这样，在其某一侧的眼睛向另一侧转移的初期，总伴随着两眼努力向上看的习性，这对个体和物种无疑都有益，而不是有害。

6. 作为渐变论者，达尔文排斥任何由突然变化而形成新物种的可能。

［评述：值得指出的是，现代揭示出来的演化事实表明，在我们这个多次遭受重大灾变的星球上（我们的卫星拍摄到的月球表面大大小小的陨石坑清楚地显示，地球曾无数次惨遭轰击），无疑，生物界的演化极其复杂多样：其渐变、突变甚至跃变长期并存、相互转化。不少实验观察还显示，某些环境变化可导致一些特殊基因突变而形成新物种。］

第8章，本能。动物的本能，是一种先天性的精神能力。要论证它是自然选择的结果，显然，要比证实自然选择导致了生物形态构造逐步变化而形成新物种更困难得多。在这里，作者采用了与本书前五章相似的论证手法。首先，作者观察到在家养状态下的动物本能远不如自然状态的本能那样稳定，更易发生变异；严重的还会完全丧失其原有本能，并获得新的本能。连续不断的杂交和人工选择便能使这些变异连续发生并不断积累而加强。各种狗（如向导狗、牧羊狗和猎狗）和翻飞鸽特殊本能的产生便是很好的例证。接着，达尔文阐明了本能在自然状态下也会发生轻微的变异。至此，最合理的推论就应该是：由于本能对动物体至关重要，那么在生活条件变化时，自然选择作用一定会保留那些在本能上微小的有利变异，并将它逐步积累起来。在这里，我们看到自然选择作用于身体构造的原理和方式，完全适用于它对本能的作用。

达尔文花了相当篇幅，详细描述了几种动物的特殊本能，如小杜鹃能将其义兄弟们逐出巢外，有些蚂蚁会养奴隶，而姬蜂科幼虫能寄生在青虫体内。所有这些本能的逐步形成，在“遗传——变异——最强者生存、最弱者死亡”的自然选择法则下无疑都会得到最合理的解释。

有人举出所谓非雌非雄的中性昆虫和不育昆虫来反对本能的起源是由于自然选择的结果。达尔文的回答是，这与一些家养状态下不育的动植物属于同一道理。既然去势公牛从不繁殖，重瓣不育的花从不结实，但它们都可以由人工选择方法获得，那么毫不奇怪，自然选择也就能造就对社会性昆虫群体有益的不育昆虫了。

第9章，杂种性质。本章讨论不同物种或变种杂交后能否生育、所形成的杂种后代能否生育以及这两种不育性的起因。作者从大量事例中发现：

1. 不同物种首次杂交后不育性的程度因物种而异，有完全不育的，也有完全能育的，更有大量介于其间的各种等级。其杂种的不育性也呈现类似的情况。

2. 过去，作者跟其他许多人一样，误认为首次杂交不育和杂种的不育性是自然选择的结果。但他现在认为，这些不育性与自然选择无关。首次杂交不育可能有多种原因，其中最主要的原因是胚胎的早期死亡。而杂种不育的主要原因仅在于雌雄生殖质上的差异。

3. 同一物种内不同变种杂交的能育性及其后代（混种）的能育性的程度各不相同，甚至也有完全不育的。即是说，物种杂交与变种杂交在能育性方面只有量的差别，而无本质上的差别。当变种的能育性减小到一定程度，甚至出现不育性时，人们常习惯称其为不同物种。也就是说，物种与变种之间并没有截然界限。由此，人们很容易明白："物种原本是由变种而来的。"

第10章，地质记录的不完全性。在本章和下一章里，达尔文试图从地质历史记录的保存特点及地史时期古生物的保存记录的不完整性来论证其学说的两个基本要点：（1）地史时期的所有生物都是不断演变的，而且是由最初一个或少数几个共同祖先随时间推移而逐步演化出来的；（2）生物演化的驱动机制是生物的变异性和自然选择。我们知道，达尔文时代的地史学与现代地史学有很大的差距；现代地史学的最大进步就在于，20世纪初放射性同位素测年技术被应用于地史学研究之后，人们不仅有了更精确的地史事件的相对年龄，而且还可以获得关于地球各演化阶段十分精确的绝对年龄值了。跟现代地史测年值相比，书中所提到当时猜测的地史发展年龄误差太大。为帮助读者正确领会地球发展史，下面补充介绍有关的地质年龄数据。

我们所在的宇宙快速形成于约135亿年前的一次大爆炸事件，过了约85亿年后才出现了第二代恒星太阳，再过了约5亿年，才形成了我们居住的行星地球。此后几千万年至3亿年间，地球的表面温度下降至100℃以下，通过冷凝降水形成了原始海洋；这期间，地球很可能多次遭受巨大陨石的撞击，而使全球海洋全部蒸干（科学家计算指出，一个约500千米直径的陨石撞击，足可以使地球海洋全部蒸干）。这种过程也许在地球早期重复过多次。现保存下来的地球最早的沉积岩年龄约为40亿年；最早显示生命存在的有机物为38.5亿年；在澳大利亚和非洲发现的最古老的生命（古细菌等）为35亿年。地球上具有细胞核的真核细胞生物约出现于21亿年前，而确证为多细胞动物的历史则较短，不超过6亿年。在距今约5.4亿年前的早寒武世前后，发生了整个生命史上最为壮观的动物创新事件，即在约占地球生命史1%的时间里（从距今5.6亿年至5.25亿年前），分三幕爆发式地产生了地球上绝大多数动物门类，俗称"寒武纪生物大爆发"，简称"寒武大爆发"（Shu，2008；舒德干等，2009）。从此以后，地球上的动物化石记录变得"显而易见"了。于是，地史学上便以这一时刻为界碑，将地球发展历史划分为两大阶段。这后一阶段常见的动物化石的时代称为"显生宙"或"显动宙"，而将5.4亿年以前化石极少的漫长历史合称为"隐生宙"。显生宙又可由老到新划分为古生代（距今5.4亿至2.51亿年前）、中生代（2.51亿至0.65亿年前）和新生代（0.65亿年前至今）。中生代即书中的“第二纪”；而新生代又包括第三纪（距今0.65亿年至0.02亿年前）和第四纪（0.02亿年前至今）。古生代从老到新包括6个纪：寒武纪、奥陶纪、志留纪、泥盆纪、石炭纪和二叠纪，不过在达尔文时代尚未建立奥陶纪；中生代包括三叠纪、侏罗纪和白垩纪。《物种起源》中提到的“物种群在已知最低化石层中的突然出现”，实际上就是指“寒武纪生物大爆发”。

达尔文在这一章所列出的难题主要是，为什么在地史时期任一段地层中都缺乏中间变种？尤其是为什么在最低化石层（即寒武纪的下部地层）会有大批动物种群突然出现？对此，达尔文的答案是“地质记录不完全”，因而古生物记录就更不完全了。他的推理是，在这极不完整的化石记录中，我们当然无法见到众多连续的“中间变种”，见到的只能是断断续续保存下来的彼此区别显著的不同物种了。作者在本章结尾处援引当时最著名的地质学家莱伊尔关于地质记录是一本极其残缺不全的历史书的比喻来支持自己的观点，也是十分高明的。此后，许多人开始接受渐变论思想。{评述：达尔文在《物种起源》第一版中曾预测，寒武纪之前一定存在着某些简单的演化过渡型生物。至第六版时，一些古生物学新发现令达尔文更坚信自己的推测。自20世纪40年代以来，古生物学的系列性发现证实，达尔文的这一猜想基本上是正确的。但是，近四十多年来古生物学揭示出来的事实也表明，生物演化历史中既有渐变，更有突变，而且突变更为醒目［引发突变的原因既可源自生物界内部宏演化（macro-evolution）的“新陈代谢”，也可引发自生态环境的急剧变化和各种大型灾变事件］。灾变在生物演化过程中也显得更为重要。灾变对旧有类群的确是灾难，甚至是灭顶之灾；但对于新生类群而言，应该是机会，而且常常是千载难逢的发展机遇、改朝换代的机遇。实际上，灾变往往是动物界整体进步的一个催化剂。}

四、第11章至第15章导读：生物的时空演替证据及亲缘关系对进化理论的支撑

生命运动是世界上最为复杂的一类运动，有历史的（即时间的）、有空间的、有形态变化的、也有胚胎发育的。作为一个成功的综合理论，进化理论必须能够对上述各种各样的运动现象提供合理的解释；否则，这种理论的正确性便值得怀疑。在这几章中，达尔文用他的以自然选择和万物共祖为核心的进化理论对生物界在地史演变、地理变迁、形态分异、胚胎发育中的各种现象进行了令人信服的解释，从而，使这一理论获得了进一步的支撑。

第11章，论生物在地质历史上的演替。在达尔文时代，古生物学揭示出来的一些事实足以能证实“所有物种都曾经历过某些变化”。而且，“新种是陆续慢慢地出现的”；莱伊尔对巴黎盆地第三纪生物演化的研究结果也清楚地证明了这一点。地史时期生物演化事实还告诉我们，各物种变化的速率互不相同，有快有慢。此外，地史中的物种一旦灭亡，便不再重新出现，这就是有名的“生物演化的不可逆性”。达尔文指出，所有这些现象，与自然选择学说完全一致：（1）

生物的变异过程总是缓慢的，所以新种出现也是缓慢的、逐步的；（2）由于各个物种的变异互不相关，各不相同，它们被自然选择所积累的情况也自然各不相同，有多有少，有快有慢，其结果导致各物种演进的速率互不相同；（3）在演化过程中，新种替代旧种，旧种便归于灭亡。由于新种和旧种分别从其祖先那里遗传了不同的性状，因而两者不可能完全相同；而且，不同的生物会按不同的方式发生变异，并遭受不同的选择和积累作用。于是，我们便能很容易理解，既然旧种已经灭亡，那么旧种的祖先也不会存在。我们要想在新的条件下，再完全重复从旧种的祖先里产生出新种的过程，当然是不可能的。因而，“旧物种一旦消亡将不可再现”。达尔文进一步指出，物种群，即属、科等单元在出现和消亡上也与物种演替遵循相同的演化规律。

达尔文在剑桥大学曾居住过的宿舍（庞虹 摄）。1827年，18岁的达尔文毅然转学到剑桥大学。这时的他仍兴趣广泛，一边攻读文凭，一边饶有兴致地学习几何学、自然神学以及艺术等。

在达尔文时代，物种的绝灭常常蒙上了神秘的色彩。其实，按自然选择学说，在生存斗争中，尤其是近缘种和近缘属间的斗争最为剧烈，因而旧种和旧属遭到绝灭是顺理成章的事。对于大群物种，其全部绝灭的过程常常比它们开始出现的过程要来得缓慢，那是由于在遭受绝灭时，总有一些物种能够成功地逃避剧烈的竞争，找到自己存续下去的“避风港”，因而延缓了全群的绝灭。对于古生代末三叶虫和中生代（第二纪）末菊石类群的大规模突然绝灭，达尔文解释说，在这两代末期，其时间间隔可能都较长，因而其生物类群绝灭过程仍然是缓慢的。［评述：达尔文坚持用渐变论解释古生代末和中生代末的大型绝灭与现代古生物学研究的结果不相符合。近30年来的古生物学资料显示，众多古生物门类在古生代末和中生代末的确是在较为短促的地质年代里快速绝灭的。绝大多数现代古生物学家认为，达尔文的自然选择学说能够很好地解释“常规绝灭”或“背景绝灭”，但对于古生代末和中生代末这样“集群绝灭”的原因，不宜单用渐变论解释，它很可能与地上或天外的突然事件或灾变事件（如特大规模的火山事件或大型陨石撞击地球等）有关。］

生物类型在全世界几乎同时发生变化和更替，譬如十分近似的生物类群分别在“新世界”（即美洲）和“旧世界”（即欧洲）“平行演化”是很常见的现象。如果用自然选择学说来解释，这必然顺理成章：由于优势类型最容易在空间分布上取得成功，从而最终在不同的海域和大陆上形成所谓的“平行演化”现象。

进化论认为，生物是不断通过由新种替代旧

种的方式而逐步演替的。这便很自然地解释了为什么在年代上连续的地层里产出的化石是密切相关的事实，而且，其时代居中的化石，其性状特征也居中。同时，我们也很容易理解，为什么古代绝灭种类常能在形态构造上将现代某些极不相同的后代连续起来。因为，按我们以前在第 4 章讲过的基于万物共祖思想的生物谱系发展或性状分歧的图谱，越是古老的类型，越是与现代不同类群的祖先相接近，因而便容易在性状特征上居中。

在说明地史记录中新物种的出现常表现出“突然性”，而缺少中间过渡类型的现象时，达尔文再次强调了造成这种现象的两个基本原因：一是地质记录极不完全，二是生物在不断地发生地理迁移。

第12章、第13章，生物的地理分布。这两章力图用自然选择学说来解释生物在地理分布上的各种疑难而有趣的现象，这与华莱士不谋而合。这两章的论证告诉人们，这种能够解释众多自然现象和难题的假说应该是靠得住的理论。

以自然选择和万物共祖思想为核心的生物进化论认为，不同种生物皆起源于少数共同祖先；因而在地理上，应起源于某一产地中心。这就是说，物种一方面在时间分布上保持连续性，这为地史化石记录所证实；另一方面，物种在地理分布上也是连续的。尽管人们在生物地理分布上也可见到一些不连续现象，但这完全可以用生物的迁徙理论、各种偶然的传播方式以及物种在中间地带容易遭受绝灭来进行合理的解释。

在分析生物地理分布现象和规律时，我们必须记住，在万物共祖框架下的生物亲缘关系是至关重要的决定因素。因此，根据各种特殊的迁徙方式、隔离障碍方式，人们便可以理解形形色色的生物地理分布格局。譬如，两栖类和陆栖哺乳类，由于无法跨越海洋，因而在海岛上就自然见不到它们的踪迹。另一方面，即使在一些极为孤立的小岛上，却也能见到蝙蝠这样的飞行哺乳动物；原因很简单，它们可以直接从大陆飞到海岛上，并占据那些地理分布区。在一些群岛上，各岛物种尽管互不相同，但却彼此密切相关。我们

1831年12月27日，达尔文随“贝格尔号”进行环球航行。因与费茨罗伊船长共用一个拥挤的船舱，达尔文只能睡在一张吊床上，随着船体的每一次颠簸，吊床都会无情地摇晃。整个航程中，他备受晕船折磨。在旅行日记的开头，他就消沉地写道：“没有房间是一种令人难以忍受的折磨，再也没有其他折磨能抵得上它。”

现代仿制的“贝格尔号”模型。“贝格尔号”取名自Beagle，也翻译为“小猎犬号”。

也不难理解，为什么在两个地区内，只要它们有密切相似的物种，那么无论这两个地区相隔多远，总可以找到一些共有物种。达尔文还成功解释了一些冰河期造成的奇特生物地理分布现象：特大冰期可以影响到赤道地区，并使南、北半球的生物混交；但当气候转暖时，冰河退去，寒带生物也随之从平原地带消失，此后却在世界各地的高山顶上残存下来一些相似的寒带生物类型。

淡水生物分布很广，而且变化莫测，这常与它们多种多样的传播方式相关。

总之，作者列举并论证了各种各样的生物地理分布都受着自然选择法则的制约。即是说，散布在各种不同区域但彼此相关的生物群落，它们原本是产生于同一产地的同一祖先；后来经过各种形式的迁徙、传播并在新领地不断变异才逐步演变而来。

第14章，生物间的亲缘关系：形态学、胚胎学和退化或痕迹器官。在达尔文时代，在生物分类学、形态学、胚胎发育学以及成体上常见的痕迹器官方面存在着各种各样的难题。对这些难题，唯心主义神创论和目的论曾试图给以解释，但多牵强附会，无法自圆其说。然而，在达尔文看来，所有这些难题在他的进化学说面前，都将迎刃而解；谱系遗传、变异和选择学说无愧是解开众多疑难的金钥匙。

1. 分类学。那时的博物学家在进行生物分类时，一方面，都在力求透过各种生物之间的表面相似性，追求反映生物内在联系的“自然体系”；然而另一方面，他们却认为这种“自然体系”不过是“造物主”精心设计的产物。达尔文在这里举出众多实例证明了，博物学家所追寻的“自然体系”实际上就是建立在生物由于不断变异而逐步演化的生物进化论基础之上的。博物学家都承认能显示不同物种间亲缘关系的性状特征都是从其共同祖先那里遗传下来的。也就是说，尽管他们口头上说生物分类的“自然体系”是造物主的安排，但他们所进行的“真实分类方法和分类体系却都是建立在生物自身血统演化基础上的”。换句话说，“博物学家实际上都在根据生物的血统进行分类”“生物的共同演化谱系才是博物学家们无意识追求的潜在纽带”。于是，同源构造，即虽形态不同但谱系来源相同的构造，在分类中最为重要。如鸟类的翅膀与其他陆生脊椎动物的前肢，尽管形态相差很远，但起源相同，因而在自然分类中至关重要。与此相对应，达尔文提出了同功构造的概念，即外表相似但其内部构造和起源不同的构造，由于它不能指示生物之间的亲缘关系，因而在自然分类上毫无价值，如鸟类的翅膀和昆虫的翅。达尔文还举了一个很有趣的例子，说“自然”有时也会给博物学家开开玩笑，使他们在实际分类工作中犯错误。例如，在南美洲大群居住的透翅蝶中，常常会混杂一些翅膀形态和颜色、斑纹极为相似的异脉粉蝶。这种惟妙惟肖的模拟现象，常使目光锐利的分类学家受骗上当。这种生物模拟现象如果用自然选择学说来解释，则很容易理解。原来，鸟类和其他食虫动物由于某种原因不吃透翅蝶；于是，只有那些在外形和颜色上类似透翅蝶的异脉粉蝶才容易逃避被毁灭的命运。结果，“与透翅蝶类似程度较小的异脉粉蝶，便一代又一代被消灭了；而只有那些类似程度大的，才得以保存下来并繁衍它们的后代”。显然，这是自然选择作用的又一个极好例证。

2. 形态学。同属一纲的生物，其躯体构造模式是相同的；或者说，同纲内不同物种的各对应构造和器官是同源的。这是形态学的灵魂。昆虫的口器是一个很典型的例子。形态各异的昆虫口器都属于同源构造。无论是天蛾的长螺旋形喙，或是蜜蜂折合形的喙，还是甲虫巨大的颚，尽管它们形态上极不相似，但都是由一个上唇、一对大颚、两对小颚变异而来。这种现象，用“目的论”是无法解释的，但用对连续变异进行自然选择的理论来解释，则并不困难。

3. 胚胎发育学。在胚胎发育过程中，常可见到下述两种基本情况。即：（1）同一个体的不同部位在胚胎的早期阶段完全相似，但到发育为成体时，则变得很不相同；（2）同一纲内很不相似的各个物种，在胚胎时彼此相似，但发育到后来，会变得各不相同。然而，也存在一些例外情况，如在同一纲内有些物种的胚胎或幼虫很不相似；又如有些个体的幼体与成体的形态差别不大，或没有明显的变态过程。这些现象都可以用自然选择和适应理论来说明。显然，这是由于这些幼体所面临的特殊环境迫使它不得不提早独立生活或自谋食物所致。这就是说，同一纲内不同生物在胚胎构造上的共性反映了它们起源相同，有共同的血缘关系。然而，胚胎发育中的不同，并不能证明它们没有共同的血缘，因为其中某一群生物在某一胚胎发育阶段很可能受到了抑制。

4. 痕迹器官。博物学家在进行自然分类时，十分重视痕迹器官，因为它常能指示某种同源构造。痕迹器官形成的主要机理，很可能是由于不使用的原因。但是，有些不大发育的生物器官到底是处于其演化的初始状态，还是后期的退缩阶段，一时还很难判断。如企鹅的翅膀就是这样。企鹅不用飞行，可能导致翅膀缩小；但另一方面，其翅可作鳍用，也可视为其演化的初始状态。显然，面对形形色色的痕迹器官，生物特创论是无法解释清楚的；但是，用本书提出的原理，即“不使用便退化”原理、生长的经济节省原理，则能得到合理的解释。

总之，这一章所讨论的各种事实进一步证明了，世界上无数的物种、属、科、目、纲，都不是上帝分别创造出来的，而是从其共同祖先逐步传衍下来的。在这一漫长的演化过程中，各种生物都经历了各种各样的变异。

第15章，复述和结论。这一章对全书进行了概述和总结。如果读者已经仔细阅读过前14章并有了较为深刻的理解的话，本章便可略去不读。然而，假如读者没有充足的时间卒读全书，而只是对前14章进行了走马观花式的初步浏览，那么，不妨再花不多的时间对本章极其精练的概述，作字字句句的审读，一定能收到事半功倍的良效。作为总结全文的章节，本章主要包括四个部分。前两部分是前14章的简述，不过其论述顺序与正文恰好相反。在这里，作者首先逐一讨论了反对或怀疑自然选择学说的各种论点，然后再正面讨论能支持或论证自然选择学说的各种事实和论点。这些事实，有一般性、概括性的，也有具体的、特征性的，这里不拟赘述。然而后两部分则是正文的引申和归纳，值得特别提一提。

第一，博物学家为何长期固守物种不变的思想？达尔文认为主要是由于宗教传统势力的影响。他们长期在上帝“创造计划”的说教笼罩之下，形成了只信上帝而不愿面对事实的顽固偏见。作者在这里寄希望于那些没有宗教偏见的青年：只要能面对事实，便能最终接受自然选择学说，就能看到物种可变的真实世界。

第二，既然物种变异的学说是真实的，那么，我们到底可以用它来解释哪些难题和现象呢？它对未来博物学会产生什么影响呢？

1. 同一纲内的各种生物是通过一系列连续分叉的谱系线彼此联系在一起的；它们能够指导人们按“群下有群”的格式进行自然分类。

2. 地史时期化石的发现，能将现生各目之间形态学上的空隙不断弥合起来。

3. 所有动物最远古的祖先最多只有四五种，植物亦然。而且，从形态学的同源构造、痕迹构造和胚胎学证据可以看出，每一界的所有物种很可能都起源于同一祖先。

4. 从渐变论观点看，物种和变种没有本质的区别；现在的物种就是过去的变种，而变种则可以视为初级物种。

5. 过去在博物学中，亲缘关系、生物躯体构造模式的一致性、形态学、适应性状和痕迹器官等说法只不过是一些隐喻。但是，在进化学说被广为接受之后，它们将不再只是隐喻，而将具有明确的含义并成为正式的科学术语。博物学研究也将更为生动有趣。

6. 在博物学中将会因此而开拓一些新的研究领域，如探索变异的原因和机制、器官的用进废退、外因的作用效应等。而人工选择也会开始实施真正的物种或品种的“创造计划”。

7. 对现代生物地理分布规律的探寻，将为我们研究古生物地理提供可贵的借鉴。

8. 由于古生物随时间而演进，将使我们有可能测定地层的相对年代顺序。

9. 物种是通过逐级变异而形成的；同样地，人类智力的获得也必然是逐级递变的结果。于是，人类的起源及其演化历史将会由此得以说明。

10. 物种起源是一个缓慢的渐进过程，这是物种形成的唯一方式。“自然界不存在飞跃”“地球上从未发生过使全世界变得荒芜的大灾变”。

评述：前面九点无疑都是正确的或基本上是正确的；它们已为众多事实所验证。然而，最后一点，很可能是片面的，至少是不完全的。近几十年来的研究成果表明，事物发展过程，包括物种形成过程，既有渐变，也有突变，自然界里的确存在着飞跃。现代关于地质事件和生物演化事件的研究也告诉我们，我们的地球曾经历过多次使世界面貌发生剧烈变化的大灾变。从全书的总体文字来看，达尔文似乎是纯粹的绝对的渐变论者；但仔细审读，会发现其实不然。他曾在第10章、11章、15章三次这样描述地史时期物种变化的规律：物种的变化，如以年代为单位计算，是长久的；然而与物种维持不变的年代相比，却显得很短暂。这种观点，与现代的“间断平衡”演化论十分相似。“间断平衡”演化论认为：物种是在较短的地质年代快速演变而成的；一旦成种之后，便在较长时期内保持不变。显然，达尔文当时已经认识到地史时期的生物演化是以快速突变与慢速渐变交替的方式进行的。那么，达尔文为什么在他的论著中偏偏只强调渐变呢？我想，这也许与当时的时代背景有关，与达尔文的论战策略有关。达尔文深深懂得，物种不变论的根基是顽固的神创论。而神创论坚持物种特创和物种不变的护身法宝便是突变论和灾变论。许多著名学者（如赫赫有名的古生物学开山鼻祖居维叶等）之所以堕入神创论的泥潭不能自拔，也与他们受困于灾变论过深有关。在神创论或特创论看来，物种是被上帝一个一个单独创造出来的；一旦物种被突然创造出来，便不再改变。而当地球上的大灾难（如大洪水）毁灭了大群旧物种时，上帝便立即再快速创造出一批新物种。这种理念，在达尔文时代之前一直占主导地位。显然，要想攻破具有传统势力的特创论，在当时，达尔文也许只能坚持“自然界不存在飞跃”的渐变论，而完全摒弃任何形式的快速突变的思想，以不留给特创论任何可乘之机。这是达尔文的无奈之举，也应该是他之所以成功的高明之处。

“贝格尔号”船长费茨罗伊（Robert Fitzroy，1805—1865）。

在进化论广为认同的今天，我们客观地观察、评价生命演化历程，便会发现，在渐变的大背景里，的确还充满了无数大大小小的突变和灾变。它们联手创建了地球神奇的生命树。当然，这是纯自然演化的过程，与上帝无关。

达尔文生平及其科研活动简介

达尔文的妻子埃玛结婚时的画像。埃玛是达尔文的表姐，长达尔文一岁。他们于1839年1月29日结婚。

1809年2月12日在人类社会历史上是一个极不寻常的日子。这一天，在大西洋两岸分别诞生了一位伟大的政治家和科学思想家：在西岸的美国，被历史学家公认的美国历史上最伟大的总统林肯呱呱坠地。他在消灭种族歧视，从而在人类深层次的自我解放运动中的影响至少会延续一千年。到那时，不仅黑人仍记得这位正直的律师，其他各色人种也会对他心存敬意。在东岸，查尔斯·达尔文在英国什鲁斯伯里悄悄临盆；可以预见，他的学说在推进科学进步和人类的精神解放事业上放射的光芒一万年也不会熄灭，甚至将与人类文明同寿。我们的千百代子孙后代仍然会在他们的中小学课本中读到达尔文这个温馨爽口的名字，并沿着他的思想一直走下去。

然而，达尔文并非牛顿、爱因斯坦那样的天才。他自认为从小便活泼好动，颇为顽皮。起初与小他一岁的妹妹凯瑟琳同校学习，成绩却远不如她。但他有一种不同于其他兄弟姐妹的天性，便是对自然历史的强烈求知欲，在搜集贝壳、印鉴、邮票、矿物标本等方面兴趣尤浓。他从不满足于一般的采集，而喜欢对自己观察到的各种现象进行思索，寻求现象背后的机理。一次走在沿旧城墙从家到小学的路上，由于陷于对一件事情的沉思，不慎跌下城墙，幸亏城墙只有七八英尺高，才未造成严重后果。

对于旧式学校一些古板的教学，少年达尔文毫无兴趣，因为这种学校除了古代语言之外，只教一些古代历史和地理。在别人眼中，他只是一个十分平庸的孩子。甚至有一次，父亲批评小达尔文，说了一句令他十分难堪的话："你对正经事从不专心，只知道打猎、逗狗、逮老鼠，这样下去，你将来不仅要丢自己的脸，也要丢全家的脸。"达尔文在自己的回忆录中写道：在学校生活阶段，对他后来影响最大的是他广泛而浓烈的兴趣。凡自己感兴趣的东西，能如痴如醉；对一些复杂的问题和事物，他总有穷根究底的强烈愿望。他对于小时候从私人欧氏几何教师那里学到的严密逻辑推理和他姑父给他讲解的晴雨表上的游标原理，始终记忆犹新。达尔文小时候读到一本《世界奇观》的书，便萌发了周游世界的欲望。大学毕业后，达尔文作为博物学家参加为期五年的贝格尔号环球航行，终于实现了儿时的梦想。

1825年10月，达尔文只有16岁，中学课程尚未结业，父亲便将他送进苏格兰的爱丁堡大学学医。由于课程的枯燥无味，加上无法忍受对外科手术的恐惧，他决心中断学医。无奈，父亲便依从了他想成为一名乡村牧师的意愿。于是，1828年新年伊始，达尔文便迈进了剑桥大学基督学院（Christ’s College）的大门。尽管课程设置没能引起他的兴趣，但却最终获得了并不丢脸的成绩。这期间，他仍然爱好狩猎、郊游，钟爱搜集甲虫标本，有时达到痴迷的程度。有一天，他剥开一片老树皮，发现两只稀有甲虫，欣喜至极，便用两只手各抓住一只。接着，又发现第三只新种类，他便不顾一切地将右手里的一只放在嘴里。不料，它分泌出令人难以忍受的辛辣汁液，使达尔文舌头发烫，只得将它吐掉了，而结果第三只也逃掉了。

在剑桥求学期间，对他日后影响最大的是他与亨斯洛教授的友谊。指导教师亨斯洛主讲植物学，同时还精通昆虫学、化学、矿物学和地质学。本来达尔文对地质学并无兴趣，但在亨斯洛的建议下，他在剑桥最后一年却出人意料地选修了地质学，并随当时剑桥的地质学大师塞奇威克（他还是“寒武纪”这个术语的命名者）到威尔士进行了一次卓有成效的野外地质实习。实习刚结束，亨斯洛便推荐达尔文以船长的高级陪侍和兼职博物学者的身份随贝格尔号环球航行（注：航行途中，由于原专职医生和博物学者的退出，达尔文才开始名正言顺地履行正式博物学者的职责），由此改变了达尔文一生的事业和命运。历史就这样给他开了个善意的玩笑。达尔文原本立志献身上帝，做个虔诚的牧师，以抚慰芸芸众生苦涩的灵魂。不曾想，一次历时五年的环球航行，却铸就了一个无神论的先锋斗士，并由此从根本上改变了整个人类千百年来“上帝创造一切、主宰一切”的思想观念，但这给上帝的万千忠实信徒们带来了新的烦恼。在这漫长的五年中，他不仅仔细观察和研究了大量地质

1840年31岁时的查尔斯·达尔文（1809—1882）。

现象，解决了珊瑚岛的成因问题，成为当时一位著名的地质学家，而且更重要的是还搜集到大量生物变异和古生物演变的事实。这些活生生的事实，20多年后终于构成建造他的进化学说的基本砖石。科学探秘的浓厚兴趣常常构成科学家从事研究的巨大动力。用达尔文自己的话说，此时他不遗余力地工作，渴望在浩瀚的自然科学领域有所发现、有所贡献。此时，他已萌发野心，渴望将来能成为一名伟大的科学家。

1836—1839年：从“成家”和“立业”这两件人生基业上看，这几年正是达尔文同时奠定人生幸福和事业辉煌的关键时期。这期间，他不仅建立了影响他一生的幸福家庭，而且还完成了世界观的根本转变，形成了鲜明的进化思想和自然选择学说的思想框架。历时五年的环球航行，尽管使他脑子里充满了新鲜生动的演化事实，但一时还难以从根本上改变他的自然神学世界观。1837年和1838年先后发生了两件事，在别人看来也许十分平常，但对于善于思索的“有心人”，则似“于无声处听惊雷”，给达尔文以强烈的震撼，促使他的学术思想发生了两次根本性转变，完成了两次重大飞跃。一件事发生在1837年3月，鸟类学家古尔德指出，达尔文从加拉帕戈斯群岛采回的众多芬雀和嘲鸫标本中，不同岛的标本差异很大，应该属于不同的物种。这一看法对达尔文启发很大，使他对物种固定不变论产生了怀疑，并开始着手搜集“物种演变”的证据。到1837年7月，他便完成了第一本物种演变的笔记；七个月后，他又完成了第二本。至此，应该说他已基本上完成了由自然神学观到进化论自然观的转变。第二件事发生在1838年10月，当达尔文读到马尔萨斯《人口论》时，激发他形成了“在激烈的生存斗争中有利变异必然有得以保留的趋势，并最终形成新物种”的想法。于是，以生存斗争为核心的自然选择学说的思想就此萌生。又经过四年的缜密思考，达尔文于1842年6月才用铅笔将这一学说写成35页的概要，两年后再将它扩充成230页的完整理论。

从1844年理论思想的基本完成到1859年《物种起源》的正式面世，花了15年时间。这对于一位多产的世界顶尖级学者来说，似乎是难以理解的。其实，这里可能有两方面的原因。一是连续的疾病耗去不少岁月之外，五年环球航行留下大量工作亟待整理和发表，占去了绝大部分可用时间。第二个原因很可能是在“等待时机”。拉马克挑战神创论失败的教训，使他深深懂得，这个与“上帝创造世界”的教条背道而驰的重大主题，一方面需要更深入仔细的论证，需要收集更多进化事实来支撑，同时更需要适宜的思想舆论背景。不然，很容易被悲惨地扼杀在摇篮中。

1839—1842年：这期间留居伦敦，由于几次连续的小疾和一次大病，夺去了他许多宝贵的时间。尽管这段时期，成果较少，但很值得称颂的是，此时完成的关于珊瑚堡礁和环礁形成机理的学说至今仍广为学术界所接受。在伦敦这个科学思想活跃的大都市，达尔文结识了许多著名科学家和知名人士，对他科学思想的发展颇有助益，尤其是与当时最伟大的地质学家莱伊尔的频繁交往，使他受益匪浅。

1842—1859年：达尔文由于健康状况不佳，很希望能逃离伦敦的喧嚣，一边静养病体，一边潜心享受自己的科学探秘。于是，由他父亲慷慨资助（也有他岳父兼舅父的帮助），在伦敦东南一个叫党村的偏僻小村庄购买了一座旧庄园党豪思（“Down House”过去也曾有人将它汉译为“达温”“唐恩”等。在将任何外文中的人名、地名等进行汉译时，一般都应遵循音译或意译的原则，尽量避免翻译的随意性。我们之所以将“Down House”译为“党豪思”，就在于它既是音译又是意译，应该较为贴切和严谨。现在几乎没有人怀疑，它已是诞生进化论的圣地，是孕育最杰出思想家的摇篮；“党豪思”恰好表达了“出自党村的杰出思想家的摇篮”这一层含义：豪者，豪杰也；思者，思想家也。党豪思里有两个著名的“思”，一个是称作“思索之路”的沙径，另一个是孕育达尔文思想的书房，它们都是来访者拜谒的必经之地）。自1842年举家迁往党豪思，他们一住便是整40年，直至达尔文仙逝。这期间，健康状况缓解的机会不多，他一直受到剧烈颤抖和呕吐的折磨（一般认为，这是他环球航行时不慎感染疾病所致）。于是，多年来，他不得不尽力回避参加宴会，甚至连邀请学术上的几位挚友到家中小聚也越来越少。他在自传中写道：“我一生的主要乐趣和唯一职业便是科学工作。潜心研究常使我忘却或赶走了日常的不适。”1846年，他在日记中感叹道：“现在我回国10年了，由于病痛，使我虚掷了多少光阴!”其实，就是在如此恶劣的健康条件下，他仍然坚持出版了三本地质学专著［《珊瑚礁的构造与分布》（1842）、《火山群岛的地质学研究》（1844）、《南美洲地质学研究》（1846）］。（评述：当十多年后，达尔文成为公认的生物进化论创业大师，人们却逐渐淡忘了：达尔文原来还是一位杰出的地质学家！）

从1846年10月起，达尔文的学术兴趣已经从地质学转向了生物学。他连续花了八年时间研究了一类结构极为复杂、形态十分特化的蔓足类甲壳动物，最后以两册巨著告终。在这项工作中，达尔文不仅描述研究了一些新类别，而且在其复杂构造中辨识出同源关系。无疑，这对于他后来在《物种起源》中讨论自然分类原则颇有助益。

从1854年9月起，他才开始整理有关物种变化的笔记，继续1844年那230页理论大纲的演绎工作。1856年初，在莱伊尔的劝告下，着手详细论证他的进化理论的著述。原计划的篇幅比1859年的《物种起源》要长三四倍。然而，一件不寻常的巧合事件使他不得不放弃原有计划。那是在1858年6月18日，达尔文收到了侨居马来群岛的华莱士先生寄给他的一篇题为“论变种与原型不断歧化的趋势”的论文。令人称奇的是，这篇论文与达尔文学说思想几乎完全一致。华莱士在给达尔文的信中表示：如果他认为合适的话，希望能将文章转呈莱伊尔阅读。莱伊尔和胡克读到这份稿件时，知道达尔文正在做同样论题的工作，而且论证更为广泛而深入，于是建议达尔文将自己的论文摘要和他于1857年9月5日给阿萨·格雷的一封信与华莱士的论文一并发表。起初，达尔文处于两难之中：如果先发表华莱士的论文，自己花费20多年心血得出的学术思想可能要被淹没；如果将两人的论文同时发表，又担心华莱士先生产生误解。结果，在莱伊尔和胡克等人的安排下，达尔文与华莱士两人联名的论文于1858年7月1日在伦敦的林奈学会公开宣读发表，尽管这两位作者都不在场。这是一个历史性的联合宣

党豪思（Down House）别墅。达尔文从33岁起，就常居住在这里，除了一些拜访活动和各种疗养，他基本上足不出户。在此，他也接待过许多杰出的人物，比如胡克、莱伊尔、赫胥黎、海克尔、华莱士……

言，共同向神创论发起了新一轮的公开宣战。然而，这种联合著作并未引起人们应有的关注，当时唯一公开的评论是来自都柏林的霍顿的文章。他的结论是：两人文章中所有新奇的东西全是胡说八道，而所有真实的东西不过是老生常谈。这使达尔文认识到，任何一种新思想，如果不用相当的篇幅进行阐述和论证，是很难引起人们注意的。于是，他在莱伊尔和胡克的鼓励和支持下，立即着手《物种起源》全书的写作。从1858年9月起，花了近一年时间，对1856年那份规模宏大的原稿进行摘录和整理。成书之后，这篇被作者称为“摘要”（abstract）的著作，其篇幅比原来缩减了许多。此书的发行极为成功，1859年11月24日第一版印1250册，在发行的当日便销售一空。1860年初的第二版3000册，也很快销完。对这种成功，按达尔文本人的分析，有两方面的原因：一是在该书出版前，达尔文曾发表过两篇摘要，思想舆论上已经成熟；二是得益于该书篇幅较小。这后一点应归功于华莱士论文的“催产”。不然的话，按原先设定比该书长三四倍的规模，恐怕能够耐心卒读的人寥寥无几。［1861年的第三版增加了“引言”部分，印2000册；1866年第四版印1500册；1869年的第五版印2000册；1872年的第六版（即达尔文本人亲自修改的最后一版）增加了新的一章“对自然选择学说的各种异议”，印3000册；继1871年他首次在《人类的由来及性选择》中使用前人提出的“进化”或“演化”（evolution）一词后，此版本中又多次使用了该词汇。此后，人们便习惯于用“进化论”来代指达尔文学说］。

1860—1882年：获得巨大成功之后，达尔文并未就此停歇，而是在与疾病顽强搏斗的同时，努力实验、勤于思考，笔耕不辍。从1860年1月1日起，达尔文便着手《动物和植物在家养下的变异》的写作。这部巨著耗时很长，直到1868年初才得以面世。当然，在这期间他还完成了其他一些较小但不无重要的著述，如1862年的《兰科植物的受精》和在林奈学会发表的论攀援植物的

长篇论文，以及其他六篇关于植物二型性和三型性的论文。此后，又花了三年时间，即于1871年2月，出版了他另一重要论著《人类的由来及性选择》。在《物种起源》获得成功、许多科学家已大都接受物种进化的思想之后，达尔文觉得时机已经成熟，必须也完全可能具体论证人类的起源也遵从同一自然选择规律，以攻破神创论的最后堡垒。至此，人类终于从神学中的超然地位开始被拉回到真实的自然体系。人类对自身自然地位的正确认知，无疑要付出沉重的代价：虚妄的自尊心受到残酷的打击——我们并不是什么天之骄子，原本只是猿猴的后裔。（关于这一点，达尔文的铁杆支持者赫胥黎的理解很值得借鉴：人类的高贵身份不会因为人猿共祖而贬低，因为他具有独特的能创造可理解的复杂语言的天赋。仅凭这一点，我们便能将生存期间的各种经验一代一代传衍下去、不断积累并组织发展起来；而其他动物则不能。于是，人类就好像站在山巅一样，远远高出其卑微的同伴；由此逐渐改变了他粗野的本性，不断发射出真理和智慧的光芒。今天，我们知道，人类之所以从猿类脱胎而出，不仅因为具有发达的语言，更在于其脑量超过后者至少3倍，这促使她能从寻常的生物演化转入文化演化的快车道。从自然角度看，人类是动物界中普通一员，但从文化和能力上看，人类堪称天之骄子。）当然，达尔文并不十分在意当时的社会伦理道德慷慨赐予他铺天盖地的谩骂和诋毁，他倒更乐于享受这篇论著为他提供的另一个良好机会，使他得以详细论述了另一个令他极感兴趣的论题——性选择（其实，他的祖父早年对这一论题就饶有兴趣），这是对他自然选择理论的重要补充。作为《人类的由来及性选择》重要补充的《人类和动物的表情》于1872年秋问世。达尔文在自传中记述道：“从我长子于1839年12月27日出生时，我便开始观察和记录他的各种表情的形成和发展。因为我相信，即使在人生之初，最复杂而细致的表情肯定都有一个逐步积累和自然的起源过程。”1875年，《食虫植物》出版，这离他开始观察思考这一课题已有16年之久。他觉得，研究结果发表的迁延，会有很大的益处，它可以使人们反复审视、改进自己的认识。在这里，他终于又多了一项重要发现：一棵植物在受到特殊刺激时，一定会分泌出一种类似动物消化液的含酸或酵素的液体将捕捉到的昆虫“消化掉”。1876年秋，他的《植物界异花和自花受精效果》面世，这是对《兰科植物的受精》的补充。此时，尽管他已感到“精力要枯竭了，我将准备溘然长逝”，但仍然在病残的古稀之年笔耕不辍。1877年，出版了《同种植物的不同花型》。1879年，翻译了克劳斯关于他祖父生平的小传。1880年，在他儿子弗朗西斯的协助下，出版了《植物的运动本领》，这是对《攀援植物的运动和习性》一书的重要补充和理论延伸。1881年，他最后一本小册子《腐殖土的形成与蚯蚓的作用》脱稿付梓。这个课题看起来不甚重要，但令达尔文兴味盎然。15年前，他曾在地质学会上宣读了这项工作的要点，并以此修正了过去的地质学思想。1882年4月19日，科学史已牢牢记住了这个日子，这位曾以自己艰苦的科学实践改变了人们千百年来旧世界观的伟大学者与世长辞，享年73岁。他走了，身后留下巨大的思想和知识财富。

从他祖父起，至他这一代，家庭都殷实丰厚。达尔文在学术上能取得成功，用他自己的话来说，其中原因之一就是经济状况不错，为他潜心研究解除了后顾之忧。他8岁时，母亲苏姗娜不幸病故，父亲将他们兄弟姐妹六人抚养成人。直到成家之后，达尔文还得到父亲财力上的众多支持。环球旅行归来，他发觉伦敦日益拥挤和脏乱。情感孤独之时，使他开始想到结婚。一天，按照学者做研究的方法，他在两张纸上分别列出结婚和不结婚对事业、生活和情感的各项优点和缺点，认真分析比较后的结论是同一词汇的三重奏：结婚！结婚！结婚！达尔文从小就喜欢长他一岁的表姐埃玛·韦奇伍德，他们真可谓青梅竹马。1839年1月29日，有情人终成眷属。当年末，长子问世。夫妇俩一生共生育了六子四女，其中一子二女因病夭折，这也许使这位进化论大师痛切地体会到近亲婚配的不良后果。埃玛是一位虔诚的基督徒，一面默然承受着丈夫的无神论进化学说与自己信仰的冲突，一面尽贤妻良母的责任，实在难能可贵。后人曾这样评述这一不寻常的姻缘：达尔文是一个伟大的学者，而埃玛则不愧是伟大的护士。总体上说，达尔文的小家庭是很幸福的。除了夫妻和谐之外，在孩子们眼

达尔文在党豪思的书房，他一生大部分创造性的工作都是在这里完成的。图中的陈设是根据当年拍摄的照片复原的。墙上有三幅照片，右边是埃玛的祖父，左边是植物学家胡克，中间是地质学家莱伊尔。

中，达尔文总是个十分温和亲善的父亲。1882年，达尔文谢世后，家人迁往剑桥，埃玛仍十分留恋他们夫妇共同生活过40年的老家党豪思。每年夏天她都要回来住一段时期，直到她1896年辞世。顺便提一下，达尔文近亲婚姻的后代中出现了一些男女健康成材上难以解释的差异：四个女孩的健康状况都很差，其中两个早年夭折，另一个有精神疾患；而在六个男孩中，除最小的夭折外，其余皆身心健康，且人生多有建树，其中三位还成为皇家学会会员。

骑在马上的达尔文。

达尔文在学术思想创建上的伟大成功，引得许多人去探索他在智能和思维上的奥秘。达尔文在自传中坦诚地做过剖析。他说，其实他并不很聪明和敏捷。在这一点，他比不上赫胥黎。他甚至还觉得自己是一个蹩脚的评论家。每读一篇论文或一本书籍，起初总是兴趣盎然，但只有在阅读并仔细思考之后，才能察出它的缺陷。他自觉纯粹抽象思维能力也十分有限，所以在数学上不可能有所造就。他记忆范围很广，但常不准确，需要以勤补拙。在某些方面，记忆力甚至很差，例如要将某一日期或一行诗句记上几天，对他来说是十分困难的。但是，另一方面，他对自己的观察能力和推理能力却十分自信。他说："我觉得自己对稍纵即逝事物的观察力要比常人强些。"同时，当别人评论他"是一个优秀的观察者，但缺乏推理能力"时，他大不以为然。达尔文的争辩是很有道理的："我觉得这种说法不符合事实，因为《物种起源》从头到尾都在推理论证。而它能使那么多人信服，没有一些推理能力的人是断然写不出来的。"其实，他优秀的科学品质远不止于此。他之所以能在长期的疾病折磨

埃玛坐在窗口给孩子们读书。达尔文夫妇共生育了六子四女，但有三位不幸夭折。达尔文的次子乔治是一位天文学家、数学家、英国皇家学会会员，曾帮助达尔文做过近亲婚姻后果的统计。达尔文的另一个儿子弗朗西斯是著名植物生理学家、英国皇家学会会员，曾与父亲一起编著《植物的运动本领》。

之下勤奋工作，取得一个又一个辉煌成果，正如他自己所指出的那样，关键在于“我对自然科学始终不渝的爱好”。仅此一点，对今天我国科技圈子里大大小小的学者们，应该都有启发。

在达尔文辞世前一年，他给自己五年前的自传写了一个补记。其最后一段总结性文字意味深长，对于今天希望在科学上有所造就的年轻一代应该有着特殊的启迪：“作为一个科学工作者，我的成功取决于我复杂的心理素质。其中最重要的是：热爱科学，善于思索，勤于观察和搜集资料，具有相当的发现能力和广博的常识。这些看起来的确令人奇怪，凭借这些极平常的能力，我居然在一些重要地方影响了科学家们的信仰。”这告诉我们，科学并不是什么高不可攀的东西。对我们大多数具有“平常能力”的人来说，只要真正热爱科学，“热爱得犹如热恋中的情人一般”，并能勇于实践，勤于观察稍纵即逝的细节和思考现象背后的玄机，是很有希望在科学上做出不平凡贡献的。

达尔文学说问世以来生物进化论的发展概况及其展望

一、 当代生物进化论的三大理论来源及其发展

一般认为，尽管当代生物进化论学派林立，但追本溯源，它们分别来自三个不同而又相互关联的基本学说：拉马克学说、孟德尔遗传理论以及达尔文的万物共祖和自然选择学说。这里，我们不妨顺沿这三个分支方向的发展、沿革及其相互关系，作一简单介绍。

（一）新拉马克主义

拉马克是第一个从科学角度提出进化论的学者，在生物进化论上本应占有重要地位，但是，由于比达尔文早半个多世纪的他生不逢时，一方面面临着神创论的巨大压力，另一方面还由于他当时列举的进化事实不足，“获得性遗传”假说又长期得不到科学实验的证实。更要命的是，他和其他进化论者还遭到同时代动物学和古生物学超级大权威居维叶的恶意攻击，使他的学说始终未能形成气候。此后不久几乎被人们淡忘。直到达尔文学说成功之后，人们才重新记起他难能可贵的先驱功勋。即使命运如此之不如意，但由于他毕竟是奠基进化论的第一勇士，也由于其学说中仍包含一些诸如“用进废退”原理及环境对生物演化的积极意义的正确主张，使他的学说在其故乡法国找到了避风港并得以延续和发展，并逐步形成所谓的“新拉马克主义”。新拉马克主义者主要包括两大群学者，一是法国的大多数进化论者，二是苏联的米丘林-李森科学派，当然后者已经完全被学界所不齿。我国著名生物学家朱洗、童第周曾是留法学生，也拥持这一学派的观点。这一学派组成人员较为复杂，他们阐述进化理论的角度和强调的侧面彼此也很不相同，但他们在下述几个方面的看法却大体一致。① 在

达尔文的长子威廉（William Erasmus Darwin，1839—1914）。达尔文在自传里写道："从我长子于1839年12月27日出生时，我便开始观察和记录他的各种表情的形成和发展。因为我相信，即使在人生之初，最复杂而细致的表情肯定都有一个逐步积累和自然的起源过程。"

生物演化的动力机制上，尽管他们也承认自然选择的作用，但认为用进废退和获得性遗传在生物演进中的意义更大些。② 生物演化有内因和外因，内因是生物体本身固有的遗传和变异特性；外因是生物生活的环境条件。两者相比，新拉马克主义者更强调环境的作用。③ 生物的身体结构与其生理功能是协调一致的，但在因果关系上，即到底是身体结构特征决定了其生理功能，还是生理功能决定了结构特征的争论中，新拉马克主义者赞成后者。最典型的例子是他们关于长颈鹿的脖子形成的解释：由于它要实现取食高处树叶的功能，因而该意念决定了其长脖的构造特征。在现代科学成就的基础上，新拉马克主义进一步发展了传统拉马克主义的"环境引起变异、生理功能先于形态构造"的思想。现代进化论主流学派认为，新拉马克主义同样保留了其前任的理论缺陷，即对生物变异缺乏深入的分析、不能区别基因型和表现型，以为表现型的变化可以遗传下去（即生物后天获得性的遗传），其真实性仍有待证实。（但值得注意的是，此事尚未盖棺论定。随着发展潜力极大的分子发育生物学的不断深入，也许可为其部分实证。）

（二）孟德尔遗传理论

孟德尔（G. J. Mendel，1822—1884）是奥地利学者，与达尔文为同时代人。出人意料之外的是，尽管他终身挂着神职，但却扎扎实实地进行着创造性的实验科学研究。他奠定了遗传学的基础，为进化论的发展做出了划时代的贡献。

孟德尔出身贫寒，但从小勤奋好学，聪明过人。虽常忍饥挨饿，终坚持到中学毕业，而且全部课程皆为优秀。1843年，由于生活所迫，他进入布尔诺奥古斯丁修道院当了一名见习修道士。幸好该修道院兼有学术研究的任务，而且院内的主教、神父和大多数修道士都是大学教授或科技工作者。由于他刻苦好学，自学成才，终于1849年被主教纳普派任当大学预科的代理教员，讲授物理学和博物学。1851年，孟德尔进入奥地利最高学府维也纳大学深造，主修物理学，兼学数学、化学、动物学、植物学、古生物学等课程。结束学习后仍回到修道院任代课教师。从1856年起，他便开始了最终导出他"颗粒遗传"或称"遗传因子"这一伟大科学发现的豌豆杂交实验。他虽身为神父，但在对待科学和宗教的关系上却"泾渭分明"。他对科学实验态度严谨、一丝不苟，始终坚持实事求是的科学态度，按照生物本来的面貌去认识生物。这大概也是他成功的主要秘诀。遗憾的是，尽管他的颗粒遗传理论与达尔文1859年的《物种起源》几乎同时完成，但前者在当时却鲜为人知。1868年他被任命为修道院院长后，从事科学研究的机会大为减少。在达尔文谢世后不到两年，1884年1月6日孟德尔也与世长辞。当时数以千计的人们为他们这位可亲可敬的院长送行，然而却没有人能理解这位伟大学者曾为遗传学和进化论做出的杰出贡献。不过，在逝世前几个月，孟德尔本人曾十分自信地说："我深信全世界承认这项工作成果的日子已为期不远了。"

实际上，这个日子来得稍为迟缓了些。直至1900年，他的遗传学成果才被科学界"重新"发现，并被概括为"孟德尔定律"。这个定律包括两条。一是"分离定律"：具有不同性状的纯质亲本进行杂交时，其中一个性状为"显性"，另一个性状为"隐性"。所以在子一代中所有个体都只表现出显性性状。例如当叶子边缘有缺刻的植株与无缺刻的植株杂交时，如果叶子有缺刻为显性，那么子一代所有个体叶子皆为有缺刻的。但在子二代中，便会发生性状分离现象，即产生有缺刻的叶子和无缺刻的叶子两种类型，而且其比率为3：1。二是"自由组合定律"，又称为"独立分配定律"：两对（或两对以上）不同性状分离后，又会随机组合，在子二代中出现独立分配现象。例如黄色圆形豌豆与绿色皱皮豌豆杂交后，在子二代个体中，黄圆、黄皱、绿圆、绿皱的比例为9：3：3：1。

在达尔文时代，人们对遗传的本质几乎一无所知。人们所观察到的子代，常表现出父母双亲的中间性状。于是"融合遗传"假说应运而生。这种遗传现象

晚年的达尔文。尽管体弱多病，但达尔文以惊人的毅力，顽强地坚持进行科学研究和写作，连续出版了《人类的由来及性选择》《人类和动物的表情》等多部著作。达尔文认为"一生中主要的乐趣和唯一的事业"是他的科学著作。

达尔文夫妇老年时的画像。结婚后，埃玛将自己的一切都奉献给了达尔文的事业和家庭。在达尔文疾病缠身的四十多年里，埃玛对他照顾得无微不至，使他能全身心地投入学术研究。埃玛喜欢弹钢琴，这给达尔文和家庭带来了不少愉快的时光。

恰如将两种不同色彩混合在一起便产生了中间颜色一样简单。这种表面上似乎真实的理论统治学术界达近半个世纪之久。其实，它极不可靠。假如融合遗传果真存在的话，那么，物种内一个能相互交配的群体之间的个体差别便会越来越小，最终趋于同质，这样变异便没有了，其结果是自然选择便成了无米之炊，无法发挥任何作用。而且，由于同质化作用，即使能偶尔产生变异，它们也会随之消失。孟德尔颗粒遗传的问世，证明了所谓融合遗传毫无意义。近一个世纪来的科学发展告诉人们，孟德尔理论已经成为探索生命演化内在动力的基本出发点。

有一点值得一提，达尔文附和“融合遗传”假说，而与遗传学真谛失之交臂，实乃人生事业的天大憾事。假如达尔文有较好的数学基础，他也许能认真学习、分析领悟到孟德尔实验结果的内涵。要是果真如此，那进化论的发展历程就大不一样了。由此我们可以再次悟到，数学作为一门科学探索工具是何等的重要。诚如恩格斯所言，任何一门学科只有在成功地运用数学之后，才能到达其完善的程度。现代生物学、分子生物学、进化生物学的发展更证实了这一点。

（三）达尔文学说的发展

1. 新达尔文主义

达尔文主义的主要缺陷在于缺乏遗传学基础。于是，孟德尔遗传理论的创立，理所当然地为传统达尔文主义向新达尔文主义发展提供了良好契机。这个学派的主要贡献在于，它不仅提出了遗传基因（gene）的概念，而且最终还用实验方法证实了，作为遗传密码，基因实实在在地存在于染色体上。新达尔文主义的发展，从19世纪中叶到20世纪上半叶，经历了一段漫长的历史。比孟德尔稍晚些，自然选择学说的热烈拥护者，德国胚胎学家魏斯曼便提出“种质学说”，认为生物主管遗传的种质与主管营养的体质是完全分离的，并且不受后者的影响，因而坚决反对“环境影响遗传”的假说。他做了个十分著名的实验以反对拉马克主义的获得性遗传假说：他曾在22个连续世代中切断小鼠的尾巴，直到第23代鼠尾仍不见变短。这个实验现在看起来较为粗糙，但在历史上却影响颇大。1901年德弗里斯提出“突变论”，认为非连续变异的突变可以形成新种；成种过程无须达尔文式的许多连续微小变异的积累。不久丹麦学者约翰森又提出“纯系说”，首次提出基因型和表现型的概念，并将孟德尔的遗传因子称为“基因”，并一直沿用至今。他认为生物的变异可以区分为两类，一是可遗传的变异，叫基因型，另一类不可遗传，叫表现型。新达尔文主义至20世纪20年代摩尔根《基因论》的问世，已处于成熟阶段。1933年摩尔根由于这一著名理论而荣膺诺贝尔奖。

通过精密的实验，《基因论》将原本抽象的基因或遗传因子的概念落实在具体可见的染色体上，并指出基因在染色体上呈直线排列，从而确立了不同基因与生物体的各种性状间的对应关系，这为日后分子生物学的发展奠定了坚实基础。同时，《基因论》使生物变异探秘成为可能。例如，杂交之所以能引起变异，其内在原因就在于杂交引起了基因重组。

总之，新达尔文主义将孟德尔遗传理论发展到了一个深入探索物种变异奥秘的新阶段。此外，摩尔根提出了“连锁遗传定律”，这是对孟德尔第二定律的重要补充和发展。它新就新在将遗传基因具体化了，并指出物种的形成途径不仅有达尔文渐变式，更有大量的突变式。这既是对传统达尔文主义的挑战，更是为后者做出了理论上的重要补充和修正。当然，新达尔文主义也存在一些局限性，因为它研究生物演化主要限于个体水平，而进化实际上是一种在群体范畴内发生的过程。此外，这一学派中相当多的学者忽视了自然选择作用在进化中的地位，因而它难以正确解释进化的过程。我们下面将要看到，新达尔文主义的上述局限性，正是现代综合进化论要解决的主要论题。

达尔文党豪思故居著名的“思索之路”（The sandwalk）。达尔文每天都在这里一边散步一边思考。

2. 现代达尔文主义（或称现代综合进化论）

这是现代进化理论中影响最大的一个学派，实际上它是达尔文自然选择理论与新达尔文主义遗传理论和群体遗传学的有机综合。

前面提到，孟德尔颗粒遗传理论的问世，是对融合遗传假说的根本否定，为自然选择的原料——变异提供了坚实的理论支撑。这原本应该顺理成章地导致学界对达尔文自然选择学说的接受和进一步支持，

加拉帕戈斯群岛（西班牙语义为龟岛，目前官方正式名称为科隆群岛）。达尔文在该群岛采集的芬雀标本被证明的确发生了物种变化，这一事实彻底动摇了他原来“物种不变”的神学观念，启发他后来创建了生物进化论。达尔文自己认为，在该群岛的科学实践是他进化思想的源头。

然而结果却出人意料，竟然阴差阳错，偏偏造成了两者在很大程度上的背离，甚至使许多人形成这样一种印象：孟德尔遗传学的诞生，便宣告了达尔文学说的死刑。其实，这完全是一种误解和误导，那是学科分离造成的恶果。的确，历史常喜欢给人们开玩笑，甚至恶作剧：本该进到这个房间的，却鬼使神差被送进另一个房间去了；那就是人们常说的20世纪早期出现的达尔文主义的“日蚀”年代。

1936年至1947年间产生的现代综合进化论，与其说是产生于新的知识和新的发现，还不如说产生于新的概念和学术观点。由于进化是涉及生物的全方位协同变化的过程，其中有地理的，也有历史的，有表现型的，更有基因型的，有个体现象，更有群体的综合机理。因而进化论研究应尽量避免学科间的分离和对立，力求各学科的有机统一和内在融合。由于物种演化是种内的群体行为，而同一物种基因库内基因的自由交流告诉我们，必须以群体为单位来研究物种的演化。过去无论是拉马克学说、达尔文学说还是新达尔文主义，都是从个体变异入手探讨物种演化，那实际上很难准确揭示出变异的真实过程及其进化效应。因而，现代综合论使遗传学、系统分类学和古生物学携手联合，贡献出了一种“现代达尔文

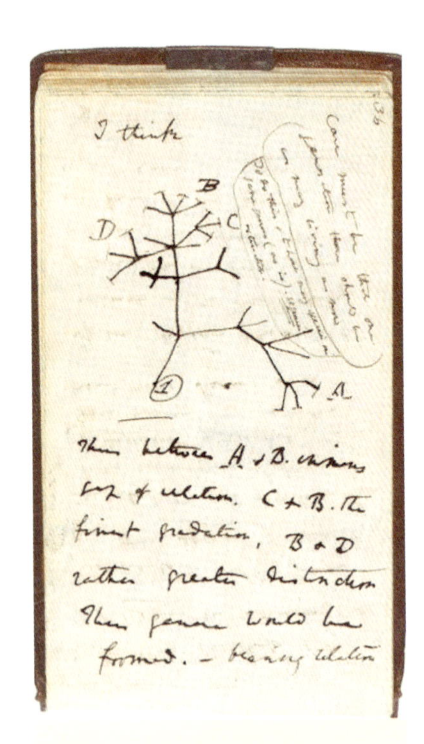

达尔文在其1837年物种起源笔记中的一幅著名的图，被后来学者公认为是达尔文“生命树”伟大思想的雏形。

主义”，它使达尔文的自然选择理论与遗传学的事实协调一致起来。对这个当代进化论主流学派做出重要贡献的有：1908年英国数学家哈迪和德国医生温伯格首次分别证明的“哈迪·温伯格定理”，从而创立了群体遗传学理论；后来又经英国学者费希尔、霍尔丹及美国学者赖特充分发展。费希尔在《自然选择的遗传理论》和霍尔丹在《进化的原因》中都充分阐述了自然选择下基因频率变化的数学理论，而且都证明了，即使是轻微的选择差异，也都会产生出进化性变化。

无疑，当时最有影响的著作要数俄裔美国学者杜布赞斯基的《遗传学与物种起源》（1937年），在这里，群体遗传学的基本原理与遗传变异的大量资料和物种差异的遗传，得到了巧妙的综合。此后，许多从系统分类学、古生物学、地理变异等方面讨论生物进化的重要著作都沿用了杜布赞斯基阐发的遗传学原理。这些著作主要有：迈尔的《系统分类学与物种起源》（1942年），该书详细论述了地理变异的性质及物种的形成；辛普生的《进化的节奏与模式》（1944年）及《进化的主要特征》（1953年），论证了古生物学资料也完全适用于新达尔文主义；当年曾力挺达尔文的T.赫胥黎的孙子J.赫胥黎的《进化：现代的综合》（1942年），则是一部最为全面的综合遗传学和系统分类学的著作；斯特宾斯的《植物中的变异和进化》（1905年），综合了植物遗传学和系统分类，指出新达尔文主义的遗传学原理不仅可以说明物种的起源，而且也同样能够解释高阶元单位（如属、科、目、纲等）的起源。

现代综合论的要点集中在两个方面。一是主张共享一个基因库的群体（或称居群或种群）是生物进化的基本单位，因而进化机制研究应属于群体遗传学的范围。所以综合理论在进化论研究方法上明显有别于所有以个体为演变单位的进化学说，其中数理统计方法的应用十分重要。二是主张物种形成和生物进化的机制应包括基因突变、自然选择和隔离三个方面。突变是进化的原料，必不可少，它通过自然选择保留并积累那些适应性变异，再通过空间性的地理隔离或遗传性的生殖隔离，阻止各群体间的基因交流，最终形成了新物种。

二、传统进化理论面临的挑战和发展机遇

从达尔文《物种起源》进化理论到“新达尔文主义”，再到“现代综合论”，这三个阶段的进化理论尽管在其研究对象、内容、方法和理论体系上各不相同，但它们皆偏重于“理论论证”和“哲学思辨”，而且都以“渐变论”为基调。自20世纪60年代末以来，进化论从“理论论证”开始向可检验的“实证科学”转型，并逐步发展成为内容宽泛的进化生物学。进化论的这次研究转型，我们称之为达尔文进化论的第三次大修正、大发展。这次大修正的浩繁工程刚刚离开起点不远，它试图通过揭示生命的分子层次的微观演化轨迹和真实的化石记录来间接和直接地重建地球生命演进的客观历史（即生命树的形成和历史演化、发展）及其规律，以对传统理论进行检测、修正和补充。这应该是达尔文当年最为期盼的，或者说是进化生物学“功德圆满”的终极大事。此时舞台上的主角自然就变成分子生物学、古生物学和发育生物学了。为此，欧洲和美国科学体已经在21世纪初开始投入巨额资金，分别启动了重建“Tree of Life”（生命树）的浩大工程。

一般说来，任何一种完善的理论都应该能够解释和回答该领域里全部或主要自然现象和难题。综合进化理论综合了百年来进化理论发展的主要理论思想成果，其普适性能够较好地解释大部分已知有关生物进化的现象。但是，跟所有其他学科一样，进化生命科学中一些旧问题解决了，新的难题便应运而生，其中有些问题很难在现成的综合理论中得到圆满答案。也正是这些严峻的挑战，为综合理论的修正、补充和发展提供了新的机遇。

这些挑战和机遇主要来自三个方面：新兴分子生物学和发育生物学的快速发展以及古生物学的复苏。

自1953年沃森和克里克关于DNA结构划时代的科学发现以来，分子生物学发展迅速。它对遗传的分子奥秘的不断揭示，使人们对突变和遗传性质有了更深的理解。这些新知识一方面丰富了综合理论，另一方面也向后者提出尖锐的挑战。首先发难的是日本群体遗传学家木村资生。1968年他提出了“中性突变漂变假说”，简称为“中性学说”。次年，美国学者金和朱克斯著文赞成这一学说，并直书为“非达尔文主义进化”，因为他们认为在分子水平的进化上，达尔文主义主张的自然选择基本上不起作用。这一学说的要点包括下述几点：① 突变大多数是“中性”的，它不影响核酸和蛋白质的功能，因而对生物个体既无害也无益。② “中性突变”可以通过随机的遗传漂变在群体中固定下来；于是，在分子水平进化上自然选择无法起作用。如此固定下来的遗传漂变的逐步积累，再通过种群分化和隔离，便产生了新物种。③ 进化的速率是由中性突变的速率决定的，即由核苷酸和氨基酸的置换率所决定。对所有生物来说，这些速率基本恒定。木村资生认为，虽然表现型的进化速率有快有慢，但基因水平上的进化速率大体不变。尽管如此，木村资生还是承认，中性学说虽然否认自然选择在分子水平进化上的作用，但在个体以上水平的进化中，自然选择仍起决定作用。

中性论是否与自然选择学说完全对立呢？

中性论是否有可能统一到新的综合进化理论中去呢？美国现代分子进化学家阿亚拉认为，“自然选择在分子水平上同样发挥着实质性的作用”（1976，1977），其证据表现在分子进化的保守性、对“选择中性的突变”的选择以及选择在生物大分子的适应进化中起作用（贺福初、吴祖泽1993，1995）等。近年来，似乎出现越来越多的证据显示自然选择作用在分子进化水平上的有效性。比如，有些实验观察到，某些中性突变并不是绝对“中性的”，它们在不同的环境条件下，可以转变为“有利突变”或“不利突变”，从而受到大自然的青睐选择或淘汰摒弃。目前，探索和讨论仍在继续，还远未达到做结论的时候。

进化理论是一门关于重建并阐明生物进化历程和规律的学科，它必须首先揭示出生物演进的真实面貌。传统进化论一直将生物演化描绘成一个渐进过程。然而，近30多年来古生物学的发展告诉我们，生物演进中充满了大大小小的突变事件。于是，“间断平衡”演化理论在古生物学家中获得了最大的认同（艾尔瑞奇和古尔德，1972年）。在这些突变事件中，最大的更替性事件分别发生在古生代与中生代之交以及中生代与新生代之交，这可能是地外事件（如陨星撞击地球等）和多种地球事件（火山、冰川、干旱等）联合作用的结果。而最大的动物创新事件则发生在寒武纪与前寒武纪之交。过去，人们早就知道，在这不到地球生命史百分之一的一段时期里，“突然”演化出了绝大多数无脊椎动物门类。近年来我国学者首次在寒武纪早期不仅发现了可靠的无脊椎动物与脊椎动物之间的重要过渡类型半索动物和原始脊索动物，甚至还出人意料地发现了真正的脊椎动物（昆明鱼、海口鱼和钟健鱼），使这一生物门类“爆发”事件更为宏伟壮观（侯先光等，1999；陈均远，2004；舒德干，2008）。面对“寒武大爆发”的突发性，达尔文当年深感困惑。而现代学术界认识到，这一“爆发”比原来设想的力度还要大。那么，在综合理论之外，是否还存在着大突变、大进化的特殊规律和机制，无疑是进化论者必须回答的一个重大课题。十分值得欣慰的是，尽管学界在探索扣动大爆发“扳机”的激发机制（即导致爆发的内因和外因）上仍众说纷纭、莫衷一是（详见Signor and Lipps，1992；舒德干，2008），人们却在另一原则问题上开始取得了共识：地史上这场规模最为宏伟的动物爆发式创新事件，在本质上不同于中生代之初和新生代之初的以动物纲、目、科的新老更替为基调的辐射事件；它应该是一次由量变到质变（突变）、从无到有的自然发生的“三幕式”的动物门级创新演化事件，其发生与发展过程与上帝“特创”无关。200年来，对这项“自然科学十大难题之一”的奇特事件的认知曾经历了相当曲折，但不断接近真理的历程。

1. 1809年拉马克的《动物学哲学》为科学进化论铺设第一块基石后不久，进化思想便在欧洲幽灵般地蔓延开来。此时，一直在英国思想学界占统治地位的宗教界和自然神学派慌了手脚。19世纪30年代，他们组织各路“精英”人马撰写了一套名为“*Bridgewater Treatise*”的“水桥论文集”，搜集整理甚至刻意编造、曲解各种自然现象，以附和圣经教条，颂扬上帝创世的英明和智慧。是时，牛津大学著名的地质古生物学教授

不同历史时期关于寒武纪大爆发本质属性认知的三种传统假说。它们共同的不足是，都未能从谱系进化上反映整个动物界成型的全过程。

W. Buckland在论文集中撰写了一篇名为《自然神学与地质学及矿物学》的论文；文中绘声绘色地描述了寒武系底部大量动物化石如何瞬间被万能上帝所创生的故事（注：当时尚无“寒武纪”概念）。“生命大爆发”概念的首次面世，实际上是神创论者献给上帝的一份厚礼。

2. 面对这份“厚礼”难题，几代自然科学工作者为追求真理、搞清事实真相进行了艰苦卓绝的探索，提出了各种各样的解绎寒武大爆发事件的科学假说或猜想。其中，关于大爆发本质内涵的假说，如下四个最具代表性，它们正一步步逼近真理。

A. 达尔文的“非爆发”假说（1859）。其推测的理由很简单，就是前寒武纪“化石记录保存的极不完整性”。他预言，随着未来研究的深入，在“大量化石突然出现”之前的地层中（注：即前寒武纪地层中），一定会发现它们的祖先遗迹。达尔文的预测后来被部分地证实了。面对神创论的“瞬间创生说”，他当时提出“非爆发”假说是十分明智的，这对进化论的初期成功创立更具有积极意义。但是，该基于“自然界不存在飞跃”信条的假说毕竟离生命演化的真实历史存在着较大的偏差。

B. 美国著名古生物学家、国家科学院院士古尔德的“一幕式”假说（1989）。这是他的“间断平衡论”的延伸和放大。该假说对传统“纯渐变论”而言的确是一个进步。由此，学界开始取得共识：寒武纪生命大爆发实质上是动物界（或称后生动物）的一次快速的宏伟创新事件：“寒武纪一声炮响，便奠定了现代动物类群的基本格局。”该假说影响相当广泛，我国有些著名学者也持类似观点；他们附和“大爆发事件瞬间性”的主张，认为寒武纪大爆发导致几乎所有动物门类“同时发生”，从而使它们在演化跑道上“都站在同一起跑线上”。他们还甚至定量推测，寒武纪大爆发的全过程“只不过两百万年或更短的时间”（百万年在地质编年史上确系弹指一挥间）。

C. 英国皇家学会会员福泰（R. Fortey）等人的“二幕式”假说（1997）（英国皇家学会会员S. Conway Morris、美国国家科学院院士J. Valentine等许多学者也都持相近的观点，虽不尽相同）。经半个多世纪的反复探究，大多数古生物学家不仅认识到了前寒武纪晚期与寒武纪早期动物群（尤其是“文德动物群”）之间的演化连贯性（舒德干等，*Science*，2006；舒德干与Conway Morris，2006），更看到了两者之间演化的显著阶段性。这是“二幕式”假说的基本依

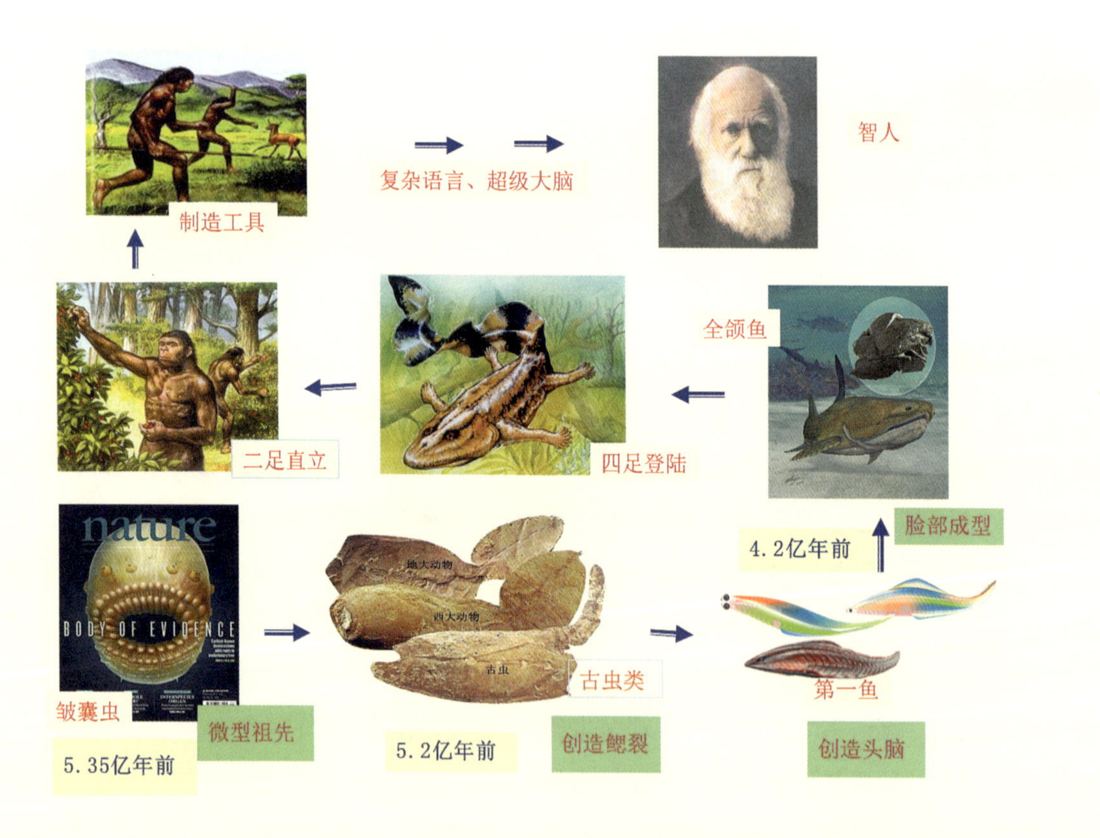

基于舒德干团队关于早期动物起源演化的系列性发现成果，他们深层次解绎“人类由来”的早期演化路径，勾勒出从显生宙初期以来人类祖先进化发展的基本脉络；其中奠基性的器官构造创新事件主要发生在5.2亿年前：最初出现了有口无肛的单一微球囊动物“皱囊虫”，紧接着诞生了绝灭了的“二分体型”动物古虫动物门（前体具口和鳃裂，后体具肠道和肛门），最终演化出“三分体型”（头—躯干—肛后尾）始祖昆明鱼目，即“天下第一鱼”。一百多年前，胚胎发育学就认识到“人的本质是一条鱼”，深刻揭示了第一鱼与我们人类一脉相承的进化关系。（说明：该图中在四足鱼登陆事件后还可包括“羊膜卵出现”和“毛发—哺乳创新”事件，它们都是脊椎动物不断征服陆地的关键性进化节点）。

据。无疑，该假说比“一幕式”假说更接近历史的真实：“罗马绝非一日建成”，动物界的整体爆发创新不是“百万年级”的一次性“瞬间”事件，而应该是“千万年级”的幕式演化事件。

D. “三幕式”新假说。与“一幕式”假说相较，“二幕式”假说显然更符合实际的动物演化史和地球表观发展史。然而，它仍存在一个严重的缺陷：尽管它恰当地标定了爆发的始点和前期进程，却未能限定爆发的终点。于是，学术界便出现了形形色色的猜测：要令绝大多数动物门类完成形态学构建并成功面世，有些学者认为，能胜任完成这一历史使命的寒武纪大爆发很可能会延续至著名的中寒武世的布尔吉斯页岩，另有人甚至推测，该创新大爆发应结束于晚寒武世之末。那么，这次大爆发的本质内涵和历史进程到底有怎样的庐山真面目？破解难题的钥匙又会藏匿何方仙洞？生物学和地史学现在已经逐步形成了共识：a. 寒武大爆发几乎形成了所有动物门类，或者说已经构建了整个动物界的基本框架；b. 动物界主要包括三个亚界，而现代分子生物学、发育生物学和形态解剖学信息皆已证实，这三个亚界（“基础动物”或双胚层动物亚界、原口动物亚界及后口动物亚界）是由简单到复杂、由低等到高等先后分别经历了三次重要创新事件而依此形成的（Nielsen，2001；舒德干，2005，2008）；即是说，动物界或动物之树的成型经历了明显的三个演化阶段；c. 由此不难得出结论，当包括我们人类在内的后口动物亚界完成构架之时，即是整个动物界成型之时，也就应该是寒武大爆发基本结束之日（此时，动物的“门类”创新已经基本结束，尽管后续演化中还会在各门类里不断出现新纲、新目的“尾声”）。

一般认同，现代后口动物亚界共包含 5 大类群（或门类）（棘皮类、半索类、头索类、尾索类和脊椎类）。过去学术界之所以无法在寒武纪内标定出大爆发的终点，关键在于未能在寒武纪任一时段发现这 5 大类群，尤其是其中最高等的脊椎动物（或有头类）。十分幸运的是，大自然恩赐给科学界一份超级厚礼——澄江化石库。经过20年的艰苦探索，人们在这个宝库不仅发现了所有 5 大类群的原始祖先，而且还发现了另一个已经绝灭了的后口动物类群——古虫动物门。基于这些早期后口动物亚界中完整“5+1”类群的发现和论证（舒德干等，*Nature*：1996a，1996b，1999a，1999b，2001a，2001b，2003，2004；舒德干等，*Science*，2003a，2003b；陈均远等，*Nature*：1995，1999；侯先光等，2002；张喜光等，2003；舒德干，2003，2005，2008），“三幕式”寒武大爆发假说（或“动物树三幕式成型”理论）便水到渠成、应运而生（舒德干，2008；舒德干等，2009）。该假说的概要是：a. 前寒武纪最末期约2千万年间，出现了基础动物亚界首次创生性爆发：除延续了极低等的无神经细胞、无组织结构、无消化道的海绵动物门的发展之外，它更构建了刺胞动物门、栉水母动物门，而且还造就了多种多样“文德动物”的繁茂；此外，该时段的后期也产出了原口动物亚界的少数先驱。b. 在早寒武世最初的近2千万年的所谓“小壳动物”期间，原口动物亚界基本构建成型，尽管节肢动物门多为软体，尚未“壳化”；此时，后口动物亚界的少数先驱分子已崭露头角。c. 接下来的澄江动物群时期，动物界演

1998年6月11日舒德干访问达尔文故居，在门厅的大型展板前聆听达尔文。

化加速，在短短的数百万年间快速实现了“口肛反转”和鳃裂构造创新，以及Hox基因簇的多重化（常为四重化）；不仅成功完成了由“原口”向“后口”（或次生口）的转换，而且还实现了该谱系由无头无脑向有头有脑的巨大飞跃；由此，后口动物谱系的“5+1”类群全面问世，从而导致该亚界完成整体构建。至此，大爆发宣告基本终结。d. 严格地说，澄江动物群之后的数千万年间，包括加拿大著名的布尔吉斯页岩在内，应该属于“后爆发期”（Post explosion）或“尾声”（Epilogue）。尽管它维持甚至发展了动物的高分异度和高丰度，但已经基本上不产生新的动物门类了。

3. 值得一提的是，生物门类的绝灭一直被蒙上神灵发威的神秘色彩。寒武大爆发这一动物界伟大创新事件不可避免地也伴随着一些门类（如古虫动物门和叶足动物门）的绝灭，对此，神创论无法给出恰当的说明，然而，古生态学研究告诉我们，这种现象在生存斗争—自然选择学说那里却很容易得到有说服力的解释。显然，正是这些形态学和生理功能上皆相对欠适应的门类被淘汰而绝灭，才为狭路相逢的脊椎动物未来的大发展腾出了广阔的生态空间；这是动物界高层次的正常新陈代谢。

回顾古生物学近200年来的进展，我们欣喜地看到，动物界和植物界演化的许多谜团不断被破解，各级各类大大小小的类群的演化谱系不断被揭示；在这方面，脊椎动物学的进展尤其突出，诸如为着构建由具鳔偶鳍类向具肺四足类的演化框架或探明由恐龙向真鸟类过渡的实际路径，古生物学家已经信心满满，因为他们手头精美的化石材料日臻丰富和完善。随着多学科联合作战的深入开展，显生宙几个重大的绝灭—复苏—再辐射事件的神秘面纱正在被逐步揭开。然而，前寒武纪漫长岁月的众多奥秘仍然深埋在黑暗之中；它们在等待科技的进步，在等待古生物工作者新的努力。

发育生物学的前身胚胎学曾为达尔文当年构建进化论大厦立下过汗马功劳。今天，由它与分子遗传学联姻形成的现代发育生物学有望为当代进化论的发展提供进一步的重要支撑，其担当学科就是近20年来形成的发育进化生物学（Evo-Devo）。进而，它与古生物学的交融，可以通过化石生物、胚胎发育和基因调控等多方面研究成果的相互验证，通过历史与现代、宏观与微观的综合分析，将能有效地破解生物器官构造的形成、生物类群的起源与进化、生物多样性起源等一些重大难题。

例如，在发育生物学中人们利用追索同源调控基因的转导信号，可以对某些复杂器官的起源产生全新的认识。眼睛是一种结构和功能都十分复杂的构造，早年曾被人用来刁难达尔文的自然选择学说。达尔文虽然也举出了一些眼睛的可能的中间过渡环节例子来勉强说明自然选择的作用。然而，他却无法阐释几种明显不同类型眼睛之间的关系。无论是从结构特征，还是发育过程上看，昆虫、头足动物和哺乳动物的眼睛都迥然不同：昆虫是复眼，头足动物的眼睛是由同一基板上两个分离区域共同发生而成，而哺乳动物的眼睛则是源于与外胚层表面相连的间脑的一个膨胀区域。所以，传统发育学家都认为，它们尽管功能相同，但结构不同，应属于趋同构造，无同源性可言。然而，近年的发育进化生物学研究结果显示，这三种眼睛都是一种叫作*Pax6*的调控基因作用的结果。于是，人们对同源性便有了新的理解。

又例如，如果对一种称作同源框基因簇（Hox gene cluster）的调控基因的各种变化与早期动物化石多样性的关系进行深入的综合研究，将很有希望帮助人们揭示出寒武纪大爆发创新众多动物门类的奥秘。

分子发育遗传学研究告诉人们，同源框（Hox）基因几乎在所有动物的发育过程中都控制着身体各部分形成的位置（尤其是确定动物身体轴向器官的分布、分节、肢体形成等），因而在主要生物类群的产生与生物多样性起源中扮演着类似总设计师、总导演或“万能开关”的角色。同源框基因是一种同源异形基因（homeotic gene），在胚胎发育过程中能调控其他基因的时空表达，将空间特异性赋予身体前后轴上不同部位的细胞，进而影响细胞的分化，于是便保证了生物体在正常的位置发育出正常形态的躯干、肢体、头颅等器官构造。然而，如果它们发生突变，便会导致胚胎在错位的地方异位表达，产生同源异形现象（homeosis），使动物某一体节或部位的器官变成别的体节或其他部位的器官。这些基因突变，在胚胎早期引起的变化很微小，但随着组织、器官的分化成型，其影响会被“放大”，导致身体结构发生重大变化，形成“差之毫厘、谬以千里”的负面效应或“四两拨千斤”的跳跃式演化效应。

2015年2月舒德干访问加拉帕戈斯群岛的达尔文基金会。

调查发现，在除海绵之外的所有无脊椎动物中，各种同源框基因（最多为13个）按顺序排列在同一染色体上，串联成一条链条状同源框基因簇。

如果这条同源框基因簇发生整体性多重复制的话（常为 4 倍复制，并分别位于4个染色体上），那么，无脊椎动物（低等脊索动物）就演变成了脊椎动物。

在后口动物亚界和原口动物亚界的各类动物中，其同源框基因簇有着相似的调控作用和表达方式。而且，尽管各主要门类在身体结构上彼此存在着显著的差异，但其身体结构的基本格局却受相似的基因系统控制。然而，当这些基因发生变异时，便会“魔术般”地产生形形色色的动物类群。后口动物亚界与原口动物亚界在同源框基因簇上的区别，主要表现在这13个基因中最后部的三四个基因上。显然，寒武纪大爆发、大分异的形成很可能与此密切相关。这些现象背后的机理都值得今后着力探索。长期以来，戈尔德施密特（R.B. Goldschmidt）提出的染色体改变等较大的突变有可能形成生物体崭新的发育式样和成体构造的猜想，一直受到以渐变论为基调的综合进化论学派的诟病。然而，近年来所观察到的同源框基因簇发生形形色色的突变所引起的显著宏观进化效应向我们显示，戈氏的“充满希望的怪物”（hopeful monster）这一著名猜想并非完全想入非非。

综合进化论较好地解决了生物个体和群体（居群）层次上的自然选择机理。但是，生物演化是否存在着多层次的不同机制，譬如分子水平上的非选择机制，物种水平上的某种特殊的“物种选择”机制，将是进化论发展所面临的更深更广的论题。放开来说，如果地球早期生命真是“天外来客”的话，如果将来科学真能使人类与外星系可能存在的生命进行沟通的话，地球生物进化研究将获得某些可供比较的体系，生物进化论无疑还会不断修正、补充和发展。人类对生命真谛及其演化的认识，可能才从起点出发不远；尤其在其微观层次和演化历史领域，更是如此。展望未来，任重而道远。当下，分子生物学和进化发育生物学方兴未艾；古生物学重大突破性成果不断涌现。它们进一步联手，有望在重建地球生命树及其早期演化历史的探索上取得关键性突破，从而为进化论第三次大修正做出实质性贡献。

舒德干院士一席演讲：5亿年前的人类远祖（视频版）

舒德干院士一席演讲：5亿年前的人类远祖（音频版·上）

舒德干院士一席演讲：5亿年前的人类远祖（音频版·下）

中译本前言

Preface

西蒙・康威莫里斯

（1998年12月于剑桥大学）

现在，他这本《物种起源》的重要性，已不言而喻了。实际上，他早年关于进化原理的这些论述，现在已被人们视为显而易见的真理。这本巨著的影响是如此之巨大，使得有关他的那些故事，譬如那漫长的贝格尔号环球旅行，后来又从喧嚣的伦敦隐居到乡村的党豪思（自1842年至达尔文1882年逝世，他全家在这里居住了整整40年。——译者注），以及他缠绵不断的疾病困扰，曾一而再、再而三地被人们所传颂。

1849年的达尔文（T. H. Maguire画）。

早在1882年去世之前，达尔文便被公认是那个世纪最伟大的一位科学家。在他二世纪华诞（2009年）临近的今天，人们不仅更加认识到他的伟大，而且还形成了这样的共识，他在生命科学上的研究方法及其成就的深远意义仍远未为人们所全面认识。起初，他十分担心，他那个由一系列学术思想构成的理论体系是否能赢得大众广泛的认同。然而，他心里非常清楚，他的理论是符合真理的，正如爱因斯坦坚信自己的广义相对论一样。而且，他还坚信，即使对这些原理的论证还不够完善，但自然选择的进化原理终将成为生命科学中不朽的基本思想。

现在，他这本《物种起源》的重要性，已不言而喻了。实际上，他早年关于进化原理的这些论述，现在已被人们视为显而易见的真理。这本巨著的影响是如此之巨大，使得有关他的那些故事，譬如那漫长的贝格尔号环球旅行，后来又从喧嚣的伦敦隐居到乡村的党豪思（自1842年至达尔文1882年逝世，他全家在这里居住了整整40年。——译者注），以及他缠绵不断的疾病困扰，曾一而再、再而三地被人们所传颂。已故的约翰·波尔比对此深有研究：达尔文很糟糕的身体状况及其摇摆不定的宗教信仰，使他曾担心他这些学术思想尚未完成便会有人捷足先登，对他自己是否能够成功而安全地架起逾越宗教信仰和科学真理间的鸿沟的桥梁也不无忧虑。的确，即使今天我们能够“事后诸葛亮”，也很难完全说清有关达尔文的传奇故事。一方面，我们需要学习《物种起源》中一些具有永恒价值的东西；另一方面，也很有必要去认识那些曾给达尔文带来成功和鸿运的外部条件。假如没有这些幸运的客观条件，他也许最终会成为一个不成功的医生，或者一个平庸的牧师，或者只是在优雅的乡村环境里养病休闲；要不，就像他哥哥拉斯那样，在都市里过着漫无目的的生活。回顾他独特的人生道路，对我们大家也许会有所教益。过去，我们在评价达尔文成功道路时，有一点没有足够地认识到，就是当他登上贝格尔号时，他把自己首先看作是一名地质学家。当他经历了五年漫长的环球旅行安全回到英格兰时，仍视自己为一名地质学家。无疑，在他完成这次环球旅行，还未来得及开启他第一本航行日记，导致他二十三年后《物种起源》问世的那些思想萌芽便已在脑子里开始形成了。达尔文是伟大地质学家莱伊尔的热烈崇拜者，即使后来两人在关于进化理论及人类在进化中的地位等问题的认识上分歧很大，以致关系有些紧张，但他们仍是诚挚的朋友。正是莱伊尔向达尔文建议，在读完他多卷本巨著《地质学原理》之后，应思考一下地质时期是否比过去想象的要漫长得多。于是，在这种漫长的时间框架下，自然作用过程如果不是周期性发生的话，便可以渐变的形式逐步发生。同时，只要我们仔细考察地球上的岩石和地貌景观，便可以搞清它的发展历史了。无疑，同样的原理也完全可以适用于有机界的演化。达尔文时代的地质学跟现代的地质学一样，常常只基于一些零碎甚至一些不十分可靠的证据便可以大胆地提出各种各样的假说。我们从达尔文的早期经历，尤其是他的地质学思想可以看出，这种科学研究方法及思维方式对于他探索物种的起源显然具有独特的价值。

剑桥大学有两个人在早年对激发达尔文的科学兴趣曾起过特殊的作用，一个是约翰·亨斯洛，另一个是亚当·塞奇威克。前者是一位植物学家，对达尔文影响很大，曾给他许多有益的指导和鞭策。在起初达尔文尚无明确的研究方向时，他便敏锐地觉察出这位年轻人的内在潜力。塞奇威克是一位地质学家。正是他带领达尔文进行了跨越威尔士北部的野外地质旅行（1831年）。从这个复杂的地质结构体中，达尔文第一次学会了如何在通常外行看来是杂乱无章的地质体中理出头绪和规律。塞奇威克直到晚年也没有接受达尔文的进化理论，而在达尔文其他一些朋友中，无论是植物学家约·胡克，还是莱伊尔，在很大程度上都对他的革命性的进化论持有保留态度。然而，这些杰出的科学家却对他都十分敬重。而且，达尔文还有许多热烈而忠诚的崇拜者，其中最突出的代表要算是争强好胜的托马斯·赫胥黎。除了这些挚友之外，他还拥有一大批笔友，其中包括科学家、动物配种家，外国专家和植物学家，他们常常为达尔文大量的咨询难题提供详尽的答案。在众多有可能成为达尔文学术论敌的人中，华莱士也曾独立地发现了物种起源的基本理论。然而，他并不将自己视为达尔文学术上的竞争者，而认为两人都同时发现了这一伟大的生命奥秘，而且他欣然承认，在其他方面，达尔文比他的认识要深刻得多。当然，不是所有的人都爱戴、尊重达尔文。他也有一些像理·欧文和乔·米伐特这样的宿敌。然而，达尔文从未因为遭到各种学术上的非议而悲哀，更未屈服于任何人身攻击和嘲笑。

诚然，达尔文是一位了不起的人物，尽管有些方面还令人费解。就是这样一个人，当他走过珊瑚礁时，便能正确地解释它的形成机理；也是他能花费艰巨细致的劳动去揭示藤壶极其复杂的内部构造；他曾为兰花精美的构造拍案叫绝；他也曾着迷于家鸽形形色色变种的配育；他还对蚯蚓缓慢而持续不断的活动效应进行过深入的研究；此外，他还曾试图从整体上去探寻生命的真谛和演进。然而，所有这些工作，其起点都可以追溯到《物种起源》。

引 言

（本书第一版面世前关于“物种起源”思想的发展过程）

A Historical Sketch

在物种起源问题上进行过较深入探讨并引起广泛关注的，应首推拉马克。这位著名的博物学者在1801年首次发表了他的基本观点，随后在1809年的《动物学哲学》和1815年的《无脊椎动物学》中进行了进一步发挥。在这些著作中，他明确指出，包括人类在内的一切物种都是从其他物种演变而来的。

达尔文在自己的花房。

在正文之前，我想扼要谈谈有关“物种起源”思想的发展过程。一直到最近，绝大多数博物学者仍然相信物种是由造物主一个一个造出来的，而且这些物种一经造出，便不再变化。其他许多作者也支持这种观点。但另一方面，也有为数不多的博物学者认为物种在变，现存的物种不过是过去物种的后代。古代学者①对这个问题只有些模糊认识，姑且不论；近代从科学角度讨论物种的，布丰当为第一人。然而，在不同时期他的观点变动很大，而且他也没有论及物种变异的原因和途径，所以我就不打算在此详细讨论了。

布丰（G. L. Buffon，1707—1788）

在物种起源问题上进行过较深入探讨并引起广泛关注的，应首推拉马克。这位著名的博物学者在1801年首次发表了他的基本观点，随后在1809年的《动物学哲学》和1815年的《无脊椎动物学》中进行了进一步发挥。在这些著作中，他明确指出，包括人类在内的一切物种都是从其他物种演变而来的。拉马克的卓越贡献就在于，他第一个唤起人们注意到有机界跟无机界一样，万物皆变，这是自然法则，而不是神灵干预的结果。拉马克物种渐变的结论，主要是根据物种与变种间的极端相似性、有些物种之间存在着完善的过渡系列以及家养动植物的比较形态学得出的。至于变异的原因，他认为有些与生活条件有关，有些与杂交有关，但最重要的还在于

① 亚里士多德在其所著《听诊术》第二册第 8 章第 2 页说道：降雨并不是为了使谷物生长，也不是为了毁坏农民户外脱了粒的谷物。接着他将同样的观点应用于生物体，他说（这些话是格里斯翻译并首先告诉我的）：“于是，没有什么东西能阻止身体各部分发生自然界中的偶然巧合现象。例如，因为需要便长出了牙齿，门齿锐利，适于切割，臼齿钝平，适于咀嚼；但它们并不是为了这些功能而形成的，这只不过是偶然的结果罢了。身体的其他部分也是这样，它们的存在似乎要适应某种目的似的。于是，身体上所有构造，都好像是为着某种目的而形成，再经过内在自发力量适当地组合之后，便被保存下来了。如果不这样组合而成，便会灭亡或已经灭亡。”从这里，我们可以看到自然选择原理的萌芽，然而亚里士多德对这一原理认识粗浅，从他对牙齿形成的看法便可窥见一斑。

长颈鹿的演化过程示意图。（李北巍摄于西北大学博物馆）

器官的使用与否，即生活习性的影响。在他看来，自然界一切生物对环境美妙绝伦的适应现象，都是器官使用程度的结果。例如长颈鹿的长脖子就是由于它经常引颈取食树叶的结果。然而，他也相信生物进步性发展的法则。既然生物都有进步性变化的趋势，所以为了解释现在还存在着简单生物，他便坚持认为目前仍在不断自发地产生着新的简单生物。①

据圣伊莱尔的儿子为他所做的传记记载，早在1795年圣伊莱尔

① 我所记得拉马克学说首次发表的日期，是根据小圣伊莱尔 1859 年出版的《博物学通论》第 2 卷第 205 页。这是一部讨论本题历史的优秀论著，对布丰的观点也有详细的记载。奇怪的是，我的祖父伊·达尔文医生早在 1794 年出版的《动物学》里便已经阐发了与拉马克极其相似的错误见解。据小圣伊莱尔，歌德也极力主张这一观点，尽管他在 1794 年和 1795 年著作的导言中提出了这些主张，但这些书却很晚才出版。又据梅定博士的《作为博物学家的歌德》第 34 页，歌德主张，今后博物学家要研究的问题是：牛是如何获得牛角的，而不是如何使用牛角的。很有意思的是，在 1794 年至 1795 年间，德国的歌德、英国的达尔文和法国的圣伊莱尔皆对物种起源提出相同的看法。

便开始推测，我们所说的物种是由过去同一物种繁衍而来的各种产物。但直到1828年他才正式发表他的观点，即所有物种自形成以来并非一成不变。至于变异的原因，圣伊莱尔认为生活环境是主要因素。然而他在做结论时极为谨慎，而且认为现存物种并未变异。正如其子补充的那样："假如将来一定要讨论这个问题的话，那就留给未来去讨论吧。"

1813年威尔斯博士在皇家学会宣读了一篇论文，题目是《一个白人妇女的皮肤与黑人局部相似》。然而，这篇文章直到1818年他那著名的"关于复视和单视的两篇论文"问世时才得以发表。在这篇文章里，他已清楚地认识到自然选择的原理，这是对这一学说的首次认识。但他的自然选择只限于人类，而且只限于人类的某些性状特征。他在提到黑种人和黑白混种人都具有某些热带疾病免疫功能这一事实之后指出：首先，所有的动物都具有变异的趋向；其次，农学家利用选种的方法进行家畜的品种改良。接着他又补充指出："跟家畜的人工选择一样，自然界也在缓慢地改造人类以形成几个不同的人类变种，使他们适应各自的居住领地。起初散居在非洲中部的居民中，有少数可能产生了偶然的人类变种，其中有些有更强的抗病能力。结果，该种族便繁衍增多；而其他种族则减少，因为他们既不能抵抗疾病，也不能与强壮的邻族竞争。如前所述，这个强壮的种族当然是黑人。在这个黑肤种族中，变异继续发展，便产生了更黑的种族。肤色愈黑，便愈能适应当地的气候。结果，肤色最黑的类别，即使在当地不是唯一的类别，也是最繁盛的一支。"他还用同样的观点，讨论了居住在寒冷地带白种人的情况。我十分感谢罗莱先生，是他通过白莱斯先生唤起我注意到威尔斯以上论述的。

后来曾任曼彻斯特区教长的赫巴特牧师，在1822年出版的《园艺学会记录》第4卷，以及1837年发表的《石蒜科研究》一文中指出："园艺实验已经无可辩驳地证明了植物学上的物种，只不过是较高级而较稳定的变种而已。"他还将该观点引申到动物界。他认为每一属内独立的物种，都是在原有变异可塑性极大的情况下创造出来的。这些被创造出来的物种，主要是通过杂交和变异形成的。

《物种起源》1859年第一版。（陈静摄于美国西雅图弗莱德·哈金森癌症研究中心）。

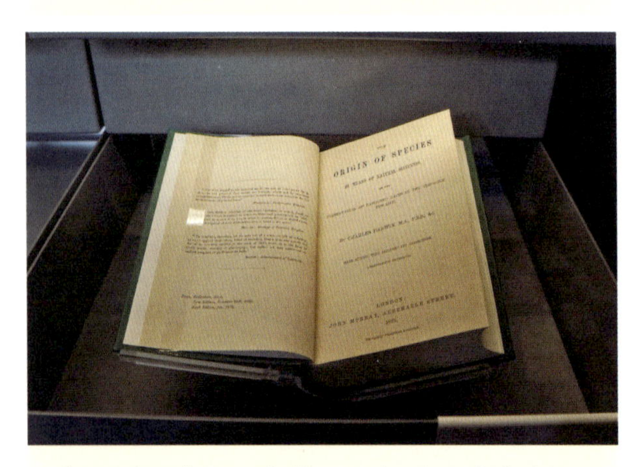

《物种起源》1872年第六版（达尔文亲自修改的最后一版）。（陈静摄于英国伦敦自然历史博物馆）。

不同版本的《物种起源》。

于是便一步步产生了我们今天所有的物种。

1826年，格兰特教授在他的一篇著名的《淡水海绵》论文的结尾处，明确地表述了他的观点。他认为物种是由别的物种衍传而来的，并且可因变异而改进。他的这一观点，在他1834年发表的第55次演讲录中（刊于医学周刊）被再次提及。

1831年，马修先生在其《造船木材及植树》一文中关于物种起源的观点，与我和华莱士先生在《林奈学会杂志》上发表的观点（下详），以及本书将进一步陈述的思想完全一致。遗憾的是，马修先生的论述过于简略，且又散见于一篇与该论题不大相关的著作的附记之中。因而，直到1860年，经马修本人在《园艺家时报》上重新提出之后，才引起人们的关注。马修先生的观点与我的观点大同小异。他认为地球上的生物曾经历过数次绝灭和复苏；他还认为，即使没有“先前生物的模型和胚芽”，也能产生出新类型。在我看来，他的理论似乎特别重视生活条件的直接影响。但无论如何，他已看清了自然选择的整体力量。

著名地质学家和博物学家冯·布赫在其《加那利群岛自然地理志》这一优秀论著中明确指出，变种可以渐变为恒定的物种，而且一旦成种之后，便不能再进行杂交了。

1836年，拉弗勒斯克在其《北美洲新植物志》一书第6页上曾指出：“一切物种，可能都经历过变种阶段；而许多变种，很可能通过逐渐获得固定特征之后而演化成物种。”然而，他在第18页却补上一句：“属的原型和祖先例外。”

1843—1844年间，哈德曼教授从正反两方面的观点介绍了物种形成和变异的理论，他本人似乎倾向于物种变异的理论。该文发表于美国《波士顿博物学杂志》（第4卷，第468页）。

1844年，无著者名的《创造的遗迹》一书出版。在1853年第10次增订版中有这样一段话："经过仔细考虑之后，我们认为，生物界的各系列，从最简单、最原始的生物到最高级、最近代的生物，都是按上帝的旨意，由两种冲动力形成的。第一种冲动力赋予生物类型。它们在一定时期通过生殖的方式，经历级级递进，从最低等生物进化成最高等的双子叶植物和脊椎动物。这类生物级次不多，而且在生物性状上常有间断，使我们较难决定它们之间的亲缘关系。第二是与生命力有关的冲动。它在世代演变中受各种环境因素如食物供应、居所和气候等的影响，并引起形态构造的变化，这便是'自然神学家'的所谓'适应'。"该书作者显然相信生物体制的演化是突变的、跳跃式的，但他也相信生物受环境作用而发生的变化是逐渐进行的。他依据一般的理由，极力主张物种决非不变。但是，很难搞清他所谓的两种冲动力，如何在科学意义上解释自然界众多奇妙的适应现象。例如，我们很难运用他的理论去阐明啄木鸟是如何演变而适于它特有的生活习性的。该书最初的几版错讹较多，极不科学严谨，但由于风格犀利而优美，所以广为流传。依我看，此书在英国有过很大的贡献，它唤起人们对生物演变的注意，使人们抛弃成见，以接受类似的进化理论。

1846年，经验丰富的地质学家德马留斯·达洛在布鲁塞尔皇家学会公报上发表了一篇短小精悍的论文。他认为，新物种由演变而生的理论应比分别创造出来的理论更为可靠。他这一看法早在1831年就曾经发表。

1849年，欧文教授在《附肢的性质》第86页中写道："从生物体的各种变化来看，原型的概念，在我们这个地球上，远在那些动物被证实存在之前就存在了。但靠什么自然法则或次生原因使它发展成生物，尚不得而知。"1858年，他在不列颠科学协会演讲中谈到"创造力连续作用或生物按既定法则而形成的原理"（第51页）。接着在第90页又在谈到生物的地理分布之后说："这些现象，使我们关于新西兰的无翼鸟和英格兰的红松鸡是各自在这些岛上被创造出来的以及它们是专为这些岛而分别创造出来的信念，发生了动摇。此外，应牢记，动物学家所谓'创造'的意思是，'他不知道这是一个什么样的过程'。"他还进一步发挥说，当红松鸡这样的例子"被动物学家举出当作专门在这些岛上并专门在这些岛上被创造出来的证据时，主要是想表示出，他并不知道红松鸡如何会产在那里，且只产在那里。从动物学家这种表示无知的方式看，他是想表达这样的信念，即鸟和岛的起源，皆因一个伟大而

欧文（Richard Owen，1804—1892），英国生物学家。

初创的原因所致”。如果我们将他同一演讲中前后言辞进行比较，可以看出，这位著名的哲学家在1858年并不知道无翼鸟和红松鸡在其各自故乡产生的原因，或者说，他不知道这个过程是“什么”，因而感到信念动摇了。

欧文教授的演讲，发表于我下面即将提到的华莱士与我在林奈学会宣读《物种起源》之后。当本书首次出版时，我和许多人都被欧文教授所谓“创造力连续作用”所迷惑，以为他跟其他古生物学家一样坚信物种不变。但是，按他在《脊椎动物解剖学》第三册第796页的文字，我似乎又觉得自己弄了个可笑的误会。所以，我在本书最近一版，曾根据他在《脊椎动物解剖学》第一册上有关“模式型”的一段话（第35页）推测他的观点，认为欧文教授亦承认自然选择作用与新种的形成关系密切。现在看来，我的这个推测是合理的。然而，按该书第三册第798页的文字，又觉得该推测不对。最后，我又援引了欧文教授与伦敦评论报记者的通讯。从这篇通讯中，我本人和该报记者都觉得欧文教授在表示，他已先于我发表了自然选择学说。对他的这一申明，我既高兴，又惊愕。然而，据我了解到他最近发表的某些章节（同书第三册第798页）时，我感到我的判断大概又错了。但有一点令我聊以自慰，就是别人也都跟我一样，对欧文教授前后矛盾的说法感到难以理解和迷茫。当然，至于在自然选择理论的发表问题上，欧文教授是否在我之前，那无关紧要。因为在本章前面提到，远在我们之前，已有马修和威尔斯二人占先了。

1850年，小圣伊莱尔在演讲中很简明扼要地阐述了他的观点（演讲摘要刊于1851年1月出版的《动物学评论杂志》）：“在相同环境条件下，物种的特征固定不变；但环境变了，则能引起变异。”他还说：“总之，对野生动物的观察，已证明物种具有有限的变异性。而野生动物变成家养，或家养再度返回野生，则更进一步证明了这一点。这些经验表明，如此发生的差异可以达到属级特征的水平”。在1859年的《自然史通论》（第二卷第430页），他对上述思想又做了进一步的阐发。

从最近发行的一本小册子上知道，弗莱克博士早在1851年就在《都柏林医学报》发表了他关于物种起源的观点。他认为，所有的生物类型，都是从最初一种原始生物传衍下来的。然而，他所依据的理由和探索的方式，与我十分不同。现在他又发表了《从生物的亲缘关系解释物种起源》（1861年）。于是，我就没有必要在此花费笔墨详述他的观点了。

1852年，斯宾塞先生在《领导者报》上撰文（此文1858年重刊于他的论文集中），对生物特创论和演化论进行了详细的对比。基于家养生物性状的比较、众多物种胚胎发育过程中的变化、物种与变种间的难辨识性，以及物种演化的级进原理，他认为物种都发生过变异，其变异的原因是由环境改变造成的。这位作者1855年还根据智力和才能是逐渐获得的原理讨论过心理学。

1853年，著名的植物学家劳丁先生，在一篇关于物种起源的卓越论文中（起初发表于《园艺论评》第102页，后重刊于《博物院新刊》第一卷171页），明确表示，物种的形成与栽培植物变种的情形相似。他将后者归于人工选择的力量，然而却没有说明自然选择有何作用。与赫巴特教长一样，他认为新生物种的可塑性较大。他十分强调所谓目的论：“一种无法描述的神秘力量，对一些人来说是命运，而对另一些人则是上帝的意志。这种力量对世界上的生物不断起作用。为了维系整个系统的秩序和运转，便决定了每个生物的形态、体积和寿命。就是这种力量将个体协调于整体之中，使其在整个有机界发挥自己应有的作用。这正是它得以存在的缘由。”①

1853年，著名地质学家凯塞林伯爵指出（《地质学会汇报》第二编第十卷第357页），如果一种由瘴气引起的新疾病能发生并传播全球的话，那么，在某一时期某一物种的胚芽便可能受到周围环境中某种分子的化学作用，而产生新的物种。

同在1853年，沙夫豪生博士发表了一本优秀论著。他主张地球上的生物类型都是发展变化的。他推测，多数物种可在长时期保持不变，但少数物种则会发生变异。在他看来，因中间过渡类型的灭亡，而使物种间的区别变得日益显著。现存的动植物并不是通过创新而与过去绝灭生物相分隔，而不过是古代生物连续繁衍下来的子孙后代。

法国著名植物学家勒谷克，在其1854年出版的《植物地理学》第一册第250页中提到：“我们关于物种是固定不变还是不断变异研究的结果，与圣伊莱尔和歌德这两位名人的思想吻合。”但散见于他这部巨著中其他章节中的文字却使人稍存疑虑。他对物种变化的观点未作充分的阐发。

冯·贝尔（Karl Ernst von Baer，1792—1876），德裔俄国胚胎学家。

1855年，鲍威尔博士在《论世界的统一性》一文中，对“创造哲学”有很精辟的论述。其中最引人注目的一点，是认为新种的产生，是“有规则的，而非偶然现象”。这恰如赫谢尔爵士所说的，这是“一种自然的、而非神秘的过程”。

《林奈学会杂志》第3卷，在1858年6月1日刊载了华莱士先生和我在该会同时宣读的论文。正如本书绪论中指出的那样，华莱士对自然选择学说作了清晰的、有说服力的阐述。

1859年，在动物学界备受尊敬的

① 据布隆的《演化规律之研究》所引参考文献，可以看出，著名的植物学家兼古生物学家翁格在1952年曾著文认为物种是发展变化的。道尔顿和潘德尔合著的《树懒化石》一文也持同一观点（1821年）。欧根在《自然哲学》上也赞成此说。从戈特龙所著《物种论》的参考文献看，圣芬森特、波达赫、波雷特和弗利斯等人也都主张物种是连续产生出来的。

我得补充一点，本章所列34位作者，都认为物种是可变的，或者至少不承认物种是分别被创造出来的。这些人当中，有27位对博物学和地质学都有过专门的著述。

冯·贝尔曾表明他的观点（参阅瓦格纳教授的《动物学的人类学研究》，1861年第51页）。他认为，现在完全不同的生物类型，皆源出于一个祖型。他的结论主要基于生物地理分布的法则而得出。

1859年6月，赫胥黎教授在皇家学院做了一个题为《动物界中的持久型》的报告。就此，他说："假若动植物中的种和不同类群是由于创造力的作用在不同时期安置在地球上的话，那么就很难理解这些持久型的含义了。只要我们沉下心来认真想一想，就知道，这种假定既不合传统，也不合天启精神，更与一般自然推理法则相抵触。相反，如果我们设想各时代的物种都是先前物种渐变的结果，并以此假说来看待持久型动物的话（物种渐变假说虽说尚未得到证明，而且还受到某些支持者的可悲损害，但它毕竟是生物学[1]所能支持的唯一假说），那么这正好说明，生物在地质时期所发生的变异量，只是其整个系列变化中的一小部分。"

1859年12月，胡克博士的《澳洲植物志导论》问世。在这部伟大著作的第一部分，他便承认物种的遗传和变异是真实存在的，而且还举出许多事实，以支持这一学说。

1859年11月24日，本书第一版问世；1860年1月7日，第二版刊行。

达尔文在党豪思的书房写作。

达尔文的手稿。

① physiology字面上为生理学，但19世纪时人们常以此替代生物学。——译者注

绪　论

Introduction

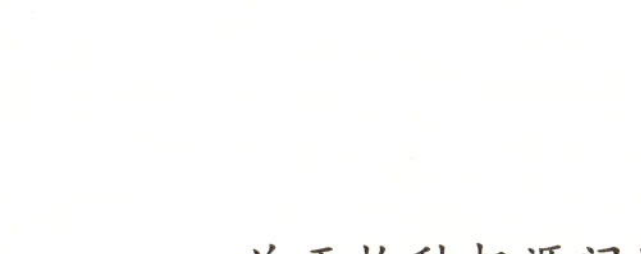

关于物种起源问题，可以想象，一个博物学家对生物间的亲缘关系，胚胎关系，其地理分布、地质演替关系等问题进行综合考虑之后，不难得出这样的结论：物种不是被分别创造出来的，而是跟变种一样，由其他物种演化而来。

达尔文在党豪思的温室里（木版画）。

当我以博物学者的身份参加“贝格尔号”皇家军舰游历世界时，在南美洲观察到有关生物地理分布以及现代生物和古生物的地质关系的众多事实，使我深为震动。正如本书后面各章将要述及的那样，这些事实对于解译物种起源这一重大难题提供了重要证据——物种起源曾被一位大哲学家认为是神秘而又神秘的难题。归国之后，于1837年我便想，如果耐心搜集和思考可能与这个难题有关的各种事实，也许会得到一些结果。经过五年工作，我潜心思索和推论，写出一些简要笔记。1844年我又将它扩充为一篇纲要，以记载我当时的结论。从那时以来，我一直在探索这个问题，从未间断。请读者原谅我作如此琐屑的陈述。其实，我只想说明，我今天所得出的结论，并非草率而成。

现在（1859年），我的工作已接近完成，但要全部完成，还需许多年月。而我的健康状况不佳，有人便劝我先发表一个摘要。还有一个特别的原因也促成本书的问世，那就是，正在研究马来群岛博物志的华莱士先生对物种起源研究所做的结论，几乎与我完全一样。1858年，他寄给我一份关于物种起源的论文，嘱我转交给莱伊尔爵士。莱伊尔爵士将这篇论文送给林奈学会，并刊登在该会杂志的第3卷上。同时，莱伊尔爵士和胡克博士都了解我的工作；而且后者还读过我1844年写的纲要。承蒙他们盛意，认为我应该将我原稿中的若干摘要，与华莱士先生的卓越论文同时发表。

达尔文和胡克（左一）、莱伊尔（左二）正在研究论文手稿。胡克（Joseph Dalton Hooker，1817—1911）是著名的植物学家，莱伊尔（Charles Lyell，1797—1875）是著名的地质学家，他们都是达尔文事业上的好朋友，达尔文登上“贝格尔号”舰时，随身携带的正是莱伊尔的经典著作《地质学原理》。

我目前发表的这个摘要，肯定还不够完善。在此，我无法为我的论述都提供参考资料和依据，但我觉得自己的论述是正确的。虽然我一贯严谨审慎，只信赖可靠的证据，但错漏之处，在所难免。对我得出的一般结论，只援引了少数事例进行说明；我想，在大多数情况下，这样做就够了。我比任何人都能深切地感到，有必要将支撑我的结论的全部事实和参考资料详尽地发表出来，我也希望能在将来一部著作中实现这一愿望。因为，我清楚地认识到，本书中所讨论的任一点都必须用事实来支撑，否则便会引出与我的学说完全相反的结论来。只有对每一问题正反两方面的事实和证据进行充分的叙述，权衡正误，才能得出正确的结论。当然，由于篇幅所限，在这里不可能这样做。

许多博物学家都给我以慷慨的帮助，其中有些人甚至从未谋面。十分抱歉，由于篇幅所限，不能在此一一致谢。但我必须借此机会对胡克博士表示深切的感谢。近15年来，他以丰富的学识和卓越的判断，尽一切可能给我以帮助。

关于物种起源问题，可以想象，一个博物学家对生物间的亲缘关系，胚胎关系，其地理分布、地质演替关系等问题进行综合考虑之后，不难得出这样的结论：物种不是被上帝分别创造出来的，而是跟变种一样，由其他物种演化而来。尽管如此，这种结论即使有根有据，如若不能说明这世界上无数物种是如何发生变异才获得令我们惊叹不已的构造及其适应特征，也仍难令人满意。博物学家常以食物及气候等外部环境条件的变化作为引起变异的唯一原因。从某种意义上看，这可能是对的，这一点以后还要讨论到。但若以外部环境条件来解释一切，那就不对了。比如说，只用环境条件变化来解释啄木鸟的足、尾、喙和舌等构造何以能巧妙地适应取食树皮下的虫子，恐怕难以奏效。又如槲寄生，它从树木吸取养料，靠鸟类传播种子。作为雌雄异花植物，它还需昆虫才能传粉受精。假若我们仅靠外部环境或习性的影响，抑或植物本身的什么倾向来解释这种寄生植物的构造特征以及它与其他生物间的关系，肯定于理不通。

因此，搞清生物变异及相互适应的具体途径，是极其重要的。当我观察研究这个问题的初期，觉得要解决这一难题，最有效的途径便是从家养动物和栽培植物入手。结果的确没让我失望。虽然我常觉得由家养而引起变异的知识尚不完善，但总算为我们处理各类复杂事件提供了最好、最可靠的线索。此类研究虽常为博物学家们

华莱士（A.R.Wallace，1823—1913）几乎与达尔文同时理解了进化论。1858年在马来群岛工作的华莱士将自己的一篇关于“自然选择”的论文寄给达尔文，当时他不知达尔文也正在写他的鸿篇巨制《物种起源》。

达尔文认为："只用环境条件变化来解释啄木鸟的足、尾、嘴和舌等构造何以能巧妙地取食树皮下的虫子，恐怕难以奏效。"

所忽视，但我敢担保，其价值重大。

正因为如此，我将本书第1章专门用来讨论家养状态下的变异。这样，我们至少能看到大量的遗传变异。同样重要或更加重要的是，我们还能看到，人类通过不断积累微小变异进行选种的力量何其巨大。接着，我们便将讨论物种在自然状态下的变异。然而在本书中我只能简略地进行讨论。因为要想深入探讨，必须长篇大论，附以大量事实。但无论如何，我们还是能讨论什么样的环境条件对变异最为有利。第3章要讨论世界上一切生物的生存斗争，这一现象是生物按几何级数增加的必然结果。这正是马尔萨斯理论在动植物界的具体应用。由于每种生物繁殖的个体数，远远超出其可能生存的个体数，因而常常会引起生存斗争。于是，任何生物的变异，无论如何之微小，只要它在复杂多变的生活条件下对生物体有利，能使生物获得更多的生存机会。由于强有力的遗传原理，任何被选择下来的变种，将会繁殖其新的变异了的类型。

自然选择这一基本论题，将在第4章进行详细的讨论。在此，我们将会看到，自然选择如何几乎不可避免地导致改进较小的生物大量灭亡，并且导引出我所谓的性状分歧。在第5章，我将讨论复杂的、至今仍知之甚少的变异法则。此后接下来的五章，将对阻碍接受本学说的最显著、最重要的难点一一进行探讨：第一，转变的困难，即简单的生物或器官，如何通过变异而转变成高度发展的生物或复杂的器官；第二，本能问题或动物的“智力”问题；第三，杂交问题，即种间杂交不育性和变种杂交可育性；第四，地质记录的不完备性。第11章要讨论生物在时间上的地质演替关系。第12和13两章，则讨论生物在空间上的地理分布。第14章论述生物的分类或相互间的亲缘关系，包括成熟期及胚胎状态。最后一章，我将对全书进行扼要的复述，并附简短的结语。

如果我们能正视我们对于周围生物之间的相互关系知之甚少的事实，那我们便会毫不奇怪，人类对物种和变种起源的认识仍处于不甚明了的状态。谁能清楚地解释，为什么某一物种分布广、数量多，而其近缘物种却分布窄、数量极少呢？然而，这些关系又至关重要，因为它们不仅决定着世界上一切生物现象的盛衰，而且我认为也决定着它们未来的成功和变异。至于对地史时期无数生物间的相互关系，我们所知便更少了。尽管许多问题仍模糊不清，而且在今后很长时间还会模糊不清。但经过深入研究和冷静地判断，可以肯定，我过去曾接受而现在许多博物学家仍在坚持的观点——即每一物种都是分别创造出来的观点，是错误的。我坚信，物种是可变的；那些所谓同属的物种实际上都是另一个通常已灭绝物种的直系后代，正如某一物种的变种都公认是该种的后代一样。此外，我还认为，自然选择是形成新物种最重要的途径，虽然不是唯一的途径。

第1章

家养状态下的变异

Variation under Domestication

变异的原因——习性和器官使用与不使用的效应——相关变异——遗传——家养变种的性状——区别物种与变种的困难——家养变种起源于一个或多个物种——家鸽的品种，它们的差异和起源——古代的选择原理及其效果——未知起源的家养生物——有计划选择和无意识选择——人工选择的有利条件

球胸鸽

变异的原因

仔细审看历史悠久的栽培植物和家养动物，将同一变种或亚变种中的各个体进行比较，其中最引人注目的就是，家养生物间的个体差异，比起自然状态下任何物种或变种间的个体差异都要大。形形色色的家养动植物，经人类在极不相同的气候等条件下进行培育而发生变异。由此，我们必然得出结论，这种巨大的变异，主要是由于家养的生活条件，远不像其亲种在自然状态下那样一致。奈特认为，家养生物的变异，与过多的食物有关，这可能也有道理。显然，生物必须在新的生活条件作用下，经过数个世代，方能发生大量变异；而且，一旦生物体制发生了变异，往往会在后续若干世代不断地变异下去。一种能变异的生物，经培育后又停止变异的情况，尚未见有报道。最古老的栽培植物，比如小麦，目前仍在变异产生新变种；最古老的家养动物，目前也仍在迅速改进或变异。

达尔文著作《动物和植物在家养下的变异》。

经过长期研究，我觉得，生活条件通过两种方式起作用：一是直接作用于生物体的整体机制或局部构造，二是间接影响到生殖系统。关于直接作用，正如魏斯曼（Wismann）教授最近强调指出的，我以前在《动物和植物在家养下的变异》中也偶尔提到的，它应包括两方面因素，即生物本身的性质和外部条件的性质。而且，生物本身的内因比条件外因更为重要。因为在我看来，一方面，不同的外部条件可产生相似的变异，另一方面，不同的变异可在相似的条件下发生。生活条件造成后代的变异，可以是一定变异，也可以是不定变异。所谓一定变异，是指在某种条件下，一切后代或近乎一切后代，能在若干世代按相同的方式发生变异。然而对这种一定变异，很难确定其变化的范围，当然，下述细微变异例外：食物供应的多寡引起生物体大小的变异，食物的性质导致肤色的变异，气候的变化引起皮毛厚薄的变异等等。我们在鸡的羽毛上看到无数变异，每一变异必有其具体原因。如果用同一因素作用于众多生物体，经历若干世代，则可能产生相同的变异。某些昆虫的微量毒汁一旦注入植物体内，便会产生复杂多变的树瘤。这一事实表明，植物体液如果发生化学变化，便会产生何等奇异的变形。

与一定变异相比，不定变异更多的是由于条件改变了的结果。它对于家养品种的形成，可能更为重要些。在无数微小特征中我们看到了不定变异，这些微小特征使同一物种内的不同个体得以区别。我们不能认为这些不定变异是从父母或祖先那里遗传下来的，因为即使是同胎或同一蒴果种子所产生的幼体中，也可能产生极其明显的差异。在同一地方，用同一饲料喂养，但经过很长时期以后产生的数百万个体中，也偶然会引起构造上的显著变异，以致被认为是畸形；但畸形与较轻变异之间，并无明显界线。所有这一类的变异，出现在一起生活的众多个体之间，无论是细微的，还是显著的，都应该认为是环境条件对个体引起的不定变化的效果。这正如寒冷天气可以使人咳嗽、感冒、患风湿症或引起各种器官的炎症，其效应因个人体质而异。

至于条件改变所引起的间接作用，即对生殖系统所起的作用，我们可以推想，它能从两方面引起变异。一方面是生殖系统对外界条件的变化极为敏感；另一方面，正如凯洛依德（Kölreuter）所指出的，在新的非自然状态下的变异有时会跟异种杂交所引起的变异非常类似。许多事实表明，生殖系统对环境条件的改变极为敏感。驯养动物并不难，但要让它们在栏内交配、繁殖并非易事。有不少动物，即使在其原产地，并在近乎自然状态下饲养，也无法生育。过去，人们将原因归于生殖本能受到伤害，其实不对。许多栽培植物生长茂盛，但很少结籽，或根本不结籽。在少数场合，条件有些许变化，比如在某一特殊阶段，水分多一点或少一点，便会足以影响到它会不会结籽。关于这个奇妙的问题，我搜集的许多事例已在别处发表，在此不再赘述。但这里只想说明圈养动物生殖法则是何等的奇特。例如肉食性兽类，即使从热带迁到英国圈养，除熊科动物例外，其余皆能自由生育。与此相反，肉食性鸟类，除极少数外，一般很难孵化出幼鸟。许多外来植物，其花粉同不能繁育的杂种一样，毫无用处。所以，一方面我们看到家养动植物，虽然柔弱多病，但仍能在圈养状态下自由生育；另一方面，幼年期从自然状态下取来饲养的生物，虽然健壮长寿（我可以举出许多例证），但其生殖系统受到未知因素的影响而失灵。于是，当看到生殖系统在圈养状态下与祖先有所差异，且产出与其父母不大相似的后代时，我们也就不以为怪了。我还得补充一点，有些动物在极不自然的生活状态下（如在笼箱里饲养雪貂和兔），也能自由生育，这说明其生殖器官未因此而受影响。所以，有些动植物能够经受得住家养或栽培的影响，而且极少变异，其变异量并不比在自然状态下大。

有些博物学家主张，一切变异都与有性生殖有关。这种看法显然不对。我曾在另一著作中，将园艺学家称之为“芽变植物”（sporting plant）的植物列成了一张长长的表。这类植物能突然生出一个芽，它与同株其他的芽的特征明显不

葡萄苗的“芽变”。

同。这种芽变异，可用嫁接、扦插，有时甚至还可用播种的方法使其繁殖。这种芽变现象，在自然状态下极少发生，但在栽培状态下则并不罕见。在条件相同的同一树上，每年生出数千个芽，其中会突然冒出一个具有新性状的芽。另一方面，在不同条件下的不同树上，有时竟然能产生几乎相同的变种来，比如从桃树的芽上长出油桃（nectarine），在普通蔷薇上的芽生出苔蔷薇（moss rose）。因此，我们可以清楚地看出，在决定变异的特殊类型上，外因条件与生物本身内

习性和器官的使用与不使用的效应；相关变异；遗传

因相比，仅居次要地位。

习性的变化可以产生出遗传效应，例如植物从一种气候环境迁到另一气候环境，其开花期便会发生变化。至于动物，身体各部构造和器官的经常使用或不使用，则效果更显著。例如，我发现家鸭的翅骨与其整体骨骼的重量比，要比野鸭的小；而家鸭腿骨与其整体骨骼的重量比，却比野鸭的大。无疑，这种变化应归因于家鸭飞少而走多之故。“器官使用则发达”的另一个例子是：母牛和母山羊的乳房，在经常挤奶的地方总比不挤奶的地方更为发育。我们的家养动物，在有些地区其耳朵总是下垂的。有人认为，动物耳朵下垂是因为少受惊吓而少用耳肌之故，此说不无道理。

支配变异的法则很多，可我们只能模模糊糊地看出有限的几条。这些将在以后略加讨论，这里我只想谈谈相关变异。胚胎和幼体如果发生重要变异，很可能要引起成体的变异。在畸形生物身上，各不同构造之间的相关作用，是十分奇妙的，关于这一点，小圣伊莱尔的伟大著作中记载了许多事例。饲养者们都相信，四肢长的动物，其头也长。还有些相关变异的例子，十分古怪。比如，毛白眼蓝的猫，一般都耳聋，但据泰特先生说，这种现象仅限于雄猫。色彩与体质特征的关联，在动植物中都有许多显著的例子。据赫辛格报道，白毛的绵羊和猪吃了某些植物会受到伤害，然而深色的绵羊和猪则不会。韦曼教授（Prof. Wyman）最近写信告诉我一个很好的例子。他问弗吉尼亚的农民，为何他们的猪都是黑色的。回答说，猪吃了绒血草（*Lachnanthes caroliniana*），骨头就变成红色，而且除了黑猪之外，猪蹄都脱落了。该地一个牧人又说：“我们在一胎猪仔中，只选留黑色的来饲养，因为只有黑猪，才有好的生存机会。”此外，无毛的狗，其牙也不全；毛长而粗的动物，其角也长而多；脚上长毛的鸽子，其外趾间有皮；短喙鸽子足小，而长喙者足大。所以，人们如果针对某一性状进行选种，那么，这种神奇的相关变异法则，几乎必然在无意中会带来其他构造的改变。

各种未知或不甚了解的变异法则造成的效应，是形形色色、极其复杂的。仔细读读几种关于古老栽培植物如风信子（Hyacinth）、马铃薯、甚至大丽花的论文，是很值得的。看到各变种和亚变种之间在构造特征和体质上的无数轻

绒血草（*Lachnanthes caroliniana*），血草科植物。

微差异，的确会使我们感到惊异。这些生物的整体构造似乎已变成可塑的了，而且正以轻微的程度偏离其亲代的体制。

各种不遗传的变异，对我们无关紧要。但是，能遗传的构造变异，不论是微小的，还是在生理上有重要价值的，其频率及多样性，的确无可计数。卢卡斯（Lucas）的两部巨著，对此已有详尽的记述。对遗传力之强大，饲养者们从不置疑。他们的基本信条是"物生其类"。只有空谈理论的人们，才对这个原理表示怀疑。当构造偏差出现的频率很高，而且在父代和子代都能见到这种偏差时，那我们只能说这是同一原因所致。但有些构造变异极为罕见，且由于众多环境条件的偶然结合，使这种变异既见于母体，也见于子体，那么这种机缘的巧合也会迫使我们承认这是遗传的结果。大家想必都听说过，在同一家族中的若干成员都出现过白化症、皮刺或多毛症的事例。如果承认罕见而怪异的变化，确实是遗传的，那么常见的变异无疑也应当是可遗传的了。于是，对这个问题的正确认识应该是：各种性状的遗传是通例，而不遗传才是例外。

支配遗传的法则，大多还不清楚。现在还没有人能说清，为什么在同种的不同个体之间或异种之间的同一性状，有时能够遗传，而有时又不能遗传；为什么后代常常能重现其祖父母的特征甚至其远祖的特征；为什么某一性状由一种性别可以同时遗传给雌、雄两性后代，有时又只遗传给单性后代，当然多数情况下是遗传给同性别的后代，尽管偶尔也遗传给异性后代。雄性家畜的性状，仅传给雄性，或大多传给雄性，这是一个重要事实。还有一种更重要的规律，我以为也是可信的，就是在生物体一生中某一特定时期出现的性状，在后代中也在同一时期出现（虽然有时也会提早一些）。在众多场合，这种性状定期重现，极为精确。例如牛角的遗传特性，仅在临近性成熟时才出现；又如蚕的各种性状，也仅限于其幼虫期或蛹期出现。遗传性疾病及其他事实，使我相信，这种定期出现的规律适用的范围更宽广。遗传性状何以定期出现？虽然其机理尚不明了，但事实上确实存在着这种趋势，即它在后代出现的时间，常与其父母或祖辈首次出现的时间相同。我认为，这一规律对于解释胚胎学中的法则是极其重要的。以上所述，仅指性状"初次出现"这一点，并不涉及作用于胚珠或雄性生殖质的内在原因。比如，一只短角母牛如果跟长角公牛交配，其后代的角会增长。这虽然出现较晚些，但显然是雄性生殖因素在起作用。

上面讲到返祖现象，现在我想提一下，博物学家们时常说，当我们家养变种返回野生状态后，必定渐渐重现其祖先的性状。因此有人据此认为，我们不能用家养品种的研究，来推论自然状态下物种的情况。我曾试图探求这些人如此频繁而大胆地做出这种判断的理由，皆未成功。的确，要证明这种推断的真实性是极其困难的。而且，我可以很有把握地说，许多性状最显著的家养变种，将不能在野生状态下生存下去。而且，我们并不知道许多家养生物的原种是什么，因而无法判断返祖现象是否能完全发生。为了防止受杂交的影响，我们必须将试验的变种单独置于新地方。虽如此，家养变种有时确能重现其祖先的若干性状。比如，将几个甘蓝（*Brassica* spp.）品种种在贫瘠土壤中，经过数代，可能会使它们在很大程度上恢复到野生原种状态（不过，此时贫瘠土壤也会起一定的作用）。这种试验，无论成功与否，于我们的观点无关紧要，因为试验过程中，生活条件已经发生了变化。假如谁能证明，把家养变种置于同一条件下，且大量地养在一起，让它们自由杂交，以使其相互混合，从而避免构造上的任何微小偏差，此时要是仍能显示强大的返祖倾向——即失去它们的获得性状，那么，我自当承认不能用家养变异来推论自然状态下的物种变异。然而，有利于这一观点的证据，连一点影子也未见到。如要断言，我们不能将驾车

甘蓝（*Brassica* spp.）

家养变种的性状；区别变种与物种的困难；家养变种起源于一个或多个物种

马和赛跑马、长角牛和短角牛、鸡以及各类蔬菜品种无数世代地繁殖下去，那将是违反一切经验的。

如果观察家养动植物的遗传变种或品种，并将其与亲缘关系密切的物种进行比较时，我们便会发现，如上所述，各家养变种的性状，没有原种那么一致：家养变种常具有畸形特征。也就是说，它们彼此之间，它们与同属的其他物种之间，虽然在一些方面差异很小，但是总在某些方面表现出极大的差异，尤其是将它们与自然状态下的最近缘物种相比较时，更是如此。除了畸形特征之外（以及变种杂交的完全可育性——这一点将来还会讨论到），同种内各家养变种之间的区别，与自然状态下同属内各近缘种之间的区别，情形是相似的，只是前者表现的程度较小些罢了。我们应该承认这一点是千真万确的。因为许多动植物的家养品种，据一些有能力的鉴定家说，是不同物种的后代，而另一些有能力的鉴定家说，这只是些变种。假如家养品种与物种之间区别明显，那便不会反复出现这样的争论和疑虑了。有人常说，家养变种间的

差异，不会达到属级程度。我看，这种说法并不正确。博物学家们关于生物的性状，怎样才算是达到属级程度，各自见解不同，鉴定的标准也无非凭各自的经验。待我们搞清自然环境中属是如何起源时，我们就会明白，我们不应企求在家养品种中能找到较多属级变异。

在试图估算一些近缘家养品种器官构造发生变异的程度时，我们常陷入迷茫之中，不知道它们是源于同一物种，还是几个不同的物种。若能真搞清这一点，那将是很有意思的。

细腰猎狗（greyhound）

长耳猎狗（spaniel）

比如，我们都知道，细腰猎狗（greyhound）、嗅血警犬（bloodhound）、㹴（terrier）、长耳猎狗（spaniel）和斗牛犬（bull-dog）皆能纯系繁育。假若能证明它们源出一种，那就能使我们对自然界中许多近缘物种（如世界各地的众多狐种）是不改变的看法，产生很大的怀疑。我不相信，上述几种狗的差异都是在家养状态下产生的，这一点下面将要谈及。我以为，其中有一小部分变异是由原来不同物种传下来的。但是，另外一些特征显著的家养物种，却有证据表明它们源自同一物种。

人们常常设定，人类总选择那些变异性大且又能忍受各种气候的动植物作为家养生物。对此我不反对，这些性能确能增进我们家养生物的价值。然而，那些未开化的蛮人何以知道它的后代能发生变异、能忍受别的气候呢？驴和鹅变异性小，驯鹿耐热力差，普通骆驼耐寒力也差，难道这些性质能阻止它们被家养吗？我相信，假如现在从自然状态下取来一些动植物，在数目、产地及分类纲目上都与现代家养生物相当，并假定也在家养状态下繁殖同样多的世代，那么，它们将平均发生与现存家养生物的亲种所曾经历过那样大的变异量。

多数从古便开始家养的动植物，到底是由一种还是多种野生动植物传衍下来，现在还不能得出明确的结论。相信多源论的人们，其主要依据是，古埃及石碑及瑞士湖上住所里所发现的品种，已十分繁杂多样了，而且有许多与现在的相似甚至相同。但这不过证明人类的文明史更久远，人类对物种的驯养，比我们过去想象的更早而已。瑞士湖上居民曾种植过好几种大麦、小麦、豌豆、制油用的罂粟和亚麻，家畜也有好几种。他们还与其他民族通商。诚如希尔所说，所有这些都表明，在那样早的时期，他们便已有很进步的文明了；同时也暗示出，在此之前，更有一段较低的文明时期，在那时各地民族所豢养的动物已经开始变异并形成不同的品种了。所有地质学家都相信，自从世界上许多地方发现燧石器以来，原始民族便已有了久远的历史。我们知道，现在没有哪个民族原始得连狗都不会饲养。

布里斯（Edward Blyth，1810—1873），英国动物学家。

大多数家养动物的起源，也许永远也不会搞清。但是我得指出，关于全世界的狗类，我做过仔细研究，并搜集了所有已知事实，得出这样一个结论：犬科中曾有几个野生种被驯养过，它们的血在某些情形下混合在一起，并流淌在现在家养狗的血管里。至于绵羊和山羊，我尚无肯定的结论。布里斯（Blyth）写信告诉我，印度产的瘤牛，从其习性、声音、体质及构造几方面看，差不多可以断定它与欧洲牛源出于不同的祖先，而且，一些有经验的鉴定学家认为，欧洲牛有两个或三个野生祖先（但不知它们是否够得上称作物种）。这一结论，以及瘤牛与普通牛的种级区别的结论，其实已经被吕提梅尔（Rütimeyer）教授值得称道的研究所证实。关于马，我与几位作者的意见相反。我基本上相信所有的品种都属于同一物种，理由无法在此陈述。我搜集到英国所有鸡的品种，使它们繁殖和杂交，并且研究了它们的骨骼，几乎可以断定，它们都是印度野生鸡的后代。至于鸭和兔，尽管有些品种彼此区别很大，但证据清楚地表明，它们都是分别源于常见的野生鸭和野兔。

有些作者坚持若干家养品种多源论，荒谬地夸张到极端的地步。他们以为，凡是能够纯系繁殖的品种，即使其可相互区别的特征极其微小，也各有不同的野生原型。如照此估计，仅在欧洲，便至少有20种野牛，20种野绵羊，野山羊也有数种，甚至在英国这个小地方，亦该有几个物种。还有一位作者，竟主张过去英国特有的绵羊野生种便达11个之多！我们不应忘记，目前英国已没有一种特有哺乳动物；法国也只有少数哺乳动物与德国不同；匈牙利、西班牙等国的情况也是如此。但是，这些国家却各有好几个特有的牛、羊品种。所以，我们只得承认，许多家畜品种必然起源于欧洲，不然，它们从哪里来呢？印度的情形也是这样。甚至全世界的家狗品种（我承认它们是几种野狗传下来的），无疑也存在着极大的可遗传的变异。因为意大利细腰猎狗、嗅血警犬、斗牛犬、巴儿狗（pug-dog）或布莱海姆长耳猎狗（Blenheim spaniel）等与所有野生犬科动物相差甚远，很难相信曾在自然状态下生存过与它们极其相似的动物。有人常随意地说，我们现在所有狗的品种都是由过去少数原始物种杂交而成。然而，杂交只能得到介于双亲之间的一些类型。因此，如果用杂交这一过程来说明现有狗品种的来源，那么我们必须承认，曾在野生状态下一定存在过一些像意大利细腰猎狗、嗅血警犬和斗牛犬等这样的极端类型。何况我们将由杂交过程产生不同品种的可能性过分夸张了。我们常见到这样的报道，通过偶然的杂交，并辅以对所需性状进行仔细的人工选择，我们便可以使一个品种发生变异。但是，要想通过两个很不相同的品种，得到一个中间状态的品种，则极其困难。希布莱特爵士（Sir J. Sebright）曾为此做过试验，结果没能成功。将两个纯种进行杂交（如我在鸽子中所见那样），其子代的性状相当一致，似乎结果很简单。但让这些杂交后代彼此交配，经过几代之后，情况便变得极为复杂，几乎没有两个个体是相似的了。

家鸽的品种，它们的差异和起源

丹尼尔·艾略特（Daniel G. Elliot，1835—1915），美国鸟类学家和博物学家。

我觉得最好的办法，是选特殊的类群来进行具体研究。经过慎重考虑之后，便选用了家鸽。凡是能设法搞到的或买到的，我都尽力收齐；而且，我还从世界各地得到惠赠的各种鸽皮，尤其是艾略特（Elliot）从印度和摩雷（Hon. C. Murray）从波斯寄来的标本。人们关于鸽类研究，由各种文字撰写的论文很多。其中有些年代很早，因而极其重要。我曾与几位有名的养鸽家交往过，并参加了伦敦的两个养鸽俱乐部。家鸽品种繁杂，着实令人吃惊。从英国信鸽（carrier）与短面翻飞鸽（short-faced tumbler）的比较中，可以看出其喙差异很大，并由此导致头骨变异。信鸽，特别是雄性的，头上有奇特发育的肉突，与此相伴的还有很长的眼睑、宽大的外鼻孔以及阔大的口。短面翻飞鸽的喙形与鸣鸟类相像。普通翻飞鸽有一种奇特的遗传习性，就是它们常在高空密集成群翻筋斗。西班牙鸽体形硕大，喙粗足大；其中有些亚品种颈项很长；有些翼长尾也长，而另一些尾极短。巴巴鸽（barb）和信鸽近似，但喙短而阔，不如信鸽那样长。球胸鸽（pouter）的身形、翼和腿皆长，嗉囊也极发达，当它得意时，会膨胀，令人觉得怪异而可笑。浮羽鸽（turbit）喙短、呈圆锥形，胸部有一列倒生的羽毛；它有一种习性，可使食管上部不断微微胀大起来。凤头鸽（jacobin）颈背上的羽毛，向前倒竖，形似凤冠；按身体的比例说，其翼尾皆长。喇叭鸽（trumpeter）和笑鸽（laughter）的鸣声，诚如其名，而与其余品种相别。扇尾鸽（fantail）的尾羽，可多达30至40，而其余所有鸽类尾羽的正常数是12至14根。当扇尾鸽的尾羽展开竖立时，优良的品种可头尾相触。此外，扇尾鸽的尾脂腺极其退化。我们还可举出一些差异较小的品种来。

就骨骼而言，这些品种面骨的长度、宽度及曲度皆差别很大；下颚支骨的形态、长度及宽度变异十分显著；尾椎与荐椎的数目互异；肋骨的数目、相对宽度及有无突起等方面，亦有差异；胸骨上孔的大小和形态，变异很大；叉骨两支的角度和相对长度也是如此。口裂的相对阔度、鼻孔、眼睑及舌（并不总与喙的长度密切相关）的相对长度、嗉囊的大小和食管上部的大小，尾脂腺的发育程度，初级飞羽和尾羽的数目，翼与尾的相对长度，及其与身体的相对长度、腿与足的相对长度，趾上鳞片的数目和趾间皮膜的发育程度等等，都是极易发生变异的地方。羽毛长成所需的时间和初生雏鸽的绒毛状态，皆会变异，卵的形状和大小各不相同。飞翔的姿势及某些品种的鸣声、性情也都互有显著差异。最后，有些品种的雌雄个体间也有区别。

假定我们选出20个以上品种的家鸽，让鸟类学家去鉴定，并告诉他，这些都是野鸟，那他一定会将它们定为界线分明的不同物种。而且，我想在这种情况下，任何专家都会把英国信鸽、短面翻飞鸽、西班牙鸽、巴巴鸽、球胸鸽和扇尾鸽置入不同的属，尤其是让他看上述品种中的那些纯系遗传亚种（当然他一定会称之为不同物种的），更是如此。

虽然各种家鸽品种间的差异如此之大，但我完全相信博物学家们的共同看法是正确的：即它们都是由野生岩鸽（*Columba livia*）传衍下来的。岩鸽，包括几个彼此差别微小的地理宗或亚种。由于使我赞成上述观点的一些理由，在一定程度上也可应用于其他场合，所以我想在此概要地讨论一下。如果这些家鸽品种不是变种，而且不是从岩鸽演化而来，那么它们一定分别源出于七八个原始种。因为目前已知众多的家鸽类型，绝不可能只由少数种杂交而来。比如球胸鸽，如果它的祖先之一，不具有特有的硕大嗉囊，那何以能通过杂交产生现代品种的特殊性状呢？这七八个想象中的原始种，应该都属岩鸽类，它们不在树上生育，也不在树上栖息。然而，除了这种岩鸽及其地理亚种外，所知道的其余野生岩鸽只有两三种，而且它们皆不具有家鸽的任何性状。因此，这些想象中的原始种的下落不外两种情况：一是它们仍在最初家养的地方生存着，可现在鸟类学家尚未发现；二是它们都灭绝了。然而，从其大小、习性和别的显著特征来看，它们至今仍未被发现，似乎极不可能，而且第二种情况也是不可能的。因为生活在岩壁上，而且善于飞翔的鸟类，似乎不至于灭绝。与家鸽习性相同的岩鸽，即使生活在英国一些小岛及地中海沿岸，也都没有灭绝。因此，假定众多与岩鸽习性相似的种类已经灭绝，可能失之轻率。而且，上述各品种已经被运往世界各地，其中肯定有些要被带回到其原产地。然而，除了鸠鸽（*dovecot pigeon*）（一种略为变异了的岩鸽）在一些地方

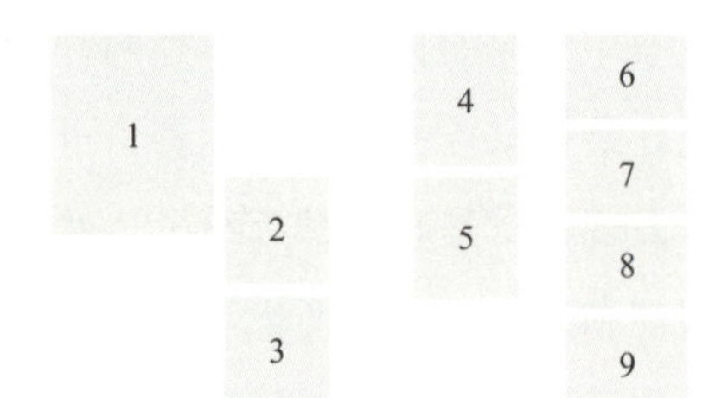

1 短面翻飞鸽（short faced tumbler）
2 球胸鸽（pouter）
3 浮羽鸽（turbit）
4 凤头鸽（jacobin）
5 喇叭鸽（trumpeter）
6 棕斑鸠（*Streptopellia senegalensis*）（英文名：Laughing Dove）
7 斑翅鸽（*Columba maculosa*）（英文名：Spot-winged Pigeon）
8 斑鸽（*Columba guined*）（吴海峰 摄）
9 岩鸽

返回野生之外，其余皆未变为野生类型。此外，一切经验表明，使野生动物在家养状况下自由繁育是十分困难的。可是，按照家鸽多源假说，则必须假定至少有七八个物种曾被半开化人饲养，并在笼养状态下大量繁殖。

还有一个很有说服力的论证（该论证也可适用于其他场合），就是上述许多鸽类品种在总体特征、习性、鸣声、羽色及其大多数构造上，虽与岩鸽一致，但仍有部分构造高度异常。我们在整个鸠鸽科中，无法找到像英国信鸽、短面翻飞鸽和巴巴鸽那样的喙、像凤头鸽那样的倒生毛、像球胸鸽那样的嗉囊、像扇尾鸽那样的尾羽。于是，假如要我们承认家鸽的多源说的话，那必须先假定古代半开化人不仅能成功地驯化好几种野生鸽，而且能有意或无意选择出非常特别的种类，而且这些种类自此便绝灭了或不为人类所知。显然，这一连串奇怪的事情是不会发生的。

关于鸽类的颜色，有些事实很值得考究。岩鸽是石板蓝色的，腰部白色；而印度产的亚种，即斯特利克兰的岩鸽的腰部却为浅蓝色。岩鸽的尾端有一暗色横纹，外侧尾羽的外缘基部呈白色。翼上有两条黑带；在一些半家养和全野生的岩鸽品种中，翼上除了两条黑带之外，还杂有黑色方斑。这些特点，在本科中任何其他物种，不会同时具备。相反，在任何一个家鸽品种中，只要繁育得好，上述所有斑纹，甚至连外尾羽上的白边，皆可见及。而且，当两个或几个不是蓝色，也没有上述斑纹的家鸽品种进行杂交后，其杂种的后代却很容易突然获得这些性状。我现在将我观察到的几个实例试列举如下：我用极纯的白色扇尾鸽与黑色巴巴鸽杂交（巴巴鸽极少有蓝色变种，就我所知，在英国尚未见及），结果其杂种的子代有黑色的、褐色的和杂色的。我又用巴巴鸽同斑翅鸽（spot）杂交（众所周知，纯系斑翅鸽为白色，具红尾，额部有一红色斑点），其杂种后代却呈暗黑色并具斑点。接着，我再用巴巴鸽和扇尾鸽的杂种，与巴巴鸽和斑点鸽的杂种进行杂交，产生了一只鸽子，具有野生岩鸽一样美丽的蓝色羽毛、白腰、两条黑色翼带，并且具有条纹和白边尾羽!如果我们承认一切家鸽品种都起源于岩鸽的话，那么，根据我们所熟知的祖征重现原则，上述事实是顺理成章，极易理解的。但是，如果我们要否认“一切家鸽都源出于岩鸽”的话，那我们只能接受下列两种极不合情理的假设。一是我们得假设所有想象中的原始种，都具有和岩鸽相似的颜色和斑纹。只有这样，才能使每一品种都有重现这种颜色和斑纹的趋向。然而，现存其他鸽类物种，没有一种具备这些条件的。另一个假设是，各品种，即使是最纯的，也必须在12代，或最多在20代以内与岩鸽曾杂交过。我这里之所以说12代或20代之内，是因为还不曾有一个例子表明能重现20代以上消失了的外来血统祖先的性状。只发生过一次杂交的品种，重现由这次杂交所得到的任一性状的趋向，自然会愈来愈小，因为每隔一代，这外来血统会逐渐减少。但是，要是没有发生杂交，这个品种便有重现前几代中已经消失了的性状的趋向。因为我们知道这一趋向与前一趋向恰好相反，它可以不减弱地遗传到无数代。这两种不同的返祖现象，常被讨论遗传问题的人搞混淆了。

最后，根据我本人对极不相同的品种所做的有计划的观察结果，可以断定，一切家鸽品种间杂交所形成的后代都是完全可育的。但另一方面，两个很不相同的动物种杂交所得杂种，现在几乎没有一个例子能证明，它们是完全可育的。有些学者认为，长期连续家养，能够消除种间杂交不育性的强烈趋向。从狗和其他一些家养动物的演化历史来看，将上述观点应用于亲缘关系密切的物种，应该是十分正确的。但如果引申得过远，硬要假定那些原来便具有像现代信鸽、翻飞鸽、球胸鸽及扇尾鸽那样显著差异的物种，在杂交后仍会产生能育之后代，那就未免太轻率了。

概括一下，上述几条理由包括：人类不可能在过去驯养七八种假定的原始鸽种，并使它们在家养状态下自由繁殖；这些假定的鸽种从未有野生类型发现，也未曾在什么地方见有回归野生的事实；这些假定物种虽在许多方面与岩鸽极相似，但与鸽科其他种相比较，却表现出极为变态的性状；一切品种，无论是纯种还是杂种，都偶有重现蓝色和黑色斑纹的现象；最后一点，杂种后代完全能育。综合上述种种理由，我们可以很有把握地得出结论：一切家鸽品种，都是从岩鸽及其地理亚种传衍下来的。

为了进一步论证上述观点，我再补充几点。第一，已经证明野生岩鸽可以在欧洲和印度家养，其习性和许多结构和一切家养品种相一致。第二，尽管英国信鸽与短面翻飞鸽的若干性状与岩鸽差别甚大，但若对这两个品种中的几个亚品种进行比较，尤其是对从远处带来的一些亚品种细加比较，我们便可以在它们与岩鸽之间排成一个近乎完整的演变序列。在其他品种中也有类似情况，当然不是一概如此。第三，每一品种最为显著的性状，往往就是该品种最易变异的性状，例如信鸽的肉垂和长喙，以及扇尾鸽尾羽的数目。对于这一事实的解释，等我们讨论到“选择”时就会明白了。第四，鸽类一直受到人类的保护和宠爱。世界各地养鸽的历史，亦有数千年。据莱卜修斯教授（Prof. Lepsius）告诉我，最早的养鸽记录是在埃及第五王朝，大约在公元前3000年。但据伯齐先生（Mr. Birch）告诉我，在更早一个朝代的菜单上已有鸽的名字了。据普林尼（Pling）记述，在罗马时代，鸽子的价格很贵，“而且他们已达到这种地步，可以评估鸽子的品种和谱系了”。印度的阿克巴·可汗（Akbar khan）极看重鸽子，大约在1600年，养在宫中的鸽子不下两万只。宫廷史官写道：“伊朗和都伦的国王曾送给他一些珍稀的鸽子”，还记述：“陛下让各品种杂交，从而获得惊人的改良；这种办法，前人从未用过。”几乎在相同时代，荷兰人也像古罗马人一样宠鸽。上述这些考古，对于我们解释鸽类发

阿克巴·可汗（Akbar khan，1542—1605），印度莫卧儿帝国第三代皇帝，著名的政治和宗教改革家。

生大量变异，十分重要。对此，待我们后面讨论“选择”时便会明白了。同时，我们还能搞清，为何这几个品种常有畸形性状。家鸽配偶能终身不变，这是产生各类品种一个十分有利的条件，因为这样，就能将不同品种共养一处而不致混杂了。

上面我对家鸽的可能起源途径作了些论述，但仍不够充分，因为当我开始养鸽进行观察时，清楚地知道各品种在繁育时能保持极为纯化，从而觉得它们很难同出一源，这正如博物学家们对各种雀类或其他鸟类所做的结论一样。有一点使我印象极深，就是几乎所有的各种动植物的家养者（我曾与他们交谈过或拜读过他们的著作），都坚信他们所培育的几个品种是从各不相同的原始物种传下来的。不信请你问问一位叫赫尔福特的知名饲养者（我曾请教过他），问他的牛是否源出于长角牛或与长角牛同出一源，其结果必招嘲笑。在我碰到的养鸽、养鸡、养鸭或养兔者中，没有一个不认为其各主要品种都是从一个特殊物种传下来的。范·蒙斯（Van Mons）在其关于梨和苹果的著作中，断然不信像利勃斯顿·皮平（Ribston Pippin）苹果和科特灵（Codlin）苹果等这样的品种能从同一棵树的种子里传衍下来。其他类似的例子，举不胜举。我想，原因很简单：长年不断地研究，使他们对各个品种的差别，印象极为深刻；另外，他们明知每一品种变异微小，而且还由于利用这些微小变异选育良种而获奖，但他们对一般的遗传变异法则，全然不知，而且也不愿动脑筋综合性地想一想，这些微小变异是如何逐渐积累增大的。现在有些博物学家，他们对遗传法则知道得比养殖家更少，对于长期演化谱系中的中间环节的知识，懂得也不多，可他们却承认许多家养品种都源于同一亲种。当这些博物学家嘲笑自然状态下的物种是其他物种的直系后代这一观点时，的确应该学一学什么叫“谨慎”。

古代所依据的选择原理及其效果

现在让我们简要地讨论一下，不同家养品种从一个原始种或多个近缘种演化出来的步骤。有些效果可归因于外界条件直接和定向的作用，有些则可归因于习性。但是，如果有人根据这些作用来解释驾车马和赛跑马的差异、细腰猎狗与嗅血猎狗的差异、甚或信鸽与翻飞鸽的差异，那就未免太冒失了。家养动植物品种最为显著的特色之一，是其适应特征常不符合它们自身的利益，而是适合于人类的使用要求和爱好。有些对人类有用的变异，大概是突然发生的，或者说一步跃进完成的。例如，许多植物学家都认为，具刺钩的起绒草（*Dipsacus fullonum*）（这种刺钩的作用远非任何机械所能及）是野生川续断草（Dipsacus）的一个变种；而这种变异很可能是在幼苗上一次突然完成的。矮脚狗和我们的安康羊（Ancon sheep）的出现，大概也是如此。但是，另一方面，当我们比较驾车马和赛跑马、单峰骆驼和双峰骆驼、分别适于耕地和适于山地

起绒草（*Dipsacus fullonum*），忍冬科（原川续断科）植物。

牧场放牧，以及毛的用途各异的绵羊时，当我们比较对人类有不同用途的狗品种时，当我们比较善斗鸡与非斗鸡、比较斗鸡与不孵卵的卵用鸡、比较斗鸡与娇小美丽的矮腿鸡时，当我们比较无数的农艺植物、菜蔬植物、果树植物以及花卉植物时，就会发现，它们在不同季节和不同目的上于人类极为有益，或者因其美丽非凡而使人赏心悦目。我想，对这些情况，不能仅用变异性来解释，它还应有别的原因。我们不能想象，上述所有品种是一次变异突然形成的，而一形成就像现在这样完美和有用。的确，在许多情况下，其形成历史不是这样的。问题的关键在于人类的积累选择作用。大自然使它们连续变异，而人类则按适合人类需要的方向不断积累这些变异。从这个意义上说，是人创造了对自己有用的品种。

这种选择原理的巨大力量绝不是臆想出来的。确实有几个优秀的饲养者，仅在其一生的时间内，便大大地改进了他们的牛羊品种。要想充分认识他们的成就，就必须阅读有关这个问题的论著，并对这些动物作深入的观察研究。饲养家常爱说动物机体好像是件可塑性的东西，几乎可以随意塑造。假如篇幅允许的话，我能引述权威作者关于这一效应的大量事实。对农艺家们的工作，尤亚特（Youatt）可能最为了解，而他本人还是一位资深的动物鉴定家。他认为人工选择的原理，“不仅使农学家改良了家畜的性状，而且能使之发生根本性变化。‘选择’是魔术家的魔杖，有了它，可以随心所欲地将生物塑造成任何类型和模式。”索麦维尔爵士（Lord Somerville）谈到养羊者的成就时，曾形象地说：“好像他们预先在墙上用粉笔画一个完美的模型，然后让它变成活羊”。在撒克逊尼，人工选择原理对于培养美利若绵羊（Merino sheep）的重要性，人们已有充分的认识，以致人工选择被当作一个行业。他们将绵羊放在桌子上研究，就像鉴赏家鉴赏绘画一样。他们每隔几个月举行一次，如此进行三次；每次都在绵羊身上做标记并进行分类，以便最终遴选出最优品种进行繁殖。

英国饲养者所取得的实际成就，可以从其优良品种高昂的价格得到证明。这类优良品种，曾被运送到世界各地。这种改良，一般都不是靠品种杂交获得的。一流的育种家都强烈反对用杂交法，仅偶尔实行极近缘的亚品种的杂交。即便杂交进行后，遴选过程也将比普通情况下更为严密。假如选择作用，仅在于分离出某些独特的变种以使其繁殖，那么选择原理便不值得我们认真研究了。人工选择的重要性正在于将变异按一定方向，累代聚积，以使它产生巨大效果。这些变异，都是极微小的，未经训练的人，极难察觉。我曾尝试过，终未能察觉出这些微小变异。千人当中，难得有一个人，其眼力及判断力能使他有望成为一位大养殖家。纵使他真有此天赋，仍需坚持数年，潜心钻研，然后方可成功，造就伟业，不然，必定失败。人们都相信，即使当一位熟练的养鸽者，也必须既有天赋，而且还需多年的努力和经验积累。

园艺家也依照同样的原理工作。不过，植物比动物的变异通常要更突然些。没有人认为，我们所精选出来的产物，是从原始种仅由一次变异而成。在若干场合下，我们有精确的记录可以作证，如普通鹅莓逐渐增大，便是一个具体的例证。如果将现在的花朵，同二三十年前所画的花进行比较，我们便会发现，花卉栽培家对此已有惊人的改进。当一个植物品种育成之后，育种者并不是通过采选那些最好的植株继续繁殖，而只是拔除那些不合标准的所谓“无赖汉”。对于动物，实际上人们也采用类似的选择方法。无论何人，都不会愚蠢到拿最劣的动物去繁育。

还有一种方法，可以观察植物变异的累积效果：在花园里，比较同种内不同变种花的多样性；在菜园里，观察植物的叶、荚、块茎或其他有价值的部分相对于同变种的花所表现出来的多样性；在果园里，观察同种的果实相对于同种内一些变种的叶和花所表现出来的多样性。试看甘蓝的叶子如何之不同，而其花又何其相似；三色堇的花如何之不同，而其叶又如何之相似；各品种鹅莓果实的大小、颜色、形状及茸毛变异颇大，但其花则很相似。列举上述各点，并不是说，凡是变种某一点发生显著变异时，而其他各点便无任何变异。恰恰相反，据我观察，这是极少见的现象。我们不可忽视相关变异法则，它能保证产生些有关的变异。可是毫无疑问，按照一般法则，对细微变异进行连续不断的选择，无论是在花、叶，还是在果实方面就能产生出互不相同的新品种来。

有计划地按选择原理进行工作，不过是近75年的事情。对这种说法，也许有人不赞成。近年来，对人工选择的确比以前更为注重了，成果和论著不断出现，既迅速又重要。但是，要说这个原理是近代的发现，那未免与事实相去甚远。我可以引用古代著作中的若干例证说明，人们早就认识到选择原理的重要性了。在英国历史上的蒙昧未开化时代，已开始精选动物输入，并明令严禁输出。法令还规定，马类的体格大小在某一尺度以下时，需予以灭绝，这恰如园艺家拔除植物中的“无赖汉”一样。我也看到一部中国古代百科全书中清楚地记载着选择原理。罗马时代的学者已明确拟定了选择法则。据《创世纪》记载，那时人们已经注意到家养动物的颜色了。现代未开化人有时让他们的狗与野生狗杂交，以求改良品种；据普林尼的书中介绍，古时的未开化人也是这么干的。非洲南部的未开化人，常依据畜牛的颜色进行交配，有些因纽特人对于他们的拖车狗，也是如此。李文·斯顿（Living Stone）说，非洲内地的黑人从未与欧洲人有过交往，但他们也极重视家畜的优良品种。这些事实虽不能表明古代已有真正的人工选择，但显示了古人已重视家畜的繁育；即使现代最野蛮的人也同样注意到这一点。既然优、劣品质的遗传如此之明显，假

无意识的选择

如只管饲养，而不注意选择，那才是一件令人奇怪的事情。

现代一些杰出的育种专家都根据明确的目标，进行极有计划有步骤的人工选择，以求培育出国内顶尖的新品种或亚品种。然而，在我们看来，还有一种更为重要的选择方式，即所谓的无意识选择。每个人都想拥有最优良的动物个体并繁育它们，这就产生了这种选择方式。例如，饲养大猎狗（pointer）的人，无疑会竭尽全力获求最优良的狗，并以此进行繁育；但他这么做，并不企图持久地改变这一品种。不过，如果这一过程继续数百年的话，终究会导致品种的改良，正如贝克韦尔（Bakewell）和柯林斯（Collins）所得的结果一样。贝、柯二氏依据同样的方法，不过计划较周密，因而就在他们有生之年，已大大改变了他们牛的形态和品质。在很久以前，只有对无意识选择的品种进行正确的计量或仔细的描绘，以供比较，才能辨识出缓慢而不易觉察的变化。然而，在某些情况下，同一品种在文明落后的地区改进极少；其个体极少变异甚至没有变化的情况也是存在的。有理由相信，查尔斯王的长耳狗，从那一朝代起，在无意识选择下已发生了巨大变化。有几位权威学者认为，侦察犬是长耳狗的直系后代，很可能是逐渐形成的。我们知道，英国大猎狗在18世纪曾发生了重大变化，一般都认为主要是与猎狐狗杂交所致。但在这里我们应注意的是，这种变化虽是无意识地，缓慢进行着的，然而其效果却非常显著。先前的长耳狗（又称西班牙猎狗）的确来源于西班牙；但据博罗先生（Mr. Borrow）告诉我，他从未在西班牙看到一只本地狗与英国猎狗相像的。

经过类似的选择程序和严格的训练，英国赛跑马在速度和大小上都超过了其亲种阿拉伯马。因而，按照古德伍德赛马规则，阿拉伯马的载重量可以减轻了。斯宾塞爵士等学者都曾指出，英国的牛与过去相比，在重量和早熟性上都大大提高了。如把各种旧论文中论述不列颠、印度、波斯的信

斯宾塞（Herbert Spencer，1820—1903），英国哲学家。

鸽和翻飞鸽过去的状态与现在的状态进行比较，我们便可以追踪出它们逐渐经历了若干不易察觉的演变阶段，以至最终达到与岩鸽如此不同的地步。

尤亚特举了一个绝好的例子，来说明一种选择过程的效果；这便可以看作是无意识选择，因为饲养者事先不曾预期和盼求的结果产生了，也就是说，选择的结果产生了两个不同的品系。他说，巴克利先生（Mr. Buckley）和布尔吉斯先生（Mr. Burgess）所养的两群莱斯特绵羊，“都是花费了50年以上的时间，从贝克韦尔先生的原品种纯系繁育而来的。凡是对此事熟悉的人都不会怀疑，这二人所养的羊血统与原品种绝对一致；但是现在他们的绵羊彼此之间却已十分不同，以至其外貌恰如两个完全不同的变种。”

即使现在有一种未开化人原始得从不考虑其所养家畜后代的遗传性状，但他们也会在遇到饥荒或其他灾害时，为了某一特定目的，将某些特别有用的动物细心地保存下来。如此选出来的动物比起劣等动物来，会产生更多的后代。于是，他们便在进行无意识选择。我们知道，火地岛的野蛮人是如此之珍视他们的动物，以致在饥荒之年，他们宁肯杀吃年老妇女也舍不得杀狗；在他们看来，这些年迈妇女的价值不比狗高。

在植物方面，也是通过不断偶然保存最优良的个体而获得品质改进的，不管它们刚出现时是否达到了变种的标准，也不管是否由于两个或多个物种或品种的杂交混淆而成，我们都能清楚地看出这种逐渐的改进过程，正如我们看到的三色堇、蔷薇、天竺葵、大丽花等植物变种，在大小和美观方面都比原品种或物种有了改进。事先没有人想到要从野生三色堇或大丽花的种子里产生出上等的三色堇或大丽花，也无人希求从野生梨的种子里培育出上等软梨来，即使他可能将从果园品系得来的野生瘦弱梨苗育成佳种。虽然梨的栽培古已有之，但据普林尼记述，那时果实的品质极差。园艺书籍中常对园艺者的技巧表示惊叹，因为他们能从如此低劣的材料中培育出如此佳品。然而，其技术却相当简单；就其最终结果看，可以说几乎是无意识的。其做法就是：毫无

花色丰富的天竺葵（*Pelargonium* spp.）。

例外地取最有名的品种来种植，当碰巧出现更好的变种时，再选出种植。如此反复，不断继续下去。我们今天的优良品种，虽然在某种较小程度上得助于他们对最好品种的自然选取和保存，但当他们在种植他们所得到的最好梨树时，却不曾料想到我们今天能享受到何等美味的梨。

大量的变异，就是这样极缓慢地不知不觉地积累起来的。我想，这正好解释了如下熟知的事实：在许多情况下，我们对花园内或菜园内种植的历史悠久的植物，已无法辨别出其野生原始物种了。许多植物能改变成今天对人类有用的程度，已经历了数百乃至数千年。这样，我们不难理解，为何在澳大利亚、好望角等未开化人所居住的地方，竟没有一种能供我们栽培的植物。在这些地方，天然植物种类繁多，并不缺乏形成有用植物的原始种类，而只是由于没有坚持连续选优，以使品种得以改良并达到古代文明发达地方家养植物的完善程度。

在谈到未开化人的家养动物时，有一点不能忽视，就是在某些季节，动物本身要为自己的食物而斗争。在环境殊异的两个地方，在体质或构造上稍有差异的同种个体，常常在某一地方比在另一地方生活得更好些；于是，由于后面要讲的自然选择的作用，便会形成两个亚品种。这种情况也许可以部分解释一些作者曾提到的事实，即未开化人所养之变种，常较文明国度里所养之变种具有更多的真种性状。

根据人工选择所起的作用，我们能马上明白，为什么家养品种在构造和习性上都特别适合人类的需要和爱好；同时，也能使我们容易理解，为什么家养品种常有畸形出现，为什么外部性状差异如此巨大，而内部构造却变异甚微。其实，人类极难甚至几乎不可能对内部构造的变异进行选择。一方面，是人类不大注意内部构造的性状，另一方面，从外部也不容易观察到内部构造的变异。要不是一只鸽子的尾巴出现了异常状态，决没有人去尝试将它育成扇尾鸽；要不是能看到一只鸽子的嗉囊已经异常膨大，也无人会想到将它育成球胸鸽。任何性状，最初出现时愈是异常，则愈能引起人们的关注。但是，我认为，人类一直在有意识地试图培养出扇尾鸽的说法是不对的。最初选出一只尾羽稍大一些的鸽子的人，决不会梦想到那只鸽子的后代经过长期连续、半是无意识半是有计划的选择，最终到底会变成什么样子。也许，一切扇尾鸽的始祖，与现代爪哇扇尾鸽一样，仅有14根略能展开的尾羽，或如其他特殊品种，已具17根尾羽；也许最早的球胸鸽，其嗉囊膨胀仅与现在浮羽鸽食管膨胀情形相仿；而这种食管膨胀的习性，已不为现代鸽迷所注意，因为它不是这个品种的主要特点。

不要以为只有结构上的明显差异，才能引起鸽迷的注意；他能觉察出十分微小的差别，因为人类的天性就在于他对自己物品的任何新奇之点，不论如何微小，也会予以足够的重视。我们决不能用几个品种形成之后的现今价值标准，去评判同种诸个体以前微小变异的价值。我们知道，现在家鸽也偶有微小变异出现，不过，这些变异被认为是品种的缺点，或者偏离了完善标准，而被摒弃了。普通鹅并没有产生过任何显著的变异；因而，图卢兹鹅（Toulouse）尽管与普通鹅只在颜色上有所不同，而且该性状还极不稳定，但近来却被当作不同品种在家禽展览会上展出了。

这些观点可以很好地解释下述不时为人们谈起的一种说法：即我们几乎不知道任何家养品种的起源和演化历史。实际上，生物品种与方言一样，很难说清它们的起源。人们保存并选育了一些构造上少有差异的个体，或者特别注意他们最优个体的交配，这样，便改进了它们，因而使这些动物逐渐扩散到邻近地区。但是，它们极少有确定的名称，而且对它们的价值也并不重视，以致其演变历史被人们忽视。此后，该动物继续同样缓慢而渐进的改良，并传播得更为广远；此时，其特点和价值才开始被人们认识，才有了个地方性名称。在半文明国度里，因交通不便，新品种的传播是极缓慢的。一旦品种的价值得到公认，该品种的特点，不论属于什么性质，都会按照上述无意识选择原理，逐步得以发展。当然，品种的盛衰要依各地居民的时尚而定，可能在某一时期养得多些，在另一时期养得少些；依照居民的文明状态，可能某些地方养得多些，而在另一地方养得少些。但无论如何，这些品种的特征总会慢慢地得到加强。然而，不幸的是，由于改进过程极其缓慢，又时常改变方向，而且不易觉察，因而极少有机会记录并保存下来。

人工选择的有利条件

现在我想简要谈谈人工选择的有利条件和不利条件。高度变异性显然是利于人工选择的，因为它能提供丰富的选择材料，使选择工作顺利进行。即使这种变异是单个的，也不能言其少；因为只要注意，便可以使变异量在任何我们期望的方向上积聚起来。明显对人有用或为人类所钟爱的变异，即便偶尔出现，但如大量饲养，也会增大这种变异出现的机会。于是，个体数量是人工选择成功最重要的条件。依据这一原则，马歇尔（Marshall）曾就约克郡一些地方的绵羊说过这样的话：“它们永无改良的可能，因为这些羊群一般为穷人所养，而且大都是小群的”。相反，园艺家们栽培着大量的同种植物，所以他们在培育新的有价值的新变种方面，就远较一般业余者更易获得成功。只有在有利于繁育的地方，才能培育大群动植物个体。如果个体太少，结果不论其品质如何，让其全部繁育，势必有碍选择。当然，最重要的因素是，人类必须高度重视动、植物的价值，以致对其品质和构造上的微小差异都能予以密切关注；假如不如此认真注意，则选择成效不大。我曾见有人严肃地指出，正当园艺者开始注意草莓的时候，它便开始变异了，这的确是极大的幸运。草莓被栽培以来，无疑时常发生变异，不过是人们对微小的变异不曾留意罢了。一旦园艺者选出一特殊个体植株，如果实稍大些的、稍早熟些的或果实更好些的，然后由此培育出幼苗，再选出最好的幼苗进行繁育（同时辅以种间杂交）。于是，众多优良草莓品种就这样育成了。这是近半个世纪的事。

在动物方面，防止杂交是培育新品种的重要

因素，至少，在已存在其他品种的地方是如此。因此，圈养是有效的。流动的未开化人和开阔平原上居民所养的动物，在同种内，常品种单一。家鸽因配偶终生不易，故而众多品种可杂居一处，仍保持纯种甚至能改良品种；这对于养鸽者以极大方便，并有利于新品种的育成。此外，鸽类可迅速大量繁殖，其劣等个体可供食用，自然就被淘汰了。与此相反，猫有夜游习性，不易控制交配；虽然妇孺宠爱，但很少能看到一个独特的品种可长久保存下去。我们有时见到的特殊品种，几乎都是外国进口的。虽然我不怀疑，某些家养动物的变异性小于其他动物，但是像猫、驴、孔雀、鹅等动物，之所以品种少或根本没有特殊品种，其主要原因则是选择未发生作用：猫，是由于难于控制交配；驴，是由于数量少，且为穷人所养，多不注意选种；不过近来在西班牙和美国等地，已有人注意选择，使这种动物有惊人改进；孔雀，是由于不易饲养，且数量较少；鹅，由于其用途仅限于肉和羽毛，一般人对其特异品质不感兴趣；我还在别处讲过，家养状态下的鹅，即使有轻微变异，但其品质特征似乎很难发生变化。

有些作者认为，家养生物的变异很快便达到了一定限度，此后便不再增加。无论如何，作此断然结论，未免有些轻率，因为所有家养动植物，在近代差不多在各方面都有巨大改良，这表明它们仍在变异。如果断言，现在已经达到极限的那些特点，经过数百年定型之后，即使置于新的生活环境之中也不发生改变，那也是轻率的。正如华莱士先生指出的那样，变异的极限无疑最终会达到的，此话不假。例如，陆上动物运动的速度，必有限度，因为其速率是受它们的体重、肌肉伸缩能力及摩擦阻力所限制的。但是，与我们讨论问题有关的事实是，同种家养变种在受到人类注意而被选择的几乎每一个性状上的差异，总要比同属异种间的彼此差异为大。小圣伊莱尔就体形大小证明了这一点，在颜色和毛的长度方面也是如此。至于速率，则取决于许多身体特征，如伊克里普斯（Eclipse）马跑得最快，拖车马体格最强壮，这两种不同的性状，是马属中另两个自然种所无法比拟的。植物的情况也如此，豆或玉米的种子在大小上的差异，在这两科中大概超过了任何一属的种间差别；李子各变种的果实，情形也相同；甜瓜的变异更为显著；此外，类似情况不胜枚举。

现在，我们可以对家养动植物的起源作一小结。生活条件的变化，对生物变异十分重要：它既可直接作用于生物的构造体制，又可间接影响到生殖系统。要说变异在一切情况下都

华莱士（Alfred Russel Wallace，1823—1913），英国博物学家、探险家。

是天赋的和必然的，也并不大确切。遗传性及返祖性的强弱，决定着变异能否继续下去。变异性受控于许多未知定律，其中最重要的是相关生长律。其中部分地可归因于生活条件的作用，但程度如何尚不得而知。器官的使用与否对变异有作用，也许还相当巨大。于是，最终的结果，将变得极为复杂。有些例子表明，不同原种杂交可形成现有品种；在任何情况下，当品种形成后再行杂交，并通过人工选择，无疑对形成新亚种很有助益。但在动物和种子植物中，杂交育种的重要性曾被过分夸大了。对于靠插枝、芽接等方法进行临时性繁殖的植物，杂交自然十分重要，因为栽培者此时可以不必顾虑杂种和混种的极端变异性和不育性；可是，这类不以种子繁殖的植物，对我们的选择不大重要，因为其存在只是暂时的。人工选择的累积作用，不论它是有计划而快速进行的，还是无意识地、缓慢但更有效地进行的，都超出所有这些变异原因之上，它一直是形成新品种最主要的动力。

草莓被栽培以来，无疑时常发生变异，不过是人们对微小的变异不曾留意罢了。

第2章

自然状态下的变异

Variation under Nature

变异性——个体间的差异——可疑物种——分布广、扩散大的常见物种极易发生变异——各地区较大属内的物种比较小属内的物种更易变异——大属内各物种间的情况与物种内各变种间的情况相似，它们都彼此程度不等地密切相关，而且其分布都存在局限性

达尔文故居党豪思（Down House）。

在将从上一章推衍出来的原理应用到自然状态下的生物之前，我们应概略地讨论一下自然状态下的生物是否容易发生变异。但要搞清这个问题就得列举大量枯燥乏味的实例，于是只好把它们留待将来另文讨论。此外，我也不打算在这里讨论物种这一术语的各种不同定义，因为没有一种定义能使所有博物学家都满意；而且每个博物学家在谈到物种这一术语时也都是含糊其词的。一般说来，物种这个术语含有某种未知的创造行为之意。对于变种这个术语，也同样难以下定义。这里虽然没有提供什么证明，但变种一般被理解为含有共同祖先的意思。此外，所谓畸形也难以定义，不过畸形已逐渐为变种一词所替代。我认为畸形是对某个物种有害或无用的发育异常的构造。有些学者把变异这一术语用于一种专门的意义，即专门指那种由生活的自然条件直接引起的变异，而且认为这种变异是不能遗传的。但是谁能说波罗的海半咸水中贝类变短，阿尔卑斯山顶植物的矮小或者极北地区动物的厚毛在某些情况下不会遗传若干代呢？我认为在这种情况下的生物类型应该称为变种。

在一些家养生物，尤其是植物中，我们偶然会发现一些突然出现的结构上的显著差异；这些差异，在自然状态下是否能永久传下去，是值得怀疑的。几乎所有生物的每一个器官，都完美地适应于其生活的环境条件，所以任何器官都不会突然就完善地产生出来，正如人类不可能一下子发明出复杂完善的机器一样。在家养状态下有时会产生一些畸形，这些畸形却与其他种类动物的正常构造相似。例如，猪有时会生下有长鼻子的小猪来。如果同属的任何野生物种曾自然地长有长鼻，这种长鼻猪也许是以一种畸形出现的；但是努力搜寻后，我没有找到与近缘种类的正常构造相似的畸形例证，而这正是问题的关键。如果在自然状态下这种畸形类型确曾出现并能繁殖（往往不能繁殖），那么，由于这种畸形是极少地或单独地出现，它们必须依靠异常有利的环境才会保存下来。此外，这种畸形在头一代和以后各代都会与普通类型杂交，这样它们的变异特征几乎不可避免地要失掉。在下一章，我还要再谈单独或偶然出现的变异的保存与延续的问题。

1831年12月27日，达尔文随“贝格尔号”舰进行环球航行。

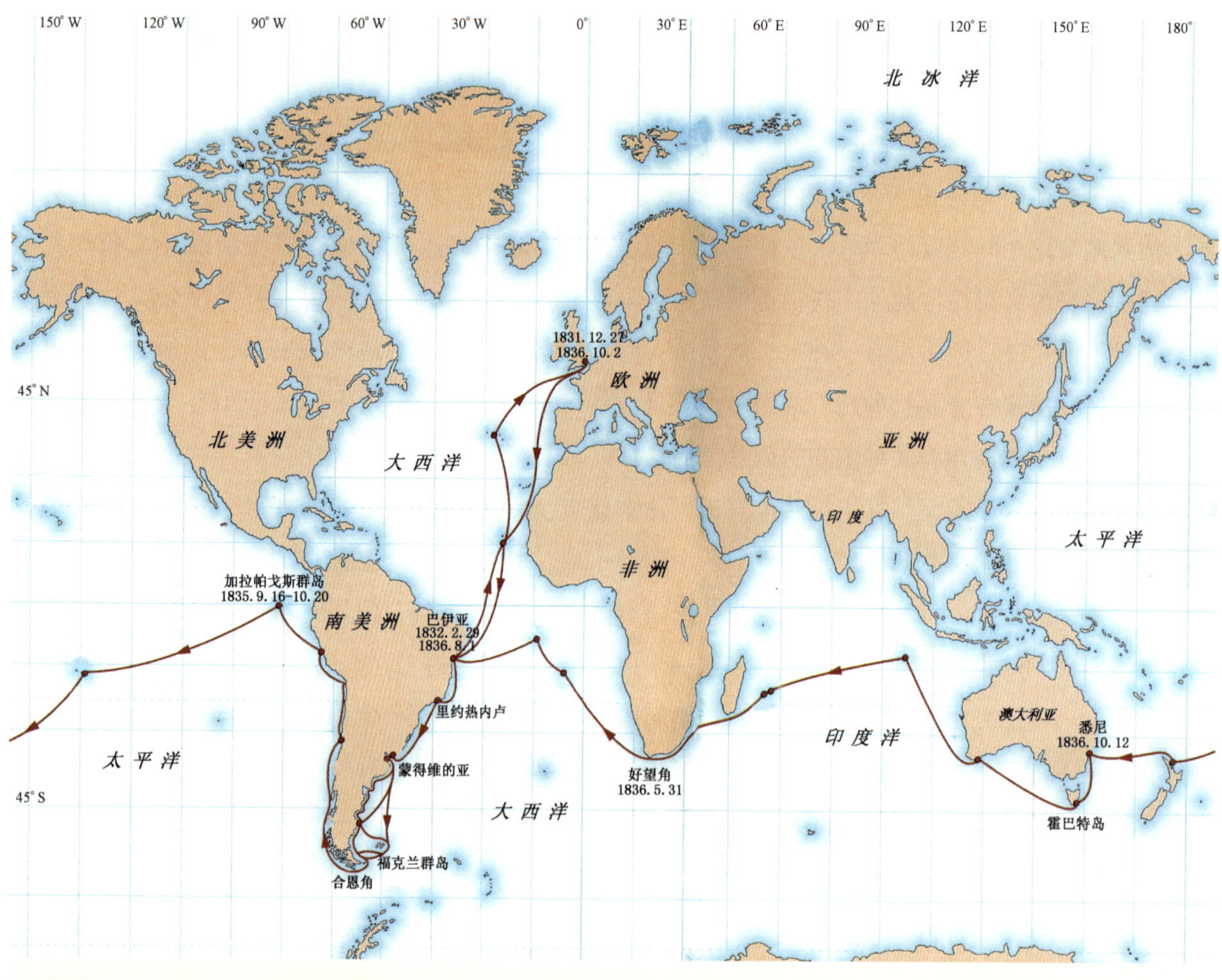

“贝格尔号”舰环球航行路线图。1831年12月从英国出发，1836年10月返回。在长达5年的环球航行中有3年时间是在南美洲沿海。达尔文后来回忆说：“参加‘贝格尔号’航行是我一生中最重要的事情，它决定了我的整个生涯……”

个体间的差异

同一父母的后代之间会有许多微小的差异。设想栖息在同一有限地区的同种个体，也是同一祖先的后代，在它们中间也会观察到许多微小的差异，这些差异可以称为个体间的差异。谁也不会设想同种的一切个体会像一个模型铸造出来的一样。差异是非常重要的，因为众所周知，差异常常是可以遗传的；因为能遗传，个体间的差异就为自然选择作用和它的积累提供了材料。这种自然选择和积累与人类在家养生物中朝着一定方向积累个体差异的方式是一样的。个体间的差异一般发生在博物学家认为不重要的器官上，但我可以通过很多事实，证明同种个体间的差异，也常发生于那些无论从生理学，还是从分类学来看，都很重要的器官。我以为，最有经验的博物学家，只要像我多年来一直做的那样去认真观察，便会发现，生物发生变异，甚至重要构造器官上的变异，其数量多得惊人。应该指出的是，分类学家并不喜欢在重要特征中发现变异；而且很少有人愿意下工夫去检查内部重要的器官，并在众多同种标本之间去比较它们的差异。可能没有人会料到，昆虫的大中央神经节周围的主要神经分支在同一物种里也会发生变异。或许人们通常认为这类性质的变化只能缓慢进行。但是卢布克爵士（Sir Lubbock）曾经指出，介壳虫（Coccus）主要神经分支的变异达到了有如树干的分支那样全无规则的程度。这位博物学家还指出，某些昆虫幼体内肌肉的排列也很不相同。当一些学者声称重要器官从不变异时，他们往往采用了一种循环推理的论证法，因为这些学者实际上把不变异的部分列为重要器官（他们中有的人也承认这一点）；当然，按这种观点，重要器官发生变异的例证当然不会找到。但是，如果换一种观点，人们肯定能举出许多重要器官也会发生变异的例子来。

卢布克爵士（Sir John Lubbock，1834—1913），英国博物学家。

有个与个体变异有关的问题，使人感到特别困惑，那就是在所谓“变型的”或“多型的”属内，物种的变异达到异常多的数量。对于其中的许多类型，究竟应列为物种还是变种，难得有两位博物学家意见相同。可以举出的例子有植物中的悬钩子属（*Rubus*）、蔷薇属（*Rosa*）和山柳菊属（*Hieracium*）及昆虫类和腕足类中的一些属。大部分多型属里的一些物种有固定的特征，除了少数例外，一般在一个地方为多型的属，在另一个地方也是多型的。从关于古代腕足类的研究中也会得出同样的结论。这些事实令人困惑，因为它们表现出的这些变异，似乎与生活条件没有关系。我猜想，因为这些变异，至少在某些多型属内对物种本身并无利害关系，所以自然选择既没有对它们起作用，也没有使这些特征固定下来。对此，我将在后文再做解释。

我们知道，同种的个体之间在身体构造上，还存在着与变异无关的巨大差异。如在各种动物的雌雄个体之间，在昆虫的不育雌虫（即工虫）的两个或三个职级间，以及许多低等动物的幼虫和未成熟个体之间所显示的巨大差异。又如，在动物界和植物界，都存在着二型性和三型性的实际情况。华莱士先生近来注意到了这个问题，他指出，在马来群岛某种蝴蝶的雌性个体中，存在着两种或三种有规则并显著差异的类型，但是不存在连接这些类型的中间变种。弗里茨·穆勒（Fritz Müller）在描述巴西的某些雄性甲壳类动物时，谈到了类似但更为异常的情况。例如，异足水虱（Tanais）经常产生两种不同的雄体，其中一种有形状不同的强有力的螯足，而另一种则有布满嗅毛的触角。在动植物所呈现的这两三种不同类型之间，虽然目前已找不到可以作为过渡的中间类型，但是以前可能有过这样的中间类型。以华莱士先生所描述的某一岛屿的蝴蝶为例，这种蝴蝶的变种很多，以至于可以排成连续的系列；而此系列两端的类型，却和马来群岛其他地区的一个近缘双型物种的两个类型极其相似。蚁类也是如此，几种工蚁的职级一般说来是十分不同的；但在随后要讲的例子中可以看到，这些职级是由一些分得很细的中间类型连接在一起的。我自己从某些两型性植物中也观察到这种情况。例如，一只雌蝶竟然能够同时生产出三个不同的雌体和一个雄体后代；一株雌雄同体的植物竟然可在一个蒴果内产生出三种不同的雌雄同株个体，而这些个体中包含有三种不同的雌性和三种或六种不同的雄性个体。这些事实初看起来确是奇特，但实际上它们不过是一个寻常事实的典型代表而已。即是说，雌性个体可以生产出具有惊人差异的各种雌雄两性后代。

可疑物种

有些类型在相当程度上具有物种的特征，可是它们又与别的一些类型非常相似，或者有一些过渡类型把它们与别的类型连接起来，这样博物学家们就不愿把它们列为不同的物种。从几个方面来看，这些连续性类型对于论证我们的学说极其重要，因为我们有充分理由相信，很多这种分类地位可疑而又极其相似的类型，已经长期地保持了它们的特征。就我们所知，它们能够像公认的真正物种一样长期地保持其特征。其实，当博物学家利用中间环节连接两个类型时，他实际上已把其中一个当作另一个的变种。在分类时，我们将最常见或最先记载的一个当作物种而把另一个当作变种。不过即便在两个类型之间找到了具有杂种性质的中间类型，要决定应否把一个类型列为另一个类型的变种往往也是很困难的。然而有很多时候，一个类型被认为是另一个类型的变种，并不是因为在它们之间已经找到了过渡类型，而是因为构造上的类比，使观察者推想这种中间环节现在一定存在于某处或过去曾出现过。但这样推想难免为怀疑与猜测敞开了大门。

因而，把一个类型列为物种还是变种，应该由经验丰富、具备良好判断力的博物学家来决定。当然在很多场合，我们也依据大多数博物学家的观点来作决定，因为显著而为人熟知的物种，往往都是由若干有资格的鉴定者定为物种的。

毫无疑问，性质可疑的变种是非常普遍的。比较一下各植物学家所著的大不列颠的、法国或美国的植物志吧，你就会发现有数量惊人的类型，被这个植物学家确定为物种，而又被另一个植物学家列为变种。华生先生（Mr. H. C. Watson）曾多方面协助我而使我心怀感激；他曾为我列出182种现在公认是变种的不列颠植物，而这些变种都曾被某些植物学家列为物种。华生先生排除了许多曾被某些植物学家列为物种的无足轻重的变种。此外，他还完全删除了一

华生（Hewett Cottrell Watson，1804—1881），英国植物学家。

些显著的、多型性的属。在类型最多的属里，巴宾顿先生（Mr. Babington）列举了251个物种，而本瑟姆先生（Mr. Bentham）只列举了112个物种，这就意味着有139个可疑物种的差距!在每次生育都必须进行交配而又极善运动的动物中，有些可疑类型，被一个动物学家列为变种而被另一动物学家列为物种。这样的可疑类型在同一地区很少见，但在彼此隔离的地区却极为普遍。在北美和欧洲，有多少差异细微的鸟类和昆虫，被一个著名学者定为不容置疑的物种，而被另一学者列为变种，或被称为“地理宗”。华莱士先生在他的几篇关于动物的很有价值的论文中说，栖息在大马来群岛的鳞翅类（Lepidoptera）动物可以分为四类：变异类型、地方类型、“地理宗”（或地理亚种）和有代表性的真正物种。作为第一类的变异类型在同一个岛屿上变异很大。地方类型在本岛上相当固定，但是各个隔离的岛上则互不相同。但是如果把各岛上的一切类型放在一起比较，除了在两极端的类型间有足够的区别，其他类型间的差异小得几乎难以辨识。地理宗（或亚种）是有固定特征的隔离地方类型，而在显著重要的特征方面它们之间没有差异，所以“除了凭个人意见之外不可能通过测试来确定，哪个类型为物种，哪个类型为变种”。最后看看那些有代表性的物种吧，在各岛的生态结构中，它们占据的位置与地方类型和亚种相当。只因为它们之间的差异，比地方类型间和亚种间的差异大得多，博物学家才几乎一致地把它们分别列为真正的物种。以上是引述的一些分类方法，但要提出确切的标准来作为划分变异类型、地方类型、亚种或有代表性物种的依据是不可能的。

多年前我曾比较过加拉帕戈斯群岛中各邻近岛屿上的鸟类，我也见到其他学者进行过类似的比较，结果我吃惊地发现，所谓物种与变种间的区别是非常模糊和随意的。在沃拉斯顿先生（Mr. Wollaston）的大作中，马德拉群岛的小岛上许多昆虫被分类为变种，但这些昆虫肯定会被其他昆虫学家列为不同的物种。甚至一些普遍被列为变种的爱尔兰动物，也曾被动物学家定为物种。一些有经验的鸟类学家认为，英国赤松鸡只是挪威种的一个特征显著的族，可是大多数学者却把它列为大不列颠特有的无可争议的物种。

除了多种达尔文雀外，加拉帕戈斯群岛还有大嘴蝇霸鹟（*Myiarchus magnirostris*）等其他小型林鸟［鸟类摄影师边缘　摄］。以前一些人不小心带猫进岛，不幸的是，由于猫的凶猛捕食，这些小型鸟数量锐减。现正在采取措施，逐步减少岛上猫的数量。

两个可疑类型，常因其产地相距遥远而被博物学家列为不同的物种；但人们不禁要问，其距离到底要多远才足以划分成不同的种？如果说美洲与欧洲间的距离足够远，那么欧洲与亚速尔群岛、马德拉群岛和加那利群岛之间的距离，或这些群岛的诸岛之间的距离是否足够远呢？

美国杰出的昆虫学家华尔什先生（Mr. B. D. Walsh），曾把吃植物的昆虫，称为植食性（Phytophagic）物种和植食性变种。大多数植食性昆虫常食某一种或某一类植物，但有些昆虫不加区别地食用多种植物却并不发生变异。然而华尔什观察到，在一些场合，吃不同植物的昆虫在幼虫或成虫期，或在两个时期，在色彩、大小或分泌物性质等方面都表现出微小而固定的差异。这些差异有时仅限于雄体，有时则在雌雄两体均能看到。如果这类差异非常明显而又同时发生于雌雄两体和成幼各期，则所有昆虫学家都会把具有这些差异的不同类型确定为名副其实的物种。但是对于哪一类型应列为物种、哪一类型应列为变种的问题，即便每一观察者可以做出自己的决定，他却不能替别人去做判断。华尔什先生把那些假定能自由杂交的类型列为变种，而把那些似已丧失此能力的类型列为物种。因前面所述的差异，是由昆虫长期食用不同植物所致，所以不能期望在若干类型中找到中间过渡类型，因此，博物学家们也就失去了决定把可疑类型列为物种还是变种的最好依据。此种情况，必然存在于不同大陆或岛屿上的相似生物中。另一方面，遍布在同一大陆或同一群岛的一种动物或植物，如果在各地都有不同类型，人们就会有机会，找到两个极端类型间的中间环节，而这样的类型就会被降为变种。

少数博物学家坚持认为动物没有变种，于是他们把极小的差异也看作是种别的特征。如果在两个远离地区或两个地层中发现了两个相同类型，他们仍相信那只是外观相同的不同物种。于是，物种这个术语就成了一个无用的抽象名词，它只意味着假定的独立创造作用。当然，确有一些性状与物种类似的类型，被一些权威鉴定家列为变种，而又被另一些权威鉴定家列为物种。但是，在对物种和变种这些术语的定义取得一致意见之前，去讨论它们究竟应列为哪一类是徒劳无功的。

现在，有许多明显的变种和可疑的物种很值得考察，因为为了给它们分类，人们已经从地理分布、相似变异和杂交等几个方面展开了有趣的讨论，因为篇幅所限不在此详谈。周密的考察往往可以使博物学家在可疑类型的分类方面取得一致意见。然而必须承认，对一个地区研究得越透彻，我们在那里发现的可疑类型就越多。使我感触很深的一个事实是：人们普遍记载了那些自然界中对人类非常有用处，或使人类特别感兴趣的动植物的变种，而这些变种又常被某些学者列为物种。看看常见的栎树（oak，又名橡木）吧，它们已被研究得非常仔细，然而一位德国学者竟从其他植物学家几乎都认为是变种的类型中，确定出12个以上的物种；在英国，也可以举出一些权威的植物学家和普通植物工作者来证明，对于有柄和无柄栎树，既有人认为它们是明显的物种，也有人认为它们仅仅是变种。

阿萨·格雷（Asa Gray，1810—1888），美国植物学家。

这里我要提一下德·康多尔最近发表的关于全世界栎树的著名报告。从来没有人在区别物种方面占有像他那样丰富的材料，或像他那样热心、敏锐地研究这些材料。首先，他详细地举出若干物种在构造上的许多变异情况，并且用数字计算出变异的相对频率，他甚至能在同一枝条上分出或因年龄，或因生长条件，或起因不明的共12种以上的变异特征。这样的特征当然没有物种的价值；但正如阿萨·格雷（Asa Gray）在评论这篇报告时说，这些特征一般都被列入物种的定义中了。德康多尔接着说，他把某一类型定为物种是因为这一类型具有在同一植株上永不变异的特征，并且在此类型与其他类型之间没有中间环节的联系。这正是他努力研究的成果。此后德康多尔强调说，“有人一直认为大部分物种都有明确的界限，而可疑物种只是极少数，这是错误的。只有在我们了解甚少，仅凭少数标本来确定物种的属内才有这种情况，因为在这些属内物种是暂时假定的。随着我们对这些属了解得越来越多，中间类型就会不断涌现，对于物种界限的怀疑也就增加了。”他又说，越是人们熟知的物种越具有较多的自发变种和亚变种。例如，夏栎有28个亚种，除了其中6个外，其余变种的特征都环绕在有柄栎、无柄花栎和毛栎这三个亚种的周围。现在连接这三个亚种的中间类型是比较少的，那么，正如阿萨·格雷所说，一旦这些稀少的中间连接类型完全绝迹，这三个亚种间的关系，就完全和紧密围绕在典型夏栎周围那四五个假定物种间的关系一样了。最后，德康多尔承认他在“绪论”中所列举的300种栎科物种中，至少有2/3是假定的物种，因为人们不知道它们能否完全满足前面所述真物种定义的要求。还应指出的是，德康多尔已不再相信物种是不变的创造物，他的结论是，物种进化论符合自然规律，“而且是与古生物学、植物地理学、动物地理学、解剖学和分类学等各方面已知的事实最为符合的学说。”

一个青年博物学者开始研究一类他不熟悉的生物时，首先感到困惑的是，什么样的差异可以当作物种级差异，什么样的差异只可以当作变种级差异，因为他不了解这类生物经常发生变异的种类和数量；当然这也至少说明某些变异是非常普遍的。但是，如果他把注意力集中于一个地区的一类生物，他很快就能决定如何去排列大部分的可疑类型。起初，他往往会定出很多物种来，因为和爱养鸽和家禽的人一样，他在研究中遇到的各类型间大量的差异给他留下了深刻的印象。再说，他也没有可以用来校正最初印象的、有关其他地区其他生物相似变异的一般知识。随着观察范围的扩大，他会遇到更多的困难，因为他会遇到更多的近似类型。如果观察范围进一步扩展，最终他将会做出自己的决定。不过要做到这一点，他先得承认变异的大量存在。而承认这个真理又会遇到其他博物学家的争辩。如果他研究的近似类型来自一些相互分隔的地区，在这种情况下，不能指望找到各类型间的中间过渡类型。那么，他几乎就得完全靠类推的方法，而这时，他的研究就到了极端困难的时候。

在物种和亚种之间确实没有清晰的界限可分。某些博物学家认为，亚种就是那些接近物种而没有完全达到物种等级的类型。同样，在亚种和显著的变种之间，或在不显著的变种和个体差异之间也没有分明的界限。这些差异错杂在一条不易察觉的系列中，而正是这样的系列，使人们意识到生物实际演化的进程。

因此，虽然分类学家对个体差异兴趣甚少，我则认为它们是非常重要的、迈向轻微变种的最初步骤；这些如此轻微的变种，几乎被认为不值得记载于自然史著作中。进而我认为，任何程度上较为显著和固定的变种，是迈向更显著更固定变种的步骤，接着是走向亚种，最后发展为物种。差异从一个阶段发展到另一个阶段，在很多情况下，可能是生物的本性和所处自然条件长期作用的直接后果。但是关于那些从一个阶段发展到另一阶段的，更重要更有适应性的特征，用自然选择的积累作用和器官的使用与不使用的结果来解释，则更能确保无误。所以，一个显著的变种可以称作初期的物种；这是一个信念，它的正确与否还要通过本书所提供的事实和有分量的论证来作出判断。

不要认为一切变种或初期物种都能发展成为物种，它们可能会绝灭或长期保持为变种。沃拉斯顿先生列举的马德拉群岛陆地贝类变种的化石和加斯东·得沙巴达（Gaston de saporta）所列举的植物变种等例子，都可证明这一点。如果一个变种很繁盛，以至于超过了亲种的数量，它就会被定为物种，而原来的真物种将被列为变种；或者变种取代并消灭了亲种，或者两者并存均为独立的物种。这个话题以后再谈。

综上所述可以看出，为了论述方便，我主观上给一类非常相似的个体加上了物种这个术语；而把变种这个术语用于那些容易变化的而差异又不显著的类型。其实，物种和变种并没有根本的区别。同样，也是为了方便，变种这个术语是用来与个体差异形成对比的。

分布广、扩散大的常见物种极易发生变异

依据理论上的指导，我曾想到过，如果把几本优秀的植物志中所有的变种排列成表，在各个物种的关系和性质方面，一定会得到有趣的结果。初看起来，这似乎是件简单的工作，但是，华生先生使我相信这会有许多困难。在这个问题上，我感谢他的帮助和忠告。后来胡克博士也这样说，而且更强调了这种困难。在以后的著作中，我将讨论这些困难和按比例列出的变异物种表。在仔细阅读了我的手稿，审查了我的各种图表后，胡克博士允许我补充这一点，而且他认为下面的论述是可以成立的。要论述的问题是相当复杂的，并且会涉及以后才讨论的“生存斗争”“性状分歧”及其他一些问题，但在此只能简单叙述一下了。

1865年11月，胡克接替了父亲的爵士之位，成为邱园的主管。他掌管邱园期间，真正确立了邱园作为世界首要植物学研究中心的地位。胡克对植物学的贡献巨大，被称为19世纪最重要的植物学家。

德康多尔和其他学者曾证明，在分布很广的植物中一般会出现变种。人们也许会想到这一点，因为分布广的植物处于不同的自然条件下，而且要和各种不同的生物进行生存斗争（以后我们会看到这一点与自然环境条件同样重要或者更重要）。我的图表进一步

“贝格尔号”舰上举行的庆祝穿越赤道典礼。

显示，在任何一个有限的地区内，最常见的物种（即个体最繁多的物种）和在这一地区扩散最大的物种，（扩散大与分布广含义不同，与常见的含义也略有不同），往往最能产生值得植物学家记载的显著物种。因此，正是那些最繁盛的种，也就是被称为优势种的物种（它们分布广、扩散大、个体多），往往产生显著的变种，或是初期物种。这种情况也是可以预料到的，因为变种只有通过与当地其他生物的斗争，才能在某种程度上永远保存下去，那么已经取得优势的物种必然会产生最具优势的后代，即便后代与亲种稍有差异，它们也必然会继承那些使亲种战胜同一地区其他生物的优点。这里所说的优势是指相互竞争中不同类型生物具有的优点，尤其是指生活习性相似的同属或同类生物个体的优点。关于个体的数目多少或是否是常见的，仅是在同类生物中比较而言。例如，当一种高等植物在个体数量和扩散程度上都超过同一地区、相同生活条件下的其他植物时，它就具有了优势。尽管在同一地区的水中，水绵（conferva）或几种寄生菌类个体更多、扩散更大，这种高等植物仍不失其优势。但如果水绵和寄生菌在上述各方面都超过了它们的同类，则水绵和寄生菌在同类中就具有了优势。

各地区较大属内的物种比较小属内的物种更容易发生变异

如果把植物志中记载的某个地区的所有植物分为两群，每群内属的数目相同，但其中一群为大属（包含物种多的属），另一群为小属，这时就可看出，含大属的群里有较多常见的扩散大的优势物种。这是预料之中的事情，因为一个属在一个地区有众多物种的事实，就能证明在这个地区存在着有利于这个属的有机或无机的条件，所以在物种数多的大属内，可望找到较大比例的优势物种。但是许多原因使这个对比的结果不如预期的那样显著。比如，令人吃惊的是，我们图表所显示的结果，是大属所具有的优势物种仅略占多数。这里我不妨指出两个原因：淡水植物和咸水植物一般都是分布广、扩散大的，但这似乎只与它们生长环境的性质有关，而与所归的属的大小没什么关系；又如，低等植物本来就比高等植物更为扩散，这与属的大小也没有密切关系。低等植物分布广的原因，将在地理分布一章内进行讨论。

把物种看作仅仅是特征显著、界限分明的变种的观点，使我推想到各地区内大属比小属更易出现变种。因为在任何已经形成多种近缘物种（即同属内的物种）的地区，按一般规律现在应当有许多变种或初期物种正在形成，正如在许多大树生长的地方，可望找到许多幼苗一样。凡是在一属内因变异而形成许多物种的地方，曾经有利于变异的各种条件一般将继续对变异有利。相反，假如认为每一物种都是一次单独的特别创造行为，我们就很难说明，为什么物种多的生物群

会比物种少的生物群产生更多的变种。

为了检验这个推想是否正确，我曾把取自12个地区的植物和两个地区的甲虫，分为大致相等的两组进行对比研究，把大属的物种列在一组，把小属的物种列在另一组。结果证明，大属组里比小属组里有较大比例的物种产生了变种；而且，大属组里产生变种的平均数也比小属组里的变种平均数大。如果改变分组方法，把含一至四个物种的小属除去，则仍能得到上述两个结果。显然，这些事实对于说明物种不过是极显著的永久变种这一观点很有意义，因为在同属里形成许多物种的地方，或者说，在“物种制造厂”过去活跃的地方，通常现在仍然是活跃的，因为我们有充足的理由相信，新物种的制造是一个缓慢过程。如果把变种看作是初期的物种，以上观点则肯定正确，因为我的图表清楚地显示出一个普遍规律，即如果一个属产生的物种数多，那么这个属内的物种产生的变种（即初期物种）也较多。这并不是说，一切大属现在都呈现大量变异，都在增加种数，或者说小属全不变异，没有物种数的增加。假如果真是那样，我的学说就会受到致命的打击，因为地质学清楚地显示出，随着时间的推移，小属内的物种也曾大量增加过，而大属常常在达到顶点时便开始衰落以至消亡。我要阐明的仅是：在曾经形成许多物种的属内，一般说来，仍有许多新物种在不断形成中。

达尔文收集的甲虫标本。他在回忆录里提到：“除了搜集甲虫标本，其他没有一件事情能激发我的热情，引起我的快乐。”

与物种内各变种间的情况相似，一个大属内的许多物种也都彼此程度不等地密切相关，而且在分布上都有局限性

在大属内各物种及其变种之间还有些关系值得注意。我们已经知道，在区别物种和显著变种时并没有确实可靠的标准，所以在可疑类型间找不到中间环节时，博物学家只得根据它们之间的差异量来作决定，通过类推来判断，是否有足够的差异量，把其中一类或两类列为物种。因此，在决定把两个类型列为物种或变种时，差异量是一个极其重要的标准。当弗利斯（Fries）在谈到植物以及韦斯特伍德（West-Wood）在谈到昆虫时，两人都指出大属中物种间的差异量往往是非常小的。我曾试图用平均数字来检验这种说法是否正确，所得的结果证明这一观点是正确的。我还咨询过一些敏锐而有经验的观察家，他们在深思熟虑之后，也都同意这种说法。由此可见，与小属内的物种比起来，大属内的物种倒更像变种。还有另一种办法来说明这种情况，那就是，在大属内不但有多于平均数的变种（或初期物种）在形成，就是在已形成的物种中，也有许多物种在一定程度上与变种相似，因为这些物种间的差异量，比通常认为的物种间的差异量要小。

“贝格尔号”舰上的生活场景。

更进一步说，大属内物种间的关系，与任何物种的变种间的关系是一样的。任何博物学家都不会说，同属内的一切物种彼此间的区别是相等的，所以，一般被分为亚属、组或更小的单位。弗利斯说得很清楚，小群的物种总是像卫星一样丛生于其他物种周围。那么，什么是变种？变种不就是那些环绕在亲种周围的，彼此间关系亲疏不等的成群类型吗？当然，物种与变种之间是有重要区别的，那就是变种之间或变种与亲种之间的差异量比同属内物种之间的差异量要小得多。当本书讨论到我称为“性状分歧”的原理时，我将解释这一点。我还要解释较小的变种间的差异是如何发展成为较大的物种间的差异的。

还应注意的一点是，变种的分布范围通常很受限制。这该是不言而喻的道理，因为如果变种的分布比其假定的亲种分布还要广，那么，它们就应该互换名称了。但是有理由相信，那些与其他物种非常接近、类似于变种的物种分布也是极受限制的。例如，华生先生从精选的《伦敦植物名录》（第四版）中，曾为我指出63种植物，它们被列为物种，但因与其他物种非常相似，他认为这些物种的地位值得怀疑。华生把大不列颠划分为许多省，在这些省中，上述63个可疑物种的平均分布范围为6.9省；在同一书中记载着公认的53个变种，它们的分布范围为7.7省；而这些变种所在的物种的分布达14.3省。看起来，公认的变种和近缘类型（可疑物种）有极其相似的有限分布范围；但这些可疑种都被英国植物学家定为真正的物种了。

摘　要

除下述情况之外，变种无法与物种互相区别：第一是发现了中间过渡类型；第二是两者间有若干不定的差异量。因为如果差异微小，即便两个无密切关系的类型也会被列为变种。那么，多大的差异量才足以将两个类型列为物种呢？这一点是很难限定的。在任何地区，在物种超过平均数的属内，物种的变种也会超过平均数。大属的物种间有程度不等的密切关系，它们形成一些小群，环绕在其他物种周围。显然与别的物种密切相似的物种，其分布范围是有限的。从上述各方面来看，大属内的物种和变种非常类似。如果物种曾经就是变种，并逐渐由变种发展而来，我们就能完全理解物种与变种之间的类似；假如物种都是被上帝一个一个分别创造出来的，那么上述的类似性就很难解释了。

我们还知道，各个纲里各大属最繁盛的物种或者优势物种，平均产生的变种也最多；而变种，以后我们会看到，有演变为新的不同物种的倾向。因此，大属将变得更大；自然界中现在占优势的生物类型，由于产生的变异量大，其后代将更占优势。但是，以后要进一步说明的是，经过某些步骤，大属会分裂成许多小属。这样，世界上的生物类型，就一级一级地不断分下去。

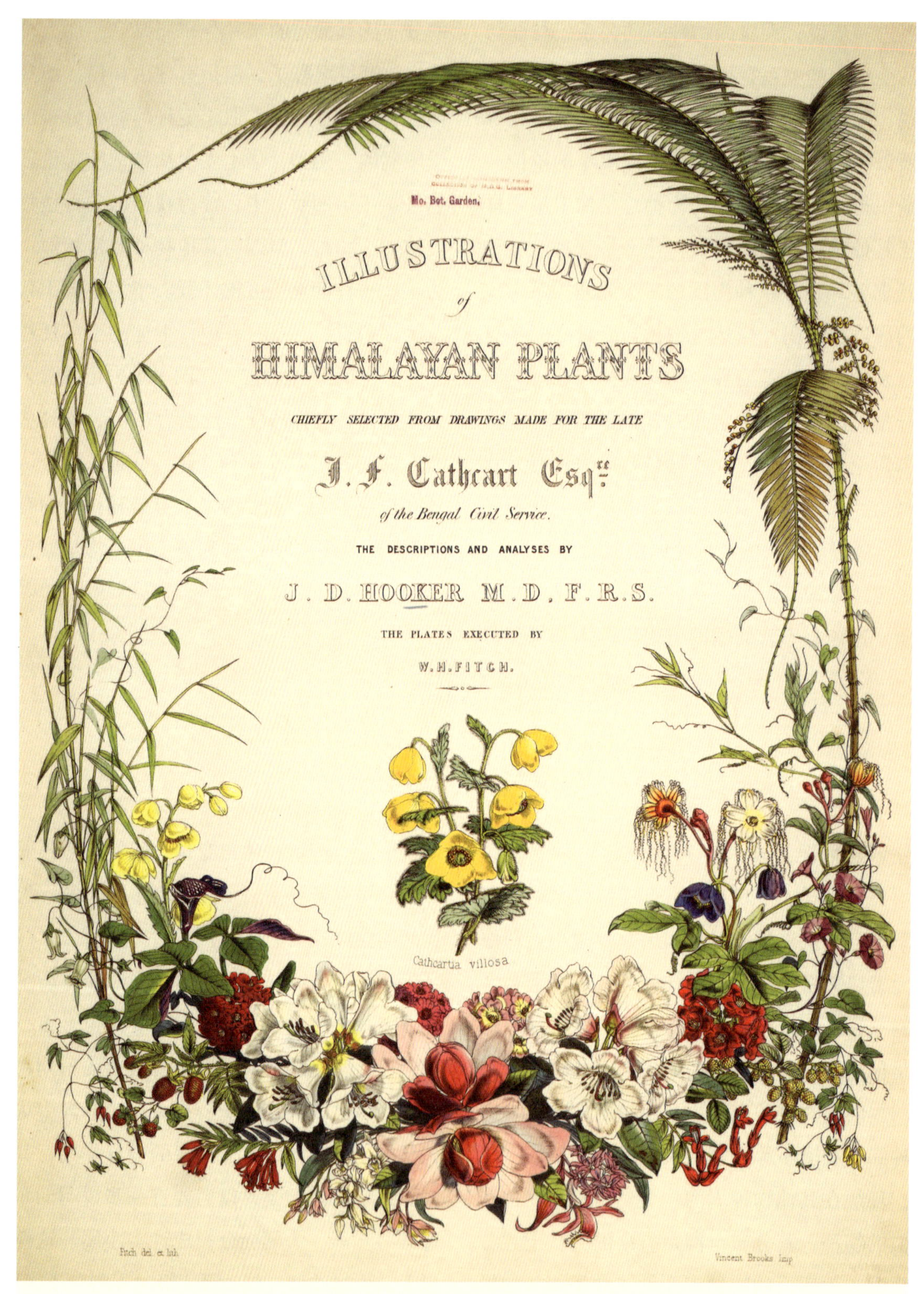

胡克的《喜马拉雅植物》（*Illustrations of Himalayan Plants*）扉页。

第3章

生存斗争

Struggle for Existence

生存斗争与自然选择的关系——广义的生存斗争——生物按几何级数增加的趋势——驯化动植物的迅速增加——控制生物数量增加的因素——生存斗争中动植物间的复杂关系——同种个体间和变种间生存斗争最为激烈，同属内各物种间的生存斗争也很激烈——生物之间的关系在一切关系中最为重要

达尔文老年时的画像。

在论述本章主题之前，我得先谈谈生存斗争对自然选择学说的意义。在上一章，我们已经证明生物在自然状态下会发生某种变异。诚然，我原不知关于这一点还发生过争论。对我们来说，许多可疑类型，究竟应称为物种还是亚种（或变种）并不重要，就像英国植物中有两三百个可疑类型，它们究竟应列为哪一类型并不重要一样，只要承认显著变种的存在就行了。但是，仅靠作为本书基础的个体变异和显著变种的存在，还是不能使我们理解自然界中的物种是如何产生的。各类生物之间的相互适应，它们对生活环境的适应，以及单个生物与生物之间的巧妙适应关系，何以能达到如此完美的程度？我们处处能看到这些巧妙的互相适应关系。首先是啄木鸟和槲寄生的关系，其次是依附于兽毛或鸟羽中的低等寄生虫，潜水甲虫的构造及靠微风吹送的带茸毛的种子的关系，等等。总之，巧妙的适应关系存在于生物界的一切方面。

此外我们还要问，那些被称为初期物种的变种，是如何最终发展成为明确的物种的呢？显然大多数物种间的差异，比同种内各变种间的差异要明显得多，而构成不同属的物种间的差异，又大于同属内物种间的差异，而这些种类又是如何产生的呢？可以说，所有这一切都是生存斗争的结果。在下一章里，我将详细地讨论这个问题。由于生存斗争的存在，不论多么微小的，或由什么原因引起的变异，只要对一个物种的个体有利，这一变异就能使这些个体在与其他生物斗争和与自然环境斗争的复杂关系中保存下去，而且这些变异一般都能遗传。由于任何物种定期产生的众多个体中，只有少数能够存活下去，所以那些遗传了有利变异的后代，就会有较多的生存机会。我把这种每一微小有利的变异能得以保存的原理称为自然选择，以示与人工选择的不同。但是斯宾塞先生常用的“适者生存”的说法，使用起来同样方便而且更为准确。我们知道，利用人工选择人类能获得巨大效益，即通过积累“自然”赋予的微小变异使生物适合于人类的需要。但是，我们将要论及的自然选择，是永无止境的，其作用效果之大远远超出人力所及，两者相比，犹如人工艺术与大自然的

德·康多尔（Augustin Pyrame de Candolle，1778—1841），瑞士植物学家。

杰作之比，其间存在着天壤之别。

现在集中谈谈生存斗争的问题，但更详细的论述还将见诸以后的著作。老德·康多尔和莱伊尔两位先生，曾富有哲理地详尽说明一切生物都卷入到激烈的竞争之中。曼彻斯特区的赫巴特（W. Herbert）教长以植物为例对这一问题所做的极为精彩的论述得益于他颇深的园艺学造诣。口头上承认普遍存在着生存斗争这一真理并不难，难得的是时时把这一真理记在心中。在我看来，只有对生存斗争有深刻的认识，一个人才能对整个自然界的各种现象，包括生物的分布、稀少、繁多、绝灭及变异等事实，不致感到迷惘或误解。例如，当我们看到极为丰富的食物时，我们常欣喜地看到自然界光明的一面，而没有看到或者忘记了那些自由歌唱的鸟儿，在取食昆虫或植物种子时，却在不断地毁灭另一类生命；可能我们还忘记了，这些“歌唱家”们的卵或雏鸟是如何大量地被其他以肉为食的鸟类或兽类所毁灭的。我们也不应该忘记，尽管目前食物丰富，但并不是年年季季都如此。

广义的生存斗争

如果一棵树上的槲寄生太多，树木就会枯萎死去。

应先说明的是，作为广义和比喻使用的生存斗争不但包括生物间的相互依存，而且更重要的是还包括生物个体的生存及成功繁殖后代的意义。在食物缺乏时，为了生存两只狗在争夺食物，可以说它们真的是在为生存而斗争。可是生长在沙漠边缘的植物，与其说是为了生存而与干旱做斗争，不如说它们是依靠水分而生存。一株年产1000粒种子的植物，平均只有一粒种子可以开花结籽。确切地说，它在和已经遍地生长的同类和异类植物相斗争。槲寄生依附于苹果树和其他几种树木生活，说它们是在和寄主做斗争，也是说得过去的。因为如果同一棵树上槲寄生太多，树木就会枯萎死去。如果同一树枝上密密缠绕着数株槲寄生幼苗，说这些幼苗在相互斗争倒更确切。因为槲寄生靠鸟类传播种子而生存，各类种子植物都得引诱鸟类前来吞食和传播它的种子。用比喻的说法，各种植物之间也在进行生存斗争。以上几种含义彼此相通，为了方便起见，我就使用了一个概括性的术语——生存斗争。

生物按几何级数增加的趋势

一切生物都有高速率增加其个体数量的倾向，这必然会导致生存斗争。在自然生命周期中要产生若干卵或种子的生物，往往在生命的某一时期，某一季节，或某一年里肯定会遭受灭亡。否则，按照几何级数增加的原理，这种生物的个体，将因数量的迅速增加而无处存身。由于生产出的个体可能多于存活下来个体间的数目，那么自然界中将不可避免地要发生生存斗争：同物种内个体与个体间的斗争，或是不同物种间的斗争，或是生物与其生存的自然环境条件斗争。其实这正是马尔萨斯（Malthus）的学说。此学说应用于整个动植物界时具有更强大的说服力，因为在自然界里，既没有人为的食物增加，也没有严谨的婚姻限制。虽然某些物种目前是在或多或少地增加个体数量，但并非所有的物种都如此，否则这世界将容纳不下它们了。

马尔萨斯（Thomas Robert Malthus，1766 — 1834），英国经济学家。

毫无例外，如果每一种生物都高速率地自然繁殖而不死亡的话，即便是一对生物的后代，用不了多长时间也会将地球挤满。即使生殖率低的人类，人口也可在25年内增加一倍。按这个速率计算，用不了一千年，其后代将在地球上无立足之地了。林奈（Linnaeus）曾计算过，如果一棵一年生的植物只结两颗种子（实际上没有这样少产的植物），其幼苗次年再各结两颗种子。以此类推，20年内就会有100万株这种植物生长着。在所有已知的动物中，大象是繁殖最慢的，我曾仔细地估算过它自然增长率的最低限度。最保守地说，假定大象寿命为100岁，自30岁起生育直到90岁为止，这期间共产6仔，（如果所有幼仔都能成活并繁殖后代的话）那么，在740~750年后，这对大象就会繁衍出1900万头后代。

关于这个问题，除了单纯理论上的计算，我们还有更好的证明，那就是在自然状态下，许许多多动物在接连两三个有利于生长的季节里，迅猛繁殖的记载。尤其使人惊异的是，有许多家养动物，在世界上某些地区繁殖之快，甚至失去控制。例如，牛和马的生殖速率本来是极慢的，但是在南美洲及最近在大洋洲，若不是有确实证据，其增加速度之快，简直令人难以置信。植物也是如此，以引入英伦诸岛的植物为例，不到十年工夫，它们就遍布全岛而成为常见植物了。有几种植物，如拉普拉塔（Laplata）的刺莱蓟（Cardoon）和高蓟（tall thistle），它们原是由欧洲大陆传入的物种，而现在它们在南美洲的广大平原上，已成为最常见的植物了，往往在数平方英里的地面上，几乎见不到其他的植物杂生。福尔克纳（Falconer）博士告诉我，自美洲被发现后，从美洲输入印度的植物现在已从科摩林角（Cape Comorin）到喜马拉雅（Himalaya）山下，遍布整个印度了。看到这些例子和其他无数类似的例子时，谁也不会认为这是因为动植物的繁殖能力会突然明显增强的结果。显然，正确的解释应该是：生存条件对它们非常有利，老、幼者皆很少死亡，几乎所有的后代都能成长而繁殖，以几何级数增加的原理，就是对这些生物在新的地方迅猛增殖并广泛分布的简明解释。无疑，几何级数增加的后果总是惊人的。

在自然状态下，成年的植株几乎年年结种子，大多数的动物也

达尔文曾仔细地估算过大象自然增长率的最低限度。

是年年交配。因此我们可以断定，所有动植物都有按几何级数增加的倾向——迅速挤满任何可以赖以生存的地方；但是，这种以几何级数增加的倾向，会在生存的某一时期，因个体数量的减少而受到抑制。人们可能误以为大型家养动物不会遭到大量死亡的威胁。但是，每年都有成千上万的牲畜因供食用而被屠宰，在自然状态下也因种种原因有同样数量的牲畜死亡。

有的生物每年能产上千的种子或卵，有的则极少繁殖，两者间的差距仅在于：生殖率低的生物在有利条件下，需更长时间才能布满一个地区（假设这个地区较大）。秃鹰（condor）年产2个卵，鸵鸟年产20个卵，然而在同一地区秃鹰可能比鸵鸟多得多。管鼻鹱（Fulmar petrol）仅产一卵，但人们相信这是世界上最多的鸟。一只苍蝇可产数百只卵，虱蝇（Hippobosca）仅产一卵，可这种差异并不能决定同一地区内两种生物个体的多少。有些生物赖以生存的食物在数量上经常波动。对于这样的生物而言，大量产卵是很重要的，因为在食物充足时，它们的个体数量能迅速增加。但是大量产卵的真正意义，在于补偿某一生命期内个体的大量减少。对绝大多数生物来说，这个时期是生命的早期。如果一种动物能以某种方式保护自己的卵或幼体，则少量的繁殖即可保持它的平均数量，如果卵或幼体死亡率极高，则必须多产，否则这种生物就会绝灭。假设有一种树可以活一千年，千年中只结一粒种子，假如这粒种子不会毁灭，肯定能够发芽的话，这就足以保持这种树的数量。总之，在任何情况下，动植物个体的平均数量与其卵或种子的数量，仅有间接的依存关系。

在观察自然界时，我们应时时记住上述观点——每一生物都在竭尽全力地争取个体数量的增加；每一生物在生命的一定时期必须靠斗争才能存活；在每一代或每隔一定时期，生物中的幼体或衰老者难免遭受灭亡。减轻任何一种抑制生殖的作用，或是稍微减少死亡率，这一物种个体的数量就会立即大增。

抑制生物数量增加的因素

个体数量增加是每一物种的自然倾向，能控制这一自然倾向的因素很难解释清楚。那些极兴旺的物种，它们已经增加，并且今后的趋势仍将是继续大量增加。但是我们竟然不能举出任何例子，来确切说明是什么因素抑制其大量的增加。其实这并不奇怪，因为在这个问题上我们就是如此无知，甚至对人类本身，我们也同样无知，尽管我们对人类的了解远远超出对任何动物的了解。曾有数位学者讨论过抑制个体数量增加的问题，我打算在将来的著作中对这一问题，尤其是关于南美洲的野生动物再作详细地讨论。在此，我只提出几个要点以引起读者注意。卵以及非常幼小的动物最易受害，但并非一概如此。对于植物来说，种子所受的损害是大的，但是据我观察，在长满其他植物的土地上，新生的幼苗受到损害最大。此外，幼苗也常大量地遭受各种敌害的毁灭。我曾在一块3英尺长2英尺宽的土地上翻土除草，以便种植的新生幼苗不受其他植物的排挤。青草出苗后，我在所有的幼苗上作了记号。结果，在357株草中，至少有295株受伤害，主要是被蛞蝓和昆虫所毁坏的。如果让各种植物在经常刈割或经常放牧的草地上任意生长，结果较弱的植物，即使已经长成，也会逐渐被生长力较强的植物排挤而死亡。例如，在一块割过的长4英尺宽3英尺的草地上，有自然长出的20种杂草，结果有9种因受其他繁盛植物的排挤而死亡。

食物的多少对每一物种的增加所能达到的极限，理所当然地起着控制作用。但是，一个物种个体的平均数目，往往不是取决于食物的获得情况，而是取决于被其他动物捕食的情况。所以毫无疑问，在任何大块田园里，鹧鸪（partridges）、松鸡（grouse）和野兔的数量，主要取决于消灭其天敌的程度。假如在英国，今后20年内没有一只供狩猎的动物被人类射杀，而同时也不驱除它们的天敌，那么20年后，猎物的数量说不定比现在的还少，即使现在每年有数十万只猎物被人类射杀。但与此反，还有另一种情况，例如，大象很少受到猛兽的残杀，即便是印度的老虎，也很少敢于攻击母象保护下的小象。

气候在决定物种个体总数方面起着重要的作用；那些周期性的、极为寒冷和干旱的季节，似乎最能有效地控制生物个体数量的增加。在春季，鸟巢的数量大量减少，根据这种情况，我估计在1854—1855年冬季，在我居住的这一地区，死亡的鸟类达4/5。与人类相比，这是一种巨大的死亡，因为人类在遇到最严重的传染病时，死亡率也只有1/10。气候的主要影响是使食物减少，某种食物的缺少会使赖以生存的同种或异种个体间的生存斗争加剧。即便在气候直接起作用时，如严寒到来时，首当其冲的仍是那些最弱小的或在整个冬季里获食最少的个体。当我们从南到北，或从湿地往干燥的地方旅行时，会看到有些物种逐渐减少以至趋于绝迹。由于整个旅程中气候的变化非常明显，我们常误以为物种个体减少，是气候直接影响的结果。但这是一种错误的观点，因为我们不应忘记，就是在某种生物非常繁盛的地方，在某些时期，这种生物也会因敌害或因争夺同一地盘与食物而遭受重挫，如果这些敌害或竞争者，因气候对它们稍稍有利而增加了数量，那么原来大量生存在此地的其他生物的数量就会减少。如果我们向南旅行看到的是某一物种个体数量逐渐减少，那么可以确信，那是因为别的物种处于优势而使此物种受到损害。向北旅行时也同样会看到生物数量减少的现象，但不如向南旅行时看到的情况明显，那是因为向北行进时，所有物种都在减少，竞争者也就随之减少。所以向北走或是爬上高山时，比向南走或者下山时，更常见到矮小的生物，这才是有害气候直接造成的后果。在北极地区、雪山之巅或荒漠之中，生存斗争的对象几乎完全是自然环境了。

许多移植在花园里的植物可以忍受当地的气候，可是它们却永远不能在此安身立命，因为它们竞争不过当地的植物，也不能抵御当地动物的侵害。由此可见，气候主要是间接地有利于其他物种，而引起对这种物种不利的后果。

如果某一物种特别适应某个环境，可能在一小块地区内大量繁殖，但这又往往引起传染病流行，至少在狩猎动物中常能发现这种情况。这是一种与生存斗争无关的对生物数量限制的因素。有些传染病是由寄生虫引起的，可能是动物的密集造成了有利于寄生虫传播的条件。这样，寄生虫与寄主之间也存在着生存竞争。

但就另一方面说，在许多情况下，一物种个体的数量必须大大超过它们被敌害毁灭的数量，它才能得以保存。人们能够从田间收获谷物及油菜籽等，那是因为这些种子在数量上远远超过了前来觅食的鸟儿。在这食物过剩的季节里，鸟类却不能按食物的比例而大大地增加，因为到了冬天，它们的数量仍要受到限制。谁要是在花园里试种过少数几株小麦或此类植物，谁就知道，在这种少量种植的情况下，要想收获种子是多么不容易。我曾尝试过，结果颗粒无收。同种生物只有保持大量的个体，才能使该物种得以保存，这个观点可以用来解释自然界的某些奇怪现象。例如，某些稀少的植物在它们可以生存的少数地区却能异常繁盛；又如，丛生的植物在它们分布的边界地区也仍然保持丛生。于是我们有理由相信，只有当生存条件有利于一种植物成群地生长在一起时，这种植物才能免于绝灭。还应补充说明的是，杂交的积极效果和近亲交配的不良影响，无疑在许多情况下起作用，不过在这里，我不打算详谈这几方面的情况了。

生存斗争中动植物间的复杂关系

许多报道的事例都可证明，同一地区内互相斗争的生物间，存在着十分复杂和出乎预料的抑制作用和相互关系。仅举一个简单但我觉得极为有趣的例子：在斯塔福德郡（Staffordshire）我亲戚家的一片土地上，我曾作过仔细的调查，那里有一大片从未开垦过的荒地，还有数百英亩性质完全相同的土地，在25年以前曾围起来种植欧洲赤松（Scotch fir）。在种植过的这片土地上，原来的土著植物群发生了极大的变化，就是在两块土质不同的土地上也看不到这么大的差别。和荒地比起来，这里植物的比例完全改变了，而且这里还繁茂地生长着12种荒地上没有的植物（不计草类）。植树区内昆虫受到的影响可能更大，有6种在人造林带中常见的食虫鸟类在荒地上没有，而经常光顾荒地的两三种食虫鸟，在人造林中也没有见到。当初把种植区围起来是为了防止牛进去，此外并无其他任何措施，可见引进一种树竟产生了这么巨大的影响。但是在萨利（Surrey）的法汉姆（Farnham），我也曾清清楚楚地看到对荒地进行人工圈围作用的重要影响。在那片宽广的荒地上，原先只有远处小山顶上有几片老欧洲赤松林。在最近十年内，有人把这里大块大块的荒地围起来，结果使在围地中的欧洲赤松自行繁殖，无数的小松树长出来。在确信这些小树并非人工种植时，我对这些小松树的数量之多感到惊奇。于是我又观察了几处地方，发现在上百英亩未圈围的荒地上，除了以前种的老欧洲赤松外简直找不到一株新生的欧洲赤松。但是

欧洲赤松（*Pinus sylvestris*）

当我仔细观察荒地上的树干时，发现无数的树苗和幼树都被牛吃掉而长不起来。在距一片老松树数百码远的地方，我从一平方码的地面上数出了32株小松树。其中一株有26圈年轮了，但是多年来它始终不能把树干长得比荒地上的其他树木高。怪不得荒地一旦围起来，立刻就会长满生机勃勃的欧洲赤松呢。可是谁能想到，在这荒芜辽阔的地面上，牛会如此仔细而有效地搜寻欧洲赤松树苗当作自己的食物呢。

在这个例子中，我们看到牛完全控制着欧洲赤松的生存。然而在世界的某些地方，昆虫又决定着牛的生存，在这一方面，巴拉圭（Paraquay）的例子是最稀奇的了。该地从未有牛、马、狗变成野生的情况，虽然该地区的北面和南面，都有这些动物在野生状态下成群地游荡着。阿萨拉（Azara）和伦格（Rengger）曾指出，在巴拉圭，有一种蝇，数量极多，而且专把卵产在刚初生动物的肚脐中。这种蝇虽多，但它们的繁殖似乎受到某种限制，可能是别的寄生昆虫吧。因此，在巴拉圭如果某种食虫鸟减少了，这些寄生昆虫就会增加，在脐中产卵的蝇就会减少，那么牛和马就会变成野生的，而这肯定又会极大地改变植物界。（在南美的部分地区我确曾见过此类现象。）接下去植物的变化又会影响昆虫；而后，正如我们在斯塔福德郡看到的那样，受影响的将是食虫鸟类。以此类推，复杂关系影响的范围就越来越广了。其实自然状态下动植物间的关系远比这复杂。一场又一场的生存之战此起彼伏，胜负交替，一点细微的差异就足以使一种生物战胜另一种生物。但是最终各方面的势力会如此协调地达到平衡，以至于自然界在很长时间内会保持一致的面貌。可是对于这一切，人们往往知之甚少，而又喜好作过度的推测。所以在听到某一种生物绝灭时，不免感到惊奇，在不知绝灭的原因时，便用灾变来解释世界上生命的毁灭，或者编造出一些法则来测定生物寿命的长短。

我想再举一例，以证明在自然分类上相距甚远的动植物，是如何由一张错综复杂的关系网联系在一起的。在我的花园里，昆虫从不造访一种外来的墨西哥半边莲（*Lobelia fulgens*）。结果，因这植物的构造奇异，它在我们的花园里就不能结籽，以后我还会有机会再来说明这种情况。几乎所有的兰科植物都需要昆虫传授花粉才能受精。试验中，我发现三色堇（heartsease，Viola tricolor）的受精，必须靠野蜂（humble bees）完成，因为别的蜂不去采这种花粉。我还发现某些三叶草（clovor）的受精也离不开蜂来传播花粉。例如，白三叶草（*Trifolium repens*）的20串花序可结2290颗种子，但另外20串花序被遮盖住，不让蜂类接触，于是一颗种子也不结。又

达尔文党豪思故居的花园。

如，100串红三叶草（*Trifolium pratense*）可结种子2700颗，而遮盖起来同样多的花序也是不结一籽。只有野蜂会来光顾红三叶草，因为别的蜂压不倒它的花瓣而采不到它的花粉。有人以为蛾类也可能使三叶草受精，但我怀疑此事，因为蛾的重量，不能把三叶草花瓣压下去。这样我们就能很有把握地推论，如果整个属的野蜂在英国绝迹或变得非常稀少，三色堇和红三叶草也会相应变少甚至绝迹。在任何地方，野蜂的数量与田鼠的多寡关系密切，因为田鼠会毁坏蜂房和蜂窝。纽曼（Newman）上校对野蜂的习性进行过长期的研究，他认为英国有2/3以上的野蜂窝是被田鼠毁坏的。谁都知道田鼠的数目取决于猫的数目，因此纽曼上校说："在村庄和城镇附近发现的野蜂窝比别的地方多，我认为那是因为大量的猫消灭了田鼠的缘故。"因此完全可以相信，如果一个地区有大量的猫，通过猫对田鼠，接着又是对蜂的干预作用，就可以知道这一地区内某些花的数量是多少。

每一物种的兴衰在生命的不同时期，不同季节或不同年份，都受到不同因素的制约作用。一般说来，其中有一种或数种因素的制约作用最大，但一个物种的平均数量甚至能否生存，则是由所有因素综合决定的。有时候，同一物种在不同地区，受到的制约作用也极不相同。当我们看到河岸上繁茂的树木及灌木丛时，常会以为它们

达尔文党豪思故居的温室。

的种类和数量比例纯属偶然。其实，这种看法是大错特错的。谁都听说过，在美洲一片森林被砍伐以后，那里会长出不同的植物群落。但是，看看美国南部的古代印第安废墟吧!当初那里的树木一定会被完全清除过，可是现在，废墟上生长着的美丽植物与周围原始森林中的植物，在物种的多样性和数量比例方面完全一致。在过去悠悠岁月中，在那些年年播撒成千种子的树木之间，昆虫之间有激烈的生存斗争；在昆虫、蜗牛、小动物与鸷鸟猛兽之间也有激烈的生存斗争!一切生物都力求繁殖，而它们又彼此相食，有的吃树，吃它们的种子和幼苗，有的吃那些刚长出地面会影响树木生长的其他植物。如果我们将一把羽毛扔向空中，羽毛会依一定法则散落到地上。要弄清楚每支羽毛应落在何方，这的确是个难题。但是这个难题与数百年来动植物间是如何作用，以致最终决定了古印第安废墟上今日植物的种类和数量比例的问题相比较，那可就显得简单多了。

在亲缘关系上相距很远的生物之间一般会出现某种依存关系，如寄生生物与寄主之间的关系；但严格地说，远缘生物之间有时也会发生生存斗争，如蝗虫和食草动物之间的关系。不过，最激烈的生存斗争几乎总是发生于同种的个体之间，因为它们生存于同一地区，需要同样的食物，遭受同样的威胁。同一物种内各变种间的斗争几乎也同样激烈，而且有时短期内即见分晓。例如，把小麦的几个变种混合后播种在一块土地上，然后把它们的种子再混合播种在一起，结果那些最适合该地区土质和气候的变种或繁殖力最强的变种就会结籽最多，数年后就会战胜并取代其他变种。即使在极为相似的变种间情况也是如此。如，混合种植的不同颜色的芳香豌豆（sweet peas）必须分别收获，再按一定比例混合后进行播种，否则较弱的变种会逐渐减少以致消失。绵羊变种中也有类似的情况，据说某一种山地绵羊会使另一种山地绵羊饿死，所以它们不能放养在一起。在合养不同变种的医用蚂蟥（Medicinal leech）时也有过同样的情况。如果让家养的动植物在自然状态下去自由竞争，每年也不按一定比例把种子或幼体保存下来，那么六年后这个混合群体（阻止杂交）中的各种动植物，能否完全保持原来的体力、体质及习性和原来的数量比例呢？恐怕很难。

同种个体间和变种间生存斗争最为激烈

同属的物种之间在构造上总是相似的，而且一般说来（虽不绝对如此）在习性和体质上也是相似的，因此它们之间的生存斗争比异属物种间的斗争更为激烈。例如，近来在美国的一些地方，一种燕子分布范围的扩大使另一种燕子数量减少。又如，在苏格兰一些地方，近来吃槲寄生果实的槲鸫（Missel thrush）数量增加，结果引起欧歌鸫（Song thrush）数量的减少。我们常听说由于气候的极端不同，一种鼠会代替另外一种鼠。在俄罗斯，亚洲小蟑螂（cockroach）

槲鸫（*Turdus viscivorus*）

欧歌鸫（*Turdus philomelos*）

入境之后，到处驱赶原有的同属大蟑螂；在澳洲，蜜蜂的引进，很快就使当地的无刺小蜂绝迹；一种野芥菜（charlock）能取代另一种芥菜等等。由此我们已能隐约感悟到，在自然生态中，地位相近的近缘物种间生存斗争非常激烈的原因，可是我们还不能确切地阐明，为什么在生存大战中一个物种能战胜另一物种。

综上所述，可以得出一个极为重要的推论，即每一生物的构造都与其他生物的构造有着必然的关系，但这种关系常常不被人们察觉。依靠这种关系它才能与其他生物争夺食物或住所，或是避开它们的捕食，或是捕食他物。虎牙、虎爪的构造，以及依附在虎毛上的寄生虫的足和爪的构造，都能说明这个问题。蒲公英美丽的带茸毛的种子和水生甲虫（water-beetle）扁平的带缨毛的足，初看起来只与空气和水有关系，但实际上带茸毛种子的好处，是在陆地已长满其他植物的情况下，可以更广远地传播开去，落到植物稀少的土地上繁衍。水生甲虫足的构造非常适合潜水，使它能和其他水生昆虫竞争，使它能猎取食物并逃避其他动物的捕食。

初看起来，许多植物种子中贮藏的养料与其他植物没有什么关系。但是，像豌豆、蚕豆这类的种子，即便被播种在茂密的草丛中，从种子里也

蒲公英（*Taraxacum* spp.）美丽的带绒毛的种子，其好处是在陆地已长满其他植物的情况下，可以更远地传播开去，落到植物稀少的土地上繁衍。

能长出茁壮的幼苗。这使人想到种子里养料的主要作用，就是帮助幼苗生长，使幼苗能和周围繁茂的其他植物竞争。

观察一下某种生长在其分布范围的中间地带的植物，为什么它的数量不能增加到两倍或四倍呢？据我们所知，这种植物完全有能力分布到其他一些稍热、稍冷、稍潮湿或稍干燥的地方去，因为它能适应一些稍热、稍冷、稍潮湿或稍干燥的生存环境。在这种情况下，我们容易理解，假如要使这种植物有增加个体数量的能力，就必须使它形成若干优势，使它可以压倒竞争对手，或有能够对付吃它的动物的本领。假如在分布范围的边缘地带，这种植物因气候而发生了体质上的变化，当然这对它数量的增加是有利的。但是有理由相信，能分布过远的动植物只是极少数，因为绝大多数都要被严酷的气候所毁灭。也许没有达到生存范围的极限，如在北极地区或在荒漠的边缘时，生存斗争是不会停止的。但即使在极冷或极干旱的地方，也有少数物种之间，或者同种的个体之间，为了争得更温暖或更潮湿一些的生存环境而发生彼此的争斗。

可见一种植物或动物，如果到了一个新的地方，进入新的竞争行列，即便气候不变，其生活条件也会发生根本的变化。如果要使一种植物的总体数量在新的地方有所增加，就得用新的方法来改进它，而不能用在它原产地使用过的方法。必须设法使这一植物具有优势条件，使它能对付一系列新竞争者和敌害。

幻想创造条件以使一种生物具有超出其他生物的优势，固然是个好主意，但实际上我们却找不到任何具体操作的办法。这使我们懂得，我们对一切生物间的相互关系知之甚少。我们有搞清楚生物间关系的信念是必要的，但却难以做到。我们能够做到的是牢牢记住：每一种生物都在努力以几何级数增加其个体的数目；每一生物在生命的某一时期、在某一年中的某个季节，在每一代或间隔一定时期，都不得不为生存而斗争，而且随时都可能遭到重大毁灭。说到生存斗争，我们聊以自慰的信念是：自然界的斗争不是无间断的，我们不必为之感到恐惧，死亡的来临通常是迅速的，而强壮、健康、幸运的生物不但能生存下去，而且必能繁衍下去。

第4章

自然选择即适者生存

Natural Selection; or the Survival of the Fittest

自然选择——自然选择与人工选择的比较——自然选择对次要性状的作用——自然选择对不同年龄和不同性别生物的作用——性选择——同种个体间杂交的普遍性——杂交、隔离、个体数量等对自然选择结果的有利和不利因素——自然选择的缓慢作用——由自然选择造成的生物绝灭——与小区域生物的分异和驯化作用相关的性状超异——自然选择通过性状趋异和绝灭对共祖之后裔的作用——自然选择对生物分类的解释——生物结构等级的进步——低等生物的保存——性状趋同——物种繁衍的程度——摘要

1
2
3
4
5
6
7
8
9
10
11
12
13
14
15
16
17
18
19
20
21
22
23
24
25
26
27
28
29
30
31
32
33
34
A.F.Lydon

各种鸽子的变种。

胡克的照片和手稿。达尔文在回忆录里曾写道："在伦敦居住的后期，我同胡克很接近，他后来成为我一生的挚友之一。他是我非常喜爱的知己，对人极其慈爱，从头到脚都是高尚优雅的。是我从未见过的最不知疲累的科学工作者。"

上一章中简要讨论过的生存斗争，到底对物种的变异有什么影响呢？在人类手中产生巨大作用的选择原理，能适用于自然界吗？回答是肯定的。我们将会看到，在自然状态下，选择的原理能够极其有效地发挥作用。我们必须记住，在自然状态下的生物也会产生如家养生物那样无数的微小变异和个体差异，只是程度稍小些而已。此外，还应记住的是遗传倾向的力量。在家养状况下，整个身体构造都具有了某种程度的可塑性。但是，正如胡克和阿萨·格雷所说，在家养生物中，我们普遍看到的变异，并不是由人类作用直接产生出来的；人类既不能创造变异，也不能阻止变异发生，人类只是保存和积累已发生的变异。当人类无意识地把生物置于新的、变化着的生活条件中时，变异就产生了；但类似的生活条件的变化，在自然状态下确实也可能发生。我们还应记住，一切生物彼此之间及生物与其自然生活条件之间有着多么复杂密切的关系；因而，那些构造上无穷尽的变异，对于每一生物，在变动的环境下生存，可能是很有用处的。既然家养生物肯定发生了对人类有益的变异，难道在广泛复杂的生存斗争中，对每一个生物本身有益的变异，在许多世代相传的历程中就不会发生吗？由于繁殖出来的个体比能够生存下来的个体要多得多，我们可以毫不怀疑地说，如果上述情况的确发生过，那么具有任何优势的个体，无论其优势多么微小，都将比其他个体有更多的生存和繁殖的机会。另一方面，我们也确信，任何轻微的有害变异，最终都必然招致绝灭。我把这种有利于生物个体的差异或变异的保存，以及有害变异的毁灭，称为"自然选择"或"适者生存"。无用也无害的变异，则不受自然选择作用的影响，它们或者成为不固定的性状，如某些多型物种所表现出来的性质一样，或者根据生物本身和外界生存环境的情况，最终成为生物固定的性状。

对于使用“自然选择”这个术语，有的人误解，有的人反对，有的人甚至想象自然选择会引起变异。其实自然选择的作用，仅在于保存已经发生的对生活在某种条件下的生物有利的变异。没有人反对农学家们所说的人工选择的巨大效果。但即便是人工选择，也必须先有自然形成的个体差异，人类才能够依照某种目的加以选择。还有人反对说，“选择”一词含有被改变动物自身的有意识选择之义，既然植物没有意志作用，“自然选择”对它们是不适用的!从字面上看，“自然选择”肯定是不确切的用语；但是谁能反对化学家在描述元素化合时用“选择的亲和力”这一术语呢？虽然某种酸并不是特意选择某一种盐基去化合的。有人说我把自然选择说成是一种动力或神力；可是有谁反对过某学者的万有引力控制行星运动的说法呢？人们都知道这些比喻所包含的意义，为了简单明了起见，这种名词也是必要的。此外，要想避免“自然”一词的拟人化用法也是很难的，但是我所指的“自然”，是指许多自然法则的综合作用及其后果，而法则指的是我们所能证实的各种事物的因果关系。只要稍微了解一下我的论点，就不会再有人坚持如此肤浅的反对意见了。

为使我们完全明白自然选择的大概过程，最好研究一下某个地区，在自然条件轻微变化下发生的事情。例如：在气候变化的时候，当地各种生物的比例数几乎立刻也会发生变化，有些物种很可能会绝灭。我们知道，任何一个地区的生物，都是由密切复杂的相互关系连接在一起的，即使不因气候的变化，仅仅是某些生物比例数的变化，就会严重影响到其他生物。如果一个地区的边界是开放的，新的生物类型必然要迁入，这就会严重扰乱原有生物间的关系。我们曾指出，从外地引进一种树或一种哺乳动物会引起多么大的影响。如果是在一个岛上，或是在一部分边界被障碍物环绕的地方，新的善于适应环境的生物不能自由地进入这里，原有自然生态中出现空隙，必然会被当地善于发生变异的种类所充填。而这些位置，在迁入方便的情况下早就被外来生物所侵占了。在此种情况下，凡是有利于生物个体的任何微小变异，都能使此个体更好地去适应改变了的生活条件，这些变异就可能被保存下来，而自然选择就有充分的机会去进行改良生物的工作了。

正如第1章所指出的，我们有足够的理由相信，自然条件的变化可能使变异性增加。外界环境条件发生变化时，有益变异的机会便会增加，这对于自然选择显然是有利的。如果没有有益变异的产生，自然选择也就无所作为。说到“变异”，不应忘记的是，变异中也包括个体差异。既然人类能在一定方向上积累个体差异，而且在家养的动植物中效果显著，那么，自然选择也能够而且更容易做到这一点，因为它可以在比人工选择长久得多的时间内发挥作用。我认为不必通过巨大的自然变化，如气候的变化，或通过高度隔绝限制生物迁移，便可使自然生态系统中出现某些空白位置，以使自然选择去改进某些生物性状，使它们填补进去。因为每一地区的各种生物是以极微妙的均衡力量在进行竞争，当一种生物的构造或习性发生微小变化时，就会具有超过其他生物的优势，只要此种生物继续生活在同样的环境条件下，以同样的生存和防御方式获得利益，则同样的变异将继续发展，此物种的优势就会越来越大。可以说没有一个地方，那里的生物与生物之间，生物与其生活的自然地理条件之间，已达到了适应的完美程度，以至于任何生物都不需要继续变异以适应得更好一些了，因为在许多地区，都可以看到外地迁入的生物迅速战胜土著生物，从而在当地获得立足之地的事实。根据外来生物在各地仅能征服某些种类的土著生物的事实，我们可以断定，土著生物也曾产生过有利的变异以抵抗入侵者。

人类通过有计划的或无意识的选择方法，能够取得并确实已经取得极大的成果，那么自然选择为什么就不能产生如此效力呢？人类仅就生物外部的和可见的性状加以选择，而“自然”（请允许我把“自然保存”或“适者生存”拟人化）并不关心外表，除非是对生物有用的外表。“自然”可以作用到每一内部器官、每一点在体质上的细微差异及整个生命机制。人类仅为自己的利益去选择，而“自然”却是为保护生物的利益去选择。从选择的事实可以看出，每一个被选择的性状，都充分受到“自然”的陶冶；而人类把许多不同气候的产物，畜养于同一地区，很少用特殊、合适的方式去增强每一选择出来的性状。人类用同样的食料饲养长喙鸽和短喙鸽；也不用特殊的方法，去训练长背的或长脚的哺乳动物，人类把长毛羊和短毛羊畜养在同一种气候下；也不让最强壮的雄性动物通过争斗获得雌性配偶。人类也不严格地把所有劣等动物淘汰掉，反而在各个不同的季节里，利用人类的能力不分良莠地保护一切生物。人类往往根据半畸形的生物，或至少根据能引起他注意的显著变异，或根据对他非常有用的某些性状去进行选择。在自然状态下，任何生物在构造上和体质上的微小差异，都能改变生存斗争中的微妙平衡关系，并把差异保存下来。与自然选择在整个地质时期内的成果比较起来，人类的愿望与努力，只是瞬息间的事，人类的生涯是多么短暂，所获得的成果也是多么贫乏！“自然”产物的性状，比人工产物的性状更加“实用”，它们能更好地适应极其复杂的生活条件，能更明显地表现出选择优良性状的高超技巧，对此，难道我们还会感到惊奇吗？

打个比喻说吧，在世界范围内，自然选择每日每时都在对变异进行检查，去掉差的，保存、积累好的。不论何时何地，只要一有机会，它就默默地不知不觉地工作，去改进各种生物与有机的和无机的生活条件的关系。除非标志出时代的变迁，岁月的流逝，否则人们很难看出这种缓慢的变化，而人们对于远古的地质时代知之甚少，所以我们现在所看到的，只是现在的生物与以前的生物不同而已。

要形成一个物种就要获得大量的变异，因此在这个变种一旦形成之后，可能经过一个长时期，再经历一次变异，或是出现与以前相同的有利个体的差异，而这些差异必须再次被保存下来，这样一步一步地发展下去才行。由于相同的个体差异时常出现，我们便不能认为，上述设想是毫无根据的假设。但它是否正确，还要看它能否符合并合理解释自然界的普遍现象来进行判断。另一方面，通常有人认为可能发生的变异量是十分有限的，这也纯粹是一种设想。

虽然，自然选择只能通过给各种生物谋取自身利益的方式而发挥作用，因此我们看到，即便

象鼻虫

是我们认为不重要的性状和构造，自然选择的结果，对生物来说也很重要。当我们看到食叶的昆虫呈绿色，食树皮的昆虫呈灰斑色；在冬季，高山上的松鸡呈白色，而红松鸡的颜色呈石南花色时，我们一定会相信，这些颜色是为了保护这些鸟与昆虫，使其免遭危害。松鸡如果不在生命的某个时期死亡，它们的数量就会无限量地增加，人们知道，大多数松鸡是受以肉为食的鸟类的捕食而死亡的。鹰是靠视力来捕捉猎物的。鹰的视力极强，以至于欧洲大陆某些地区的人们被告诫不要养白鸽，因为白鸽最易受害。所以自然选择就有效地给予每一种松鸡以适当的颜色，而这些颜色一旦获得就被持续不变地保存下来。不要以为偶然杀害一只颜色特别的动物不会产生什么影响，要记住，在白色羊群中除去一只略显黑色的羔羊是何等重要。前面已经谈到在弗吉尼亚，有一种吃绒血草的猪，食了以后是死是活，全由猪的颜色来决定。就拿植物来说，植物学家认为果实的茸毛和果肉的颜色是极不重要的，但优秀的园艺学家唐宁（Downing）说，在美国无毛的果实比有毛的果实更容易受象鼻虫（Curculio）的危害，紫色的李子比黄色李子更容易染上某种疾病，黄色果肉的桃子比其他颜色果肉的桃子更易受一种疾病的侵害。如果通过人工选择的种植方法来培育这几个变种，小的变异就会形成大的变异；但在自然状态下，这些树木得与其他树木及大量敌害做斗争，那么各种差异将有效地决定哪一个变种能够获胜，是果实有毛的还是无毛的，是黄色果肉的还是紫色果肉的。

就我们有限的知识来判断，物种间有些微小差异似乎并不重要，但不要忘记，气候、食物等等因素无疑要对这些小小差异产生直接影响。还应注意的是，根据器官相关法则，一个部分发生变异而且变异被自然选择进行积累时，其他想象不到的变异将随之产生。

正如我们所看到的，在家养状态下，在生命某一时期出现的变异可能在其后代的同一时期出现，例如，许多食用和农用种子的形状、大小及味道，蚕在幼虫期和蛹期的变种，鸡卵和雏鸡绒毛的颜色及牛羊在成熟期前生出的角。同样地，在自然状态下，通过积累某一阶段的有益变异和在相应阶段的遗传，自然选择也能在任何阶段对生物进行作用并使之改变。如果植物的种子被风吹送得越远，对它就越有利，自然选择定会对此发生作用，而且这并不比棉农用选择法来增加棉桃或改进棉绒更困难。自然选择能使昆虫的幼虫变异以适应可能发生的事故，而这些事故，与成虫期所遇到的截然不同。通过相关的法则，幼虫期的这些变异反过来会影响到成虫的构造，成虫期的变异也反过来会影响幼虫的构造。不过在所有情况下，自然选择都将保证这些变异是无害的，否则这个物种就会绝灭了。

自然选择可以根据亲代使子代的结构发生变异，也能根据子体使亲体的构造发生变异。在群居的动物中，如果选择出来的变异有利于群体，自然选择就会为了整体的利益改变个体的构造。自然选择不可能在改变一个物种的构造时不是为了对这一物种有利而是为了对另一物种有利。虽然在博物志著作中有对此种作用的记载，但是我们没有见到一个能经得起检验的实例。自然选择可以使动物一生中仅用一次的重要构造发生极大变化，例如：某些昆虫专门用于破茧的大颚或雏鸟破卵壳用的坚硬的喙尖。有人说，优良的短喙翻飞鸽死在蛋壳里的数量比能破壳孵出的多，所以养鸽者必须帮助它们孵出。假如为了这种鸽自身的利益，自然选择使这种成年鸽具有极短的喙，必定是一个非常缓慢的变异过程。而在这个严格选择的过程中，那些在蛋壳内具有强有力喙嘴的雏鸟将被选择出来，因为弱喙的雏鸟必然死在蛋壳内，或者蛋壳较脆弱易破碎的，也可能被选择出来，因为和其他构造一样，蛋壳也是能够变异的。

可以说，一切生物都会遭受意外死亡，但这并不会影响或极少影响自然选择的进行。例如：每年大量的种子和卵会被吃掉，如果它们发生了某种可免遭敌害吞食的变异，通过自然选择它们就会改变这种情况。如果不被吞食，由这些卵和种子长成的个体，可能比偶然存活下来的个体更能适应其生活条件。同样，无论能否适应生活条件，大量成年的动植物每年也会因偶然原因死亡，而这种死亡并不因它们在其他方面可能具有对生物有利的构造和体质而有所减少。但是，不论遭受多么大的毁灭，只要一个地区的动物没有完全被消除，只要卵和种子有百分之一或千分之一能够生长发育，在这些幸存者中最能适应生活环境的个体，就会通过有利的变异，比那些适应较差的个体繁殖出更多的后代。如果一种生物因上述原因被全部绝灭（事实上常有此等情况发生），那么，自然选择就不能再在有利于生物的方向上起作用了。但不会因为这一点而使我们怀疑，自然选择在其他时期、以其他方式产生的效果，因为没有任何理由，可以设想许多物种，是在同一时间、同一地点发生变异的。

性选择

在家养状态下，有些特征往往只见于一种性别，并只通过这种性别遗传；在自然状态下无疑也有这种情况。因此，通过自然选择作用，有时雌雄两性个体在不同生活习性方面都能发生变异，或者更常见的是某一性别对另一性别的关系发生变异。这促使我必须谈一下所谓“性选择”的问题。性选择的形式，并不是一种生物为了生存而与其他生物，或与外界自然条件进行的斗争，而是在同一物种的同一性别的个体间，一般是雄性之间，为了获得雌性配偶而发生的斗争。这种斗争的结果，不是让失败的一方死掉，而是让失败的一方不留或少留下后代，所以性选择不

法布尔（J. H. Fabre，1823—1915），法国博物学家，著有《昆虫记》。图为2015年为纪念法布尔逝世100周年而发行的邮票。

如自然选择那样激烈。一般来说，最强壮的雄性，是自然界中最适应的个体，它们留下的后代也最多。但往往胜利并不全靠体格的强壮，而是靠雄性特有的武器。如无角雄鹿和无距（spur）（雄鸡爪后面像脚趾似的突出部分——译者注）公鸡就难留下很多后代。由于性选择可以使获胜者得到更多繁殖的机会，所以和残忍的斗鸡者挑选善斗的公鸡一样，性选择可以赋予公鸡不屈不挠斗争的勇气、增加距的长度和在争斗时拍击翅膀以加强距的攻击力量。我不知道在动物的分类中，哪一类动物没有性选择的作用。有人曾描述说，雄性鳄鱼（alligator）在争取雌性时会像美洲印第安人跳战斗舞蹈那样吼叫并旋绕转身；雄鲑鱼（salmon）整天彼此争斗；雄性锹形虫（stag-beetle）的大颚常被其他雄虫咬伤。非凡的观察家法布尔（M. Fabre）曾多次见到一种膜翅目昆虫（hymenopterousinsect）为了争夺雌虫而发生争斗，雌虫似乎漠不关心地观战，最后随着胜利者而去。这种争斗，可能在“多妻”的雄性动物中最为激烈，而这种雄性常有特殊的武器。食肉动物原来就已具备良好的战斗武器，性选择又使它们和别的动物一样，又具备了更特殊的防御手段，例如雄狮的鬃毛，雄鲑鱼的钩形上颚，等等。要知道，为了在战斗中取胜，盾的作用和矛、剑是同等重要的。

就鸟类来说，这类争斗要平和得多。研究过这一问题的人都相信，许多鸟类的雄性间最激烈的斗争，是用歌唱去吸引雌鸟。圭亚那（Guiana）的岩鸫（rock-thrush）、极乐鸟（birds of paradise）及其他鸟类常常聚集在一处，雄鸟一个个精心地以最殷勤的态度显示它们艳丽的羽毛，在雌鸟面前做出种种奇特的姿态，而雌鸟在一旁观赏，最后选择最有吸引力的雄鸟做配偶。仔细观察过笼养鸟的人，都知道鸟有各自的爱憎。赫龙爵士（Sir R. Heron）曾描述他养的斑纹孔雀是如何极为成功地吸引了所有的雌孔雀。这里虽不能叙述详情，但是可以说人类能在很短时间内按自己的审美标准，使矮脚鸡具有美丽、优雅的姿态。毫无疑问，在数千代的相传中，雌鸟一定会根据它们的审美标准，选择出声调最动听、羽毛最美丽的雄鸟，并产生了显著的性选择效果。在生命不同时期出现的变异，会在相应时期单独出现在雌性后代或者雌雄两性后代身上，性选择会对这些变异起作用；用这种性选择的作用，可以在一定程度上解释雄鸟和雌鸟的羽毛为何不同于雏鸟羽毛的著名法则，在此就不

非洲寿带（雄）。“毫无疑问，雌鸟一定会根据它们的审美标准，选择出声调最动听、羽毛最美丽的雄鸟，并产生显著的性选择效果。”

王极乐鸟。雌极乐鸟的色彩暗淡而缺少任何装饰物，反之，雄极乐鸟大概是所有鸟类中最精于装饰者，其装饰如此多种多样，以致见者无不赞叹。

详细讨论这个问题了。

因此任何动物的雌雄两体，如果它们的生活习性相同而构造、颜色或装饰不同，可以说这些差异主要是由性选择造成的，即：在世代遗传中，雄性个体把稍优于其他雄性的攻击武器，防御手段或漂亮雄壮的外形等特点，遗传给它们的雄性后代。不过，我们不应该把所有性别间的差异，都归因于性选择，因为在家养动物中，有些雄性专有的特征并不能通过人工选择而扩大。野生雄火鸡（turkey-cock）胸间的丛毛，其实并无用处，而在雌火鸡眼里，也很难说这是一种装饰；说实在的，如果这丛毛出现在家养动物身上，就会被视为畸形。

自然选择，即适者生存作用的实例

让我设想一两个例子，来说明自然选择是如何起作用的吧。以狼为例，在捕食各种动物时，狼有时用技巧，有时用力量，有时则用速度。假设一个地区由于某种变化，狼所捕食的动物中，跑得最快的鹿数量增加或其他动物数量减少，这是狼捕食最困难的时期，在这种情况下，当然只有跑动最敏捷、体型最灵巧的狼才能获得充分的生存机会，从而被选择和保存下来，当然它们还必须在各个时期总能保存足够的力量去征服和捕食其他动物。人类为了保存最优良的个体（并非为了改变品种），在进行仔细有计划的或无意识的选择时，能提高长嘴猎狗（灵猩）的敏捷性。毫无疑问，自然选择也会产生如此效果。顺便提一下，根据皮尔斯先生（Mr. Pierce）所说，在美国的卡茨基尔山脉（Catskil Mountains）栖息着两种狼的变种；一种形状略似长嘴猎狗，逐鹿为食，另一种则躯干较粗而腿较短，常常袭击牧人的羊群。

请注意，在上述例子中，我说的是那些体型最灵巧的狼能被保存下来，并不是说任何单个的显著变异都被保存下来。在本书的前几版中，有时我曾说过单个显著变异的保存是常常发生的。因为过去我认为个体差异非常重要，并因此详细谈论人类无意识选择的结果，这种选择是靠保存一切或多或少有价值的个体及除去不良个体而进行的。以前我也曾观察到，在自然状态下，任何偶然发生的构造差异，都是很难被保存下来的。比如一个大而丑的畸形，即便在最初阶段被保存下来，而其后由于持续地与正常个体杂交，其特性一般都会消失。但是，直到我读了刊登在《北英评论》（*North British Review*，1867）上的一篇很有价值、很有说服力的文章后，我才明白了单独的变异，不论是细微的还是显著的，都难以长久保存下去。这位作者以一对动物为例，说明虽然这对动物一生可产200个仔，但由于种种原因造成的死亡，平均仅有两个仔可以存活下来并繁殖后代。对于大多数高等动物来说，这是一种极端情况的估计，但对于许多低等动物来说，情况绝非如此。此作者指出，如果一个新出生的幼体因某方面的变异可获得优于其他个体两倍的存活机会，但因死亡率太高，其结果存活下去仍会困难重重。该文章指出，假设它能生存并繁殖，并且有半数的后代遗传了这种有利变异，其后代也只是具有稍强一点的生存和繁殖的机会，而这种机会在以后历代还会减少下去。我想这些论点无疑是正确的。如果一种鸟因长有弯钩的喙而容易获得食物，假使这种鸟里有一只生来就有极为弯钩的喙，并因此免于毁灭而繁殖。尽管这样，这只鸟要排除普通类型而永久独自繁殖下去的机会还是很少的。根据在家养动物中所观察到的情况，可以肯定地说，如果把大量的、多少有点弯钩喙的个体一代又一代地保存下来，把直喙的个体大量地除去，必然能达此目的。

不应忽视的是，由于相似的组织结构受到类似的作用，使一些显著的变异会屡次出现，这些变异不应仅仅被视为个体差异，从家养生物中可以找到很多此类证据。在这种情况下，即使变异的个体，起初没有把新获得的性状传给后代，只要生存条件保持不变，无疑它将会把同样方式的更强变异遗传给后代。毫无疑问，这种依同样方式变异的倾向，往往非常强烈，可使同一物种的所有个体，可以不经任何选择作用便产生相似的变异；或者是一个物种的1/3、1/5或1/10的个体受到这样的影响。关于这种情况，可以举出若干实例。例如，格拉巴（Graba）估计在法罗群岛（Faroe Islands）约有1/5的海鸠（guillemot）属于一个显著的变种，这个变种以前被列为一个独立的物种而被称为*Uria lacrymans*。在这种情况下，如果变异是有利的，根据适者生存的原理，原有的类型很快就会被变异了的新类型所取代。

以后我还要谈到，杂交有消除各种变异的作用。在此要说明的是，大多数动物和植物都固守本土，一般都不做不必要的流动。甚至迁徙的鸟类，也常常返回到它们的原住地。因此每一个新形成的变种，起初一般都生活在原产地区，这似乎是自然状态下变种的普遍规律。这样，许多发生相似变异的个体，很快就会聚成小的群体，共同生活共同繁殖。如果新变种在生存斗争中获胜，它便会从中心区域慢慢扩散，在不断扩大的区域边缘和那些没有改变的个体进行斗争并征服它们。

再举一个较复杂的例子来说明自然选择的作用吧。有些植物分泌甜汁，这显然是为了排除体液内的有害物质。例如某些豆科植物（Leguminosae）从托叶基部的腺体排出分泌物，普通月桂树（laurel）从叶背分泌液体。这种甜汁虽然量少，却被昆虫贪婪地寻求着，然而这些昆虫的来访，对植物本身并无任何益处。假如甜汁是从一种植物的若干植株的花里分泌出来的，寻找这种甜汁（花蜜）的昆虫会沾上花粉，并把花粉从一朵花传到另一朵花上去，这样同种的两个不同个体，就可以进行杂交，从而产生强壮的幼苗，并使幼苗得到更好的生存和繁殖机会。这些情况极为常见。那些花蜜腺体最大的植株，分泌的花蜜最多，最常受到昆虫的光顾，因而获得杂交机会也就最多。长此以往，它们就会占有优势并形成一个地方变种。有些花的雄蕊和雌蕊所处的位置能适合前来采蜜昆虫的大小和习性，这在一定程度上有利于昆虫传授花粉，这样的花同样也会受益。如果一只来往于花间的昆虫并不采蜜而专采花粉，这种对花粉的破坏显然是植物的一种损失，因为花粉是专为受精用的。可是如果因这一昆虫的媒介作用，少量的花粉由一朵花传到另一朵花，最初可能出于偶然，尔后就可能形成习惯，这种情况促进了植物的杂交，即使9/10的花粉损失掉了，对于花粉被盗的植物来说，结果仍然是非常有利的。因而，那些产花粉较多的、粉囊较大的个体将被选择出来。

如果上述过程长期继续下去，植物就将变得很能吸引昆虫，昆虫也就不自觉地在花间规律而有效地传递花粉。这方面突出的例子很多。现举一例，这个例子同时还能说明植物雌雄分株的步骤。有些冬青树（holly-tree）只生雄花，每花有四枚含少量花粉的雄蕊和一枚不发育的雌蕊；另一雌冬青树只生雌花，每花有一枚发育完全的雌蕊和四枚粉囊萎缩的雄蕊，且雄蕊上无一粒花粉。在距一株雄冬青树60码的地方，我找到一株雌冬青树并从不同枝干上采下20朵花，当我把雌花柱头放在显微镜下观察时，发现所有柱头上毫无例外地都沾有几粒花粉，有的还相当多。那几天风是从雌树的方向吹往雄树，所以这些花粉不是由风力传送的；虽然天气很冷并有暴风雨，（这对蜂类不利）但是我检查的所有雌花都因在花间寻找花蜜的蜂而有效地受精了。现在再回过头来谈一下我们想象的情况：一旦植物变得很能吸引昆虫，以致昆虫在花间规则地传递花粉，另一个步骤可能就开始了。博物学者们都不怀疑所谓“生理分工”的益处，因此我们相信，一树或一花只生雄蕊而另一树或另一花只生雌蕊对植物是有利的。栽培的植物和被置于新的生活环境的植物雄性器官，有时是雌性器官的功能会有所减退。在自然状态下，这种情况也会发生，即使程度极其轻微。既然花粉已经能在花间有规律地传递，既然“生理分工”的原理显示，更完全的性别分离对植物更为有利，那么雌雄分离的倾向越显明的个体，将会不断受益并被选择，直到雌雄两体最终完全分离。许多植物的雌雄分离显然正在进行之中。如果要说明植物如何通过二形性和其他手段来达到雌雄分离的不同步骤，那是要花费很大篇幅的。这里我只补充一点，即根据阿萨·格雷的研究，在北美有几种冬青树确实处于一种中间状态，正如他所说的，是一种或多或少的“异株杂性”。

现在谈谈吃花蜜的昆虫。假如一种常见的植物因连续的选择作用而使花蜜逐渐增加，而某种昆虫又是以这种花蜜为食的。我能举出多种例子说明蜂是如何急于采蜜而设法节省时间的。例如，一些蜂习惯于在花的基部咬一口来吸食花蜜，而本来它们稍费点劲就能从花的开口部位钻到花里去。想到这些情况，我们就会相信，那些容易被忽视的微小个体差异，如口吻的长度、弯曲度等等，在一定条件下，对于蜂和其他昆虫是有利的。因此有些个体能比其他个体更快地获得食物，它们所属的群体能够繁盛，而从它们分出去的许多蜂群也都继承了同样的性状。普通红三叶草和肉色三叶草（*T. incarnatum*）的管形花冠，粗看上去长度并无差异，但蜜蜂可以轻易地吸取肉色三叶草的花蜜却不能吸到红三叶草的花蜜；能采红三叶草花蜜的只有野蜂。蜜蜂不能享受遍布田野的红三叶草花蜜，但它们肯定是喜好这种花蜜的，因为我曾多次观察到，只有在秋季，众多蜜蜂才能通过野蜂在红三叶草基部咬破的孔道吸取花蜜。这两种三叶草花冠的长度决定着蜜蜂能否采蜜，但其差异一定十分微小，因为有人肯定地说，红三叶草在收割后第二季作物开的花要小一点，而那时蜜蜂就来采蜜了。不知此说是否准确，也不知另外一篇发表的文章是否可信。那篇文章说，意大利种的蜜蜂可以吸取红三叶草的花蜜，而这种蜂一般认为是普通蜂的变种，而且与普通蜂可以自由交配。可以说，在长满红三叶草的地方，具有略长或不同形状吻的蜂能够获得好处。从另一方面来说，由于红三叶草完全靠能来采花蜜的蜂受精，如果一个地区的野蜂少了，则花冠较短或分裂较深的植株，将会得到好处，而蜜蜂也就可以采这种红三叶草的花蜜了。现在，我们理解了蜂与花是如何通过不断保存结构上互相有利的微小差异，同时发生或先后发生变异以达到完美的相互适应了。

我知道，用上述想象的例子来说明自然选择的原理，是会遭到反对的，正如莱伊尔爵士最初“用地球近代的变迁来解释地质学”时遇到反对一样。不过现在再运用仍然活跃的一些地质作用来解释深谷和内陆崖壁的形成时，很少再有人说那是微不足道或毫无意义了。自然选择的作用，仅在于把每个有益的微小遗传变异保存和积累起来。近代地质学已经抛弃了那种一次大洪水就能凿出一个大山谷来的观点，同样地，自然选择学说也将排除那种以为新生物类型能连续被创生，或者生物的构造能够突然发生大变异的观点。

个体杂交

关于这个题目先从侧面讲几句吧。除了人们不太了解的奇特的单性生殖以外，很明显，凡是雌雄异体的动植物，每次生育都必须交配才行。可是对雌雄同体的生物而言，这种情况就很不明显。不过有理由相信，一切雌雄同体的个体，会偶然地或是习惯性地两两结合以繁衍其类。很久以前，斯普林格尔（Spreagel）、奈特和凯洛依德就曾含蓄地提出了这样的观点。下面我们就要谈到这一观点的重要性。对于这个题目我准备了许多材料足以详加讨论，但我还是不得不力求简略。一切脊椎动物、昆虫及其他大类的动物，都必须交配才能生育。近代研究的结果，使过去认为是雌雄同体的生物数目，已大为减少。至于真正雌雄同体的生物，大部分也必须两两结合。也就是说，为了繁殖，两个个体要进行有规律的交配，这正是我们所要讨论的问题。至于那些不经常交配的雌雄同体动物和大多数雌雄同体的植物，我们有什么理由想象它们必须通过交合而繁殖呢？对于此等情况肯定不能一一详谈，只是讲个大概而已。

首先，我已搜集了大量事实，做了许多实验，证明不同变种间的杂交或同一变种内不同品系个体间的杂交，可以使动植物的后代变得强壮并富于生殖力，这与养殖家们的普遍信念是一致的；反之，近亲交配必定减弱个体的体质和生殖力。这些事实使我相信自然界的法则是：靠自体受精，生物不可能世代永存，与其他个体偶然或每隔一定时期进行杂交是必不可少的。如果把这一观点当作自然法则，我们就能理解下述几大类事实，否则用其他任何观点都是解释不通的。凡是培养杂交植物的人都知道，花暴露在雨下是非常不利于受精的。可实际上雌雄蕊完全暴露的花何等之多!这里只有用异体杂交的必要性，才能解释雌雄花蕊完全暴露的情况，也就是说那是为了让其他花的花粉能够自由进入的缘故（尽管花朵内雌雄蕊排列的极近，便于自花受精）。此外还有许多花，例如蝶形花科即豆科的花，它们的结籽器官是紧紧包裹起来的，但这些花对于昆虫的来访几乎都有完美而奇巧的适应。蝶形花必须通过蜂的媒介授粉，如果阻止蜂的来访，这些花的结籽能力就会大受影响。昆虫从一朵花飞到另一朵花，肯定要传带着花粉，这使植物大受其益。昆虫的作用就像一把驼毛刷子，只要先触一下这朵花的雄蕊，再触一下那朵花的雌蕊，受精就可大功告成了。但是不要错误地认为，蜂的传粉作用，可以在不同作物中产生许多杂交品种，因为在同一雌蕊上，同种植物的花粉比异种植物的花粉具有更强大的优势，以至于完全可以消除异种植物花粉的影响，格特纳（Gärther）就曾指出过这一点。

有时，花内的雄蕊会突然弯向雌蕊，有时也会一枚一枚地慢慢弯向雌蕊，这些“机关”好像专门为了保证自花授粉而互相配合似的，不过雄蕊的颤动往往还可借助昆虫的一臂之力。凯洛依德曾指出刺蘗［小蘗、伏牛花（barberry）］就是这种情形。这个属内的植物几乎都有这种特别有利于自花传粉的机能。但是，众所周知，把近缘的物种或变种种植在彼此靠近的地方，就难以培育出纯种的幼苗，因为它们会大量地自然杂交。在其他一些情况下，自花授粉的条件是很不利的，某些特殊机制会有效地阻止雌蕊接受自花的花粉。斯普林格尔和其他作者的著作中都谈到过这一点，我个人也观察到这种情况。例如，亮毛半边莲（Lobelia）就有一种美丽精巧的机构，能够在雌蕊准备受粉以前把无数的花粉从粉囊中全部散放出去，至少在我的园中，昆虫从来不造访这种花，所以它也就不结籽。但是当我把一花的粉放在另一花的柱头上，它就能结籽并可从中育出幼苗。而我园中另一种常有蜂来造访的半边莲就很容易结籽。在没有特殊构造阻止雌蕊自花授粉的情况下，我本人、斯普林格尔以及最近的希得伯朗（Hildebrand）及其他人，都能证实这些花或者在雌蕊准备授粉前粉囊就已破裂，或者虽然雌蕊已经可以授粉了但花粉尚未成熟，所以这种所谓两蕊异熟的植物，实际上与雌雄异体的植物一样，都得经过杂交才会授粉。前面讲过的二形性或三形性的植物也属此种情况。这些事例是多么奇特啊!同一花内花粉与柱头的位置靠得那么近，好像是专门为自花授粉而生似的，可实际上却又彼此都用不上。这些现象似乎令人费解，但是，如果我们用偶然的异体杂交的优越性和必然性，来解释这些情况，却又是何等简单!

如果把甘蓝、萝卜、洋葱及其他植物的一些变种，种植在彼此挨近的地方，便会发现所得种子育出的幼苗大部分都是杂种。例如，几个甘蓝的变种生长在相互挨近的地方，我从它们的种子中培育出233株幼苗，便发现能保持原变种性状的只有78株（其中有几株还不太纯）。可事实是每一朵甘蓝花的雌蕊都被同一朵花的六个雄蕊和同株植物上的其他花朵的雄蕊包围着，而花内的花粉不需要昆虫便可落在雌蕊柱头上（因我曾看到未经昆虫传粉的花也能结籽）。上面提到幼苗中有如此多的杂种，这一事实只能说明不同变种的花粉比同花花粉有更强的授精能力，也进一步证明了同种异体杂交具有优势这一普遍法则的正确性。如果用异种进行杂交，情况正好相反，因为同种花粉几乎总是比异种花粉的受精能力强，这个问题在下一章还要作进一步讨论。

对于一株开满花的大树，假如认为花粉通常只在同树的花间传递而极少传到另一树，那就不对了；我们也不应认为，只有在某种特定前提下，同树的花才能被看作不同个体。自然界就是这样，它使同一树的花雌雄分异，此时，虽然雌花、雄花同生一树，花粉也必须由一花传到另一花；如果是这样的话，那么花粉也肯定能从一树传到另一树。一切属于“目”一级的树，雌雄分化现象通常比其他植物多，在英国就有这种情况。应我的要求胡克博士把新西兰的树木列成表格，阿萨·格雷博士把美国的树也排列成表，所显示的结果与我推断的一致。不过胡克博士告诉我，这一规律却不适合澳洲的情况。但是我想，如果澳洲的树木属于雌雄异熟型，那与雌雄分离所产生的后果是一样的。在此，我特别以树木为例进行讨论，目的是为了引起人们对这个问题的注意。

现在让我们简要地谈谈动物方面的情况吧。

赫胥黎（Thomas Henry Huxley，1825—1895），英国博物学家，支持进化论思想，被称为“达尔文的斗犬”。

尽管很多陆生动物是雌雄同体的，（如陆生软体动物和蚯蚓等）但它们都需要交配方可授精。目前还找不到一种陆生动物是能够自体受精的。这一显著的事实与陆生植物形成了强烈对比，但根据偶然杂交的必要性原理，就可完全理解这个事实。由于受精体制不同，陆生动物除了两体相交，不可能像植物那样借助虫媒、风媒及其他手段进行偶然杂交。水生动物中有一些雌雄同体者是能够自体受精的，但水流显然可使它们获得杂交的机会。我曾向权威学者赫胥黎教授（Prof. Huxley）请教，世上是否存在某种雌雄同体动物，它的生殖构造完全封闭在体内，不需要与外界沟通，其受精过程也不会受到其他个体的影响；他告诉我，正如在花类找不到这种例子一样，在动物中也找不到这样的例子。上述情况使我很长时间难以解释蔓足类（Cirripedes）的受精过程，幸好，一个偶然的机会使我能够证明两个自体受精的个体，有时确实能进行杂交的。

有些同科甚至同属的动、植物，尽管在整体构造机制上非常一致，可是有些是雌雄同体，有些却是雌雄异体，这一定使许多博物学家感到惊异。但是，如果一切雌雄同体的物种都能偶尔进行杂交，那么它们与雌雄异体者在机能方面也就没有多大差别了。

根据上述理由及我搜集的大量事实（在此不能一一列出），不同动、植物个体间的偶然杂交，即使不是绝对的，那也是一个非常普遍的自然规律。

通过自然选择产生新类型的有利条件

这是一个较为复杂的问题。显然，包括个体差异在内的大量差异，对形成新的生物类型都是有利的。在一定时期内，如果个体数量多，出现有利变异的机会也随之增多，这可以补偿每一个体变异量较少之不足，而这一点正是导致自然选择成功的重要因素。虽说自然选择是在长时间内起作用的，但这时间长度并不是无限的，因为一切生物都力求在自然体系中争占一席之地，如果一种生物不能随它的竞争者发生相应的改变和改进的话，它就会被消灭掉。如果有利变异不能遗传，自然选择也就不能发挥作用。尽管返祖倾向往往会抑制或阻止自然选择的工作；但是，既然这种倾向没有能阻止人类通过选择培育出各个家养品种来，它又怎么能阻止自然选择的作用呢。

在有计划的人工选择中，饲养者为了某种目的而进行选择，如果任凭个体自由杂交，他的选择工作就不能成功。但是许多人并不蓄意改变品种，他们只是以近乎相同的标准追求完善，试图获得最优良的个体来繁衍后代。所选的个体即便未形成新品种，这种无意识的选择过程也一定能导致它们缓慢的改进。自然状态下的选择也是如此。在一个有限地区内，有些地方的自然体系中尚存一些空位，那么所有向着正确方向变异的个体，尽管变异程度不同，都将被保存下来。如果在一个很大的地区内，各小区域之间的生活条件必有不同，结果同一物种便会在不同区域内发生变异，而新形成的变种则将在各区域的边界地带互相杂交。本书第6章将告诉我们，生长在中间地区的中间型变种最终要逐渐被邻近地区的一个变种所取代。杂交主要影响那些流动性大、生育率低、每育必交配的动物。所以，正如我实际上看到的那样，具有这种特性的动物，如鸟类，它们的变种一般仅存在于隔离的地区内。对于偶然杂交的雌雄同体生物和流动性差、繁殖率高、每育必交配的动物来说，新改良的变种在任何地方都能迅速形成。它们先在那里聚集成群，然后才传播开去。这样，新变种的个体才能在一起进行大量交配。根据这个原理，育苗人总是在大群的植物中留存种子，因为在大群中杂交的机会减少了。

甚至对于那些每育必交、繁殖不快的动物来说，自由杂交也不能够消除自然选择的效果。我能提供大量事例证明：由于栖息于不同场所，各自繁殖于稍不相同的季节及偏爱与同种个体交配等原因，同一地区内同一物种的两个变种可以长期保持性状的不同。

杂交可使同物种或同变种的个体保持性状的纯正和一致，这是杂交在自然界中的重要作用，对于每育必交的动物来说，这种作用更为有效。前面已经讲过，所有动、植物都会偶然杂交，即便间隔很长时间才杂交一次；杂交的后代也比自体受精的后代更强壮、更富于生殖力，以至于获得更好的存活和繁殖的机会。所以，从长远看，哪怕极为罕见的杂交都会造成极大的影响。至于那些最低等的生物，它们不进行有性繁殖，没有个体的结合，也不可能进行杂交，但在相同生活条件下要保持性状的一致，只能靠遗传和通过自然选择，除去那些与原种有偏离的个体。如果生活条件变了，个体形式也变了，靠自然选择保存相似的有利变异可以使变异了的后代获得一致的性状。

隔离是通过自然选择产生物种变异的又一重要因素。在一个不太大的有限或隔离的地区内，有机和无机的生活条件几乎是一致的。在这里，自然选择倾向于以同样的方式去改变同一物种内的一切个体，这些生物与周边地区生物的杂交也会受到抑制。关于这个问题最近华格纳（Moritz Wagner）发表的一篇很有意义的文章表明，隔离在阻止新变种进行杂交方面所起的作用比我原先设想的还要大。可是由于前面所提到的原因，我无论如何也不能同意这位博物学家的观点。当气候、陆地的高度等自然条件变化后，隔离所起的重要作用，就是阻止外地适应能力更强的生物移入这个地区，因此在这个地区的自然生态体系中就空出一些新位置，以待原栖息于此地的生物变异后填充进来。最终，隔离为缓慢形成的新生变种提供了时间。当然，有时隔离可能是很重要的。但是如果这个隔离区很小，或者周围有障碍物，或者自然条件极为特殊，生物的总数就会很少，这样就会减少产生有利变异的机会，所以通过自然选择形成新种的过程也就延迟了。

对于自然选择来说，流逝的时间本身并不起什么作用，它既不推动又不妨碍自然选择。我做这样的说明，是因为有人错误地说我认为时间在改变物种方面起非常重要的作用，好像一切生物由于内在的规律必然要发生变异似的。时间的重要作用仅在于：它使有利变异的发生、选择、积累和固定获得较好机会。此外时间能增进自然环境对每一物种的形成所起的直接作用。

如果我们到自然界中去检验一下这些观点是否正确，观察一下任何一个隔离的小地区（例如海洋中的岛屿），就会发现虽然岛上的物种数目很少（在地理分布一章将要谈这个问题），但在这些物种中，大部分都是本地种，也就是说它们仅生于此地而不生长于世界上任何别的地方。所以初看起来，海洋中的岛屿非常有利于新种的产生，但这会使我们自欺，因为要确定究竟是一个小的隔离区，还是一个像大陆那样的大的开放地区，更有利于生物新类型的产生，我们应该在相等的时间内进行比较，而那是我们无法做到的。

隔离对新物种的产生十分重要，但总的来说，我还是相信地域宽广，对新种的产生更为重要，对于那些生存期长，分布广的物种尤其如此。广大开放的地区可以容纳同一物种的大量个体，这就增加了产生有利变异的机会，而且栖息于一地的大量物种，也使这里的生存条件更为复杂。如果大量物种中的一部分发生了变异或改进，其他物种势必也要在相应程度上发生改进，否则它们就会被绝灭。每一新类型极大地改进后，就会向着开放的毗邻地区扩散，去与其他类型竞争。此外，因过去的地面升降运动，目前连接着的广大地区，过去一定曾处于互不连接的状态，因此隔离对新种产生所起的良好作用，一定在某种程度上发生过。最后，我的结论是：在某些方面，小的隔离区对新种的产生是非常有利的，但是一般来说，变异过程还是在广大的地区进行得快；更重要的是，那些已经战胜过许多竞争对手而从大地区产生的新类型，一定会分布得更广远，产生更多的新变种和新物种，从而在生物界发展史上占有更重要的位置。

根据以上观点，我们就可以理解某些事实（在地理分布一章中还要再讲到这些事实）。例如，与欧亚大陆比起来，在地域较小的澳洲上的生物就相形见绌了。又如，大陆上的生物在各处的岛屿上都能驯化。小岛上生存斗争不太激烈，也就少有变异，少有灭亡。因此，我们也可以理解，为什么希尔（Oswald Heer）说，马德拉的植物区系在一定程度上很像已消亡的欧洲第三纪植物区系。一切池塘湖泊等淡水盆地合并起来，与海洋和陆地比较，也只是个小小地区，所以淡水生物间的生存斗争，不如海洋里的激烈，新类型的产生和旧类型的消亡也都缓慢。硬鳞鱼（Ganoid fishes）曾经是一个占优势的目，

卵生哺乳动物鸭嘴兽，起初被误以为属于鸟类。它们生活在淡水中，有“活化石”之称，把今天自然分类中相隔很远的目，在一定程度上联系起来。

现在仅从淡水盆地中找到这个目留下来的七个属。目前世界上几种形状最奇特的动物，如鸭嘴兽（*Ornithorh ynchus*）和美洲肺鱼（*Lepidosiren*）只能在淡水中找到。它们能像化石一样，把今日自然分类中相隔很远的目在一定程度上联系起来。这些异常的生物被称为活化石，它们生活在局限的地区内，那里生存斗争不那么激烈，因而较少发生变异。

现在，让我们在错综复杂的问题所允许的范围内，总结一下经过自然选择作用，所产生新物种的有利和不利条件。我认为，对于陆地生物来说，地面多次发生升降变迁的宽广地区，最有利于许多新生物类型的产生，这些生物既能长久地生存又能广泛分布。如果这个地区是一片大陆，那里生物的个体和种类就非常之多，而且置身于激烈的生存斗争之中。如果因地面下沉，这个地区变成分隔的大岛，每一个岛上同种的个体仍然很多，可是在分布的边缘地区新种的杂交会受到限制。因移入被阻断，每一自然条件改变后，各岛上自然生态体系中的新位置，就只能由旧物种产生的变异类型来填充，漫长的时间能使各岛上的变种进行充分的改进和完善。如果地面再又升高，这些岛又能连接成大陆，生存斗争又会激烈起来，最占优势、最完善的变种将能够扩散，而不够完善的类型将遭绝灭。在重新连接的大陆上，各种生物的相对比例数目将再度发生变化。自然选择将有充分的机会去进一步改良旧物种、创造新物种。

我完全承认，自然选择作用过程大多是非常缓慢的。只有当现存生物的变异更适合一个地区自然生态体系中的一些位置时，自然选择才能发生作用，而这些位置的出现，有赖于自然条件的缓慢变化和阻止更适应的生物从外界的迁入。当旧物种变化后，它们与其他生物间的关系就被打乱，新的位置又将出现，以待更适应的类型去占领；但所有这一切都是非常缓慢地进行的。尽管同种个体间都存在轻微的差异，但要经过漫长的时间，才能使它们身体构造的各部分表现出相当显著的差异；自由杂交还会阻碍这种结果的产生。人们一定会说，这几种因素足以抵消自然选择的力量，可我不相信情况会这样。另一方面，我确实相信自然选择一般是极其缓慢的，在很长时间内仅对同一地区的少数个体起作用的。我还相信，这些缓慢的断断续续的选择结果，与地质学所告诉我们的世界上生物变化的速度和方式是非常一致的。

如果人工选择的有限力量都能大有作为，那么，尽管自然选择的过程十分缓慢，但在漫长的岁月中，通过适者生存的法则，一切生物之间，生物与其自然生活条件之间的相互适应关系，一定会无限制地向着更完美、更复杂的方向发展变化。

自然选择造成的绝灭

在地质学一章里将充分讨论这个问题，但因它与自然选择很有关系，所以在此有必要提一下。自然选择的作用只是通过保存在某些方面的有利变异，使这些变异能持续下去。由于一切生物都以几何级数增加，致使每一地区都充满了生物；随着优势类型个体数目的增加，劣势类型的个体数就要减少以致稀少。地质学告诉我们，稀少就是绝灭的前奏。我们知道，任何个体数量少的类型在季节气候发生重大变动时，或在敌害数量暂时增多时，极有可能遭到灭顶之灾。进一步

几年前才被发现并且命名的宽叶隐棒花，集中分布在宽度约1米的小水沟中，且分布区域长度不足50米。科研人员至今未能找到该植物的另外种群。如今，这里的约300株宽叶隐棒花完全陷入了深水环境、淤积、排污三重打击的境地，整个水体几乎看不到它们的踪影，水面满是油膜和污物。只有拨开这些脏污并且下水寻找，才能找到少量已经相当瘦弱、没有根部和叶片已经开始腐烂的它们。（谢伟亮 摄）

说，如果我们承认物种类型不可能无限地增多的话，那么，随着新类型的产生，必然导致众多旧类型的消亡。地质学明确显示，物种类型的数目从来没有无限地增加过。现在我们来说明一下，为什么世界上的物种数量不能无限地增加。

我们知道，在任何时期，个体最多的物种可获得最好的机会以产生有利变异，对此我们是有证据的。第2章提到的事实显示，正是那些常见的，广泛分布的或占优势的物种，产生了最多的有据可考的变种。因此，在任何时期，个体稀少的物种，发生变异和改良速度较慢的物种，在生存斗争中，它们很容易被已变异和改良过的常见物种的后代击败。

根据这些分析，结果必然是：随着时间的推移，通过自然选择，新物种产生了，而其他物种将变得越来越稀少以致最终绝灭。并且，那些与正在变异和改良的类型进行最激烈斗争的类型将最先灭亡。在生存斗争一章中我们已经知道，由于具有近似的结构、体质及习性，最近缘的类型（同种的各变种，同属或近属的各物种）之间竞争最为激烈。其结果是，在每一变种或物种形成的过程中，它们给最近缘种类造成了最大的威胁，以至于往往最终消灭它们。在家养动物中，通过人类对改良类型的选择，也会出现同样的消亡过程。许多具体的例子可以说明，牛、羊及其他动物的新品种和花草的变种，是多么迅速地取代了旧的低劣种类的。在约克郡人们都知道，古代的黑牛被长角牛取代，长角牛又被短角牛所排挤。用一老农的话说：“简直就像被残酷的瘟疫一扫而光。”

性状趋异

这个术语所包含的原理是很重要的，许多现象都可以用它来解释。首先，即便是那些多少已经具有物种特征的显著变种，与明确的物种比起来，彼此间的差异还是小得多，因而在很多场合很难对它们进行分类；但我还是认为，变种是形成过程中的物种，我称之为初期物种。那么变种间的较小差异是如何扩大为物种间的较大差异的呢？自然界中无数的物种呈现显著的差异，而变种是未来显著物种的原型和亲体，在它们之间仅呈现出微小而不确定的差异，由此，我们可以推论，较小差异向较大差异变化的过程是经常发生的。可以说，仅仅出于偶然变异，变种才与亲体之间有了某种性状的不同，后来这一发生变异的后代又与亲体在这同一性状方面产生了更大的不同。然而，仅此并不能解释同属异种间常见的巨大差异。

按照惯常的做法，我到家养动植物中去寻求对此事的解释，因为在它们中可找到一些相似的情况。人们会承认，彼此差异极大的品种，如短角牛与黑尔福德牛，赛跑马和拖车马及鸽子的不同品种等等，绝不可能仅仅是在世代相传中靠偶然积累相似变异产生出来的。在实践中，有的养鸽者喜爱短喙鸽，有的却喜欢长喙鸽。一个公认的事实是，鸽迷们喜欢极端的类型而不喜欢中间

变种间的较小差异是如何扩大为物种间的较大差异的？达尔文在家养动植物中寻求对此事的解释，为此还出版了著作《动物和植物在家养下的变异》。

达尔文认为今日的家养马和斑马也具有相同的祖先。

类型。他们继续选择和饲养那些喙较长的或较短的鸽，就像人们培育翻飞鸽的亚品种那样。此外，我们可以设想，在历史初期，一个国家或地区的人需要快跑的马，另一个国家或地区的人需要强壮的高头大马，随着时间的流逝，一方不断地选择快马，另一方则不断地选择壮硕的马，这样原来差异甚小的马会逐渐变为两个差异很大的亚品种，最终在几个世纪之后，亚品种就转变为两个界线分明的不同品种了。当两者之间的差异继续增大时，那些既不太快又不太壮的中间性状的劣等马就不会被选来配种，因此这种马也就逐渐消亡了。从这些人工选择产物中可以看到能造成差别的所谓趋异原理的作用，它使最初难以觉察的差异逐渐扩大，使品种彼此间以及品种与其亲体间的性状发生分异。

那么能否把类似的原理应用于自然界呢？我认为这一原理可以非常有效地应用于自然界（虽然经过很长时间我才弄清楚该怎样应用），因为任何一个物种的后代越是在结构、体质和习性上分异，它就越能占据自然体系中的不同位置，因而数量会大大增加。

从习性简单的动物中，我们可以清楚地看到这种情况。以食肉的哺乳动物为例，在任何可以容身的地方，哺乳动物的数量早就达到了平均饱和数。如果在一个地区，生活条件不发生改变而任其自然发展，只有那些发生变异了的子孙们，才能获取目前被其他动物占据着的一些位置。例如，它们有的能获取新的猎物，不管是死的还是活的；有的能生活在不同的场所，能上树或能下水；有的能减少食肉习性等等。总之，食肉动物的后代越能在身体构造和习性方面产生分异，它们能占据的位置就越多。如果这一原理可应用于一种动物，那么，它就可以应用于一切时期的一切动物。也就是说，只要它们变异，自然选择就会起作用；如果不变异，选择就无所作为。植物界的情况也是如此。实验证明，如果一块地上只播种一种草，另一块大小相等的地上播种多种草，则后一块地上所得的植株数量和干草的重量都比前者要多。如果把小麦的变种分成单种和多种两组，并在同样大小的土地上种植，也会得到相同的结果。因为只要任何一种草仍在继续变异，哪怕差异十分微小，这些彼此不同的变种就能像不同的物种或属那样，以同样的方式继续被选择。于是，这一物种的大量个体，连同它的变种，都将成功地在同一块土地上存活下去。每年草类中的各个物种和变种都要撒下无数的种子，在追求最大限度地增加个体的数量方面，可以说是竭尽全力；因此，在万千世代相传的过程中，只有那些草类最显著的变种，能够有机会增加个体数目并排除那些变异不够显著的变种。当各个变种变异得彼此截然不同时，它们就跻身于物种之列了。

身体构造上的多样性，可使生物最大限度地获得生活空间，许多自然环境中的情况，都显示出这一原理的正确性。在一个对外开放、可以自由迁入的极小地区，个体之间的生存斗争一定非常激烈，生物间的分异也会非常之大。例如，一块生活条件多年相同的3英尺宽4英尺长的草地，在这里生长的20种植物分属于8个目的18个属，可见这些植物之间的差异有多么大。在地质构造一致的小岛上或是小小的淡水池塘里，植物与昆虫的情况也是如此。农民发现轮种不同科目的作物收获最多，自然界所遵循的则是所谓的同时轮种。假设一个没有什么特殊情况的小地方，密集在这里的大部分植物都可以生存，或者说是在为生活挣扎。按照一般规律，我们应该看到在生存斗争最激烈的地方，由于构造分异和习性、体质趋异，必然导致了这样一种情况，即彼此倾轧最激烈的，正是那些所谓异属和异目的生物。

植物经人类作用可以在异地归化，这一事实也同样证明了这一原理。或许有人以为，能在任何一块土地上归化的植物，一定与当地植物近缘，因为人们一般认为当地植物都是专为适应这块土地而创造的，而能归化的植物一定属于那些特别能适应迁入地区某一地点的少数几类植物，但实际情况并非如此。德·康多尔在他的大作中明确指出，与本地植物属与种的比率相比，经归化而增加的植物中属的数目要多于种的数目。例如，阿萨·格雷在他的《美国北部植物志》最近一版中列举了260种归化植物，它们属于162个属。由此可见，归化植物的趋异性非常之大。归化植物与本地植物有很大程度的不同，因为在162个属中，外来的不少于100种，因此现在生存在美国的植物中，属的比率大大地增加了。

考察一下那些在任何地方都能战胜土著生物并得以归化的动、植物，从它们的性质就可以了解到土著生物该如何变异，才能获得超越这些外来共生者的优势。至少我们可以推论，能弥补与外来属之间差距的构造分异，对它们肯定是有利的。

实际上，同一地区生物构造分异带来的优势，就如体内各器官生理分工所带来的优势一样，爱德华兹（Milne Edwards）曾详细讨论过这种情况。生理学家都相信，适合素食的胃从素食中获取的营养最多，适合肉食的胃从肉食中获取的营养最多。因此，在某一地区总的自然体系中，如果

爱德华兹（Henri Milne Edwards，1800—1885），法国动物学家。

动、植物的生活习性分歧越广泛和越完善，那么该地区所能容纳的生物个体数量就越多。一个身体构造很少分异的动物群，是难以和身体构造分异完善的动物群竞争的。例如，澳洲的有袋动物可以分为几类，但各类间的差异很小。沃特豪斯先生（Mr. Waterhouse）及其他人曾指出，即便这几类有袋动物勉强可以代表食肉类、反刍类和啮齿类的哺乳动物，很难相信它们能和那些非常进步的各目动物进行竞争而获取胜利。我们看到在澳洲哺乳动物中，分异的进程仍然处在早期的和不完全的发展阶段中。

通过性状趋异和绝灭，自然选择对共同祖先的后裔可发挥作用

通过以上简要的讨论，我们可以认为，某一物种的后代越变异，就越能成功地生存，因为它们在构造上越分异，就越能侵入其他生物所占据的位置。现在让我们看一看，这种从性状分异中获利的原理，与自然选择原理及绝灭原理，是如何结合起来发挥作用的。

下面的图表，可以帮助我们理解这个复杂的问题。图中从A到L代表某地一个大属的各个物种，它们彼此之间有不同程度的相似（自然界的情况普遍如此），所以在图中各字母之间的距离不相等。在第2章我们知道，大属中变异的物种数和变异物种的个体数量平均比小属要多；我

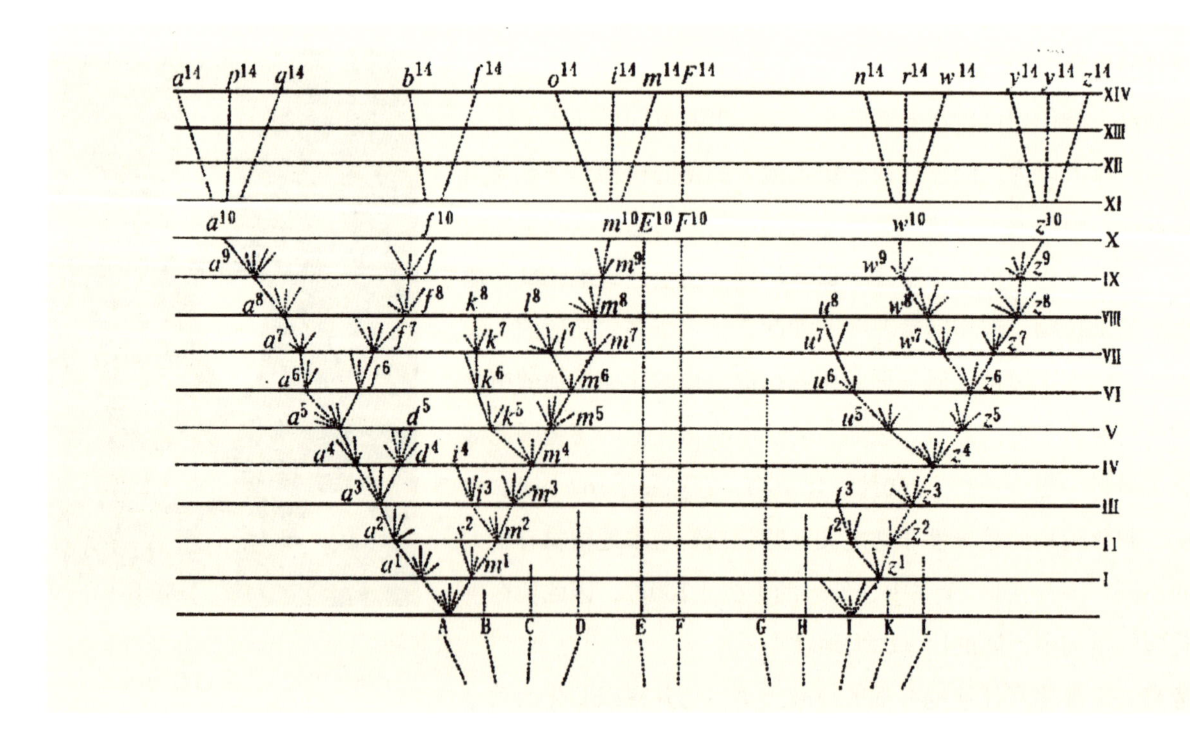

们还知道，最常见、分布最广泛的物种，比罕见且分布范围狭小的物种所产生的变异要多。假设图中A代表大属中一个常见的、广泛分布的、正在变异着的物种，从A发出的长短不一的、呈树枝形状的虚线是它的后代。假设变异的分异度极高但程度甚微，而且变异并非同时发生或是常常间隔很长时间才发生，发生后能持续的时间也各不相同，那么，只有那些有利变异才能被保存下来，即被自然所选择。这时就显示出性状分异在形成物种上的重要性，因为只有性状分歧最大的变异（由图中外侧的虚线表示）才能通过自然选择被保存和积累。图中虚线与标有小写字母和数字的横线相遇，说明充分积累的变异已经形成了一个能在分类志上记载的显著变种。

图中每两条横线间的距离，代表一千代或更多的世代。假定一千代以后，（A）物种产生了两个显著的变种，即a^1和m^1，这两个变种处于与它们的亲代变异时相同的生活条件中，它们本身具有遗传得来的变异倾向，所以它们很可能以它们亲代变异的方式继续产生变异。此外，这两个稍微变异的变种，还继承了它们亲代的和亲代所在属的优点，那些优点，曾使它们的亲代（A）具有更多的个体，曾使它们所在的属成为大属，所有这些条件无疑都是有利于产生新变种的。

如果这两个变种继续发生变异，最显著的性状变异将在下一个千代中被保存，这段时间过后，假定由图中的a^1产生出a^2，由趋异原理可知，a^2与（A）的差异一定大于a^1与（A）的差异。设想m^1产生了两个变种：m^2和s^2，它们彼此不同，与它们的共同祖先（A）更不同。按照同样的步骤，这个过程可以无限地延续下去。每经过一千代，有的变种仅产生一个变种，随着自然条件的变化，有的可产生2~3个变种，有的也许不能产生变种。这样，由共同祖先（A）所产生的变种，即改变了的后代的种类数目不断增加，性状会不断变异。从图中可看到，这个过程仅列到第一万代，再往后则用虚线简略表示直到一万四千代。

但是我必须指出，变异过程并非如图所示这样规则地（图表本身已能反映一些不规则）或连续地进行，而很可能一个变种长时间内保持不变，而后又发生变化。我也不能断言，最分异的变种必然会被保存下来。有时中间类型也能持续很长时间，并能产生多种后代，因为自然选择是按照自然体系中未占据或占据不完全位置的性质来发挥作用的，而且也是与许多复杂的因素相互关联的。不过按照一般规律，任何物种的后代性状越分异，它们所能占据的位置越多，所拥有的变异后代也就越多。在我们的图中，连续的系统每隔一定距离，就规则地被一个小写字母所中断，那是表示此类型已经发生了充分变异，可以标记为一个变种。但这种间断完全是想象的，实际上只要间隔的时间长度足以使变异大量地积累起来，这种表示变种形成的间断，是可以出现在任何位置上的。

大属内广泛分布的常见物种所产生的变异后代，大都从亲代那里继承了相同的优势，这种优势使它们的亲代成功地生存，一般也会使这些后代继续增加个体数量和性状变异的程度。图中从（A）延伸出来的数条分支虚线就表示了这一情况。图中几条位置较低没有达到上端线的分支虚线，表示早期的改进较小的后代，它们已被较晚产生的、图上位置较高的、更为改进的后代所取代并绝灭。在某些情况下，变异仅限于一条支线，这样，虽然分支变异的量在不断扩大，而变异后代的个体数量却没有增加。如果把图中a^1至a^{10}的支线留下，而去掉其他由A发出的各条虚线，这种情况就清楚地反映出来了。英国赛跑马和向导狗显然就属于这一情况，它们的性状慢慢地改进了，可是并没有增加新品种。

假定一万代后，由物种（A）产生出三个类型：a^{10}、F^{10}和m^{10}，由于历代性状的分异，它们之间以及它们与祖代之间的差异虽不相等，但一定非常之大。假定在图中每两条横线之间的变异量是极其微小的，这三个类型仅仅是三个显著的变种，假定在变异的过程中，步骤很多且变异量很大，这三个变种就会转为可疑物种，进而成为明确的物种。这样，此图就把区别变种的较小差异是如何上升为区别物种的较大差异的各个步骤，清楚地表示出来了。如果这一过程如图中简略部分所示，以同一方式继续进行下去的话，那么，更多世代后便可得到如图上所标出的a^{14}和m^{14}之间的几个物种，它们都是由（A）传衍下来的后代。我相信物种就是这样增加的，属也是这样形成的。

在大属内，可能发生变异的物种不止一个，假设图表上的物种（Ⅰ）以同样的步骤，在万代以后也产生了两个显著的变种，或根据图中横线所代表的变异量，产生了两个物种（w^{10}和z^{10}），而一万四千代以后，便可获得如图所示的由n^{14}到z^{14}的六个物种。某一属里具有极大差异的物种，可能产生的变异后代也会更多，因为它们有最好的机会去占据自然体系中新的不同位置。所以在图中，我选择了一个极端的物种（A）和另一个近乎极端的物种（Ⅰ），因为它们已经大量变异并已产生了新变种和新物种。而同属内的其他九个物种（图中用大写字母表示）也能在长度不等的时间内，继续繁育它们的无变化的后代，对此情况，在图中用向上的长度不等的虚线来表示。

此外，如图所示，在变异过程中还有另一个原理，即绝灭的原理也起着重要的作用。在充满生物的地方，自然选择的作用体现在被选取保留的类型，它们在生存斗争中具有超出其他类型的优势。任何物种的变异后代在繁衍发展的各个阶段都可能取代并排除它们的前辈或原始祖代。因为我们知道，在那些习性、体质和构造上彼此最近似的类型中，生存斗争最为激烈。因此介于早期和后期的中间类型，即处于改进较少和改进较多之间的类型，以及原始亲种本身，都可能逐渐趋向消亡。甚至生物系统中有些整个分支的所有物种，都会被后起的改进类型排除而至绝灭。不过，如果变异的后代迁入另一个区域并迅速适应了新的环境，则后代与祖代之间竞争消除，二者可各自生存下去。

假定图中表示的变异量相当大，则物种（A）和它的早期变种都会绝灭，代之而起的是a^{14}至m^{14}的八个新物种和n^{14}至z^{14}物种（Ⅰ）的六个新物种。

进一步说，假如原来同一属的物种彼此相似的程度不同（这是自然界中的普遍情况），物种（A）与B、C和D之间的关系比它与其他种的关系更近；物种（Ⅰ）与G、H、K和L之间的关系之密切超出它与其他物种的关系；假如（A）与（Ⅰ）是两个广泛分布的常见物种，它们本身就具备超越大部分其他物种的优势，那么，它们的变异后代，如图所示，即一万四千代之后产生的那十四个新物种，很可能既继承了它们祖代的优势，又在发展的不同阶段中进行了不同程度的分异和改进，已经适应了这个地区自然体系中的许多新环境，因此很有可能，它们不但取代并消灭它们的祖代（A）和（Ⅰ），而且可能消灭了与它们祖代近缘的那些原始种。所以说，只有极少数原始物种能够传到一万四千代。在原始物种中那两个与其他九个种最疏远的物种，如图所示即（E）和（F）中，假设只有一个（F）可以将后代延续到最后阶段。

在图表中，由原来11个物种传下来的新物种已达到15个。由于自然选择的分异倾向，新种中两个极端物种a^{14}与z^{14}间的差异量，比原始种中两个极端物种间的差异量要大得多。新种间的亲缘关系的远近程度也很不相同。在（A）的八个后代中，a^{14}、q^{14}和p^{14}之间的关系较近。因为它们是近期由a^{10}分出来的；b^{14}和F^{14}是较早期由a^{5}分出，所以它们与前面三个物种有一定程度的差别；最后的三个种，o^{14}、i^{14}和m^{14}彼此之间亲缘关系很近，由于它们是从变异开始时期就分化出来，所以它们与以上五个物种差异非常大，它们可形成一个亚属或者形成一个特征显著的属。

从（Ⅰ）传下来的六个后代，可形成两个亚属或两个属。因为原始种（Ⅰ）与（A）本来就很不相同。在原属中，（Ⅰ）几乎处于另一个极端，仅仅由于遗传的原因，（Ⅰ）的六个后代与（A）的八个后代，就会有相当大的差异；再说，我们可以设想两组生物变异的方向也不相同。还有一个重要因素是，那些曾连接这些原始种（A）和（Ⅰ）的中间种，设想除了（F）以外，全部绝灭了，而且没有留下后代，这样，（Ⅰ）的六个新物种，以及（A）的八个后代物种，就势必被列为不同的属，甚至被列为不同的亚科。

由此我认为，两个或更多的属是通过后代的变异，由同属的两个或更多的物种中产生出来的；而这两个或更多的亲种，可以假定是由较早的属里某一个物种传衍下来的。图中各大写字母下面的虚线，就表示这种情况。这些虚线聚集为几个支群，再向下归结到一点。假定这一点代表一个物种，那么它就可能是上面提到的新亚属或者新属的祖先。

新物种F^{14}的特性很值得一提。假定这个物种保持着（F）的形态，（即使改变也非常轻微），性状也没有大的分异，这样它与其他14个新物种之间，就有了一种奇特而间接的亲缘关系。假定这个物种的祖先，是位于已绝灭而又不被人知道的两个早期物种（A）和（Ⅰ）之间的一个类型，那么，这个物种的性状，就属于（A）和（Ⅰ）的两组后代的中间类型。由于这两种后代在性状上与亲种已经分异，新物种F^{14}并不是直接介于各新物种之间，而且介于两个大组之间的中间类型，每一个博物学家都应该想到这样的情况。

在这个图中，每一横线代表一千世代，当然也可假定每一横线代表一百万或更多世代，或者代表含有已绝灭生物遗体的连续地层中的一段。这个话题在地质学一章还要再谈，那时我们将看到这个图表可以说明那些已绝灭物种间的亲缘关系。从中还可以看出，虽然它们与现存物种同目，同科或同属，但在性状上它们却多少表现为现存物种间的中间型。这一点完全可以理解，因为那些已绝灭的物种曾生活在各个不同的遥远时代，那时生物系统的分异还很少。

我想上述变异的演化过程，不应仅限于用来解释属的形成。假定图中虚线表示的各个连续变异组代表的变异量很大，a^{14}至p^{14}，b^{14}至F^{14}和o^{14}至m^{14}这三群类型将形成三个极分明的属。假定物种（Ⅰ）也传下来两个很不同的属，它们与（A）的后代差别极大，可以按照图中所表示变异量的大小，将这两个属可以组成两个不同的目或不同的科。于是我们可以说，这两个新科或新目，是由同属的两个物种变异而来；而那两个物种，又是从更遥远的古代和不被人知的类型变异而来的。

我们已经知道，不论在什么地区，大属内的物种容易产生变种（初期物种），因为只有当一个类型在生存斗争中，比其他类型占有优势时，自然选择才起作用，尤其是对已经具备了明显优势的物种起作用；某一生物群之所以能成为大群，就是因为它们从共同的祖先那里继承了共同的优点。所以在产生新的变异后代方面，大的生物群之间经常会发生斗争，因为它们都在努力增加自己的个体数量。一个大的生物群会逐渐战胜另一个大群，通过减少后者的个体数量，以减少它变异改良的机会。在同一个大的类群中，后起的比较完善的亚群，在自然体系中不断分异，不断占据许多新位置，也就能不断地排挤、消除那些早期改良较少的亚群，最终使那些小的、衰弱的群或亚群绝灭。展望未来，可以预言，现在获得胜利的大生物群，因不易受损毁而极少遭受灭绝之灾，将在一个很长的时期内继续增加数量；但是很难预料，未来究竟是哪一个物种能占上风，因为据我们所知，过去许多非常发达的生物群，现在都已经绝灭了。再向更遥远的将来展望，可以预言，大生物群持续稳定地增加数量，最终将导致许多小的生物群绝灭，而且不留下任何变异的后代。所以说，在任何时期的物种中，能把后代一直传到遥远未来的，确实寥寥无几。《分类》一章中还将讨论这个问题，在此只是借以说明，只有极为少数的远古物种能延续到今日。这样我们就可解释，为什么由同一物种后代所形成的纲，在动植物界中是如此之少。尽管从远古时代早期的物种留传下来的变异后代非常少，但是，我们可以想象到，在远古地质时期，地球上一定也和今天一样，存在着许多形形色色的属、科、目、纲的生物。

生物体制进化可达到的程度

自然选择专门保存和积累那些在生命的各个时期，在各种有机和无机生活条件下，都对生物有利的变异。最终的结果将是，每一生物与生活条件之间的关系，越来越得到改善，而这种改善，必将使世界上更多生物的体制逐渐进步。这样，问题就出来了：什么是体制的进步？对此，博物学家还没有给出一个让大家都满意的解释。在脊椎动物里，智慧的程度和躯体构造上向人类靠近，显然标志着进步了。人们可能认为，从胚胎发育为成体的过程中，身体各部分，各器官所经历的变化量，可以作为比较的标准。但有时候，有些成熟的动物构造并不如幼体更高级，如一些寄生的甲壳动物，它们成年后身体的某些部分反而更不完善了。冯·贝尔（Von Baer）先生提出的标准可能是最好的且广为采用的标准。他把同一生物（成体）各器官的分异量和功能的专门化程度，也就是爱德华兹所说的生理分工的彻底性程度作为标准。可是，观察一下鱼类，就能看出这个问题并不那么简单。因为有的博物学家把最接近两栖类的类型（如鲨鱼）作为最高等的鱼，而另一些人却把硬骨鱼（teleostean fishes）类列为最高等，因为它们保持着最典型的鱼的形状而与其他脊椎动物最不相像。再看看植物界，也会发现这个问题确实棘手，在这个领域，智力的标准显然是用不上的。有的植物学家把花朵的各器官（花萼、花瓣、雄蕊和雌蕊等）发育完全的植物列为最高等；而另一些植物学家则把花的器官变异增大而数目减少的植物列为最高等，我想也许后者更正确些。

如果把成年生物体器官的分化和专门化（包括导致智力发达的脑进化）当作高级体制的标准，自然选择显然向着这个标准进化：因为生理学家一致认为，器官的专门化可以使器官更好地发挥其功能，这对每一生物都是有利的，因此向专门化方向积累变异，是在自然选择作用范围之内的。但是另一方面，还应注意一切生物都努力以高速率增加个体数量并去占据自然体系中空余或不易占据的位置；自然选择倾向于使某种生物适应某种环境。在这个环境中，某些器官是多余、无用的，这样在构造等级上不免要出现退化现象。从总体上说，生物体制是否是从远古地质时期向现代进化呢？这个问题放在《地质时期古生物的演替》一章中进行讨论，可能会更方便些。

对以上问题持否定答案的人会说，如果说生物发展的倾向是在等级上不断提高，但是世界

拉马克（Jean-Baptiste Lamarck，1744—1829），法国博物学家。拉马克相信，一切生物都必然倾向于机体构造的完善化，这使他不能回答为什么高度发达的类型在各个地方都没能把低等类型排挤并灭绝掉？

上为什么还存在着那么多低等类型的生物呢？为什么在一个大的纲内，一些生物类型要比另外一些类型发达得多？为什么高度发达的类型在各个地方都没能把低等类型排挤并绝灭掉？拉马克先生相信，一切生物都有天赋的必然倾向趋于机体构造的完善化，而这使他在回答上述问题时遇到了极大困难，于是他就只好假设新的简单的类型是不断自发地产生出来的。可是到目前为止，科学并没有证明此说的正确性，将来能否证明，也未可知。而根据我们的理论，低等生物的持续存在并不难理解，因为自然选择，或适者生存的原理，并不包含持续发展之意，它只是保存和积累那些在复杂生活关系中出现的有利于生物的变异。试问，高级的构造对一种浸液小虫（*infusorian animalcule*）、对肠寄生虫及某种蚯蚓来说究竟有什么好处？如果改进并无好处，在自然选择中，这些类型就会不加改变或很少改变地保留下来，以现在的低等状态保持到永远。地质学告诉我们，一些如浸液虫和肉足虫（rhizopods）这样的最低等的类型，在相当长的时期内，一直保持现在的状态。不过，要是认为现存的低等类型自有生命以来毫无进步，那也太武断了。凡是解剖过低等生物的博物学者，一定对它们奇特、美妙的构造都留下了深刻印象。

类似的观点可以用来解释同一大类群中具有不同等级的生物。例如，在脊椎动物中，哺乳动物与鱼类并存；在哺乳动物中，人与鸭嘴兽并存；在鱼类中，鲨鱼与文昌鱼（Amphioxus）并存（现在的分类学已经将文昌鱼从鱼类中分出来而归属于头索动物——译者注），后者的构造极其简单，与无脊椎动物的一些类型十分接近。但哺乳动物与鱼类彼此几乎没有什么竞争，整个哺乳纲或纲内某些成员进化到最高等级也不会取代鱼类。生理学者认为，热血流经大脑才能使它活跃，而这就要求呼吸，所以栖息于水中的温血哺乳动物必须经常到水面呼吸，这对它们是不利的。至于鱼类，鲨鱼科的成员不会排挤文昌鱼。我听米勒说，在巴西南部荒芜的沙岸边，只有一种奇特的环节动物（annelid），是文昌鱼唯一的伙伴和竞争对手。哺乳类中最低等的三个目，有袋类、贫齿类和啮齿类的动物，在南美洲能与许多猴子共存，彼此之间似乎极少冲突。总的来说，世界上生物体制可能曾经有过进化，而且还在继续进化，但在结构等级方面，永远会呈现各种不同程度的完善，因为某些纲或纲内某些成员的高度进步，无须使那些和它们没有竞争关系的生物类群趋于绝灭。我们还会看到，在某些情况下，栖息于有限或特殊区域的低等生物，因那里生存斗争不激烈、个体数量又稀少，产生有利变异的机会被抑制，因而使它们一直延续至今。

总之，低等生物能在地球各个地方生存，是由各种因素造成的。有时是因为没有发生有利的变异或个体差异致使自然选择无法发挥作用和积累变异。这样，无论在什么情况下，它们都没有足够的时间，以达到最大限度的发展。在少数情况下，还由于出现了退化。但主要原因是，高级的构造在极简单的生活条件中没有用处，甚或是有害的，因为越精巧的构造，越容易出毛病，受损伤。

让我们再看看生命初期的情况吧。那时一切生物的构造都极其简单。那么，各部分器官的进化或分异的第一步是如何发生的呢？斯宾塞先生是这样回答的。当简单的单细胞生物一旦成长或分裂为一个多细胞的集合体时，或者附着在任何一个支撑面上时，按照斯宾塞的法则，将发生的情况是：任何等级的相似单元，要按照它们与自然力的关系，有比例地发生变化。但是此说并无事实依据，仅作为对这一题目的猜想，似乎没有什么用处。另一种观点认为，没有众多类型的产生，就不会有生存斗争，也就不会产生自然选择，这种观点也是错误的。因为生活在隔离地区的单一物种，也可能会发生有利变异，从而使整个群体发生变化，甚至会产生出两个不同的类型。正如我在本书前言将结束时所说，如果我们承认，对目前世界上生物间的相互关系所知道的实在太少，对过去生物的情况更是十分无知，那么，在物种起源方面仍有许多难以解释的问题，是丝毫也不奇怪的。

性状趋同

华生先生尽管也相信性状趋异的作用，但认为我对其重要性估计过高，他认为性状趋同也同样起一定的作用。如果两个近缘属的不同物种，都产生了许多分异的新类型，设想它们彼此非常相似，以至于可以划为一个属。这样，异属的后代就合并为同一属了。但是，在大多数情况下，只因构造上的接近或一般类似，就把极不相同类型的后代视为性状趋同，这未免过于轻率。结晶体的形状，完全是由分子的结合力来决定的，所以不同物质有时呈现相同的形状也就不足为奇了。但在生物中，每一类型都依存于无限复杂的关系，既包括已发生的变异（变异的复杂原因又难以说明）；还依存于这些曾被保存、被选择的变异之性质（与周围的自然地理条件有关系，更重要的是与同它进行竞争的周围生物有关系）；最终，还要归结到无数代祖先的遗传（遗传本身也是一种变动的因素），而每一代祖先的类型也都是通过同样复杂的关系才被确定下来的。所以很难相信，两种差别极大的生物，其后代能够在整体构造上趋于接近以至相同。如果此事确实发生过，在相隔很远的地层中应该能够找到非遗传关系造成的相同类型。但考察有关证据，所得出的结论正和此观点相反。

华生先生反对我的学说的一个观点是，自然选择的连续作用和性状不断趋异，会使物种无穷尽地增加。因为就无机条件来说，相当数量的物种很快就能适应各种不同的温度、湿度等条件。我认为，生物间的相互关系比无机条件更重要。随着各地区物种数量的增加，有机的生活条件一定会变得更复杂。初看起来，生物构造上有利变异的产生，似乎是无限的，因而物种的产生可能也是无限的。我们不知道，生物最繁盛的地区，是否已挤满了物种；尽管好望角和澳洲容纳的物种数量多得确实惊人，但许多欧洲的植物仍能在那里归化。可是，地质学家告诉我们，自第三纪早期以来，贝类物种就没有大量增加；自第三纪早期，哺乳动物的物种没有大量增加或根本没有增加。是什么因素阻止了物种数量的无限增

HERBARIUM
1867.
HOOKERIANUM
HERBARIUM
1867.
HOOKERIANUM

1865年11月，胡克接替了父亲的爵士之位，成为邱园的主管。胡克对植物学的贡献是巨大的，被称为19世纪最重要的植物学家。胡克掌管邱园期间，真正确立了邱园作为世界首要植物学研究中心的地位。图中画像截取自一幅想象的关于胡克在喜马拉雅地区探险的肖像画，土著人向胡克敬献各种神奇的杜鹃花。图中左侧是胡克的随身工具。

加呢？一个区域能容纳的生物个体数量（非物种数量）是有限的，这与当地的自然地理条件有极大的关系。因此，如果在一个地区生活着许多物种，则代表每一物种的个体数量就很少。当季节气候或敌害恶化时，这样的物种极易被绝灭，而在这种情况下，绝灭的过程是极快的，新物种的产生却是很缓慢的。设想一种极端的情况吧：在英格兰，如果物种数与生物个体数量一样多，在第一个严寒的冬季或酷热的夏季，成千上万的物种就会绝灭。在任何地区，如果物种无限制地增加，每一物种都会成为稀少物种。如前所述，稀少物种产生的变异少，结果产生新物种的机会也就少了。一旦任何物种变为稀少物种时，近亲交配又会加速它的绝灭。学者们认为，以上观点可以用来解释立陶宛的野牛（Aurochs）、苏格兰的赤鹿及挪威的熊等等的衰亡现象。最后，我认为优势种是最重要的因素。一个在本土已打败了许多竞争对手的优势种，必然会扩展自己并排挤其他物种。德康多尔曾证明广泛分布的物种，往往会更为广泛地扩展地盘，它们会在一些地方排挤绝灭一些物种，这就限制了地球上物种的大量增加。胡克博士最近指出，来自世界各地的大量物种，从澳洲东南端侵入，这使澳洲本土的物种大为减少。在此，我不想妄评这些观点的价值，但归纳起来可以看出，在任何地区，这些因素都会限制物种的无止境增加。

摘　要

在变化的生活条件下，几乎生物构造的每一部分都会表现出个体差异；由于生物以几何级数增加，在生命的某一年龄，在某一年、某一季节都会出现激烈的生存斗争，这些都是无可争辩的事实。各生物之间，生物与生活条件之间，无比复杂的关系会引起在构造、体质和习性上对生物有利的无限变异；所以，如果有人说，有利于生物本身的变异，从未像人类本身经历过许多有利变异那样地发生过，那就太奇怪了。如果对生物有利的变异的确曾发生，具有此特性的生物个体，就会在生存斗争中获得保存自己的最佳机会；根据强有力的遗传原理，它们便会产生具有相似特性的后代。我把这种保存有利变异的原理，或适者生存的原理，称为自然选择。自然选择导致生物与其有机和无机的生活条件之间关系不断得以改善。在许多情况下，它能使生物体制进化。但如果低等、简单的类型能很好地适应其生活环境，它们也可以长久地生存下去。

根据生物的特性在适当年龄期遗传的原理，自然选择可以像改变成体那样，很容易地改变卵、种子和幼体。在许多动物中，性选择有助于普通选择，它保证最健壮、适应力最强的雄性可以多留后代。性选择还能使雄体获得与其他雄体斗争、对抗的有用性状。根据一般的遗传形式，这些性状可遗传给同性别的后代或者雌雄两性后代。

根据下一章的内容和例证，可以去判断自然选择是否真的能使各类生物适应它们的生活条件和场所。目前我们已经知道自然选择是怎样引起绝灭的。地质学可以显示，在世界历史上绝灭所起的作用是多么的巨大。自然选择导致性状分异，因为生物在构造、习性和体质上越分异，一个地区所能容纳的生物数量就越多；对任何小地区的生物和在外地归化的生物进行观察，就可以证明这一点。因此，在任何物种后代的变异过程中，在一切生物努力增加个体数量的斗争中，后代的性状越分异，它们就越能获得更好的生存机会。于是在同种内，用以区别变种的小差异，一定会逐渐扩大为区别同属内物种的大差异，甚至发展为区别属的更大的差异。

肺鱼的鳔中布满微血管。有水时，肺鱼在水中用鳃呼吸；干涸时，肺鱼可以用鳔呼吸空气，上陆地行走，转移到有水的区域，或是藏在泥里休眠，等待雨季的到来。

每一纲的大属中，那些分散的、广泛分布的常见物种最易变异，而且能把使它们在本土占优势的长处传衍给变异了的后代。如前所述，自然选择可导致性状趋异和使改良不大的中间类型大量绝灭。世界上各纲内无数生物之间的亲缘关系和它们彼此间所具有的明显差异，都可以用以上的原理加以解释。令人称奇的是，一切时间、空间内的动植物，竟然都可以归属于不同的类群，在群内又相互关联。也就是说，同一物种内的变种间关系最密切，同一属内各物种间的关系较疏远且关联程度不等，它们构成生物的组（section）和亚属；异属物种间的关系则更疏远些；各属之间的关系亲疏不等，它们形成亚科、科、目、亚纲和纲。上述情况随处可见，看惯了就不会感到新奇了。任何纲内总有若干附属类群，不能形成单独的行列，它们围绕着某些点，这些点又环绕另一些点，如此等等，以至无穷。如果物种都是单个被上帝创造出来的话，上述分类情况则无法解释；这种情况，只有通过遗传，通过图表中所显示的造成绝灭和性状分异的自然选择的复杂作用，才能得以解释。

同一纲内生物间的亲缘关系，可以用一株大树来表示，我认为这个比喻很能说明问题。绿色生芽的树枝，代表现存的物种；过去年代所生的枝条，代表那些长期的、先后继承的绝灭物种。在每一生长期内，发育的枝条竭力向各个方向生长延伸，去遮盖周围的枝条并使它们枯萎。这就像在任何时期的生存斗争中，一些物种和物种群征服其他物种的情况一样。在大树幼小时，现在的主枝曾是生芽的小枝；后来主枝分出大枝、大枝分出小枝。这种由分枝相连的旧芽和新芽的关系，可以代表所有已绝灭的和现存的物种在互相隶属的类群中的分类关系。当大树还十分矮小时，它有许多繁茂的小枝条，其中只有两三枝长成主枝干，它们一直支撑着其他的树枝并存在至今。物种的情况也是如此，那些生活在远古地质时期的物种中，能够遗传下现存的变异后代的，确实寥寥无几。从大树有生以来，许多主枝、大枝都枯萎、脱落了，这些脱落的大小枝干，可以代表那些今天已没有遗留下存活的后代、而仅有化石可作考证的整个的目、科和属。有时，也许看到一条细而散乱的小枝条，从大树根基部蔓生出来，由于某种有利的条件，至今枝端还在生长，这就像我们偶然看到如鸭嘴兽或肺鱼那样的动物一样，它们可以通过亲缘关系，哪怕是以微弱的程度，去连接两条生物分类的大枝。显然，这些低等生物是因为生活在有庇护的场所，才得以从激烈的生存斗争中存活下来的。这棵大树不断地生长发育，从旧芽上发出新芽，使强壮的新芽能生长出枝条向四处伸展，遮盖住许多柔弱的枝条。我想，代代相传的巨大生命树也是如此，它用枯枝落叶去填充地壳，用不断滋生的美丽枝条去覆盖大地。

约翰·古尔德《澳大利亚动物》中的鸭嘴兽。

第5章

变异的法则

Laws of Variation

环境改变的影响——用进废退与自然选择，飞翔器官与视觉器官——适应性变异——相关变异——生长的补偿与节约——非相关性——多重构造、退化构造及低级构造易于变异——发育异常的构造极易变异——种级特征较属级特征易于变异：副性征易于变异——同属内不同物种常发生类似的变异——远祖性状的重现——摘要

达尔文在南美考察期间，因毒虫叮咬染上了南美锥虫病，这种病在他有生之年无药可医。因此，达尔文回国后，一直处于间歇性的发病状态中，一个深秋的上午，妻子埃玛在日记中详细记下了达尔文的症状："查尔斯不停地颤抖着，感觉发冷、眩晕、虚脱，时而麻木，时而全身剧烈地抖动"。病痛常常使达尔文的研究，陷入停顿，最严重时，竟不得不卧床数月之久。

环境改变的影响

我在前面提到，在家养状态下生物的变异十分常见，而且多种多样，而在自然状态下变异的程度却稍差些。我在阐述这些变异时，使人觉得它们好像是偶然发生的，显然这种理解是错误的。然而，我们又不得不承认，对各种变异所发生的具体原因我们的确毫无所知。有些学者认为，个体之间的差异或在形态构造上的微小变化，正如孩子与其父母之间的微小差别那样，是由于生殖系统的机能所致。然而，事实表明，家养状态下所出现的变异和畸形，要比自然状态下更加频繁，而且分布广的物种要比分布狭窄的物种更易变异。由此可以看出，变异性通常与每种生物历代所处的生活环境有关。在第1章里，我曾试图说明，环境的变化既可直接影响生物体的全部或部分，也可间接影响其生殖系统。在生物界中，存在着两种引起变异的因素，一种是生物体本身，一种是外界环境，两者之中以前者更为重要。环境变化的直接结果，可使生物产生定向或不定向变异。在不定变异中，生物体构型呈可塑状态，其变异性很不稳定。而在定向变异中，生物易于适应一定的环境，并且使所有个体或差不多所有个体，都以同样的方式发生变异。

1860年的约翰·古尔德（John Gould，1804—1881），英国鸟类学家，他鉴定了著名的“达尔文雀”。

环境变化因素，如气候、食物等，对生物变异作用的大小，是很难确定的。但我们有理由相信，随着时间的推移，我们会发现，环境的作用效应实际上比我们根据明显证明所观察到的效应要更大。另一方面，我们也可有把握地断言，在自然界中各类生物之间所表现出来的构造上无数复杂的相互适应，绝不能仅仅简单地归因于外界环境的作用。下面的几个例子表明，环境条件已产生了某种轻微的一定变异作用。福布斯（E. Forbes）认定，生长在南方浅水中贝类的色彩，均较生长在北方或深水中的同种个体色彩鲜艳，当然这也未必完全如此。古尔德（Gould）相信同种鸟类，生长在陆地空旷大气中的，要比靠近海岸或海岛上的色彩更为鲜艳。而沃拉斯顿确信近海岸的环境，对昆虫的颜色也有影响。穆根·唐顿

（Moquin Tandon）曾列举一大串植物以证明，生长在近海岸的植物，其叶片肉质肥厚，而生长在别处的则相反。这些现象之所以有趣，就在于它们的定向性，即生活在同样环境条件下的同一物种的不同个体，常常呈现出相似的特征。

如果变异对生物用处不大，我们就很难确定，这种变异有多少起因于自然选择的累积作用，有多少是由于生活环境的影响所致。同种动物越靠近北方，其毛皮就越厚。然而，我们很难搞清，造成这种毛皮差异的原因，到底是自然选择对皮毛温暖动物体的变异积累作用，还是严寒气候的影响。很显然，气候对家养四足兽类的毛皮质量会有直接影响。

许多例子可以表明，生活在不同环境下的物种，能产生相似的变种；也有些生活在相同环境下的物种，却产生了不相似的变种。此外，一些物种虽然在恶劣的气候条件下生存，但仍能保持纯种或根本不发生变异。这些事实使我意识到周围环境条件对变异的直接影响，比起那些我们尚不知晓的生物本身的变异趋势，其重要性要小些。

就某种意义而言，生活环境不仅能直接或间接地引起变异，而且也可对生物进行自然选择。因为生活环境能决定哪个变种得以生存。但是当人类是选择的执行者时，我们就可明显地看出上述两种变化因素的差别，即先有某种变异发生，尔后人类再按照自己的意愿将该变异朝着一定的方向积累。后一作用相当于自然状态下适者生存的作用。

用进废退与自然选择，飞翔器官与视觉器官

根据第1章所列举的许多事实，我毫不怀疑家养动物的某些器官因经常使用而会加强、增大，因不用而减缩、退化；并且这些改变可以遗传给后代。但在自然状态下，因为我们不知道祖先的体型，所以就没有用来比较长期连续使用或不使用器官的标准。然而，许多动物的构造是能以不常使用而退化作为最适当的解释的。正如欧文教授所说，自然界中最异常的现象，莫如鸟之不能飞翔了。然而有几种鸟的确是这样。南美洲大头鸭的翅膀几乎与家养的爱尔斯柏利鸭（Aylesbury duck）一样，只能在水面上拍动它的翅膀。据克宁汉先生（Mr. Cunningham）所说，

爱尔斯伯利鸭（Aylesbury Duck）在幼时会飞，长大后失去飞翔能力。

这种鸭在幼时会飞，长成后才失去飞翔能力。因为在地面觅食的大型鸟类，除逃避危险之外，很少用到翅膀。所以，现今或近代生长在海岛上的几种鸟类，翅膀都不发达，可能是岛上没有捕食的猛兽，因不用而退化了。鸵鸟是生活在大陆上的，它不能靠飞翔来逃避危险，而是像许多四足兽类那样用蹄脚来有效地防御敌害。我们相信鸵鸟祖先的习性与鸨类相似，但随着鸵鸟的体积和体重在连续世代中增大，脚使用得多，翅膀则用得少，终于变得不能飞翔了。

克尔比（Kirby）说过，许多雄性食粪蜣螂的前足跗节常会断掉（我也观察到过同样的事实）。他就所采集的17块标本加以观察，所有的个体都不见其痕迹。有一种蜣螂（*Onites apelles*），因其前足跗节常常断掉，所以已被描述为不具跗节了。其他属的一些个体，虽有跗节，但发育不良。埃及人奉为神圣的甲虫蜣螂，其跗节也是发育不良的。目前还没有明确的证据证实肢体偶然残缺能否遗传。但我们也不能否认布朗西卡（Brown Sequard）所观察到的惊人例子：豚鼠手术后的特征能够遗传。因此，蜣螂前足跗节的完全缺失或在其他属中的发育不良，并不是肢体残缺所造成的遗传，而是由于长期不使用而退化的结果，这种解释也许最为恰当。因为许多食粪类的蜣螂，在生命的早期都失去了跗节，所以，这类昆虫的跗节应是一种不重要或不大使用的器官。

沃拉斯顿（William Hyde Wollaston，1766—1828），英国化学家。

在某些情况下，我们往往把全部或主要由自然选择引起的构造变化，误认为是不使用的缘故。沃拉斯顿先生发现，栖居在马德拉群岛的550种甲虫（目前所知道的更多）中，有200种因无翅而不能飞翔。在本地特有的29个属中，至少有23个属也是如此。世界上许多地方的甲虫，常常会被风吹入海中葬身碧波。而沃拉斯顿所观察的马德拉甲虫，在海风肆虐时能够很好地隐蔽，直到风平浪静时才出来；在无遮蔽的德塞塔什（Desertas）岛，无翅的甲虫要比马德拉本土的甲虫多。此外，沃拉斯顿很重视某些必须飞翔的大群甲虫，在马德拉几乎未见踪影，而在其他地方却数量很多。上述几件事实使我坚信马德拉许多甲虫不能飞的原因，主要是由于自然选择的作用以及翅膀不使用造成的退化作用。翅膀退化丧失了飞翔能力，可以使甲虫避免被风吹入海中的危险；而那些喜爱飞翔的甲虫则相反。

在马德拉，还有些昆虫不在地面觅食，如取食花朵的鞘翅目和鳞翅目昆虫。它们必须使用翅膀。据沃拉斯顿推测，这些昆虫的翅膀非但没有退化，反而更加发达，这是自然选择的结果。当新昆虫来到海岛时，自然选择作用可使昆虫的翅膀退化或发达，而翅膀的发育程度能够决定该昆虫的后代是必须与风斗争，还是靠少飞或者不飞得以生存。

鼹鼠和其他若干穴居啮齿类动物的眼睛，都不发达，有

栉鼠（Tuco-tuco）的眼睛常常因为发炎致瞎。

些甚至完全被皮毛遮盖，这可能是不使用而逐渐退化的缘故，当然自然选择也参与了作用。南美洲有种穴居的啮齿类叫栉鼠（tuco-tuco），它的穴居习性较鼹鼠强。一个常常捕获此类动物的西班牙人告诉我，它们的眼睛常常是瞎的。我曾有过一头活着的这类动物，经解剖检查，得知它的眼瞎是因发炎所致。眼睛时常发炎，对任何动物都是有害的。然而，在地下生活的动物，则不需要眼睛。因此，这类动物的眼睛因不用而变小，眼睑皮并合，其上生长丛毛，这样对它们更有利。如果是这样，自然选择则对不使用的器官发生了作用。

众所周知，生活在卡尼俄拉（Carniola）和肯塔基（Kentuky）洞内的几种动物，虽然分属几个不同的纲，但它们的眼睛都是瞎的。有些蟹类，它们虽然丧失了双眼，但眼柄却依然存在，就像望远镜的玻璃片已经消失但镜架还存在的情形。生活在黑暗中的动物，眼睛虽然无用，但不会有什么害处。因此，眼睛丧失的原因可以认为是不使用而退化的结果。西利曼教授（Prof. Silliman）在离洞口半英里的地方（并不是洞内的最深处），捕获两只盲目动物——洞鼠（Neotama），并发现它们两眼具有光泽，而且很大。他告诉我，若让该鼠在逐渐加强光线的环境中生活，大约一个月以后，它们便可朦胧地看见周围环境了。

很难想象，还有比相近气候下的石灰岩深洞中的生活更相似的了。根据旧观点，瞎眼动物是分别从欧美各山洞创造出来的，可以预料这些动物的构造和亲缘关系都应十分相近。若我们将两处洞穴内的动物群进行比较，情况却并非如此。仅就昆虫而言，喜华德（Schiödte）曾经说过："我们不能用纯粹的地方性观点来解释这所有现象，马摩斯洞和卡尼俄拉各洞虽有少数相似的动物，也只表明欧洲与北美动物区系之间存有一定的相似性而已。"依我看来，我们必须假定美洲动物都具有正常的视力，后因若干世代慢慢迁入肯塔基洞穴深处生活而改变了习性，正如欧洲动物迁入欧洲洞穴内生活一样。有关这种习性的渐变，我们也有若干的证据。如喜华德所说："我们把在地下生活的动物，看作是受邻近地方地理限制的动物群的小分支。它们迁入地下在黑暗中生活，并逐渐适应了黑暗环境。然而，最先迁入地下生活的动物，与原动物群差别不大。它们首先要适应从亮处到暗处的环境转变，然后再适应微光，最后则完全适应黑暗环境，它们的构造也因此变得十分特殊。"我们应该理解喜华德这些话是针对不同种动物，并非同种动物。一种动物迁到地下最幽深的地方生活，经过若干世代，它的眼睛会或多或少地退化，而自然选择又常常引起其他构造的变化，来补偿失去的视觉器官，如触角或触须的增长，等等。尽管存在这些变化，但我们仍能看出美洲大陆动物与美洲穴居动物，欧洲大陆动物与欧洲穴居动物之间的亲缘关系。据达那教授（Prof. Dana）所说，美洲某些穴居动物的情况也是如此。欧洲洞穴内的昆虫，有些与周围种类关系密切。如果依照它们是被上天独立创造出来的观点，我们就很难合理地解释两大陆上盲目的穴居动物与本洲其他动物之间的亲缘关系了。根据欧美两大洲上一般生物间的关系，我们还可以推测两大洲几种洞穴动物的关系是相当密切的。有一种目盲的埋葬虫，多数在离洞穴很远的阴暗岩石上生活。因此，该属内穴居种类视觉器官的消失，似乎与黑暗环境无关。因为它们的视觉器官已经退化，更容易适应于洞穴环境。据墨雷先生观察，目盲的盲步行属（*Anophthalmus*）也具有这种显著的特征。该属昆虫除穴居处，还未在他处发现过。现今在欧美两洲的洞穴里，有不同种类的动物，可能是这些动物的祖先在视觉丧失之前，曾广布于两大陆上。不过，现在多数都已灭绝，只留有隐居洞穴的种类。有些穴居动物是非常特别的，但并不足为奇，如阿加西斯（Agassiz）说过的盲鱼及欧洲的爬行动物——盲目的盲螈（Proteus）（现代生物学已将它划归两栖类——译者注）。我唯一感到惊奇的是古代生物的残骸保存的不多，也许是由于栖居在黑暗环境里的动物稀少，彼此竞争不激烈。

适应性变异

植物的习性是遗传的，如开花时间，休眠时期，种子发芽所需要的雨量，等等。我在这里要简略谈一谈适应性变异。对同属内不同种植物来说，有的生长在热带，有的则生长在寒带。如某一个属的所有物种，确是从一个亲本传衍下来的，那么适应性变异就必定会在长期的传衍过程中发生作用。众所周知，每一物种都能适应本土气候，但寒带或温带的物种则不能适应热带气候。相反，也是如此。同样，许多肉质植物也不能适应潮湿气候。我们可以从以下的事实看出，人们往往过高地估计一种生物对所在地气候的适应程度。如我们事先并不了解新引进的植物，能否适应这里的气候，以及从不同地区引进了的动植物，能否在这里健康成长。我们有理由相信，在自然状态下，物种间的生存斗争，严格地限制了它们的地理分布，这种生存斗争与物种对特殊气候的适应性很相似，或前者的作用更大些。尽管生物对气候的适应程度很有限，但我们仍可证明一些植物能适应不同的气候环境，即适应性变异或气候驯化。胡克博士曾从喜马拉雅山脉的不同高度，采集了同种松树和杜鹃花的种子，经在英国种植后，发现它们具有不同的抗寒能力。思韦茨先生（Mr. Thwaites）告诉我，他在锡兰岛也看到同样的事实。华生先生曾把亚速尔岛生长的欧洲植物带到英国进行观察，结果也类似。此外，我还可以举出一些例子。关于动物，我们也

胡克把从喜马拉雅山脉采集的杜鹃花种子带回英国种植，发现它们能很好地适应异域的环境气候。

有若干事实证明：有些分布很广的类型，在一定的历史时期，曾从温暖的低纬度地区迁徙到寒冷的高纬度地区生活。当然，也有反向迁徙的类型。然而，我们并不了解这些迁徙动物是否严格适应它们本乡土的气候环境，以及它们在迁徙之后能否较本乡土更适应于新居地的气候环境。

我们之所以推断家养动物最初是由未开化人类培育出来的，一方面是因为它们对人类有用，另一方面是因为它们能在家养状态下繁殖，并不是因为它们可以被运到更远的地方去。因此，家养动物都具有在不同气候条件下生存、繁衍的能力。据此，我们可以论证现代自然状态下生活的动物，有许多类型能够适应各种气候环境。然而，我们不能把前面的论题扯得太远，因为家养动物可能起源于多种野生种。例如，家犬可能具有热带和寒带狼的血统。鼠和鼷鼠并不是家养动物，但它们常常被带到世界各地。它们的分布范围，目前已超过任何其他的啮齿类。它们既适应北方法罗群岛寒冷的气候环境，也能在南方福克兰群岛（马尔维纳斯群岛）及许多热带岛屿上生活。多数动物对特殊气候的适应，可以被看作是动物天生就容易适应气候的能力。基于此点，人类和家养动物都具有对各种不同气候环境的忍受能力。已灭绝的大象和犀牛，都能忍受古代的冰川气候；而现存的种类，却具有在热带和亚热带生活的习性。这是生物本身的适应性在特殊情况下所表现出来的例子。

物种对特殊气候的适应程度，是取决于生活习性，还是对具不同构造的变种的选择作用，或是上述两者的共同作用，这是一个不易搞清楚的问题。根据类推法及从许多农业著作中和中国古代的百科全书的忠告中得知，动物从一地区运往其他地区时必须十分小心。因此，我相信习性对生物会有若干影响。人类并非一定能成功地选择出特别适应于生物本身生存环境的品种和亚品种，我认为这一定是由于习性的原因。另一方面，自然选择肯定也倾向于保存那些生来就最能适应居住环境的个体。据多种栽培植物论文的记载，某些变种较其他变种更能忍受某种气候。这种观点在美国出版的有关果树的著作中得到了进一步证实，他们并据此推荐哪些变种更适宜在北方或南方生长。由于许多变种都是在近代育成的，因此，它们本身的差异并不能归因于习性的不同。菊芋（*Jerusalem artichoke*）的例子曾被提出来作为物种对气候变化不发生适应性变异的证据。因为菊芋在英国不能以种子进行繁殖，所以不能产生新变种。它的植株总是那样柔弱。同样，菜豆（kidney-bean）的例子也常常被人们引证，而且很有说服力。毫无疑问，如果有人要做这样的实验：提早播种菜豆，并使其大部分为寒霜冻死，然后从少数生存的植株上收集种子，再行种植。每次都留心，以防止偶然杂交，如此经过二十代后，才能说这个实验做过了。我们不能假定一些菜豆幼苗的本身没有差异，因为曾有报告谈及一些幼苗较其他幼苗更具抗寒能力。我自己就看到过一些明显的事例。

综上所述，我们可以得出结论：生物的习性和器官的用进废退，都对生物体构型及构造变异有着重要的影响。这些影响和自然选择一起发生作用，并有时为其所控制。

相关变异

相关变异是指生物体各部分在生长和发育过程中彼此联系密切，如果一部分发生轻微变异，随着自然选择的积累，必然有其他部分发生变异。相关变异是一个极其重要的问题，也是了解得最少、最容易使各种截然不同的事实互相混淆的问题。我在下面将谈到单纯的遗传会常常表现出相关变异的假象。动物幼体或幼虫的构造，如果发生变异，其成体的构造自然会受到影响，这是相关变异最明显的实例。动物身体上若干同源构造，在胚胎早期，构造相同，所处的环境又大致雷同，似乎最易发生相同的变异。我们可以看到身体的右侧和左侧，变异方式往往相同；前足和后足，甚至颚与四肢都同时发生变异，因为一些解剖学家认为下颚与四肢是属于同源构造。我毫不怀疑，变异的方向会或多或少地受自然选择所控制。例如，曾有一群雄鹿，仅在一侧长角，倘若这对雄鹿的生活用处很大，自然选择就会使它长久保存下来。

有些学者讲过，同源构造有结合的趋势。这在畸形的植物中可以看到。正常构造中，同源部分结合最常见的例子就是诸花瓣结合成管状。生物体中的硬体构造，似乎能影响相邻软体部分的形状。某些学者认为，鸟类骨盆的形状不同能引起其肾脏形状的显著差异。还有些学者认为，人类产妇的骨盆形状，由于压力会影响婴儿头部的形状。据斯雷格尔（Schlegel）所说，蛇类的体形和

米瓦特（St.George Jackson Mivart，1827—1900），英国动物学家。

吞食方式可决定其几种重要器官的位置和形状。

这种相关变异的性质，我们并不十分清楚。小圣伊莱尔曾强调指出，我们还不能解释有些畸形构造为什么常常共存，而有些却很少共存。以下是几个相关变异的奇特例子：就猫而言，体色纯白而蓝眼的，与耳聋有关；体呈龟壳色的，与雌性有关。在鸽子中，足长羽的，与外趾间蹼皮有关；刚孵出的幼鸽绒毛之多寡，与将来羽毛的颜色有关土耳其裸犬的毛与其齿之间的关系。上述这些奇妙的关系一定包含同源的影响。从毛与齿相关的观点来看，哺乳动物中皮肤特别的鲸目与贫齿有关联，并非出于偶然。但是，正如米瓦特先生所说这一规律也有许多例外。所以，它的应用范围不大。

据我所知，菊科和伞形科植物在花序上内外花的差异，更易于说明相关变异规则的重要性，而与用进废退及自然选择作用无关。众所周知，雏菊边花与中央花的差异，往往伴随着生殖器官而部分或完全退化。有些种子的形态和纹饰也有差别，这也许是因为总苞对边花的压力或是它们彼此间具有压力的结果。某些菊科边花种子的形状就足以说明这一点。胡克博士告诉我，在伞形科植物中，花序最密的种往往内外花差异最大。我们可以设想，边花得以发育是靠生殖器官输送养料，这样反过来可以造成生殖器官发育不良。但是，这并不是唯一的原因。因为在一些菊科植物中，它们的花冠虽然相同，但其内外花的种子却有差别。这些差别可能与养料流向中心花和边花的多寡有关。至少我们知道，在不整齐的花簇中，那些距花轴最近的花，最易变成整齐花了。关于这一点，我再补充一个事实以作为相关变异的实例：在许多天竺葵属（*Pelargomum*）植物中，如果花序的中央花上边两花瓣失去浓色的斑点，那么所附着的蜜腺也会完全退化；如果两花瓣中只有一瓣失去斑点，所附着的蜜腺就不会完全退化，只是萎缩得很短而已。

就花冠的发育而言，斯普林格尔先生的观点是可信的。他认为边花的作用是引诱昆虫，这对植物花的受精是极为有利和必需的。倘若如此，自然选择可能已经发挥作用了。就种子而言，它们在形状上的差异并不总是与花冠的不同有关，因而没有什么益处可言。但在伞形科植物中，上述的差异却显得十分重要。该科植物的种子，有在外花直生而在内花弯生的，老德康多尔先生往往根据这些特征来确定该科植物的主要分类标准。因此，分类学家认为极有价值的构造变化，可能完全受变异和相关法则所支配。但据我们的判断，这对物种本身没有任何用处。

一群物种所共有的、遗传下来的构造，也常常被人们误认为是相关变异的作用所致。因为它们的祖先可能通过自然选择获得了某种构造上的变异，而且经过数千代后，又获得了其他不相关的变异。如果这两种变异能同时遗传给不同习性的所有后代，那么我们就会考虑它们在某些方面必有内在的联系。此外，还有其他相关变异的例子，显然是自然选择作用的结果。例如，德康多尔观察过，不开裂的果实，在里面从未见过具翼的种子。我对此现象的解释是：除非果实开裂，否则种子就不会因自然选择的作用而逐渐长翼。只有在果实开裂的情况下，适于被风吹扬的种子，才有相对更大的生存机会。

生长的补偿与节约

老圣伊莱尔和歌德几乎同时提出了生长补偿法则或生长平衡法则。依照歌德的说法："为了要在某一方面消费，自然就不得不在其他方面节约。"我认为此种说法对一定范围内的家养动物是适用的。如果养料过多地输送给某一构造或某一器官，那么输送给其他构造或器官的养料势必会减少，至少不会过量。所以，要养一头多产奶、同时身体又肥胖的牛是困难的。同样，同一甘蓝变种，不能既长有茂盛而富于营养的菜叶，又结出大量含油的种子。种子发生萎缩的果实，其体积就会增大，而品质也会得到相应的改进。头上戴有大丛毛冠的家鸡往往都长有瘦小的肉冠。而那些颚须多的家鸡，肉垂则很小。生长补偿法则很难普遍应用于在自然状态下生长的物种。然而，许多优秀的观察者，特别是植物学家都相信该法则的真实性。我不想在此列举任何实例，因为我很难用方法来区分哪一构造只是由于自然选择作用而发达的，而另一相关构造却因自然选择作用或因不使用而退化的；也难搞清某一构造的养料被剥夺，是否由于相邻构造的过度生长所致。

歌德（Johann Wolfgang von Goethe，1749—1832）提出："为了要在某一方面消费，自然就不得不在其他方面节约。"

我认为前人所列举的补偿实例以及其他若干事实，都可用一个更普遍的规律来概括，即自然选择常常使生物体各部分不断地趋于节约。生物本身原来有用的构造，随着生活环境的改变，而变得用处不大时，此构造就会萎缩，这对生物个体是有利的，因为这样可以使养料消费在更有用的构造上。据此，我才能理解当初观察蔓足类时曾使我惊奇的事实：一种蔓足类若寄生在另一蔓足类体内而得到保护时，它的外壳或背甲几乎完全消失。这种相似的例子还很多。例如，四甲石砌属（*Ibla*）的雄性个体就是这样；寄生石砌属（*Proteolepas*）的个体，更是如此。所有其他蔓足类的背甲都发育得很好，都是由头部前端三个重要的体节组成，并具有大的神经和肌肉。而寄生的石砌属，因寄生和被保护着，其头的前部都显著退化，仅在触角的基部留有痕迹。对于每一物种的后代来说，节省了不用的大型复杂构造是十分有益的。因为每种动物都生活在生存斗争的环境中，它们仍以节省的养料来供给自己，以获得更好的生存机会。

任何构造成为多余时，自然选择作用都会使它废退，但不会引起其他构造的相对发育。反之，自然选择使某一器官特别发育时也不需要邻近构造的退化作为补偿。

多重构造、退化构造及低级构造易于变异

小圣伊莱尔曾注意过，在物种和变种中，同一个体的任何构造或器官（如蛇的脊椎骨、多雄蕊花中的雄蕊等），如果重复多次，它重复的次数就容易变异；反之，同样的构造或器官，如果重复次数较少，就会保持恒久。小圣伊莱尔及一些植物学家们进一步指出，多重构造也是最易发生变异的，欧文教授称这为“生长的重复”，并认为是低级生物所具有的特征。因此，在自然界中，低级生物比高级生物更易变异。关于这一点，我们与博物学家的意见是一致的。这里所谓的低级是指生物的一些构造很少因特殊功能而专用。一般是同一构造或器官具有多种功能，这样就易于发生变异。因为自然对这种器官的选择不及对专营一特殊功能的器官严格，就像用途很广的刀子，可以有多种形状，但用于某一特殊目的刀子，必须具有特殊的形状。因为自然选择只有在对生物有利的情况下才发生作用。

一般认为，退化构造易于高度变异，我们以后还要讨论这个论题。这里我仅补充一点，即退化构造的变异是由于不使用的缘故，使自然选择对这些变异无法实施作用。

发育异常的构造极易变异

几年前，沃特豪斯关于发育异常的构造极易高度变异的论点曾引起了我的极大注意。欧文教授也得出了类似的结论。要使人们相信上述结论的真实性，就必须列举我所搜集到的一系列事实，但我不能在这里一一列出，我只能说这个结论是一个普遍的规律。我已考虑过可能发生错误的种种原因，但已设法避免。必须了解，这一规律并不适用于任何生物构造，只有在与近缘物种同一构造相比较时，异常发育的构造才能应用这一规律。例如，蝙蝠的翅，是哺乳动物中最异常的构造。但这一规律在这里并不适用，因为所有的蝙蝠都长有翅。如果某一物种与同属其他物种相比较，而具有显著发育的翅膀时，这一规律才可应用。此外，副性征无论以何种方式出现，这一规律的应用都是十分有效的。亨特（Hunter）所用的副性征是指雌性或雄性的性状，与生殖作用无直接关系。这一规律对雌雄两性均可适用，但对雌性则应用得很少，因为它们的副性征往往不明显。副性征无论以什么方式出现，都最易变异，我毫不怀疑这一点。不过，这一规律的应用范围不仅限于副性征，而且在雌雄同体的蔓足类中也证实了这一点。我在研究该目动物时，特别注意沃特豪斯的结论，并发现这一规律在这里几乎完全适用。我将在另一部著作中，列出所有很好的例子。这里我仅举一个例子，用以说明此规律可广泛应用。无柄蔓足类的厣甲，从各方面来讲都是非常重要的构造，在不同的属中，它们差别极小。但在四甲藤壶属（*Pyrgoma*）的几个种中，这些同源的厣甲却呈现出很大的差异，它们的形状完全不同，而且在同种的不同个体之间，也有很大的差异。所以，我们毫不夸张地说，这些重要的器官在同种内的各变种间所呈现的差异，超过了异属的种间差异。

蝙蝠的翼，是哺乳动物中最异常的结构。

我曾仔细观察过某一地区同种个体的鸟类，它们的变异极小。上面所讲的规律似乎在鸟纲中非常适用，但在植物中还没有得到证实。植物的变异性并非很大，这样对植物变异的相对程度是难以比较的。如果是这样，我就会动摇对此规律真实性的信心。

如果我们看到某一物种的任何构造或器官发育显著，便会认为它对该物种是十分重要的，这也正是这种构造最容易发生变异的原因。为什么会这样呢？根据各物种被独立创造出来的神创论观点，各物种的所有构造都像我们现在所看到的一样，对此我们则无法解释。但依照各群物种是从其他物种传下来并通过自然选择发生了变异的观点，我们就会获得一些有益启示。让我先说明几点。如果我们对家养动物的构造或个体不加以注意，不加以选择，那么这部分构造（例如金鸡的冠）或整个品种就不会有一致的性状，可以说这个品种已趋于退化。在退化器官、很少有特殊目的特化的器官或在多型性生物群里，我们可以看到类似的情况。因为在这种情况下，自然选择没有或没有完全发挥作用。所以，生物体还保持变动不定的状态。我们应该特别注意那些家养动物的构造，由于连续选择而现今已变化得很快，实际上这些构造也是最容易发生变异的。在对同品种鸽的个体观察中可以发现，翻飞鸽的喙、信鸽的喙与肉垂、扇尾鸽的姿态与尾羽等等，它们的差异很大，而这些正是英国养鸽家目前主要关注的几项构造。要培育一只短面翻飞纯种鸽是非常困难的。因为它们的许多个体都不符合纯种鸽的标准。我们可以确切地说，有两方面的力量一直在作较量，一方面是驱使物种回到非完善状态，以使物种本身产生的新变异；另一方面是要保持物种的纯洁性。虽然后者终究要占主导地位，但从优良短面翻飞鸽品种中，仍能有育出普通粗劣翻飞鸽的可能。总之，在对物种保纯的同时，可以有许多新的变异发生。

短面翻飞鸽。

现在让我们看一看自然界中的情况。任何物种的构造，如果较同属其他物种发育得更显著的话，我们就可以说，该构造自从本属各物种的共同祖先分出以来，已经发生了巨大的变异，并且经历的时间不会很长，因为一个物种很少能延续生存到一个地质纪以上。异常的变异常是指通过自然选择能积累对物种有利的、异常的和持久的变异。发育异常的构造或器官都具有很大的变异，这些变异在不甚久远的时期内可保持很久。按照一般的规律，这些器官比那些长时期内未发生变异的器官有更大的变异性。我深信事实就是这样，一方面是自然选择，另一方面是趋于返祖和变异，两者之间的斗争经过一段时间会停止下来，发育最异常的器官也会稳定了，对这一点我深信不疑。所以，一种器官，无论发育得怎样异常，都会以同样的方式遗传给许多变异了的后代。如蝙蝠的翅膀，依照我们的理论，它必须在长时期内保持相同的状态，这样就不会比其他构造更易发生变异。只有在变异是近期发生的，而且是非常巨大的情况下，我们才能看到所谓高度“发生着的变异性”仍旧存在。因为这时还未按所需要的方式和程度对生物个体进行选择，以及对返祖倾向的个体进行取舍，因而变异性很难稳定下来。

种级特征较属级特征更易变异

上一节所讨论的规律，也可适用于本题。众所周知，种级特征较属级特征更易变异。现举一个简单的例子来进一步说明。在一个大属的植物中，有几种开蓝花，有几种则开红花。花的颜色只是物种的特征。人们对蓝花种变成开红花的种或红花种变成蓝花种的现象并不为怪。但若属内的所有物种都开蓝花，这种颜色便成为属的特征。属的特征发生变异则是一件不同寻常的事。我之所以选这个例子，是因为许多博物学者所提出的解释在这里不能应用。他们认为种征较属征更多变异的原因，是由于在生理上，种征没有属征显得重要。我认为这种解释是片面的，或只是部分合理的。因此，这一点我在后面分类的一章中还要谈到。至于引用证据来证实种征较属征更易变异，纯属多余。不过关于重要的特征，我已在自然史著作中多次提到。有人很惊奇地谈及一些重要器官或构造性质，在大群物种中是稳定的，而在亲缘关系密切的物种中却差异很大，甚至在同物种的个体之间，也常会发生变异。这一事实表明，属级特征降为种级特征时，虽然其生理重要性不变，但它却是易于变异的了。同样的情况也可应用于畸形。至少小圣伊莱尔深信，一种器官在同群的不同物种中表现得差异愈大，在个体中就愈易发生畸形。

依据物种是分别被创造出来的观点，显然无法解释同属内各物种间，构造上彼此相异的部分为什么较彼此相同的部分更易变异。但按照物种只是特征明显、固定的变种的观点来看，我们就可以预计在近期内变异了的、彼此有差异的那部分构造，还将继续变异。或者换句话说，同属内所有物种在构造上彼此相似，而与近缘属在构造上有所差别的特征，称为属的特征。这些特征应该来自于同一个祖先，因为自然选择难以使不同的物种以同样的方式发生变异，来适应不同的生活环境。所谓属的特征是指在各物种由共同祖先分出之前就已具有的特征，这些特征经历了数代没有变异，或仅有少许变异，时至今日它们可能也不会再变异了。相反，同属内各物种间彼此不同的各点称为种的特征。这些特征从各物种的共同祖先分出以后，就常会发生变异，致使各物种间彼此有别；即使到了目前，仍在变异之中，至少应比那些长时期保持不变的生物构造更易发生变异。

副性征易起高度变异这已为博物学者所公

认，在此，我无须详述。在一群生物中，各物种所呈现的副性征差异，常较其他构造的差异要大，这也为人们所公认，并可用比较副性征明显的雄鸡之间与雌鸡之间的差异量来说明。副性征易于变异的原因，我们并不清楚。但我们能够了解副性征之所以不能像其他特征那样稳定和一致，是因为性选择积累的缘故。性选择一般不及自然选择严格，它并不能引起死亡，只是使占劣势的雄性少留些后代而已。不管副性征易变异的原因如何，由于它们极易变异，性选择就有了广阔的作用范围，并可使同群内各物种在这方面的差异量较其他方面要更大些。

同种两性间副性征的差异，常常表现为同属各种间相同构造的差异。我想举出我表中开头的两个例子来加以说明。甲虫足部跗节的数目，是多数甲虫所具有的特征，但是在木吸虫科中，正如韦斯特沃特所说，跗节的数目变异很大，即使在同种的两性之间也有差别；翅脉是土栖蜂类最重要的特征，这一特征在大部分土栖蜂类中并无变化，但某些属内的各种之间，以及同种的两性之间却出现了差异。上述两个例子中的差异性质很特殊，它们的关系也绝非出于偶然。卢布克爵士（Sir J. Lubbock）最近指出，有些小型甲虫的例子，都能为这一规则做极好的说明。他说："在角镖水蚤属（*Pontella*）中，性征主要通过前触角和第五对附肢表现出来，而种间的差异也主要表现在这些器官的差异上。"这种联系，对我下面的观点有着实际意义。我认为同属内的所有物种与各物种雌雄两性的个体一样，都来自于一个共同的祖先。这个祖先或它的早期后代，在某些构造上发生了变异，并很可能为自然选择和性选择所利用，以使它们更适应于自然环境，并可使同种的雌雄两性彼此更加和谐或使雄性个体在与其他雄性的竞争中取胜而获得雌体。

综上所述，物种的特征（区别各物种的特征）较属的特征（属内一切物种所共有的特征）更易于变异；一群物种所共有的特征（无论构造如何发育异常）都较少变异；副性征的变异性很大，并在近缘的物种中差异亦大，副性征的差异和普通的物种间的差异一般都能通过生物的相同构造表现出

达尔文认为，在庞大的昆虫纲中，雌雄的差异有时表现在运动器官上，但往往是表现在感觉器官上，如许多物种的雄虫所具有的节状触角和美丽的羽状触角即是。但他关心的主要是使某只雄者在战斗中或求偶中凭其体力、好斗性、装饰，或音乐去战胜其他雄者的那些构造。比如，达尔文观察到：有一种蜻蜓（*Anax junius*），其雄性的腹部呈鲜艳的青蓝色，而雌性的则呈草绿色。

来。上述种种规则都是密切相关的，这主要是因为同一群物种都来自于一个共同祖先，并且通过遗传得到了很多相同的物质；与遗传已久而未曾变异的构造相比，近期内发生变异的构造更易变异；随着时间的推移，自然选择已或多或少地完全抑制返祖和进一步变异的趋势；性选择没有其他选择那样严格；同一构造的变异能为自然选择和性选择所积累，因此，它既可作为副性征，又可作为一般特征。

不同的物种会呈现类似的变异，所以一个变种常常会具有其近缘种的特征或重现其祖先的若干特征。对这些主张，我们通过观察家养品种便可以容易了解。鸽子中的特殊品种，在隔离很远的地域内，所分化出的亚变种中有头上生倒毛的，足上长羽毛的，这些特征都是原始岩鸽所不曾有过的。因此，这些特征就是两个或两个以上品种所呈现的类似变异。球胸鸽常有14或16根尾羽，可以认为是一种变异，这种特征也是另一品种即扇尾鸽所具有的正常构造。上述这些类似变异，都是由于几个鸽品种从一个共同的祖先遗传了相同的构造和变异趋势，受到了相似的未知因素的影响所致，这一点我想不会有人怀疑。在植物界里，也有类似变异的例子，如蔓菁（*Brassica rapa*）和蔓菁甘蓝（*Brassica napus* var. *napobrassica*）膨

蔓菁甘蓝（*Brassica napus* var. *napobrassica*）有膨大的茎部，达尔文认为这是一种变异现象。

大的茎部（俗称为根）。几位植物学家都认为这两类植物来自于同一祖先，经过栽培而成为两个变种。但假如这种看法是错误的，这便成为两个不同种所呈现的类似变异的例子了。此外，普通的芜菁也可作为类似变异的例子。如果依照每一物种都是被独立创造出来的观点，人们势必要将这三种植物具有粗大茎的相似性，归因于三次独立而密切相关的创造作用，而不归因于来自一个共同祖先或以同样方式变异的结果。劳丁先生曾在葫芦科中发现很多类似变异的例子，许多学者在谷类中也发现了类似的情况。最近，华尔什先生曾详细讨论过昆虫类似变异的现象，并将其概括在他的“均等变异法则”之中。

然而，在鸽子中还有另外一种情况，就是在各个品种中，都有石板蓝色的品种不时出现，它们的翅膀上有两条黑带，白腰，尾端有一黑条，外尾近基部呈白色。所有这些都具有岩鸽远祖的特征。因此，我认为这无疑是一种返祖现象，并不是新出现的类似变异。我们由此可以相信以下结论：在两个颜色各异品种的杂交后代中，上述岩鸽远祖的特

征颜色频繁出现，说明它们仅仅受遗传法则杂交作用的影响，而外界条件并未起作用。

有些特征在失去许多世代或数百世代后还能重现，无疑是很奇异的事。但是，当一个品种仅一度与另一品种杂交，它的后代则在以后的许多世代（有人说12代或20代）中都会偶尔具有外来品种的某些特征。一般的说法是，来自同一个祖先的血，在经历了12世代后，其比例为2048：1。人们相信返祖现象是对外来血残留部分的保留。对一个未曾杂交过的品种来说，它的双亲虽然已经失去了祖代的某些特征，但正如前面所说，这些特征的重现会或多或少地遗传给无数的后代，尽管我们所看到的事实并非完全如此。一个品种中，已经失去的特征在许多世代后重现，最合适的解释是：失去了数百世代的特征，并不会为某一个个体突然获得，而是这种特征在每一世代都潜伏存在着，碰到了有利的条件才可再现。例如，在巴巴鸽中，很少见有蓝色的品种，但是在每一世代中，都有产生蓝色品种的潜在因素，并可通过无数世代遗传下去，这种遗传与无用或退化器官的遗传相比，在理论上可能性会更大。不过，退化器官的再现，有时的确是由这种遗传造成的。

我们假定同属内的所有物种都来自一个共同的祖先，那么这些物种就随时会以类似的方式发生变异，并致使两个或两个以上物种所产生的变种彼此相似，或一物种的某一变种与另一物种在某些特征上有些相似。按照我们的观点，这另一个物种只是一个特征显著的永久变种而已。仅由类似变异所产生的特征，其性质并非重要。因为一切功能上重要的性状特征的保存，须依物种的不同习性，并通过自然选择来决定，而且同属的物种偶尔也会重现远祖的特征。可是我们对任何自然生物群的祖先情况不明，所以也无法辨别重现特征和类似变异的特征。例如，如果我们不了解亲种岩鸽是不具毛腿的和倒冠毛的，我们就不能断定家养品种中这些特征的出现，到底是返祖现象，还是类似变异的结果。不过，我们可以从色带的数目来推断，蓝色羽毛的出现是一种返祖现象。因为鸽子的色带与这种色泽有关，而色带又不能在一次简单的变异中一起出现。特别是不同颜色的品种杂交时，常出现蓝色与若干色带的品种，这更使我深信上述推断。在自然状况下，我们虽分不清哪些是祖代特征的重现，哪些又是新的、类似的变异，但根据我们的理论，会发现一物种变异着的后代具有同群其他物种相似的特征，这一点是无可怀疑的。

变种与同属其他物种的特征相像，这是识别变异物种的困难所在。另外，在两个可疑物种之间，还存在着许多中间类型，这表明在变异时它们已经获得了其他类型的某些特征。当然，我们决不会把这些极相似的生物列为是分别被创造出来的物种。然而，特征稳定的构造或器官偶尔也会发生变异，并在某种程度上变得与近缘种的同一构造或器官相似，这是类似变异的最有力证据，我搜集了许多这样的例子，但限于篇幅，不能在此列举。我只能反复地说，这样的事实的确存在，而且很值得注意。

现在我要举一个奇异而复杂的例子，此例发生在家养状况下或自然界中同属的若干物种内，这是一个生物的重要特征不受影响及返祖现象的实例。驴腿上有时有明显的横纹，与斑马腿上的

条纹相似。有人认定幼驴腿上的条纹最为明显，据我的考察，这是事实。驴肩上的条纹有时成双，并在长度和轮廓上有很多的变异。据记载，有一头未患白肤症的白驴，其脊背上和肩上都未见条纹，而这种条纹在深色驴身上有时也不明显，甚至完全消失。据说在骞驴肩上可以看到成双的条纹。布里斯先生曾见过一块具有明显肩纹的野驴标本，尽管这种肩纹它本应没有。普勒上校（Col. Poole）告诉我，这种野驴幼驹的腿上都有明显的条纹，而在肩上的条纹却很模糊。斑驴（quagga）的上体常具明显的斑马状条纹，而在腿上却没有。但在阿萨·格雷博士绘制的标本图上，却在斑驴后足踝关节处，有极显著的斑马状条纹。

关于马，我已在英国收集到许多不同品种和不同颜色，并有肩上生有条纹的例子；在腿上生有条纹的暗褐色和鼠褐色的马也不少见，在栗色马中也有一例。暗褐色的马有时在肩上生有条纹，在一匹赤褐色马的肩上，我也看到过条纹的痕迹。我儿子对褐色比利时拖车马进行了仔细观察，并为我画了一张草图，该马的双肩上各有两条并列的条纹，腿部也有条纹。我亲眼见过一匹灰褐色德文郡小马的双肩各长有三条平行的条纹。威尔士小马（welsh pong）也曾被人们描述过在肩上生有三条平行的条纹。

斑驴

印度西北部的凯蒂华马（Kattywar breed）一般都生有条纹，但据普勒上校讲，他曾为印度政府检查过该品种的马，此马脊背上、腿上和肩上都生有条纹，有时在肩上有两条或三条条纹，甚至在面部的两侧偶尔也有条纹。如果马身上具有条纹，则被认为是纯种马。不过，这种条纹在幼驴身上明显，在老马身上有时则完全消失。普勒上校也见过灰色和赤褐色的凯蒂华马在初生时都有条纹。根据爱德华兹所给的报告，我认为英国赛跑马脊背上的条纹在幼时比成年时更常见。我自己最近养了一匹小马，它是由赤褐色雌马（土耳其雌马和法来密斯雄马的后代）和赤褐色英国赛跑马所在。这匹幼驹在产下一周时，在身体后部的1/4处和前额都生有无数极窄的暗色斑马状条纹，而腿部的条纹并不明显。所有这些条纹随后不久便完全消失了。在此，我不想详细讨论。但我可以说，在一些国家我已搜集了各种马的腿纹和肩纹的例子，这些国家包括西自英国，东至中国，北起挪威南至马来半岛。在世界各地，具有这种条纹的，以暗褐色和鼠褐色的马最多。暗褐色的颜色范围颇广，包括黑褐色到近乳酪色之间的所有颜色。

史密斯上校（Col. H. Smith）曾就这个问题写过论文，他认为马的这些品种特征，来自于若干祖种，其中的一个祖种就是暗褐色、具条纹的。他也相信上述马的外表特征，都是由于古代曾和这暗褐色马种杂交而产生的。对此论点，我们可以反驳，因为那些壮硕的比利时拖车马，威尔士矮种马，短腿的挪威马和瘦长的凯蒂华马，它们都生活在世界相隔甚远的区域，倘若它们都必须曾与一假想的祖种杂交，显然是不可能的。

现在，让我们看一看马属中几个物种的杂交情况。波林（Pollin）认定，驴和马所生的骡子，在其腿部常常具有明显的条纹。据戈斯先生（Mr. Gosse）所说，在美国某些地区，十分之九的骡子在腿部都有条纹。我曾见过一匹骡子，腿上的条纹非常多，足以使任何人都相信它是斑马的杂种。在马丁先生（Mr. Martin）所著的马书中，也绘有一幅这种骡子图。我还见过驴与斑马所生杂种的四张彩图，它们在腿上的条纹比身体其他部分的明显，其中一幅具有两条并列的肩纹。莫登爵士（Lord Morton）所畜的有名杂种，为栗色雌马与雄斑驴所生。它和栗色雌马与黑色阿拉伯雄马所生纯种的后代在腿上的条纹，都比纯种斑驴明显得多。此外，还有一个值得注意的例子。格雷博士曾绘画过驴与骞驴所生的杂种图（他告诉我，他还知道另一件这样的例子）。图中所示的杂种在四条腿上都生有条纹，并与德文郡褐色马

马和驴杂交生出骡子。

及威尔士小马一样，在肩部还生有三条短条纹，甚至在面部的两侧也生有斑马状的条纹。我们知道，驴只是偶然在腿上生有条纹，而骞驴在腿上没有条纹，更没有肩纹。就面部条纹而言，我深信这杂种面部每一条斑纹的出现都并非偶然。我曾为此事问过普勒上校，凯蒂华马的面部是否有条纹，他的回答是肯定的。

对于以下几项事实，我们该怎样解释呢？我们可以看到，马属中的不同品种，由于简单变异，而在腿上长有斑马状条纹或在肩上出现和驴一样的条纹。在马属中，这种条纹是以在暗褐色品种中出现的可能性最大——暗褐色接近该属其他物种普遍所具有的颜色。条纹的出现并不伴生形态上的任何变化或其他新特征的出现。我们还看到这种条纹出现的趋势，在不同物种所产的杂种中，表现得更为强烈。现在，看一看几个鸽种的情况。这几个品种是由一个祖种（包括两三个亚种或地理种）传下来的，该祖种体呈蓝色，并具一定的条纹或其他标志。如果任何鸽种由于简单的变异，而体呈蓝色时，上述条纹及其他标志就会重新出现，但形态和其他特征都不会有任何变化。若具不同颜色的最原始的、最纯的鸽种进行杂交，其后代最容易重现蓝色和条纹及其他标志特征。我曾说过，重现祖先特征的合理解释是：每一世代的幼体，都有产生久已失去特征的趋势，而且由于未知原因，这种趋势有时会占优势。我们在前面已经谈到，在马属的若干物种中，幼马较老马身上的条纹更明显或更常见。我们若把各种家鸽——其中有些保持纯种达数百年之久——认为是种，那么马属内的物种也与之相似。我敢大胆地追溯到千万代以前，存在着一种具有斑马状条纹的动物（或许在其他方面有着不同的构造），它就是今日的家养马（不论是来自一个或多个野种）、驴、野驴、斑驴和斑马的共同祖先。

“马属内各物种是被上帝独立创造出来的”，持这种观点的人必将主张，每一物种被创造时就有一种趋势，就是在自然界或家养状况下，按照一种特殊的方式进行变异，以使创造出来的物种像马属中其他物种一样具有条纹；而且，每一物种被创造时还有一种极强的趋势，即这些物种与世界各地的物种杂交后，它们的后代并不像其父母，而与同属中的其他物种相似，即多具条纹。假如承认这种观点，就等于否认了真正的事实，而去接受虚假的或不可知的原因，这种观点使上帝的作用只是模仿和欺骗。假若接受这种观点，我只能与老朽无知的神创论者们一起来相信，贝类化石从未生存过，它们只是从石头中被创造出来，以模仿今日生活在海边的贝类而已。

我们深深地感到对变异的法则知之甚少。我们能解释各构造变异原因的，还不到百分之一。但我们应用比较的方法可以看出，不论是同种中

摘　要

各变种的较小差异，或是同属中各物种的较大差异，似乎都受着同样的法则支配。环境的改变通常造成变异性的不稳定，有时也产生直接的和定向的变异，并随着时间的推移，这些变异将会更加显著。不过对于这一点，我们还没有充分的证据。生活习性能产生特殊的构造，经常使用的器官能增强，不用的器官会减弱或缩小，这些结论在许多场合都是非常适用的。同源构造往往发生相同的变异，并有彼此结合的趋势。硬体构造及外部构造的改变，有时能影响相邻软体部分或内部构造。特别发育的构造，可以从相邻构造汲取营养；而多余的构造，可以被废退。个体生命早期的构造变化，可能会影响以后的构造发育。虽然我们还不了解许多相关变异事实的性质，但它们无疑是会发生的。重复构造在重复次数和构造特征方面易于变异，也许因为这部分构造很少因特殊功能而专用的缘故。因此，它们的改变，不受自然选择的支配。也许是由于同样的原因，低级生物较高级生物有更多的变异。退化构造易于变异，自然选择对它们的改变也无法实施作用。种征较属征更易变异。所谓种征是指区别同一属内各物种的性状特征，这些特征从各物种的共同祖先分出以后，就常常发生变异。属征是指遗传已久而没有发生变异的特征。我们从观察中推知，在近期变异了的、彼此有差别的部分构造，还将继续变异。这个推论也适用于整个群体，我曾在第2章中谈到过。我们发现，在某地有许多同属的物种，这表明以前在这里曾发生过很多的变异和分化，并有新种的形成。因此，平均而论，现在我们在这里发现各物种会有很多的变种。副性征易于高度变异。同属内各物种呈现的副性征差异常较其他构造的差异要大。同种两性间副性征的差异常常表现为同属各物种间相同构造的差异。与近缘种相同构造比较，发育异常的器官构造极易高度变异，因为自该属形成以来，它们就发生了巨大的变异，而且这种变异是长期的、缓慢的，自然选择还没有足够的时间来抑制变异的趋势和阻止变异的进程。一物种具有特别发育的器官，并已成为许多变异后代的祖先（据我们看来，这过程进行得极缓慢，需时极久），自然选择必定使这器官的特征保持不变，不论发育如何异常。许多物种，若是从一个共同祖先继承下来大致相同的结构，并处在相似的环境条件下，便容易发生类似的变异，有时还可以重现祖先的某些特征。虽然返祖现象与类似变异不能引起重要的新改变，但是这些变化也可增进自然界的美丽和协调的多样性。

在后代与亲代之间都存在着微小的差异，每一差异，必定有它的起因。我们有理由相信：一切与物种习性相关的、在构造上重要的变异，都是由有利变异缓慢积累而成的。

第6章

本学说之难点及其解绎

Difficulties of the Theory

遗传变异学说的疑难——过渡变种的缺乏——生活习性的转变——同一物种内习性的趋异——与其同类习性极不相同的物种——极完美器官——转变方式——疑难实例——自然界没有飞跃——次要器官——器官不是在任何情况下都完美无缺——自然选择学说中的体型一致律和生存条件律

这是迄今枚数最多的一组达尔文题材邮票，由蒙古发行的千禧年系列小全张《千年探索—达尔文》，旁边载有达尔文简历。

在本章之前，读者早就遇到了许多疑难问题。其中有些还是相当难的，以致现在令我一想到它们还不免有些踌躇。然而，以我看来，其大部分难点都只是表面的。而那些真正的难点，也不会使这一学说受到致命的影响。

这些疑难和异议，可归纳为以下几点：

第一，如果物种是由其他物种经过细微的渐变演化而来的，那么，为什么我们并没有处处见到大量的过渡类型呢？为什么自然界的物种，如我们见到的那样区别明显，而不是彼此混淆不清呢？

第二，一种动物，例如具有蝙蝠那样的构造和习性，能由与其构造和习性极不相同的其他动物渐变而来吗？我们能够相信自然选择既可以产生很不重要的器官，如只能用作驱蝇的长颈鹿的尾巴，又可产生像眼睛那样奇妙而重要的器官吗？

第三，本能可由自然选择作用而获得和改变吗？蜜蜂筑巢的本能，确实发生在被精深数学家发现之前，对此我们该如何解释呢？

第四，我们怎么解释种间杂交不育或产生的后代不育，而种内变种杂交育性却很正常的现象呢？

这里先讨论前两个问题，下一章讨论一些杂题，接着用两章分别讨论本能和杂种性质。

“六分仪”

显微镜

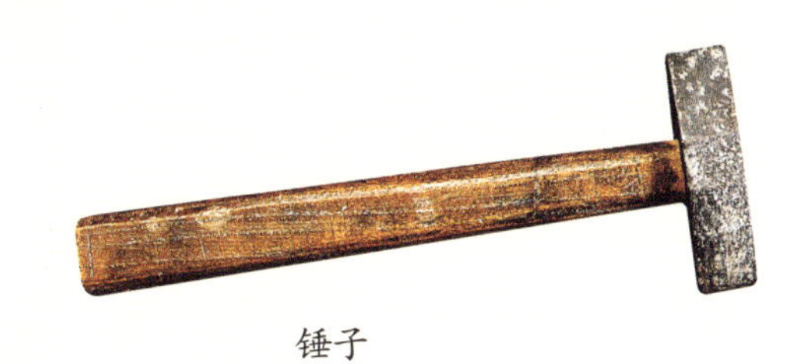

锤子

达尔文当年用过的工具。

过渡变种的缺乏

因为自然选择只保存有利于生存的变异，所以在生物稠密的地方，每种新的类型都有取代并最终消灭比自己改进较小的祖先类型和在竞争中较为不利的其他类型的趋势。因此，绝灭和自然选择是同时进行的。所以，如果我们把每一物种看作是由某种未知类型繁衍而来的话，那么通常在这一新种形成和完善的过程中，其亲本种和过渡变种便被消灭了。

按此理论，无数过渡类型一定曾经存在过。那么，我们为什么没有发现它们大量地埋于地壳里呢？在“地质记录的不完整”一章中讨论这一问题会更为方便些。在这里只声明，我相信这一问题的答案，主要在于地质记录比一般想象的还要不完全得多。地壳里一个庞大的博物馆，这种自然收集是不完整的，并且在时间上空缺很大。

如果现在若干个亲缘极近的物种栖息在同一地区，这时我们本应该能看到许多过渡类型，然而事实并非如此。让我们举一个简单的例子：当我们从大陆的北部向南旅行时，一般在各段地带都会发现，近缘的或代表性物种显然占据着自然条件几乎完全相同的位置。这些代表性物种经常相遇，而且混合存在；并且随着一个物种的数量越来越少，另一物种的数量则会越来越多，最终一个物种替代了另一物种。但是，倘若我们把混合地带的这些物种作一对比，便会发现，像从各物种栖息的中心地带取来的标本一样，它们在每一构造细节上都显示出彼此不同。根据我的学说，这些近缘种是由一个共同的亲本传衍而来的；在演化的过程中，每一物种都已适应了各自地域的生活条件；并且已经取代和消灭了它原来的亲本类型以及连接它过去与现在之间的所有过渡变种。因此，尽管这些过渡变种必定曾经存在过，也可能以化石的状态埋藏在那里，但是我们不应期望今天在各地都能大量地见到它们。然而，在具有中间生活条件的种间交接区，为什么我们现在见不到密切相连的中间变种呢？这一疑难在很长时期内使我颇为困惑，但是我认为这基本上是能够解释的。

根据一个地域现在是连续的，便认为过去它也一直是连续的，作这样的推论时应当极为慎重。地质学使我们相信，即使在第三纪末期，大

达尔文在“贝格尔号”舰上随身带着的《圣经》。

多数陆地还被分隔为许多岛屿。区别明显的物种可能是在这样的岛屿上分别形成的，因而不可能有中间地带的中间变种。由于气候和地貌的变化，现在连续的海域，在不久以前，一定远不如现在这样的连续和一致。但我不愿借此来回避这一难点，因为我相信，许多完全不同的物种原本就是在严格连续的地域形成的。但我并不怀疑，以前分隔而现在连续的地域，在新种形成中，尤其是在自由交配和漫游动物的新种形成中，起着重要的作用。

在观察现今分布广阔的物种时，我们常会发现，它们在一个大的范围内分布的数量相当大。而在其边缘，就会逐渐变得愈来愈稀少，直至绝迹。因此，两个代表种之间的中间地带，与它们各自占有的区域相比，往往是狭窄的。在登山时，我们可以看到与德·康多尔观察到的同样事实：有时相当明显，一种普通的高山种类突然便绝迹了。福布斯在用拖网探察深海时，也曾注意到同样的事实。这些事实，肯定会使那些视气候和生活的自然条件为生物分布的决定因素的人感到奇怪，因为气候与高度或深度的变化，都是难以觉察的渐变着。但是，我们得明白，几乎每一物种在它的中心区域，倘若没有其他竞争物种，其数量便会极大地增加。我们也得明白，几乎每种生物不是捕食其他生物，便是被其他生物所捕食。总之，每种生物都以最重要的方式与其他生物直接或间接地相联系。于是我们便知道，任何地方的生物分布范围绝不会只取决于难以觉察的逐渐变化的自然条件，而主要决定于其他物种的存在。这些物种或是它生活所必需的，或是它的天敌，或是它的竞争者。既然这些物种已经是界限分明，不会相互混淆，那么任何一个物种的分布范围，将由其他物种的分布所决定，其界限也十分明确可辨。每一物种在其分布边缘存在的数量已经减少，加之由于天敌和它所捕食的生物数量的波动以及季节的变化，极易使生活在边缘地带的个体完全覆灭，因此，种的地理分布界限就变得愈加明显了。

栖息于连续地域的近缘种或代表性物种，一般各自都有一个大的分布区。在这些分布区之间，存在着比较狭窄的中间地带。在中间地带，这些物种的个体突然变得愈来愈稀少。由于变种和物种之间没有本质上的区别，因此这一规律对两者都可适用。如果我们以一个栖息地域非常之大且正在变化着的物种为例，那么势必有两个变种分别适应于两个大的地区，而第三个变种适应于狭窄的中间地带。这个中间变种，由于栖息地狭小，其数量必然也较少。实际上，据我了解，这一规律是广泛适用于自然状态下的变种的。在藤壶属中，明显可辨的变种和中间类型的变种的分布，便是我见到的这一规律的显著例证。沃森（Watson）先生，阿萨·格雷博士和沃拉斯顿先生给我的资料表明，当介于两个变种之间的中间变种存在时，通常它的数量要比它所相连接的两个变种少得多。如果我们相信这些事实和推论，并承认连接两个变种的中间变种，一般要比其相邻的变种数量少的话，那么我们现在便能理解，中间变种之所以不能长期存在的原因，这就是它们常常比它原先连接起来的那些类型灭绝和消失得早的原因。

如前所述，任何一个数量较少的类型要比数量较多的类型灭绝的机会更大，并且在这种特定的条件下，中间类型极易受到它两边存在的近缘类型的侵害。但还有更为重要的深层次的原因：假设经过进一步的演变，两个变种变为两个明显不同的物种。在这种演化的过程中，个体较多且栖息地较大的两个变种，必然比生活在狭小的中间地带、数量较少的中间类型的变种具有更大的优势。因为在任何时期，个体多的类型比个体少的类型都有更多的机会产生出更有利于自然选择的变异。因此，数量大的普通类型，在生存竞争中，便会压倒和取代稀有的类型，因为后者的变化和改进总是比较缓慢的。我认为同样的原理可以解释在第2章所讲的情况，即每一地方的优势物种比稀有物种，平均出现更多变种。通过下面的例子可阐明我的意思。假设某种绵羊有三个变种：一个适应于广大的山区，一个适应于比较狭窄的丘陵地区，而第三个适应于广阔的平原；并假定这些地区的居民以同样的决心和技能，通过人工选择来改良它们的种群。在这种情况下，拥有大量羊群的山区和平原居民，比狭小的中间丘陵地带拥有较少羊群的居民，有更多有利的选择机会。他们羊的品种改良的速度，也要比拥有较少羊群的丘陵地区居民的品种改良得快。结果，改良了的山区或平原的品种会很快取代改良较少的丘陵品种；于是，两个原来数量较多的品种便会彼此衔接，而已被取代了的中间丘陵地带的变种便不复存在了。

总而言之，我相信物种会成为界限分明的实体，而且在任一时期，都不会与各种变异着的中间环节构成一种混乱状态。这是因为：

第一，由于变异是一个缓慢的过程，新变种的形成非常缓慢。自然选择只有在有利变异个体产生后，并且在该地区的自然结构中的一个位置被一个或多个有利变异个体较好地占据之后，才能发挥作用。这种新位置的产生决定于气候的缓慢改变或新个体的偶然迁入。也许原有生物的某些个体经逐渐演化产生了新的类型，新旧类型彼此作用与反作用，是新的位置形成的更重要的因素。所以，在任一地区、任一时间，我们只能见到少数几个物种在构造上表现出比较稳定的轻微变异，并且我们的确看到了这一情形。

第二，现今连续的地域，在距今不远的时期，往往是彼此分隔的。在这些分隔的地方，许多类型，特别是需交配繁殖和分布甚广的动物，也许已经各自变得十分不同，足以成为代表性物种了。在这种情况下，几个代表性物种和它们共同祖先种之间的中间变种，以前一定在各分隔的地区存在过，但是在自然选择的过程中，这些中间变种已被取代而灭绝，所以就不会再看到它们了。

第三，如果在一个完全连续地域的不同地区，已经形成了两个或多个变种，那么，中间类型的变种，起初也许在中间地带已经形成，只不过它们存在的时间一般较短。由于已经讲过的原因（近缘种、代表种以及已认可的变种实际分布的情况），这些在中间地带的中间变种，要比它们连接的那些变种数量小。仅此原因，中间变种便很容易偶然灭绝；并且，在自然选择引起的进一步变异的过程中，它们被其所连接的类型击败和取代几乎是必然的。由于后者的数量大，总体变异多，通过自然选择进一步地改进，必然获得更大的优势。

第四，如果我的学说是正确的，不是从某一

个时期而是从全部时期来看，那么，把同一类群的所有物种连接起来的无数中间变种肯定曾经存在过。但是，正如多次提到的那样，自然选择往往具有消灭亲本类型和中间连接类型的倾向。因此，它们以前存在的证据，只有在化石中才能找到。然而，地壳保存的化石，如我们在后面的章节中将要论证的那样，是极不完全和断断续续的记录。

具有特殊习性和构造之生物的起源和过渡

反对我的观点的人曾问道：例如，一种陆栖性以肉为食的动物如何能够转变为水栖性以肉为食的动物？其过渡状态如何生活？要证明现在仍存在着从严格的陆栖到水栖动物之间的各级中间类型的以肉为食的动物并不困难。由于每种中间类型的动物都是通过生存斗争而生存着。很显然，它一定对它在自然界中所处的位置适应得很好。看看北美洲的水貂（Mustela vison），它的脚有蹼。它的皮毛，短腿和尾巴的形状都很像水獭。夏天，这种动物在水中捕食鱼类，但在漫长的冬季，它离开冰水，像其他鼬鼠一样，捕食鼠类和其他陆地动物。假若反对我的人问另一种情况，一种食虫的四足兽怎么能够转化为飞翔的蝙蝠，这个问题就难回答得多。

这同其他场合一样，对我很不利。因为，从我所收集的众多显著实例中，我只能在近缘物种中拿出一两个过渡习性和结构的例子；并且在同一物种内的多样化的习性中，只能举出暂时的或永久习性的例子。依我看来，对任何一个像蝙蝠这样特殊的例子，似乎得列出一长串过渡类型的例子，方可给以较满意的解释。

试看一下松鼠科的情形。从只具微扁平的尾巴的松鼠，到如理查逊（J. Richardson）爵士所说的身体后部比较宽且双侧皮肤比较松弛的松鼠，直到鼯鼠之间的极其精细的中间等级的实例。鼯鼠的四肢，甚至尾巴的基部都与宽大的皮肤连为一体，起着降落伞的作用，可使鼯鼠在一树与另一树之间进行空中滑翔。其滑翔距离之远令人吃惊。我们相信，各种松鼠的特定结构在其栖息地区都是有益的，能够使它们逃避飞禽走兽的捕食，更快地觅食，而且还能减少偶然跌落摔伤的危险。但是不能根据这一事实便认为，每种松鼠的特征构造，在一切可能的条件下，都是所能想象出来的最完美的构造。假若气候和植被发生变化，假设与其竞争的其他啮齿类或新的捕食它的兽类迁入，或原有兽类的变异，若它们的构造不能以相应的方式得以改进，我们相信：至少有一些类型的松鼠其数量会减少，甚至灭绝。特别是在生存环境变化的条件下，我们便不难理解，那些腹侧膜变得越来越大的个体被继续保存下来的原因，其每一步的变化大都是有益的，都得到了传衍。由自然选择过程的累积效应，终于形成了一种完全的鼯鼠。

现在看一看鼯猴（*Galeopithecus*），即所谓飞狐猴，以前被列为蝙蝠类，现在却认为它属于食虫类。它那极宽大的腹侧膜，从颚角起一直伸展到尾巴，并包含了具有长爪的四肢，膜内还生有伸张肌。虽然现在并没有连接鼯猴与其他食虫类构造的适于在空中滑翔的各级过渡构造的动物，然而不难设想，这类连接的中间类型在以前曾经存在过，而且每种连接体都以不完全滑翔的松鼠那样的方式逐渐出现。各级中间构造对这些动物自身都曾经是实用的。现在我们可以进一步相信，连接鼯猴的趾和前臂的膜，由于自然选择已大大地伸长了。同理，就飞翔器官看来，这种过程便可能将食虫类的动物转变为蝙蝠。某些蝙蝠的翼膜，从肩端一直伸展到尾部，并把后肢也包含在内。我们从它们身上可以看到，原先适于空中滑翔而不是飞翔的器官的痕迹。

如果大约有12个属的鸟类已经灭绝，谁还敢贸然推测，下列这样的鸟还会存在呢？像短翅船鸭（*Tachyeres brachypterus*），翅膀的功能只能用作拍击的鸟；如企鹅，翅膀在水中作为鳍而在陆地上作为前腿的鸟；如鸵鸟，翅膀作为风篷的鸟；以及像无翼鸟，翅膀没有功能的鸟。然而上述各种鸟的构造，在其面临的环境条件下，对它们都是有利的，因为每种鸟必须在斗争中求生存。但这样的构造，未必在所有条件下，都是最好的。更不可由这些论述便推论，这里所提到的翅膀构造的任何一个等级便表示了鸟类实际获得它全飞翔功能过程中所经历的各阶段的构造。实际上，它们可能是不使用的结果。但是它们却表明至少可能有多种过渡的方式。

虽然没有连接鼯猴与其他食虫类构造的适于在空中滑翔的各级过渡构造的动物，然而不难设想，这类连接的中间类型在以前曾经存在过，而且每种连接体都以不完全滑翔的松鼠那样的方式逐渐出现。

看到在像甲壳动物（Crustacea）和软体动物（Mollusca）这类营水中呼吸的动物中，有少数类型可以适应陆地生活；也看到飞禽、飞兽、各式各样的飞虫以及古代飞行的爬行类动物；便会推想，借助于鳍的猛击而稍稍上升，旋转在空中滑翔很远的飞鱼，也可能会演变为翅膀完善的飞行动物。若果真如此的话，谁还能够想象到，它们在早期的过渡类型曾是大洋中的居民呢？谁又会想到，它们起初的飞行器官，如我们所知，是专门用来逃避其他鱼类的吞食呢？

当我们看到适于任一特殊习性而达到高度完善的构造，如鸟用于飞行

帝企鹅展开双翅前行。（高登义2005年3月5日摄于南极洲南乔治亚岛）

的翅膀，我们必须记住，具有早期各级过渡构造的动物，很少能生存到现在，因为它们已被因自然选择变得更完善的后继者所取代。我们可进一步断言，适应于极其不同生活习性的构造之间的过渡类型，在早期很少大量产生，也很少出现许多次级类型。再回到我们想象中的飞鱼的例子。因此，真正能飞的鱼，似乎直到它们的飞翔器官达到高度完善的阶段，使它们在生存斗争中具有压倒其他动物的优势时，才从许多次级类型中发展起来，才具有在陆地上和水中以多种方式捕捉多种动物的能力。因此，要在化石中发现各级过渡构造类型的机会总是很小的，因为它们曾经存在的数量本来就少于那些在构造上充分发达的种类。

现在再举两三个例子，来说明同一物种不同个体的习性的改变和趋异。无论是习性的改变或趋异，自然选择都容易使动物的构造适应于其改变的习性，或专门适应数种习性中的某一种习性。然而，我们难以确定，究竟是习性的改变先于构造的变化，还是构造的轻微变化引起了习性的改变。但这对我们无关紧要。两者往往是几乎同时发生的。关于习性改变的实例，只要提到英国的昆虫习性改变的情况就足够了。许多英国昆虫现在却以外来的植物为食，或专门靠人工食物生活。关于习性趋异，可以举出无数的例子。我在南美洲时，常常观察一种大食蝇霸鹟（*Saurophagus sulphuratus*），它像隼一样，在某地的高空盘旋一阵之后，又飞至另一地的上空。在其他时间，它却像食鱼貂一样，静待在水边，然后猛然钻入水中，向鱼扑去。英国的大山雀（*Parus major*），几乎像啄木鸟一样在树枝上攀行，有时又像伯劳似的去啄小鸟的头部，来杀死小鸟。我多次看到或听到它击打紫杉枝上的种子，像鳾鸟似的把种子打开。赫尔恩（Hearne）在北美洲曾看到黑熊在水里游泳几个小时，像鲸鱼一样张大嘴巴捕捉水中的虫子。

有时，我们会见到，有些个体所具有的一些习性与同种和同属其他个体所固有的习性很不同。于是我们便想，这样的个体或许将能形成新种；这种新种会具有异常的习性，其构造也会或多或少地发生改变。在自然界的确有这种实例。还能举出一个比啄木鸟能在树枝上攀行并在树皮缝中觅食虫子的适应性更加动人的例子吗？然而在北美洲，有些啄木鸟主要吃果实。而另一些生有长翅的啄木鸟，却在飞行中捕食昆虫。拉普拉塔平原几乎不长一棵树，那里的草原扑翅鴷（*Colaptes campestris*，是一种啄木鸟），其两趾朝前，两趾向后，舌长而尖。它的尾羽细尖而坚硬，虽不如典型的啄木鸟那么坚硬，却足以使它在树干上作直立的姿势。它有一个挺直而强有力的嘴，虽不如典型的啄木鸟的嘴那样笔直而强有力，但也足以在树木上凿洞。因此，这种鸟全部基本构造仍属啄木鸟，甚至在那些不重要的特征上，如颜色、粗糙的音调、起伏的飞翔等，也明显地表现出与英国普通啄木鸟有密切的亲缘关系。不但从我的观察，而且从阿萨拉的精确观察中就可以断定：在某些开阔的地区，它不爬树，而是把巢筑在堤岸的洞穴中!然而在别的一些地方，据哈德逊（Hudson）先生讲，就是这种鸟，却常出入于树林，并在树干上凿洞为巢。我还可以举一个这一属鸟习性改变的例子，即德·沙苏尔（De Saussure）描述的墨西哥啄木鸟，它在坚硬的树木上啄洞，以贮藏橡子果。

海燕是最具空栖性和海洋性的鸟类。但是在火地岛（Tierra, del Fuego）恬静的海峡间，有一种叫倍拉鸌（*Puffinuria berardi*）的鸟，它的一般习性，惊人的潜水能力，游泳和飞翔的方式，都会使人把它误认为是一种海雀或一种鸊鷉。尽管如此，它实际上是一种海燕。但是，涉及其新的生活习性的许多机体部分，却已发生了显著的改变。而拉普拉塔的啄木鸟，其构造只发生了轻微的变化。河鸟，就连最敏锐的观察家通过对它的尸体检查，也绝不会怀疑它是半水栖习性的鸟类。然而，这种鸟在起源上却与鸫科相近，靠潜水生存。在水下用爪抓住石子，并鼓动它的双翅。膜翅目是昆虫的一个大目，除卢布克爵士发现的细蜂属（*Proctotrupes*）的习性是水栖的外，其余全是陆栖的。细蜂属的昆虫经常进入水中，潜水用翅而不用脚，在水面下能逗留四小时之久。然而，它在构造上却没有随着这种异常的习性而改变。

奥杜邦（John James Audubon，1787—1865），美国鸟类学家。

那些相信生物一被创造出来就是今天这个样子的人，当他们遇到一种动物所具有的习性与其构造不一致时，一定会感到惊奇。还有什么比鸭和鹅用作游泳而形成的蹼足更明显的例子呢？然而生活于高原地区具有蹼足的鹅却很少接近水边。除奥杜邦（Audubon）外，没有人看见过四趾有蹼的军舰鸟降落在海面上。与此相反，鸊鷉和大鸥，它们仅在趾的边缘上长有膜，但却是显著的水栖鸟。还有什么比涉禽（Grallatores）的鸟类，为了涉足沼泽，在浮于水面的植物上行走而形成长而无膜的足趾更明显的例子呢？但是这一目内的苦恶鸟和秧鸡的习性则大不相同。前者几乎和骨顶鸡一样是水栖性鸟类，后者几乎和鹌鹑或鹧鸪一样是陆栖鸟类。像这样的例子，还可以举出许多，都是习性已经发生了改变而相应的构造却没有变化。斑胁草雁蹼足虽然在构造上还未变化，但可以说它几乎已成为痕迹器官了。至于军舰鸟足趾间深凹的膜，则表明构造已开始变化。

信奉生物是经多次分别被上帝创造出来的人会说，这类情况是造物主故意让一种类型的生物去取代另一类型的生物。但以我看来，我只不过是从维护其尊严的角度，把他们的观点重述了一遍而已。相信生存斗争和自然选择学说的人都会承认，各种生物都在不断地力图增加其数量，也承认，如果一种生物无论在习性上或在构造上，即使发生很小的变化，便会优于该地的其他生物；它就能占领其他生物的领地，不管这一领地与它原来的领地有多么的不同。所以，他们对下列的事实便不足为奇了：长蹼足的斑胁草雁却生活于干燥的陆地，有蹼足的军舰鸟却很少接触水；长有长趾的秧鸡生活于草地而不是沼泽，某些啄木鸟生活在几乎不长树木的地方；鹈和膜翅目的一些昆虫却可以潜水，海燕却具有海雀的习性，等等。

极完美而复杂的器官

像眼睛那样的器官，可以对不同的距离调焦，接纳强度不同的光线，并可校正球面和色彩的偏差，其结构的精巧简直无法模拟。假设它也可以通过自然选择而形成，那么我坦白地说：这听起来似乎是极度荒谬的。当最初听说太阳是静止的，地球绕着太阳转时，人类曾经宣称，这一学说是错误的。所以，像每个哲学家所熟知的古谚——“民声即天声”，在科学上却是不可信的。理性告诉我，如果可以显示，由简单而不完善的眼睛到复杂而完备的眼睛之间存在着的无数中间等级，且每一等级对动物都是有益的（实际上确实如此）；进一步假设，眼睛是可变异的，且其变异是可遗传的（事实的确如此）。如果这样的变异对生活在环境变化中的任何动物都是有利的，那么，虽然我们很难用自然选择的学说来论证极复杂而完善的眼睛的形成过程，但我相信，却不至于能否定我的学说。一根神经如何变得对光有感觉，和生命是如何起源的问题一样，与我们这里讨论的问题无关。不过我可以指出，一些最低等的生物体内虽找不到神经，却具有感光的能力。因此，它们原生质中的某些感觉物质会聚集起来发展为神经，从而赋予了这种特殊感觉的能力，这似乎并非是不可能的。

在搜寻任何动物器官不断完善过程中的中间过渡类型时，我们本该专门观察它的直系祖先，但这几乎是不可能的。于是我们便不得不去观察同类群中其他种或属的动物，即同祖旁系的后裔，以便了解可能存在的逐级变化情况，也许还有机会看到一些传衍下来而没有改变或改变很小的中间类型。但是，不同纲内动物的相同器官的状况，偶尔也可能提供该器官所经历的演化步骤。

可以称之为眼睛的最简单的器官，由一根被色素细胞围绕并为半透明皮肤覆盖的感光神经所组成，而没有任何晶状体或其他折光体。然而根据乔登（M. Jourdain）的研究，甚至还可追索出更低级的视觉器官，它只是着生在肉胶质组织上的一团色素细胞的聚集体；虽没有任何神经，却分明起着视觉器官的作用。上述这样简单性质的眼睛，缺乏清晰的视觉能力，只能辨别明亮与黑暗。根据乔登的描述，在某些海星中，包围神经的色素层上有小的凹陷，里面充满着透明的胶状物质，表面向外凸起，如高等动物的角膜，他认为这种结构不能成像，仅能聚合光线，使它们更容易感光。光线的聚集是成像型眼睛形成的一步，也是最重要的一步。因为只要具有裸露的感光神经末梢，在一些较低等的动物中，它埋于身体的深部，而在有些动物中，它接近于表面，当它与聚光机构的距离适中时，在它上面便可形成影像。

在关节动物（Articulata）[①]这一大纲里，人们见到最简单的视觉器官是仅被色素覆盖的单根感光神经。这种色素有时形成一种瞳孔，但缺乏晶状体或其他光学装置。至于昆虫，现已知道，其巨大复眼的眼膜上的无数小眼形成了真正的晶状体，而且这种视锥体包含着奇妙变化的神经纤维。但是在关节动物中，这些视觉器官趋异很大，穆勒将其分为三大类和七亚类，此外还有包括第四大类聚生单眼。

如果我们回想一下上面极简要地介绍的这些事实，即低等动物眼睛构造变化之多，差异之大和中间类型之繁多；如果我们还记得，现存生命的形式与已灭绝的相比，其数量是何等的小，那么，相信自然选择作用会将一根神经，即被色素包围和被透明膜覆盖的简单装置演变成为如任何一种关节动物所具有的那样完备的视觉器官，就不会有多大困难了。

读完此书，便会发现：大量的事实只能用对变异进行自然选择的学说，才能得到圆满的解释。于是，我们就应当毫不犹豫地进一步承认，甚至像鹰的眼睛那样完美的构造，也只能是这样形成的，尽管对其演变的过程并不清楚。有人曾反对说，既要改进眼睛，还要把它作为完备的器官保存下来，同时还必须产生许多变化，这是自然选择不可能做到的。但正如我在《动物和植物在家养下的变异》中所指出的那样，如果变异是极细微的渐变，便没有必要假设它们都是同时发生的。正如华莱士先生所说：“如果一晶状体所具有的焦距太短或太长，便可通过曲度或密度的改变而得到改进。如果曲度不规则，光线则不能聚于一点，那么只要增加曲度的整齐性，便可得到改善。所以，虹膜的收缩和眼肌的运动，对于视觉并不是最重要的，它们只不过是在眼睛演化过程中某一阶段的补充和完善而已。”在动物界最高级的脊椎动物中，我们可以从极简单的眼睛开始，如文昌鱼的眼睛，仅由一个透明皮肤小囊和一根被色素包围的神经组成，再没有别的装置。在鱼类和爬行类中，如欧文所说，“屈光构造的诸级变化范围是很大的。”根据权威人士微

① 达尔文时代的所谓关节动物概念包括了现在的节肢动物和环节动物，现在分类学已废除“关节动物”这一分类概念。——译者注

由简单而不完善的眼睛到复杂完备的眼睛之间存在着的无数中间等级，且每一等级对动物都是有益的。（图为白头海雕）

尔肖（Wirchow）的卓见，甚至人类，其美丽的晶状体也是在胚胎期由表皮细胞集聚形成的，位于囊状皮褶中；而玻璃体则是由胚胎的皮下组织形成的；这是具有重要意义的事实。然而，要对如此奇异而并非绝对完美无缺的眼睛的形成做出公正的结论，就必须以理性战胜想象。但我已深感这是极其困难的。所以，把自然选择的原理延伸到这样远时，我能理解为什么会使别人在接受这一理论时感到犹豫不决。

人们免不了要将眼睛和望远镜相比较。望远镜是人类以最高的智慧，经长期不断地研究而得以完善的。因此，我们很自然地推论，眼睛也是由类似的过程形成的。这种推论是否太主观了呢？我们有权假设“造物主”也是以和人类一样的智力来工作的吗？如果我们一定要把眼睛和光学仪器作比较的话，就应该想象到眼睛有一层厚的透明组织，其空间里充满着液体，下面有对光敏感的神经。并假设这层组织的各部分的密度都在不断地慢慢发生着变化，结果造成各层的密度和厚度不同，各层间的距离也彼此不同，各层表面的形状也慢慢地发生改变。我们还必须进一步假设，有一种力量，就是自然选择作用或最适者生存，它一直密切注视着这些透明层中发生的每一个微小的改变，并把在不同条件下，以任何方式或任何程度上所产生的每一个与众不同的有利变异都能仔细地保存下来。我们还必须假定，这些被保留的新产生的动物都可大量地增殖，直到产生更好的新动物类型后，旧的类型便被消除。在现存的生物中，变异会导致微小的改变，繁殖会使它们的数量增至极大。而自然选择会准确无误地挑选每一个有利的改进。这种自然选择过程会持续千百万年，每年又都作用于千百万不同类型的个体，难道我们还不相信，这样形成的活的光学仪器不会优于玻璃仪器吗？难道我们还要相信“造物主”的作品会优于人类的作品吗？

过渡的方式

假如可以证明，任何复杂的器官，不可能通过大量的、连续的和细微的改进而形成，那么我的学说便会彻底被粉碎。然而，我却找不到这样的例证。无疑，许多现存的器官，我们并不知道它们过渡的中间诸级类型。尤其是当我们考察那些非常孤立的物种时，根据本学说，它周围原有

某些植物个体同时具有两种或三种攀援方式，达尔文在其著作《攀援植物的运动和习性》中进行了详细的论述。

的许多过渡类型大都已经绝灭了。我们再拿一个纲内所有动物共有的一个器官来说吧，它原来形成的时期一定非常遥远，此后该纲的各种动物才发展起来。因此，要揭示该器官早期经过的各级过渡类型，就必须观察那些早已绝灭了的非常古老的原始类型。

当我们要断言，一种器官的形成不可能经过某种中间过渡类型时，必须十分谨慎。在低等动物中，可以举出大量的关于同一器官执行着完全不同功能的例子。例如，在蜻蜓的幼虫和泥鳅（Cobites）中，消化道同时具有呼吸、消化和排泄功能。水螅（Hydra）可将身体内层翻向外面，用其外表面进行消化，而用胃进行呼吸。原来明显具有两种功能的器官，若在行使一种功能中获得了优势，则自然选择便可使该器官的全部或一部分在不知不觉中逐渐特化，从而大大地改变了它的本能。已知许多植物经常同时产生不同形态的花。如果仅产生一种形态的花，则该物种花的形态，便会相当突然地发生大的改变。然而，同一植株产生的两种花形，很可能是经过许多微小而逐渐的步骤分化而来的。这些微小的步骤，在某些少数情形下，还在继续变化着。

另外，两种不同的器官，或两种形态极不相同的同功器官，可以在同一个体上同时行使着同一功能。这是极为重要的过渡方法。例如，鱼类用鳃呼吸溶解于水中的空气，同时用鳔呼吸游离的空气。鳔由充满血管的多个隔膜将其分隔成多个部分，并有一个鳔管来提供空气。再举一个植物界的例子，植物攀援的方式有三种，螺旋状的缠绕，用有感觉的卷须卷住支持物和形成气根。这三种方式，常发现存在于不同的植物类群中，但某些少数植物的个体却具有两种或三种攀援方式。在所有这些情形里，两种器官中的一种可能容易改变并完善。在改善的过程中，由于另一器官的辅佐，使这一器官可承担这一功能的全部工作，而另一器官则可能改为执行别的十分不同的用途，否则便会完全消失。

鱼类的鳔是一个很好的例子，因为它明确地向我们表明一个极为重要的事实：原先用作漂浮的器官可以转变为与原来功能极不相同的呼吸器官。在某些鱼类中，鱼鳔对听觉具有辅助的功能。生理学家公认，在结构和位置上，鱼鳔与高等脊椎动物的肺是同源的或极其相似的。因此，不容置疑，鱼鳔实际上已经转变为肺，即专营呼吸的器官。

按此观点可以推论，一切具有真正肺的脊椎动物，都是由未知的原型动物一代一代衍变而来的，这种原型动物具有漂浮器官，即鳔。正像我根据欧文对这些器官有趣的描述所推论的，我们便可以理解这样奇异的事实，我们咽下的每一点食物和饮料都必须通过气管上的小孔，尽管那里有一种完美的装置可以使声门紧闭，但仍有掉进声门的风险。较高等的脊椎动物的鳃已完全消失，然而在它们的胚胎中，颈旁的裂隙及弧形的动脉仍标志着鳃原先的位置。可以想象现今已完全消失的鳃，也许由于自然选择的作用逐渐被改用于不同的目的。例如，兰度伊斯（Landois）曾指出，昆虫的翅膀是由鳃气管发展而来的。因此很可能，在这一大纲里，曾经作为呼吸的器官，现已转变为飞翔的器官了。

在考虑器官的过渡时，要记住器官的功能是可能改变的，这一点极为重要。所以我要举另一个例子，有柄蔓足类具有两块很小的皮褶，我称它为“保卵系带”。它分泌一种黏液，把卵粘在袋中，直到卵孵化为止。这些蔓足动物没有鳃，但它们的身体和卵袋的整个表面以及系带都具有呼吸的功能。藤壶科或无柄蔓足类则不然，它们没有保卵系带，卵松弛地处于袋的底部，用壳紧裹着。但在相当于保卵系带的部位却有宽大多皱的膜，与袋和身体内的循环腔隙自由相通，所以博物学家认为这类膜具有鳃的功能。现在，我想再没有人会对这一科里的保卵系带与那一科的鳃严格对等提出争议。实际上，它们之间是逐渐地转变的。所以无须怀疑，原先作为保卵系带，同时也兼有轻微呼吸作用的这两块小皮褶，由于自然选择，仅仅通过将它们的体积增大和使黏液腺的消失，便逐渐地把它们转变成为鳃。有柄蔓足类比无柄蔓足类更易绝灭，如果所有的有柄蔓足类已经绝灭，谁还能想到，无柄蔓足类的鳃原本是用来防止卵被冲出袋外的一种器官呢？

另一种可能的过渡方式，是通过生殖期的提前或推迟而实现的。这是美国的科普教授和一些人新近提出和主张的过渡方式。现在知道，有些动物在非常早的时期，即它们的特征没有完全发育成熟之前，便能生殖。如果这种过早的生育能力，在一个物种中已充分发展，则该物种发育的成年阶段便可能迟早要消失。在这种情况下，尤其是幼体和成体的形态差别很大时，该物种的特征便会发生很大的改变或退化。另外，并非少数动物在达到成熟之后，几乎在一生中还在不断地改变它们的特性。例如哺乳动物脑壳的形状随年龄递增而变化很大。关于这一点，穆利（Murie）博士曾就海豹举出了若干显著的例子。众所周知，鹿角分枝数随年龄的增大而增多。一些鸟类的羽毛随年龄的增加，其色彩变得愈益精美。科普（Cope）教授讲，某些蜥蜴的牙齿形状，也随年龄的增长变化很大。据穆勒记载，甲壳类动物在成熟以后，不仅许多微小的，而且一些重要的部分，还会呈现出新的特征。在全部的这些例子中，还可以举出许多，如果生殖年龄延迟了，那么该物种的特征，至少其成年期的特征，便会改变。在有些情况下，发育前期和早期阶段很快结束而至最终消失，也并非是不可能的。至于是否物种常常通过或曾经通过这种比较突然的过渡方式而改进，我还不能断言。然

鹿角分枝数随年龄的增大而增多。

而，如果这种情况曾经发生过，那么幼体与成体间以及成体与老年体之间的差异，最初很可能还是一步一步逐渐获得的。

自然选择学说的特殊难点

虽然我们在武断任何器官不可能由许多微小的、连续的过渡类型逐渐形成的时候，必须十分谨慎。然而，我们仍不免还会有一些严重的难点。

最严重的疑难之一便是那些中性昆虫，它们的构造常与正常雄体和能育雌体很不相同。这种情况将在下一章讨论。另一个特别难于解释的例子是鱼类的发电器官，因为我们无法想象，这些奇异的器官，是经过怎样的步骤形成的。这也并不奇怪，因为我们甚至还不了解它们的功能。电鳗（Gymnotus）和电鳐（Torpedo）的发电器官，无疑是防卫的有力工具，也可能具有捕食的作用。然而，据马泰西（Matteucci）观察，鳐鱼（Ray）的尾部也有类似的器官，产生的电却很少。甚至被激怒时，这点电几乎起不到任何防卫和捕食的作用。又据麦克唐纳（Mc Donnell）博士的研究，在鳐鱼的头部附近还有一个器官，已知它不发电，却似乎与电鳐的发电器官是真正同源的器官。就其内部构造、神经分布以及对各种刺激的反应方式来看，一般认为这些器官与普通肌肉非常相似。还应当特别注意，当肌肉收缩时，伴随着一个放电的过程。拉德克利夫（Radcliffe）博士认为“电鳐的发电器官在静止时的发电，似乎与肌肉和神经在静止时的充电过程完全相同。电鳐的放电，也没有什么特别之处，只不过是肌肉和神经活动时另一种放电形式而已。”除此之外，我们现在不可能有别的解释。由于我们现在对这些器官的功能了解甚少，而且对这些发电鱼类的始祖的习性和构造也毫不了解，在这种情况下便断言，这些器官不可能经过有利的过渡类型而逐渐形成，就未免太冒昧了。

电鳐的发电器官是防卫的有力武器，也可能具有捕食的作用。

初看起来，这些发电器官好像给我们带来另一个更加严重的难点，因为它们见于约十二种鱼中，其中好几种鱼的亲缘关系相距甚远。在同一纲中，若具有同样器官而生活习性大不相同的生物，往往被认为它们是由同一祖先传衍而来的。同一纲中不具备这一器官的生物，则认为是由于长期不用或自然选择作用而丧失了这种器官的结果。因此，这些发电器官若由某一原始祖先传衍而来，我们便会想到，所有的发电鱼类彼此间都该有一定的亲缘关系。但事实并非如此，地质上根本没有任何证据会使我们相信，大部分鱼类原先就具有发电器官，而它们变异了的后代现已丧失了这类器官。然而，当我们更详细地考察这一问题时，便会发现：在具有发电器官的若干鱼类中，其发电器官在身体上的部位和构造皆不相同，如电板的排列组合的方式不一样，而且据佩西尼（Pacini）讲，这些发电器官的发电过程和方法也彼此各异。最后一点，也许是最重要的一点，即这些发电器官的神经来源也不相同。因此，在这些具有发电器官的鱼类中，不能认为它们的发电器官都是同源的，而只能说它们在功能上是相同的。所以我们便没有理由假设它们是由同一个共同的祖先传衍下来的。因为假若如此，它们在各方面就应当极其相像。于是，关于表面相同，实则起源于若干亲缘关系很远的物种之器官，这一疑难便不复存在了。剩下的是次要的然而仍是极难的问题，即在这些不同类群的鱼中，它们的这些器官是经过怎样的步骤逐渐形成的呢?

在分属于亲缘相距甚远的不同科的几种昆

虫中，它们身上不同部位所具有的发光器官，在我们对其还缺乏了解的情况下，却给我们提出了一个和鱼类发电器官几乎一样的难题。我们还可以举出一些与此类似的例子。例如在植物中，有一种使一团花粉粒着生在具有黏液腺的足柄上的奇妙装置，它们在红门兰属（*Orchis*）与马利筋属（*Asclepias*）中，构造上显然是相同的。然而，在显花植物中，这两属亲缘关系相距最远，这种类似的装置并非同源。在所有分类地位相距极远，却具有特殊而类似的器官的生物中，尽管这些器官的一般形态和功能相同，但总可以发现它们之间的基本区别。例如，头足类或乌贼的眼睛与脊椎动物的眼睛异常相像，在系统发育上相距如此远的两类动物中，相似的部分不可能归因于一个共同祖先的遗传。米瓦特（Mivart）先生曾提出，这种情况也是特殊难点之一。但我并看不出有多么困难。一个视觉器官必然由透明的组织所形成，也必须含有某种晶状体，把物影投射到暗室的后方。除了这种表面上的相似之处，乌贼和脊椎动物的眼睛之间再没有任何真正相似之处。这一点，只要看一看亨森（Hensen）先生关于头足类眼睛的精辟的研究报告就可以明白了。我不想在这里详加说明，仅指出其中几点不同。较高等乌贼的晶状体由两部分组成，就像一前一后的两个透镜，这两部分的构造和位置皆与脊椎动物的截然不同。其视网膜与脊椎动物相比，也完全不同，主要部件实际上是颠倒的，眼膜内还包含有一个大的神经节。肌肉间的关系和其他一些特点也极不相同。于是在描述乌贼与脊椎动物的眼睛构造时，甚至将同一术语究竟用到怎样的程度，也难以确定。当然，在这两个例子中，谁都可以否定任何一种眼睛是通过对连续的微小变异的自然选择作用而逐渐形成的观点。但是，一旦接受一种眼睛是自然选择作用形成的，那么很清楚，另一种眼睛也可能如此。按此观点，可以预料到，这两大类动物的视觉器官会在结构上表现出基本的不同。正如两个人有时可以分别研究出同一发明一样。在上述几例中，自然选择在为每一生物的利益工作着，选留所有的有利变异，也可以在不同的生物中产生功能上相似的器官，而这些器官在构造上不是由共同祖先遗传来的。

穆勒为了验证这一结论，极谨慎地给出了几乎完全相同的论据。甲壳纲有好几个科，只包括少数几个物种，它们具有一种呼吸空气的装置，适于水外生活。其中有两个科，穆勒进行了特别详细地研究。这两科的关系很近，各物种的所有重要特征几乎完全一致或很接近。它们的感觉器官、循环系统、复杂的胃中的毛丛的位置以及营水呼吸的鳃的全部构造，甚至用以洗刷鳃的微钩都几乎是完全相同的。由此可想到，这两个科中的少数几个营陆生的物种，其同等重要的呼吸空气器官，也应该是相同的。因为一切其他的重要器官都十分相似或完全一致，为什么单让具有同样功能的呼吸器官的构造不同呢?

穆勒根据我的观点，认为构造上这么多的密切相似，必然由共同的祖先遗传所致。但是，上面两科中大多数物种，以及大多数甲壳动物都是水栖性的，所以它们共同的祖先不可能是适应呼吸空气的。于是，穆勒在呼吸空气的物种中，仔细检查了其呼吸器官，发现在若干重要点上，如呼吸孔的位置，开闭的方式，以及若干其他附属构造上，都是有差异的。假设这些不同科的动物是各自慢慢地变得日益适应于水外呼吸空气生活的，那么那些差异是可以理解的，甚至是可以预料的。因为这些物种属于不同的科，不免有某种程度上的差异，同时根据每种变异的性质依赖于生物本身和所处的环境两种因素的原则，所以它们的变异不会完全相同。因此，自然选择要达到相同的功能，就必须在不同的变异材料上进行工作，由此所产生的构造势必有差别。如果根据物种是分别被创造出来的特创论，那全部事实都无法理解。这样的论证过程使穆勒接受了我在本书中所主张的观点，应该是很具说服力的。

另一位卓越的动物学家，已故的克拉帕雷德（Claparède）教授，应用同样的方式推论，得到的结果相同。他指出，隶属于不同亚科和科的寄生螨（Acaridae）都具有毛钩。这些毛钩必然是分别发展而成的，因为它们不可能由一个共同的祖先传衍而来；在不同类群中其起源各异，有些由前腿，有些由后腿，另一些由下颚或唇，还有一些由身体后部下方的附肢变化而成。

由前面事例，我们从全然没有亲缘关系或只有遥远的亲缘关系的生物中，看到外观密切相似的器官，尽管起源不同，达到的目的和所起的功用却相同。另一方面，通过多种方式可以达到相同的目的，甚至密切相近的生物也是如此，这是贯穿整个自然界的共同规律。鸟的羽翼和蝙蝠的膜翼，在构造上是何等的不同；蝴蝶的四翅、蝇类的双翅及甲虫的鞘翅在构造上的差别更大。双壳类（Bivalve）的壳能开能合，但铰合的结构，从胡桃蛤（Nucula）的一长行交错的齿到贻贝（Mussel）的简单的韧带，中间有许多不同的形

植物的种子构造精致，有的借特殊的翼来扩大传播，有的以鲜艳的色泽来吸引鸟类吞食。（陈静摄于北京奥林匹克森林公园）

式。植物的种子构造精致，有的借荚转变成轻的气球状被膜来传播；有的种子包含于由不同部分形成的果肉内，以其丰富的养分和鲜艳的色泽吸引鸟类吞食而传播；有的长有种种钩和锚状物，以及锯齿状的芒，以便附着于走兽的毛皮上；还有生着各种形状和构造精巧的翅和毛，以便随微风飘扬。我还要举一个例子，以多种方式可达到相同的结果。这一问题的确应引起注意。有些学者主张，以多种方式所形成的各种生物，几乎好像商店里的玩具一样，仅仅是为了显示花色品种不同而已，但这种自然观念并不可信。性别分离的植物，甚至两性花的植物，花粉也不能自然地散落在柱头上，需借助某种外力来完成授精作用。这种外力有好几种，有的植物的花粉粒轻而松散，可随风飘荡，仅靠机遇到达雌蕊的柱头上，这是可想象的最简单的方法。另一种同样简单却极不相同的方法，见于许多植物，它们的对称花分泌一些花蜜，招引昆虫，由昆虫把花粉从花药带到柱头上。

从这简单的阶段起，我们便可认识到，不同植物为了同一目的，以基本相同的方法，产生了无数的装置，引起花的每一部分发生变化。花蜜可贮藏在各种形状的花托内，雌蕊和雄蕊形态变化很大，有时形成陷阱似的形状，有时能随刺激性或弹性而进行巧妙的适应运动。从这样的构造直到克鲁格（Crüger）博士最近描述的盔兰属（*Corganthes*）那样异常适应的例子，不一而足。这种兰花的唇瓣即下唇有一部分向内凹陷形成一个大的水桶状，在它的上方有两个角状构造，分泌近乎纯净的水滴，不断地滴入桶内；当桶内的水半满时，水便从一边的出口溢出。唇瓣的基部在水桶的上方，也凹陷成一个小窝，两侧有出入孔道，窝内有奇异的肉质稜。即使最聪明的人，如果他不曾目睹那里发生的情形，也永远无法想象这些构造的作用。克鲁格博士曾看到许多大土蜂，成群光顾这巨大的兰花；但它们不是为了采蜜，而是为了啃食水桶上方小窝内的肉质稜；因此常常相互拥挤而跌进水桶里。它们的翅膀被水浸湿，无法起飞，于是不得不从那个出水口或水溢出的孔道爬出。克鲁格博士曾见到许多土蜂这样被迫洗过澡后排队爬出的情形。这孔道很狭小，上面盖有雌雄合蕊的柱状体，因此土蜂用力向外爬出时，首先便把它的背擦着胶粘的雌蕊柱头，随后又擦着花粉块的粘腺。这样，首先爬过新近张开的花的孔道时，土蜂便把花粉块粘在它的背上带走了。克鲁格寄给我一朵浸在酒精里的花，其中有一只土蜂，是在将要爬出孔道时弄死的，花粉块还粘在它的背上。带着花粉的土蜂，再飞临此花或另一朵花时，被它的同伴挤入水桶里，而经过孔道爬出的时候，背上的花粉块必然首先与胶粘的柱头接触，并粘在其上，于是花便受精了。现在我们终于清楚了此花每一部分构造的充分功能，如分泌水的角状体，盛水半满的桶，它们的作用是为了阻止土蜂飞走，迫使它们从孔道爬出，并使它们擦着生在适当位置上的黏性花粉块和黏性柱头。

另一近缘的龙须兰属（*Catasetum*）的兰花，其花的构造虽起着同一作用，却十分不同，也是相当奇妙的。蜂光顾它的花，像光顾盔兰属的花一样，是为了咬吃花瓣的；当它们这样做的时候，便不免与一长而尖细的，感觉敏锐的突出物接触，我把这突出物叫作触角。触角一被碰着，

大花盆距兰（*Gastrochilus bellinus*）。兰花被认为是单子叶植物中最进化的类群，其形态多样性和对环境的适应性让人惊叹。

就会把感觉即振动传到一种膜上，该膜立即破裂，由此释放出一种弹力，把黏性花粉块如箭一般地射出，正好使胶粘的一端粘在蜂背上。这种兰花是雌雄异株的，雄株花粉块就这样被带到雌株的花上，在那里碰到柱头，柱头上的粘力足以撕裂弹性丝，留下花粉进行受精。

也许有人要问，在上述及其他无数的事例中，我们如何能理解为了达到同一目的的这种复杂的逐渐分级步骤和各式各样的方法呢？这一问题的答案，正如前面讲过的，无疑是：彼此已有稍微差异的两个类型在发生变异时，它们的变异属性不会完全相同，因此为了同一目的通过自然选择所得到的结果也不会相同。我们还应记住，各种高度发达的生物必然经过许多变化；而且每种变化了的构造都有被遗传下来的倾向，所以每个变异不会轻易地丧失，仅会一次又一次地进一步变化。因此，每一物种的各部分构造，无论其作用如何，都是许多遗传下来的变化的总和。通过这一过程，该物种不断适应变化的生活习性和生活条件。

最后应该指出的是，尽管在许多情况下，要推测器官经过了哪些过渡的形式而达到现在的状态是极其困难的。然而，考虑到现生的和已知的类型，比起已灭亡的或未知的类型要少得多，因而人们很难指出某个器官是未经过渡阶段而形成的。好像为了特殊目的而创造出的新器官，很少或从未出现过。这的确是真的，正如自然史里那句古老的但有些夸张的格言所指出的：“自然界没有飞跃”。几乎所有有经验的博物学者的著作中都承认这一观点，米尔恩·爱德华兹（Edwards）说得好，自然界的变异是十分慷慨的，但革新却是吝啬的。假如特创论是对的话，那为什么变异那么多，而真正的创新却又如此之少呢？许多独立生物，既然是分别创造出来以适合于自然界的特定位置，为什么它们的各部分器官，却这样普遍地被众多逐渐分级的步骤连接在一起呢？为什么从一种构造变成另一种构造时自然界不采取突然的飞跃呢？依照自然选择的理论，我们便可容易理解自然界为什么没有飞跃，因为自然选择只能利用微小而连续的变异发生作用，她从来不采取大的突然的跳跃，而是以小而稳的缓慢步骤前进的。

自然选择对次要器官的影响

由于自然选择是一个使适者生存，不适者淘汰的生死存亡的过程。这就使我在理解次要器官的起源或形成时，有时感到很为难；其难度几乎同理解最完美和最复杂的器官的起源问题一样，虽然这是一种很不相同的困难。

第一，由于我们对任何一种生物的全部构造所知甚少，还不能说什么样的轻微变异是重要的或是不重要的。在前面的一章里，我曾举出很次要的一些性状，如果实上的茸毛，果肉的颜色，以及兽类皮和毛的颜色。它们或与体质的差异有关，或与昆虫是否来侵害有关，必定能受到自然选择的作用。比如长颈鹿的尾巴，宛如人造的蝇拂，初看起来似乎很难使人相信，它现今的功能，也是经过连续细微的变异，越来越适于行使驱蝇这样的小功能。然而，即使如此，我们在肯定之前也应加以考虑，因为我们知道在南美洲，家畜与其他动物的分布和生存完全决定于它们防御昆虫侵害的能力。那些无论用什么方法，只要能防御这些小敌害侵袭的个体，就能扩展到新的牧区而获得极大的优势。体型较大的四足兽（极少数例外）实际上不会被蝇类消灭，而是持续地受搅扰，体力下降，结果较易生病，或在饥荒时不能那么有效地寻找食物或逃避猛兽的攻击。

现在不重要的器官，有些对于早期的祖先也许是至关重要的。这些器官在早先的一个时期经过逐渐地完善之后，尽管现在用途不大，仍以几乎同样的状态遗传到现存的物种；但是，它们现今构造上向任何有害的偏离，当然要受到自然选择的抑制。看到尾巴对大多数水生动物是何等重要的运动器官，于是便可解释为何这么多陆栖动物（陆生动物的肺和变化了的鳔表示它们是水栖起源的）普遍有尾巴，而且有多种用途。在水生动物里所形成的很发达的尾巴，后来可转变为各种用途，如拂蝇器，执握器，或像狗尾那样帮助转身；但尾巴在帮助野兔转身上用处很小，因为野兔几乎没有尾巴，却能很快地转身。

第二，有时我们容易误认为某些性状重要，并错误地相信这些性状是经自然选择而发展形成的。我们千万不可忽视：生活条件的改变所引起的明显作用效果；似乎与环境条件关系不大的所谓自发变异的效果；复现久已消失性状的倾向所产生的效果；复杂的生长规律，如相关作用、补偿作用、一部分压迫另一部分等等所产生的效果；最后，还有性选择所产生的效果，通过这一选择，某一性别常常获得一些有利性状，并能将其或多或少地传递给另一性别，尽管这些性状对另一性别毫无用处。但是这样间接获得的构造，虽然起初对一个物种并没有利益，以后却可能被它变异了的后代在新的生活条件下和新获得的习性所利用。

如果只有绿色啄木鸟生存着，而我们并不知道有许多黑色的和杂色的啄木鸟，那我敢说我们一定会以为绿色是一种最美妙的适应，它使频繁出没于树林间的鸟得以隐匿于绿荫中而逃避敌害；因此，就会认为这是一种重要性状，而且是通过自然选择作用获得的；其实，这种颜色可能主要是由性别选择获得的。马来群岛有一种藤棕榈（frailing palm），由于枝端丛生着一种结构精巧的刺钩，能攀援耸立的最高树木。这一构造对该植物无疑有极大用途。但是，我们在许多非攀缘的树上也看到几乎同样的刺钩，并且从非洲和南美洲生刺物种的分布情况看，有理由相信这些刺钩的作用是用来防御草食兽的。所以藤棕榈的刺最初可能也是为了这种目的而发展的，后来该植物进一步变异并成为攀援性时，刺钩便被改良和利用了。兀鹫（Vulture）头上的秃皮，普遍认为是为了沉迷于取食腐尸的一种直接适应；这或许是对的，但也可能是由腐败物质直接作用所致。但是，在我们作任何这样的推论时，都应当十分谨慎，因为我们知道吃清洁食物的雄火鸡（Turkey）头皮也是这般秃顶。幼小哺乳动物头骨上的裂缝被认为是有助于产出的美妙适应，毫无疑问这能使生产变得更容易，也许是为了生产所必需的。然而，幼小的鸟类和爬行类是从破裂的蛋壳里爬出来的，而它们的头骨也有裂缝，所以我们可以推想这种构造最初产生于生长法则，以后才被用于较高等动物的分娩中。

我们对各种微小的变异或个体差异产生的原因根本不知道；我们只要想一下各地家养动物品种间的差异——特别是在文化较不发达的地方，那里还很少实行有计划的选择——就会立即了解这一点。各地未开化人所养的动物，往往必须为自身的生存而斗争，并且在一定程度上受自然选择作用，那些构造上稍有不同的个体，便会在不同的气候下得到最大的成功。牛对于蝇类侵害的敏感性，像对被植物毒害的敏感性一样，与体色有关，所以甚至颜色也得服从自然选择的作用。一些观察者确信潮湿气候影响毛的生长，而角又

火鸡的头皮也像兀鹫那样是秃的，但它并不像兀鹫那样取食腐尸，而是吃清洁食物的。

兀鹫头上的凸皮，被认为是为了沉迷于取食腐尸的一种直接适应。

与毛相关。山区品种总是与低地品种不同。在山区使用后肢较多，因此可能对后肢有影响，甚至会影响到骨盆的形状。依据同源变异的法则，前肢和头部也可能受到影响。骨盆形状的改变，对子宫产生的压力，还可能影响到胎体某些部分的形状。我们有可靠理由相信，在高地呼吸很费力，会使胸部有增大的倾向；而胸部的增大，又会引起其他相关效应。少运动加上丰沛的食物，对整个体制的影响可能更为重大；那修西亚斯（H. Von Nathusius）最近在他卓越的论文中指出，这显然是猪的品种发生巨大变异的一个主要原因。可是我们对于一些已知的和未知的变异原因的相对重要性了解得太少了，无法加以讨论。我这样讲，仅在于表明，尽管一般都认为家养品种是由一个或少数亲种经过许多世代才发生的。但是如果我们不能解释它们性状差异的原因，那么我们便不该过于强调还不了解的真正物种间微小相似差异产生的真实原因。

功利说有多少真实性：美是怎样获得的

前面的论述，使我对有些博物学者最近就功利说提出的异议，得再说几句。他们反对功利说主张的所产生的构造上的每一细节，都是为了生物本身的利益。他们相信所形成的许多构造都是为了美，为了取悦于人类或“造物主”（但“造物主”超出了科学讨论的范围），或者仅是为了出新花样。对这一点上面已经讨论过。要是这些理论正确的话，我的学说就完全不能成立。我完全承认，有许多构造现在对生物本身已没有直接的用处，并且对它们的祖先也许不曾有过任何用处，但这并不能证明它们的形成完全是为了美观或出新花样。毫无疑问，条件改变的明确作用，以及前面列举各种变异的原因，不管由此获得何种利益，都能产生效果，也许是巨大的效果。但更重要的是，要考虑到每种生物的主要部分都由遗传而来。因此，虽然每一生物的确能适合它们在自然界的位置，但有许多构造已与现在的生活习性密切相关了。因此，我们简直难以相信斑胁草雁和军舰鸟的蹼足对于它们有什么特别的用处；猴的手臂、马的前肢、蝙蝠的翅膀、海豹的鳍足都具有类似的骨骼构造，我们也不能相信，它们对这些动物到底有什么特殊的用途。我们有把握地认为，这些构造都是遗传而来的。但是蹼足对斑胁草雁和军舰鸟的祖先，无疑是有用的，正如蹼足对于大多数现生的水禽十分有用一样。所以，我们也会相信海豹的祖先并非长有鳍足，而是具有五趾，适于行走或抓握的脚。而且我们更可相信，猴、马、蝙蝠的几根肢骨，最初是依功利的原则，可能是由该全纲的某种古代鱼型的祖先鳍内的众多骨头，经过减少而发展成的。对于外界条件的一定作用，所谓自发的变异以及复杂的生长法则等引起变化的原因，应当占多大的分量，还不能确定。但是除了这些重要的例外，我们可以断言，每一生物的构造，现在或过去，对它的所有者而言总有某种直接或间接的用途。

至于说生物是为了取悦于人类才被创造得美

这幅军舰鸟的图由英国博物学家乔治·爱德华（George Edwards，1694 — 1773）绘制。达尔文在本书中多次用军舰鸟举例，但尚不知道军舰鸟的蹼有什么具体作用。

雄性军舰鸟（何鑫摄于加拉帕戈斯群岛）。

观，这一信念曾被宣告可以颠覆我的全部学说。我首先指出，美的感觉显然决定于心理素质，而与被鉴赏物的实质无关；并且美的观念也不是天生的或一成不变的。例如，不同种族的男子对女人的审美标准就完全不同。如果说美的生物是完全为了供人欣赏才被创造出来，那么在人类出现之前，地球上的生物，就应该没有人类出现后那么美好。照此说来，那始新世美丽的螺旋形和圆锥形贝壳，以及第二纪（即中生代——译者注）形成的有精致刻纹的菊石，难道是为了在许多年代之后人类在室内鉴赏它们而提前被创造出来的吗？很少有比硅藻的微小硅质壳更美丽的了，难道它们也是早就创造好了，以待人类在高倍显微镜下观察和欣赏的吗？其实硅藻以及许多其他生物的美，显然完全是由于对称生长的缘故。花是自然界最美丽的产物，因为有绿叶的衬托，更显得鲜丽艳美而易于招惹昆虫。我做出这样的结论，是由于看到一个不变的规律，即风媒花从来没有华丽的花冠。有好几种植物通常开两种花，一种是张开而有颜色的，以招引昆虫；另一种是闭合而没有色彩，也不分泌花蜜，从不被昆虫所光顾。所以我们可以断言，如果地球上不曾有昆虫的发展，植物便不会生有美丽的花朵，而只能开不美丽的花，如我们看到的枞树、栎树、胡桃树、榛树、茅草、菠菜、酸模、荨麻等一样，它们全都靠风媒而授精。同样的论点也可以应用于果实。成熟的草莓或樱桃，既悦目又适口，卫矛的华丽颜色的果实和枸骨叶冬青树的猩红色浆果都很美丽，这是任何人都不可否认的。但是这种美，只供招引鸟兽吞食其果实，以便使成熟的种子得以散布。凡是被果实包裹的种子（即生在肉

菊石呈美丽的对数螺旋性增长，是为了自身利益而终生保持体型不变，并非为了取悦人类才被创造得美观。

质的柔软的瓤囊内），如果果实是色彩艳丽或黑色夺目的，总是这样散布的，这是我所推论出的规律，还未曾发现过例外。

从另一方面讲，我要承认大多数雄性动物，如一切漂亮的鸟类，鱼类，爬行类及哺乳类，以及各种华丽彩色的蝴蝶等，都是为了美观而变得漂亮的；但这是通过性选择而获得的。就是说，雌性喜欢连续选择更漂亮的雄性个体，而不是为了取悦于人。鸟类的鸣声也是如此。我们可从一切这类情形来推论：动物界的大多数动物，对于美丽的色彩和动听的音响，都有相似的嗜好。雌性和雄性长得一样美丽，这在鸟类和蝴蝶中并不少见，这显然是把由性选择所获得的色彩遗传给两性而不只是雄性的缘故。最简单形式的美感，就是说对于某种色彩、声音或形状所得到的特殊的快感，最初怎样在人类及低等动物的心理发展的呢？这确实是一个很难解答的问题。假若我们要问，为什么某些香气和味道可以给予快感，而其他的却会引起不悦之感呢？这是同样难以解答的问题。在这一切情形里，习惯似乎在一定程度上发挥作用；但在每个物种的神经系统的构造方面，必定还有某种基本的原因。

在整个自然界中，虽然一个物种不断地利用其他物种的构造并获得利益；但自然选择的作用不可能使一个物种产生的所有变异，专供另一物种利用。然而，自然选择却能够而且的确常产生出直接有害于其他动物的构造，如我们所看到的蝮蛇的毒牙，姬蜂的产卵管（通过它能把卵产在别种活昆虫的身体里）。假若能证明任一物种的构造的任何部分是专为另一个物种形成的，那便会彻底摧毁我的学说，因为通过自然选择不可能产生出这类构造。虽然在论自然史的著作中可以发现许多有关这一效果的论述，但我觉得没有一个是有分量的。响尾蛇的毒牙被认为是为了自卫

雌性和雄性长得一样美丽，这在蝶类中并不少见。达尔文认为“这显然是把由性选择所获得的色彩遗传给两性而不只是雄性的缘故。”

和杀害猎物的；但有些作者却认为它的响器同时具有对它不利的一面，即会使它的猎物产生警戒。其实，我很难相信，猫捕鼠准备越跃时尾端的蜷曲，是为了使厄运将至的老鼠警戒起来。但更可信的观点是：响尾蛇用它的响器，眼镜蛇膨胀颈部，蝮蛇在发出很响而粗糙的嘶声时把身体胀大，都是为了恐吓那些甚至对于最毒的蛇也会发起攻击的鸟和兽。蛇的这些行为和母鸡看到狗在逼近她的小鸡时便把羽毛竖起、两翼张开的原理是一样的。动物设法把它们的敌害吓跑的方法很多，但受篇幅的限制，不能详述。

自然选择决不会使一个生物产生对本身害大于利的任何构造，因为自然选择完全是根据各生物的自身利益而起作用的。正如佩利（Paley）所说：没有一种器官的形成是为了给生物本身带来痛苦或损害的。如果公平地衡量每个部分产生的利和害，那么可以发现，从总体上来说，每个部分都是有利的。随着时间的推移，生活条件的变迁，如果任何部分变为有害，那么这部分就要改变，否则该生物就要绝灭，如无数已经灭绝的生物一样。

自然选择的作用只是有助于使每一种生物与栖息于同一地方的、和它竞争的其他生物一样完善，或更加完善一些。我们可以看到，这就是在自然界中所得到的完善化标准。例如，新西兰的土著生物彼此相比都是完善的，但大批引进欧洲的动植物后，它们便迅速地被征服了。自然选择不能产生绝对完善的生物。就我们的判断来说，在自然界里我们也见不到这样高的标准。甚至像人类眼睛这样最完善的器官，穆勒说，对光线收差的校正也不是完善的。人们不会反对亥姆霍兹（Helmholtz）的判断，他用最有力的词语描述了人眼奇异的能力之后，又说了以下值得注意的话：“我们发现在这种光学机构和视网膜的影像里也存在不精确和不完善的情形。但这不能与我们刚才遇到的感觉领域内的各种不调和相比较。可以说自然界乐于积累矛盾，以改变内外界之间已存在的和谐的基础。”如果理性使我们热情地赞美自然界中

德国生物物理学家亥姆霍兹（Helmholtz，1821—1894）雕像，位于洪堡大学校内。

无数不可模仿的创造的话，那么理性还会告诉我们，某些其他的创造还是不尽完善的，纵然我们在这两方面都易犯错误。如蜜蜂的尾刺由于上面倒生的小锯齿，在刺入敌体之后，不能抽回，因此自己的内脏也被拉出，不免引起自身死亡。像这样的结构，我们能够认为它是完善的吗？

如果我们把蜜蜂的尾刺看作是在其遥远的祖先那里就存在的一种锯齿状的钻孔器具，像该大目中的许多蜂类一样，后来为了现在的用途而发生了变异，但还不够完善。它的毒汁原先适作别用，如产生树瘿，后来才变得强烈。这样，我们大概会理解为什么蜜蜂用它的尾刺时就往往引起本身的死亡。若从整体看，尾刺的作用对蜜蜂的社群有利，虽然引起少数个体死亡，却可以满足自然选择的整体要求。如果我们赞叹昆虫确实神奇的嗅觉能力，许多昆虫的雄虫凭此可找到它们的雌虫；那么，仅为了生殖便在蜂的社群中产生了数千只雄蜂，它们对该群并无任何用处，日后被勤劳而不育的姊妹工蜂所屠杀，我们对此也要赞叹吗？这也许不值得赞叹。但是我们应当钦佩蜂王野蛮而本能的仇恨，这种仇恨驱使她在自己的女儿——幼小的蜂王刚刚出生时就把她们消灭了，要不然在竞争中自己就要灭亡。毫无疑问，这对于整个蜂群是有利的。不论母爱还是母恨，虽然母恨的情形十分罕见，对于自然选择的无情的原理都是同样的。如果我们赞赏兰科和其他许多植物由昆虫授粉的若干种花的巧妙构造，那么，枞树产生出大量的密云似的花粉，任风飘扬，其中只有少数几粒碰巧落在胚珠上，我们也能认为它是同样完善的吗？

提要：自然选择学说所包括的体型一致律和生存条件律

在本章里，我们已经把可以用来反对这一学说中的一些难点和异议讨论过了。其中许多是严重的；但是我认为在讨论中已有许多事实得到了解释。依据特创论的观点，这些事实是绝对弄不清的。我们已看到，物种在任何时期，变异都不是无限的，也没有被无数种中间过渡类型将其连接起来。一部分原因是：自然选择的过程总是十分缓慢的，而且在任何时候只对少数类型发生作用；一部分原因是，自然选择过程本身就是不断排除和灭绝其先驱和中间过渡类型的过程。现存的连续地域的近缘种，往往是这一地域还没有连接起来以及生活条件彼此不同时，就已经形成了。当两个变种在连续地域的两个地区形成的同时，常有适合于中间地带的中间变种形成。但是根据已讲过的理由，中间变种的数量通常要比它所连接的两个变种都少。于是，这两个变种，由于个体数量多，便比个体数少的中间变种具有更强大的优势，因此，便会把中间类型排斥和消灭掉。

我们在本章已经看到，在断言极不相同的生活习性不可能彼此转化时，譬如蝙蝠不能通过自然选择作用从一种最初只能在空中滑翔的动物而形成，我们必须十分谨慎。

我们已经知道，在新的生活条件下一个物种

会改变它的习性，或者会具有多种习性，有些习性与它最近的种类极不相同。因此，只要我们记住，各种生物都一直在力图使自己适应于任何它可以生活的地方，便可以理解为什么会产生脚上有蹼的斑胁草雁，陆栖性的啄木鸟，会潜水的鸫和具有海雀习性的海燕。

像眼睛那样完善的器官，要说是由自然选择作用所形成的，可足以使任何人踌躇；但是不论何种器官，只要我们知道其一系列逐渐复杂化的过渡形式，而每一形式对于生物本身都是有利的，那么，在生活条件变化的情况下，这些器官通过自然选择，可达到任何可以想象的完善程度；这在逻辑上并不是不可能的。在我们还不知道中间状态或过渡状态的情况下，要断言这些阶段并不存在时，必须极其慎重，因为许多器官的变态表明：功能上奇妙的改变至少是可能的。例如，鳔显然已改变为呼吸空气的肺了。执行多种不同功能的同一器官和同时执行同一功能的两种不同的器官，都会大大地促进器官的过渡，前者部分地或全部地转化为执行一种功能，而后两者中一个在另一个的帮助下而得到完善。

我们也看到，在自然系统中彼此相距很遥远的两种生物里，执行同样功能而外表又十分相似的器官，可能是分别独立地产生的；但当对这类器官仔细考察时，几乎总会发现它们在构造上有本质的不同，这很符合自然选择的原理。另一方面，整个自然界的普遍规律是以无限多样性的构造而达到同一结果，这当然也符合自然选择的原理。

在许多情形里，由于我们知道得太少，便认为生物的某一部分或某一个器官对物种的生存无关紧要，其构造上的变化也不可能通过自然选择的过程慢慢积累起来。在许多其他的情形里，变异可能是变异法则或生长法则的直接结果，所以与由此所得到的利益无关。但是，即使是这些构造，后来在新的条件下，为了物种的利益，也常常被利用，并且还要进一步地变异下去，我们觉得这是可以确信的。我们还相信，从前极重要的部分，虽然已变得无足轻重，以至在目前状态下，已不可能由自然选择作用而获得，但往往还被保留着，如水栖动物的尾仍存在于它的陆栖后代中。

自然选择作用不能在一个物种中产生出专门有利或有害于另一物种的任何构造，虽然它能够有效地产生出对另一物种极其有用的，甚至是不可缺少的，或者对另一物种极其有害的部分、器官和分泌物。但无论如何，该构造对该生物本身总是有用的。在生物丰沛的地方，自然选择通过栖息者间的竞争而起作用，结果，只能根据当地的特定的标准，使其在生存斗争中获得成功。所以，通常一个较小地方的栖息者往往屈服于另一个较大地方的栖息生物。因为在较大的地区内，个体较多，形式也更多样，而且竞争更激烈，所以完善化的程度也就更高。自然选择作用未必能够导致绝对的完善，凭我们有限的认知能力，绝对的完善化，也不是随地都可以判定的。

根据自然选择学说，我们便能清楚地理解自然史中“自然界没有飞跃”这一古代格言的充分含义。如果我们仅看到世界上现存的生物，这一格言并不是严格正确的；但如果把过去的，无论是已知的或未知的全部生物都包括在内，再按自然选择学说来审看，这一格言一定是严格正

居维叶（Georges Cuvier，1769—1832），法国著名生物学家，古生物学的创始人。

确的。

一般公认，一切生物都依照两大规律，即体型一致律和生存条件律而形成的。所谓体型一致，就是说，凡属同一纲的生物，不论生活习惯如何，它们在构造上基本一致。根据我的学说，体型一致可以由遗传来解释。著名的乔治·居维叶（George Cuvier）一贯坚持的生存条件的说法，可完全包括于自然选择的原理之中。自然选择的作用，既可使每一生物现在正在变异的部分逐渐适应于其有机和无机的生活条件，当然也可使它们在过去适应于其生活的条件。适应，在许多情况下，受到器官使用增多或不使用的帮助，受到外界生活条件直接作用的影响，而且在任何情况下都受着生长和变异规律的支配。所以实际上，生存条件律是一个较高级的法则，因为通过以前的变异和适应的遗传，它把体型一致律也包括在内了。

第7章

对自然选择学说的各种异议

Miscellaneous Objections to the Theory of Natural Selection

长寿——变异未必同时发生——表面上没有直接用处的变异——进步的发展——作用小的性状最稳定——想象的自然选择不能解释有用构造的初期阶段——妨碍自然选择获得有用构造的原因——构造级进同功能变化——同纲成员极不相同的器官来自同一起源——巨大而突然变异之不可信的理由

1861年5月《笨拙周报》。

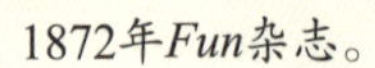

1872年*Fun*杂志。

达尔文的理论沉重打击了长期占统治地位的神创论，所以遭到许多冷嘲热讽，丑化达尔文的漫画在当时随处可见。

本章将专门讨论那些反对自然选择学说的各种杂议，以使前文的一些讨论更加清晰。但无须对每个异议都加以讨论，因为其中许多是由于作者缺乏认真的思考而提出来的问题。例如，一位著名的德国博物学者曾断言，我的学说最脆弱的一点是：我认为所有的生物都是不完善的。其实我说的是，所有生物对它们所处的环境来说还不是尽善尽美的。世界上许多地方的土著生物都让位于外来的入侵者，便证明了这一情形。没有哪种生物，纵使过去完全适应其生活条件，但当条件改变了时，如果不跟着变化，还能继续完全适应新环境的。并且，一致公认，每个地方的物理条件和所栖息生物的种类和数量，都经历过多次变动。

近来有位批评家，为了炫耀他数学上的正确性而坚决主张，长寿对于所有的生物都具有巨大的利益，于是相信自然选择学说的人，就应该将生物系统发生树按后代寿命比祖先长的方式进行排列!我们的批评家难道没有想到，两年生的植物或低等动物，分布于寒冷地方时，逢冬即死，但通过自然选择所获得的种子或卵子，却能年年存活吗？兰克斯特（Lankester）先生最近讨论了这一问题，并总结说，这一问题的极其复杂性使他形成一个判断，一般说来，寿命与各物种在体制系统等级中的标准，以及在生殖和通常活动中的能量消耗有关。而且这些条件可能主要是通过自然选择来决定的。

有人争辩说，埃及的动植物，就我们所知，三四千年来一直未发生变化，于是认为世界上所有地方都可能是如此。但是，如刘易斯（Lewes）所说，这种论点未免太过分了。由刻在埃及石碑上的，或保存为干尸状的古代家畜来看，它们与现在的家畜十分相像，甚至相同；然而，所有博物学者都认为，这些品种是由原始类型的变异而产生的。有许多动物，自冰河期开始以来，一直保持不变，这是一个更加有力的例

达尔文的思想在当时往往成为笑谈，关于他的漫画更是常见，人们以此嘲弄他们不能理解的“进化论”。但赫胥黎却在读完《物种起源》之后，立刻接受了进化论，并成为其主要支持者。

子，因为它们曾遭受过气候的剧烈变化，并经过长途迁徙。而在埃及，据我们所知，数千年来，生活条件一直保持不变。自冰河期以来，生物很少或没有变化的事实，用以反对那些相信天生的和必然的发展规律的人们，是有效的，然而用来反对自然选择即最适者生存的学说，却是没有力量的。这一学说是指，当有利的变异或个体差异发生时，将会被保存下来，但这只有在某些有利的环境下才能实现。

著名的古生物学家布朗（H.G.Bronn），在他译的本书德文版的后面问道："按照自然选择的原理，一个变种怎么能同其亲种一起生活？"如果两者都能适应稍微不同的生活习性或环境，或许可以生活在一起。假若我们把多态种（其变异性似乎具有特别的性质）和所有暂时性的变异，如个体大小、白化症[1]等放在一旁不说，据我所知，其他较稳定的变种，一般都栖息于不同的地点，如高地与低地，干地与湿地等。而那些流动性大的和自由交配的动物的变种，似乎通常都各自局限于不同的地区。

布朗还认为，不同的物种，绝不是在单一性状上，而是在许多方面都有区别。于是他便问，体制上的许多构造如何同时通过变异和自然选择作用而改变的呢？但是，我们无须设想每一生物的各部分都同时发生变化。如前所述的，能很好适应某种目的的最显著的变异可能是连续变异的。它们很轻微，且起初在一部分，然后在另一部分，由如此不断地变异而逐步获得。由于这些变异都是一块儿传递的，所以使我们看起来好像是同时发生的。然而，对上述问题的最好回答，当首推那些家养动物品种，它们是为了某种特殊的人类需求靠人工选择的力量而改变形成的。试看赛跑马和拉车马，细腰猎狗和獒，它们的整个身躯，甚至心理特征都已改变了。但是，如果我们能够查出它们变化史的每一步骤（至少最近的几个步骤是可以查出的），那么我们将看不出巨大的和同时的变化，而只能看出首先是这一部分，然后是另一部分轻微的变化和改进。甚至在人类只对某种性状进行选择时，如栽培植物时，我们会看到，无论是花、果实或叶子，都已发生了巨大变化，则几乎所有的其他部分也必然随之发生微小的变异。这可以部分地用"相关生长"，部分地用所谓"自发变异"的原理来解释。

更严重的异议是由布朗和布罗卡（Broca）提出的，即许多性状对生物本身似乎毫无用处，因而这些性状不可能受到自然选择的影响。布朗列举了不同种山兔和鼠的耳和尾的长度，许多动物牙齿上珐琅质的复杂皱褶，以及多种类似的情形作为例证。关于植物，奈格利（Nägeli）在一篇精辟的文章中已讨论过了。他承认自然选择作用很大，但他主张植物各科间的差异主要在形态性状上，而这类性状对于物种的利益似乎无关紧要。于是，他相信生物有一种内在的倾向，使它朝着进步和更完善的方向发展。他特别指出了组织中细胞的排列以及茎轴上叶子的排列，不可能受到自然选择作用。此外，还有花的各部分的数目，胚珠的位置，以及在传播上没有任何作用的种子形状等等。

上面的异议颇有力量。尽管如此，第一，当我们判定什么构造对物种现在有用或以前曾经有

① 白化症并不是暂时性的。——译者注

用时，还应十分谨慎。第二，我们必须记住，一部分发生变化，其他部分亦会发生改变，其原因尚不明了。比如，流到一部分去的养料的增加或减少，各部分间的相互压迫，先发育的部分对后发育的影响等等，以及其他导致许多我们毫不理解的相关神秘情形产生的原因。为简便起见，这些作用都可包括于生长律之内。第三，我们还必须考虑生活条件的改变所产生的直接的和确定的作用以及所谓自发变异的作用。在自发变异中，环境的性质显然起着极次要的作用。芽变，如普通蔷薇上出现的苔蔷薇，或桃树上出现的油桃，都是自发变异的极好例子。但即使在这些情况下，如果我们记住昆虫类的一小滴毒液在产生树瘿上的力量，我们便不应该太肯定，上面所说的变异不是由于环境改变，而使树液的性质发生局部变化所致。每一微小的个体差异，以及偶然发生的较显著的变异，必有其充分原因。如果这种不明的原因持续地发生作用，那么该物种的一切个体都会产生类似的变化。

油桃是自发变异的好例子。

现在看来，在本书的最初几版中，对于自发变异的频度和重要性，可能估计得太低了。但我们也不可能把对于每个物种生活习性适应得这样微妙的一切构造，都归于这个原因，我不相信这一点。对适应得很好的赛跑马和细腰猎狗，在人工选择的原理尚未了解之前，曾使一些前辈的博物学者深感惊异，我不相信这也能用自发变异来解释。

上述的一些论点，还值得举例来说明。关于假定的许多构造或器官缺乏功用的问题，无须多举，甚至在最熟悉的高等动物中的许多构造十分之发达，以至于无人怀疑其重要性。但是它们的功用至今还未确定，或仅在最近才被确定。布朗举出若干鼠类的耳朵和尾巴的长度，作为构造上没有特殊功用却呈现了差异的例子。虽然是不重要的例子，但我可以指出，据薛布尔（Schöbl）博士的研究，普通鼠的外耳上具有很多以特殊方式分布的神经，它们无疑是作为触觉器官用的。因此，耳朵的长度十分重要。我们还将看到，尾巴对某些物种来说是一种十分有用的把握器官，因而其功用就要受到长度的影响。

关于植物，因为已有奈格利的论文，我将仅做以下说明。人们会承认兰科的花有多种奇异的构造。几年前，人们还认为这没有什么特别功能，只不过是形态上的差异而已。但现在知道，这些构造通过昆虫的帮助，对受精是十分重要的，并且可能是经自然选择获得的。过去，人们一直不知道二型性和三型性植物的雌蕊和雄蕊长度不同、排列各异有什么作用，但现在搞清楚了。

在植物的某些整个类群中，胚珠是直立的，在别的类群中则是倒挂的。也有少数植物，在同一子房内一胚珠直立而另一胚珠倒挂。这种现象，初看似乎只是形态上的差别，而没有生理功能意义。但是，胡克博士告诉我，在同一子房内，有些只有上方的胚珠受精，有些只有下方的胚珠受精。他认为这大概取决于花粉管进入子房的方向。

属于不同目的若干植物，经常产生两种花：一种是普通结构的开放花，另一种是关闭的不完全花。有时，这两种花的结构差别很大，然而在同一植株上也可以看出它们是逐渐地相互转变而来的。普通的开放花可以营异花受精，并由此保证获得异花受精的利益。然而关闭的不完全花也是十分重要的，因为它们只需极少的花粉，便可以稳妥地产生大量的种子。如前所述，这两种花的构造往往大不相同。不完全花的花瓣几乎总是发育不全的，其花粉粒的直径也小。有一种桂芒柄花[1]（*Ononis columnae*），其5本互生雄蕊均已退化。在堇菜属（*Viola*）的好几个物种里，3本雄蕊退化，其余2本雄蕊，虽仍保持着原有的机能，但却很小。一种印度堇菜（因为我从未见到其完全的花，故其学名无法知道），30朵花中，有6朵花的萼片从正常的5片退化为3片。据朱西厄（Jussieu）的观察，金虎尾科（Malpighiaceae）中的一部分物种，关闭的花有更进一步地变异，即和萼片对生的5本雄蕊都已退化，只有与花瓣对生的第6本雄蕊是发达的；而这些物种的普通花，却没有这一雄蕊存在，其花柱发育不全，子房由3个退化为2个。虽然自然选择的力量足以阻止某些花的开放，并可使闭合起来的花中多余的花粉量减少，但是对上面所讲的各种特殊变异，是难以由此来决定的，而应该认为是受生长律支配的结果。在花粉减少和花闭合起来的过程中，某些部分在功能上的不活动、亦包括于生长律之内。

朱西厄（Antoine-Laurent de Jussieu，1748—1836），法国植物学家。

我们必须意识到生长律的重要作用，所以我要再举另外一些例子，以示同一部分或同一器官，由于在同一植株上的着生部位不同而有所不同。据萨奇特（Schacht）观察，西班牙栗树和某些冷杉树的叶子，在近乎水平的和竖立的枝条上，其分杈的角度有所不同。在普通芸香及其他一些植物中，中央或顶端的花常先开，其萼片和花瓣皆为5个，子房也为5室，而其他部位的花，却概以4数组成。英国的五福花属（*Adaxa*），其顶花一般只有2个萼片，而其他部分的花则是4数的，周围的花除萼片数为3外，其他部分皆是5数的。在许多菊科（Compositae）、伞形花科以及若干其他植物中，其周围花的花冠，远比中央花的花冠发达，而这大概与它们生殖器官的退化相关联。还有一件前边已讲到的更奇妙的事实，即外围的和中央的瘦果和种子在形状、颜色及其他性状上，往往也大不相同。在红花属（*Carthamus*）和一些其他菊科植物中，

① *Ononis pusilla*，英国植物。——译者注

只有中央的瘦果具有冠毛；而在猪菊苣属（*Hyoseris*）中，同一头状花序上生有三种不同形状的瘦果。据陶施（Tausch）的观点，伞形科的某些植物，外花的种子是直生的，而中央花的种子是倒生的；德康多尔认为这一性状，在其他物种中，在分类上十分重要。布朗（Braun）教授提及紫堇科的一个属，其穗状花序下部的花产生卵形的、有棱的、含一粒种子的小坚果，而上部的花则结披针形的、2个蒴片的、含2粒种子的长角果。在这几种情形里，除了可吸引昆虫的十分发达的小边花外，自然选择不能起什么作用，或只能起十分次要的作用。所有这类变异，都是由于各部分的相对位置及其相互作用的结果。几乎无可置疑，若同一植株上的全部花和叶，如在某些部位上的花和叶一样，都享受相同的内外条件，那么它们都会以同样的方式变化。

在无数其他的情形中，我们发现，那些被植物学家认为具有高度重要属性的构造变异，只发生在同一植株的某些花，或发生在同一外界环境中密集生长的不同植株上。因为这些变异对植物似乎没有特殊的用途，所以它们不会受到自然选择作用的影响。由于我们对这些变异的原因知之甚少，甚至不能像上一类例子中将其归因于相对位置一样，而将它们归于任何类似的原因。这里我只想举几个例子。在同一植株上开有4数的或5数的花，是极为常见的，无须举例。但是，在花的部件数目较少的情况下，其数目上的变异也较为罕见，所以我想谈谈下面的情况。据德康多尔讲，大红罂粟（*Papaver bracteatum*）的花，具有2个萼片4个花瓣（这是罂粟属的普通类型），或3个萼片6个花瓣。在许多植物中，花瓣在花蕾中的折叠方式，是一种十分稳定的形态学性状，但阿萨格雷教授说，沟酸浆属的一些物种，其花瓣的折叠方式，像喙花族的和像本属的金鱼草族的方式的机会几乎相同。希莱尔（Aug. St. Hilaire）曾举出以下例子：芸香科（Rutaceae）具有单一子房，但本科的花椒属（*Zanthaxylon*）中的某些物种的花，却发现在同一植株上，甚至在同一圆锥花序上，既有含一个也有含两个子房的。半日花属（*Helianthemum*）的蒴果，有1室的，也有3室的；但变形半日花（*H. mutabile*）则“在果皮与胎座之间，有一个稍微宽广的薄隔”。根据马斯特斯（Masters）博士的观察，肥皂草（*Saponaria afficinalis*）的花既具有边缘胎座

肥皂草（*Saponaria officinalis*）的花既具有边缘胎座的，又具有游离的中央胎座的。达尔文从同一植株上花的各部分不同或差别很大这一事实，推断这类变异，不管在分类学上有多么重要，对植物本身却是无关紧要的。

的，又具有游离的中央胎座的。希莱尔在油连木（*Comphia oleaeformis*）分布区域的近南端处，发现两种类型，起初他毫不怀疑地认为是两个不同的种，但后来他看到，它们生长在同一灌木上，于是他便补充说："在同一个体上的子房和花柱，有时生在直立的茎轴上，有时却生在雌蕊的基部。"

由上所述，我们可知，许多植物形态上的变化，都可归因于生长律和各部分间的相互作用，而与自然选择无关。但是奈格利的学说认为，生物有朝着完善或进步发展的内在倾向，那么在这等显著变异的情形中，能够说这些植物是在朝着较高级的发展状态前进吗？恰恰相反，仅从同一植株上花的各部分不同或差别很大这一事实，我便可推断，这类变异，不管在分类上有多么重要，而对于植物本身却是无关紧要的。一个无用部分的获得，决不能说成是提高了生物在自然界的等级。对于上述的不完全的、闭合花的情形，无论用任何新的原理来解释，它必然是一种倒退，而不是进步；许多寄生的和退化的动物，亦是如此。我们对引起上述特殊变异的原因虽不了解，但是，如果这种未知的原因是在几乎一致地、长期地发生作用，我们便可推论，其结果也会是几乎一致的；并且在这种情况下，该物种的所有个体会以相同的方式发生变异。

上述对物种生存无关紧要的性状所发生的任何轻微的变异，都不会通过自然选择的作用被积累和增大。一种经长期连续选择而发展起来的构造，一旦对物种无效时，便易于发生变异。如我们知道的残迹器官那样，因为它已不再受原来的选择力量所支配。但是，如果由于生物和环境的性质引起了对物种生存无关紧要的变异，则这些变异可以，而且显然常常以几乎原样的状态，遗传给无数在其他方面已变异了的后代。对许多哺乳类、鸟类或爬行类，是否生有毛、羽或鳞，并不十分重要；然而毛已几乎传给了一切哺乳类，羽已传给所有鸟类，鳞也传给了一切真正的爬行类。一种构造，不论它是什么构造，只要是许多近似类型所共有的，我们就把它看作是在分类上具有高度的重要性，结果往往假定它对物种具有生死攸关的重要性。所以我便倾向于相信，我们所认为属于形态上重要的差异，如叶的排列，花或子房的区别，胚珠的位置等等，最初大多是以不稳定的变异而出现的，以后或迟或早通过生物的和周围环境的性质，或通过不同个体间的互交，才变得稳定的。它们不是自然选择作用的结果。由于这些形态性状不影响物种的利益，所以它们任何细微的变化，便不受自然选择的支配和积累。于是我们便得出一种奇异的结论，即：那些对物种生存无关紧要的性状，对于分类学家却是最重要的。但是，在我们以后讨论分类的遗传学原理时，会知道它决不像初看时那样地矛盾。

虽然还缺乏有效的证据，以证明生物具有一种朝着进步发展的内在倾向，但如我在第4章中试图指出的那样，这是通过自然选择连续作用的必然结果。关于生物发展的高低标准的最好定义，是各部分特化或分化所达到的程度；而自然选择就是促使各部分朝着特化或分化的目标前进的，所以能够使各部分更有效地行使它们的功能。

杰出的动物学家米瓦特先生，最近把别人反对由华莱士先生和我所提出自然选择学说的所有异议搜集起来，并且以高超的技巧和力量加以说明。那些异议一经这样整理，便形成了一种可怕的阵容，由于米瓦特并未计划把那些和他结论相反的各种事实和推论都列出来，所以读者要权衡双方的证据，就必须在推理和记忆上付出极大的努力。在讨论特殊情形时，米瓦特又把生物各部分增强使用与不使用的效果忽略不谈，而这一点我一直认为它十分重要，并在我著的《动物和植物在家养下的变异》一书中，进行了详细的讨论，自信为任何其他作者所不及。同时，他还常常认为，我忽视了与自然选择无关的变异。相反，在上述一书中，我搜集了很多确切的例子，其数量超过了其他任何我所知道的著作。我的判断并不一定可靠，但是细读米瓦特的书后，把他的每一部分与我在同一题目中所讲的加以比较，使我更加坚定地相信，本书所得的结论具有普遍的真实性，当然，在这样复杂的问题上，难免产生一些局部的错误。

这幅喜形于色的漫画刊登在《名利场》（*Vanity Fair*）上。

米瓦特先生所提的全部异议，有些已经讨论了，有些将要在本书内加以讨论。其中已打动了许多读者的一个新观点是：“自然选择不能解释有用构造的初始阶段。”这一问题和常常伴随着机能变化的性状的级进变化密切相关。例如，在第6章有两节所讨论的由鳔到肺的转变。尽管如此，我还想在这里对米瓦特先生所提的一些问题作详细的讨论。由于受篇幅的限制，我只能选择最有代表性的几个问题，而不能对所有问题都加以讨论。

长颈鹿拥有极高的身材，很长的颈、前腿和舌，它的整个构造框架，非常适于取食较高的树枝。因此它可以获得同一地区其他有蹄类不可及的食物。这在饥荒时期，对长颈鹿是大有好处的。南美洲的尼亚塔牛（Niata cattle）的情况表明，构造上很小的差异，在饥荒时期，也会对保存动物的生命产生巨大的差别。这种牛与其他牛一样地吃草，但由于它的下颌突出，逢到不断发生干旱的时节，便不能像普通牛和马一样，可以吃树枝和芦苇等食物，此时，若主人不饲喂，则会死亡。在讨论米瓦特的异议之前，最好再讲一下自然选择在通常情形中是如何发生作用的。人类已改变了一些动物，并没有照顾到其构造上的某些特点，例如对赛跑马和细腰猎狗，只把跑得最快的个体加以保存和繁育；对斗鸡，只选斗胜者加以繁育。在自然状态下，对于初始阶段的长颈鹿也一样，在饥荒时期，

罗氏长颈鹿（*G. C. rothschild*）（吴海峰 摄）

那些取食最高的，哪怕比其他个体高1或2英寸的个体，都会被自然选择所保存，因为它们会游遍整个地区搜寻食物。在同一物种的个体之间，身体各部分的相对长度，往往都有细微的差别，这在许多博物志的著作中都有论述，并给出了详细的度量。这些由生长律及变异律所引起比例上的微小差别，对于大多数物种是没有丝毫用处的。但是这对初期阶段的长颈鹿，考虑到它当时可能的生活习性，却是另一回事，因为那些身体的某一部分或某几部分比普通个体稍长的个体，往往就能生存下来。存活下来的个体间交配，产生的后代，或可获得相同的身体特征，或具有以同样的方式再变化的趋势。而在这些方面较不适宜的个体，便易于灭亡。

在自然状态下，自然选择可保存一切优良个体，并让它们自由交配，而把一切劣等个体消灭掉，不必像人类那样有计划地隔离繁育。这种自然选择的过程长期连续地发生作用，与我称之为人工无意识的选择过程完全一致，并且无疑以极其重要的方式与肢体增强使用的遗传效应结合在一起，我想，这不难使一种普通的有蹄类逐渐转变为长颈鹿。

对此结论，米瓦特先生提出两点异议，一是身体的增大显然需要食物供给的增多。他认为："由此产生的不利，在饥荒时期，是否会抵消由此所获得的利益，便很成问题。"但是现在非洲南部确有大量的长颈鹿生存着。还有某些世界上最大的，比牛还高的羚羊，在那里也为数不少。那么，就体形大小而言，我们为什么还怀疑，曾经历过像目前一样严重饥荒的中间过渡类型原先在哪里存在过呢？长颈鹿在体形增高的各个阶段，就使它能够取食当地其他有蹄类不能吃到的食物，这对初始阶段的长颈鹿肯定是有利的。我们也不要忽视这一事实，即身体的增大可以防御除狮子外几乎所有的猛兽。就是说，对于防范狮子，它的颈也是越长越好，如赖特（Wright）所说的，可以作为瞭望台之用。所以贝克（Baker）爵士说，要偷偷地走近长颈鹿，比走近任何其他动物都更困难。长颈鹿也可用它的长颈，猛烈地摇动生有断桩形角的头，作为攻击或防御的工具。一个物种的生存不可能仅由任一优势所决定，而是由其一切大大小小优势的联合作用所决定的。

米瓦特先生然后问（这是他的第二点异议），如果自然选择有这么大的力量，如果高处取食有这样大的利益，那么为什么除了长颈鹿和稍矮一些的骆驼、羊驼（guanaco）和后弓兽（macrauchenia是一种已经灭绝的哺乳动物）以外，没有任何其他的有蹄类，能获得那样长的颈和那样高的身材呢？又为什么有蹄类的任何成员没有获得长吻呢？因为在南美洲，从前曾经有许多群长颈鹿栖息过。回答这一问题并不困难，而且可通过一个实例便能给以最好的解答。在英格兰，凡是长有树的草地上，我们都能见到被修剪为同等高度的矮的树枝茬，它们是由马或牛咬吃过的。比如，生活在那里的绵羊，如果获得稍长的颈，那么它还会有什么优势呢？在各地，几乎肯定有一种动物比其他动物取食的位置都高，而且几乎同样肯定，只有这种动物，能够通过自然选择的作用和增加使用的效果，为了取更高的食物的目的使颈加长。在非洲南部，为了吃到金合欢属及其他植物的上层枝叶，所进行的竞争必然发生在长颈鹿之间，而不是在长颈鹿和其他有蹄类动物之间。

这是英国收藏家霍金斯所画，表现了达尔文《物种起源》中的论述“人类最早的祖先是外表丑陋、毫无魅力的哺乳动物，并且身材矮小，由于经常被风吹日晒，皮肤变成难看的暗棕色。全身大部分皮肤都覆盖着长而粗糙的毛发”。

在世界其他地方，同样需要取食高处食物的许多动物，为什么没有获得长颈或长吻的问题，不可能解答清楚。然而，期望明确解答这一问题，就如同期望明确解答人类历史上某些事件为什么发生于某一国而不发生在另一国的问题一样，是没有道理的。我们并不了解决定每一物种数量和分布的条件是什么，我们甚至不能推测，什么样的构造变化，对于它在某个新地域的增殖是有利的。但是，我们大体上可以看出影响长颈或长吻发展的各种原因。有蹄类动物，要取食相当高的树叶，由于其构造极不适于爬树，势必增大它们的躯体。我们知道在某些地区，例如南美洲，虽然草木繁茂，却很少有大型四足兽。而在非洲南部，大型兽之多，无可比拟。为何

这幅漫画想说明：根据达尔文的进化理论，艺术家是由刷子和颜料罐进化而来的。（后期着色木版画，1879年）

如此，我们不知道。为什么第三纪后期比现在更有利于它们的生存？我们也不知道。无论原因如何，但我们可以知道，某些地区和某些时期，总会比其他地区和其他时期，更加有利于像长颈鹿那样巨大的四足兽生长。

一种动物为了获得某种特别的构造，并得到巨大发展，许多其他的部分几乎不可避免地也要发生变异和共适应。虽然身体各部分都有轻微变化，但是必要的部分并不一定总是按照适当的方向和适当的程度发生变异。就不同物种的家养动物而言，我们知道：它们身体的各部分变异，其方式和程度各不相同，而某些物种比其他物种更容易变异。即使的确产生了适宜的变异，自然选择不一定会对它们起作用，而形成显然对该物种有利的结构。例如，一个物种在某地区的个体数量，如果主要是由食肉兽的侵害，或内部和外部寄生虫等的侵害情况来决定的（情况确实常常如此），那么，对于该物种在取食上任何特殊构造的变异，自然选择所起的作用便很微小甚至大大地阻碍这种变异的发展。而且，自然选择是一种缓慢的过程，因此要产生任何显著的效果，有利条件必须长期持续不变。除了这些一般的和不大确切的理由之外，我们实在不能解释，为什么世界上许多地方的有蹄类，没有获得很长的颈或用其他方式来取食较高的树枝。

许多作者都曾提出了和上面性质相同的问题。在每种情形中，除了刚讲过的一般原因外，可能还有种种原因，会妨碍通过自然选择作用获得对某一物种认为是有利的构造。有一位学者问，鸵鸟为什么没有获得飞翔的能力呢？但是，只要略加思索便可知道，要使这样庞大的沙漠鸟类在空中飞翔所需的力量，其需要消耗的食物量该是何等的巨大。海岛[1]栖息有蝙蝠和海豹，但没有陆栖的哺乳类。然而，这些蝙蝠中有些是特殊的物种，它们一定从很早以前就一直生活在海岛上。因此，莱伊尔爵士曾问：为什么这些海豹

① 距大陆极远的岛屿。——译者注

和蝙蝠不在这些岛屿上产生出适合于陆地上生活的生物呢？并且还提出了一些理由来解答。但是若可能的话，海豹首先会转变为相当大的陆栖食肉类动物，而蝙蝠首先变为陆栖的食虫动物。对于前者，岛上缺乏被捕食的动物；对于蝙蝠，倒是可以地面上的昆虫为食，但是它们早已被先移居到大多数海岛上来的、数目繁多的爬行类和鸟类大量地吃掉了。只有在某些特殊的情况下，自然选择才会使构造的级进变化，在每一阶段都对变化着的物种有益。一种严格的陆栖动物，最初只在浅水中偶尔猎取食物，然后逐渐进入小溪或湖，最后才可能变为敢进入大海的、彻底的水栖动物。但是海豹在海岛上找不到有利于它们逐渐重新转变为陆栖动物的条件。至于蝙蝠，如前面讲的，它们翅膀的形成，也许最初像鼯鼠一样，在空中由一棵树滑翔到另一棵树，以逃避仇敌，或避免跌落。可是一旦获得真正的飞翔能力后，至少为了上述的目的，决不会再变回到效力较低的空中滑翔能力上去。蝙蝠的确也可像许多鸟类一样，由于不使用，会使翅膀变小，或完全失去；但在这种情况下，它们必须首先获得只用自己的后腿在地面上迅速奔跑的能力，以便可与鸟类或其他的地上动物竞争；但是这种变化对蝙蝠特别不适合。上述这些推想只是为了表明，构造的转变，要对每一阶段都有利，实在是一桩极其复杂的事情；同时在任何一种特定的事例中，没有发生构造转变，毫不为奇。

最后，不只一位学者问道，既然智力的发展对一切动物都有利，那为什么有些动物的智力比其他动物的智力发达得多呢？为什么猿类没有获得像人类那样发达的智力呢？对此可以说出各种原因，不过都是推想的，并且不能衡量它们的相对可能性，所以在此不予讨论。我们不要期望有确切的解答，因为还没有能解答比此更简单的问题，即在未开化的人中，为什么一族的文明水平会比另一族的高，这显然意味着智力的提高。

我们再来看米瓦特先生的其他异议。昆虫为了保护自己，使自己与许多物体相似，如绿叶、枯叶、枯枝、地衣、花朵、棘刺、鸟粪以及其他活的昆虫。关于最后一点，以后再讲。这种相似往往惟妙惟肖，不只限于体色，而且延及形状，甚至支持自己身体的姿态。以灌木为食的尺蠖，常常把身子翘起，一动也不动，活像一根枯枝，这是一种模拟的极好例子。而模拟像鸟粪那样物体的例子是少见的和特殊的。对这一问题，米瓦特先生说："根据达尔文的学说，生物具有一种永恒的不定变异的倾向，而且由于微小的初始变异是多方向的，那么这些变异势必彼此抵消，且开始形成的是不稳定的变异。如果这是可能的话，那么就难以理解，这么极其微小的初始的不稳定的变异怎么达到与叶子、竹子或其他物体

这是一只叶状拟态的叶䗛（xīu）。

充分相似，可为自然选择所利用和长久保存的地步。”

但是，在上述的一切情形中，这些昆虫的原来状态往往和它们所处环境中的一种常见的物体，无疑有一些约略的和偶然的类似性。考虑到各式各样的昆虫的形态和颜色以及周围无数的物体，则这种说法并不是完全不可能的。这种大体的相似性，对于最初的开端是必须的，因此我们便可理解，为什么较大的和较高等的动物（据我所知，有一种鱼是例外），为了保护自己而没有能和一种特殊的物体相似，只是与周围的环境在表面上，而且主要是在颜色上的相似。假设有一种昆虫，原先偶然出现与枯叶或枯枝有某种程度的相似，并且在多方面起了轻微变化，那么在这些变异中，只有能使这种昆虫更加像枯枝或枯叶的，因而有利于避开敌害的变异会被保存下来，而其余变异就被忽略而最终消失。或者，如果某些变异使昆虫更加不像所模仿的物体，也会被淘汰掉。对于上述的相似性，如果我们不用自然选择的作用来解释，而只用不稳定变异来解释，那么米瓦特先生的异议确实是有力的，但事实并非如此。

华莱士先生举了一个拟态的例子，一种竹节虫（*Ceroxylus laceratus*）很像“一枝生满鳞苔的棍子”，这种类似是如此真切，致使当地的带亚克（Dyak）人竟坚持认为这棍上的叶状赘生物是真正的苔。米瓦特先生对这种“登峰造极的拟态妙技”感到难以理解。对此非难，我看不出有何力量。捕食昆虫的鸟类和其他天敌，它们的视力可能比我们更敏锐，所以昆虫任何程度的拟态，只要能瞒过敌害的眼睛，便有被保存下来的趋势。因此这种拟态愈完美，对昆虫则愈有利。试考虑一下竹节虫这一类群昆虫种间变异的性质，这种昆虫表面的无规则变异以及或多或少地具有绿色，不是不可能的。在每一类群的生物中，几个物种间不同的性状最容易变异；而属的性状，即该属各物种共同的性状，则最稳定。

格陵兰鲸鱼是世界上最奇异的动物，最大的特征是它的鲸须或鲸骨。鲸须生在上颌的两侧，各有一行，每行大约有300须片，很紧密地对着嘴的长轴横排着。在主行须片之内还有些副行。所有须片的末端和内缘都磨损成为硬的须毛，遮蔽着整个巨大的颚、作为滤水之用，由此获取这种巨型动物赖以为生的微小生物。格陵兰鲸鱼的最长须片可达10英尺，12英尺，甚至15英尺。但不同物种的鲸，其须片的长度等级不同。据斯科雷斯比（Scoresby）说，有一种鲸鱼的中间须片长4英尺，另一种长3英尺，还有一种仅长18英寸的，而在长吻鰛鲸中，其长度只有9英寸左右。鲸骨的性质也随物种而异。

关于鲸须，米瓦特先生讲，当它“一旦达到有用的大小和发展程度时，自然选择才会在这有用的范围内促进它的保存和增大。但是达到这一有用范围的开始状态是如何得到的呢”？在回答时，是否可以问，具有鲸须的鲸鱼的早期祖先的嘴，为什么不能像鸭嘴那样具有栉状片呢？鸭与鲸鱼相似，通过滤去泥和水而取食的，所以这一科有时又被称为筛口禽类（Criblatores）。我希望不要误认为我说的是，鲸鱼祖先的嘴确实和鸭子的嘴构造相似。我只是想表明这并非是不可思议的。也许格陵兰鲸鱼巨大的须片，是最初从栉状片经过了许多微小的渐进步骤发展而成的，每一

琵嘴鸭（*Spatula clypeata*）

步骤对该动物本身都是有用的。

琵嘴鸭（*Spatula clypeata*）嘴的构造，比鲸鱼的嘴更为巧妙复杂。根据我检查的标本，在其上颌的两侧各有一行由188枚富有弹性的薄栉片组成的栉状构造。这些栉片对着嘴的长轴横生，斜列成尖角形。它们都由颚生出，靠一种韧性膜附着于颚的两侧。位于中央附近的栉片最长，约为1/3英寸，突出边缘下方约0.14英寸长。在它们的基部，另有一些斜着横排的隆起，构成一个短的副行。在这几方面，都与鲸鱼的鲸须相似。但是在鸭嘴的端部却大不相同，因为鸭嘴的栉片是向内倾斜，而不似鲸鱼向下垂直的。琵嘴鸭的整个头部，虽不能和鲸相比，但和须片仅9英寸长的，中等大小的长吻鳁鲸相比，约是它头长的十八分之一。如果把琵嘴鸭的头放大到这种鲸头那么长，则它的栉片便有6英寸长，相当于这种鲸须长度的2/3。琵嘴鸭的下颌也有栉片，长度与上颌的相等，但较细；这些与鲸鱼的下颌大不相同，鲸鱼的下颌没有鲸须。另一方面，它的下颌的栉片顶端磨损为细须状，却又和鲸须异常相似。锯海燕属是海燕科的一员，它也只在上颌上生有很发达的栉片，伸出颌缘之下，这种鸟的嘴在这一点上和鲸鱼的嘴相类似。

根据萨尔文（Salvin）先生给我的资料和标本，我们可以就滤水取食的适应，从高度发达的琵嘴鸭的嘴的构造，经过湍鸭（*Marganetta armata*）并在某些方面经过鸳鸯，一直追踪到普通家鸭，其间并没有大的间断，家鸭嘴内的栉片比琵嘴鸭的要粗糙得多，并且牢固地附着在颌的两侧，每侧大约50枚，也并未伸过嘴缘的下方。它们的顶端呈方形，边上镶有半透明的坚硬组织，似乎具有磨碎食物的功用。下颌边缘上横生着无数微微隆起的小细棱。这种嘴作为过滤器来说，虽然远不如琵嘴鸭的嘴，但是我们都知道，家鸭经常用它滤水。萨文尔先生告诉我，还有一些别的物种，它们的栉片更不如普通鸭的发达，但我不知道是否把它们作滤水之用。

现在来谈此科内的另一类动物。埃及雁（Chenalopex）的嘴和普通家鸭的嘴极相似，不过它的栉片没有那么多、那么彼此分明、那么向内突出。但据巴特利特（Bartlett）先生告诉我，这种雁“像家鸭一样，用它的嘴把水从口角排出”。但是它的主要食物是草，吃草的方式和普通家鹅一样。家鹅上颌的栉片比家鸭的要粗糙得多，每侧27个，近乎彼此混生，上部末端成齿状结节。颚部也布满坚硬的圆形节结。牙齿在下颌边缘呈锯齿状，比鸭嘴更突出、更粗糙、更锐利。家鹅的嘴不滤水，而完全用于撕裂或切断草类。它的嘴十分适于这种用途，几乎比任何其他动物更能靠近根部切断草类。听巴特利特讲，还有一些鹅种，它们的栉片更不如家鹅发达。

可见在鸭科中，一种具有普通鹅那样结构的嘴，仅适于吃草的物种，或一种甚至具有更不发达栉片的嘴的物种，通过小的连续变异，也许会转变为像埃及雁那样的物种，进而转变为像普通家鸭那样的物种，最后转变为像琵嘴鸭那样的物种，而具有几乎完全适应于滤水的嘴。这种禽除了嘴端的钩尖之外，嘴的其他部分几乎不能啄食或撕碎食物。我还可补充一点，家鹅的嘴，也可能不断通过微小的变异，而演变为像同一科的秋沙鸭（Merganser）那样，具有突出而带回钩的牙齿，其作用却大不相同，是用来捕捉活鱼的。

回头再谈鲸鱼。无须鲸鱼（*Hyperoodonb-idens*）缺乏有效的真正牙齿。但据拉塞佩德（Lacepède）说，它的颌是粗糙的，具有小而不等的坚硬的角质尖头。因此，可以假设，某些原始的鲸类，颌上也生有类似的角质尖头，不过排列得稍微整齐一些，像鹅嘴上的结节一样，用以帮助攫取和撕裂食物。假若如此，那么便难以否认，这类角质尖头，可能通过变异和自然选择，演变为像埃及雁那样的十分发达的栉片，具有捕物和滤水两种功能，然后再演化为像家鸭那样的栉片。这样连续演变，直到产生像琵嘴那样的栉片，形成专供滤水用的构造。从栉片长达长吻鳁鲸须片的2/3这一阶段起，经现在我们可以看到的一些中间过渡类型，可使我们过渡到格陵兰鲸鱼的巨大的须片。没有丝毫理由怀疑，古代鲸鱼器官演化的每一步骤像鸭科现在的不同物种的嘴的逐级进化一样，对处于发展进程中器官功能正在缓慢变化的生物，都是有用的。我们必须记住，每一种鸭都处在剧烈的生存斗争中，而且它身体的每一部分构造必定都能很好地适应它的生活条件。

比目鱼科（Pleuronectidae）以身体不对称著名，它们靠一侧躺下休息，大部分物种是靠左侧，但也有一些靠右

比目鱼以身体不对称著名，它们靠一侧躺下休息。

侧的，间或也有相反的个体出现。下侧面，即卧着的一侧，初看起来与普通鱼的腹面相似，呈白色，在许多方面都不如上侧的发达，侧鳍往往较小。它的眼睛尤为特别，都长在头的上侧。在幼小的时候，两眼左右两侧相对，整个身体完全对称，两侧颜色也相同。不久之后，下侧的眼睛便慢慢地绕着头部移到上侧，但并不是以前认为的那样直接穿过头骨的。显然，如果下侧的眼睛不是沿头移动的，在鱼以习惯的姿势靠一边躺卧时，便不能使用这只眼睛。下侧的眼睛也易受到底部沙子的磨损。比目鱼体形扁平和不对称的构造，对于它的生活习性，适应得极为巧妙。这种情况在好些物种，如鳎、鲽等中都极为普遍。由此获得的主要利益，似乎在于能防避敌害，而且易于在海底取食。然而据希阿特（Schiödte）讲，本科许多不同的物种“从孵化后形态没有任何明显改变的庸鲽（*Hippoglossus pinguis*），直到完全侧卧的鳎为止，其逐渐过渡的类型，可以列一长系列的物种”。

米瓦特先生对这种情形提出质疑说，比目鱼眼睛位置的突然自发转换是难以令人置信的。对此，我也有同感。他又说：“如果这种转移是逐渐的，那么在一只眼睛向头的另一侧转移的过程中，极小的位置变化，对生物究竟有何利益可言，实在难以搞清。这种刚开始的转移，与其说有利，毋宁说有害。”可是在马姆（Malm）1867年所发表的杰作中，他已找到了这一问题的答案。当比目鱼很幼小且身体还对称时，它们的两眼尚分立于头的两侧，由于身体过高，侧鳍过小，又没有鳔，所以不能长久保持直立姿势。于是不久便疲倦，侧身掉入水底。在侧卧情况下，据马姆的观察，那下侧的眼睛往往向上转动，以便看上面的物体。由于转动眼睛用力很大，使眼睛紧抵着眼眶的上侧。结果使两眼间的额部的宽度暂时缩小，这是可以清楚地看见的。一次，马姆看到一只幼鱼将其下眼提高和下压所经过的角距可达70° 左右。

我们应当记住，幼年时的头骨具有软骨性和可屈性，所以易受肌肉运动的牵制。而且我们知道，高等动物，甚至在早期的幼年之后，如果因疾病或某种意外事故，使皮肤或肌肉长期收缩，也会使头骨形状改变。如果长耳兔的一只耳朵向前或向下垂，耳朵的重量就能牵动这一边的所有头骨向前倾斜，我还对此绘过一幅图。马姆讲，鲈鱼、鲑鱼和好几种其他的对称鱼，其新孵化的幼鱼偶尔也有侧卧于水底的习性。他还观察到，这时它们牵动下方的眼睛向上看，致使头骨出现弯斜，然而这些幼鱼不久就能保持直立姿势，所以不会由此产生永久性的效果。但比目鱼则不同，由于年龄愈大，身体愈扁平，向一边侧卧的习惯愈甚，因此对于头的形状和眼的位置便会产生永久性效果。用类推的方法可以判断，这种扭曲的倾向，无疑可通过遗传原理被逐渐加强。希阿特与某些博物学者相反，他相信，比目鱼甚至在胚胎期已不十分对称。假若如此，我们就能理解，为什么有些物种的幼鱼习惯于向左倒下休息，而另一些物种的幼鱼却习惯右侧着地休息。马姆为了证实上述观点，又说：不属于比目鱼科的北粗鳍鱼（*Trachypterus arctics*）的成体，也是左侧着底而卧，而且在水中斜向游泳，据说这种鱼头的两侧有点不相像。我们的鱼类学大权威根特博士在摘述马姆的论文之后，加以评论：“作者对比目鱼科鱼的异常状况，给了一个非常简明的解释。”

由此可见比目鱼的眼睛由头部的一侧移向另一侧的最初阶段，米瓦特先生认为这是有害的，但这也可归因于侧卧于水底时眼睛尽力向上看的习性，而这种转移的最初阶段无疑对个体和该物种都是有利的。有好几种比目鱼，嘴向下侧面弯曲，头的无眼的一侧上的颚骨比另一侧的要强而有力，据特蕾奎尔（Traquair）博士推想，这是为了便于在水底取食。我们可以把这种事实归因于使用效果的遗传所致。另一方面，包括侧鳍在内的整个下半身比较不发达的状态，可以解释为是不使用的结果。虽然耶雷尔（Yarrell）认为下侧鳍的缩小，对鱼是有益的，因为“下侧鳍的活动空间要比上侧大的鳍活动空间小得多”。斑蝶（Plaice）两颚骨上半边仅有4到7个牙齿，但下半边却有25到30个牙齿，在此比例中，上半边较少的牙齿数，也可由不使用来解释。从大多数鱼类和许多其他动物的腹部都没有颜色的情况看来，我们有理由推断，比目鱼的下侧，无论是左侧还是右侧，没有颜色，都是由于缺乏光线的缘故。但是如鳎鱼上侧很像沙质海底的奇异斑点，如波歇（Pouchet）最近指出的，有些种类具有根据周围表面而改变它们颜色的能力，或者如大菱鲆（turbot）身体上侧具有的骨质结节，却不能推测是由于光的作用引起的。在这里，自然选择大概在起作用，正像自然选择使这些鱼类一般的体形和许多其他特征适应于它们的生活习性一样。我们必须记住，如我以前所主张的，各部分增强使用或不使用的遗传效果，都会由自然选择的作用所加强。因为朝着正确方向发生的一切自发变异会这样被保存下来，这和任何部分的增强使用和有利使用的效果被最大限度地继承下来的那些个体会被保存下来是一样的。在每种特定的情形中，到底有多少应归因于使用的效果，多少应归于自然选择的作用，似乎是不可能确定的。

我可再举一例来说明，一种构造显然应该把它的起源归功于使用或习性的作用。某些美洲猴的尾端，已变成一种极完善的攫握器官，并可作为第五只手来用。一位甚至在每个细节上都完全赞同米瓦特先生论点的评论家，关于这种构造说：“不论这种攫握倾向始于什么年代，要说那些最初稍微有点攫握倾向的个体，就会有助于它们获得生存和繁育后代的机会，是令人难以相信的。”但是，这样的信念，并非必要。习性几乎意味着能够由此获得或大或小的利益，习性很可能足以行使这种作用。布雷姆（Brehm）曾看到一种分布于非洲的长尾猴（Cercopithecus）的幼猴，一方面用双手抓着母猴的腹面，同时还用它的小尾巴钩着母猴的尾巴。亨斯洛（Henslow）教授饲养过一种欧洲田鼠（*Musmessorius*），这种鼠的尾巴在构造上没有攫握的功能，但是他常常看到它们用尾巴绕着放在笼子里的一丛小树枝，以此帮助它们攀缘。我还从根特博士那里得到了一个类似的报告，他曾看见一只鼠用尾巴把自己挂起。假若这种欧洲田鼠有更严格的树栖习性，那么它的尾巴会就像同一目内某些其他种类一样，也许在构造上已具有攫握性。考虑到非洲猴的尾巴在幼猴期具有这种习性，那么为什么后来却未能变为攫握的工具呢？这是难以讲清的。但是很可能这种猴的长尾巴，在巨大的跳跃时，用作一种平衡器官比用作攫握器官更有用。

乳腺是哺乳纲一切动物所共有的，也是它们生存不可缺少的，所以它们必定在极其久远的时代就已经发展了。而有关乳腺的发展经过，我们的确一点也不知道。米瓦特先生问：“能够想象任何一种动物的幼仔，偶然从它的母亲膨胀的皮腺上吸了一滴不甚滋养的液体，便能死里得救吗？即使一个动物是如此，那么有什么可能使这种变异永久存在呢？”显然，这一问题提得并非合理。大多数进化论者都承认哺乳动物都是一种有袋类动物的后裔，果真如此，则乳腺最初一定是在有袋类动物的育儿袋内发展的。在海马属（*Hippocampus*）的鱼中，卵的孵化和幼体一定时期的哺育就是在这种性质的袋中进行的。一位美国的博物学者洛克伍德（Lockwood）先生根据他对海马幼鱼发生的观察，相信它们是由此袋内皮腺的分泌物来养育的。哺乳动物早期的祖先，几乎在它们可被称为哺乳动物之前，其幼体难道不可能用类似的方式来养育吗？而且在这种情况下，那些分泌带有乳汁性质的，并且在某种程度或方式上是最有营养的液汁的个体，比那些分泌液汁较差的个体，终究会养育更多数目的营养良好的后代。因此，与乳腺同源的皮腺，便会被改进或变得更有效。根据广泛应用的特化原理，袋内特定部位的腺体会较其余的腺体变得更为发达，于是便形成了乳房。但是开始缺乏乳头，就像我们在最低等的哺乳动物鸭嘴兽中所见到的一样。究竟是什么作用使得特定部位的腺体变得比其余的更特化，是否部分地由于生长的补偿作用，使用的效果，或是自然选择的作用，我还不敢断定。

达尔文与植物学家、地质学家，同时精通昆虫学、矿物学和化学的约翰·亨斯洛（John Henslow，1796—1861）教授建立了深厚的友谊，并成为亨斯洛教授最器重的弟子。达尔文在《自传》中这样描述与亨斯洛教授的友谊：“对我一生影响最大的一件事。”

如果幼仔不吃这种分泌物，乳腺的发展便没有什么用处，自然选择也不会对它的发展起什么作用。要理解哺乳动物的幼仔，如何本能地懂得吸乳，不比理解未孵化的雏鸡，如何懂得用特别适应的嘴轻轻敲破蛋壳，或刚出蛋壳几小时后，怎样懂得啄吃谷粒，更困难。对这些情形最可能的解释是，这种习性起初是年龄较大的个体通过实践获得的，其后便传递给年龄较小的后代。但是据说幼小的袋鼠并不吸乳，只是用嘴紧贴着母亲的乳头，全靠母兽将奶汁射进幼仔无能的、半成形的口中。对此问题，米瓦特先生说：“假若没有特别的设施，小袋鼠一定会因射入气管的乳汁而窒息。但是，特

鸭嘴兽是目前仍生存在地球上的珍稀卵生哺乳动物。雌兽的腹部有乳腺可以分泌乳汁喂养幼兽，但没有乳头。达尔文推测哺乳动物的乳腺由皮肤上普通的腺体演化而来。

别的设施是有的，它的喉头很长，一直通到鼻管的后端，因此便能够使空气自由进入肺脏，而乳汁可安全地从这加长了的喉头两边通过，到达位于其后的食管。”米瓦特先生然后问：自然选择如何除去成年袋鼠（和大多数其他哺乳动物，假若它们的祖先是一种有袋类的话）中“这种至少是完全无益又无害的构造呢”？可以这样答复：发声对许多动物是极其重要的，只要喉头通入鼻管，便不能用全力发声。并且弗劳尔教授对我说，这种构造对动物吞咽固体食物，是大有妨碍的。

现在我们略谈一下动物界中比较低等的门类。棘皮动物（如海星、海胆等等）具有一种引人注意的器官，称为叉棘。生长良好的叉棘呈三叉钳形，即由三个锯齿状的臂组成。三个臂精巧地搭配在一起，位于一个可以伸屈的，由肌肉牵动的柄的顶端。这些钳子可牢固地铗住任何东西。亚历山大·阿加西斯曾看到，一种海胆（echinus）快速地把排泄物的细粒由一个钳子传到一个钳子，沿身体上特定的几条线路传递下去，以免弄污了它的外壳。但是除了移去各种污物以外，无疑叉棘还有其他的用处，其中之一显然是防卫。

关于这些器官，米瓦特先生又像以前许多次的情况那样，问：“这样的构造，在其最初的萌芽阶段能有什么用处呢？而这种最初的萌芽是怎样保护了一个海胆生命的呢？”他又补充说：“纵使这种钳状物的作用是突然发展的，如果没有自由运动的柄，这种作用也不可能是有利的。同样，如果没有铗物的钳，这种柄也是无效的。然而这些复杂而协调的构造，不可能由细微的而仅是不定的变异使其同时逐渐形成，如果否认这一点，就等于肯定了一种惊人的自相矛盾的谬论。”在这一点上，米瓦特先生好像是自相矛盾的，而某些海星确实具有基部固定不动的，但却具有铗物功能的三叉棘，容易理解，至少它们的部分功能是作为一种防卫的工具。对此问题，承蒙阿加西斯给我提供很多资料，十分感激。他告诉我，有些别的海星，三支钳臂中一支已经退化成为其余两支的支柱。另外，在其他属里发现第三支钳臂已经完全失去。根据佩雷尔（Perrier）先生的描述，斜海胆属（*Echinoneus*）动物的壳上有两种叉棘，一种和刺海胆属（*Echinus*）的叉棘相似，一种和蝟团海胆属

（*Spatangus*）的相似。这类事实总是令人感兴趣的，因为它们给人们提供了一个器官显著的突然过渡的方式，即可通过一个器官的两种状态之一的消失来实现。

关于这些奇异器官演化的步骤，阿加西斯根据自己的和穆勒先生的研究推断，海星和海胆的叉棘被认为是变化了的棘。这可以从它们个体发育的方式，从不同物种和不同属的完整的一系列的逐级变化，即从简单的颗粒棘到普通棘，直到完全的三叉棘，而推断出来。逐级演变甚至涉及普通棘和具有石灰质支柱的叉棘与壳体连接的方式。在某些海星属中，可以发现，正是那些必要的连接表明，叉棘不过是变化了的分支棘。所以我们已经知道了一种固定的棘，它具有三个等距离的，锯齿形的，可动的分支，连接在它们的近基部处，在同一个棘的更高一些的地方，还有三个可动的分支。如果上面的三个可动的分支在一个棘的顶端，实际便成为一种简陋的三叉棘了，这种情况可以在具有三个较低分支的同一个棘上看到。所以叉棘的钳臂与棘的能动的分支，在本质上是等同的，这是清楚无误的。一般公认，普通棘起着防卫作用，如果这样，那就没有理由怀疑那些具有锯齿的而且能动的分支的棘也具有同样的功用。而且一旦三个分支接合在一起作为抓握或铗钳的工具，则就更加有效了。所以，从普通固定的棘到固定的叉棘所经过的每一个过渡形式都是有用的。

有些海星属的这类器官，并不是固定的或着生在不动的支柱上，而是着生在能伸屈的具有肌肉的短柄上。这样的构造，除了防御之外，也许还有其他的功用。海胆类中，由固定的棘变到连接于壳上而成为能动的棘，所经历的各步是可以弄清的。可惜限于篇幅，对阿加西斯先生关于叉棘发展的有意义的观察资料，不能在此作更充分地摘述。据他说，在海星的叉棘和棘皮动物另一类群海蛇尾类的钩刺之间，可以找到一切可能的中间过渡类型。在海胆类的叉棘与同一大纲的海参类（Holothuriae）的锚状针骨之间，也可发现同样的情形。

某些称之为植虫或苔藓虫的群体动物，具有一种奇异的器官，叫鸟头体。各种苔藓虫的鸟头体的构造很不相同。在发育最完善的情况下，它们与兀鹫的头和嘴出奇地相像，着生在颈上并能动。我见过一种苔藓虫，同一枝上的所有鸟头体，常常同时前后运动，历时约5秒钟，同时张大下颚，呈90°的角，并且它们的运动引起了整个群栖虫都发生颤动。如果用一根针去触它的颚时，针便会被牢牢地咬住，该枝也会因此而摇动。

米瓦特先生引用此例，主要是由于他认为像苔藓虫的鸟头体和棘皮动物的叉棘这类器官，在"本质上是相似"的，难以设想自然选择的作用在动物界相距这样远的门类中使这类器官得到发展。但仅对构造而言，我看不出三叉棘和鸟头体之间的相似性。鸟头体却更像甲壳类的螯，而米瓦特先生也可能同样合适地举出这种相似性，甚至认为它们与鸟的头和嘴的相似性，作为特别的难点。巴斯克（Busk）先生，史密特（Smitt）博士和尼采（Nitsche）博士都是仔细研究过这一类群的博物学者，他们都认为鸟头体与单虫体以及组成植虫的虫房是同源的，虫房能动的唇或盖相当于鸟头体的下颚。但巴斯克先生并不知道单虫体和鸟头体之间现存的任何过渡类型，所以不可能设想通过什么样的有用的过渡类型使这个能变为那个，不过我们不能因此便认为这样的过渡类型从来就没有存在过。

由于甲壳类的螯在某种程度上与苔藓虫类的鸟头体相似，二者都是作为钳子来用的，所以值得指出，至今还存在着一长系列有用的过渡形式。在最初和最简单的阶段，其肢的末端一节向下闭合时要么抵住宽阔的倒数第二节的方形顶端，要么抵住整个一侧，这样便能抓住碰到的物体。但是，这种肢仍然是一种运动器官。下一阶段，我们发现，那宽阔的倒数第二节的一个角稍微有些突起，有时还带有不规则的牙齿，末端一节向下闭合时便抵住这些牙齿。随着这种突起的增大，它的形状以及顶节也都有微小的变化和改进，于是使这种钳变得愈来愈完善，最终一直演变为像大螯虾的螯一样有效的工具。凡此一切过渡阶段，实际上都是可以追踪出来的。

苔藓虫除了鸟头体外，还有一种称为震毛的器官，一般由一些能运动而易受刺激的长刚毛组成。我曾观察过一种苔藓虫，其震毛微微弯曲，外缘镶有锯齿；而且同一苔藓虫体上的所有震毛常常同时运动；因此，它们的一枝，如长桨似的，从我的显微镜的物镜下飞快地擦过。如果把一枝面朝下放着，震毛便纠缠在一起，于是它们便竭力挣脱，使它们彼此分开。一般设想这些震毛具有防护功用，并且如巴斯克先生说的，可以看到它们“慢慢地静静地在苔藓虫的表面擦过，当它们伸出触毛时，便会把对有害于虫房中娇嫩的栖息者的东西擦掉”。鸟头体与震毛相似，也许起着防护的功用，但是它们还可以捕杀小动物。人们相信，被杀死的小动物在单虫体触毛所及的范围之内便可被震毛冲擦掉。有的苔藓虫的物种既具有鸟头体又具有震毛，而有的物种则只有震毛。

在外观上还要比刚毛（即震毛）与像鸟头似的鸟头体之间差别更大的两种东西，是不容易想象出来的。然而它俩几乎肯定是同源的，而且是由一个共同的根源，即单虫体及其虫房，发展而来的。因此我们可以理解，如巴斯克先生告诉我的，这些器官在某些情形下是如何逐渐地形成各自的状态的。膜胞苔虫属（*Lepralia*）有几个物种，它们的鸟头体能动的颚十分突出，而且与刚毛极其相似，以致只能根据上边固定的嘴才可以决定它们实质上是鸟头体。震毛可能是由虫房的唇片直接演变而来的，未经过鸟头体的阶段。但是它们经过此阶段的可能性似乎更大，因为在转变的早期阶段，含有单虫体虫房的其他部分不可能立即消失。在许多情况下，震毛的基部有一个带沟的支柱，似乎相当于固定的鸟嘴状构造，但也有些种不具备这种支柱。这种震毛发展的观点也很有趣，因为假定所有具有鸟头体的物种都已绝灭，那么最富想象力的人也绝不会想到，震毛原来也是一种类似鸟头式的器官的一部分，或像不规则的盒子或兜帽状器官的一部分。看到差异这样大的两种器官，竟会从一个共同的起源发展而来，的确有趣。因为虫房的可动的唇片对于单虫体起着保护作用，便不难相信，由唇片首先能变为鸟头体的下颚，然后转变成长刚毛，其经历的一切过渡类型，同样会以不同的方式和在不同的环境下行使保护作用。

在植物界，米瓦特先生只提到两种情况，就

是兰花的构造和攀援植物的运动。关于兰花，他说：“对于它们构造起源的解释，全然不能令人满意，——对于其构造初期的，最微小的开端的解释，极不充分，因为这些构造只有在相当发达时才有效用。”由于对此问题我在另一著作中已作了详细的讨论，在这里仅对兰科植物花的最显著的特性，即花粉块，略加详细地讨论。高度发达的花粉块由一团花粉粒，连接花粉团的具有弹性的柄即花粉块柄，和连接此柄的一小块极胶黏的物质所组成。由于花粉块有黏性物质，昆虫便可将其由一花转送到另一花的柱头上去。某些兰花植物，其花粉块没有柄，花粉粒仅由许多细丝联结在一起。但由于这种情况不只限于兰科植物，故在此无须考虑。然而我却要提及兰科植物中最低等的杓兰属（*Cypripedium*），因为我们从它可以看到，这些细丝最初可能是怎样发展起来的。在一些别的兰科植物中，这些细丝粘着于花粉团的一端，这就是花粉块柄最初形成的痕迹。即使在花粉块柄已相当长和高度发达的兰科植物中，花粒块柄也是这样起源的，因为我们有时还可以在发育不全的花粉粒团里，发现埋藏于其中央的坚硬部分，这便是很好的证据。

达尔文说过：“我的一生中，没有什么能比兰科植物更让我感兴趣的了。”兰花的精巧构造，与昆虫之间的奇妙协作，为生物进化提供了极为生动的铁证。

关于花粉块的第二个主要特征，即附着在柄端的那一小块黏性物质，可以举出它经过的许多过渡形式，且每种形式都对植物有用的例子。其他目的植物的大多数花，柱头分泌很少的黏性物质。在某些兰科植物中，分泌的黏性物质相似，但在三个柱头中，只有一个分泌的量特别多。这个柱头，也许由于分泌过盛，而成为不育的了。当昆虫来采蜜时，便擦去一些黏性物质，同时也就带走了一些花粉粒。从这种与大多数普通花差别不大的简单情形起，经过那些其花粉团连接在一个很短的独立花粉块柄上的物种，直到那些其花粉块牢固地附着在黏性物质上且不育的柱头于是便有了很大变异的物种，其间存在着无数的过渡类型。在最后一种情况中，花粉块已是最高度发达和完善的了。只要对兰花亲自仔细研究的人，便不会否认上述一系列过渡类型的存在——从一团花粉仅由一些细丝联系在一起，其柱头和普通花的柱头差别不大起，到高度复杂的花粉块，奇妙地适应于昆虫的传粉。而且他也不会否认在那几个物种中的所有过渡类型，都巧妙地适应了使各种昆虫能够让每种花的一般

著名花卉画家雷杜德（Pierre-Joseph Redouté，1759—1840）创作的攀援植物“牵牛花”。达尔文认为，在由单纯的缠绕性植物上升到爬叶植物的过程中，增加了一种很重要的特性，即对接触的感应性。通过这种感应性，无论是花柄或叶梗，还是它们演变成卷须，受到刺激后都能弯曲围绕并抓住所接触的物体。

构造都得到受精。也许还可以进一步追问，花的柱头如何变得有黏性。但由于我们对任何一类生物的整个发展史都不了解，这种问题，因为没有希望得到解答，所以问也无用。

现在该讨论攀援植物了。从简单地缠绕一个支柱的植物，到我称之为爬叶的植物，再到有卷须的植物，可以排成一长系列。后两类植物的茎大都（虽非全部）失去了缠绕能力，尽管它们保留着旋转的能力，但这种能力也是卷须所赋予的。从爬叶植物到有卷须的植物之间的一些过渡类型极其接近，其中某些植物简直可以任意列于两类之一。在由单纯的缠绕植物上升到爬叶植物的过程中，增加了一种很重要的特性，即对接触的感应性，通过这种感应性，无论是花柄或叶梗，还是它们演变成的卷须，受到刺激后都能弯曲围绕并抓住所接触的物体。凡是读过我论述这些植物的研究论文（即《攀援植物的运动和习性》）的人，我想都会承认，在单纯的缠绕植物和具有卷须的攀援植物之间，所有这许多在功能上和构造上的过渡类型，都是对各物种十分有利的。例如，缠绕植物演变为爬叶植物，显然对于缠绕植物是十分有利的；而且，任何一种具有长叶梗的缠绕植物，一旦叶梗稍微具有一点爬叶植物所必需的对接触的感应性，便可能发展为爬叶植物。

由于缠绕是攀援支柱的最简单的方法，也是攀援植物系列中最下级的形式，那么自然要问：植物最初是如何获得这种能力的，此后自然选择才能使其改进和增强。缠绕的能力，第一，依赖于茎幼嫩时的极度可绕性（但这也是许多非攀援植物共有的一种特性）；第二，依赖茎枝以同一顺序逐次沿着圆周的各点不断弯曲。依靠这种运动，茎枝才能向各个方向弯曲一圈一圈地缠绕下去。茎的下部一旦碰到物体而停止缠绕时，而茎的上部仍然弯曲盘旋，于是必然会缠绕着支柱继续上升。每一个嫩茎在初期生长之后，便停止盘绕运动。由于在许多亲缘相距甚远的不同科的植物里，都是单个的种或属具有盘绕能力，而变为缠绕植物的。因此它们必定是独立地获得这种能力的，而不可能是从一个共同的祖先遗传来的。所以我可预言，在非攀援植物中，稍具这种运动倾向的植物，也并非不常见，并且这就为自然选择提供了作用和改进的基础。我在作此预言时，只知道一个不完全的例子，即轻微地和不规则旋转的毛籽草（Maurandia）的幼嫩花梗，很像缠绕植物的茎，但这种习性并没有被该植物所利用。其后不久穆勒便发现了一种泽泻（Alisma）和一种亚麻（Linum），二者并不是攀援植物，且在自然系统中相距甚远，它们的嫩茎虽然旋转得不规则，却明显地可以旋转。并且他说，他有理由猜测某些别的植物也有这种情形。这种轻微的运动对于我们所讨论的植物，看来并没有用处。无论如何，这些植物至少没有采用这种方式攀援，这一点是我们所关心的。尽管如此，我们还可以看出，如果这些植物的茎已经具有可绕曲性，如果在它们所处的环境下，这种特性有利于它们攀高，那么这种轻微地不规则地旋转的习性，便可能会被自然选择作用所增强和利用，直到它们转变为十分发达的缠绕植物。

关于叶柄、花梗和卷须的感应性，几乎同样可用于说明缠绕植物的盘绕运动。由于大量的物种，分属于一些大不相同的类群，都赋予了这种感应性，因此在许多还没有变为攀援植物的物种中，应当看到这种性能的初期状态。事实就是这样：我看到上述毛籽草的幼嫩花柄，往往向所接触的一侧微微弯曲。摩伦（Morren）在酢浆草属（*Oxalis*）的好几个物种里发现，如果叶和叶柄被轻轻地、反复地触碰，或摇动植株，叶和叶柄便会运动，尤其是在烈日下曝晒之后。我对该属其他几个物种反复观察的结果也是如此。其中有些运动是很明显的，但在嫩叶中看得最清楚，而在另一些物种中却极微弱。更重要的一个事实是，根据权威学者霍夫曼斯特（Hofmeister）所说，一切植物的幼茎和嫩叶被摇动后都能运动。至于攀援植物，我们知道，只有在生长的初期阶段，其叶柄和卷须才有敏感性。

幼期的植物和正在生长中的器官，因触碰或摇动而产生的微弱的运动，恐怕在机能上对它们不可能有什么重要性。但是植物对付各种刺激所具有的运动能力，对植物本身显然是十分重要的，例如植物对于光的向性和较为罕见的背性，以及对地心引力的背性和较罕见的向性等。动物的神经和肌肉受到电流或由于吸收了马钱子碱的刺激而引起的运动，可称为偶然的结果，因为神经和肌肉并不是为了专门感受这些刺激的。对于植物似乎也是如此，由于对某些刺激具有运动的能力，所以它们受到触碰或摇动的刺激后，便会以偶然的方式产生运动。因此，我们不难承认在爬叶植物和具卷须的植物的情形中，通过自然选择作用所利用和增加的就是这种倾向。但是根据我的研究论文中所列举的各项理由，这种情况只有对那些已经获得了盘曲能力的植物才能发生，并且由此逐渐地使它们变为攀援植物。

我已尽了最大的努力来解释一种普通植物如何变为一种攀援植物的，即通过不断地增强植物最初所具有的轻微的、不规则的、开始并无用处的盘曲运动的倾向而逐步实现的。这种最初的运动以及由触碰或摇动引起的运动，都是运动能力的偶然结果，并且是为了其他的和有利的目的而被获得的。在攀援植物逐步发展的过程中，使用的遗传效果是否帮助了自然选择的作用，我还不敢断定；但是我们知道，某些周期性的运动，如植物的所谓休眠，却是由习性所支配的。

对于一位老练的博物学家精心挑选的、用以证明自然选择学说不能解释有用构造的初期阶段的一些事例，我已给予了足够的、也许是过多的讨论。并且我已指出，如我希望的那样，在这一问题上并没有多大的难点。然而，由此却给我提供了一个很好的机会，使我能够对往往伴随机能变化的构造演变的各个阶段，得以略加补述。而这一问题在本书的前几版中，却没有做过详细的讨论。现在，我把上述的问题作以简要地回顾。

关于长颈鹿，在某些已经绝灭了的能触及高处的反刍类动物中，凡是颈和腿等都最长，而可取食略高于平均高度的枝叶的个体，便被不断地保存下来；而那些不能取食那样高的食物的个体、则被不断地淘汰，这样便可足以形成这种奇异的四足兽了。但是所有这些部分的长期使用和遗传的作用结合在一起，也必定曾大大地增进了各部分的互相协调。关于模拟各种物体的许多昆虫，我们不能不相信，昆虫与某一普通物体的相似，在每种情形中都曾是自然选择发生作用的基础，此后经过对这种拟态又更加拟态的微细变异的偶然保留，才使这种拟态渐臻完善。只要昆虫不断地发生变异，只要愈来愈完善的拟态可使它们逃避目光敏锐的敌害，这种作用便不会停止。在某些种鲸鱼里，颚上具有生长不规则角质小尖的倾向，这些角质尖首先变成为像家鹅那样的栉片状结节或齿，而后变成为像家鸭那样的短形栉片，再变为像琵嘴鸭那样完善的角质栉片，直到最后成为像格陵兰鲸口中那么巨大的须片。所有这些有利变异的保存，似乎全都在自然选择作用的范围之内。在鸭科里，栉片起初被用作牙齿，以后部分地用作牙齿，部分地用作滤器，而最后几乎完全当作滤器用了。

就我们所能判断，习性和使用，对上述如角质栉片或鲸须这等构造的发展，很少或没有起作用。另一方面，如比目鱼下侧的眼睛向头的上侧的转移，以及某些哺乳动物具有攫握功能的尾的形成，却几乎完全是长期使用以及遗传的结果。至于高等动物乳房的起源，最合理的设想是，有袋类的袋内表面最初布满着皮腺，可分泌一种营养液，通过自然选择作用使这些皮腺在功能上得到改善，并使其集中在一定的区域内，于是便形成了乳房。要理解某些古代棘皮动物用作防卫的分支刺，怎样通过自然选择作用而变为三叉棘的，也比较容易；而要理解甲壳动物原先仅用作移动的肢的末端一节和倒数第二节，怎样通过微小的有用的变异而发展成为螯的，则较为困难。苔藓虫的鸟头体和震毛，使我们知道，外观上极不相同的器官却可来自同一根源，而且通过震毛，我们便可以理解，震毛发展的各相继阶段可能有怎样的用处。对于兰科植物的花粉块的起源，我们可由最初连接各花粉粒的细丝起，追溯其粘集成为花粉块柄的全过程。也同样可以追溯出由黏性物质演变到附着于花粉块柄游离末端而形成胶黏体所经历的各个步骤。由普通花的柱头分泌的黏性物质与胶黏体都具有虽不完全一样，但大致相同的功用。所有这些演化类型对于相应的植物都是显著有利的。至于攀援植物，刚在前面讲过，无须重述。

常有人问：自然选择既然如此有力，为什么显然对某物种有利的这样或那样的构造，反而没有被该物种获得呢？期望对这类问题有一个确切的回答是不合理的，因为我们既不知道每一物种过去的历史，也不知道现今决定它们数量和分布的条件。在大多数情形中，只能举出一般的理由，但在某些少数情形中，却可给出具体的理由。要使一个物种适应新的生活习性，许多相应的变异几乎是不可缺少的，而那些必要的部分却往往不会以正确的方式或适当的程度发生变化。一些破坏性的力量肯定能阻止许多物种数量的增加。这种情况与某些构造无关，即使这些构造看起来好像是对该物种有利的，使我们误以为它们是通过自然选择获得的。在这种情况下，由于生存斗争不依赖于这类构造，这类构造便不可能通过自然选择而获得。在许多情形中，一种构造的发展，需要复杂的、长久持续的特殊条件，而所需的这些条件很难同时发生。我们往往错误地认为，凡是对物种有利的任一种构造，在一切情况下都是通过自然选择作用而获得的，这种想法与我们所能理解自然选择作用的方式正好相反。米瓦特先生并不否认自然选择有一些效力，但他认为我用它的作用所解释的那些现象，“例证还不够充分”。对他的主要论点，我们刚才已讨论了，其他的论点以后再讨论。依我看来，他的这些论点似乎很少有例证的性质，与我所主张的自然选择的力量，以及经常指出的有助于自然选择作用的别的力量相比，就显得没有什么分量了。我必须补充一点，我在这里所用的事实和论点，出于同样的目的，有些已经在最近出版的《医学外科评论》上的一篇论文中讨论过了。

现今，几乎所有的博物学者都承认某种形式的进化，而米瓦特先生却相信，物种的变化是由于“内在的力量或倾向”引起的。然而这种内在的力量究竟是什么，却又全无所知。所有的进化论者都承认物种具有变化的能力；但依我看，除了普通变异性的倾向之外，似乎没有再主张任何内在力量的必要。普通变异性的倾向，在人工选择的帮助下，已经产生了许多适应良好的家畜品种，而且它在自然选择的帮助下，经过逐渐变化的步骤，会同样好地产生自然的族或物种。最终的结果，我上面已经讲过，一般是生物构造的进步，但在某些个别的情况下，却是构造的退化。

米瓦特先生进一步认为，新种可“突然出现，而且由突然变异而产生”。还有一些博物学者附和这一观点。例如，他设想已灭绝的三趾马（Hipparion）和马之间的差异是突然发生的。他认为，鸟类的翅膀“除了通过具有显著而重要性质的比较突然的变异而发展起来的以外，其他任何方式的形成都令人难以相信”。显然他把这一观点也扩展到了蝙蝠和翼手龙翅膀的形成。这一结论意味着进化系列中存在着巨大的断裂或不连续性。依我看，这是极不可能的。

任何相信缓慢而逐渐进化的人，当然都会承认物种的变化也可以是突然的和巨大的，有如我们在自然界，或甚至在家养情况下所见到的任何个别的变异一样。但是由于驯养和栽培条件下的物种要比它们在自然状况下更易发生变异，因此在自然状态下，不可能像家养条件下那样，经常产生巨大而突然的变异。家养下的变异，有些可归因于返祖遗传。这些重现的性状，许多最初也可能是逐渐获得的。还有更多的巨大而突然的变异，一定称为畸形，如六指人、安康羊和尼亚塔牛等，由于它们与自然种的性状相差太大，因此与本问题关系不大。除了上述的突然变异之外，其余的少数突然变异，如果见于自然状态，充其量形成了与其亲本类型密切相关的可疑种。

我怀疑是否自然物种会像家养物种那样突然地偶然发生的变异，我也完全不信米瓦特先生所说的它们是以奇异的方式变化，其理由如下。根据我们的经验，在家养的生物中，突然而极显著的变异，往往是单独地而且要相隔很长的时间才发生一次。如果这类变异发生于自然状态下，如前面讲的，由于偶然的破坏性因素和后来个体间的互交作用，而易于丢失。即使在家养状况下产生的这种突然的变异，如果没有在人的精心照管下，给以特别的保护和隔离，也会同样被丢失的。因此，如果一个新种会以米瓦特先生所说的那种方式突然出现，那么，几乎有必要相信，有不少奇异的个体，也会在同时同地出现。然而这是和一切推理相违背的。就像人类无意识选择的情形中的一样，如果根据逐渐进化的学说，即通过逐渐保存那些向着任何有利方向变异的大量个体和不断淘汰那些向相反方向变异的大量个体，这一难点便可以避免了。

几乎无可怀疑，许多物种都是以极其渐变的方式进化的。许多自然大科里的物种甚至属，彼此是这样密切地类似，以致它们中有不少都难以区别。在每个大陆上，从北向南，由低地到高地，我们都会遇到许多很接近的或者有代表性的物种。就是在不同的大陆上，我们有理由相信它们先前曾是连接的，也可以看到同样的情形。但是在作这些叙述时，我不得不把以后要讨论的一些问题在这里先提一提。看一看远离大陆周围的岛屿，岛上的生物，能上升到可疑种的生物能见到多少呢？如果我们观察过去的时代，而且把刚刚消逝的物种与该地区的现生种相比较，或者把埋存于同一地层的不同亚层中的化石物种相比较，也会发现同样的情形。显然，许多化石物种与现生种或近期绝灭的物种关系是极密切的，很难说这些物种是以突然的方式发展起来的。不要忘记，如果我们观察的是近缘物种，而不是明显不同物种时，便可发现大量的极细微的过渡型构造，它们能将很不相同的构造彼此连接起来。

许多大的生物类群中的事实，只有根据物种逐渐进化的原理才可以理解。例如这一事实：大属内的物种比起小属内的物种，在彼此关系上更为密切，而且变种的数目也更多。大属内极为密切的物种又可聚集为许多小簇，像变种围绕着种的情况一样。还有一些类似于变种的其他情况，已经在第2章说明了。根据同一原则，我们能够理解，为什么种的性状比属的性状更易发生变异，为什么以异常的程度或方式发展形成的构造要比该物种别的构造更易变异。在这一方面，还可以举出许多类似的事实。

虽然许许多多物种的产生所经历的步骤，几乎肯定不比产生那些区别微小的变种所经历的步骤大，但还可以认为有些物种是由一种不同的和突然的方式发展起来的。不过要证实这一点，还应该有强有力的证据。用一些模糊的并且在若干方面错误的类比，如赖特先生所举的那样，来支持突然进化的观点，例如无机物质的突然结晶，或具有刻面的球体上的一个小面落到另一小面等，这些类比几乎没有讨论的价值。然而有一类事实，如在地层内新的明显不同的生命形式的突然出现，初看起来似乎能支持突然发展的信条，但是这种证据的价值，完全取决于地球史的远古时代的地质记录的完整性。如果地质记录像许多地质学者正确断言的那样，是支离破碎的，那么，新类型似乎是突然形成的说法，便毫不为奇了。

如果我们不承认生物演变会如米瓦特先生所主张的那样巨大，如鸟类或蝙蝠的翅膀是突然产生的，或三趾马突然变成普通马，那么突然变异的观点，对于地层内相继环节的缺乏，也不会提供任何启示。但是对于这种突然变化的信念，在胚胎学上却提出了强有力的反对。众所周知，鸟和蝙蝠的翅膀，马或其他四足兽的四肢，在胚胎早期都没有什么区别，其后经过不可觉察的微细

达尔文曾收到来自马达加斯加岛一种新的彗星兰（*Angraecum sesquipedale*）标本，这种兰花拥有长达30cm的花距，而如此长而窄的花距，让只能依靠昆虫授粉的兰花如何完成授粉？为此达尔文大胆地做了预测：马达加斯加岛上一定生活着一种长有极长的喙的昆虫，其长度刚好可以够到花距的底部！在达尔文去世20多年后，科学家终于在马达加斯加岛上发现了一种天蛾，并且证实它正是彗星兰的授粉者！为纪念达尔文的惊人智慧，这种天蛾的拉丁学名种加词采用了praedicta，即“预测”之意。(图片由王直华摄)

步骤而分化了。各种胚胎学上的相似性，以后我们可以看到，是由于现存物种的祖先，在幼年期之后才发生变异，而在相当大的年龄时，才将它们新获得的性状传递给它们的后代。因此，其胚胎几乎不受影响。这可作为物种过去存在情形的记录。所以，现在的物种在它们胚胎发育的早期阶段，往往与同一纲的古代已绝灭的生物类型相似。根据这种胚胎学上相似性的观点，动物会经历上述那样巨大而突然的转变都是不可信的，何况在胚胎状态下，不具有任何突然变异的痕迹，而其构造上的每一变化细节，都是经不可觉察的微小步骤而逐渐发展起来的。

凡是相信某种古代生物是通过一种内在的力量或倾向而突然转变为如具有翅膀的动物，那么，他就不得不违反一切推理，而假设许多个体是同时发生变异的。他也不能否认，这类构造上突然而巨大的变化是与大多数物种显然经历的变化极不相同的；他进而还得认定，对自身所有其他部分以及对周围条件做出美妙适应的许多构造，也都是突然产生的。那么，他对于这种复杂而奇异的相互适应，便不能作任何解释了。他还得假设，这些巨大而突然的转变都没有在胚胎上留下任何痕迹。依我看来，这一切假定都远离了科学的领域，而完全走进了神秘的王国。

第8章

本　能

Instinct

本能与习性的起源不同——本能的级进——蚜虫和蚂蚁——本能是变异的——家养生物的本能及其起源——杜鹃、牛鸟、鸵鸟和寄生蜂的自然本能——养奴隶的蚁类——蜜蜂营造蜂房的本能——本能与构造的变化未必同时发生——自然选择学说用于本能的疑难——中性的或不育的昆虫——摘要

Darwin's five-year voyage on HMS Beagle established him as an eminent geologist whose observations and theories supported Charles Lyell's uniformitarian ideas, and publication of his journal of the voyage made him famous as a popular author.
All images reproduced with permission from John van Wyhe ed., The Complete Work of Charles Darwin Online http://darwin-online.org.uk

In the 'Descent of Man', Darwin applies theory to human evolution and details his theory of sexual selection. The book discusses many related issues, including evolutionary psychology, evolutionary ethics, differences between human races, differences between human sexes, and the relevance of the evolutionary theory to society.
All images reproduced with permission from John van Wyhe ed., The Complete Work of Charles Darwin Online http://darwin-online.org.uk

Darwin's research on animals and plants was published in a series of books such as the two volumes of 'Animals and Plants under Domestication' Chapters include findings on domestic cats, dogs, horses, asses, pigs, cattle, sheep, culinary plants, cerealia, fruit and flowers to name a few.
All images reproduced with permission from John van Wyhe ed., The Complete Work of Charles Darwin Online http://darwin-online.org.uk

Darwin's 1859 book 'On the Origin of Species' established evolutionary descent with modification as the dominant scientific explanation of diversification in nature. It's full title is On the Origin of Species by Means of Natural Selection, or the Preservation of Favoured Races in the Struggle for Life.
All images reproduced with permission from John van Wyhe ed., The Complete Work of Charles Darwin Online http://darwin-online.org.uk

达尔文纪念邮票

许多本能是如此之不可思议，以致它们的发展在读者看来大概是足以推翻我整个学说的难点。在此，我先声明，我不打算讨论智力的起源，正如未曾讨论生命本身的起源一样。我们要讨论的，只是同纲动物的本能和其他智力的多样性问题。

我不想给本能下任何定义。容易证明，这一名词通常包含若干不同的智力行为。当人说到本能驱使杜鹃迁徙，并把卵产在其他鸟类的巢内时，谁都理解这是什么意思。一种行为，人们需要经验才能做到，而由一种动物，尤其是缺乏经验的幼小动物，并不知道为了什么目的，却能按照同样的方式完成某一功能时，一般被称为本能。但我能够证明，这些性状无一个具有普遍性。正如休伯（Huber）所说，这常常是少许的推理和判断在起作用，即使自然系统中的低级动物也是如此。

弗·居维叶（Frederick Cuvier，1773—1838），法国古动物学家，乔治·居维叶的弟弟。

弗·居维叶（Frederick Cuvier）和好几位较老的形而上学者，曾把本能和习性加以比较。我认为这种比较，对完成本能行为时的心理状态，提供了一个精确的观念，但未必涉及它的起源。许多习惯行为是在无意识中进行，而且不少是与我们的意志相反!然而意志和理性却可能使它们改变。在某一特定时期，习性容易受到其他习性以及身体状态的影响。习性一旦获得，便可终生保持不变。我们可以指出本能与习性之间的其他若干类似之点。像反复唱一首熟悉的歌曲，直观上看，也是一种短的有节奏的行为接着另一个行为。如果一个人在唱歌或背诵死记硬背的东西被打断时，通常便不得不从头开始，以重新找到习惯性的思路。休伯发现一种毛虫也是这样，它可以建造一种很复杂的茧床。如果一只毛虫在建造其茧床已到了构造的第六阶段时，把它取出，放入只完成到第三阶段的茧床里，它仅重筑第四、第五和第六阶段的构造。但是，如果把一个建造到第三阶段的毛虫从茧床取出，放入已经完成到第六阶段的茧床中，这时由于它为它的茧床已做了不少工作，而并未由此得到任何利益，令它十分失措。于是为了完成它的茧床，似乎不得不再第三阶段开始，去试图完成实际上已经完成了的工作。

如果我们假定任何习惯性的行为都是可遗传的，可以证明有时的确可以发生这种情况，那么一种习性和一种本能之间原来存在的相似便变得如此密切，以致无法加以区别。如果莫扎特（Mozart）[1]不是经过少许练习在三岁时便会弹钢琴，而是根本没有练

① 奥地利天才的作曲家。

习，居然就能弹奏一曲，那真可以说他是出于本能了。但是，假定大量的本能由某一代中的习性而获得的，然后通过遗传传递给后代，那就大错特错了。可以清楚地证明，我们所熟悉的最奇妙的本能，如蜜蜂和许多蚁类的本能，不可能是由习性而获得的。

普遍承认，本能对于在其所生活的条件下的每一物种的生存，具有同肉体构造同样的重要性。在生活条件改变了的情况下，本能的轻微变异至少对物种可能是有益的。如果可以证明，本能的确可以变化，不论如何微小，那么，在自然选择可以保存本能的变异，并不断将其积累到任一有利的程度这一问题上，我认为便没有什么疑难。我相信，所有最复杂的和最奇妙的本能都是这样起源的。由于身体构造的变异，是由使用和习性引起和增强的，是由不使用而缩小或丢失的，所以我并不怀疑本能也是如此。但我相信，在许多情况下，习性和自然选择对所谓本能的自发变异的作用相比，习性的作用是次要的。自发的本能变异，同样是由引起身体构造上产生微小偏差的未知原因所引起的变异。

自然选择，除了通过将许多微小而有利的变异缓慢逐渐地积累外，便不可能产生出任何复杂的本能。所以像身体构造上的情形一样，我们在自然界里并不能找到，获得每一种复杂本能所经历的实际过渡类型，——因为这些类型，只能见于各物种的直系祖先中——但是我们应该从旁系系统中找到这些类型的一些证据；或者至少能够证明某些过渡类型的存在是可能的。我们肯定能做到这一点。关于动物的本能，除在欧洲和北美洲外，还很少观察过，并且对已绝灭物种的本能，更是毫无所知。在这种情况下，对于导致最复杂本能形成的中间过渡类型，能够这样广泛地被发现，将使我感到十分惊奇。同一物种的生物，在一生的不同时期，或一年的不同季节，或被置于不同的环境下等等，都可能具有不同的本能，这种现象有时会促进本能的变化。在这种情况下，自然选择作用便会将某种本能保留下来。并且我们可以举出自然界中存在着同一物种内本能多样性的实例。

和身体构造的情形一样，每一物种的本能对该物种本身是有利的。就我们所能判断，它从来没有专为其他物种的利益产生过，这也符合我的学说。据我了解，一种动物的行为显然是专为另一种动物利益的一个最有力的例子，便是休伯首先观察到的，蚜虫自愿为蚂蚁分泌甜汁。它们出于自愿，

蚜虫吸食植物的营养，而它的排泄物——蜜露，却是蚂蚁香甜可口的食料。蚂蚁保护蚜虫，蚜虫以蜜露相酬谢，这种现象在生物学上称为“共生现象”。

可由下列事实证明。我把一株酸模植物上与一群约12只蚜虫在一起的所有蚂蚁捉走，并在数小时内不准蚂蚁接触这些蚜虫。此后，我确实觉得蚜虫该要分泌了，便用放大镜注视着它们，竟未发现一个分泌的。于是我用一根毛发，尽量像蚂蚁用触角触动它们那样地，去轻轻地触动和拍打蚜虫，也没有一只分泌。随后我让一只蚂蚁去接近它们，从蚂蚁急切地奔跑的方式看，似乎它已清楚地意识到已经发现了多么大的一群蚜虫，于是它开始用触角拨蚜虫的腹部，先是拨这一只，然后拨下一只，每只蚜虫一感觉到触角，便立即举起它的腹部，分泌出一滴澄清的甜液，蚂蚁便急忙把它吞食了。即使是十分幼小的蚜虫也表现出同样的行为，表明这种行为是本能的，而不是经验所致。根据休伯的观察，蚜虫对蚂蚁肯定没有任何嫌恶的表示。如果没有蚂蚁在场，蚜虫最终不得不排出它们的分泌物。但是，由于这种分泌物极其黏稠，将其除去无疑对蚜虫的活动是有利的，因此，它们的分泌也许并非只为了蚂蚁的利益。虽然还没有证据可以证明任何一种动物所进行的某种活动是完全为了另一物种的，然而每一物种却力图利用其他生物的本能，像利用其他物种较弱的身体构造一样。因此某些本能也不能认为是绝对完善的。由于并无必要详细讨论这一点及其他类似之点，故在此可以省略不谈。

由于自然状态下本能可发生一定程度的变异，以及这类变异的遗传，是自然选择作用所不可缺少的，所以应该尽可能多举一些例子，但受篇幅所限，不能如愿。我只能断言，本能一定是可变的。例如迁徙的本能，不但在迁徙的范围和方向上有变异，甚至可以完全丧失这一本能。鸟巢也是如此，它部分地因所选择的位置，栖息地区的自然条件和气候而发生变异，但变异往往是由我们全然未知的原因所引起的。奥杜邦曾就一种鸟在美国的南部和北部所筑的巢不同，举出了好几个显著的例子。曾有人问：既然本能是可变的，那么为什么“在蜡质缺乏时，没有给蜂赋予使用别种材料的能力呢？”但是，蜂还能够用别的什么自然材料呢？我见过，它们可以用加有硃砂而变硬的蜡或加了猪油变软的蜡进行工作。奈特曾观察到，他的蜜蜂并不积极采集树蜡，而去用它涂于去皮树木上的一种蜡和松脂的黏结物。最近，有人发现，蜜蜂不去寻找花粉，而喜欢采用一种十分不同的叫燕麦粉的物质。如巢中的雏鸟对任何敌害的恐惧，必然是一种本能。通过经验，以及通过亲眼看到其他的动物惧怕这种敌害，可以使这本能增强。荒岛上栖息的各种动物，像我在别处指出的，对人类的惧怕却是逐渐获得的。甚至在英国，我们可以看到这样的事例，大型鸟类比小型鸟类更害怕人，因为大型鸟最易遭到人类的残害。我们可以稳妥地把大鸟更怕人归于这个原因。因为在荒岛上，大鸟并不比小鸟更惧怕人。喜鹊在英国对人很警惕，但在挪威却与人相处得很好，有如小嘴乌鸦在埃及那样。

有许多事实可以证明，在自然状态下出生的同种动物的精神性能差别很大。还有若干事实也可以证明，野生动物某些偶然的、奇特的习性，如果对该物种有利，通过自然选择的作用，可以形成新的本能。但是我清楚地意识到，这些缺少具体事实的一般叙述，在读者的脑海中只能产生极淡薄的印象。但我只能重复我的保证，我不会说缺乏可靠证据的话。

家养动物的习性或本能之遗传变异

只要稍微考虑一下家养下的几个例子，便可加强对自然状态下的本能可能、甚至确实会发生遗传变异的认识。由此我们可以看到，对习性和所谓自发变异的选择，在改变家养动物的精神性能上所起的作用。家养动物精神性能变化之大是众所周知的，例如猫，有的生来就是捉大鼠的，有的生来就是逮小鼠的，我们知道这种特性是遗传的。据圣约翰（St. John）说，有一只猫常把猎鸟捕回家来，另一只则喜欢捕捉野兔或家兔，还有一只却在沼泽地行猎，几乎每夜都要捕捉丘鹬和沙锥。可以举出许多奇异而真实的例子，来说明与一定的心态或一定的时期有关的各种性情、嗜好以及怪癖都是遗传的。让我们来看一看我们熟悉的各种狗的例子。无可怀疑，第一次把很幼小的向导狗带出去，它们有时不但可引导，甚至还会援助其他的狗。这种动人的例子，我曾亲眼见过。衔物狗确实在某种程度上可以遗传衔物的特性，牧羊犬不在羊群中而在羊群周围环跑的倾向一定也可以在不同程度上遗传。我不理解这些行为，为什么没有经验的小狗，个个会以几乎相同的方式去完成，而且每个品种在不知道这样做的目的时，又急切地乐意去完成——幼小的向导狗并不知道它的作为是在帮助主人，正像菜白蝶不知道为什么要把卵产在甘蓝的叶子上——我实在是看不出这些行为在本质上与真正的本能有什么区别。如果我们再观察一种狼，当它还很幼小而没有受过任何训练时，它一旦嗅到猎物，便停立不动，有如塑像，然后以一种特殊的步态慢慢地爬过去；而另一种狼遇到鹿群，却不直冲过去，而是环绕追逐，将其赶到远处。我们必然会将这些行为称为本能。称之为家养下的本能确实远不如自然状态下的本能稳定，它们所受的选择也远不严格，而且是在较不固定的生活条件下，且相对短的时期内被遗传下来的。

狗通过不同品种间的杂交，便可很好地显示出这些家养下的本能、习性和癖性的遗传是多么强，并且它们配合得是多么奇妙。我们知道，用牛头犬和细腰犬杂交，前者的勇敢顽强性可对后者影响多代；牧羊犬与细腰犬杂交，前者的所有后代都会获得猎野兔的倾向。这些家养下的本能，当用杂交的方法试验时，便和自然本能相似，都能按照同样的方式奇妙地混合在一起，并且能在很长时期内表现出双亲本能的痕迹。例如勒罗伊（Le Roy）描述过一只狗，它的曾祖父是一只狼，使它不时表现出野性祖先的痕迹，即听到呼唤时，它不是以直线走向主人。

家养下的本能有时被认为是，完全由长期连续的和强迫养成的习性遗传而来的行为，但这不符合实际。从来没有人想到去教，或者可能教过翻飞鸽子翻飞。据我观察，从未见过翻飞的幼鸽也可以进行翻飞。我们可能相信，曾有过一只鸽子表现出这种奇异习性的微小倾向，并且在后继的世代中对具有这种倾向的最优个体进行长期连续的选择，乃形成像现在那样翻飞的鸽子。据布伦特（Brent）先生告诉我，格拉斯哥附近有一种家养翻飞鸽，若不颠倒飞则飞不到18英寸高。如果未曾有过一只天然具有指示猎物倾向的狗，那么便可怀疑，是否有人能想到训练一只狗来指示猎物的方向。我们知道自然出现这种指向倾向的现象偶然可以发生，我便见到一只纯种狗就是如此。这种指示猎物方向的动作，如许多人所认为的，大概只不过是动物准备扑向猎物前的一种停顿姿态的延长而已。当这种初期指向的倾向一旦出现时，人类在以后的各世代中有计划的选择和强制训练的遗传效果，便会很快培养出这种指向狗。由于每个人都试图获得那些最善于指向和捕猎的狗，而本意不在改良品种，因此无意识选择仍在继续进行。另一方面，在某些情况下，仅习性便足够了。几乎没有任何动物比小野兔更难驯化的了，也很少有任何动物比小家兔更易驯服的了。但是我很难设想，难道对家兔经常进行的选择，仅仅是为了温顺吗？因此，我们必须把从极野性的到极驯服的遗传变异，至少大部分应归因于习惯和长期连续的严格圈养。

自然本能在家养下可以掉丢失掉，最明显的例子是某些品种的鸡变得很少或干脆不孵卵了，即它们根本不愿意卧在它们的卵上。仅由于司空见惯，使我们看不出家养动物的心理变迁是多么巨大和持久。狗对人类的亲昵已成了本性，这已无可置疑。所有的狼、狐、豺以及猫属的物种，纵使在驯养后，仍喜欢攻击鸡、羊和猪。从火地岛和澳洲等地带回家的小狗，其野性是无法矫正的，这些地方的土著人并不饲养这些家养动物。另一方面，已经开化了的狗，甚至在十分幼小的时候，也没有多大必要去教它们不要攻击家禽、羊和猪等!毫无疑问，它们偶尔也会发出攻击，但会遭到鞭打，如果还不改，它们便会被处死。这样，习惯和某种程度的选择，通过遗传，便同时使我们的狗失去了野性。另一方面，完全出于习惯小鸡失去了它们原先怕狗和猫的本能。赫顿告诉我，由一只家鸡抚养的原鸡（印度野生鸡，*Gallus bakkiva*）的雏鸡，起初时野性很大。在英国由母鸡抚养的小雉鸡也是如此，但是小家鸡并未失去一切恐惧，只是不怕猫和狗而已，因为如果母鸡发出危险的警告声，在它翼下的小鸡（尤其是小火鸡）便纷纷逃出，躲藏于周围的草或灌丛里。这显然是一种本能，正如我们在野生地栖的鸟中所见到的一样，目的是为了让它们的妈妈能够飞走。但是家养的小鸡所保留的这种本能，已变得毫无用处，因为母鸡的飞翔能力，由于不使用而已基本丧失了。

因此我们可以断言，动物在家养后，可能获得一些新的本能，也可丧失一些原有的自然本能。这一部分是由于习性，一部分则由于人类对特殊的精神习性和行为，在后继各世代中进行连续选择和积累的结果。而这些特殊的精神习性和行为的最初出现，我们常出于无知而称之为是意外的事。在某些情形下，只是强制性习惯便足以产生可遗传的心理变化，而在另一些情形下，强制性习惯却又不起作用，一切都是由于有计划的和无意识选择的结果。但是在大多数情况下，习性和选择可能共同发生作用。

特殊本能

通过分析几个实例，大概就能彻底理解在自然状态下，自然选择作用是如何改变本能的。我只举三个例子，即：杜鹃在别的鸟巢内产卵的本能；某些蚁类养奴隶的本能；以及蜜蜂筑房的能力。后两种本能，通常被博物学家很恰当地认为是一切已知本能中最奇异的本能。

杜鹃的本能 一些博物学者设想，杜鹃把卵产在别的鸟巢里的本能，其直接的原因是，它不是每天产卵，而是隔两三天产一枚卵。因此，如果它自己筑巢和孵卵，那么开始产的卵，得待一个时期才能孵，使得同一巢内会有不同龄期的卵和雏鸟。如果是这样，那么产卵和孵化便会耽误很长时间。特别是雌鸟迁徙得很早，势必就要由雄鸟单独喂养最初孵出的小鸟。而美洲的杜鹃就是处于这种困境，因为它既要为自己筑巢，同时还要产卵和孵育相继出壳的雏鸟。有人说美国杜鹃偶尔也把卵产于别种鸟的巢内，赞成和否认这种说法的都有。但是我最近从衣阿华的梅丽尔（Merrell）博士那里听到，他有一次在伊里诺斯州看到，一只小杜鹃与一只小松鸦同栖息在蓝松鸦的巢内，而且这两只小鸟的羽毛几乎都已生满，所以鉴别不会有错。我还可以举好几个不同的鸟类，也偶尔把卵产到其他鸟巢内的例子。现在让我们假设，欧洲杜鹃的古代祖先也具有美洲杜鹃的这一习性，也会偶尔在别的鸟巢内产卵。如果由于这偶然的习性，通过能使老鸟早日迁徙或通过其他因素而有利于老鸟，假若由于利用另一物种的错误本能，而能使其幼鸟比它们的雌性亲鸟哺养得更为强壮，因为母鸟必须同时照顾不同龄期的卵和小鸟，势必受到牵累，因此母鸟和被误养的小鸟都会得到益处。只要由此类推，我们可以相信，这样育成的幼鸟，通过遗传易于具

杜鹃将卵产于其他鸟类的巢内。当小杜鹃孵出后不久，便具有一种本能和力量，以及恰当的背部形状，能将它的义兄弟挤出巢外，因而得到更多的喂食。

有它们亲鸟的偶然而反常的习性，便有把卵产于其他鸟类巢中的倾向，使它们的幼鸟孵育得更加成功。通过这种自然的连续过程，我们相信便会产生杜鹃的这种奇特的本能。最近，穆勒以充分的证据确定，杜鹃偶尔也会把卵产在空地上，并在那里孵化和哺育雏鸟。这种稀有的事实，可能是一种久已丧失的原始筑巢本能的重现。

有人反对说，我并未注意到杜鹃的其他有关的本能和适应性，说它们必然是相互关联的。但是在所有的情形中，只在一个单独的物种中对一种已知的本能的推测，是毫无用处的，因为迄今还没有可供比较的事实。直到最近我们所知道的只有欧洲杜鹃和非寄生的美洲杜鹃的本能。现在，由于拉姆齐（Ramsay）先生的观察，我们知道了有关三种澳洲杜鹃的一些情况，这三种杜鹃也将卵产于其他鸟类的巢内。有关杜鹃这种本能，主要有三点：第一，普通杜鹃，除了很少例外，都在一个巢中产一枚卵，这样可使硕大而贪食的幼鸟获得丰沛的食物。第二，其卵相当小，不比云雀的卵大，而云雀只有杜鹃的1/4大小。我们由非寄生的美国杜鹃产的大卵的事实可以推知，小卵确是一种适应性特征。第三，小杜鹃孵出后不久，便具有一种本能和力量，以及恰当的背部形状，能将它的义兄弟挤出巢外，使其冻饿而死，这曾被大胆地称为仁慈的安排。因为这样既可使小杜鹃得到充足的食物，又可使义兄弟在感觉尚未发达之前便无痛苦地死去!

现在来看澳洲的杜鹃，虽然它一般在一个巢中只产一枚卵，但在同一巢中产二枚或三枚卵的也不少见。古铜色杜鹃卵的大小变化很大，长度从八英分到十英分。假若产的卵比现在的更小，对该物种更有利，因为这更易使代养母鸟受骗，或更可能使孵化期缩短（据说卵的大小和孵化期的长短之间存在着正相关），那么便不难相信，由此可形成产卵愈来愈小的品种或种，因为小型卵孵化和养育都比较安全保险。拉姆齐先生说，有两种澳洲杜鹃，当它们在没有掩蔽的巢里产卵时，特别喜欢选择那些巢内卵的颜色与自己卵的颜色相似的鸟巢。欧洲的杜鹃显然表现出一些与此本能类似的倾向，但也有不少例外，它把自己暗灰色的卵产于具有鲜蓝绿色卵的篱莺巢内。如果欧洲杜鹃总表现出上述本能，那么在那些假设一起获得的所有本能中，无疑还应加上这一种本能。据拉姆齐先生讲，澳洲古铜色杜鹃卵的颜色变化极大，所以自然选择对卵的颜色的作用，如同对卵大小的作用一样，也会把任何有利的变异保存和固定下来。

至于欧洲杜鹃，在孵化出壳后三天之内，养父母自己的雏鸟通常都被逐出巢外，因为小杜鹃这时还处于最无能的状态。所以古尔德（Gould）先生以前倾向于相信，这种排逐行为是出于其养父母的。但是，他现在已得到了一个可靠的报告，有人确实看见，一只小杜鹃在还未睁开眼甚至连头都不能抬起时，便能把它的义兄弟排出巢外。观察者把排出的一只雏鸟重新放入巢中，结果又被挤出。至于获得这种奇怪而可憎本能的方法，如果对于小杜鹃出生后很快就能尽可能多地获得食物具有很重要的作用（事实也可能如此），那么我认为，在连续的世代中杜鹃逐渐获得为排逐能力所需要的盲目欲望、力量以及构造，是不会有什么特别困难的。因为具有这种最发达的习性和构造的小杜鹃，将会得到最安全的养育。获得这种特殊本能的第一步，也许是年龄和力气稍大一些的雏鸟无意识的乱动，以后这种习性得到了发展，并传递给年龄更小的后代雏鸟。我看这种本能的获得，不会比其他鸟类的幼鸟在出壳前获得破壳的本能更困难，或者如欧文所说，幼蛇为咬透坚韧的蛋壳，上颚获得暂时的锐齿更困难。如果身体的各部分在各龄期都易于单独地发生变异，而且这些变异具有在相应的或更早的龄期被遗传的倾向，这是无可争议的问题，那么幼体的本能和构造肯定和成体的一样，能够缓慢地改变，这两种情形一定与自然选择的全部学说存亡与共。

牛鹂属（*Molothrus*）是美洲鸟类中变异甚广的一属，和欧洲的椋鸟（Starling）相似，其中某些物种像杜鹃一样具有寄生的习性，并且它们表现出在完善它们本能的过程中的有趣的级进情形。哈德生先生，一个杰出的观察家说，栗翅牛鹂（*Mlolthrus badius*）的雌鸟和雄鸟，有时成群混居，有时配对生活。它们或者自己筑巢，或者强占某种别的鸟类的巢，偶尔还会把陌生者的雏鸟抛出巢外。它们或在据为己有的巢内产卵，或很奇怪地在这巢的顶上为自己另造一巢。它们通常孵自己的卵和抚养自己的幼鸟。但哈德生先生说，它们也可能偶尔具有寄生的习性，因为他曾看到这种鸟的幼鸟追随着不同种的老鸟，喧鸣着要求老鸟喂食。牛鹂属的另一种鸟，紫辉牛鹂（*M. bonariensis*）的寄生习性比上述栗翅牛鹂更为发达，但仍不完善。已知这种鸟具有在别种鸟巢里产卵的固定不变的习性。但值得注意的是，有时数只鸟合筑一个共同的巢时，其巢筑得既不规则又不干净，而且位置也选得极不合适，如筑在大蓟的叶子上。然而哈德生先生认为，它们从来不会完成自己的巢。它们在别种鸟的同一巢内产的卵多达15~20枚，结果可能孵化的卵很少或根本没有。此外，它们还有在卵上啄孔的怪习性，无论是它们自己产的还是所强占的巢中的养父母产的卵，它们一概都啄。它们也将许多卵丢弃在光地上，由此造成报废。第三个物种，北美洲的单卵牛鹂（*M. pecoris*），却已获得像杜鹃那样完美的本能，因为它在一个寄养的巢内从不产一个以上的卵，所以保障了幼鸟的哺育。哈德生先生是一位坚决不相信进化论者，但是他对于紫辉牛鹂的不完全的本能，似乎大有触动，于是便引证我的话，并问："是否我们必须把这些习性，认为不是天赋的或特创的本能，而认为是一种普遍的定律即过渡形成的小小结果呢？"

有多种鸟，如上所述，偶尔会把卵产在别种鸟的巢里。这种习性在鸡科内并非不普遍，并且有助于阐明鸵鸟奇特的本性。在鸵鸟科里，好几只雌鸟一起先在一个巢中产几枚蛋，然后再于另一巢中产几枚蛋，而这些蛋由雄鸟孵化。这种本能也许可以由下述事实来解释，即雌鸟产的蛋很多，而且像杜鹃一样，每隔两三天才产一枚。然而美洲鸵鸟的本能和紫辉牛鹂的情况类似，还未达到完善的地步，因为它们把大量的卵散产在平地上，因此在我打猎的一天中，便捡到不下20枚遗弃和破损的蛋。

许多蜂是寄生的，而且习惯于把它们的卵产入别种蜂的窝内。这种情形比杜鹃更为奇异，因为不仅它们的本能，而且它们的构造也都随寄生习性而发生了改变。由于它们不具备采集花粉的器具，如果它们要为自己的幼蜂贮备食物，那么这种器具是必不可少的。形似胡蜂的泥蜂科（Sphegidae）中，有几种亦是寄生的。法布尔最近提出令人信服的理由，尽管小唇沙蜂（*Tachytes nigra*）通常自己挖穴为自己的幼虫贮存瘫痪了的捕获物，然而当它们发现其他泥蜂储有食物的现成的巢时，也会加以利用，成为临时的寄生者。这种情形与牛鸟和杜鹃相同。我认为如果一种临时的习性对物种有利，同时被害的蜂类，也不致因巢和储藏物被无情地夺去而灭绝。这便不难理解，自然选择能够使这种临时的习性变成永久性的。

弗朗索瓦·休伯（Francois Huber，1750—1831），瑞士博物学家。

养奴本能　这种奇怪的本能，是由休伯首先在红蚁［*Formica*（*Polyerges*）*rufescens*］中发现的，他是比他著名的父亲更优秀的一位观察家。这种蚂蚁完全依赖奴隶而生活，要是没有奴隶的帮助，该物种在一年之内就一定要绝灭。雄蚁与可育雌蚁都不做任何事，工蚁即不育雌蚁，虽然在捕捉奴隶时极为英勇，但也不做其他工作。它们不会造自己的窝，也不会哺育自己的幼虫。当旧窝不适合，不得不迁徙时，也得由奴隶决定，并且实际上由奴隶们用它们的颚把主人衔走。主人们是如此无能，以致当休伯把30个关

这种蚂蚁完全靠奴隶而生活。当没有奴隶时，尽管提供给它们最喜爱的丰沛的食物，但它们仍然什么都不做，甚至不能自行取食，许多蚂蚁就此饿死。

在一起，没有一个奴隶，尽管供给它们最喜爱的丰沛的食物，为刺激其工作又放入了它们自己的幼虫和蛹，但它们仍然什么都不做，甚至不能自行取食，许多蚂蚁就此饿死。休伯然后引入一只奴蚁，即黑蚁（*F. fusca*），奴蚁立即开始工作，饲喂和抢救那些幸存者，并筑造几个蚁房，照顾幼虫，把一切整理得井井有条。还有什么能比这些确实有据的事实更奇异的呢？假若我不知道任何别的养奴的蚂蚁，便无法想象，如此奇异的本能，到底是怎样发展完善起来的。

另有一种血蚁，也是由休伯首先发现的一种养奴的蚁类。这种蚂蚁分布于英国的南部，大英博物馆的史密斯（Smith）先生曾研究过它的习性。承蒙史密斯先生给我提供了有关此问题和其他问题的资料，在此深表感激。虽然我充分相信休伯和史密斯先生的资料，但我仍抱着怀疑的态度来研究这一问题。像这样异乎寻常的养奴本能，任何人对其存在有所怀疑是可以理解的。因此，我想较详细地谈一谈我所做的观察。我曾掘开14处血蚁的巢穴，并发现所有的巢穴中都有少数奴蚁。奴蚁原社群中的雄蚁和可育的雌蚁，只见于它们自己固有的社群中，从未在血蚁的巢中发现过。奴蚁是黑色，身体还没有它们红色主人的一半大，所以两者外形差异甚大。当巢稍受扰动时，这些奴蚁们便不时出来，如它们的主人一样地焦急，一样地防卫巢穴。如果巢穴受损很大，幼虫和卵都暴露出来时，奴蚁和主人一齐奋力工作，把它们转移到一个安全的地方。因此，很清楚，奴蚁感到像在自家一样，相当舒适和满足。在连续三年的六七月间，我在萨立和萨塞克斯，曾对好几个巢都观察过好几个小时，但从未见到一个奴蚁出入巢穴。这两个月内奴蚁很少，因此我想在奴蚁多的时候，它们的表现可能不同。但是史密斯告诉我，他曾于五月、六月及八月间在萨立和汉普郡注意观察了蚁巢，观察时间长短不等。虽然八月份奴蚁数量很大，但也从未看到它们出入巢穴。因此他认为它们是严格的持家奴隶。而它们的主人，经常可以见到把营巢的材料和各种食物搬进巢内。然而，在1860年7月，我遇见一个奴蚁很多的蚁群，我看见有几个奴蚁和它们的主人一起离开巢穴，沿着同一条路向着距巢约25码远的一株高的欧洲赤松行进，它们一起爬上树去，大概是为了寻找蚜虫或胭脂虫的。休伯曾多次观察过，他说，在瑞士，奴蚁们往往和主人一起营造巢穴。早晚门户开放，只由奴蚁们管理。休伯还明确地指出，奴蚁的主要职务是寻找蚜虫。两个国度中的主奴两蚁的普通习性存在这么大的差别，大概仅仅由于在瑞士捕捉的奴蚁数量比在英国多的缘故。

有一天，我幸好看见血蚁迁居，看到主人们小心地把奴隶衔着搬迁，真是有趣的奇观，并不像红蚁主人由奴隶搬运。另一天，20个左右的血蚁在同一地点徘徊，显然它们不是寻找食物，这引起了我的注意。它们逼近一个独立的奴蚁（黑蚁）群，却遭到猛烈地抵抗，有时候三个奴蚁揪住一个养奴血蚁的腿不放，血蚁凶残地杀死这些小抵抗者，并把它们的尸体搬到29码远的巢内作为食物，但是它们想掠夺奴蚁的蛹来培育成奴隶的行为却被制止了。于是我在另一个奴蚁的巢内，挖出了一团黑蚁的蛹，放在了该战场附近的一处空地上，这些暴君便迫不及待地把它们抓住并拖走，暴君们也许以为它们终究在最后的战斗中获胜了。

同时，我又把另一物种，黄蚁的一小团蛹放在同一地方，其上还有几只附着在巢的碎片上的小黄蚁。如史密斯先生所述，黄蚁有时也会被用作奴隶，尽管非常少见。这种蚁的身体虽然很小，但却骁勇异常。我曾见过它们凶猛地攻击其他蚁类。一次，我发现一块石头下有一独立的黄蚁群，处于养奴血蚁的巢下，这使我十分惊奇，当我偶然扰动了这两个巢时，这些小黄蚁便以惊人的勇敢去攻击它们的大邻居。当时我好奇地想确定血蚁是否能够辨别被捕作奴隶的黑蚁蛹与很少被捕捉的小而勇猛的黄蚁蛹。显然它们的确能立即加以区别，因为它们一看到黑蚁的蛹便马上将其抓住，而遇到黄蚁的蛹，或甚至遇到黄蚁巢上的泥土时，便惊慌失措，回头便跑。但是，在大约一刻钟之后，待所有的小黄蚁离开之后，它们才鼓足勇气，把蛹搬回。

一天傍晚，我去观察另一种血蚁，发现许多血蚁，衔着黑蚁的尸体和无数的蛹，正在归巢（说明不是迁徙）。我跟着一长列满载战利品的蚁队逆向追踪，大约有40码之遥，到了一石南丛莽下，才看见最后一只血蚁，衔着蚁蛹出现。但我未能在石南丛中找到被破坏了的蚁巢。然而这巢一定就在附近，因为有两三只黑蚁极度张皇地冲出来，有一只嘴里还衔着一枚自己的卵一动不动地停在石南的小枝顶上，并且对被毁的家表现出绝望的神情。

这些都是有关养奴的奇异本能的事实，无须我来证实。这些事实使我们看到，血蚁的本能习性和欧洲大陆上的红蚁的本能习性，是何等的不同。红蚁不会造巢，不能决定迁徙，不为自己和它们的幼虫采集食物，甚至不会自己取食，完全依赖大量的奴蚁而生活。而血蚁则不同，它们的奴蚁很少，在初夏则更少。它们自己决定筑巢的时间和地点，迁移时主蚁还把奴隶衔着走。瑞士和英国的奴蚁似乎是专门侍候幼蚁的，主人单独出外掠奴。在瑞士，主蚁和奴蚁共同工作，筑巢和搬运筑巢的材料；主奴共同地，但主要是奴蚁在照料它们的蚜虫，并进行所谓的挤乳；主奴也共同为本群采集食物。在英国，主蚁们单独出外采集筑巢材料和食物，供自己、奴蚁及幼虫食用。所以英国的奴蚁为主人所服的劳役，要比瑞士的少得多。

血蚁的这种本能到底是经由怎样的步骤起源的，我不想妄加臆测。但是，我见到不养奴蚁的蚁类，如果其他蚁种的蛹散落在它们巢的附近，也会被衔入巢内，这种原是贮作食物的蛹，可能在巢内发育为成虫。这样，由无意中养育的外来蚁类，便会遵循它们固有的本能，做它们所能做的工作。如果它们的存在，对捕获它们的蚁种确实有利，如果掠捕工蚁比生育工蚁也更有利，那么，这原是搜集蚁蛹作食用的习性，便可由自然选择作用而强化，并变为永久性的、非常不同的养奴目的。这种本能一旦获得，即使甚至远不如我们所见到的英国血蚁的作用广，英国血蚁比瑞士血蚁受奴蚁的帮助更少，自然选择作用也会增强和改变这种本能。我们常常假设每一变异对物种有益的话，自然选择作用可使这种本能达到像红蚁那样卑鄙的完全依靠奴隶来生活的蚁种。

蜜蜂筑巢的本能 对此问题我不想在此详加讨论，只想把我得到的结论简略地谈一谈。凡观察过蜂房的，对于它的精巧的构造如此巧妙地适应它的目的，除非是笨人，无不给以热情的赞赏!我们听数学家说，蜜蜂实际上已解决了一个深奥的数学问题，它们所造的适当的蜂房形状，既可最大限度地容纳蜜量，又尽可能少地消耗贵重的蜡质。曾有人说，即使熟练工，用合适的工具和计算器，也很难造出真实形状的蜡房来，但是这却是由一群蜜蜂在黑暗的蜂箱内造成的。不管你认为是什么本能，初看起来似乎不可思议，它们怎么能造出所有必要的角和面，或者甚至怎样能觉察出蜂房造得是否正确。但是疑难并不像初看起来那么大，我认为，这一切美妙的工作，由几个简单的本能就可以说明。

我研究此问题是受了沃特豪斯先生的影响。他指出，蜂房的形状与接邻的蜂房的存在密切相关。下面的观点大概只能认为是对这一理论的修正。让我们看一看伟大的级进原理，看看大自然是否向我们揭示了它的工作方法。在一个简短系列的一端，是土蜂，它们用自己的旧茧来贮蜜，有时在茧上加有蜡质短管，而且也会造成分隔的，很不规则的圆形蜡质蜂房。在这一系列的另一端，则是蜜蜂的蜜房，双层排列。众所周知，每个蜂房都是六棱柱体，六个面的底缘斜倾地连接成由三个菱形组成的倒锥体。这些菱形都具有一定的角度，在蜂巢的一面，构成一个蜂房锥体底面的三条边，正好形成反面三个连接的蜂房的底部。在这一系列里，处于极完善的蜜蜂蜂房和简单的土蜂蜂房之间的中间类型，是墨西哥蜂（*Melipona domestica*）的蜂房。休伯曾仔细地描述和绘制过这种蜂房。墨西哥蜂的身体构造也介于蜜蜂与土蜂之间，但更接近土蜂。它能够营造由柱形蜂房组成的，近乎规则的蜡质蜂巢。在这些蜂房里，孵化小蜂，另有若干大型蜡质蜂房，用以储藏蜂蜜。这些大型蜂房接近球形，且大小几乎相等，聚合成不规则的团块。但是，有一点很重要，值得注意，这些蜂房彼此之间靠得很近，如果造成球形的，蜂房要靠得这么近，便势必彼此交叉或穿透。然而这是绝不容许的，因为，这些蜂会在球形彼此交叉处建造起完整的蜡质的平壁。因此，每一个蜂房是由一个外部球形的和两个、三个或更多的平壁组成，平壁的个数由相邻接的蜂房个数来决定。当一蜂房与其他三个蜂房相连时，由于其球状蜂

在极致完善的蜜蜂蜂房和简单的土蜂蜂房之间的中间类型，是墨西哥蜂的蜂房。

房大小几乎相同，这三个平壁往往或必然组成一个棱锥体，而且这棱锥体，如休伯所说，显然与蜜蜂蜂房底部的三边锥体大体相似。与蜜蜂蜂房相似，这里任何一个蜂房的三个平面都是相邻的三个蜂房的组成部分。墨西哥蜂用这种方式营造蜂房，显然节省了蜡质，更重要的是节省了劳力，因为相邻蜂房间的平壁不是双层，其厚度和外部球形部分相同，但却构成了两个蜂房的共同部分。

考虑到这种情形，我想墨西哥蜂的球形蜂房，若能造得相互间距离一致，大小相等，以对称的双层排列，其结果的构造必与蜜蜂的巢一样完美了。于是，我根据米勒（Miller）教授的资料，形成了我的见解。我写信告诉他，这位剑桥的几何学家认真地看后，认为我的下面的表述是完全正确的。

假若画若干相等的球，将它们的球心置于两个平行层上，每一球心与同层环绕它的6个球心的距离皆等于或稍小于半径乘2，即半径乘1.41421（或更小一点距离），并与另一平行层上相连接的球心距离相等。如将这两层的每两球的交叉面都画出来，就会构成双层六面柱体，其底部由三个菱形所组成的角锥体的底面相互连合而成。这些菱形和六面柱体的面所夹的角，与经精确测量蜜蜂蜂房所得的角度完全相同。但是怀曼教授告诉我，他曾做过许多仔细的测量，蜜蜂所作蜂房的精确度曾被过分地夸大，所以，无论蜂房的典型形状如何，要真的达到这样的精确度，也是很少的。

因此，我们可以有把握地推断，如果能够把墨西哥蜂已有的并非很完善的本能稍微改变一下，那么这种蜂便会营造出如蜜蜂那样奇妙而完美的构造。我们一定能料想到，墨西哥蜂具有能够将其蜂房营造为真正球状且大小均等的能力，这是不足为奇的，因为我们已看到在一定程度上，它已能够做到这一点。同时我们还知道许多昆虫，也能在树木中营造很完善的圆柱形孔道，这显然是依一个固定点旋转而成的。我们一定也可以想象到，墨西哥蜂也有能力把它们的蜂房排成平层的，因为它们已经能够将圆柱形蜂房这样排列。我们还可以进一步设想，这是最困难的一点，即它们已具有一定的判断能力，当数只蜂同时营造数个球形蜂房时，它能够判断与同伴的蜂房应该保持多大的距离。然而它已经能够很好地判断这种距离，因为它老是将它的球形造得在一定程度上相互交叉，然后由一完整的平面将交叉点全部连接起来。本身并非十分奇异的本能——并不比鸟类筑巢的本能奇异——经这样的变异之后，我相信通过自然选择的作用，蜜蜂便可获得它那不可模拟的建巢能力。

这一理论可由实验加以证明。我曾仿照泰盖特迈耶（Tegetmeier）的实验，把两个蜂巢分开，中间放一块长而厚的长方形蜡板，蜜蜂便随即在蜡板上开始钻凿圆形的小凹穴，随着小穴的加深，小穴变得愈来愈宽，直到成为与蜂房直径大体相同的浅盆形，看来好像真正的一个球体的一部分。最有趣的是，当数个蜂彼此靠近而一起开始凿蜡板时，它们会在彼此相隔这样的点上开始工作，在盆形凹穴达到上述的宽度（即大约有一个正常蜂房的宽度）时，这时的深度达到盆形凹穴所具有的球体直径的1/6，这时盆形凹穴的边便彼此交切，或彼此穿通。这种情况一旦发生，蜜蜂便停止往深处凿掘，并开始在盆边交切处筑起平面蜡壁，因此每一个六面柱体，便被建造在平滑的扇形边缘上，而不像普通蜂房是建造在三边角锥体的直边上。

我然后把一块又薄又狭的，其边缘如刀刃的蜡片，涂上朱红色，放入蜂箱内，代替以前所用的长方形厚蜡板。蜜蜂即刻在蜡板的两面彼此相近的部位，像以前那样，开始凿掘盆形小穴。但由于蜡片很薄，若要凿挖到上面实验的深度，势必穿透蜡片。然而蜂不会让这种情形发生，当到适当的时候，它们便停止凿掘，因此，只要盆形小穴稍深一些，其底部便变为平的。这些未被咬去而剩下薄的朱红色蜡质平盆底，用眼睛来看，恰位于蜡片反面浅盆之间想象上的交切面处。不过在不同的部位，两面盆形小穴之间，所遗留的菱形板有大有小，可见，在非自然的状态下，蜜蜂的活做得并非十分精致。尽管如此，这些蜜蜂必定是以几乎相同的速率，从朱红色蜡板的两面，环绕地咬凿和挖掘深盆形小穴，以便正好在交切面处停止工作，在盆穴间凿下平面。

鉴于薄蜡片非常柔软，我想在蜡片两面工作的蜜蜂，不难觉察到咬到适当厚度时，便应停止工作。对于正常的蜂巢，依我看来，在两面筑房的蜜蜂，似乎并非总是以准确相同的速率进行工作的。因为我曾发现，一个蜂房底部完成一半的菱形板，向另一面稍微凹进，我想这是由于在这里工作的蜜蜂速率太快的缘故，而另一面稍微凸出，是由于在这一面的蜜蜂工作进度稍慢的结果。另一个显著的事例是，我把这个蜂巢又放回蜂箱，让蜜蜂继续工作一段时间后，取出检查，我发现菱形壁已经完成，并已完全变为平的。这小壁极薄，要将凸起咬平，是绝不可能的，我猜想这种情形，必是在反面的蜜蜂把凸出的一方加以推压所致，因可塑的微热的蜡易于推压到中间适当的位置（我曾试验过，这是很容易的），而将其弄平。

由朱红色蜡条的试验我们可以看出，如果蜜蜂要想为它们自己建造一个薄蜡壁，那么就要彼此相距适当的距离，以同样的进度，尽量凿挖成大小相等的球穴，并决不让它们彼此穿透，这样便能够造成适当样式的蜂房。如果检查一下正在建造的蜂巢的边缘，便会清楚地看到，蜜蜂先在蜂巢的整个周围，先造成一个粗糙的围墙或边缘，然后它们从两面咬凿，总是环绕地工作，把每一个蜂房凿深。蜂房的三面角锥体的整个底部不是同时造的；最先造的，是正在增长的最边缘的一块或两块菱形板，这要根据情况而定。并且，菱形板的上部边缘，要等到六面的壁开始建造后，方得完成。这些叙述，与享有盛誉的老休伯先生所讲的，有一些不同，但我相信自己的叙述是正确的，如果有篇幅，我可以说明这些事实是符合我的学说的。

休伯说，最初的第一个蜂房，是由侧面平行的蜡质小壁掘成的。就我的观察，这并不完全准确，因为最初往往有一个小蜡兜，但我并不想在此详述。我们已看到，挖凿对于蜂房的建筑起着多么重要的作用，但如果设想蜜蜂不能在适当的位置，即沿着两个毗连的球形的交切面处建造起一个粗糙的蜡壁，那便是一个极大的错误。我有好几个标本清楚地表明，蜜蜂能做到这一点。甚至在增长着的蜂巢周围的粗糙的边缘或围墙中，有时也可以看到若干挠曲，位置相当于未来蜂房底面的菱形壁板的位置。不过这种粗糙的蜡墙，总得从两面咬掉许多蜡质后，才能变得精致光滑。蜜蜂这种造房的方式是奇异的，它们总是先造成粗糙的墙，其厚度是咬光后，最终剩留的薄的蜂房壁厚度的10~20倍之多。要理解蜜蜂是如何工作的，不妨设想工人开始用水泥堆起一堵宽阔的墙基，然后从接近地面处，从两边削去相等的水泥，直到中间留下一堵很薄而光滑的墙为止。这些工人总是把削下来的水泥，加上新鲜水泥，又堆在墙壁的顶上，这样薄墙在逐渐地加高，但上面总是有一个厚大的顶盖。因此，一切蜂房，无论是刚开始营造的还是已经完成的，都有这样一个坚固的蜡盖。于是蜜蜂便可在其上聚集和爬行，而不致损坏薄的六面壁。米勒教授已为我弄清，蜂房壁的厚度差异很大，靠近巢边缘进行的12次量度的平均厚度为1/352英寸，而底部的菱形板较厚，比值接近3∶2，21次量度所得的平均数为1/229英寸。采用上面这种奇特的建造方法，消耗的蜡最少，便可使蜂巢不断地加固。

许多蜂一起工作的情况下，要理解它们是怎样营造蜂房的，初想起来，似乎更加困难。一只蜜蜂往往在一个蜂房工作片刻后，便转到另一个蜂房工作，因此如休伯所说，甚至第一个蜂房开始建造时，就先后有20个左右的个体在此工作过。实际上，我能够证明这一事实。在一个蜂房的六面壁上，或正在筑建的蜂巢的外端边缘上，涂上极薄的一层熔化了的朱红色蜡。我们总是发现，这颜色被极细腻地分布开来，细腻得就像漆匠用漆刷过的一样，这是由于蜜蜂已经把有色的蜡质微粒，从原来涂的地方，拿来加工到所有周围正在建造的蜂房壁上的结果。这种建造工作，在许多蜜蜂间好像有一种均衡的分配，它们都彼此间保持同样的距离，先开掘大小相等的球穴，然后建造起，或留下来咬的，各球间的交切面。真正奇异的是注意到它们在困难的情形下，如有两个蜂窝以一个角度相接触时，常常将已建好的接触处的蜂房拆除，并以不同的方法重建，但有时重建的和最初拆掉的形状相同。

当蜜蜂碰到一个地方，可以站在适当位置在上面筑巢时，例如有一块木片，恰好位于正在向下方建造的一个蜂巢的正下方时，那么这个蜂巢就不得不建造在这块木片的上方一面。在这种情况下，蜜蜂便会在最适当的位置，铺设新的六面体的一个壁的基础，使其伸出其他已建成的蜂房之外。只要能使蜜蜂彼此之间，以及最后完成蜂房的壁之间，保持适当的距离就可以了，那么蜜蜂通过凿掘想象的球体，便可以在毗邻两球之间造起一个壁来。但是就我所知道的，如果那个蜂房以及与它相邻接的蜂房的大部分都还未建成，则蜜蜂决不会咬去和修光蜂房角的。在某些情况下，蜜蜂能在两个刚开始的蜂房之间的适当地方，建造起一个粗糙的壁。这种能力是很重要的，因为它涉及一个事实，即，黄蜂巢最外边缘上的蜂房，有时也是严格的六边形的，初看起来似乎可以推翻上述的理论，但我没有篇幅来讨论这个问题。我并不觉得由单一的一只昆虫，如一只黄蜂的后蜂，建造六边形的蜂房会有多大的困难。只要它在两三个同时动工的蜂房内外交互地工作，并且在开始建造时能使这些蜂房保持适当的距离，凿掘球体或圆柱体，并建起中间的壁就行了。

既然自然选择的作用，仅仅在于对构造上

自然选择过程的动力，在于使蜂房的构造建得具有应有的强度，适当的大小和符合幼虫生活的形状，同时，要实现这一点还必须尽可能多地节约劳力和蜡。

或本能上微小的，然而对生物所处的生活条件下却是有利的每一变异的积累，那么便有理由问，在蜜蜂构巢本能的变异这一很漫长和渐变的过程中，所有向着现在这样完美构造的变异，是怎样有利于蜜蜂的祖先的？我想回答这一问题并不困难：因为像蜜蜂或黄蜂所造的蜂房既坚固，又大大地节省了劳力、空间和造房材料。至于蜡质，我们知道，必须获得足够的花蜜，这对蜜蜂往往负担很重。据泰盖特迈耶先生告诉我，经实验证明，一窝蜜蜂分泌一磅蜡质，需要消耗12至15磅干糖，因此一箱蜜蜂要分泌它们造巢所需的蜡质，就必须采集和消耗大量的液体花蜜。更有甚者，许多蜂在分泌期间，许多天都不得不停止工作。储备大量的蜂蜜，是维持一大群蜜蜂越冬所不可缺少的，并且我们知道一群蜂维持的数量越大，其蜂群越安全。因此，节省蜡质，便是大量地节省了蜂蜜和采集蜂蜜的时间，这必然是任何一个蜜蜂家族成功的重要因素。当然这一物种的成功，还可能取决于天敌或寄生物的数量，或其他各种因素，所有这些都与蜜蜂所能采集的蜜量无关。但是，如果我们假设，所能采的蜜量往往能够决定一种与土蜂同源的蜂是否能够在某一地方大量存在。还譬如，这群蜂要度过冬天，因此需要储存蜂蜜，在这种情况下，毫无疑问，如果我们想象的这种土蜂的本能稍有变异，使它造的蜡质蜂房靠在一起，并略有交切。那么这样便对这种土蜂有利，因为甚至两个邻接的蜂房共同一个壁，也会节省一点劳力和蜡质。所以如果它们蜂房造得愈来愈规则，愈接近，如墨西哥蜂那样而集成一团，则这种土蜂便可不断地获得愈来愈多的利益。因为在这种情况下，各蜂房的界面大部分被用作邻接蜂房的共用界壁，于是便可大大地节省劳力和蜡。另外，由于同样的原因，如果墨西哥蜂把蜂房造得比现在更相近一些，并且在各方面更规则一些，这对于它则是更有利的；因为正如我们前边讲过的，这样将使蜂房的球面完全消失，而被平面所代替；这样墨西哥蜂将它的蜂巢造得如蜜蜂的一样完美。自然选择不可能产生超越这样完美的构造；因为就我们所知，蜜蜂的蜂巢在节省劳力和蜡质上已达到了极端完美的地步了。

因此我相信，一切已知的最奇异的本能，比如蜜蜂的本能，可以解释为自然选择保留了由较简单的本能所产生的那些大量的、连续的、微小的有利变异。经过缓慢的过程，自然选择能够越来越完善地使蜜蜂在双层上建造彼此保持一定距离的、大小相同的球体，并可沿交切面凿掘和建造蜡壁。当然，蜜蜂并不知道它们是在彼此保持一个特定的距离挖掘球体，正如它们不知道六面柱体及底部菱形板的几个角有多少度一样。自然选择过程的动力，在于使蜂房的构造建得具有应有的强度，适当的大小和符合幼虫生活的形状，同时，要实现这一点还必须尽可能多地节约劳力和蜡。凡是能够用最少的劳力，在分泌蜡上消耗最少的蜂蜜，可营造最好的蜂房的蜂群，便可获得最大的成功。而且还会把它们新获得的节约的本能，传递给新的蜂群，使它们在生存斗争中亦将获得最大成功的机会。

反对把自然选择学说应用于本能上的理由：中性的和不育的昆虫

对上述本能起源的观点，有人曾提出反对说：“构造和本能的变异必定是同时发生，并且是彼此密切协调的，若一方发生变异，而另一方没有立即发生相应的变化，则会产生致命的后果。”这种异议的力量完全是建立在构造和本能上的变化都是突然发生的这一假设上的。现以前章谈到的大山雀为例加以说明。这种鸟常在树枝上用双足夹住紫杉的种子，用喙去啄，直到啄出核仁。自然选择通过保留喙在形状上的一切有利而微小的变异，使喙愈来愈适应于啄破这类种子，直到形成一种如鸸那样地适应这种目的的完美构造的喙。与此同时，由习性，或强制，或嗜好的自发变异，使这种鸟日渐成为一种食种子的鸟。用自然选择学说这样进行解释，还会存在什么特别的困难呢？在本例中，设想先有习性或嗜好的缓慢变化，然后通过自然选择，喙才慢慢地发生相应的变化。而设想大山雀的足由于和喙相关联，或由于其他未知的原因而变大，这种变大的足可能使这种鸟攀缘的能力越来越强，直至获得像鸸那样显著的攀缘能力和本能。在本例中，设想是由于构造的逐渐变化导致了本能习性的改变。再举一个例子：东方岛屿上的雨燕（swift），完全由浓缩的唾液造巢，很少有比这种本能更奇异的了。有些鸟类用泥巴筑巢，相信其中混有唾液。北美洲一种雨燕，我看到，用唾液将小枝黏结起来筑巢，甚至把碎枝屑沾上唾液来造巢。那么，通过对分泌唾液越来越多的雨燕个体的自然选择，最终便可产生一种具有专用浓缩的唾液而不用其他材料造巢本能的物种，这难道是极不可能的吗？其他的情形又何尝不是如此？然而必须承认，在许多事例中，我们实在还无法推测，究竟是本能还是构造先发生了变异。

无疑，有许多非常难以解释的本能可能是与自然选择学说对立的。例如有些本能，我们不可能弄清它是如何起源的；有些本能，不知道中间过渡状态是否存在；有些本能极不重要，自然选择难以对它们发生作用；在自然系统上相距极远的动物中，有些本能竟几乎完全相同，使我们不能用出自共同祖先的遗传来解释，只好认为是分别通过自然选择而独立获得的。我不想在此讨论这些情形，而要集中讨论一个特别的难点。这一难点在我当初看来，似乎是不能克服的，并且认为对我的全部学说的确是致命的。我所指的就是昆虫社会里的中性的即不育的雌虫，因为这些中性个体无论在本能上还是在构造上都与雄虫和可育雌虫大不相同，而且由于它们不育，也便不能繁殖它们的种类。

这一问题很值得加以详细讨论，但在这里我只想举一个例子，即不育的工蚁。工蚁如何变成不育的，是一个难点，但不会比任何一种显著的构造变异更难，因为可以证明，有些昆虫和其他节肢动物，在自然状态下偶尔也会变为不育的。如果这些昆虫是群居的，每年产生若干能工作而不能生殖的个体对该社群有利的话，那么我看这是由于自然选择的结果，便不会有什么特别的困难。最大的难点在于，工蚁与雄蚁和可育的雌蚁在构造上的大不相同，如胸部的形状，没有翅膀，有时还没有眼睛，而且在本能上也不同。单就本能而论，工蚁和完全的雌蚁之间显著的差异，蜜蜂便是较好的例子。若工蚁或其他中性昆虫是一种普通的动物，我便会毫不犹豫地设想，它的一切性状都是通过自然选择作用逐渐获得的，也就是说，由于生下来的个体就具有微小而有利的变异，这种变异又由后代遗传下来，而且后代又会发生变异，又被选择，如此继续不断。但是对于工蚁则大不相同，由于它和亲本差异极大，又是绝对不育，因此它绝不会把历代获得的结构上或本能上的变异传递给它的后代。于是当然要问，这种情况怎么可能符合自然选择的学说呢？

首先，我们应当记着，无论在家养的生物，还是自然状态的生物中，我们都有无数的例子，可以表明被遗传的各种各样的构造上的差别，都与一定的年龄或性别有关。我们已知有的差别，只与一种性别有关，而且只表现在生殖系统最活跃的那一较短的时期内，如许多鸟类交配季节所特有的婚羽及雄鲑的钩颚。我们知道不同品种的公牛，经人工阉割后，角的形状也表现出微小的不同，在某些品种中，去势公牛角的长度与同一品种的正常公牛和母牛相比，要比其他品种的去势公牛的角更长。因此我想在昆虫社会里，某些成员的任何性状变得与它们的不育状态有关，并不存在多大的难点。难点却在于理解这种相关的构造上的变异怎样通过自然选择的作用慢慢地积累起来的。

这一难点，虽然看来似乎不可克服，但只要清楚选择作用不但适用于个体，而且也适用于整个家系，而且由此可得到所需要的结果，那么这一难点便会减轻。或如我相信的，难点便会消失。养牛者希望牛的肉和脂肪交织得像大理石的纹理，具有这种特征的牛被屠宰了。但养牛者相信可以从这牛的原种育出，结果获得成功。这种信念是基于这样的选择能力，只要细心选择什么样的公牛和母牛交配，会产生最长角的去势公牛，也可能便会培育出总是产生异常长角的去势公牛的一个品种，虽然从没有一只去势公牛繁殖过自己的种类。这里有一个更好而确切的例证，据弗洛特（Verlot）讲，一年生重瓣紫罗兰的某些变种，经长期地和仔细地选择到适当的程度时，所产生的幼株，大部分往往开的是重瓣而不育的花，但它们也产生一些单瓣和可育的植株。这单瓣可育的植株，即该变种赖以繁衍的植株，可以比作可育的雄蚁和雌蚁，而重瓣不育的植株则可以比作同一社群中那些中性的工蚁。无论是对于紫罗兰的这些变种，还是社会性昆虫进行选择以达到有利的目的，不是作用于个体，而是作用于整个家系。因此我们可以断言，与社群中某些个体的不育状态相关的构造上或本能上的微小变异，证明都是对该社群有利的，结果使这些获利的可育雌体和雄体得以兴盛，并且可以将产生具有同样变异的不育成员的这一倾向传递给它们的可育后代。这样的过程必定已重复了好多次，直到同一种内的可育的和不育的雌体之间产生巨大的差异，正如我们在许多社会性昆虫中所见到的那样。

但是我们还未接触到这一难点的顶峰：就是在几种蚂蚁中，中性个体不但与该群中可育的雌体和雄体不同，而且它们彼此间也不同，有时甚至达到令人几乎不能相信的程度，由此可将其分为两级甚至三级。而且，这些级彼此间区别很明显，往往缺乏渐进的象征，彼此间的区别有如同属中的任何两个种，或者像同科中的任何两个属。例如埃西顿（Eciton）蚁的中性蚁又可分为工蚁和兵蚁两种，它们的本能以及颚都极不相同。隐角蚁（Cryptocerus）的工蚁，只有一个级，头上具有一种奇异的盾，其作用还不清楚。墨西哥壶蚁（Myrmecocystus），有一个级别的工蚁，它们从不离开巢，而由另一级别的工蚁来喂养，并且它们具有一个发育得很大的腹部，可分泌一种蜜汁，以代替其蚜虫的分泌物。这些蚜虫作为能提供食源的“奶牛”，欧洲的蚁类常把它们看守和圈养起来。

如果我不承认这类奇异而确实的事实可以立刻摧毁我的学说时，必然会有人认为，我对自然选择的原理是太自负、太自信了。在比较简单的中性昆虫只有一个级的情形中，我相信这种中性个体与可育的雄性和雌性个体之间的差别，是由于自然选择作用产生的。由一般的变异类推，我们便可断言，那些连续的、微小的、有利的变异最初只发生在个别的中性个体上，并非该窝中所有的中性个体上。由于这样的社群，它的雌体能产生最多的具有有利变异的中性工蚁，能得以幸存，才使一切中性个体最后成为具有相同变异的特征。按照这一观点，我们便应该在同一窝中偶尔可以发现那些表现出不同级进构造的中性昆虫，这一点我们确实已发现。由于欧洲以外的中性昆虫很少进行过仔细研究，这种情况甚至可以说并非罕见。史密斯先生已经证明，有好几种英国蚂蚁的中性个体彼此间在体形大小上，有时在颜色上表现出惊人的差异，而且两种极端的类型可由同一窝的一些个体将其连接起来。我亲自比较过这种完整的级进类型，有时可看到，大型的或小型的工蚁数目最多，或这两种都很多，而中间大小的个体极少。黄蚁有较大的和较小的工蚁，而中间大小的则很少。据史密斯先生观察，在这一物种中，较大的工蚁的单眼虽小，却很明显，而较小的工蚁的单眼却是痕迹状的。我已仔细地解剖过这类工蚁的若干标本，可以确证这些较小工蚁的单眼是高度退化的，用按体形比例缩小是不可解释的。我虽不敢太肯定，但深信，中间大小的工蚁的单眼恰好处于中间状态。所以在同一窝中便有两种体形不育的工蚁，其差别不仅在体形的大小上，而且在它们的视觉器官上，而且这些差别由少数中间状态的个体将其连接起来。现在我还想补充，假若小型工蚁对该社群最有用，则那些可以生殖越来越多小型工蚁的雄蚁和雌蚁，必然不断地被选择保留下来，直到所有的工蚁皆处于较小的体型状态为止。于是便形成了这样一个蚁种，它的中性个体几乎与褐蚁属中的中性个体一样。尽管褐蚁属的雄蚁和雌蚁的单眼十分发达，而其工蚁甚至连残迹的单眼也不复存在。

我再举一例：我曾很有信心地期望能有机会在同一种内不同级的中性个体之间，找到它们重要构造的中间过渡类型，因此我十分高兴采用史密斯先生所提供的取自西非洲驱逐蚁（Anomma）的同窝中的许多标本。我不想通过列举实际测量的数据，而是通过一个确切的事例来说明这些工蚁之间的差异量，也许读者更易了解些。这些差异，如同我们看到一群正在建筑房屋的工人，其中有许多人高5英尺4英寸，也有许多人高16英尺的。另外我们还必须假设，那些大个子工人的头要比小个子的头不止大三倍，而要大四倍，而颚近乎五倍。几种大小不同的工蚁间，不仅其颚在形状上，而且其牙齿在数量和形态上的差异都是惊人的。但对我们来说重要的事实是，虽然这些工蚁按体形大小可分为不同的几级，但彼此之间的逐渐变化是难以觉察的，就连差别极大的颚的构造也是如此。我有把握谈论工蚁的颚，是因为卢布克爵士曾把我所解剖的几种大小不同的工蚁的颚，用描图器逐一绘了图。贝茨（Bates）先生在他的有趣的著作《亚马逊河上的博物学者》里，也描述了一些类似的情形。

有我面前的这些事实，我相信自然选择，通过作用于可育的蚁即亲本蚁，便可形成一物种，习惯产体形大而具有某种形态颚的中性蚁；或习惯产体形小而具有很不相同颚的中性蚁；或者习惯于能同时产生两群大小和构造皆很不相同的工蚁；最后一点虽是最难搞清的，但是像驱逐蚁的情形一样，最先形成的是一个级进系列，然后由于它们的亲本得以生存，这一系列的两极端类型产生的愈来愈多，终至具有中间型构造的个体不再产生。

华莱士和穆勒两位先生曾对同样复杂的例子分别提出了类似的解释。华莱士的例子是，马来亚的某些蝶类的雌体，往往表现为两种甚或三种明显不同的类型。穆勒所举的是巴西的某些甲壳动物的雄体，也有两种大不相同的类型。但这个问题无须在此讨论。

贝茨（Henry Walter Bates，1825—1892），英国博物学家。

现在我已经解释了，如我相信的，在同一窝内存在着两种截然分明的不育的工蚁，它们不但彼此间，而且与亲本之间都很大的不同，这种奇异的事实是怎样发生的。我们可以明白，这种情形的产生对蚁类社群有用，正如分工对文明人类有用的原理一样。不过蚁类靠遗传的本能和遗传的器官或工具而工作，但人类却依赖所获得的知识和人造的器具来工作。但我必须承认，尽管我对自然选择作用深信无疑，然而若没有这些中性昆虫的事实，引导我得出这一结论，我决不会料到这一原理竟是如此高度地有效。为了证明自然选择作用的力量，同时也因为这是我的学说所遇到的最严重的难题，因此我对这种情形讨论得稍多，但还很不够。这种情形也十分有趣，因为它证明无论在动物里还是在植物里，任何变异量，都是通过积累无数微小的、自发的，而且在任何方面都是有利的变异而实现的，而没有训练或习性的作用。因为工蚁即不育的雌蚁所特有的习性，无论经历了多么长的时期，也不可能影响专事繁殖后代的雄蚁和可育雌蚁。我感到很奇怪，为什么迄今没有人用这种中性昆虫的明显实例，去反对众所熟知的拉马克所提出的“获得性遗传”的学说。

摘　要

我已尽力在本章简略地阐明了家养动物的智力性能是变异的，而且这些变异是可遗传的。我又力图更简要地阐明本能在自然状态下也会发生轻微的变异。本能对任何动物都极为重要，这是无人争辩的。因此，在变化的生活条件下，自然选择作用可将任何有用的微小的本能上的变异积累到任何程度，并没有什么真正的困难。

在许多情形中，习性或器官使用和不使用可能在起作用。我不敢说本章所举的事实大大地加强了我的学说，但是据我判断，却没有任一困难能够摧毁我的学说。另一方面，本能也不总是绝对完美无缺的，而是易出错误的。尽管动物可以利用其他动物的本能，但没有一种本能是专为其他动物的利益而产生的。自然史上的格言“自然界没有飞跃”不但适用于身体构造，同样也适用于本能。这句格言可简单明了地解释上述的观点，否则便不能解释。所有这些事实都进一步巩固了自然选择的学说。

还有几个有关本能的事实，也加强了这个学说，如亲缘很近的不同物种，栖息于世界上相距很远的地方，生活在远不相同的生活条件下，却往往保持着几乎相同的本能这一常见的事实。例如，根据遗传的原理，我们可以理解，为什么南美洲热带的鸫，会和英国的鸫一样的奇特，用泥来涂抹它们的巢；为什么非洲和印度的犀鸟（Hornbill），具有同样奇异的本能，用泥将树洞封住，把雌鸟关在洞内，在封口处留一小孔，以便雄鸟从这里来饲喂雌鸟及孵出的幼鸟；为什么北美鹪鹩（Troglodytes）和欧洲的鹪鹩一样，都由雄鸟筑“雄巢”来栖息，这是与其他已知的鸟类完全不同的一种习性。最后，这也许是不合逻辑的推理，但据我的想象，这种看法会更加令人满意，即把这些本能，如幼小的杜鹃把义兄弟挤出巢外、蚂蚁的养奴、姬蜂的幼虫寄生在活的毛虫体内等等，不是看作为天赋的或特创的本能，而是看作为导致一切生物演进的一个普遍法则——即繁衍、变异，让最强者生存或最弱者死亡——的小小的结果。

第9章

杂种性质

Hybridism

初始杂交不育性和杂种不育性的区别——不育性的程度，不育性并非绝对普遍，近交对其影响，家养对它的消除——支配杂种不育性的规律——不育性不是一种特别的天赋，而是其他差异的附带产物，它不能通过自然选择而积累——初始杂交不育性和杂种不育性的起因——交互的两型性和三型性——并非所有变种杂交和其混种后代都是可育的——除育性外，杂种和混种的比较——摘要

红蕊文殊兰（*Crinum erubescens*）［比利时画家雷杜德（Pierre-Joseph Redouté，1759—1840）绘］

博物学者们普遍认为，种间杂交时，便专门赋予了不育的特性，以阻止物种间的混杂。初看起来这种观点似乎很对，因为生活在一起的物种若能自由交配，它们之间便几乎不可能有区别。这一问题在许多方面对我们都是重要的，特别是因为初始杂交的物种不育性和它们的杂种后代的不育性，如我以后要说明的，是不可能通过保留各种程度的、连续的、有利的不育性所能获得的。不育性是由亲本物种生殖系统中的差异所产生的一种附带的结果。

在论述这一问题时，往往有两类根本不同的事实被混为一谈，这就是：初始杂交时物种的不育性，以及它们产生的杂种的不育性。

纯粹的物种当然具有完备的生殖器官，然而当种间杂交时，往往不产生后代或产生很少的后代。而杂种则不同，它们的生殖器官在功能上是无效的，这可从植物和动物的雌性生殖质的状态上清楚地看出，虽然它们生殖器官本身的构造，在显微镜下看来仍是完善的。前一种情形中，形成胚胎的雌、雄生殖质都是完善的；在后一种情形中，它们不是完全不发育，便是发育不完全。这种区别，在必须考虑这两种情形共同的不育原因时，便显得十分重要。由于往往把这两种不育看作是一种特别的天赋，超过了我们理解能力的范畴，因此它们的区别很可能被忽视了。

变种，往往被认为是由一个共同的物种传下来的不同形式，不同变种间杂交的可育性，以及它们混种后代间杂交的可育性，根据我的学说，是与种间不育性具有同等重要的意义，因为它们似乎成为变种和物种间一个显著的区别。

不育性的程度

首先来看物种间杂交的不育性和它们的杂种后代的不育性。凯洛依德（J.G. Kölreuter）和格特纳（K.F. von Gaertner）这两位忠诚而可敬的观察家，几乎以毕生的精力致力于这一问题的研究，凡是读过他们几篇研究报告和专著的，不可能不深深感到某种程度的不育性是极为普遍的，凯洛依德并把这一规律普遍化了。他列举了十个例子，大部分作者认为属于不同的物种，但他发现其中有两种，一起杂交后是相当可育的，于是他以快刀斩乱麻的手段，毫不犹豫地把它们列为变种。格特纳也将这一规律同样地普遍化了，而他对凯洛依德的十个例子中的完全可育性提出质疑。但是为了表明在这些和许多其他的例子中，存在着任何程度的不育性，他不得不仔细地统计种子的数目。他总是把两个物种初始杂交所产生的最大的种子数以及它们杂种后代产生的最大种子数，与自然状态下两种纯粹的亲本种所产生的平均种子数进行比较。但是这导致他产生严重错误，原因是：被杂交的植物必须取掉雄蕊，并且更重要的是必须将其隔离，以防止昆虫带来其他

凯洛依德（Josef Gottlieb Koelreuter，1733 — 1806），德国植物学家。

格特纳（Karl Friedrich von Gaertner，1772—1850），德国植物学家。

植物的花粉。但是格特纳进行实验的植物，几乎全是盆栽的，并将其全放在他家的一间房子里。无疑这些做法常常会损害植物的可育性。因为对他给出的大约20种已去雄的植物，用它们自身的花粉进行人工授精，除了一切难于操作的豆科植物外，其中一半植物的可育性受到了一定程度的损害。而且格特纳对某些植物，如普通红花海绿（*Anagallis arvensis*）和蓝花海绿（*Anagallis corerulea*），这些被最杰出的植物学家认为是变种的植物，经反复进行杂交，发现它们都是绝对不育的。因此我们便会怀疑，是否许多物种杂交时，会像他认为的那样，真的是如此的不育。

事情确是如此，一方面，各物种杂交不育性程度各不相同，而且其间的递变差异是难以觉察的；另一方面，纯种的可育性，是这样地容易受到不同环境的影响，以致为了各种实践上的应用，很难说出完全可育的终端与不育的开端在何处。关于这一点，我想再也没有比这两位最有经验的观察家凯洛依德和格特纳所提出的证据更好的了。他们对某些完全一样的类型，却得出了恰恰相反的结论。关于某些可疑的类型究竟应列为种还是变种的问题，将我们这两位最杰出的植物学家所提出的证据，与不同的杂交工作者根据可育性所提出的证据，或同一观察者根据不同年份所做的实验提出的证据加以比较，也是很有启发的。可惜因篇幅有限，我在此不能详加说明。由此可以表明，无论是不育性还是可育性，都不能明确地区分种和变种。从这方面得来的证据越来越少，并且与从其他体质和构造上的差别所得出的证据一样地可疑。

关于杂种在后继世代中的不育性，虽然格特纳谨慎地防止了一些杂种与其任一亲本种的杂交，这样把它们培育了六代或七代，其中一个甚至到了十代，但是他肯定地说，杂种的可育性从未提高，反而往往是大大地降低。对于这种可育性的降低，开始可能注意到的是，当杂种的两个亲本种都在构造或体质上具有任何偏差时，便往往以扩增的方式传递给后代，并且杂种植物的两性生殖质在某种程度上已受到影响。但我相信，在几乎所有这些例子中，育性的降低是由另外一种原因，即由于交配亲本的亲缘太近所引起。我已做过很多实验，也搜集了大量的事实，表明：一方面，偶尔与一不同的个体或变种杂交，能增强其后代的生活力和育性；另一方面也表明：亲缘很近的交配能使其后代的生活力和育性降低。这一正确的结论，我是无法怀疑的。实验者们很少培育出大量的杂种，并由于其亲本种，或其他近缘的杂种一般都生长在同一植物园内，所以在开花季节，必须严格地防止昆虫的传粉。如果把杂种隔离，则每一世代便会自花授粉。因此便可能使它们原本由于起源于杂种而已降低的可育性，受到损害。格特纳反复提到的一个引人注意的叙述：甚至对育性较差的杂种，如果用同类杂种的花粉进行人工授粉，尽管由操作常常带来不良影响，但其育性有时却明显地得到提高，而且逐代不断地提高。这一叙述加强了我的上述信念。在人工授精的过程中，随机取自另一朵花的花粉，同来自本朵花的花粉，参与授精的机会是均等的（据我自己的经验，可知如此）。因此两朵花的杂交，尽管往往可能是在同一植株上，却由此受到影响。此外，无论何时进行复杂的实验，都应该像格特纳那样仔细地取掉杂种的雄蕊，这便可以保证每一世代用不同花的花粉杂交，这不同的花或是同一植株，或者来自杂种性质相同的另一植株。因此，人工授精的杂种的育性代代增高，而与自发地自花受精的结果恰好相反，我认为这种奇怪的事实可以解释为，是由于避免了过于近缘杂交的结果。

现在让我们来看第三位最有经验的杂交工作者赫伯特牧师所得的结果。他在其结论中强调，有些杂种，和它的纯种亲本的育性一样，是完全可育的。有如凯洛依德和格特纳强调不同物种之间存在不同程度的不育是普遍的自然法则一样，他实验所用的有些植物与格特纳用的完全相同。但他们的结果却不同，我想这部分地可解释为，由于赫伯特具有极熟练的园艺技能和一个由他掌握的温室的缘故。在他的许多重要的陈述中，在这里我只想举出一项为例，即：“在长叶文殊兰（*C. capense*）的一个荚内的每个胚珠上授以卷叶文殊兰（*C. revolutum*）的花粉，产生了一个在它自然授精情形下我们从未见过的植株。”因此，我们在这个例子中，看到了两个不同的物种初始杂交时，也会产生完全的或甚至比通常更完全的育性。

文殊兰属的这个例子却使我联想到另一个奇妙的事实，这便是半边莲属、毛蕊花属、西番莲属的某些物种的植株，易于被不同物种的花粉受精，而同株的花粉却不能使之受精，虽然这些同株花粉是完全可育的，因为它们可使不同株或不同种的植物受精。希得伯朗教授在朱顶红属（*Hippeastrum*）和紫堇属（*Corydalis*）里，斯科特（Scott）先生和穆勒先生在各种兰科植物中，都发现一切植株都具有这种特殊的情形。因此，一些物种的某些异常个体，某些物种的所有个体，实际上更易杂交，因为这些植株都不容易被同株花粉受精！现举一个例子，一种朱顶红（*H. aulicum*）的一个球茎上有四朵花，赫伯特用它们自己的花粉授精了三朵，然后用由三个物种杂交所得的一个复合杂种的花粉使第四朵花受精。其结果为：“前三朵花的子房很快就停止生长，几天后完全枯萎，而由杂种受精的荚果，则生长旺盛，并迅速达到成熟，结出的种子良好，易于生长。”赫伯特先生将类似的实验做了多年，所得的结果总是相同。这些例子表明一个物种育性的高低，有时取决于何等细微而不可捉摸的原因。

园艺工作者的试验，虽缺乏科学上的精确性，但也值得注意。众所周知，在天竺葵属、倒挂金钟属（*Fuchsia*）、蒲包花属（*Calceolaria*）、矮牵牛属（*Petunia*）、杜鹃花属等属内的物种之间，曾进行过十分复杂方式的杂交，而所产生的这些杂种，有许多都可大量结籽。例如赫伯特肯定地说，由两个一般习性大不相同的物种，皱叶蒲包花（*C. integrifalia*）和车前叶蒲包花（*C. plantaginea*）得到的杂种“却完全能够自身繁殖，就像是来自智利山上的一个自然物种一样”。我曾苦心探究过杜鹃花属某些复合杂种的育性程度问题。我可以确定地说，其中不少是完全可育的。诺布尔（Noble）先生告诉我，他曾把小亚细亚杜鹃植物（*Rhododendron ponticum*）和北美山杜鹃（*R. catawbiense*）的杂种嫁接在他所栽培的砧木上，产生的杂种“可结出我们能够想象的大量种子”。杂种若处理得适当，如格特纳所认为的那样，则杂种的育性在每一后继世代都会不断地降低，那么这一事实必然会引起园艺工作者们的注意。园艺工作者们把同一杂种培植于广大的园地上，这才是适当的处理，因为这样便可借昆虫的媒介作用，使若干个体间可以彼此自由地交配，从而防止了极近的近亲交配带来的有害影响。只要检查一下杜鹃花属的那些较为不育的杂种的花，任何人都会立即相信昆虫媒介作用的效力，因为这些花不产生花粉，但却会发现在它们的柱头上存在着从其他花带来的大量花粉。

对动物所进行的仔细实验，远比植物的为少。如果我们的分类系统是可靠的，就是说，如果动物各属间的区别像植物各属间的一样明显，那么我们便可推论出，在自然系统上区别较大的动物，比植物更易杂交。但是我认为，其杂种本身则更加不育。然而应该记住，由于没有几种动物在圈养条件下能正常繁殖的，因此便没有很好地进行过几个实验。例如，用九种不同种的鸣雀和金丝雀杂交，然而由于这些雀没有一种在圈养下能正常生育，所以我们便不可能期望这些鸟之间的当代杂交，或它们的杂种是完全可育的。此外，至于较为可育的杂种动物在后继世代中的育性问题，我几乎连一个例子也不知道：由不同的亲本同时建立起相同杂种的两个家系，以便避免由过近的杂交引起的不良效应。相反，动物的同胞兄妹间的交配在每一世代中却常常发生，这却与一切育种家反复不断地告诫的情况相反。在这种情况下，杂种固有的不育性会继续提高，这是毫不为奇的。

尽管我还未听说过任何被充分证实的完全可育的杂种动物的例子，但我却有理由相信，凡季那利斯羌鹿（*Cervulus vaginalis*）和列外西羌鹿（*Reevesin*）之间的杂种，以及东亚雉（*Phasianus colchicus*）和环雉（*P. torquatus*）之间的杂种都是完全可育的。奎特伦费吉（Quatrefages）说，在巴黎已经证明，两种野蚕（*Bombyx cynthia*和arrindia）的杂种自行交配八代之久仍然可育。最近又有人断言，像野兔和家兔这样不同的两个物种，若放在一起也能得到杂种后代，并且用后代与任一亲本种交配，亲种后代都是高度可育的。欧洲的普通鹅与中国鹅（*A. cygnoides*）是很不同的两个种，一般都被列为不同的属内。然而在英国，它们的杂种与任一亲本种的交配，往往是可育的，并且在一个唯一的例子中，杂种间的相互交配是能繁殖的。这是艾顿先生的成果，他培育的两只杂种鹅是来自同一父母本的、不同的孵化窝别。由这两只杂种鹅，他又育出了一窝八只杂种鹅（是原先纯种鹅的孙代）。然而在印度，这些杂种鹅可育性一定更高，因为两个杰出的鉴赏者布里斯先生和赫顿大尉告诉我：印度各地都成群地饲养这种杂种鹅，而且养杂种鹅更营利，而纯种亲本鹅已不复存在，可知这些杂种鹅必定是高度或完全可育的。

至于我们的家养动物，不同品种间相互杂交，都是相当可育的。然而家养动物中，有许多是由两个或两个以上的野生种杂交繁衍而来的。根据这一事实，我们便可断言：要么那些土著的野生亲本种开始便可杂交产生完全可育的杂种，要么杂种是在后来家养条件下变为可育的。后一种情况首先是由帕拉斯（Pallas）提出的，似乎是最可能的，也是难以怀疑的。例如，几乎可以肯定，我们的狗是由好几种野生动物繁衍而来的，大概除了南美洲某些土生的家狗，所有的家狗相互交配都是相当可育的。但类似的推理使我产生了很大的怀疑：是否这几种野生的物种起初在一起就能正常的繁殖，就能产生相当可育的杂种。最近我又获得了一个明确的证据，即印度瘤牛与普通牛杂交的后代，互相交配是完全可育的。据吕提梅尔对这两种牛骨骼的观察结果，发现有重要的不同。据布里斯观察，它们在习性、声音、体质等方面也都不同，所以必须认为这两种牛是真正不同的物种。家猪的两个主要的品系情形也与此类似。因此，我们要么必须放弃种间杂交普遍不育这一信念，要么必须承认动物种间不育不是一种不可消除的特性，而是在家养条件下能够除去的一种特性。

最后，考虑到动植物种间杂交的所有这些确凿的事实，便可得出下面的结论：物种间杂交的和杂种的某种程度的不育性是一种极普通的现象，但另一方面根据我们现在知道的情形，却不能认为这是绝对普遍的。

支配杂种不育性的规律

我们现在要略加详细地考虑支配初始杂交的和杂种的不育性规律。我们的主要目的是想看一看，这些规律是否一定赋予了物种不育性，以防止物种间杂交而混淆不清。下面的结论主要是从格特纳可称道的植物杂交工作中得出来的。我曾费了不少心思来确定这些结论对于动物究竟能适用到什么程度 。尽管我们对杂种动物了解甚少，但我惊奇地发现，同样的规律竟是如此普遍地适用于动植物界。

已经说过，初始杂交的和杂种的可育性程度，都是由零逐渐地变化到完全可育的。令人惊奇的是，这种逐渐的变化可由很多奇妙的方式表现出来。但是在此我只能给出这些事实的概要。如果把某一科植物的花粉置于另一科植物的柱头上，则所产生的影响无异于无机的灰尘。从这种绝对不育性为零算起，把不同物种的花粉放于同一属的某一物种的柱头上，便会在所结种子的数量上产生一个完整的逐渐变化的系列，直到几乎完全可育甚至完全可育。在某些异常的例子中，像我们已经看到的，出现超常的育性，即超过了自身花粉授精所产生的育性。杂种也是如此，有些杂种，即使用其纯种亲本的花粉，也从未产生过，而且大概也决不会产生一颗可育的种子。但在有些例子中，却可以看出可育性的最初痕迹，若授以纯种亲本的花粉，便可使这朵杂种的花比未经如此授粉的花凋谢得早些。众所周知，花的早谢是初期受精的一种征兆。我们有从这种自交极度不育性的杂种起，到产生愈来愈多种子的，直到完全可育杂种的各种事例。

凡是很难杂交又很难产生后代的两个物种，一旦产生杂种，则杂种一般是很不育的。有两种事实：种间难于杂交和产生的杂种不育，一般被混为一谈，但这两者之间的平行性绝不是严格的。对此我有许多例子，如毛蕊花属，两个纯粹物种间的杂交异常容易，并可产生大量杂种后代，然而这些杂种是显著不育的。与此相反，有些物种之间很少能够杂交，或者极难杂交，但若一旦产生了杂种，杂种却非常可育。甚至在同一属内，例如在石竹属（*Dianthus*）内，这两种相反的情形都同时存在。

无论是初始杂交的可育性还是杂种的可育性，比之纯种的可育性，更易受不良条件的影响。但是初始杂交的可育性本身也是可变的，因为当相同的两个物种在同样的环境下杂交，其可育的程度并非总是相同，这部分地取决于随机选取的用于做试验的个体的体质。对于杂种也是如此，同一蒴果的种子，在同样条件下培育出的几个个体，它们的育性程度往往变化很大。

分类系统上的亲缘关系一词，是指物种之间在构造上和体质上的总体相似性。物种间杂交的和由它们产生的杂种的育性，主要是由它们分类系统上的亲缘关系决定的。一切被分类学家列为不同科的物种之间，从来不会产生杂种；反之，亲缘关系极近的物种间一般说来容易得到杂种，这便清楚地证明了这一点。但是分类系统上的亲缘关系和杂交的难易性之间的一致性，并非绝对是严格的。可以举出许多例子来说明，非常近缘的物种间不能杂交，或极难杂交；反之，很不同的物种间却容易杂交。在同一科内，也许在同一属内，如石竹属内，许多物种间却极易杂交。而另外一属，如麦瓶草属（*Silene*）内，在极其接近的种间杂交，虽经不懈地努力，却未产生一个杂种。甚至在同一属内，也会遇到同样不同的情形，例如烟草属（*Nicotiana*）的许多物种几乎比其他任何属的物种之间更易杂交；然而格特纳却发现智利尖叶烟草，虽并非是特别不同的一个物种，却极难杂交，曾用烟草属的八个物种的花粉试验，皆未使其受精；也不能使其他物种受精。类似的事实还可以举出很多。

对任何可识别的性状，没有人能指出，究竟什么样的差异类型或多么大的差异量，才能足以防止两物种间的杂交。但却可以发现，习性和一般表型差异很大，而且花的各部分，甚至花粉、果实、子叶等都极其显著不同的植物，是能够杂交的。一年生和多年生植物，落叶和常绿植物，生长在不同地点而且适应于极其不同气候的植物，也常常是容易杂交的。

两物种间的互交，我解释为这种情形：例

如，先以母驴和公马杂交，再用母马与公驴杂交，于是便说这两个物种已经互交了。进行互交的难易性上，常常可能存在着极大的差异。这类情形十分重要，因为它们可以证明，任何两个物种的杂交能力，往往和它们在系统上的亲缘关系完全无关，也就是说，除了它们生殖系统上的差异外，与它们构造上或体质上的任何差异无关。相同两个物种间的互交结果不同，凯洛依德很早以前就发现了。现举一例，长筒紫茉莉（*Mirabilis longi flora*）的花粉很容易使紫茉莉（*M. jalapa*）受精，而且所产生的杂种是充分可育的。但是，凯洛依德用了八年时间作了200多次反交，企图用紫茉莉的花粉使长筒紫茉莉受精，却彻底失败了。还可以举多个同样显著的例子。瑟伦（Thuret）在某些海藻，即墨角藻属（*Fuci*）里，曾观察到同样的事实。另外，格特纳发现，互交的难易程度不同是极为普遍的。他甚至在亲缘很近的植物，如一年生紫罗兰（*Matthiola annua*）和无毛紫罗兰（*M. glabra*），被许多植物学家认为仅是不同变种的植物之间，也曾观察到这种情形。还有一个值得注意的事实，便是由互交产生的杂种，尽管是由两个完全相同的物种合成的，不过是一个物种先作为父本而后作为母本而已，虽然它们在外部性状上很少有差异，然而在育性上一般都有差异，有时差异还很大。

由格特纳的工作还可得出几条其他奇妙的规律。例如，有些物种具有特别能与其他物种杂交的能力；而同属中另一些物种却具有特别能使它们的杂种后代与它们相像的能力；但是这两种能力不一定总伴随在一起。有的杂种，不具有通常的双亲的中间性状，而总是与其中的一个亲本十分相像；而且这类杂种，虽在外表上极像它们纯粹的亲本种，但除了极少数例外，都是极端不育的。此外，在那些通常具有双亲中间构造的杂种之间，有时也会产生出一些例外的和异常的个体，它们与纯粹的亲本种之一十分相像；而且这些杂种几乎总是完全不育的。这些事实表明，一个杂种的育性可能完全与它和任一纯粹亲本外表的相似性无关。

现在综合考虑上述的几个支配初始杂交的和杂种可育性的规律，我们便会看到，凡被认为是真正不同的物种之间进行杂交时，它们的育性是由零逐渐变化到完全可育，或在某些条件下，甚至超过完全可育；它们的育性，除了很易受到环境条件优劣的影响外，本身也是可变的；育性的程度，无论是在初始杂交中还是在由此杂交所产生的杂种中，绝不会总是相同的；杂种的育性，和它们在外观上与任一亲本的相似程度无关；最后，任何两物种初始杂交的难易程度，并非总是决定于它们系统上的亲缘关系或彼此相似的程度。最后这一点是，两个物种互交的结果常常不同；因为把一个物种或另一物种作为父本或母本，在杂交的难易上，一般都有差别。此外，有时存在着很大的差别。此外，互交所产生的杂种往往在育性上也各不相同。

那么，这些复杂而奇妙的规律是否表明了赋予物种的不育性，只是为了阻止它们在自然界中变成混淆不分吗？我认为没有。因为假若避免物种混为一体对各物种都是同等重要的话，那么为什么各种不同物种之间杂交，所产生的不育程度的差别会如此之大呢？为什么同一物种的个体间，可育的程度还会是可变的呢？为什么一些易于杂交的物种，杂交产生的杂种却极为不育；而另一些物种极难杂交，却产生完全可育的杂种呢？为什么同样两个物种之间互交的结果会常常有如此之大的不同呢？甚至还可以问，为什么还允许杂种产生呢？既然赋予物种产生杂种的特殊的能力，而又要通过不同程度的不育，制止杂种进一步繁殖，并且这种不育程度又与杂种亲本初始杂交的难易程度并无多大的关系，这似乎是一种奇怪的安排。

相反，上述的规律和事实，据我看来，却清楚地表明，初始杂交的和杂种的不育性，仅是附随于，或者取决于它们的生殖系统中未知的差异。这种差异具有如此特殊的和严格限定的性质，以致在同样的两个物种的互交中，一物种的雄性生殖质，虽然能完全地作用于另一物种的雌性生殖质，但反过来却不能起作用。最好通过一个例子，才能较充分地解释我所谓的不育性是其他差异所附属的，而不是特赋的一种性质。例如，一种植物能够嫁接或芽接到另一种植物上，这对于它们在自然状态下的生存并不重要。我敢断定没有一个人会设想，这种能力是特赋的一种性质，但却会承认这是由这两种植物生长律上的差异而产生的。有时从树木生长的速率、木质硬度、树液流动周期以及树液性质等上的不同，我们可以知道为什么一种植物不能嫁接在另一种植物上的原因，但是在很多情形下，我们却说不出任何原因来。两种植物，并不会因它们大小差异悬殊，或一个是木本而另一个是草本，或一个是常绿的而另一个是落叶的，以及所适应的气候极不相同，便能够永远阻止它们嫁接在一起。和杂交的情况一样，嫁接的能力也是受系统上的亲缘关系所限制的，因为还没有人能够将属于十分不同科的树嫁接成功的。而相反，亲缘接近的物

亲缘关系接近的物种以及同一种的不同变种，虽不一定统统能够，但常常能嫁接成功。

种，以及同一种的不同变种，虽不一定统统能够，但常常能够嫁接成功。但与杂交一样，这种能力决不会完全由系统上的亲缘关系所决定。尽管对同一科内许多不同属的植物已经嫁接成功，但在另一些情况下，同一属内一些不同的物种，却不能彼此嫁接。例如，梨树嫁接到不同属的榅桲树上，反比嫁接到同一属的苹果树上容易得多。甚至梨树的不同变种，嫁接于榅桲树上的难易程度也不相同。杏和桃树的不同变种在某些李子树的变种上的嫁接，也是如此。

格特纳发现，同样两个物种的不同个体杂交，其结果有时也会有很大的不同；塞奇雷特（Sageret）相信，对于同样两个物种的不同个体的嫁接，也是如此。正如在互交中，两种杂交的难易程度常常很不相同；有时在相互嫁接中也是这样。例如，普通鹅莓（Gooseberry）不能嫁接在红酸莓上；而红酸莓，虽然困难，但却能够嫁接于普通鹅莓上。

我们已经知道，生殖器官不健全的杂种的不育和生殖器官健全的两个纯种之间难于杂交的不育，是两回事，然而这两类不同的情况，却在很大程度上是类似的。在嫁接中也有类似的情况，索因（Thouin）发现刺槐属（*Robinia*）的三个物种，在本根上可大量结籽，它们若嫁接于第四种刺槐上，也不太难，但由此却不能结籽。相反，花楸属（*Sorbus*）的某些物种，若被嫁接于别种花楸树上时，结的果实是本根上的两倍。这一事实使我们想到了朱顶红、西番莲等属的不寻常的情形，这些植物由不同物种的花粉受精所结的种子，要比由本株花粉受精所结的种子，多得多。

翅茎西番莲（*Passiflora alata*）［比利时画家雷杜德（Pierre-Joseph Redouté，1759—1840）绘］。西番莲属的植物，异株授粉比由本株内授粉所结的种子多得多。

由此可见，虽然枝干愈合的嫁接和雌雄生殖质的结合，在生殖作用上存在着明显而巨大的差别，但由不同物种嫁接和杂交所得的结果，却大致类似。既然我们把支配树木嫁接难易的奇异而复杂的规律，认为是伴随于它们营养系统间的一些未知差异而产生的，那么我们就应当相信，决定初始杂交难易更复杂的规律是伴随着它们生殖系统间的一些未知的差异而产生的。在这两个系统中的差异，如所预料的，在一定程度上是遵循分类系统上的亲缘关系法则的。系统的亲缘关系，可用来表明一切生物之间各种相似和相异的情况。这些事实似乎都没有表明，不同物种杂交或嫁接上困难的大小，是一种特别的天赋；虽然在杂交中，这种困难对物种形态的维持和稳定具有重要的意义，而在嫁接的情况下，这种困难对它们的生存利益并不重要。

初始杂交不育性和杂种不育性的起因

在过去一个时期，我曾和其他人一样，以为初始杂交以及杂种的不育性，可能是通过自然选择作用把可育性的程度逐渐减低而慢慢获得的；并以为轻微的育性减低，像任何其他变异一样，在一个变种的某些个体和另一变种的某些个体杂交时，能自发地产生。现在看来，情况并非如此。对两个变种或初始种，若能使它们彼此不混杂，显然对它们都是有利的。根据同样原理，人们若对两个变种同时选择时，就应该把它们隔离。第一，可以看出，栖息在不同地域的物种间杂交，往往是不育的；那么，使这些隔离的物种相互杂交而不育，对这些物种显然没有什么利益可言。因而，杂交不育不可能通过自然选择而产生。这也许表明了，如果一个动物与某一同胞种可以产生不育，那么它必然与其他物种也会产生不育。第二，在互交中，第一种生物的雄性生殖质对第二种生物完全不起作用，而与此同时，第二种生物的雄性生殖质却能使第一种生物大量受精，这种情形既违反特创论又违反自然选择的学说，因为生殖系统这种奇异的状态，对双方生物几乎都没有任何利益。

在认为自然选择可能在使物种彼此不育方面起作用时，便会发现，其最大的难点在于从轻微减少的不育性到完全不育性之间，还应存在着许多逐渐演化的步骤。一个初期种，当与它的亲本种或某一其他变种杂交时，如果使其具有某种轻微程度的不育，那么便可认为这对一个初期种是有利的，因为这样便可少产生一些不纯的和退化的后代，以减少它们的血统与正在形成过程中的新种相混合。但是，谁要是不怕麻烦来思考这些步骤，即从最初程度的不育性，通过自然选择而逐渐提高，达到许多种共同具有的，以及已分化为不同属和不同科的物种所具有的高度不育性，他便会发现这一问题是异乎寻常的复杂。经过深思熟虑之后，我认为通过自然选择作用似乎不可能产生不育。现以任何两个物种杂交可产生少数不育的后代为例，偶然赋予一些个体稍微高一些的不育性，并由此向完全不育逼近了一小步，这对于那些个体的生存究竟有什么好处呢？如果认为自然选择的学说在此可起作用的话，那么这种提高必定在许多物种里会不断地发生，因为许多物种彼此是相当不育的。至于不育的中性昆虫，我们有理由相信，它们在构造和育性上的变异是通过自然选择作用慢慢地积累起来的，由此使该社群间接地获得比同种其他社群更大的优势。但是一个不营社群生活的动物与其他某一变种杂交，若使它稍微不育，那么它本身由此并没有获得任何利益，也不会间接地给同一变种的其他个体带来什么好处，而使它们更能够保存下来。

但是，没有必要再详细地讨论这一问题了，因为对于植物，我们已经确凿地证明：杂交物种的不育性必定是由与自然选择无关的某种原理引起的。格特纳和凯洛依德业已证明，在含有许多物种的属内，不同物种间杂交，根据结子的数量，可形成一个由逐渐变小直到不结一粒种子的系列，但后者可受某些其他物种花粉的影响，使其子房膨大起来。很显然，要选择比那些业已不结子的个体更为不育的个体，是不可能的。因此，这种极端的不育性，只是影响了胚胎，因而是不可能通过选择作用获得的。而且由于支配各种不育程度的规律在动植物界是如此一致，所以我们便可推断不育性的起因，无论它是什么，在一切情形下，都是相同的或近乎相同的。

现在我们来较仔细地探讨一下物种之间所存在的，那些可引起初始杂交和杂种不育的差异之可能的性质。在初始杂交中，显然有好几种原因，决定着杂交和获得后代的难易程度。有时由于雄性生殖质的一种天然因素，使其不可能达到胚珠。例如具有太长雌蕊的植物，使花粉管不能到达子房，就是如此。也已经观察到，当把一物种的花粉放在另一远缘物种的柱头上时，虽然花粉管可以伸出，但不能穿透柱头表层。此外，雄性生殖质虽可到达雌性的生殖质，但却不能使胚胎发育。瑟伦对墨角藻所做的实验，似乎也有这种情形。这类事实和为什么某些树不能嫁接在另一些树上一样，不可能给以解释。最后一种情况是，胚胎可能发育，然后早期死亡。这一情况还未引起足够的注意，但根据在雉和家鸡的杂交上颇有经验的休伊特（Hewett）先生告诉我他所做的观察。我相信胚胎早期死亡，是初始杂交不育的一个十分常见的原因。最近萨尔特（Salter）先生给出了他的一个实验结果，由鸡属三个不同的种和它们的杂种之间的各种杂交产生了约500枚卵，其中大多数都已受精。其中大部分受精卵，要么其胚胎发育到中途死亡，要么虽发育接近成熟，而雏鸡不能啄破卵壳。在孵出的雏鸡中，在最初几天或最迟到几个星期内死亡的便占4/5以上。“没有任何明显的原因，虽然只是由于生命力的缘故”。因此，由这500枚卵中，只育成了12只鸡。对于植物，杂交的胚胎往往会以同样的方式夭折。至少已经知道，由很不同的物种产生的杂种，有时是衰弱和矮小的，而且会早期死亡。关于这类事实，马克斯·威丘拉（Max Wichura）最近提供了杂种卵的一些显著的例子。在此值得注意的是孤雌生殖的某些情况。未受精的蚕娥的卵，其胚胎像不同物种杂交的胚胎一样，在早期发育后随即死亡。在没有了解这些事实以前，我一直不愿相信杂种的胚胎常会早期死亡，因为杂种一旦产生，如我们看到的骡子的一般情形一样，往往是健壮而长寿的。然而杂种在它出生前后，所在的环境有所不同，若出生和生长在双亲生活的地方，其环境条件往往对它们是适宜的。但是，一个杂种只有一半的属性和体质是来自母本的。因此在出生之前，还在母本的子宫内，或在母本所产生的卵或种子内被养育的时候，可能已处于不适宜的条件之下，于是就易于

公驴和母马的基因更容易结合，大部分骡都是这样杂交产生的。

在早期夭折。尤其是一切极其幼小的生物，对于有害的或不正常的生活状态，是极其敏感的。但是总的看来，胚体早夭的原因，更可能在于原先受精作用中的某些缺陷，致使胚胎不能完全发育，这比它此后所处的环境条件更为重要。

至于两性生殖质发育不完全的杂种之不育性，情况则颇为不同。我曾不止一次地列举大量事实，以说明动植物若离开它们的自然条件，它们的生殖系统便极易受到严重的影响。实际上这也是动物驯化的一个极大的障碍。在由此诱发的不育性和杂种的不育性之间，有许多相似之点。在这两种情况中，不育性和一般的健康状况无关，而且不育的个体往往长得硕大或极为茂盛。在这两种情形中，不育性的程度都不同，一般情况下雄性生殖质最易受到影响，但有时也有雌性生殖质受影响更大的。此外，在这两种情形中，这种不育的倾向在一定程度上与物种在系统上的亲缘关系有关，因为，由同样异常的条件可使整个类群的动物或植物全部变为不育；并且整个类群的物种都有产生不育杂种的倾向。另一方面，有时一个类群中的一个物种可以抵抗巨大的环境条件变化，而不影响其育性；并且在一个类群中，亦有某些物种会产生异常能育的杂种。若未经试验，没有人可以断定，任何一种特定的动物能否在圈养状态下繁殖，或任何一种外来植物在栽培条件下能否正常结子。也没有人在未做试验前可以断定，同一属的任何两个物种杂交后，是否会产生或多或少不育的杂种。最后，若生物连续数代都处于非正常的环境条件下，那么这些生物就易产生变异。它们的生殖系统已受到特别的影响似乎是产生这一现象的主要原因之一，虽然它在此的影响不如对在不育发生时的影响大。对于杂种也是一样，因为，如每一个实验工作者所观察的，它们的后代在后继的世代中也很易发生变异。

由此可知，当生物处于新的异常条件下时，当由两个物种勉强地杂交产生杂种时，生殖系统都以很相似的方式蒙受影响，而与一般的健康状态无关。在前一种情况下，生物的生活条件受到了扰乱，虽然往往影响很小，使我们不可觉察；在后一种情况下，外界条件虽保持不变，但由于杂种是由两种不同的构造、体质以及生殖系统混合而成的，所以其体制受到了扰乱。由于杂种是由两个不同体制组合而成的，因此在其发育上，周期性活动上，以及不同部分和器官对另一体制的部分和器官或对生活条件的相互关系上，不产生某种扰乱是几乎不可能的。如果杂种间可自行交配生殖，它们便可把同样组合的体制一代一代地传递给它们的后代。因此，它们的不育性，虽然有某种程度的变化，但不会消失，甚至还有增高的倾向，这是不足为奇的。不育性的提高，如以前解释的，是由于过近的近亲繁殖所引起的普遍后果。上述的杂种不育性是由两种体质合二为一所引起的观点，受到了马·威丘拉的大力支持。

然而，必须承认，依据上述的或其他的观点，我还无法理解有关不育性的一些事实。例如，互交产生的杂种，其育性并不相等；或如，偶然地或例外地与任一亲本种极为相似的杂种，其不育性却有所增高。我不敢说上述的论点已接触到问题的根源。为什么一种生物在异常的条件下会变得不育？对此还不能提出任何解释。我前边企图说明的，只不过是在两种情形中的某些类似之点，不育性就是其共同的结果，只不过在一种情形中是由于生活条件的扰乱引起的，在另一种情形中，是由于二种体制组合为一的扰乱而引起的。

同样的平行现象也适用于类似的、但却很不相同的一些事实。生活条件的轻微变化，对于所有的生物都是有利的，这是一种古老而近乎普遍的信念，它是建立于大量的证据上，我在别处已给出了相关证据。我们知道农民和园丁就是这样做的，他们常常把不同土壤和不同地方的种子及块茎之类，相互交换，然后再换回来。在动物病后恢复的过程中，几乎任何生活习性上的变化，对于它们都会带来很大的利益。此外，无论是对于植物还是动物，都有最明确的证据表明，同一物种内具有一定程度差异的个体间的杂交，可使后代的生命力和育性增强；与此相反，最近的亲属之间连续数代的近交，即是生活条件保持不变，几乎总是引起身体变小，衰弱或不育。

因此，一方面，生活条件的稍微改变对一切生物都会带来益处，而另一方面，轻微的杂交，即经历稍微不同的生活条件的，或已有微小变异的同一物种的雌雄个体之间的杂交，会增强后代的生命力和育性。但是，像我们已经看到的，凡是长期习惯于自然状态下某种一致的环境的生物，一旦处于变化十分大的环境时，如在圈养下，便常常变得不大生育。而且我们还知道，两种类型的生物，如果血缘上相差很远，或具有种级差异时，则杂交产生的杂种，几乎总会具有某种程度的不育。我充分相信，这种双重的平行关系，绝非是出于偶然，也绝非是一种错觉。凡是能够解释，为什么大象和许多其他动物在它们本地若只是在不完全圈养的条件下，便不能繁殖，那么他便自然可以解释，杂种为什么如此普遍不育的根本原因；同时也能够解释，为什么常常处于新的和不一致的条件下的某些家养动物的品种在杂交时却相当可育。虽然它们是由不同的物种传下来的，而这些物种在最初杂交时，大概可能是不育的。上述二组平行的事实似乎由某种共同的未知的纽带联结在一起，这种纽带在本质上是和生命的原理有关的。根据斯宾塞（Spencer）先生说的，这一原理是，生命决定于或存在于各种力量的不断作用和反作用，这些力量在整个自然界中，总是趋向于平衡的；当任何变化轻微地扰乱了这一平衡时，生命力便会有增强作用。

交互的两型性和三型性

这里对此问题进行简要讨论，便会发现对杂种性质的理解将有所补益。属于不同目的若干植物，表现出两种类型，即两型性，它们数量大体相等，并且除生殖器官外，没有任何不同；一种类型的雌蕊长、雄蕊短，另一种类型雄蕊长、雌蕊短；而且两种类型的花粉粒的大小也不同。至于三型性植物，在雌蕊和雄蕊的长短上、花粉粒的大小和颜色上以及在其他方面也有三种不同的类型；并且每一类型都有两组雄蕊，所以三种类型共有六组雄蕊和三种雌蕊。这些器官彼此在长度上是如此匀称，两种类型的一半雄蕊与第三种类型的雌蕊的高度恰好相同。我曾已阐明，也已被其他观察者所证实，要使这些植物得到充分的可育，那么用一种类型对应高度的雄蕊上的花粉对另一种类型的柱头授精是必要的。所以对于二型性的物种，有两种结合，是合理的，是充分可育的。而另两种结合，是不合理的，是多少不育的。对于三型性物种，则有6种结合是合理的，即充分可育的；而有12种结合是不合理的，即多少不育的。

若各种不同的二型性和三型性植物进行不合理的授粉时，即用与雌蕊高度不相配的雄蕊上的花粉授粉时，便可以观察到其不育性的程度变化很大，一直到绝对的、完全的不育；恰好与不同物种杂交中的情形相同。由于在后一种情形中，不育的程度决定于生活条件的适宜程度，因此我认为对于不合理的结合，也是如此。众所周知，若将不同物种的花粉放于一花的柱头上，随后，甚至过相当长的一段时间后，把自身的花粉再放到这个柱头上，它的作用优势是如此强有力，通常可以歼灭外来花粉的作用。这也适于同一物种的不同类型的花粉。当把合适的花粉和不合适的花粉放在同一柱头上时，前者比后者具有更强大的优势。我通过对好几朵花的授粉以确证这一点，首先进行不合适的授粉，24小时后，再用一个具有特殊颜色的变种的花粉，进行合适的授粉，结果所有的秧苗都表现为与其类似的颜色。这表明，合适的花粉，尽管在24小时之后才施用，仍能完全破坏或阻止先前施用的不合适花粉的作用。又如相同的两个物种进行互交，有时可得到很不同的结果，三型性植物也产生同样的情况。例如，紫色千屈菜（*Lythrum salicaria*）的中花柱类型，用短花柱类型的长雄蕊上的花粉进行不合适授粉，却极易受精，而且可产生许多种子。但是当用中花柱类型的长雄蕊上的花粉来使短花柱类型的植株受精时，却完全不能产生种子。

在所有这些方面，以及在还可补充的其他方面，同一物种的不同类型间的不合适结合，表现的方式与两种不同物种杂交中的情况完全相同。这使我对由几种不合适的结合产生的许多幼苗，仔细地观察了四年。其主要结果是，这些称为不合适的植株，都不是充分可育的。我们能够由二型性的物种培育出长花柱型和短花柱型的不合适的植物，也可由三型性的植物培养出所有三种不

达尔文用紫色千屈菜（*Lythrum salicaria*）进行相互授粉实验来研究植物杂交的可育和不可育问题。

合适的类型。培育出的这些类型都能够以合适的方式很好地彼此结合。若做到了这一点时，那么这些植物所产生的种子便不可能比它们双亲在合适受精时所产生的种子多，便显然可以理解了。但情况并非如此，这些植株都具有不同程度的不育；有些是如此极端的和无法矫正的不育，以至在四年中未曾产生过一粒种子，甚至一个空蒴。当这些不合适的植株，彼此进行合适地结合时，它们的不育性完全与杂种相互杂交时杂种的不育性，是严格一致的。从一方面来看，若一杂种与任一纯亲本种杂交，其不育性往往大为降低；若一种不合适的植株同一种合适植株受精，其结果也是如此。像杂种的不育性与它的两个亲本种初始杂交的难易性并非总是平行的一样，某些不合适的植物具有不寻常大的不育性，但产生它们的那一种结合的不育性却不一定很大。来自同一蒴果的杂种之间的不育性程度存在着固有的差异，对不合适的植物，显然也是如此。最后，许多杂种花繁而持久，而其他的不育性较大的杂种，不但开花很少，而且格外弱小，各种两型性和三型性的不合适后代，也产生完全相似的情形。

总之，在“不合适”植物和杂种之间，无论在性状上还是在行为上都极为相同。即使认为“不合适”的植物就是杂种，也并非过分，只不过这样的杂种，是由同一种内的某些类型的不适当的结合而产生的，而普通杂种是由所谓的不同物种间不适当的结合产生的。我们也已看到，在初始不合适的结合与不同物种初始杂交之间，在各个方面都存在着密切的类似性。这一点，通过一个例子，也许会更加清楚；我们可假设，有一位植物学家发现了三型性紫色千屈菜的长花柱类型，有两个很显著的变种（实际确实如此），并决定用杂交的方法，来确定它们是否是不同的物种。那么他也许会发现，它们所产生的种子大约只有正常数量的1/5，并且在上述的其他方面表现出，好像是两个不同的物种。但是要肯定此情况，他还应当把假设杂交的种子培育为植株，那么他便会发现，这些植株矮小得可怜并极其不育，而且在其他各方面表现得与普通杂种相同。于是他便会坚决认为，根据一般的标准，已经确实证明了这两个变种，与世界上任一物种一样，是真正的不同物种。然而，他却完全错了。

上述的关于两型性和三型性植物的事实都很重要，因为第一，它们向我们表明，对初始杂交以及杂种育性下降的生理测验，不能作为区别物种的可靠标准；第二，因为我们可以断定，存在着某种未知的纽带，把不合适结合的不育性与它们不合适后代的不育性连接起来，而且使我们把同样的观点引申到初始杂交和杂种的不育性上；第三，依我看，这一点似乎特别重要，因为我们知道，同一物种可能存在着两种或三种不同的类型，从它们与外界环境的关系上来看，无论是在构造上，还是在体质上，都没有什么不同之处，然而若以某些方式结合，则是不育的。因为我们必定还记得，不育的产生，就是由于相同类型个体的雌雄生殖结合的结果，如两个长花柱类型植株的雌雄生殖质的结合；而可育的产生，却是两个不同类型个体的雌雄生殖质，特定结合的结果。因此，这种情形初看起来，似乎与同种个体的一般结合以及不同物种杂交中的情况，恰好相反。然而是否真的如此，值得怀疑，但对此含糊不清的问题，我不想再加详述。

然而从对两型性和三型性植物的分析，我们可以推断，不同物种杂交的不育性和它们杂种子代的不育性，可能只决定于两性生殖质的性质，而与它们构造上和一般体质上的任何差异无关。通过对互交的分析，也可使我们得出同样的结论。在互交中，一个物种的雄性不能，或很难与第二个物种的雌性杂交，而其相反的杂交却极易进行。那位卓越的观察家格特纳也得出了同样的结论：种间杂交的不育性，仅仅是由于它们生殖系统上的差异所引起的。

并非所有变种杂交和其混种后代都是可育的

由于无可辩驳的论证，使我们必须承认，在种和变种之间一定存在着某种本质上的区别。因为变种，无论彼此在外表上差异有多大，却十分容易杂交，并可产生完全可育的后代。除了即将要讲的几个例外，我充分相信这是规律。但是，还有一些难点笼罩着这一问题，因为面对着自然状态下产生的变种，当向来被认为是变种的两种生物在一起时，若发现任何程度的不育，大多数博物学家便立即把它们列为物种了。例如，红色和蓝色两种繁缕（Pimpernel），大多数植物学家认为是变种，据格特纳说，它们之间的杂交是相当不育的。于是他便将其列为无可置疑的物种。若我们照此循环论证下去，势必承认自然状态下所形成的一切变种都是可育的了。

现在我们回到家养状态下所产生的，或假设是在家养下产生的一些变种，我们仍有一些疑点。因为，譬如谈到某些南美洲土著家狗与欧洲狗不易交配时，人人都会这样解释，因为这些狗本来就是由不同的土著种传下来的，这可能是一真实的解释。然而许多家养的品种，尽管外表上彼此差异很大，却是完全可育的，例如鸽子的许多品种，或甘蓝的许多品种，便是显著的事实；尤其是当我们想到，有那么多的物种，虽彼此极为相像，但相互杂交时，却都是极其不育的。然而通过下面几点分析，便可知道家养变种的育性并不那么出人意料。首先，可以看出，两物种外表的差异量并不是它们彼此不育程度的可靠指标，所以对于变种的情形，外表的差异也不是可靠的指标。对于物种，其原因肯定完全在于它们生殖机构上的差异。改变家养动物和栽培植物的环境条件，能够引起相互不育的生殖系统的变化，却是很小。这使我们有理由承认与此正好相反的帕拉斯（Pallas）的学说，即家养环境一般具有可以消除不育的倾向。因此，在自然状态下杂交也许具有某种程度不育的物种，它们的家养后代的交配，却会变为完全可育的。对于植物，栽培避免了不同物种之间产生不育的倾向，但在已经提过的若干确实有据的例子里，某些植物却受到相反方式的影响，因为它们已变为自交不育，同时却仍然保留着能使其他物种受精，或能被其他物种受精的能力。如果我们接受帕拉斯的经过长期连续的家养便可消除不育性的学说（实际上这是很难否定的），那么，类似的长期一致的环境也可诱发不育性的倾向便成为极不可能的了，尽管在某些情形下，具有特殊体质的物种，偶尔也会因此产生不育性。于是我相信我们能理解，为何家养的动物中，没有产生彼此不育的变种；为何植物中，如我即将谈到的，只见到极少数这种情形。

据我看来，该问题中真正的困难，似乎还不是为什么家养变种在杂交时没有变为彼此不育，而是自然变种经过长久的变异，一旦足以成为物种时，为什么不育性竟发生得这么普遍。我们还远远不知道其真正的原因，但是，当我们看到我们对生殖系统的正常作用和异常作用还是如此的一无所知时，便不足为奇了。但是我们可以想象，自然物种由于要同无数的竞争者进行生存斗争，长期处于比家养变种更为一致的环境中，这便使两者的结果大不相同。因为我们知道，野生动植物，当离开它们的自然环境而让其处于人工条件下时，便会普遍使其变为不育的；而且一直生活在自然环境下的生物，它们的生殖功能对于非自然的杂交所产生的影响，可能也是极为敏感的。而已经驯化了的生物则不同，如由它们在家养下仅有的事实所显示的那样，它们对生活条件的变化已经不那么高度敏感了，而且现在普遍可以抵抗反复变化的环境条件，而不降低其可育性。并且可以预计家养条件下产生的变种，在与家养条件下起源的其他变种杂交时，它们的生殖力很少会受到这种杂交作用的有害影响。

至今我还没有说到，同一物种的变种之间杂交似乎总是可育的问题。但是在下面将要简述的

玉米（*Zea mays*）是雌雄同株植物。［德国植物画家托梅（Otto Wilhelm Thome，1840—1925）绘制］

几个例子中，某种程度不育性存在的证据是无可置疑的。这种证据至少和我们相信的在许多物种中的不育性的证据一样有效。这些证据也是反对者所提出来的，他们在其全部例子中，把可育性和不育性作为区分物种的可靠标准。格特纳把矮秆黄籽粒玉米和高秆红籽粒玉米在他的植物园内种植了数年，并且相距很近。尽管这两种植物都是雌雄异花，但它们之间从未发生过杂交。于是他便用一种玉米的花粉对另一种玉米的13个花穗授粉，结果只有一个果穗结籽，而且只结了5颗籽粒。由于这些植物是雌雄异花，那么在这种情形下的人工授粉便不可能产生损害。我相信没有人会怀疑，这两个玉米的变种是属于不同的物种；而更重要的是要看到，这样培育的杂种本身是完全可育的；因此，就连格特纳也不敢贸然认为这两个变种就是不同的物种。

别沙连格（Buzareingues）曾对三个葫芦的变种进行杂交，葫芦与玉米一样是雌雄异花。他断定，相互受精的难易程度是由它们之间的差异程度决定的，差异愈大则愈不易受精。我不知道这些实验的可信性如何，但是塞奇雷特主要根据不育性试验的分类方法，把实验的这几种葫芦都列为变种，而且劳丁（Naudin）也得出了同样的结论。

下面的情形更加值得注意，虽然初看似乎难以置信。但是，这却是最优秀的观察家和极其坚决的反对者格特纳先生，用了多年的时间，对九种毛蕊花物种做的无数试验所得的结果，即黄色和白色变种的杂交产生的种子，要比同一物种的同色变种杂交产生的种子少。他还进一步断定，当用一个物种的白色变种和黄色变种与另一物种的白色和黄色变种杂交时，由同色花杂交产生的种子要比由异色花杂交产生的种子多。斯科特先生也对毛蕊花属的物种和变种进行了试验，虽未确证格特纳关于不同物种杂交的结果，但却发现同一物种的不同花色变种的杂交，要比同花色变种杂交结的种子少，其比例为86∶100。然而这些变种，除了花色以外，再无任何不同；而且有时由某一变种的种子可以产生出另一变种来。

凯洛依德工作的准确性，已被后来的每个观察者所证实。他曾证明了一个值得注意的事实，即普通烟草中有一个特殊的变种，当与一极不相同的物种杂交时，比其他变种更加可育。他对公认为是变种的五种烟草进行了实验，他采用最严谨的、即互交的方法对其进行了测验，并发现它们的杂种后代都是完全可育的。但是，若用这五个变种与另一称为黏性烟草（*Nicotiana glutinana*）的物种杂交时，其中一个变种无论是用作父本还是母本，所产生的杂种的不育性都要比其余四个变种产生的不育性低。因此这个变种的生殖系统，必然已经具有某种方式和某种程度的变异。

根据这些事实便不能再坚持变种间杂交总是相当可育的观点了。要确定自然状态中变种的不育性非常困难，因为一个被信以为真的变种，一旦证明具有任何程度的不育性，便几乎毫无例外地要被列为一个物种。人们对他们的家养变种也常只注意其外部性状，并且这些变种并没有经历很长时期的一致的生活环境。考虑到以上几点，我们便会得出这样的一个结论：杂交的可育性不能作为区别变种和种的基本依据。种间杂交的普遍不育性，不能看作是一种特赋的或特别获得的属性，而可以有把握地认为是伴随它们雌雄生殖质中一种未知性质的变化而产生的属性。

除育性外，杂种和混种的比较

物种杂交的后代和变种杂交的后代，除了育性之外，我们还可进行其他几方面的比较。格特纳渴望能够在种和变种之间画出一条明显的界线，然而他在种间的杂种后代和变种间的混种后代之间，只能找到很少的，在我看来似乎并不十分重要的区别。相反，它们在许多重要方面却是密切一致的。

我在这里将极简要地讨论一下这个问题。其最重要的区别是，在第一代中，混种比杂种更不稳定。但是格特纳认为，由长期栽培的物种杂交产生的杂种，在第一代常常发生变异；而且我自己也曾看到这种事实的明显的一些例子。格特纳进一步认为，亲缘很近的物种间的杂种，要比那些显著不同的物种间的杂种更易于变异；这表明变异性程度上的差异可以逐渐地消失。在混种和育性较大的杂种各自繁殖数代时，众所周知，两种后代中的变异量都是极大的。还可以举出几个杂种和混种长期保持一致性状的例子。然而，混种在后继世代中的变异性，也许要比杂种的大。

混种的变异性比杂种的大，似乎毫不为奇。因为混种的双亲都是变种，而且基本上都是家养的变种（很少用自然变种做实验），这便意味着变种的变异性是近期出现的，往往还会继续变异下去，并且还会增强由杂交作用而产生的变异。杂种在第一世代微小的变异性与在后继世代中较大的变异性形成明显的对照，这种奇异的事实值得注意。因为这与我提出的引起普通变异性的一种原因有关；就是说，由于生殖系统对于变化了的生活环境极为敏感，因此在这种情况下，便不能执行其正常的功能，产生出在各方面都与亲本类型极其类似的后代。由于亲本物种（除过长期培养的物种）的生殖系统未曾受过任何影响，故所产生的第一代杂种，是不变异的；但是杂种本身的生殖系统已经受到了严重的影响，所以它们的后代便会发生高度的变异。

现在来看混种和杂种的比较。格特纳说，混种比杂种更易重现任一亲本的类型。若果真如此，肯定只不过是程度上的差异。格特纳还特意强调，长期栽培植物的杂种，要比它们在自然状态下产生的杂种易于返祖。这也许可以解释，为什么不同的观察者所得的结果大不相同。威丘拉曾用野生的柳树做过实验，他对杂种是否可以恢复其亲本类型，表示怀疑。相反，劳丁却以最强硬的措辞坚持认为，杂种的返祖几乎是一种普遍的倾向，而他的实验对象主要是栽培植物。格特纳进一步认为，任何两个十分相近的物种，若分别与第三个物种杂交时，所产生的杂种彼此差异很大；然而同一物种的两个十分不同的变种，若与另一物种分别杂交，所产生的杂种却没有多大的差异。但是这一结论，据我所知，是建立在单个实验的基础上的；似乎和格特纳多次实验的结果正好相反。

在杂种和混种植物之间，格特纳所能指出的，只不过是这些不重要的差异。另一方面，混种和杂种与它们各自亲本相像的程度和性质，按照格特纳的同样规律，尤其在亲缘接近的物种产生的杂种中，表现更为突出。当两个物种杂交时，有时其中一个物种具有优先将自己的特点遗传给杂种的能力。对于植物的变种，我相信也是如此；对于动物，一种变种相对于另一变种，肯定往往也具有这种优先遗传的能力。由互交产生的杂种植物，通常彼此都十分相像；对于互交产生的混种植物，也是如此。无论是杂种还是混种，通过在后继世代中与任何一纯粹的亲本连续杂交，都会使其逐渐变为该亲本类型。

上述几点显然也适用于动物；但是，对于动物，这一问题便变得相当复杂，一个原因是动物具有次级性征；特别是当两个物种杂交，或两个变种杂交时，一种性别比另一种性别更加具有强烈地优先遗传本身特征的能力。例如，那些主张驴比马更具有优先遗传能力的学者，我认为他们是正确的，因此它们的杂种骡子和驴骡都更像驴。但是公驴的优先遗传能力比母驴更强，所以骡子，即公驴与母马的子代，要比驴骡，即母驴与公马的子代，更加像驴。

有些学者非常强调这样的事实，即混种后代

不具有中间性状，而只是与一个亲本十分相似；这种情形有时的确也存在于杂种中，不过我承认比在混种里发生的要少得多。看一下我所搜集的有关杂种动物和一个亲本密切相似的事实，其相似之点似乎主要局限于性质上近乎畸形，而且是突然出现的那些性状。例如白化症和黑化症，缺尾或缺角，多指及多趾等，而且都与那些通过自然选择作用逐渐获得的性状无关。突然完全重现任一亲本性状的倾向，也可能发生在混种里，而且要比杂种中发生的可能性大得多，因为混种往往是由突然产生的具有半畸形性状的变种传下来的，而杂种是由缓慢而自然形成的物种传下来的。总之，我完全同意鲁卡斯博士的观点，他在分析整理了有关动物方面的大量事实之后，得出了这样一个结论：无论双亲彼此差异大小如何，即无论是同一变种的，或是不同变种的，还是不同物种的个体间的交配，其子代像亲本的规律都是相同的。

除了可育性和不育性的问题以外，无论是物种杂交的还是变种杂交的后代，在其他各方面似乎普遍存在着密切的相似性。如果我们把物种看作是上帝特别创造出来的，而把变种看作是由次级法则产生出来的话，那么这样的相似性便成为令人惊讶的事实。但是这和物种与变种之间并没有本质区别的观点完全相符。

摘　要

足以清楚无误地被列为不同物种的生物之间的初始杂交，以及它们的杂种的不育性是非常普遍的，但并非全部不育。不育性具有各种程度，而且往往相差甚微，就是最细心的实验者们，根据测验的结果，在分类上，也会得出完全相反的结论。在同一物种的不同个体之间，不育性本身就是可变的，而且对优劣环境的作用也极其敏感。不育的程度并非严格地遵循系统上的亲缘关系，而是受若干奇妙而复杂的规律所支配。在同样两个物种的互交中，不育性一般都不同，而且有时大不相同。无论是在初始杂交中，还是由此产生的杂种中，不育性的程度并非总是相等的。

在树木的嫁接中，一物种或变种嫁接于另一种树上的能力，决定于两者之间营养系统上性质不明的差异。与此相同，在杂交中，一物种与另一物种杂交的难易程度，决定于两者之间生殖系统上未知的差异。因此，再没有理由认为，在自然界中，为了阻止物种间的杂交和混淆，而特别赋予物种各种不同程度的不育性；也没有理由认为，为了防止树木在森林中彼此接枝，而特意赋予它们各种各样、程度不等的嫁接障碍。

初始杂交不育性和它们杂种子代的不育性不是经过自然选择作用而获得的。初始杂交的不育性似乎由好几种情况所决定，在某些情况下主要决定于胚胎的早期死亡。杂种的不育性，显然是由于它们是由两种不同的生物类型组合成的，从而打乱了它们整个体制的组成而引起的。这种不育性，与纯粹物种在新的和异常生活环境下受到影响而产生的不育性非常类似。凡能解释后一不育性的人，便能够解释杂种的不育性。另一种平行的事实有力地支持了这一观点。这种平行的现象是：第一，生活环境条件的轻微改变，可增加所有生物的生命力和可育性（繁殖力）；第二，处于稍微不同生活环境下的，或稍有变异的生物类型的杂交，对于它们后代的个体大小，生命力和可育性等都是有利的。所列举的有关两型性和三型性的不合理结合的不育性和它们的不合理后代的不育性的事实，也许可以表明，在所有的情形中，可能有某种未知的纽带，把初始结合的可育性程度和它们后代的可育性程度联系在一起。考虑到有关二型性的事实以及互交的结果，显然会得出这样的结论：物种生殖质的差异是引起杂交物种不育性的主要原因。但是，在不同物种杂交时，为什么性生殖质如此普遍地发生程度不等的变异，从而引起它们相互不育，其原因我们还不知道。但是这似乎与物种长期处于近乎一致的生活环境有某种密切的关系。

任何两个物种杂交的困难和它们杂种后代的不育性，在大多数情况下，即使起因不同，也应当是一致的。这不足为奇，因为两者都是由杂交物种间的差异量所决定的。初始杂交的难易程度，所生杂种的可育性，以及彼此嫁接在一起的能力，尽管嫁接能力显然是由极不同的情形决定的，但都在一定程度上与实验所用生物在分类系统中的亲缘关系的远近相对应。这也并不奇怪，因为系统上的亲缘关系包括了各式各样的相似程度。

已知是变种的，或足以相像到可以认为是变种的不同类型的生物间的初始杂交，以及它们混种后代，一般都是可育的，但不像经常说的那样，一律都是可育的。如果我们还记得，我们是多么容易用循环论证法来确认自然状态下的变种；如果还记得，更多的变种是在家养状况下，仅凭对外部差异的选择而产生的，且没有经历长久一致的生活环境；那么，变种具有这样普遍的和完善的可育性，便不足为奇了。我们还应该特别记住，长期连续的家养具有消除不育性的倾向，因此也几乎不可能诱发不育性。杂种和混种之间，除了育性问题之外，在其他各方面都存在着最密切的、普遍的相似性；如在变异性上，连续杂交的相互结合的能力上，对两亲本的性状的遗传上，都极为相似。最后，虽然我们既不知道为什么动植物离开它们自然环境后就变为不育，也不了解初始杂交和杂种不育性的确切原因，然而本章所列举的事实，依我看来，似乎与物种原本是变种的信念是一致的。

第10章

地质记录的不完整

On the Imperfection of the Geological Record

现代生物中缺乏中间变种——已绝灭的中间变种的性质及其数量——从沉积速率和剥蚀程度来推测时间的进程——从年代上估算时间进程——古生物化石标本的贫乏——地层的间断性——花岗岩地区的剥蚀——任何一套地层中都缺失众多中间变种——整群相关物种的突然出现——整群物种在已知最古老的含化石地层中突然出现——地球早期的生物

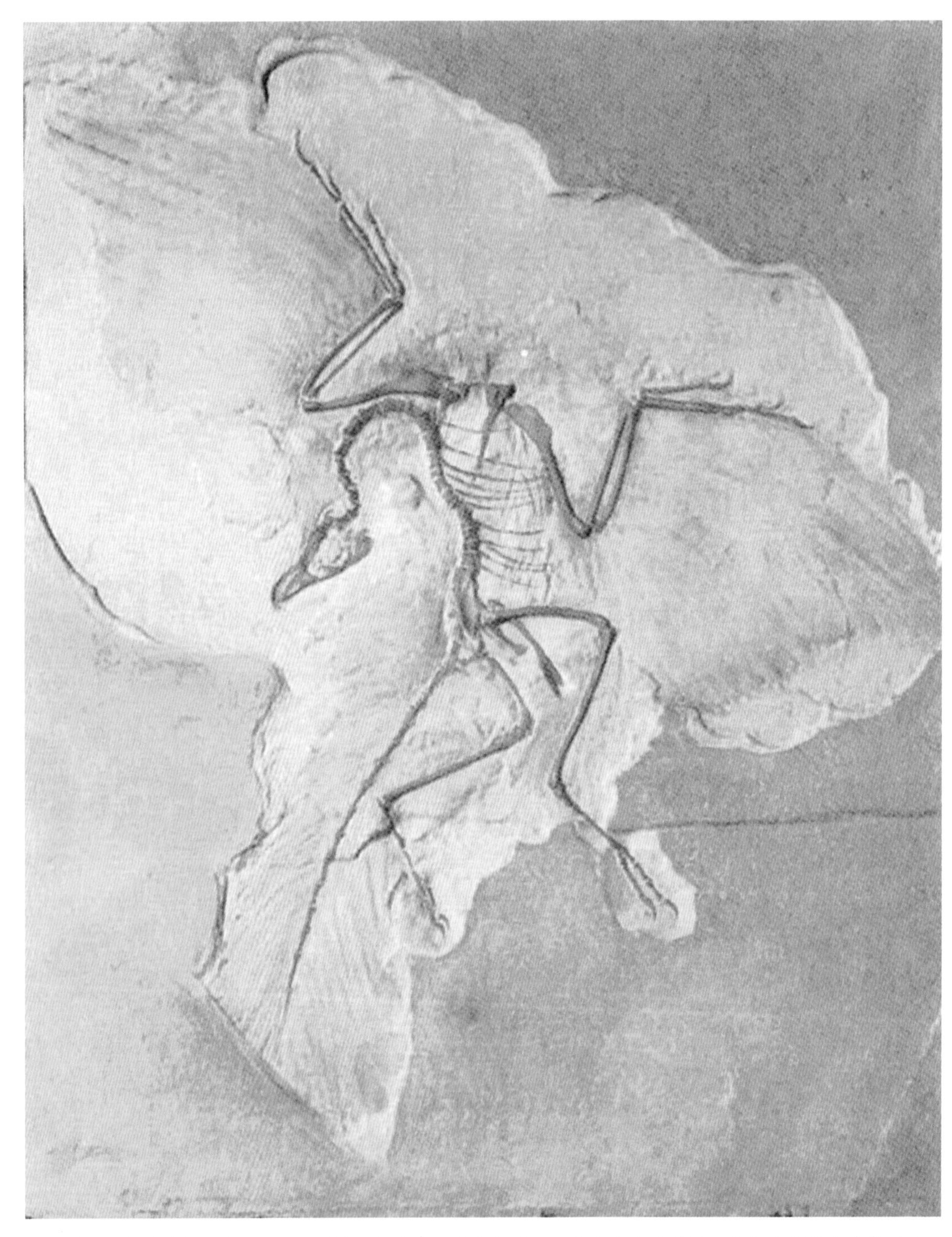

侏罗纪晚期的始祖鸟化石。1859年达尔文发表物种起源时，一个令他十分苦恼的问题是演化过渡类型的缺乏，这对渐变论是个致命的挑战。幸运的是，1860年人们发现了一半像爬行类一半像鸟类的过渡型动物——始祖鸟化石，这像及时雨一样极大地支持了进化论。

在第6章里，我列举了与本书立论相冲突的一些主要论点，到目前为止我已经讨论了其中的大部分。但是，有一个重要难点还未能解决，那就是物种间何以如此界限分明，而没有发现众多过渡类型将它们彼此混淆起来。在广阔连续的大陆上，自然地理条件的逐渐变化，十分有利于过渡类型的存在，但为何现在人们没有发现这些过渡类型呢？对此，我曾有过说明。我着重指出，每个物种的生存，对其他生物类型的依赖程度，要胜过对气候的依赖。所以真正控制生存的条件，不是像温度或湿度那样一些不知不觉渐变的条件。我还强调指出，中间变种的数量，往往比与它们有关系的亲种要少一些，所以在变异和进化过程中，常易遭到淘汰或绝灭。然而，无数中间类型未能普遍存在的主要原因还是由于自然选择的作用。在自然选择过程中，新的变种常会不断地代替并且排挤了它们的亲种类型。既然大量的物种绝灭了，按其比例便可推知先前肯定存在过数目庞大的中间变种。既然如此，为何在一大套地层或某一个地层中，却没有发现这些中间类型的大量存在呢？地质学确实未能证实有这种微小差异的中间类型存在，这也许是反对自然选择学说的最明显、也是最有力的异议。不过我相信，地质记录的极端不完整性能够解释这一点。

首先，应该牢牢记住，根据自然选择的学说，哪些类型的中间变种才是先前确实存在过的。当观察任意两个物种的时候，人们会不由自主地联想直接介于各物种之间的中间类型，其实这是大错特错的。我们要找寻的正确的中间类型，应该是介于两个物种和它们未知的共同祖先之间的那些类型，而这祖先在某些方面又和变异了的后代有区别。试举一个简单的例子：扇尾鸽（Fantai pigeon）和球胸鸽（Pouter pigeon）都是岩鸽（Rock pigeon）传下来的后代，如果我们能找到过去存在的一切中间变种的话，我们就会在两种后代鸽和岩鸽之间，各自建立起一个连续的、差异极小的递变系列。但决不存在直接介于扇尾鸽和球胸鸽之间的中间变种，例如，找不到某个变种兼有两种后代鸽的特征，也就是说，不存在既有略张的尾部，又有略大嗉囊的鸽子。而且，这两种后代鸽发生了巨大的变异。假如我们在追溯它们的起源时，没有其历史演化的和其他间接证据的话，仅仅凭着它们和岩鸽在构造上的比较，恐怕无法搞清楚它们究竟是由岩鸽（*C. liva*）传下来的，还是由另一种相似的鸥鸽（*C. oenas*）传下来的。

自然界的物种也是如此，如果我们所见到差别较大的生物类型，例如马和貘（tapir），我们就没有理由认为，曾有直接介于马与貘之间的中间类型存在。但我们可以设想，马或貘与它们未知的共同祖先之间各自都存在着某些中间类型，它们的共同祖先在整体构造上大致与马和貘相似，但在个别构造上可能与二者存在较大的差异，这些差异甚至可以比马与貘间的差异还要大。因此，在所有这些情况下，除非我们同时掌握了一套几乎完整的中间递变类型锁链，否则是不可能辨认出任何两个物种或多个物种的共同祖

貘科仅1属5种，是现存最原始的奇蹄类，保持着前肢4趾、后肢3趾等原始特征。

先，纵使我们曾严格地比较了祖先与已变异后代的构造，也是枉然。

根据自然选择的学说，假如说某一种现存的生物，可能由另一种现存的生物传衍而来，例如马来源于貘。在这种情况下，应该有直接的中间类型介于马与貘之间。不过，这种情况意味着这种生物（貘）很长时期保持不变，而它的子孙在这期间却发生了很大的变化。然而这种情况是极其罕见的，因为生物与生物之间，子种与祖种之间的生存斗争规律，使一切情况下新的改良过的生物类型，都有排除旧的未改良类型的倾向。

根据自然选择学说，一切现存的物种，都曾与本属的祖种有联系，它们之间的差异并不比现在我们看到的同一物种的自然变种和家养变种之间的差异更大；这些祖种，目前一般都已经绝灭了；它们同样地和更为古老的类型相联系。以此类推，一直可以追溯到每一个大类的共同祖先。因此，在一切现存物种和已绝灭物种之间的中间过渡类型，必定多得让人难以置信。如果自然选择学说是正确的话，那么这无数的中间过渡类型必定在地球上生存过。

从沉积速率和剥蚀程度来推测时间的进程

除了我们未曾发现这众多中间类型的遗骸化石外，另一反对意见则认为没有足够的时间来完成这么巨大的生物演化，因为所有的生物变化都是非常缓慢的。如果读者不是一个有实践经验的地质学家，我将很难引导他考虑许多事实，以便使他对时间的进程有所了解。查理·莱伊尔爵士的伟大著作《地质学原理》（*Principles of Geology*）被后代历史学家认为是自然科学上的一大革新。凡是读过该书而又不承认过去的时代是极为久远的人，请立即合上书吧!然而仅仅是阅读《地质学原理》一书，或是阅读其他观察者写的有关各地层的专著，并且注意到每位作者对各种大小地层所经历的时间所做的不完全的估计，也是不够的。只有我们弄清楚发生地质作用的各种动力，研究了地面被侵蚀了多深，沉积物堆积了多厚之后，我们才能对过去地质时间的长短有深刻的认识。正如莱伊尔所说过的，某地区沉积层的广度和厚度就是地壳上另一地区遭受侵蚀的结果和数量。所以，人们只有亲自去考察大片重叠的地层，观察带走泥土的小溪流和波浪侵蚀掉的海岸悬崖等这些时间标志，才能理解过去时间的久远性。

我们不妨沿着不很坚硬的岩石所构成的海岸散步，随途观察海岸被剥蚀的过程。在多数情况下，到达海岸悬崖的海潮每天仅有两次，为时短暂，而且只有携带沙砾和碎石的波浪，才对悬崖产生侵蚀作用，因为许多例证表明，清水对侵蚀悬崖是无效的。最终，海岸悬崖的底部被凿空，巨大的石块从上面坠落下来，停留在岸边，然后一点一点被冲蚀掉，直到体积减小到能让波浪把它们冲转时，就更为迅速地磨碎成鹅卵石和沙泥。然而，我们常见到在后退的海岸悬崖下，有许多被磨圆的巨石，海岸生物密布其上，说明了这种巨石很少被水磨蚀，也很难被波浪冲转。此外，如果我们沿着剥蚀的海岸悬崖走上几英里路时，就可以看到现在正被剥蚀的悬崖只是其中很短的一段，或是只在海角周围，星星点点地分布着，而其余的海岸悬崖，地表和植被的外貌特征告诉我们，它们已经多年未受到海水的冲刷了。

然而，我们已从许多优秀的观察家——朱克思（Jukes）、盖基（Geikie）、克罗尔（Croll）等人以及他们的先驱者拉姆塞（Ramsay）的观察里，知道了地表剥蚀作用（即风化作用）比海岸边波浪的作用更为重要。整个陆地表面都暴露在空气和溶解有碳酸的雨水的化学作用之下。在较寒冷的地方，还受冰霜作用。已经破碎的物质，即使在平缓的斜坡上，也会被大雨冲下来。特别是在干燥的地方，被风卷去的碎屑之多，超出人们的想象。这些被冲下的碎屑，又被大大小小的溪流运走；湍急的河流使河床加深，并把碎屑磨得更细。在下雨的时候，即便是在缓坡地方，我们也可看见地表剥蚀的效果——混浊的水流，沿着每个斜坡而下。拉姆塞和维特克（Whitaker）先生介绍过一个令人印象深刻的观察——威尔顿（Wealden）地区和横贯英格兰的巨大陡崖（escarpment）线。以前认为它们是古代海岸，其实它们不是在海边形成的，因为每个陡崖都由同一种地层构成，而英格兰的海边悬崖则处处是由不同地层交切而成的。如果真是这种情况的话，我们就不得不承认这种陡崖的形成，主要原因是构成它们的岩石比周围地表岩石有更强的抗风化能力，于是当周围地表遭剥蚀而逐渐降低时，便遗留下由坚硬岩石所构成的凸起的陡崖线。按照我们的时间观念，没有其他事情比用风化作用为例来推证时间的久远性更有说服力的了，因为风化作用的力量是那么小，作用的进程又那么慢，但却产生了如此巨大的效应。

当有了"陆地是在风化作用和海岸作用之下缓慢地剥蚀"这样的观念时，再要了解过去时间的久远性，最好的方法是一面考察广大区域上被移走的岩石，另一面去考察沉积层的厚度。我记得曾看到火山岛而大为惊讶。此岛被波浪冲蚀，四面削成高达一两千英尺的直立悬崖；因为当初火山喷出的熔岩流（Lave-stream）是液态，凝结成缓缓的斜坡，表明了坚硬的岩层曾一度向大洋延伸得多么遥远。断层的变迁可更加清晰地表明相似的风化剥蚀作用。沿着那些巨大的裂隙，地层在一边隆起，而在另一边陷下，其高度或深度可达数千英尺；自从地壳断裂以来，不管地面隆起是突然发生的，还是如多数地质学家相信是由多次震动而逐渐隆起的，并无太大的差别。如今地面已完全平坦，从前巨大的断层错位，外貌上已无任何痕迹。例如克拉文（Craven）断层上升达30英里；沿着断层面，地层垂直错位约600～3000英尺。拉姆塞教授曾发表文章，说在安格尔西（Anglesea）地层下陷达2300英尺。他还告诉我，他对美里奥内斯郡（Merionethshire）的一个断层陷落12000英尺深信不疑。然而就是在这些地方，地表并没留下这种巨大运动的痕迹，断层两边的石堆已被夷为平地了。

另一方面，世界各地的沉积层都是非常之厚的。我曾在科迪勒拉山（Cordillera）测量过一片砾岩，其厚度达10000英尺。虽然砾岩的堆积比致密的沉积岩要快些，然而砾岩是由磨蚀成圆形的卵石所构成；而每一块卵石都标志着耗费了很长时间，故而它们可以表示出一块砾岩的积成是何等的缓慢。拉姆塞教授把英国各地区的连续地层的最大厚度告诉我，大多数情况是实测记录，其结果如下：

古生代地层（火成岩除外）	57154英尺
中生代地层	13190英尺
第三纪地层	2240英尺

共计72584英尺，约合13.75英里。有些地层，在英国是一薄层，而在欧洲大陆上却有数千英尺厚。而且，据多数地质学家的意见，在各个连续的地层之间，还有极长的间断时期。所以对于英国高耸的沉积岩层，其堆积所花费的时间，也只代表了地质历史时期的一部分。仔细考虑这种种事实，会使我们觉得，地质历史之久远，实难准确把握，恰如我们无法把握"永恒"这个概念一样。

然而，这种想法还不十分全面。克罗尔先生曾发表一篇有趣的文章，他说我们所犯的错误，并不是"地质时期过长"的概念，而是错在以"年"为计时单位。当地质学家观察了巨大而复杂的地质现象后，再看到几百万年的估算数字，立刻就会断定这个估算数字太小了，因为二者留给他的是完全不同的印象。关于风化剥蚀作用，克罗尔先生根据某些河流的流域面积，估算出每年冲下来沉积物的数量，表明1000英尺的坚硬岩石逐渐剥蚀，需要600万年的时间才能把整个面积的平均水平线以上部分剥蚀掉。这似乎是一个十分惊人的结果，某些研究使人怀疑这个数字太大了，可即便将该数字减到1/2或是1/4的话，也还是个惊人的数字。但是，我们只有少数人知道一百万年的真正含义。克罗尔曾作了以下说明：如果拿一张83英尺4英寸长的窄纸条，沿着一间大厅的墙壁悬挂起来，然后在一端1/10英寸的地方做记号，这1/10英寸代表100年，整张纸条才代表100万年。我们要记住用这种计量办法所表示的100年，在这样一个大厅里，实在是渺小得微不足道，但对于本书所讨论物种变异而言却很重要。有几位优秀的育种家，在他们的有生之年，就大大地改变了某些高等动物的特征（而高等动物的繁殖率要比大多数低等动物的小），这样，他们就培育了应该称为新亚种的动物。只有极少数的人能够花费50年以上的时间去仔细研究某一个品种，因此100年时间可以代表两个育种家连续工作的时间。我们不能认为在自然状态下物种的改变，可以像家养动物在有计划的选择之下改变得那么快。把自然状态下物种的改变，和人类无意识选择所产生的效果进行类比，也许更为合适。所谓无意识的选择，是指人类只保留那些最有用或最美丽的动物，而无意改变那个动物的品种。但是，即使这种无意识的选择，在两三百年时间里，许多动物品种还是发生了很大的改变。

然而物种的改变可能更为缓慢，在同一地域内只有少数的物种会同时发生变化。之所以如此缓慢，是因为同一地域内的一切生物，早已彼此很好地适应了，使得自然系统中已经没有新物种的位置。除非经过很长时间之后，由于自然条件的改变或是新类型生物的迁入，才能引起生物的改变。何况在环境改变后，一些生物适应新环境的变异或个体之间的变异，通常也不是马上就会发生的。遗憾的是，我们无法以年代为标准来测定改变一个物种，究竟需要多长时间。但是有关时间的问题，我们肯定还会再讨论的。

古生物化石标本的贫乏

现在让我们看看地质博物馆的情况，即使是收藏最丰富的博物馆，人们所见到的陈列品，也是少得可怜！人人都承认我们搜集的化石标本极不完全。我们永远不会忘记著名古生物学家爱德华兹·福布斯的话，即许多化石物种都是根据某个地点的少数标本，甚至单个的、而且常是破损的标本而被发现和命名的。地球上只有很少一些地方被做过地质学上的挖掘，而且没有一处地方的发掘是详尽的。欧洲每年都有重要化石发现，便是发掘采集不完全的例证。没有骨、壳构造的软躯体生物都不能保存下来。有骨骼和贝壳的生物，若是落到海底，如果没有沉积物掩埋的

爱德华·福布斯（Edward Forbes，1815—1854），英国古生物学家。

话，也会腐烂而消失了。我们可能接受了一个十分错误的观点，以为整个海底都有沉积物在沉积，而且沉积的速度快得足以埋藏和保存生物的遗骸。绝大部分的海水呈现亮蓝颜色，说明海水是纯净的。文献记载下来的许多情况，是某个地层在经过长时期的间断后，又被另一个晚期地层所覆盖。而在沉积期间，下面的一层未受到任何磨蚀破坏。这种情况，也只有用海底长期保持不变的观点，才能解释得通。生物和遗体，如若被沙砾掩埋，也常会在地层上升之后，会因含有碳酸的雨水渗透而被溶解消失。生存在海边高潮与低潮之间的各种动物，一般都难以保存下来。例如，有几种藤壶亚科（Chthamalinae，无柄蔓足类的一个亚科）动物，遍布于全球海滨岩石上，它们个体众多，密密麻麻地丛生着，是典型的海滨动物。虽然目前人们已经知道藤壶属在白垩纪曾经生存过，但是至今除了在西西里岛所发现的唯一生存在地中海深水里的一种外，在整个第三纪地层里，始终再未发现过其他种类的藤壶亚科类化石。最后，还有许多巨厚的沉积层，需要很长时间堆积而成，但全都没有生物的遗骸，其原因何在？我们难以解释。其中最突出的一个例子是复理石（Flysch）地层，它由页岩和砂岩组成，厚达数千英尺，有的地方竟达6000英尺，从维也纳到瑞士，至少绵延300英里。然而，这么巨厚的岩层，经过详细的考察，除了极少数植物遗骸外，竟未发现任何其他化石。

关于中生代和古生代生存过的陆相生物，我们所得到的证据十分有限，无法多加论述。例如，除了莱伊尔和道森博士（Dr. Dawson）在北美洲石炭纪地层中发现过的一种陆相贝壳化石外，直到最近在中生代和古生代这两大段时代的地层里，尚未发现其他种类的陆相贝壳（不过刚刚在下侏罗纪地层中已发现了新的陆相贝壳化石）。至于哺乳动物的化石，只要瞧一下莱伊尔手册上的历史年表，便会比翻阅连篇详细的资料更清楚地了解事实真相——被保存下来的哺乳动物化石，是多么偶然，多么稀少啊!然而，哺乳动物化石的稀少并不足怪，因为我们记得第三纪哺乳动物的遗骨多是在洞穴或湖泊的沉积物里发现的，而中生代或古生代地层中却没有洞穴或真正的湖相沉积地层。

但是，造成地质记录不完整的主要原因并非上述理由，而是由于各个地层之间存在长时间的间断。这种看法为许多地质学家和古生物学家（包括那些和福布斯先生一样根本不相信物种会变化的学者）所认同。在我们看到一些著作中有关地层的图表时，或是我们从事野外实际考察时，都难以相信各个地层不是相互连续的。但是，我们从莫企逊（R. Murchison）先生关于俄罗斯的伟大著作中，可以知道那个国家重叠的地层之间有很长的间断，在北美洲及世界很多地方也有同样的间断。最有经验的地质学家，如果他的研究范围只局限于这些大的地域，那他就根本不会想到，就在他家乡地层处于沉积间断的“空白”时期，却在世界其他地方堆积起了大规模的、含有新的特殊类型生物的沉积物。如果我们对每一个分隔地区的连续地层不能建立起时间序列的话，那我们就可以推论，在其他地方也不能确立起这个序列。组成连续地层的矿物成分常常发生了巨大的变化，这通常暗示着周围地区在地理上发生了巨大的变迁，因为沉积物是从周围地区汇集来的，这和各连续地层之间曾有极长时期沉积间断的观点是一致的。

莫企逊（Roderick Impey Murchison，1792—1871），英国地质学家。

我想，我们能理解各区域的地层为什么必定有沉积间断，也就是说为什么各个地层不是紧密连续的。当我沿着南美洲数百英里的海岸考察时，最令我惊讶的是，这海岸在近期内升高了数百英尺，却没有见到任何近代沉积物能展延很广而不被磨蚀掉。整个西海岸都有特殊的海相动物栖息着，但那里的第三纪地层却很不发育，致使这种特殊的海相动物化石，未能连续地、长久地保持下来。我们只要稍加思考，便会根据海岸岩石大量崩落和河流入海带去的泥土来解释这一现象——虽然有长期充足的沉积物供给，为何沿着南美西部升高的海岸，却没能保留下含有近代的或第三纪遗迹的巨大地层呢？唯一的解释是：当海岸和近岸的沉积物被缓慢而逐渐升高的陆地带到海岸波浪冲蚀作用的范围之内时，就会不断地被侵蚀而冲刷掉。

我想，我们可以断定：只有当沉积物形成极厚、极坚实或极大地堆积时，才能使它在最初抬升时和后来水平面连续上下波动时，抵抗住波浪不断地磨蚀作用及其后地面的风化剥蚀作用。有两种方式可以形成如此又厚又广的沉积物：一种是在深海底形成的，在这种情况下，因深海底的生物种类与数目不像浅海那么多，因此当这种地层上升之后，它所包含的生物化石记录相对于地层堆积期间生存在它周围的生物而言，是极不完整的。第二种是在浅海底形成的，如果浅海底陆续缓慢下沉的话，沉积物就可堆积成巨大的厚度和广度。在后一情况下，如果海底下沉的速度和沉积物的供给速度接近平衡时，那么海洋就一直是浅的，有利于很多不同种类生物的保存。这样，就会形成富含化石的地层，而且在它上升变为陆地后，它巨大的厚度也足以抵抗强烈的侵蚀作用。

我确信，凡是富含化石的古代地层，都是在这种海底下沉期间形成的。自1845年我发表了这一看法后，就一直关心地质学的发展。使我感到惊奇的是：一个又一个的专家，在讨论这个或那个巨大的地层时，都得出了一致的结论，即它们是在海底下陷期间形成的。我可以补充说明：南美西海岸唯一的第三纪地层，就是在海底下沉时堆积而成的，具有相当大的厚度，能够抵抗住它所经受的岩石崩塌作用。不过这个地层也难以维持到今后更久远的地质时代。

所有的地质事实都明确告诉我们，每一个地区都曾经历了多次缓慢的上下颤动，每一次颤动所影响的范围也很广。结果，凡是化石丰富，广度和厚度也足以抵抗以后各种侵蚀作用的地层，是在发生下沉的广大地区的特定地方形成的。也就是说，只在那些下沉期间沉积物有充分的供给，足以保持海水的浅度和足以使生物遗骸在腐烂之前就已经将其埋藏和保存下来的地方形成的。相反，海底若是保持静止不动，那么最适宜生物生存的浅海，就不可能有很厚的沉积。在交替上升期间，沉积得更少，或者说得更确切一些，即已经堆积起来的海底地层，在上升进入海岸作用范围内时，通常就被毁坏掉了。

上述分析主要是针对海岸和近海岸的沉积而言。在广阔的浅海情况下，例如马来群岛的大部分，海水深度在30或40至60英寻（海洋测量中的深度单位）之间，当海底上升时，就可以形成大范围的地层。同时由于海底缓缓上升，所受到的侵蚀也不至于过大。不过这种地层的厚度可能不会很大，因为地层的上升运动，使地层的厚度要比它所形成地方的海水深度小。由于上升运动，也使地层沉积物堆积得不太坚固；它的层面上也不会有其他地层覆盖，这样在以后海底上下颤动时，就很容易遭受风化剥蚀和海水的冲蚀。然而，根据霍普金斯先生（Mr. Hopkins）的意见，如果某一区域在上升后尚未遭受剥蚀就已下沉，那么它在上升时所形成的沉积层，即便不厚，也能够得到此后新沉积物的保护而长期保存下来。

霍普金斯先生还说，他相信面积广阔的沉积层很少会全部破坏掉的。除了少数地质学家相信现在的深成岩浆岩和变质岩曾是组成地球核心的物质以外，绝大多数的地质学家都认为岩浆岩外层很大部分已经被剥蚀掉了。因为这类岩石，如果没有地层覆盖，是很难凝固结晶的。但是，如果在深海底发生了变质作用，岩石原来的保护地层就不会很厚。如果我们承认片麻岩、云母片岩、花岗岩、闪长岩等曾经一度被覆盖过，那么，对于目前这类岩石在世界很多地方大面积地裸露出来的现象，我们除了确信它们原有的覆盖层已经完全被剥蚀了，还能再作何解释呢？这类岩石大面积存在是不容置疑的：根据洪堡（Humboldt）的叙述，巴赖姆（Parime）的花岗岩地区，至少是瑞士面积的19倍。在亚马逊河南面，布埃（Boue）曾划出一块相当于西班牙、法国、意大利、德国的一部分及英国各岛面积总和的花岗岩区域。这块地方尚未详细考察过，但是根据旅行家的一致证明，可知这花岗岩面积是很大的：例如根据冯·埃什维格（Von Eshwege）绘制的详细地图，花岗岩地区自里约热内卢延伸至内地，直线距离达260海里；我又朝着另一方向走了150海里，沿途所见除了花岗岩外，别无其他：从里约热内卢附近起直到拉普拉它河口为止。整个海岸长1100海里，我沿途采集了许多标本。经我鉴定都是花岗岩类。沿着整个拉普拉它河北岸穿过内地，我所看到的，除了近代第三纪地层外，只有一小片轻变质岩，可能是原来覆盖这片花岗岩区唯一剩下的部分。谈到我们所熟悉的地区，例如美国和加拿大，按照罗杰斯教授（Prof. H. D. Rogers）精美的地图，我用剪出图纸称重量的方法来估计各类岩石面积，发现变质岩（半变质岩除外）和花岗岩的比例为19∶12.5，二者之和超过了全部晚古生代地层的面积。在很多地区，变质岩和花岗岩的实际范围，要比它出露的部分大得多。如果把覆盖在它上面的所有不整合沉积岩层移去的话，便可证实。而沉积岩层也不可能是结晶花岗岩的原始覆盖物。由此可知，世界上某些地区整个沉积地层可能都被剥蚀掉了，没有留下丝毫痕迹。

洪堡（Alexander von Humboldt，1769—1859），自然地理学的创始人。

这里，还有一点值得注意。在上升期间，陆地和附近浅海滩的面积都将扩大，经常会形成新的生物生存场所。正如前所述，新场所的一切环境条件都有利于新变种和新种生物的形成。不过，在这段时间里地质记录往往是空白的。与之相反，在下沉期间，生物分布的面积和生物数目都将减少（除了大陆海岸最早分裂出的海岛外）。因此，在这期间虽然有许多生物绝灭了，但少数新变种和新种生物则会应运而生。富含化石的沉积物，也是在这种下沉期间堆积而成的。

任何一套地层中都缺失众多中间变种

由于上述的种种情况，就整体而言，地质记录确实是极不完整的。但是，假如我们只注意到某一个地层，那就难以理解，为什么在这个地层里，在始终共同生存的近缘物种之间，却找不到与它们关系密切、递变的中间变种呢？在同一地层的上部和下部，同一个物种出现好几个变种的情况，倒是有过记载：例如特劳希勒（Trautschold）曾举出菊石（Ammonites）中有此情况的一些例子；又如黑尔干道夫（Hilgendorf）在瑞士连续沉积的淡水地层内发现多形扁卷螺（*Planorbis multiformis*）有十种递变类型的奇异事情。虽然每一地层的沉积肯定需要极其漫长的年代，但对始终生存在那里的物种而言，为何地层中普遍没有它们之间的递变连锁系列呢？对此，有几种理由可以解释。不过我对下面所讲的理由，也不能给予恰当的评价。

虽然每一地层可以表示经历了极其漫长的年代，但是与一个物种演变为另一个物种所需要的时间相比，可能还是显得短些。我知道两位古生物学者布隆和伍德沃德（Woodward）的意见是值得我们重视的。他俩曾断言，每个地层的平均年龄约为物种平均年龄的两倍或三倍。然而我们认为还有难以克服的困难，使我们无法对这种意见做出恰当的评论。当我们在某个地层的中间部位首次看到一个物种时，就推测它不会在别的地方更早地存在了，这种做法过于轻率。还有，当我们看到某个物种在一个沉积层尚未结束就已消失了时，也会同样轻率地假定该物种已经绝灭了。我们忘记了，欧洲的面积与世界其他地区相比是多么之小，而整个欧洲同一地层的几个阶段也不能完全准确地相互对比。

我们可以谨慎地推测，由于气候和其他因素的变化，所有的海相动物都曾作过大规模的迁移。所以，当我们在某个地层内首次发现一个物种，很可能它就是在那个时候刚迁入这个地区的。例如，众所周知，有几个物种在北美古生代地层出现的时间要比在欧洲的早，这显然是因为它们从北美海洋迁徙到欧洲海洋，需要相当长时间的缘故。在世界各地考察现代沉积物时，处处可以看见至今仍然生存的少数物种，在沉积岩内普遍存在着，但是在周围的海洋里，这些生物却已绝迹。或者与此相反，有的物种，在周围海域里极其繁盛，而在沉积岩里却很稀少或根本没有。探查一下冰河时期（这只是地质时期的一部分）欧洲生物实际的迁移量，同时也探查一下这个时期海陆的升降变迁，气候的极端变化，时间的悠久历程，是很有益处的。然而，在整个冰河期内，世界各地含有化石遗骸的沉积层，是否一直在该地区连续地沉积，很值得怀疑。例如，密西西比河口附近的海水，正处在海相动物最繁盛的深度范围以内，但那里的沉积物，恐怕不是在整个冰期内连续堆积起来的。因为我们知道，在美洲的其他地方，在这一期间曾发生了巨大的地理变迁。如果在冰期的某一段时间里，密西西比河口附近的浅水中沉积了这种地层，而在向上升起时，则因地理变迁和物种的迁移，会造成生物的遗骸在不同地层里开始出现和消失。在遥远的将来，如果有位地质学家研究这种地层，可能会被迷惑而做出结论，认为那些化石生物的平均生存期比冰期短；然而，实际情况却远比冰期要长，因为这些生物从冰期以前一直延续到今天。

要在同一地层的上下部分得到两个物种之间的全部递变类型，该地层必须持续不断地进行堆积，其时间之长，足够使生物缓慢的变异过程不断进行。因此，这沉积地层肯定是极厚的，而产生变异的各个物种也必须始终生存在这同一区域内。但是我们已经知道，一套很厚而全部含化石的地层，只有在下沉时期才能堆积起来，并且所供给的沉积物的量必须与下沉量相平衡，使海水的深度大致保持不变，这样同种海相生物才能够在同一地点持续生存。但是，这种下沉运动将导致沉积物来源的地区也会浸泡在水中；在连续下沉运动的时期，沉积物的供给量自然也就减少了。实际上，沉积物的供给量和地面下沉量之间很难保持平衡，许多古生物学家都观察到在极厚的沉积层里，除了顶、底界面附近的部位，其余部分往往是没有生物遗骸的。

和任一地区的整套地层相似，每一个单独地层的堆积，也常有间断。当我们看到（也确实是经常看到的情况）某个地层内的各层次由完全不同的矿物构成时，我们就有理由去推测沉积过程或多或少是间断的。即使我们对某一地层进行了极其详细的考察，也无法得知这个地层的沉积，到底耗费了多少时间。许多事例表明，只有数英尺厚的岩层，却代表了其他地方厚达几千英尺并需要很长时期堆积的地层。一个不了解这一事实的人，将会怀疑这样薄的地层却代表着长久的时间过程。还有许多这样的例子：一个地层的底部在升起后被剥蚀，再下沉，然后被同层的上面岩层所覆盖。这些事实，表明地层的堆积期间，存在容易被人忽视的长久间断。在另一种情况下，我们能看到最明显的证据：巨大的树木化石依旧像活着的时候那样直立着，这证明了在沉积过程中，有许多很长的间断和水平面的升降变化，要是没有这种树木被保存下来，大概不会有人想到这些。例如莱伊尔爵士和道森博士曾在新苏格兰发现了厚1400英尺的石炭纪地层，其中含有古代树根的层位，彼此相叠，至少有68个不同的层面。因此，如果同一个物种的化石在某个地层的底部、中部和上部都有发现时，可能说明在整个地层沉积期间，这个物种不仅没在同一地点生存，而且还经历了多次的绝迹和重现。因此，如果在任一地层的沉积期间，某个物种发生了显著的变异，是不会在地层剖面中找到所有理论上应该存在的、有细微变化的中间递变类型的。然而那些突然变异的形体（虽然变异可能是极细微的），却可以保存下来。

最重要的是要记住：博物学家并没有金科玉律来区分物种与

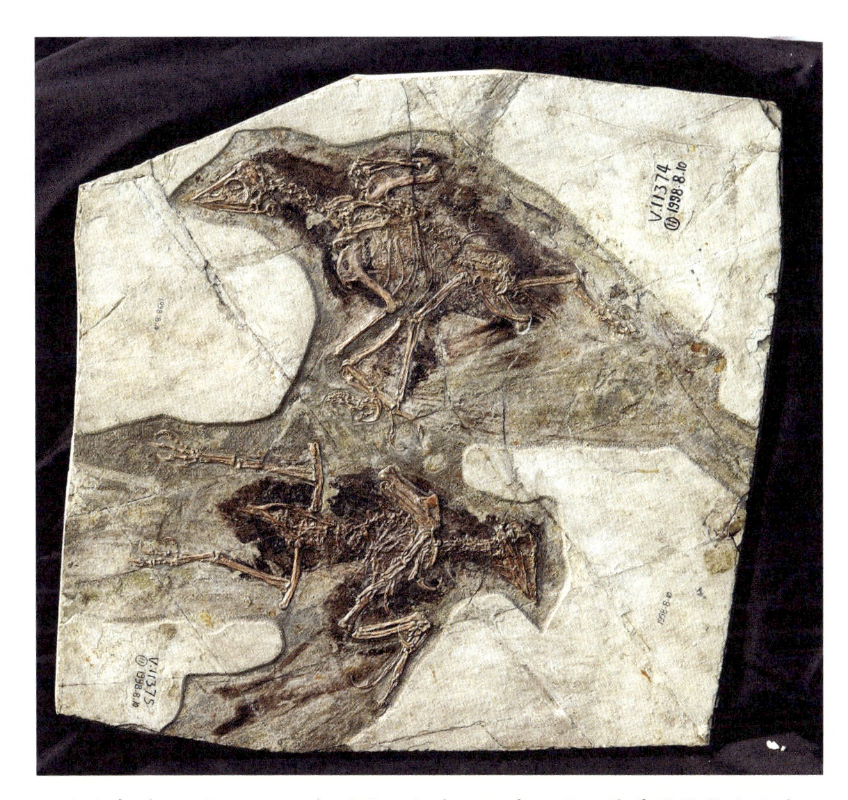

孔子鸟（*Confuciusornis*）的化石标本。从中可见，其骨骼结构十分完整，并有着清晰的羽毛保存。孔子鸟在始祖鸟的基础上向现代鸟类更靠进一步，是达尔文在鸟类进化上所预言的“缺失的一环”之一。（图片来源：周忠和）

变种。他们承认各个物种间都有微小差异，但是当他们碰到任意两个类型存在较大的差异，又缺少中间递变类型把它们连接的时候，就会把两者都定为物种。由于上面所讲的理由，我们难以希望在任何地层的断面中都有中间递变类型存在。假定B和C是两个物种，另有第三个物种A发现于较老的下部岩层，在这种情况下，即便A确定是B、C两者的中间类型，但若没有过渡变种把它和B、C二者或其中之一连接起来时，人们就会简单地将A列为第三个不同的物种。不能忘记，我们前面说过，A可能是B、C两者的真正原始祖先，也不必在各方面都严格呈现二者的中间性状。因此，我们有可能在同一套地层的底部和顶部找到一亲种和它的几种变异的后代，除非我们同时找到多个中间过渡类型，否则我们就无法辨认它们的血缘关系，从而把它们列为不同的物种。

一种广为采用的不明智的做法是，许多古生物学家在确定种别时，只依据非常微小的差异，尤其是当这些标本采自同一地层不同层位时，他们会更轻率地将它们列为不同的物种。一些有经验的贝类学家，已将多比内（D' Orbigny）和其他学者划分过细的许多物种改降为变种，这种观点为我们提供了物种演变的理论证据。再来看看第三纪末期沉积层里的许多贝类，多数博物学家都认为和现代生存的物种是相同的；但是某些著名的博物学家，如阿加西斯和皮克特（Pictet）却主张所有第三纪的物种，尽管和现存物种的差别甚微，也应该列为不同的物种。所以在此情况下，如果我们相信这二位著名博物学家的判断是正确的话，也就是说，我们和多数博物学家的意见相反，承认这些第三纪的物种和现代种确实不同，这样就可以找到我们所需要的物种频繁发生细微变异的证据了。假如我们观察一下较长的间隔时期，即观察一大套地层内相互连接的不同层位，我们看到其中所埋藏的化石，虽然公认是不同的种，但若和相隔更远地层中的物种相比较，同套地层生物间的关系却要密切得多了。所以在这里，我们再次得到渐进演化理论所需要的物种演变的确凿证据，关于这个问题，我将在下一章再讨论。

正如前面我们已经讲到过的，我们可以合理地推测：凡是繁殖迅速而迁徙少的动植物，其变种最初都发生在局部地方，直到它们在相当程度上完全变异之后，这种局部性的变种才能广为分布，进而排挤掉它们的祖种。根据这种观点，想要在任一地区的地层中，找出两个物种之间的一切早期过渡类型，机会是很小的，因为连续的变异被假定为地方性的或是被限定于某一个地点。大多数海相动物都有着广泛的分布区域。我们已经知道，就植物而言，那些分布最广泛的种类，最常产生变种。所以分布最广泛、远远超出已知欧洲的地层范围之外的贝类和其他海相动物最易产生变种，起初是地方性变种，最后才形成新的物种。所以我们要在任一地层中找寻物种过渡阶段演变痕迹的机会又大大地减少了。

最近，由福尔克纳博士（Dr. Falconer）进行了一项更为重要的研究，也得出了同样的结论。他认为每个物种变异所经历的时间，如果以年代计算是很长的，但若与它们没有发生变化的时间相比较，可能又是短暂的。

我们不该忘记，即便在今天，我们拥有精美的标本做研究，也很难用中间变种把两个类型连接起来，因此要想证明两个类型属于同一个物种，我们只有从很多地方采集了标本后才行，然而，在化石物种的采集方面，我们却是难以办到的。也许我们要把两个物种用大量细微变异的中间类型化石连接起来确实是不可能的。为了更好地理解这种不可能性，我们是否问一下自己，例如：将来某个时代的地质学家能不能证明牛、羊、马和狗的不同品种变种，是从一个或是几个原始祖先传下来的呢？又例如北美海滨生存的某些海蛤，究竟是一个物种的变种，还是代表不同的物种？有的贝类学家则认为它们和欧洲的代表种不同，被列为物种；而其他一些贝类学家则认为只是变种。这些问题，未来的地质学家只有发现大量中间过渡类型的化石后，才能得出结果，而这种成功的可能性实在太渺茫了。

相信物种不会演变的学者们反复强调地质学上找不到中间过渡类型，我们将在下一章论述这种论调的确是错误的。正像卢伯克爵士所说的："每一个物种都是其他近缘类型的中间环节类型。"如果一属内有20个物种（包括现存的和已绝灭的），假如4/5被毁坏了，那么没有人去怀疑余下的物种之间的差异将会更明显。如果这个属的两个极端类型偶然毁灭了，那么这个属与其他近缘属之间的差异也就更大了。地质研究尚未发现的是：以前曾有无数中间递变类型存在过，它们就像现代的变种一样有细微的变异，可以把一切现存的和已绝灭的物种连接起来。虽然这是没有指望做到的事，却被反复地提出来，作为反对我观点的最有力证据。

我们不妨用一个假设的例子把上述地质记录不完整的各种原因作一小结。马来群岛的面积大致相当于欧洲的面积，即从北角（North Cape）到地中海及从英国到俄罗斯的范围内。除了美国的地层外，马来群岛的面积也和全世界所有精确调查过的地层面积总和相等。我完全同意戈德温·奥斯汀先生（Mr. Godwin Austen）的观点，他认为现代马来群岛的无数大岛屿被广阔的浅海所隔开，这种情况可能和地层沉积时代远古时期的欧洲相类似。马来群岛是世界上生物最繁盛的地区之一，然而，如果把曾经生存在这里的所有物种都搜集起来，作为全世界自然历史的代表，那将是何等的不完全!

然而我们仍有种种理由相信，在我们假设的马来群岛沉积地层中，该群岛的陆相生物，肯定保存得极不完全。真正的滨海动物，或是在海底裸露岩石上生存的底栖动物，能被埋藏在那里的也不会很多，而且那些埋藏在砾石和沙子里的生物也不能保存到久远。在海底没有沉积物堆积，或是沉积物堆积速度太慢不能保护生物免于腐烂的地方，都没有生物遗骸保存下来。

类似过去中生代的地层，马来群岛那些富含生物化石的、厚度巨大到足以延续至久远时代的地层，只有在地面下沉时期才可形成。在地面下沉的各个时期之间，都有长久的时间间隔；在间隔时期内，地面或是保持静止，或是上升；在上升的时候，靠近陡峭海岸的化石层，一边堆积一边又被不息的海岸波浪作用所毁坏，且二者的速度几乎相等，就和现在我们在南美洲海岸所见到的情况一样。在上升时期，即使在整个马来群岛的广阔浅海里，沉积层也难以堆积得很厚，并且也难以被后来的沉积物所覆盖保护，因此也就不能持续到久远的将来。在下沉时期，可能有很多

华莱士《马来群岛考察记》中的插图。

生物绝灭；在上升时期，可能有很多生物产生变异，然而这个时期的地质记录就更不完全了。

整个群岛或其中某一部分下沉所经历的漫长时间（同时也是沉积物堆积的时间），是否会超过一个物种平均生存的时间，实在是一个疑问。但是这两种事件在时间上的配合，对任意两个或多个物种之间的所有中间递变类型的保存却是绝对必要的条件。如果这些中间递变类型没有全部保存下来，那残存的中间变种，可能会被当成许多新的、近缘的物种。每一个漫长的下沉时期，都可能被水平面的颤动所间断，同时在这漫长的时期内，气候也难免有轻微变化，在这种情况下，群岛里的生物将向外面迁移，于是在任何地层里也无法保存生物变异的详细记录。

这个群岛的多数海相生物，现在已经超越了群岛的范围而分布到数千英里以外的区域；以此类推，我们相信最常产生新变种的，主要是这些分布最广泛的物种，虽然它们是物种的一部分。起初这些新变种是地方性的或被限制在某一地方，但当它们拥有某种决定性的优势或者经过进一步的变异改良时，它们就会逐渐扩散，并排挤掉它们的祖种。当这些变种重新回到它们的原产地时，由于它们与祖种的性状已有不同（虽然差异很小），而且它们和祖种是在同一套地层的不同亚层里发现的，所以根据许多古生物学家遵循的原则，这些变种将被列为新的不同的物种。

如果上面所说的话在某种程度上是真实的，我们就不能指望在地层里找到无数个差异很小的中间类型。按照我的学说，这些中间类型能够把所有同一群的物种（包括过去的和现存的物种）连成一条长而分支的生命锁链。我们应该只期盼找到少数的生命锁链，我们也确实找到了这样的锁链，链中的物种彼此间的关系有的较疏远，有的较密切。然而这些锁链中的物种，即使曾是关系密切的，如果在同一套地层的不同层位发现，仍然会被许多古生物学家列为不同的物种。我不能说假话，要不是每个地层的初期和末期所生存的物种之间缺少无数中间过渡类型，使我们学说受到如此严重的威胁的话，我会怀疑在保存得最好的地质剖面中，化石记录还是那么贫乏。

整群相关物种的突然出现

有些古生物学家，例如阿加西斯、皮克特和赛德威克（Sedgwick）曾反复强调某些地层中突然出现整群物种的事实，以此做主牌来反对物种演化的理论。假如同属或同科的众多物种果真在同一时刻产生的话，那么这将对以自然选择为依据的进化学说，确实是一个致命的打击。因为，按照自然选择演化的理论，凡是同类的生物，都是从同一个原始祖先传下来的，它们的演化必定是一个极其缓慢的过程，而且这原始祖先肯定是在变异了的后代出现之前的遥远时期就已存在了。然而，我们往往对地质记录的完整程度估计过高，常会因为某属某科不在特定的时期出现，就错误地认为它们没有在那个时期生存过。经验常常提醒我们，在一切情况下，肯定性的古生物证据是绝对可靠的；而否定性的证据则是没有价值的。我们常会忘记，整个世界和那些曾详细调查过的地层相比，是多么广大；我们还忘记了，某些物种群在蔓延到古代欧洲和美国的群岛之前，可能在别的地方已经生存了很久并逐渐繁衍起来了。我们也没有考虑到许多情况下，连续地层之间的间断时期可能比每个地层沉积的时间还要长久。这么长的间断时期，已足够使一亲种繁衍出许多子种，而在后来形成的地层里，这些物种成群出现，就像是突然创造出来似的。

这里，我将回顾一下以前的话，即某种生物要适应一种新的特别的生活方式，例如要适应空中飞翔的生活，可能需要一个漫长连续的时期，这就使得它们的中间过渡类型在某一区域内留存很久，可是这种适应一旦成功，并且有少数的物种由于获得这种适应就比别的物种有了大得多的生存优势，那么许多新的，变异的类型就会在较短的时间内产生出来，并迅速地传播，遍及全世界。皮克特教授在对本书所做的出色评论里，谈到了早期的过渡类型，他以鸟为例指出，他看不出假设的原始型鸟的前肢连续不断的变异对鸟有什么好处。我们可以观察一下南极的企鹅，它的前肢不正是处在“既不是真正的臂，也不是真正的翅膀”的中间状态吗？就是这种鸟，在生存斗争中成功地占领了它们的地盘，繁衍了无数只个体，也形成了许多种类。虽然我不敢推断，在企鹅的身上我们看到了鸟翅演变所经历的真实的中间过渡阶段。但是，我们并不难相信，翅膀的演变可能确实对企鹅变异了的后代有好处，他们很可能先变得像呆鸭一样能沿着海面拍打翅膀，最终便可离开海

始祖鸟复原图。

水飞入空中滑翔了。

现在我要举几个例子说明前面的论述，同时也要说明整群的物种会突然产生的假设会导致我们犯多么严重的错误。皮克特在他古生物巨著中，从第一版（1844—1846）到第二版（1852—1857）之间短短的几年里，便对几个动物群开始出现和最后消失时间的结论，作了较大的更改，而在第三版里可能还要做更大的修改。我可再回顾一件众所周知的事实，在几年前出版的地质论文里，一致认为哺乳动物是在第三纪的早期突然出现的。然而，在目前已知的含哺乳动物化石最丰富的沉积物中，有一处是属于中生代中期的；并且在靠近中生代初期的新红砂岩中，也发现了真正的哺乳动物。居维叶一再强调，在任何第三纪地层里没有猴子化石出现。然而如今，印度、南美洲、欧洲都发现了埋藏在更古老的第三纪中新世地层里的猴类绝灭种。如果没有在美国的新红砂岩中找到偶然被保存下来的足印化石，有谁

会想到那个时代至少有30种似鸟的动物（其中不乏体形巨大的）存在呢？不过在这些岩层中，尚未发现似鸟动物的遗骸。不久以前，有些古生物学家主张整个鸟纲都是在始新世突然出现的。但是现在，根据欧文教授权威性的意见，我们知道在上绿砂岩层沉积期间确实有一种鸟类存在了。最近又有一种奇怪的鸟，名叫始祖鸟，长着像蜥蜴一样的长尾巴，尾上每节有一对羽毛，翅膀上长着两个可以活动的爪子，是在索伦霍芬的鲕状灰岩里发现的。几乎没有什么近代的发现比始祖鸟更有力地表明了我们对这世界上以前的生物，知道得实在太少了。

我可以再举一个亲眼看到的、印象深刻的例子。在我的一部关于无柄蔓足类化石专著中曾说过，由于现存的和绝灭的第三纪物种数目很多；由于分布在全世界、从两极到赤道、从高潮线到50英寻各个不同深度的许多种生物的数目非常庞大；由于标本在第三纪地层里保存得极完整的状态，

热河生物群生态复原图。（图片来源：周忠和）热河生物群（Jehol Biota）是生活在中生代晚期，分布于中国北方（尤其是辽宁西部、河北北部和内蒙古东南部）的一个中生代动植物化石群。

由于标本（甚至是一个破碎的瓣壳）很容易识别，使我做出了这样的推论：如果中生代就已经存在无柄蔓足类动物的话，必定会保存下来并会被发现的。但是由于在这个时代的岩层里连一个无柄蔓足类的物种也没有找到，我就断定这一大群动物是在第三纪初期突然发展起来的。这件事使我感到困惑，因为当时我想，又增加了一个大型物种群突然出现的例子。然而，就在我的著作即将出版的时候，一位杰出的古生物学家波斯开（Bosquet）寄给我一张他亲手在比利时白垩纪地层里采到的无柄蔓足类动物化石标本的完整图形。这张图深深触动了我。无柄蔓足类属于藤壶属，是一种极普通、分布很广的大属，而该属种的化石，在第三纪以前的任何地层中从未发现过。最近伍德沃德先生又在上白垩纪地层里发现了无柄蔓足类另一亚科的四甲藤壶（Pyrgoma）。因此，我们目前已有充分的证据，证明这类动物在中生代曾经生存过。

经常被古生物学家提起的整群物种突然出现的一个例子，就是硬骨鱼类。按照阿加西斯的说法，它们最早是在白垩纪出现的。硬骨鱼类包含现存的大部分鱼类。但是，有些侏罗纪和三叠纪的类型，现在也公认是硬骨鱼类，甚至还有些古生代的类型，也被一位权威古生物学家列入硬骨鱼类。假如硬骨鱼类果真是在北半球的白垩纪初期突然出现的话，那是值得高度注意的事。不过，这并没有造成无法解决的难题，除非有谁能够证明，在白垩纪初期硬骨鱼类也在世界其他地区突然一起出现了。目前在赤道以南地区尚未发现任何鱼类化石，对此就不必多说了。在读了皮克特的古生物学之后，才知道在欧洲好几套地层里仅发现了很少几种硬骨鱼化石。现在有少数几个鱼种，分布在有限的区域里。以前硬骨鱼类也有可能分布在局限的区域里，待到它们在某一个海域里发展繁盛之后，才广泛扩散到各个海域。我们没有权利假设，过去地球表面的海洋，与现在的情况一样从南到北一直都是连通的。即便是在今天，假如马来群岛变成陆地，那么印度洋的热带区域，将会变成完全封闭的巨大海盆，任何大群的海相生物都能在这海盆里繁衍起来，他们最初局限在这个范围内，待到一部分物种能适应较冷的气候时，就能绕过非洲或澳洲的南角，到达其他更远的海洋里去。

考虑到这种种事实，以及我们对欧洲和美国以外其他地方地质知识的贫乏，加上近十多年来的发现引起了古生物学知识的更新，我认为，要对全世界生物的继承问题做出武断的结论，似乎太轻率了，好像一位博物学家在澳洲的荒原上只待了五分钟，就打算讨论那里的生物数量和分布范围一样。

整群物种在已知最古老的含化石地层中突然出现

还有一些类似的棘手难题。我所指的是动物界的几个主要物种，在已知的最古老的含化石岩层中突然出现的事情。前面大多数论证使我相信，同群的一切现存物种都是从一种原始祖先传衍下来的，这同样也适合于最早出现的已知物种。例如所有寒武纪的三叶虫类（Trilobites），无疑是从某一种甲壳类演化而来，这种甲壳类肯定生存在寒武纪之前久远的时代，而且和所有已知的动物全然不同。有些最古老的动物，像鹦鹉螺（Nautilus）、海豆芽（Lingula）等，和现代物种并没多大差别。根据我们的学说，这些古老的物种不能作为一切后来同类物种的原始祖先，因为它们没有任何中间性状特征。

因此，如果我们的学说是正确的，那么远在寒武纪的底层沉积之前，应当经历了一个很长的时期，这个时期可能和从寒武纪到现在的整个时期一样长，说不定还要更长些。在这样长久的时期里，生物已经遍布全世界。这里我们又遇到一个难以对付的问题，即地球在适合生物居住的状态下所经过的时间是否足够久远，似乎是有疑问的。根据汤普森爵士（Sir W. Thompson）的结论，地壳凝固时间不会小于两千万年，也不会大于四亿年，可能是在九千八百万年到二亿年之间。这么大的时间范围，说明这些数字是很可疑

某种三叶虫化石。

的，况且还有其他因素插到这个问题里来。克罗尔先生估计从寒武纪到现在大约经过六千万年。然而，自打冰期开始以来，生物的变化就很小，这与从寒武纪以来生物确实发生的多次巨大变化相比较，六千万年似乎太短；而寒武纪以前的一亿四千万年，对寒武纪已经存在的许多生物的早期演化而言，也是不够的。如汤普森爵士所说，在极远古时代，自然条件的变化可能比现在更加迅速而剧烈，因此这种自然变化应该引发当时生存的生物以相应的高速度发生变异。

至于为什么在最早的寒武纪以前的时期里没有找到富含化石的沉积物，我无法给予圆满的答复。以莫企逊爵士为首的几个著名的地质学家，直到最近还相信我们在寒武纪底部所见到的生物遗迹，是生命的开始。其他一些鉴定权威，如莱伊尔和福布斯对此结论还有异议。我们不能忘记，世界上只有一小部分地区曾经精确地调查过。不久以前，巴兰得（M. Borrande）在当时所知道的寒武纪地层下面，又发现了更低的地层，层里含有丰富而奇特的物种。现在希克斯先生（Mr. Hicks）在南威尔士下寒武统地层的下面，又找到富含三叶虫、各种软体动物和环节动物的岩层。甚至在某些最下面不含生物的岩层中，也有磷酸盐结核和沥青物质，从而暗示了那时候可能存在生命。在加拿大的劳伦纪（即前寒武纪——译者注）地层里曾存在始生虫（Eozoon），这已是人们所公认的。加拿大寒武系的下面有三大系列地层，在最下面的地层里曾有始生虫发现。洛根爵士（Sir. W. Logan）说过：“这三大系列地层的总厚度可能远比从古生代底部到现在的所有后来岩石的厚度之和都大得多。这样，即使是巴兰得所谓的原生动物出现的遥远时代，也就是古生代开始的时代，但若与三大系列岩层所代表的冥冥无期的时间相比较，原生动物的出现就好像最近发生的事情似的。”始生虫是所有动物纲中最低等的，但在原生动物分类里它又是高级的；它曾有无限数目的个体存在过，正如道森博士所说的，这种动物肯定以捕食其他微小生物为主，而这些微小生物也一定是大量存在的。所以我在1859年所写的关于生物远在寒武纪以前就已经存在的推断，和后来洛根爵士所说的话几乎是一样的，现在已经证明是正确的了。虽然如此，困难还是很大的，我们还是没有充足的理由，来解释寒武纪以前为什么没有富含化石的巨厚地层。要是说那些最古老的岩层已经被侵蚀得完全消失，或是说岩层所含的化石经受变质作用而全部毁坏，似乎是不可能的，因为倘若如此的话，我们就会在它紧邻的上覆地层中发现一些呈现局部变种的、细小的化石残余。对于“越是古老的地层，遭受的侵蚀和变质作用越大”的论调，根据俄罗斯和北美广大的寒武纪地层的记录，并未得到支持。

现在还无法解释这种情况，因此这也就成为反对本学说的一个有力论据。为了表示这个问题今后可以解释，我将提出下述假说。因为欧洲和美国一些地层里的生物遗骸的性状，似乎不是深海动物；因为组成地层的沉积物，有些竟达数英里厚，我们可以推测那些供给沉积物的大岛或大陆，在沉积期间一直是处于现在欧洲和北美洲大陆附近。这种观点，后来得到阿加西斯及其他人的支持。但是，我们还不了解在几个连续地层的间断时期里，情况到底如何，欧洲和美国在这种沉积间断时期里的状态，究竟是干燥的陆地，还是没有沉积物的近陆浅海底，或是广阔的深不可测的深海底，皆不得而知。

看一看现在的海洋，其面积约是陆地的三倍，其中散布着许多岛屿；然而除了新西兰以外（如果新西兰可以称为真正的海岛），几乎没有一个真正的海岛，存在一点点古生代或中生代地层的残片。由此我们可以推论：在古生代和中生代期间，在我们现代的大洋范围内没有大陆和大陆型岛屿；因为，假如有大陆和大陆型岛屿的话，肯定就会存在由它们剥蚀、崩裂的沉积物形成的古生代和中生代地层；在这样漫长的时期内难免会有水平面的上下颤动，起码会有一部分地层隆起来。假如我们可以从这个事实进行推测的话，那么今日是海洋的地方，自远古以来就一直是海洋；相反，今日是大陆的地方，自远古以来就一直是大陆，且从寒武纪以来肯定遭受了海平面的巨大变动。在我的一本关于珊瑚礁的书中，所附的彩色地图提示我得出如下的结论：目前各大洋仍然是主要的下沉区域，各大群岛仍然是水平面上下颤动的区域，各大陆仍然是上升区域。然而我们没有理由设想，从一开始世界就一直是这个样子的。大陆的形成，可能是在多次水平面颤动时，上升的力量占优势所致；但是，在漫长的时间里，这些优势运动的地区难道就没有变更过？也许在寒武纪以前的遥远时代里，大陆曾处在现代海洋的位置，当时清澈广阔的海洋也可能处在现在是大陆存在的位置上。

地质学家塞奇威克（Sedgwick Adam，1785—1873）是达尔文在剑桥上学时的老师，对达尔文有过巨大帮助。但他在看过达尔文寄来的《物种起源》之后，回信说：“如果我不认为你是一位性情和善、热爱真理的人，我就不会告诉你说我读了该书之后，所感到的苦痛多于愉快。”

我们不能设想，如果太平洋海底现在变为一片陆地，我们就可以找到比寒武纪更老的可以辨认的沉积层（假如它是以前沉积而成的）。因为这种地层，可能会下沉到离地心数英里的地方，承受着上覆海水的巨大压力，所受到的变质作用强度，可能比近地表的地层要大得多。世界上某些地区，如南美洲，有大面积裸露的变质岩层，肯定曾经历过高温高压作用，我总觉得对这种地区，要给予特别的解释。我们也许可以相信，在上述广大地区里，我们看到了远在寒武纪以前的地层经历了完全变质及侵蚀后的状况。

本章内所讨论的几个难点是：（1）我们虽然在地层中发现了很多介于现存物种和以往曾存在物种之间的过渡类型，但是未发现能把它们联系起来的那些大量的细微变异的环节类型。（2）在欧洲的地层中，有几个成群的物种突然出现。（3）据现在所知，在寒武纪地层以下几乎完全没有富含化石的地层。所有这些难点性质的严重性，是显而易见的。我们看到最优秀的古生物学家们，像居维叶、阿加西斯、巴兰得、皮克特、福尔克纳、福布斯等，以及所有最伟大的地质学家，像莱伊尔、莫企逊、赛奇威克等，过去都曾反复地强调物种不变的观点。但是现在莱伊尔爵士已经以他权威学者的身份，转而支持相反的观点了，其他多数的地质学家和古生物学家，也大大地动摇了他们原有的信念。只有那些相信地质记录十分完整的人，确实还会反对这个学说的。就我个人而言，按照莱伊尔的比喻，则把地质记录看成是一部保存不完整的、用不断变化的方言写成的世界历史；我们仅有这部书的最后一卷，所讲到的也只有其中两三个国家。在这最后一卷里，在这里或那里保存了几篇零碎的章节，每页书只有寥寥数行文字。这不断变化的方言的每一个字，在前后各章内意义也有些不同，这些字可以代表在连续地层里被误认为是突然出现的生物类型。依据这样的观点，上面所讲的几个难点，便可以大大地减小，甚至不复存在了。

第11章

古生物的演替

On the Geological Succession of Organic Beings

新物种陆续缓慢出现——生物演化速率不等——物种一旦绝灭便不再重现——成群物种出现与消亡的规律与单个物种相同——绝灭现象——全世界生物演化的同步性——绝灭物种间的亲缘关系及其与现生生物间的亲缘关系——古生物的发展——同一地域内同一类型生物的演替——上一章及本章的摘要

35亿年以前太古代初期地球可能的模样。

现在让我们看一下，有关生物在地质上演替的几种事实和法则，究竟是和物种不变的传统观点相同，还是和物种经过变异与自然选择，而不断缓慢演替的观点相一致。

一个接着一个新物种的出现，不管是在陆地上还是在水里，都是很缓慢的。莱伊尔曾指出，在第三纪的几个时期里，在这方面存在不可反驳的证据；而且每年都有新的物种发现，有助于把各个时期之间的空白填充起来，使已绝灭的和现存的物种之间形成渐进的协调关系。在某些最新的地层中（如果以年为单位计算，无疑属于很古老的时代），只有一两个物种是绝灭了的，同时也有一两个新物种，或者是地方性的在该处首次出现，或者据我们所知是在整个地球表面上首次出现。中生代的地层间断比较多，但是，正像布隆所说，埋藏在各个地层里众多物种的出现和消失都不是同时的。

不同纲和不同属的物种，其变化的速度和程度都各不相同。在第三纪较老的地层里，在许多已绝灭的种属中，还可以找到少数今日尚存的贝类。福尔克纳曾举出一个这种相似情况的典型例子，就是有一种现存的鳄鱼和许多已绝灭的哺乳动物、爬行动物一起在喜马拉雅山下的沉积物中被找到。志留纪的海豆芽和该属现存的物种之间差异极少，然而志留纪其他软体动物和一切甲壳动物，都已发生了极大的变化。陆相生物的变化速率好像比海相生物的变化速率大，这种生动的例子曾在瑞士看到过。有一些理由使我们相信，高等生物要比低等生物变化快得多，虽然这一规

伦敦自然历史博物馆陈列的渡渡鸟模型。（陈静摄）

律也有例外情况。正如皮克特所说的，生物的变化量在各个连续的地层里是不相同的。然而，如果我们把任何有密切关联的地层对照一下，就会发现一切物种都经过了某些改变。当一个物种一旦在地球表面绝迹的时候，我们没有理由相信会有同样的类型重现。对于后一条规律，巴兰得所谓的“殖民团体”（Colonies）是一个明显的例外，这种“殖民团体”在某一时期侵入到较古老的地层里，使得过去存在的动物群重新出现。然而，莱伊尔则说，这是从不同地区暂时迁入物种的一个情形，这似乎是令人满意的解释了。

这几种事实都与我们的学说一致。学说里不包括神创论那些一成不变的规律，即不主张某个地区内所有的生物一律突然地或者同时地或者同样程度地发生变异。变异的过程必定很缓慢，通常在一个时期内，受到影响的物种只有少数几个，因为每个物种的变异性是独立的，与其他一切物种的变异性没有关系。至于物种所发生的变异或是个体间的差别，是否会经过自然选择作用

或多或少地积累起来，成为永久性变异，却要取决于许多复杂的偶然因素——取决于变异的性质是否对生物有利、自由交配的难易程度、地方性自然地理条件的缓慢变化、新物种的迁入，并且取决于和这个变异物种相竞争的其他生物的性质。所以，一个物种保持原状态的时间要比其他物种保持的时间长得多，或者，即使有变化，改变的程度也较其他物种小，这是毫不奇怪的。在各个不同的地区，我们可以在现存生物中看到这种类似的情况；例如，马特拉岛陆相贝类和鞘翅类昆虫，与欧洲大陆上它们的近亲相比较，差异相当大；而该岛海相的贝壳和鸟类却没有改变。按照前章的解释，高等动物和它们周围有机的和无机的生活条件之间关系比较复杂，我们也许能够明白为何高等生物和陆相生物的变异，显然要比海相生物或低等生物要快得多。当任一地区的多数生物已经发生了变异和改良的时候，我们根据竞争的原理和生物之间生存斗争的重要关系，就可以理解，不管什么生物，若是不发生某种程度的变异和改良时，可能难免要绝灭。所以，假如我们在一个地区内观察了足够长的时间，就会明白，为什么一切物种迟早都要变异，因为如不变异就要灭亡。

同一纲的各个物种，在同样长的时期里，发生的平均变异量近似相同。但是，由于富含化石、历时久远的地层的形成，取决于大量沉积物在地面下沉地区的堆积情况，所以现在的地层，几乎都是经过长期而又不相等的时间间隔才堆积起来的，结果就造成了埋藏在连续地层内的化石物种，表现出不相等的变异量。依据这个观点，每个地层所代表的不是一种完整的新创造，只不过像一出缓缓改变的戏剧中，偶然出现的一幕似的。

我们完全理解，为何一个物种一经绝灭，尽管再遇到一模一样的有机和无机的生活条件，它也绝不会再出现了。因为一个物种的后代，虽然能够适应另一物种的生活条件，同时占据了另一物种在自然界中的位置并排挤了它（不容怀疑，这种情况曾发生过无数次）；但是这新的和老的两种类型绝不会完全相同，因为它们肯定已从各自不同的祖先那里继承了不同的特征，既然两种生物本身各不相同，它们变异的方式自然也不相同。例如，假如我们所有的扇尾鸽已经绝灭了，养鸽人可能培养出一个新品种，和原来这种扇尾鸽几乎没有差异；然而，如果原种岩鸽也同样绝灭时，我们有充分的理由相信，在自然条件下，改良过的后代鸽终会替代原种岩鸽，使之绝灭。因此，要从任何其他鸽种，或者从任何品种十分稳定的家鸽中，培育出与现存扇尾鸽相同的品种，是令人难以置信的，因为连续的变异在某种程度上肯定有所不同，而新育成的变种，可能已从它祖先那里继承了某些特有的差异。

物种的集合，即为属和科，它们的出现和绝灭所依据的规律，和单个物种相同，它们的变异有快有慢，变异程度也有大有小。一个物种群，一旦绝灭后就绝不能再现；这就是说，物种不论延续了多长时间，总是连续存在的。对于这条规律，我知道有些明显的例外，可是这样的例外少得惊人，就连福布斯、皮克特和伍德沃德（虽然他们竭力反对我所主张的观点）都承认这一规律是正确的!而这一规律又和自然选择的学说完全符合。因为同一群的所有物种，不论延续了多长时间，都是出自同一个祖先的、代代相传的、改变了的后代。例如海豆芽属，从早寒武世到现在，各个地质时期都有该属的新物种出现，这就必然有一条连续不断的世代顺序把它们连接在一起。

上一章里我们已经谈过，成群物种有时会呈现出突然发展的假象，对此我已经解释过了。这种事情如果是确实的话，对我的学说将是致命的打击。不过这些事情确是例外。通常的规律是，物群的数目，先是逐渐增加，待达到最大限度时，（时间上或早或迟）又逐渐减少。如果把一属内物种的数目与存在时间或是一科内属的数目与存在时间，用一条线段来表示：线段的长度表示物种或属出现的连续地层，线段的粗细表示物种或属的多寡；然而有时这线段下端起始处会给人以假象，表现出不是尖细的而是平截的；随后其线段上升并逐渐加粗，同一粗度往往可保持一段距离，最后在上面地层中逐渐变细而消失，表示此物种或属逐渐减小，以致最后绝灭。某个类群的物种数目在这种情况下逐渐增加，是和我们的学说完全相符的，因为同属的种或同科的属，只能缓缓地，累进地增加。变异的进行和一些近缘物种的产生，必然是缓慢和渐进的过程——一个物种最初产生两个或三个变种，这些变种慢慢形成物种。形成物种后又经过同样缓慢的步骤产生其他变种，依此类推，直到变成大群，就像一棵大树最初是从一条树干上抽出许多枝条一样。

绝　灭

我们在上面的论述中曾附带地谈到了物种和物种群的消失。根据自然选择学说，旧物种的绝灭和改良过的新物种的产生，是密切相关的。认为地球上所有生物，在前后相连续的时代里，曾因多次灾变而几度消失的旧概念，现在已普遍放弃了，就连埃利·德·博蒙（Elie de Beaumont）、莫企逊、巴兰得等地质学家也放弃了这种概念，依照他们平素所持的观点，大概会自然而然地得出这个结果。与此相反，从第三纪地层的研究中，我们有各种理由，相信物种和物种群都是一个接一个地、逐渐消失的：最初是在一个地点，尔后在另一地点，最后波及全世界。但是，在少数情况下，例如，由于地峡的断裂而使许多新的生物侵入邻海，或者由于海岛的下沉，绝灭的过程可能是很快的。无论是单一的物种，还是成群的物种，它们持续的时间极不相同；正像我们所见到的，有些物种群从已知最早生命开始的时代起，一直延续到今天还存在，也有些物种群在古生代末就已经消失了。好像没有一定的规律来决定某一种或某一属能够延续多长时间。我们有理由相信，整个物种群全部绝灭的进程要比它们产生的过程慢一些。假如用前面所讲的粗细不等的线段来表示物种群的出现和消失时，那么这条线段的上端逐渐变尖细的速度（表示物种绝灭的过程），要比线段的下端变尖的速度（表示该物种最初出现和早期数目的增加）缓慢。然而，在某些情况下，成群物种的绝灭，就像菊石在中生代末期的绝灭那样，令人惊奇地突然发生了。

以前，物种的绝灭曾陷入莫名其妙的神秘之中。有的学者甚至假定，生物个体既然有一定的寿命，物种的存在也应当有一定的期限。恐怕没有人比我对物种的绝灭感到更为惊奇的了。当我在拉普拉塔发现乳齿象（Mastodon）、大地懒（Megatherinm）、箭齿兽（Toxodon）及其他已绝灭的奇形怪状动物的遗骸，竟然和一颗马的牙齿埋藏在一起，而且这一奇特的动物组合又是和现存的贝类在最近的地质时代里一起共存，这真使我惊愕不已；因为自从西班牙人把马引进南美洲以后，马就变成了野生的，并以极快的速度繁衍增长，分布遍及整个南美洲。于是我问自己，在这样极其适合马生存的环境条件下，为什么以前的马就会消亡呢？然而我的惊愕是没有理由的。很快，欧文教授就识别出这个马齿虽然和现存的马很接近，实际上却是一种已经绝灭了的马牙。假如现在仍有极少数量这种马存在，大概任何博物学家也不会惊奇它的数量之少，因为无论在什么地方，所有各纲都难免只有数量极少的物种存在。如果我们要问，为什么这个物种或那个物种的数量极少呢？我们的回答是，因为它的生活条件中有某些不利的因素。然而究竟是什么不利的因素，我们却难以答出。假如那种化石中的马现在仍以稀少物种的形式存在，我们根据它与别的哺乳动物的类比，包括与繁殖很慢的象作类比，根据南美洲家马的驯化历史，肯定会认为它若处于更合适的环境条件下，不出几年时间，便会遍布整个美洲大陆。然而，我们无法说出究竟是什么阻止了它的繁衍，是一种还是几种偶然的因素起作用，是在马有生之年的哪一个时期起作用；也不知道各因素作用的程度等。如果这些因素变得愈来愈不利，不管这变化多么慢，我们的确也未觉察出来，然而这种化石中的马必然会日益减少，以致最后绝灭！它在自然界中的位置，就会被生存竞争的胜利者所取代。

伦敦自然历史博物馆的明信片，生动展示了曾经雄霸地球的恐龙家族。图为早期的复原图，如今很多恐龙的复原形象已经改变。

有一点人们很容易忘记，就是每一种生物的繁衍，经常要受到看不见的无形的不利因素的制约。这种无形的因素足以使物种变得稀少，直到最后绝灭。人们对这个问题所知甚少。我经常听到有人对体型巨大的怪物，如乳齿象和更古老的恐龙的绝灭表示十分惊奇，好像只要有庞大的身体，就能在生存斗争中取得胜利似的。恰恰相反，正如欧文所说，在某些情况下，由于身体庞大，需要大量的食物，反而会招致它很快的绝灭。在印度和非洲尚无人类出现之前，肯定有若干原因阻止了现代象继续繁衍。很有能力的分类学家福尔克纳博士，相信阻止印度象繁衍的原因主要是昆虫没完没了地折磨，使象趋于衰弱。布鲁斯（Bruce）对于阿比西尼亚的非洲象观察中，也得出相同的结论。在南美洲的几个地区，昆虫和吸血的蝙蝠确实控制了那些适宜当地水土的，体型庞大的四足兽类的生杀大权。

在较近代的第三纪地层里，我们可以看到许多先稀少尔后绝灭的情况。同时我们也知道，由于人类作用，一些动物在某个地方或在全世界绝灭的情况也是如此。这里，我要重述一遍我在1845年发表的观点，即承认物种在绝灭之前，先逐渐变得稀少。我们对一个物种的稀少并不感到惊奇，而当它绝灭时却又大为惊异，这就和承认疾病为死亡的先驱，当人有生病时并不觉得奇怪，而当病人死亡时却感到惊奇，甚至怀疑他是死于横祸的情况一样。

自然选择学说是以下面信念为基础的：每个新变种，最后成为一个新物种，其所以产生和延续下来，是因为比它的竞争者占有某些优势；而居劣势物种的绝灭，似乎是必然发展的结果。家养动物的情况也是一样的，当培育出一个稍有改良的新变种后，最初它要排挤掉周围改进较小的变种，待新种大有改进后，才能传播到远近各地，就像我们的短角牛那样，被运送到各个地方，取代当地原来的品种。因此，新类型的出现和旧类型的消失，不论是自然产生的还是人为的，都是关联在一起的。在一定时期内，繁盛的物种群里产生的新物种数目要比绝灭的旧物种数目多。然而我们知道，物种并不是无限制地增加，起码在最近的地质时代里是如此。观察一下近代的情况，我们可以相信，新类型的产生导致了类似数目旧类型的绝灭。

一般而言，竞争进行得最激烈的是在各方面彼此最相似的类型，这在前面已经举例说明过。因此某物种的改良变异过的后代，通常会招致亲种的绝灭；而且如果许多新类型是由某一个物种发展而来，那么与这个物种亲缘最近的物种，即同属物种，最容易绝灭。同样，我相信由一物种传下来的许多新物种所组成的新属，将会排挤掉同科内原有的属。但是，也常有这样的事情发生，即某一群的一个新种，取代了另一群的一个物种而使它绝灭。如果很多近似的类型是从成功的入侵者发展而来的，则必有很多类型同时被排挤并失去它们的地位，尤其是那些相似的类型，由于共同继承了祖先某种劣性特征而最受排挤。然而，被入侵的改良物种所取代的那些生物，不管是同纲还是异纲，总还有少数受害物种可以延续很长一段时间，这是因为它们适应于某种特殊的生活，或者生活在遥远而隔离的地区，逃避了剧烈的生存斗争。例如，中生代贝类的一个大属——三角蛤属（*Trigonia*），它的某些物种仍残存在大洋洲的海洋里。又如硬鳞鱼类（Ganoid fishes），曾是将要绝灭的一群，但其中少数物种至今在淡水中仍生存着。由此可见，一个物种群的完全绝灭，一般比它们的产生要慢些。

至于整科或整目物种的突然绝灭，例如古生代末期的三叶虫和中生代末期的菊石等，我们肯定记得前面已讲过的话，就是在连续地层之间可能有长久的间隔时间，而在这些间隔时间里，物种绝灭的速度可能非常缓慢。此外，当一个新物种群里的许多物种，在突然迁入某地或异常快速发展而占据了某个地区时，多数老物种就会以相应的速率而绝灭，这些被排挤而让出地盘的老类型，通常是带有共同劣性的近似物种。

因而，就我的看法，单一物种和成群物种的绝灭方式都是和自然选择的学说完全吻合的。我们不必对物种的绝灭感到惊异。如果真要惊异的话，还是对我们自己凭借一时的想象，自以为弄明白物种生存所依赖的各种复杂、偶然因素的做法惊异吧!每个物种都有繁衍过度的倾向，同时也经常存在着我们觉察不到的抑制作用。如果我们一时忘记这一点，那就完全无法理解自然界生物组合的奥秘。无论将来什么时候，只有当我们能确切地解释为何这一物种的数目比那一物种多，为何这一物种能在某地区驯化而另一种不能时，才会由于我们解释不了单一或整群物种的绝灭而感到惊异!

全世界生物演化几乎同步发生

几乎没有任何一个古生物学的发现，比全世界生物几乎同步演化的事实更认人激动的了。因此，即便是在相距遥远的、气候差异极大的地方，如北美洲、南美洲的赤道地区、火地岛、好望角和印度半岛，尽管那里连白垩矿物的碎块也未找到，我们却能辨认出与欧洲白垩纪相当的地层。因为在这些遥远的地方，某些地层里的生物遗骸与欧洲白垩纪地层中所见到的，有明显的相似性。这并不是说见到了相同的物种，因为在某些情况下连一个真正相同的物种也没有，但它们是同科、同属、同亚属的物种，有时只有很微小的相同点，如表面上的装饰之类。此外，在欧洲白垩纪地层的下伏和上覆岩层中找到的生物类型（欧洲白垩纪地层中未有），在这些遥远的地方，也按同样的顺序依次出现。在俄罗斯、西欧和北美古生代的连续地层中，好几个权威学者都观察到生物的相似平行发展的现象；据莱伊尔所说，欧洲和北美洲的第三纪沉积地层也是如此。即使我们把欧洲和北美洲共有的少数化石物种不算在内，古生代和第三纪各时代相继出现的生物序列也有明显的普遍的平行性，因而各个地层间的相互关系也就很容易地确定下来。

然而，这些观察都是和全世界的海相生物有关的。对相隔遥远的陆栖生物和淡水生物而言，我们还没有充分的资料可以判断它们是否有平行演变现象。我们可以怀疑它们是否有过这样的平行演变：如果把大地懒、磨齿兽（Mylodom）、后弓兽（马克鲁兽）和箭齿兽从拉普拉它迁移到欧洲，而不说明它们在地质上的位置，可能没有人会想到，它们曾和现代仍生存的海相贝类同时存在，也曾和乳齿象、马同时存在，因此起码我们可以推测它们曾经在晚第三纪时存在过。

我们说海相生物曾在全世界同时发生演变，这决不意味着“同时”就是指同一年或同一世纪，或是含有严格的地质等时意义；因为若要把现代生存在欧洲的和在更新世（如果以年来计算，这是一个包括整个冰期在内的远古时期）生存在欧洲的一切海相动物和南美洲、澳洲的现代海相动物比较，即使最富经验的博物学家也难以辨认与南半球的动物最为相似的，究竟是欧洲的现代动物，还是欧洲更新世的动物？还有几位高明的观察家认为，美国的现代生物和欧洲晚第三纪生物之间的关系，要比它们与欧洲现代生物之间的关系更为密切；如果这是事实的话，北美洲海岸沉积的化石地层，明显地将要和欧洲较老（晚第三纪）的化石地层划为同类。然而，假如我们能够看到遥远的未来时，可以肯定，一切近代的海相地层，即欧洲、南北美洲和澳洲的上新世的上部地层，更新世和真正的现代地层，由于它们都含有相当类似的化石遗骸，它们也都未发现较老的下层里的化石类型，所以就地质学意义上讲，它们都应划为同一时代的地层。

上面所述在世界各个相距遥远的地方，生物发生广义的同时演变的事实，曾使像德·万纳义（MM. de Verneuil）和达尔夏克（d' Archiac）等优秀的观察家非常激动。他们在谈到欧洲各地古生代生物的平行演变现象之后说：“如果我们对这种奇特的顺序有兴趣，而把注意力转到北美

“世界灭绝动物墓地”，呼吁出手拯救野生动物，扼制灭绝之势。（郭耕 摄于北京麋鹿苑）

洲，并在那里也发现一系列类似的现象时，我们就可断定，物种的一切变异、绝灭及新物种的产生，显然不只是海流的改变或其他局部的、暂时的原因，而是由于支配整个动物界的总法则所致。”对此，巴兰得先生也曾持完全相同的观点。确实，如果把洋流、气候或其他物理条件的变化，当作世界各个气候极不相同地区生物类型发生巨大变化的原因，是很不恰当的。正如巴兰得所说，我们必须寻找某些特殊的规律。当我们谈到生物的现代分布情况，看到各地区的自然地理条件与生物本性之间只有极微小的关系时，我们便可以更清楚地理解上述观点。

全世界生物发生平行演化这一重要事实，可用自然选择学说进行解释。新物种的形成，是因为它们比旧物种有某些优势，这些在自己地盘上已占据优势地位的，或比其他物种有某些优势的物种，便会产生最大数目的新变种或早期的新物种。对于这一点，我们可以从植物中找到明显的证据：占优势地位的植物，通常是那些最普通、分布最广、产生变种最多的植物。这也是非常自然的现象。对于那些占优势的、变异的、分布广远而已经侵入了其他物种领域的物种，必将有最好的机遇，再向外扩展，并在新的区域里产生出新变种和新物种。向外扩展的过程往往非常慢，因为这要依赖于诸多因素，如气候与地理的变化，偶然的事变、物种向外扩展时对新地区各种气候逐渐地适应等等。但是占优势的物种，一般都会随着时间的推移，逐渐扩散，取得分布上的成功。在分隔的大陆上，陆相生物的扩散可能比生活在连通的海洋里的生物扩散得慢些。所以，我们可以推测，陆相生物的演替平行程度，可能没有海相生物那么密切，而我们发现的情况也正是如此。

因此，据我看来，生物类型的平行发展性，就是指全世界生物类型有广义的同时演变的次序，这和新物种的形成是因为优势物种分布广、变异多的原理完全吻合。这样产生的新物种，本身就带有优势，因为它们已经比曾占优势的亲种和其他物种，具备了某些更加优越的条件，因而也就会进一步向外扩展，继续变异，再产生更新的类型。那些失败的和给新的胜利者让出地盘的旧类型，可能都是些近似的种群，继承了某种共同的劣性。所以，当新的改良了的物种群分布遍于全世界时，旧的物种群则消失了。因此，各地生物类型的演替，从开始出现到最终绝灭都往往同步进行。

有关这个问题，还有一点值得注意，我有理由相信，大多数富含化石的巨厚地层，是在下沉时期内所沉积的；而不含化石空白极长的间断时期，是在海底静止或上升时，以及沉积的速度不足以埋藏和保存生物遗骸的时期出现的。在这极长的空白时期，我猜测每一地区的生物，肯定有大量的变异和绝灭，也有很多从其他地方迁移来的物种。我们有理由相信，广大的地区可能受到同一个地质运动的影响，所以在世界上相同情况的地区，在广阔空间里可有同时沉积的地层。然而我们没有任何理由断定这是一成不变的情况，也不能断定广大地区总是受到同样的地质运动的影响。如果在两个地区里有两个地层几乎是同时沉积（但不是绝对同时沉积），根据前面几节所述理由，在这两个地层里应该找到相同的生物类型的演替情况。

我想欧洲会有这种情况。普雷斯特维奇先生（Mr. Prestwich）在有关英法两国始新世地层的优秀专著中，曾发现两国连续地层之间有密切的总体平行现象。但是，当他把英国的某些地层和法国的某些地层进行对比时，看到两地同属的物种数目虽然一致，可是具体物种类型却有不同。除非我们假设有一海峡把两个海隔离开来，使两个海中有不同的动物群同时生存着，否则，就英法两国距离之近而言，实难解释这种差异。莱伊尔对第三纪晚期地层，也做了类似的观察。巴兰得也指明，在波希米亚和斯堪的纳维亚志留纪的连续地层之间，有明显的总体平行现象，不过他也发现了两地物种之间有巨大差异。假如这几个地区的地层不是绝对同时沉积的——这个地区的地层正在形成，而那个地区却处在空白的间断——而且，如果两地区物种也在地层沉积期间和长久的间断期间缓慢地交替变化着。在这种情况下，两地区的各个地层可按照生物类型总的演替状态，大致排列出同样的顺序，这个顺序表现出绝对平行的假象。尽管如此，两地的各地层相应的层次明显相同，但其中所包含的物种却不一定是完全相同的。

绝灭物种之间的亲缘关系及其与现存物种之间的亲缘关系

现在我们就绝灭物种与现存物种之间的亲缘关系进行探讨。所有的物种都可归纳到几个大纲里，根据生物传衍的原理，可以解释这一事实。根据一般规律，愈是古老的物种，和现存物种之间的差异也就愈大。但是，正像巴克兰（Buckland）在很久以前讲的那样，绝灭的物种不是归到现在类群里，就是归到绝灭与现存之间的类群里去。绝灭的生物类型，可以填充现存的属、科、目之间的空隙，这是确实的。然而这一说法常被人们忽略甚至否定，所以举例说明一下这个问题是有好处的。假如我们只注意到同纲里现存的和绝灭的物种时，所得到的各自生物系列的完整程度就不如将两者结合在整个系统里的好。在欧文教授的论文里，我们经常看到，对绝灭的动物用概括型（Generalized forms）一词来称呼；在阿加西斯的论文里，则用预示型或综合型（Prophetic or Synthetic types）等词，实际上，这些用词所指的都是中间类型或环节类型。还有一位杰出的古生物学家戈德里（M. Gaudry）以最有说服力的方式指出他在阿提卡（Attica）发现的很多哺乳类动物化石是介于现存属之间的类型。居维叶曾把反刍类（Ruminant）和厚皮类（Pachyderm）列为哺乳动物中差异最大的两个目。然而根据挖掘出的许多过渡类型化石，欧文不得不更改了原有的整个分类法，并将部分厚皮类归并到反刍亚目中去。例如，他用中间递变类型充填取消了猪和骆驼之间很大的间隔。有蹄类（Ungulata，或是长蹄的四足兽），现在分为偶蹄和奇蹄两类，而南美洲的后弓兽在某种程度上把二大类连接起来了。三趾马（Hipparion）是现代马和古代有蹄类的中间类型，已经没有人再否认了。哺乳动物中最奇特的环节类型，是杰尔

海牛目（sirenia）是哺乳动物中很特殊的一群，最显著的特征是没有后肢。

弗劳尔（William Henry Flower，1831—1899），英国解剖学家、外科医生。

韦教授命名的南美洲印齿兽（Typotherium），它不能归纳在任何一个现存的目中去。海牛类（Sirenia）是哺乳动物中很特殊的一群，现存的儒艮（Dugong）和泣海牛（Lamentin）最显著的特征是根本没有后肢。但是据弗劳尔（Flower）教授说，绝灭的哈海牛（Halitherium）却有骨质成分的大腿骨和"骨盆内很明显的杯形窝绞合成的关节"。这样，它就和有蹄的四足兽比较近似。而就身体的其他构造方面来说，海牛类原来就与有蹄类近似。还有，鲸鱼类和其他所有的哺乳动物有很大差别。但是第三纪的械齿鲸（Zeuglodon）和鲛齿鲸（Squalodon）被几个博物学家列为单独一目，而且赫胥黎教授认为它们肯定是鲸类，"而且和海相食肉类形成相接的过渡环节类型。"

赫胥黎还曾指出，鸟类和爬行类之间的巨大间隔，也以出人意料的方式部分地连接起来了——一边是鸵鸟和已绝灭的始祖鸟，另一边是恐龙类中的秀颌龙（Compsognathus）——恐龙类包括了陆地上最大的爬行类。对于无脊椎动物而言，最有权威的巴兰德说，他每天都受到启发，虽然古生代动物的类别确实可以归入到现存的类群中去，但在这么老的时代里，各类群之间的差别并不像现在那么明显。

某些学者反对把已经绝灭的物种或物种群，当作现在某两个物种或物种群的中间类型。如果“中间类型”一词的含义，是指一个绝灭类型在所有性状上都在两个现存的物种或物种群之间的话，这种反对可能是有道理的。然而在实际分类系统中，有许多化石物种的确是介于现存物种之间的，还有某些绝灭的属介于现存的属之间，甚至还有的介于不同科的属之间。最常见的情况——在差异很大的物种群中发生的情况，例如鱼类和爬行类之间，若假定这两个物种群现在在20个特征上有区别，而在古代它们之间有区别的特征就要少些，所以这两个物种群之间的关系，古代的要比现代的更近些。

人们普遍相信，生物类型越是古老，它的某些特征把两个现存的、差异很大的物种群连接起来的可能性就越大。毫无疑问，这个规律只限于那些在地质时代中变化很大的物种群；然而要想证实这规律的正确性却是很难的，因为即使是现存的动物，例如美洲肺鱼，也会不时地发现它与几个差异较大的物种有亲缘关系。可是，假如我们把古代的爬行类、两栖类、鱼类、头足类以及始新世的哺乳类，分别和各纲的现代种属进行比较时，我们就会确信这规律是正确的。

现在我们来看一下上述的事实和推论，与生物的遗传演化理论有多少一致的地方。由于这个问题较棘手，我们必须请读者参阅第4章里的图（第70页）。我们假定标有数字的斜体字母表示属，从表示属的字母画出来的虚线表示属里的各个物种。当然这个图形过于简化了些，所画出的属和种的数目也太少，不过这对我们是无所谓的。如果图中的横线代表连续的地层，凡是最高横线下面的所有类型都是已绝灭的物种。三个现存的属，a^{14}、q^{14}、p^{14}组成一个小科；b^{14}、F^{14}是一个近缘的科或亚科；而o^{14}、e^{14}和m^{14}则组成第三个科。这三个科和许多已经绝灭的属，都是画在从共同的祖种（A）所分出的几条线上的，可以组成一个目，因为它们都从共同祖先那里继承了某些共同特征。按照前面此图所表示过的遗传的性状不断产生分歧的原理，不论什么类型的生物，越是近代的类型和它古代原始祖先之间的差异也就越大。所以，我们可以明白这条“最古老的类型和现存类型之间差异最大”的规律。但是我们不能因此而设想性状分歧是必然发生的，这完全取决于某个物种的后代是否能在自然组合中获得更多的不同的位置。因而，某个物种随着生活环境的轻微改变而略有改变，并在极长的时期内保持着它原有的一般特征，是很可能的，好像我们在志留纪所看到的某些类型一样。图内的F^{14}就是这样情况的代表。

正如上面所说，所有从（A）衍传下来的多个物种，不论是已经绝灭的还是现存的，共同组成了一个目；这个目又因有不断绝灭的物种和遗传性状分歧而形成若干科和亚科；在这些科或亚科中，可以假定有些已经陆续绝灭了，有些则一直存留到现在。

再观察一下第4章的图，我们就会看到：如果埋藏在一套地层里的多个已绝灭的类型，是在这套地层下部的几个点上发现的，那么这地层最上面的三个现存科之间的差异就会少些。例如，如果a^1、a^5、a^{10}、F^8、m^3、m^6、m^9等属已经被挖掘出来了，那么现存的三大科就可以密切地联系起来了，甚至可以合并成一个大科，就和反刍类和某些厚皮类的情况类似。但是有人否认绝灭属的中间性质，反对用绝灭属把三大现存科连接起来，这种意见有部分道理，因为这些绝灭属并不是直接的中间类型，而是通过许多差异很大的类型迂回连接起来的。如果许多绝灭的类型在该图的一条横线上（即某个地层上）发现，例如在第六条横线上面，而这条横线之下（或这个地层之下）什么类型也没发现，这样的话，就只有左边a^{14}等属和b^{14}等属的两个科可以合并为一大科，原来的三个科就成了两个科，这两科之间的差异就比原来没有发现化石时要少些。还有，如果在最上面那条线上，由八个属（a^{14}到m^{14}）形成了三个现存科，它们之间假定有六个主要特征可相互区别，那么在第六横线所代表的地质时期，它们相互区别的特征数目要少于六，因为它们在进化的早期，从共同的祖先分出之后，分歧的程度要小些。因此，古老的和绝灭的属或多或少地在性状上介于它们已经变异的后代或旁系亲族之间。

在自然界，物种群演化的过程比图上所表示的要复杂得多，因为实际物种群的数目要比图上多得多，而且它们持续的时间极不相等，变异的程度也极不相同。由于我们得到的地质记录只有最后一册，而且是极不完整的，因而除了极个别的情况，我们不能指望把自然界中的广大间隔都充填起来，使不同的科或目彼此相连。我们能指望的只是那些在已知地质时代中发生过很大变化的物种群，它们在较老的地层中相互间的差异略小些。所以，在同一物种群的各个类型中，较老类型之间的性状差异要比现存类型的少。对此种情况，我们最优秀的古生物学家一致证明是经常发生的。

这样，根据生物遗传演化的学说，有关绝灭类型之间，绝灭类型与现存类型之间的亲缘关系的重要事实，都得到了圆满的解释，而其他学说则是根本无法解释的。

显然，按照同一学说，在地球历史上任何一个长的地质时期内生存的动物，在一般特征上将是该时期以前和以后动物群的中间类型。因此，在第4章的图中，在第六时期（第六横线）生存的物种，是第五时期物种已变异的后代，又是第七时期变异更多的物种的祖先，所以它们的性状特征无疑是介入前后两者之间的。然而，我们也必须承认有这样一些情况发生：某些早先的类型已经完全绝灭了；在任何地区都难免有别处迁来的新类型；在连续地层之间的长期间断中，物种可以发生大量的变异。以上述各种情况为先决条件，每个地质时期动物群的性状特征肯定是介于前后时期动物群之间的。我只要举出一个例子就可说明，即：当初发现泥盆系地层时，古生物学家们立刻辨认出这个系的化石性状特征是介于上覆的石炭系化石和下伏志留系化石之间的。不过，每一时期的动物群并不一定呈现出绝对的中间性，因为在连续的地层中有不相等的间断时间。

就整体来说，每个时代的动物群在性状上介于前后时期的动物群之间，是无可辩驳的事实，尽管有些属会出现例外的情况。例如，福尔克纳博士曾把乳齿象和普通象类按两种方法进行排列：第一种排列是根据它们相互间的亲缘关系，第二种排列是根据它们生存的时代，结果二者并不吻合。具有极端性状的物种，不一定就是最老的或最近的物种；具有中间性状的，也不一定是中间时期的物种。但是，在某种相同情况下，假如物种最初出现和最后绝灭的记录是完全的（实际不会出现这种情况），我们也没有理由相信，先后相继产生的各种类型会有相等的延续时间。一个非常古老的类型有时可能比别的地方后起类型延续的时间更长些，特别是在隔离地区生活的陆相生物。我们可举出一个小例子来说明这个大道理：假如把家鸽现存的和绝灭的主要品种按亲缘关系排成谱系时，这种排列的顺序可能和各个品种出现的顺序并不吻合，和它们的绝灭顺序就更不吻合了，因为祖种岩鸽至今仍存在，而许多岩鸽和信鸽之间的变种却已绝灭了。鸽喙的长短是鸽子重要的性状特征，喙最长的极端类型信鸽要比喙最短的极端类型短嘴翻飞鸽出现的时间更早。

还有一种意见，是所有古生物学家都承认的，并与中间地层里的生物遗骸具有若干中间性状的观点有密切关系的，那就是两个连续地层里的化石间的关系，要比相距甚远的两个地层里的化石间的关系密切得多。皮克特举了一个众人皆知的例子，即白垩纪各个时期地层里的生物遗骸，虽然物种不同，但大致类似。仅仅是这一事实，由于它的普遍性，似乎使皮克特教授动摇了物种不变的信念。凡是熟悉地球上现存物种分布的人，对于紧密相连的地层中不同物种非常相似的情况，决不会用古代各地区自然地理条件相似的理由去作解释。我们要记住，生物（至少是海相生物）几乎同时在全球发生变化，所以这些变化是在极不相同的气候等条件下发生的。细想一下，整个冰期都处于更新世时期，气候变化非常大，可是观察到更新世的海相生物，所受到的影响却是微乎其微。

紧密相连地层中的化石遗骸，虽然被列为不同物种，但彼此间也呈现出密切的相似性。按照遗传演化的学说，其意义是显而易见的。因为各个地层的堆积常有中断。连续地层之间也存在着长期空白间断。正如我在前章所叙述的那样，我们不能指望在任何一两个地层中，找到最初和最后出现物种之间的一切中间变种；不过我们可在间断时间之后（用年为单位计算时间是很长的，但用地质时期计算并不太长），应该能找到非常近似的类型，或是被某些学者称为代表种的类型，这是我们一定会找到的。简而言之，正像我们所期望的那样，我们已经找到了物种缓慢的、难以觉察的变异证据。

古代生物的进化状况与现代生物的比较

在第4章里，我们已经知道生物成熟之后各器官的分化和专门化的程度，是衡量生物进化高低与完善程度的最好标准。我们还知道，器官的专门化对每一生物都有益处，因此自然选择就使得每一生物的构造越来越趋向专门化与完善。就这个意义上说，它们更趋向高等化了。虽然自然选择也使许多生物保持了它们简单而未改良的器官，以适应简单的生活方式，甚至在某些情况下，器官会退化或简单化。然而这种退化生物也能够适应于它们的新生活。另外更普遍的现象是新物种比它们的祖先更优良，因为在生存斗争中，新物种必须战胜一切与之关系密切的老物种。因此我们可以得出结论，假如气候条件相似的话，始新世的生物与现存生物进行竞争，前者肯定会被后者打败或灭绝，正如中生代的生物要被始新世的生物打败或灭绝，古生代的生物要被中生代的生物打败或灭绝一样。这样，根据生存斗争中成败的基本测验和根据器官专门化的标准，我们就可以从自然选择学说推论出近代类型的生物应当比古老类型的生物更加高等。事实真是这样的吗？大多数古生物学家都会做出肯定的答复，尽管难以进行验证，我们也必须承认这一回答是正确的。

自很古的地质时期以来，某些腕足类只发生了微小改变；某些陆栖和淡水贝类从我们知道它们最初出现之后，几乎保持原状，然而这种情况和上面的结论并没有真正的冲突。正如卡彭特博士（Dr. Carpenter）的观点，从劳伦纪（前寒武纪的某一段时期——译者注）以来有孔虫类（Foraminifera）的构造就没有进化过。对这个问题不难解释，因为这些生物必须一直保持它们适应简单生活方式的构造。为了这个目的，还有什么比那些低等构造的原生动物更加适合呢？如果把构造的进化作为一种必要条件，那么上面的事实对我的学说将是致命的一击。再例如：如果可以证明上述的有孔虫类是劳伦纪开始的，或者上述的腕足类是在寒武纪开始的，那么这些异议也同样会给我的学说以致命打击，因为在这种情况下，这些生物尚无足够的时间进化到当时的标准。根据自然选择学说，凡是进化到某个特定的标准，便无须再进化了，虽然在其后各个连续时代里它们可略有变异，以适应稍微变化的环境条件、保住它们的地位。上面所说的几个事实的关键在于另外一个问题，就是：我们是否真的知道这世界的年龄？各种生物究竟是什么时候开始出现的？这些问题可能会引起很大的争论。

有孔虫类（*Foraminifera*，单细胞原生动物）自寒武纪之前的劳伦纪以来，构造就没有进化过。

从整体来看，生物的构造是否进化，这在许多方面都是一个异常复杂的问题。任何时代的地质记录都不完全，这样也就无法追溯到远古，于是也就难以准确无误地证实生物的构造在已知的地球历史中确实发生了很大的进化。即便现在，博物学家们对于同纲的各个类型，到底应该把谁列为最高等，也存在着很大的争议。例如，有人根据板鳃类（Selaceans）即鲨鱼类有某些重要构造和爬行类一致，就把它们看作是最高等的鱼类；另外的一些人则把硬骨鱼列为最高等的鱼。硬鳞鱼的地位介于鲨鱼和硬骨鱼之间。目前，硬骨鱼的数目是最多的，但以前却只存在鲨鱼和硬鳞鱼两类。在这种情况下，由于所选择的标准不同而产生了不同的结论，或是认为鱼类的构造进化了，或是认为退化了。要想对不同大类之间的成员进行等级高低的比较，几乎是不可能的，谁能够决定乌贼是否比蜜蜂高等呢？伟大的学者冯·贝尔认为，蜜蜂这种昆虫“虽属另一种类型，实际上要比鱼的构造更高等。”可以相信，在复杂的生存斗争中，在本纲地位并不太高的甲壳类，一定会打败软体动物中最高等的头足类；尽管这种甲壳动物没有高度进化，但是如果用所有检验中最有权威性的优胜劣汰法则来衡量，甲壳类在无脊椎动物中占有很高的地位。当要判断哪些类型的构造最为进化时，我们不应该只把两个时代某个纲中最高等级的成员进行比较（虽然这肯定是判断高低的一个要素，也许是最重要的因素），我们应该把两个时期内的一切成员，不管是高等还是低等，一起加以比较。在古代，软体动物中最高等的头足类和最低等的腕足类都很繁盛，（现代生物学认为腕足类应单独列为一个门，不包括在软体动物门中——译者注），而现在这两类都大为减小，其他具有中间构造的种类却大大增加；因此，有的博物学家认为从前的软体动物比现在的进化。另一方面也有人举出有说服力的例子，证实腕足类的数目已大为减少，现存的头足类数目虽然不多但结构却比古代的头足类进化多了。我们还应该比较两个时期高等和低等动物在全世界所占的比例。例如，现在有五万种脊椎动物生存着，假如已知过去某个时期只存在一万种，那么我们就应该把高等动物的增加（这意味着低等动物的减少）作为世界上生物构造决定性的进化标志。因而我们会明白，在这种极端复杂的关系下，要想对各时期一知半解的动物群，完全正确地比较它们构造上的高低，是多么难啊!

如果再看一下现存的动物群和植物群，我们就能对上述的困难有更明确的认识。近年来，欧洲的生物在传入新西兰之后，传衍极快并占据了许多土著生物所在的地方，由此我们肯定会相信，要是把英国所有的动植物都迁移到新西兰任其自由生存，其中必有许多生物随着时间的推移而在新西兰完全适应，并使许多土著类型绝灭。另一方面，由于尚无一种南半球的生物曾在欧洲任一地区成为野生种的事实，我们很可怀疑，如果把新西兰的所有生物迁移到英国去，它们是否也会有许多生物能够夺取英国生物占据的地方呢？从这点来看，英国生物的等级远比新西兰的生物高。然而，即便是最有经验的博物学家，在研究两个地区的物种时，也不会预料到这种结果的。

阿加西斯和其他几个有才能的学者曾断言，古代生物的胚胎与现代同纲动物的胚胎存在某种程度的相似性；而绝灭物种在地质上的传衍情况与现存物种胚胎发育情况近似平行。这个观点，和我们的学说完全吻合。在下一章里，我们将说明生物的成体与胚胎有差异，是因为变异不在胚胎发育的早期发生，而是在相应的年龄阶段，遗传因素才显现出来之故。这个过程使胚胎几乎保持不变，而使生物成体在传衍的世代中不断地逐渐增大差异。因此，胚胎好像是自然界保存下来的一幅图画，描绘出物种在以前变异较少时的状况。这种观点可能是正确的，但永远无法证实它。例如，看看那些已知是最古老的、确实是属于哺乳类、爬行类和鱼类等纲的化石，虽然它们之间的差异比现存同类典型代表的差异要小些，但要想找到具有脊椎动物共同胚胎特征的动物，恐怕难以奏效，除非等到在寒武纪地层的最底部找到富含化石的地层才行，但是发现这种化石层的机会是很小的。

克利夫特先生（Mr. Clift）在多年前就说过，在澳洲山洞里找

阿加西斯（Louis Agassiz，1807—1873），美国生物学家、地质学家。图中右者为美国数学家本杰明（Benjamin Peirce，1809—1880）。

晚第三纪同一地区同一类型生物的演替

到的哺乳动物化石和该洲现存的有袋类非常相似。在南美洲，显然也存在相同的情况，在拉普拉它河谷几处地方找到的巨大兽甲，和犰狳类（Armadillo）的甲片相似，这一点甚至连从未受过训练的人也会看得出来。欧文教授曾生动地指出：拉普拉它地区所埋藏的无数哺乳动物的化石，大都属于南美洲类型。伦德（M. Lund）和克劳森（Clausen）在巴西山洞里采集到大量骨骼化石标本，从中可以更清楚地看到这种相似关系。这些事实，都给了我深刻的印象，在1839年和1845年，我都明确提出“类型演替规律”，即“同一大陆上绝灭的物种和现存物种之间存在着奇妙的相似关系。”后来欧文教授把这规律推广应用到欧洲的哺乳动物中，并且利用这个规律复原了新西兰已绝灭了的巨鸟。巴西山洞里的鸟类化石，也有同样的情况。伍德沃德先生也表明，这个规律同样适合于海相贝类，只不过大多数软体动物分布广泛，致使这个规律不太明显罢了。还可以列举其他的例子，比如马德拉地区陆相贝类的绝灭种和现存种之间的关系，亚拉尔里海咸水贝类的绝灭种与现存种之间的关系。

同一地区同一类型生物的继承发展这一引人注目的规律，究

九带犰狳（*Dasypus novemcinctus*）

竟意味着什么呢？如果有人把处于同一纬度的澳洲和南美洲部分地区的气候进行比较后，就打算用自然地理条件不同来解释两大洲生物的差异；或者反过来，又用相同的自然地理条件来解释第三纪末期，各个大陆上同一类型生物的一致性，这就未免太冒失了。当然也不能设想有袋类仅产于或主要产于澳洲，贫齿类和其他美洲型动物唯独南美洲才有，是一成不变的法则。因为我们知道，许多有袋类在古代欧洲存在过，我在上面的文章中也曾指出，美洲的哺乳动物，从前和现在的分布情况是不相同的。以前北美洲的生物群，具有现代南美洲的特征；以前南、北美洲生物群的关系，要比现在的更为密切。按照福尔克纳（H.Falconer）和考特利（Cautley）的发现，我们还可以知道，印度北部和非洲所产的哺乳动物，从前比现在的关系更为密切。在海相动物分布方面，也有一些类似的事例。

福尔克纳（Hugh Falconer，1808—1865），英国地质学家、古生物学家。

按照遗传演化的学说，我们立刻就能解释同一地区同类型生物持久地（而不是永久不变地）继承演化这一重要规律。因为世界各地的生物，在其后连续的时间里，都有把与它们近似但又略有变异的后代留下来的明显倾向。如果从前两个大陆上的生物差异本来就很大，那么它们变异了的后代将会以同样的方式和同样程度发生更大的变异。然而经过很长时间后，尤其是经过巨大的地理变迁，并发生大量的生物相互迁移之后，那些弱小的类型便会让位于入侵的优势类型，因此生物的分布便不是一成不变的了。

有人开玩笑地问，我们是否可以假设以前在南美洲生存的大地懒及其他相似的巨大怪物，曾经遗留下它们退化了的后代，像树懒、犰狳、食蚁兽等等。这是绝对不能认同的。因为这些巨大动物没有留下后代就已全部灭绝了。不过在巴西的山洞里，发现另外许多绝灭的物种，在个体大小和其他所有特征上，与南美洲现存的物种非常相似，其中可能有些物种就是现存物种的真正祖先。请不要忘记我们学说的观点，同属的一切物种，都是某一个祖种的后代。所以，如果在某个地层里有六个属，每个属又有八个种，而在该地层之后的连续地层内，又发现六个相似的代表属，每属也同样有八个种。这样，我们就可以推断：一般情况下，一个老属里只能有一个物种留下变异了的后代，形成含有几个新种的新属，其余各个老属里的七个物种则全部绝灭而没有留下任何后代。实际上，而更为普遍的情况则是：六个老属里可以有两个或三个属、每属又可以有两个或三个物种会成为新属的祖先，其余的老属和物种会全部绝灭。那些不繁盛的目，如南美洲的贫齿类，其属和物种的数目会逐渐减少，只有极个别的属或物种能够留下变异了的嫡系后代。

上一章与本章摘要

我已试图说明，地质记录是极不完整的，地球上只有极少地方做过详细的地质调查。只有几个纲的生物，以化石的形式大量保存下来。现在我们博物馆里收藏的标本和物种的数目，即便只和一个地层形成所经历的世代生物数量相比，也少得几乎为零。在多数连续地层之间肯定存在着长期的间断，因为只有在海底下沉时期，才会形成富含多种化石物种的、达到相当厚度的、足以能经受住未来侵蚀作用的沉积地层。在海底下沉时期可能绝灭的物种较多；在海底上升期间，物种变异较多，但地质记录保存得更加不完整。每个单一的地层都不是持续不断沉积的；各个地层持续的时间可能要比物种的平均寿命短些。在任何地区或任何一个地层中，新类型的最早出现往往和生物的迁徙有重要关系。分布最广的物种是变异最频繁、经常产生新种的那些物种。变种最初是地方性的。最后一个要点是：每一物种的形成必须经过无数中间过渡阶段。这些演变的过渡时期，如果用年代来计算是很长久的，但若与物种保持不变状态的时间相比，则又是很短的。如果把上述种种因素综合起来，我们就可以很好地说明，为什么没有找到无数的中间变种（虽然已找到许多环节类型），使所有绝灭的和现存的物种之间用差异细微的递变类型连接起来。我们还应牢记的是，人们可能会发现两个类型之间的任何环节类型，但若未发现整个演化链条，这个中间环节类型就会被当作新的物种看待，因为我们尚无任何正确的标准用来区别物种与变种。

凡是不同意“地质记录不完整”的观点的人，当然也不会同意我的全部学说。因为他会徒劳地询问，那些曾在同一套地层的各连续层位里，发现的近缘的或代表物种组成的无数中间过渡类型究竟在哪里？他不会相信在连续的地层之间曾有极长的间断时期。当他研究任何一个大的地层时（例如欧洲的地层），忽视了生物迁徙起着多么重要的作用。他也会强调成群生物是明显地突然（这往往是假象）出现的。他还会询问：在寒武纪沉积之前，曾生存过的无数生物的遗骸又在哪里？现在我们已经知道，在当时至少有一种动物存在过。不过，对最后一个问题，我只能根据以下的假设来回答，即现在是海洋的地区，很久以前就存在海洋了；现在能够上升、下降的大陆地区，自寒武纪开始以来就已经存在了。而在寒武纪之前的元古界，世界的景观和现在完全不同。至于更为古老的大陆，组成它的地层或者已成为变质岩遗留下来，或者仍埋没在海洋底下。

如果克服了这些困难，其他古生物学上的主要事实，都和经过变异和自然选择的遗传演化学说十分吻合。因此我们可以明白，新物种为什么会缓慢而不断地产生，为什么不同纲的物种不一定同时、同速度、同等程度地发生着变异。然而在很长时期内，所有的物种终究都产生了某种程度的变异。老类型的绝灭几乎是新类型产生的必然结果。我们也可以明白，为什么物种一旦绝灭之后，就再也无法重现。物种群的数目是缓慢增加的，它们延续的时间也不相等，因为变异的过程肯定是缓慢的，并受到很多复杂偶然事件的影响。凡是属于优势的大物种群里的优势物种，倾向于传衍许多变异后代以组成新的亚群和新物种群。当这种新物种群形成之后，处于劣势群里的物种，由于从一个共同的祖先那里遗传了劣性，将会全部绝灭，世界上不会留下它们变异的后代。然而成群物种的完全绝灭，是个非常缓慢的过程，因为常有少数后代居留在被保护和隔离的地方残存下来。如果一个物种群一旦完全绝灭，就不再重现，因为世代传衍的锁链已经断掉了。

我们能够明白，为什么分布广而变种多的优势类型，有以它们相似而变异的后代布满全世界的倾向，因为这种后代在生存斗争时，通常能打败劣势物种群并取而代之。所以经过很长时间后，世界上的生物就好像同时发生了变化似的。

我们也明白，为什么古代的和现在的一切生物总共只归纳为很少的几个大纲。我们还明白，由于不断发生性状分歧，为什么越是古老的类型，与现存类型之间的差异就越大；为什么常有古老绝灭的类型能把现存类型之间的形态学差异充填起来，使两个物种群的关系更为接近，甚至还可使原先认为不同的两个物种群合并为一。类型越是古老，它们在现存不同物种群之间，处于中间地位的程度就越高，因为类型越古老，就和现在差异极大的物种群的共同祖先的亲缘关系越接近、性状也就越相似。很少有已绝灭的类型直接处于现存类型之间的，而是间接地通过其他绝灭类型迂回地介于现存类型之间。我们可以清楚地知道，为什么密切相连的地层中生物遗骸非常相似，是因为世世代代的遗传演化把它们紧紧地联系起来了。我们还能更清楚地知道，为什么中间地层里的生物遗骸具有中间性状。

在地球的历史上，各个连续时期的生物，在生存斗争中打败了它们的祖先，因此后代一般比祖先更高等，构造上也变得更加专门化，这就可以解释许多古生物学家都相信生物的构造总体上是进化的原因。绝灭的古代动物在某种程度上和近代同纲动物的胚胎相似，这种奇怪的事实，按照我们的学说，可以得到很简单明了的解释。在较晚的地质时代中，同一地区、同一类型生物构造的遗传演化已不再神秘，按照继承原理是很容易理解的。

如果许多人相信地质记录不完整，或者至少可以确认这记录无法更加完整的话，对于自然选择理论的主要异议就可以大为减少，甚至消失。另一方面，我认为一切古生物学的主要规律都清楚地指出，物种是经过普通的生殖方式产生出来的。老类型被改良过的新类型所取代，因为改良过的新类型是变异的产物，是最适合生存的。

第12章

生物的地理分布

Geographical Distribution

现在的生物地理分布状况无法从自然地理条件上得到合理的解释——生物传播障碍物的重要性——同一大陆上生物间的亲缘关系——生物起源中心论——气候的变迁、大陆的升降及其他偶然因素所引起的生物传播——冰期时生物的传播——南北冰期的交替

No. 204.

ROYAL INFIRMARY · EDINBURGH ·

18th November 1825.

Perpetual Ticket

Mr Chas. Darwin

Thos. Wilson
Treasr

达尔文在爱丁堡学医时的学生卡。达尔文16岁时在父亲的安排下进入该校攻读医科。在这里，枯燥的课程使他对医学彻底失望，他不得不把兴趣转移到自己的爱好上来，但后来他却十分后悔没在这里好好学习解剖学。

当谈到地球表面生物的分布时，第一件使我们惊奇的大事，就是各地生物的相似与否无法从气候和其他自然地理条件上得到圆满的解答。近年来几乎所有研究这个问题的学者都得出这样的结论。仅仅以美洲情况而言，几乎就能证明这结论的正确性，因为除了北极和北温带以外，所有的学者都认为，美洲和欧洲之间的区别，是地理分布上最主要的区别之一。然而，如果我们在美洲广阔的大陆上旅行，从美国的中部到它的最南端，我们会遇到各种各样的自然地理条件：有湿地、干燥的沙漠、高山、草原、森林、沼泽、湖泊和大河，差不多各种气候条件应有尽有。凡是欧洲有的气候和自然地理条件，在美洲几乎都有同样的情况存在，至少有适合同一物种生存需要的非常相似的条件。无疑，在欧洲可以找出几个小地方，它们的气候比美洲任何地方都热，但是在这里生存的动物群和周围地区的动物群并没有什么两样，因为一群动物只生存在某个稍微特殊的小块地区里的情况，是很罕见的。虽然欧洲和美洲两地的自然条件总体上相似，但两地的生物，却很不相同。

在南半球，如果我们把处在纬度25°～35°之间的澳洲、南非洲和南美洲西部广阔的大陆进行比较，我们会看到某些地方在所有自然条件上都十分相似，可是它们动植物群之间的差异程度，大概再也没有别处能和这三大洲相比了。或者，我们再把南美洲南纬35°以南的生物和南纬25°以北的生物进行比较，两地之间有10°的距离，自然条件也很不相同，然而两地的生物都比气候相似的澳洲或非洲的生物关系要近得多。我们还可举出一些海相生物类似的事例来。

通常我们回顾生物的地理分布时，使我们惊异的第二件大事就是障碍物。无论是哪一种障碍物，只要能够妨碍生物自由迁徙的，对于各个地区生物的差异都有着密切的关系。我们可以从欧洲和美洲几乎所有的陆相生物的悬殊性状中看出这一点。不过在两大洲的北部却是例外，那里的陆地几乎是相连的，气候仅略有差别，北温带的生物可以自由地迁徙，就像现在北极的生物一样。从处于同一纬度下的澳洲、非洲和南美洲生物之间具有极大的差异中，我们可以看到同样的事实，因为这三个地区之间的隔离程度是世界之最。在每一个大陆上，我们也看到了同样的情况：在巍峨连绵的山脉、大沙漠、甚至是大河两边，我们可找到不同的生物。显然，山脉、沙漠等障碍不像海洋隔离大陆那样难以跨越，也不如海洋存在了那么长的时间。所以，同一大陆上生物间的差异，远比不同大陆生物间的差异要小。

再看看海洋的情况：也有同样的规律。南美洲东西两岸的海相生物，除了极少数贝类、甲壳类和棘皮动物是两岸共有之外，其余生物皆不相同。但是根特博士最近指出，在巴拿马地峡两边的鱼类，约有30%是相同的，这个事实使许多博物学家相信这个地峡以前曾是连通的海洋。美洲海岸的西边是一望无际的太平洋，没有一个岛屿可供迁徙的生物歇脚，这是另一种障碍物，一旦越过大洋，我们就会遇到太平洋东部各岛上截然不同的动物群。所以，共有三种不同的海相动物群系（一种南美洲东岸大西洋动物群，一种南美洲西岸太平洋动物群，一种是太平洋东部诸岛动物群）从最南面到最北面形成气候相似而彼此相距不远的平行线。可是，由于不可逾越的障碍物（大陆或是大洋）的阻隔，这三种动物群系几乎完全不同。与此相反，如果从太平洋热带部分的东部诸岛向西行进，不仅没有不可逾越的障碍物，还有无数的岛屿可供歇脚；或者有连绵不断的海岸线，一直绕过半个地球直达非洲海岸；在这广阔无垠的空间，没有遇到截然不同的海相动物群。虽然在上面所说的美洲东、西两岸及太平洋东部诸岛这三个动物群系中，只有少数几种共有的海相动物。然而从太平洋到印度洋，许多鱼类却是共有的，即使在几乎相反的子午线上——太平洋东部诸岛和非洲东部海岸，也存在着许多共有的贝类。

第三件大事，其中在上面已经叙述过，尽管物种类型因地而异，但同一大陆或同一海洋的生物都有亲缘关系。这是一条最普遍的规律，每一个大陆都有无数实际的例子。例如，一位博物学家从北向南旅行时，不能不被近缘而又不同物种生物群的顺次更替而惊奇。他会听到类似而不同种的鸟发出几乎一样的鸣叫声，会看到鸟巢的构造虽然近似但绝不雷同，鸟卵的颜色也有近似而不相同的情况。在麦哲伦海峡附近的平原上，生存着美洲鸵属的一种鸵鸟，叫大美洲鸵，而北面的拉普拉达平原上则有同属的另一种鸵鸟。这两种鸵鸟与同纬度的非洲、澳洲存在的真正鸵鸟或鸸鹋都不一样。在同一拉普拉它平原上，我们看到习性与欧洲的野兔和家兔差不多、同是啮齿目（Order of Rodents）的刺鼠（agouti）和绒鼠（bizcacha），它们的构造是典型的美洲类型。我们登上高高的科迪勒拉山，可以找到绒鼠的一个高山种。我们观察流水，只能看到南美型的啮齿目的河鼠（Coypu）和水豚（Capybara），而看不到海狸（beaver）或麝鼠（musk-rat）。我们还可举出无数个这样的例子。如果我们考察一下远离美洲海岸的岛屿，不论它

达尔文认为，尽管物种类型因地而异，但同一大陆或同一海洋的生物有亲缘关系。比如，大美洲鸵（*Rhea americana*）生活在麦哲伦海峡附近的平原上，而北面的拉普拉达平原上则有同属的另一种小美洲鸵（*Rhea pennata*）。

们的地质构造有多大的差别，它们的生物类型是多么独特，但那里的生物却都属于美洲型。我们可以回顾一下过去时代的情况，正如上一章所讲的，那时在美洲大陆上和海洋里占优势的物种都是美洲型。我们看到的这种种事实，与时间和空间、同一地区的海洋和陆地深深地有机地联系起来，而与自然地理条件无关。这种有机联系到底是什么？博物学家如果不是傻瓜，肯定是会追究的。

这种联系很简单，那就是遗传。正如我们确实知道的，仅仅是遗传这一个因素，就足以形成彼此十分相似的生物，或者是彼此相似的变种。不同地区生物之间的差异，主要是由于变异和自然选择作用引起的改变造成的，其次可能是自然地理条件的差异发挥着一定影响力。不同地区生物变异的程度，取决于过去相当长时期内，生物的优势类型从一个地方迁徙到另一个地方时受到了多少有效障碍，取决于原先迁入者的数量和性质，还取决于生物之间斗争所引起的各种变异性质的不同保存情况。在生存斗争中，生物与生物之间的关系，是所有关系中最重要的，正如我们上面经常提到的那样。由于障碍物妨碍生物进行迁移，于是它就起了特别重要的作用，就像时间对于生物经过自然选择的缓慢变异过程而起的重要作用一样。凡是分布广的物种，个体数量也很多，已经在它们自己扩大的地盘上战胜了许多竞争者。当它们扩张到新地区时，就有最好的机会去夺取新的地盘。它们在新地盘里会处于新的自然条件下，常常发生进一步的变异改良。它们将再次获得胜利，并繁衍出成群的变异了的后代。根据这种遗传演化的原理，我们可以理解，为什么有些属的部分物种，甚至整个属、整个科都会只局限在某一地区分布，而这也正是普遍存在的、众所周知的情况。

上一章已经叙述过，我们没有证据可以证明存在着某种生物演化必须遵循的定规。因为每一个物种的变异都有其独立性，只有在复杂的生存斗争中，当某种变异对每个个体都有益处时，才会被自然选择所利用，所以每个物种产生变异的程度是不一致的。如果有一些物种，在它们老地盘上彼此竞争已久，然后全体迁徙到一个新的与外界隔绝的地方，那么它们很少有变异的可能，因为迁徙和隔绝本身对它们没有任何效果。这些因素只有使生物之间建立起新的关系，而且生物与周围新环境条件关系较小的时候，才会起作用。正如我们上章所讲的，某些生物从远古的地质时期以来就保持了几乎相同的性状特征，所以也许有某些物种经过了极远的迁徙后，性状特征没有发生重大变化甚或一点变化也没有。

依据这个观点，同属的物种，显然最初必定起源于同一地点。尽管这些物种现在散居于世界各地，相距甚远，但它们都是从一个共同祖先传下来的。至于那些经历了整个地质时期却很少变化的物种，不难相信它们都是从同一地区迁徙来的。因为自远古以来所发生的地理和气候的巨大变化，使任何大规模的迁徙都成为可能。不过在许多其他情况下，我们有理由相信，同一属的各个物种，是在较近的时期产生的，这样，假如它们的分布相隔很远，就难以解释了。同样明显的是，同一物种的每一个体，虽然现在分布在相隔遥远的地区，但它们必定来自其父母最初产生的地方，因为前面已经说过，从不同物种的双亲产生出同种的个体是难以置信的。

物种单一起源中心论

现在我们探讨一下博物学家们曾详细讨论过的一个问题，就是物种是在地球表面的某一个地方、还是在多个地方起源的。同一物种怎样从某一地点迁徙到现在所在的那些遥远而隔离的地方，的确是极难弄清楚的。但是最简单的观点，即每一物种最初是在一个地点产生的观点，却又最能令人信服。反对这种观点的人，也就会反对生物常见的世代传衍和其后迁徙的事实，而不得不借助某种神奇的作用来解释。人们都承认，在大多数情况下，一个物种生存的地方总是相连的。如果有一种植物或动物，生存在彼此相距甚远的两个地区，或者生存的两地区中间隔着难以逾越的障碍时，那就是不寻常的例外了。陆相哺乳动物无法跨过大海迁徙的情况也许比其他任何生物更为明显，因此到目前为止，尚未发现有同种哺乳动物分布在世界相距遥远的地方而使我们无法解释的情况。英国和欧洲其他地区都有同样的四足兽类，对此没有一个地质学家觉得有什么难解释的，因为英国和欧洲一度曾是连接在一起的。然而，如果同一物种能在两个隔开的地方产生，那么，为什么我们在欧洲、澳洲及南美洲的哺乳动物中，找不到一种是共有的呢？这三大洲的生活条件几乎是相同的，所以有许多欧洲的动植物可以迁入美洲和澳洲驯化。而且，在南北两半球相对遥远的地方，即南北极附近，生长着某些完全相同的原始植物。我认为这答案是，某些植物有很多传播方式，可以越过广大的中间隔离地带迁徙，而哺乳动物则无法越过这些障碍而迁徙。各种障碍物的巨大而明显的作用，只有当在障碍物的一边产生很多物种而无法迁徙到另一边的时候，才可清楚地了解。有少数的科，较多的亚科和属，更多数量属内的部分物种，都局限在一个地区内生存。根据几位博物学家的观察，凡是最天然的属，或是各物种彼此间关系最密切的属，其分布大都局限在同一个区域内，即使它们占有广泛的分布区域，这些区域也必定是相连的。如果我们观察在生物分类系统中再降低一级，也就是降低到同一物种内的个体分布时，如若它们最初不是局限在某一个地方出现，而是受着什么相反的分布法则的支配时，那可真是极端反常的怪事了！

因此，我的观点，和其他许多博物学家的观点相同，都认为最可能的情况是，每一物种最初只在一个单独的地方产生，然后再依靠它的迁徙和生存的能力，在过去和现在所许可的条件下，再从最初的地方向外迁徙。毫无疑问，在很多情况下，我们尚无法解释一个物种是如何从一个地方迁徙到另一个地方的。但是，地理和气象条件在最近的地质时期内肯定发生过变化，这就会把许多物种从前是连续的分布区域破坏成不连续的了。因此，这就迫使我们考虑，是否有很多这种例外的连续分布的情况，它们的性质是否很严重，以至于会使我们放弃“物种从一个地方最初产生，其后尽可能的向外迁移”这个合理的信念。要想把现在分布于相距遥远而隔离的同一物种的所有例外情况都加以讨论，实在是不胜其烦；况且有一些例子，我们也难以解释。但是，在上面几句序言之后，我将对几个最显著的实例加以讨论。首先讨论相隔遥远的山顶上和在南北两极区域里生存着同一物种的问题，第二，讨论淡水生物的广泛分布（放在下章讨论），第三是关于同一个陆栖物种同时在大陆上和相距该大陆数百英里外的海岛上都存在的问题。对于同一物种在地球表面相距遥远而分离的地方生存的事例，如果能够根据“物种由一个原产地向外迁徙”的观点来解释的话，那么由于我们对过去的气候和地理变迁及生物迁移的方式等等知之甚少而为难时，那么相信“物种最初只有一个原产地”的规律，则是较为妥当。

在讨论这个问题的时候，我们还要同时考虑另一个同样重要的问题，这就是按照我们的学说，从一个共同祖先传下来的同一属里的各个物种，是否都是从某一个地区向外迁移，并且在迁移的过程中同时又发生了变异呢？如果某一地区的大多数物种，和另一地区里的物种虽然非常相似却又不相同时，我们要是能够证明在过去某一时期曾经发生过物种从一个地区迁移到另一地区的事情，那就会大大巩固我们“单一地点起源论”的观点，因为按照遗传演化的学说，这种情况可以得到明确的解释。例如，在离大陆几百英里之外的海上，隆起形成了一个火山岛，经过相当长时间之后，可能有少数物种从大陆上迁移到岛上生存。虽然它们的后代已经发生了变异，但是由于遗传的原因，仍然和大陆上的物种有亲缘关系。这种情况的例子是很多的，如果按照物种独立创生的理论，则是解释不通的，这个问题我们以后还会讨论。这一地区的物种和另一地区物种有关系的观点，和华莱士先生的观点没有什么不同，他曾经断言：“每个物种的产生都应该和过去存在的相似物种在时间上和空间上是吻合的。”现在当然很清楚了，华莱士先生认为的吻合，是由于遗传演化的原因造成的。

物种是在一个地方还是多个地方产生的问题，与另一个类似的问题是有区别的，这个问题就是：所有同种的个体，都是由一对配偶或是由一个雌雄同体的个体传衍下来的呢？还是像某些学者想象的那样，是从同时创生出来的许多个体传衍下来的呢？对于那些从不交合的生物（如果这种生物存在的话），每一个物种一定是从连续变异的变种传衍而来的。这些变种，彼此相互排斥，但绝不与同种的其他个体或变种个体相混合，因而在连续变异的每一个阶段，所有同一类型的个体必然是从同一个亲体传下来的。但是在大多数情况下，必须由雌雄两性交配或偶然进行杂交而产生新的后代，这样在同一地区、同一物种的每一个体，会因相互交配而几乎保持一致。许多个体会同时产生变异，而且每一时期变异的全量不只是来自单一的亲体。可以举例说明我的意思：英国的赛马和其他任何品种的马都不相同，但它的这种不同和优良性状并不只是来自一对父母亲体的遗传，而是由于世世代代对许多个体不断地仔细选择和加以训练的缘故。

我在上面所提出的三个事实，可能是“物种单一起源中心论”最难解释的问题，在讨论它们之前，我一定要先叙述一下物种传播的方式。

英国的赛马和其他任何品种的马都不相同，但它的这种不同和优良性状并不只是来自一对父母亲体的遗传，而是由于世世代代对许多个体不断地仔细选择和加以训练的缘故。

生物传播的方式

莱伊尔爵士和其他学者就这个问题已进行了很精辟的论述，我在这里只是简要地举出一些比较重要事实。气候的变化，肯定对生物的迁移有重大的影响，某一个地方，就现在的气候条件而言，使某些生物迁徙时不能通过，然而在气候与今不同的从前某个时期，也许曾经是生物迁徙的大路。这一问题将在下面进行较仔细地讨论。陆地水平面的升降变化，对生物迁徙必定也有重大影响，例如，现在有一个狭窄的地峡，把两种海相动物群隔离开来，然而一旦这条地峡被海水淹没过了，或者过去已经被海水淹没了，那么两种海相动物群必然会混合在一起，或者说过去就已经混合过了。今日海洋所在之处，过去可能有陆地存在，使大陆和海岛连接在一起，这样，陆相生物就可以从一个地方迁徙到另一地方。在现代生物存在期间，陆地水平面曾发生过巨大的变迁，对此没有一位地质学家有疑问。福布斯先生认为，大西洋的一切海岛，在近期内肯定曾和欧洲或非洲相连接。同样欧洲也曾与美洲相连接。其他学者更是纷纷假定过去各个大洋之间都有陆路可通，而且几乎各个海岛也都和大陆相连。假定福布斯的论点是可信的话，那就必须承认，在近期内几乎没有一个海岛不和大陆相连接。这种观点可以很干脆利落地解释了同一物种分散于极遥远地方的问题，消除了许多难点。但是，就我所做出的最合理的判断，无法承认在现代物种存在期间，会发生如此巨大的地理变迁。我的意见是，我们虽然有大量证据表明海陆的沧桑变化极大，但并没有证据表明我们各个大陆的位置和范围会有这么巨大的变迁，以至于使大陆与大陆相连，大陆与海岛相连。我可以直爽地承认，过去的确曾有许多供动植物迁徙时可以歇脚的岛屿现在已沉没了。在有珊瑚形成的海洋里，就有这种下沉的海岛，上面可有环形的珊瑚礁作为标志。将来总会有那么一天，“各物种是从单一源地产生的”规律会被人们完全承认，我们也会更确切地了解生物传播的方式，那时我们就可以安然无虑地推测过去大陆的范围了。然而我并不相信，将来会证明我们现在完全分离的多数大陆，在近代曾经相连接或是几乎相连接，并且还和许多现存的海岛相连接（板块构造和大陆漂移理论已证实，这种情况的确存在着——译者注）。有几个生物分布方面的事实——例如，几乎每个大陆两侧的海相动物群都存在着巨大的差异——有几处陆地和海洋的第三纪生物与该处现代生物之间有密切的关系——海岛上生存的哺乳动物与距离最近的大陆上的哺乳动物之间的相似程度，部分地取决于二者之间海洋的深度（以后还会论述）等等——这些和其他类似的事实都与福布斯及其追随者的近代曾发生过巨大的海陆变迁的观点正相反。海岛上生物的特征及相对比例也与海岛以前曾与大陆相连接的观点相矛盾。何况所有这些海岛，几乎全是由火山岩所组成，也无法支持它们是由大陆沉没后残留物组成的观点。假如它们原来是大陆的山脉，那么，至少应该有一些海岛是由花岗岩、变质片岩，古代含化石的岩石或其他和大陆山脉相同的岩石所组成，而不仅仅是由火山物质堆积而成的。

现在，我们必须就“偶然”的含义说几句话，也许把它称为“偶然的传播方法”更为恰当些。在这里我只谈有关植物的事。在植物学的著作里，经常提到不适宜于广泛传播的某种植物，但是完全不了解这些植物通过海洋传播的难易情况。在贝克莱先生（Mr. Berkeley）帮助我做了几个试验以前，根本不知道植物种子对海水的侵蚀作用有多大的抵抗力。我惊奇地发现，在87种植物种子里竟有64种在盐水中浸泡28天之后仍能发芽，还有少数种子，在浸泡137天之后仍能存活。值得注意的是，有些目的种子，受到海水的侵蚀比别的目严重些，例如我曾对九种豆科植物的种子做过试验，只有一种例外，其余的都不能较好地抵抗盐水侵蚀。与豆科近似的田基麻科（Hydrophyllaceae）和花葱科（Polemoniaceae）的七种植物种子，经过一个月盐水的浸泡后全部死掉了。为了方便起见，我主要用不带荚和果实的小型种子做实验，它们浸泡数天后就全都沉到水底，所以无论它们是否会受到海水的侵蚀损害，都不能漂浮越过广阔的海洋。后来我又试着用一些较大的有果实和带荚的种子实验，其中有些竟然在水面上漂浮了很长时间。众所周知，新鲜木材与干燥木材的浮力有很大差别，我想起在发洪水的时候，常有带着果实或荚种的干燥植物或枝条被冲到大海里去。受这种想法启发，我把94种带有成熟果实枝条的植物进行干燥，然后放在海水里去实验。结果大部分枝条很快就沉到水底，但也有小部分，当果实是新鲜的时候，只能在水面上漂浮很短时间，而在干燥后却能漂浮很长时间。例如成熟的榛子入水就会下沉，但是干燥后却可以漂浮90天，以后种在土里还能够发芽。带有成熟浆果的天门冬（Asparagus）新鲜时能漂浮23天，干燥后可漂浮85天后仍然能够发芽。刚成熟的苦爹菜（Helosciadium）种子，浸泡两天后便沉入水底，但干燥后大约能漂浮90天，而且以后还可发芽。总计这94种干燥的植物中，有18种可以在海面上漂浮28天，其中包括可以漂浮更长时间的几种。在87种植物种子里面，有64种在海水里浸泡28天之后，还保存发芽繁殖的能力。在和上述实验的物种不完全相同的另一实验中，94种成熟果实的植物种子经干燥后，有18种可以在海水里漂浮28天以上。因此，如果根据这些不多的实验我们可以做出什么推论的话，那就是：在任何地区的植物种子，可有14%能在海水中漂浮28天后，仍然保持着发芽的能力。在约翰斯顿（Johuston）的《自然地理地图集》里，有几处标着大西洋海流的平均速度，为每昼夜33英里，有些海流的速度可高达每昼夜60英里。以海流的平均速度计算，某个地区的植物种子入海后，可有14%漂过924英里的海面到达另一地区。在搁浅之后，如果有向陆地吹的风，还可以把它们带到适宜的地点，还会发芽成长。

在我们的实验之后，马滕斯（M. Martens）也做了相似的实验，他改进了实验的方法，把许多种子放到一个盒子里，投到真正的海洋里，使盒子里的种子有时浸到水里，有时又暴露于空气中，就像真的漂浮中的植物一样。他一共做了98类植物种子的实验，大多数和我做实验时用的植物种类不同，他选用的多为大果实的和海边植物的种子，这样或许会延长它们漂浮的时间和增加对海水侵蚀的抵抗力。另一方面，他没有预先晒干这些植物或是带有果实的枝条，正如我们已经知道的，干燥可以使某些植物漂浮的时间更长些。马滕斯实验的结果是，在98类不同的植物种子里，有18种漂浮了42天后仍不失去发芽的能力。然而，我不怀疑，暴露在波浪中的植物所漂浮的时间，会比我们实验中免受剧烈颠簸影响的种子漂浮的时间短。因此，我们可以更加谨慎地假设：一个地区的植物，可有10%类型的种子在干燥时能漂浮过900英里宽的海面后仍保持了发芽的能力。比较大型的果实，往往比小型果实漂浮的时间更长久，这真是有趣的事实。按德·康多尔的说法，具有大型果实的植物，分布的范围通常会受到限制，因为它们难以由其他任何方法来传播。

有的时候，植物的种子还要靠别的方法传播。漂流的木材经常被波浪冲到许多海岛上，甚至会被冲到最广阔的大洋中心的岛屿上去。太平洋珊瑚岛上的土著居民，专门从这种漂流植物的根部搜集所挟带的石块来做工具，这种石块竟成为贵重的皇家税品。我发现有些不规则形状的石块卡在树根中间时，石子和树根之间的小缝隙里经常挟带着小块泥土，充填得非常严密，虽然经过海上长途漂流也不会冲掉一点儿。曾有一棵生长了50年的橡树，其根部有完全密封的小块泥土，取出后有三棵双子叶的植物种子发出芽来，我确信这个观察是可靠的。我还可以说明，漂浮在海上的鸟类尸体，有些时候没有立刻被别的动物吃掉，这死鸟的嗉囊里可能有许多类型植物的种子，长期保持着发芽的活力。例如只要把豌豆和巢菜的种子在海水里浸泡几天就会死掉，但若把它们吞食到鸽子的嗉囊里，再把死鸽放入人工海水中浸泡30天后取出嗉囊里的种子，使我感到惊奇的是这些种子几乎全部都能够发芽。

活着的鸟类是传播种子最有成效的动物，我可以列举出许多事实，证明有多种鸟类被大风吹带着飞越远洋。在这种情况下，我们可以谨慎地估计鸟的飞行速度经常是每小时35英里。还有的学者估计的数字比这高得多。我从来没有看到过，营养丰富的种子能够通过鸟的肠子而排出，但是那些果实内有硬壳的种子，甚至能够通过火鸡的消化器官而完好无损。在我的花园里，两个月内我曾从小鸟的粪便里捡出12类植物的种子，表面上看来都是完好的，我试着种植了一些，都还能发芽。下面的事实更重要：鸟的嗉囊不能分泌消化液，正像我试验的那样，丝毫不会使种子的发芽能力受到伤害。这样，鸟类在找到并吞食了大量食物之后，我们可以肯定在几个小时甚至18个小时内，它所吃的谷粒尚未全部进入嗉囊，而在这段时间内，这只鸟儿可以很容易地顺风飞行到500英里以外的地方。我们知道老鹰是以寻找飞倦的鸟儿为食的，于是这只鸟儿被撕开的嗉囊里所存的种子，被这样轻易地散布出去。有的老鹰和猫头鹰把捕获的猎物整个吞下，经过10至20个小时的间隔，吐出小团食物残渣，根据动物园所做的实验，我知道这小团残渣内含有能发芽的种子。燕麦、小麦、粟、加那利草（Canary）、大麻、三叶草及甜菜的种子，在不同食肉鸟的胃里停留12～21小时之后，都能够发芽。甚至有两粒甜菜的种子，在胃里停留了2天又14个小时之后还发芽生长。我发现，淡水鱼类吞食多种陆生和水生植物的种子，鱼又经常被鸟吃掉，因而植物的种子，就可以从一个地方传播到另一个地方。我曾经把各种植物种子装到死鱼胃里，再把鱼拿给鱼鹰、鹳（Stork）和鹈鹕（Pelican）等鸟吃，隔了好些小时之后，这些鸟类把种子作为小团块的残渣从嘴里吐出来或是跟着粪便排泄出来。这些被鸟排出的种子里有一些还具有发芽的能力，但也有一些种子经过鸟类的消化过程而死亡了。

有时候，飞蝗会被风吹到离大陆很远的地方。我曾亲自在远离非洲海岸370英里之外的地方捉到一只，还听说有人在更远的地方

在树顶上休息的褐鹈鹕及其幼鸟。达尔文曾经把各种植物种子装到死鱼的胃里，再把鱼拿给鹈鹕吃，几小时后，随粪便排出的种子仍具有发芽的能力。

也捉住过飞蝗。罗夫牧师（Rev. R. T. Lowe）告诉莱伊尔爵士，在1844年11月，马德拉岛上空飞来大群飞蝗，其数目之多，就像暴风雪的雪片一般，遮天蔽日，蝗群一直延伸到要用望远镜才能看到的高处。在两三天时间里，蝗群一圈又一圈地飞着，渐渐形成一个直径至少有五六英里的巨大椭球形，在夜晚时降落，高大的树木上全被它们遮满了。后来，他们就像来的时候那样，突然在海上消失了，以后也没有再在岛上出现过。现在，非洲南部纳塔尔（Natal）地区的一些农民虽然证据不足，却都相信，大群的飞蝗常常飞到那里，它们所排泄的粪便中有植物的种子，致使有害的植物传播到他们的牧场上。韦尔（Weale）先生相信这种情况是真实的，曾在信封内附寄给我一小包蝗虫的干粪便，我在显微镜下检出几粒种子，播种后长出了7棵草，归类于两个物种两个属。因此，像突然飞袭马德拉岛的那种蝗虫群，很可能是几种植物传播的方式，这样，它们的种子可以轻易地被传播到远离大陆的海岛上去。

虽然，鸟类的喙和爪常常是干净的，但有时也难免沾上泥土。有一次我从一只鹧鸪的脚上取下61喱重的干黏土；另一次，则取下22喱，并在泥土中找到一块像巢菜种子一样大小的碎石块。还有更有意思的事情：一位朋友曾寄给我一条丘鹬（Woodcock）的腿，胫部粘着一块9喱重的干土，里面包着一粒蛙灯心草（Juncusbufonius）的种子，播种后发了芽，开了花。布来顿（Brighton）地区的斯惠司兰先生（Swaysland）四十年来一直专心观察英国的候鸟，他对我说，他常常乘着鹡鸰（Motacillae）、穗鹏（Wheatear）和石鹏（Saxicolae）等鸟类初到英国海滨尚未着陆之前，就把它们打下来，有多次他看到鸟的爪上粘有小块泥土。有许多事实可以证明，这种含有种子的小泥块是极其普通的现象。例如，牛顿教授（Prof. Newton）曾寄给我一条受伤无法飞翔的红腿石鸡（*Caccabis rufa*）的腿，上面粘着一团泥土，约有6.5盎司重，这块泥土曾保存了三年，后来把它打碎，放在玻璃罩内加水，竟然从土里长出82棵植物来，其中有：12棵单子叶植物（包括普通的燕麦草和一种以上的茅草），其余70棵是双子叶植物，从它们的嫩叶形状来判断，至少有三个不同的品种。许多鸟类，每年随大风远涉重洋，逐年迁徙，例如，飞越地中海的几百万只鹌鹑（Quail），它们会把偶然粘在喙和爪上泥土中的几粒种子传播出去，面对着这些事实，我们还能有什么疑虑吗？就这个问题，我还要在后面讨论。

正如我们所知道的，冰川（冰山）有时挟带着泥土、石头，甚至挟带着树枝，骸骨和陆栖鸟类的巢等等。毫无疑问，正如莱伊尔所说的那样，在北极和南极地区，冰川偶尔也会把植物的种子从一个地方运到另一个地方。而在冰河时代，即便是现代的温带地区，也会有冰川把种子从一个地方运到另一个地方。亚速尔群岛上的植物与欧洲大陆植物的共同性，要比其他大西洋上更靠近欧洲大陆的岛屿上植物与欧洲植物的共同性高。引用华生先生的话就是：按照纬度进行比较，亚速尔群岛的植物，带着较多的北方植物特征。我猜想，亚速尔群岛上部分植物的种子，是在冰河时期由冰川带去的。我曾请莱伊尔爵士写信给哈通先生（Mr. Hartung），询问他在亚速尔群岛上是否看到过漂石，他回答说，曾见到花岗岩和其他岩石的巨大碎块，而这些岩石是该群岛原来所没有的。因此，我们即可稳妥地推测，以前的冰川把所负载的岩石带到这个大洋中心的群岛上时，至少也把少数北方植物的种子带到这里。

仔细考虑上述的各种传播方式和有待发现的其他传播方式，一年又一年地经过了多少万年的不断作用，我想假如许多植物的种子没有用这些方式广泛地传播出去，那倒真成了怪事!人们有时称这些传播方式是偶然的，实在不确切；洋流方向不是偶然的，定期信风的风向也不是偶然的。人们应该观察到，任何一种传播方式都难于把种子散布到极远的地方去，因为种子在海水的长期作用下，就会失去它们发芽的活力，种子也不能在鸟类嗉囊或肠道里耽搁过久。但是，利用这些传播方式，已足能使种子通过几百英里宽的海洋，或者从一个海岛传播到另一个海岛，或者从一个大陆传播到附近的海岛，只是不能从一个大陆传播到距离极远的另一个大陆罢了。距离极远的大陆上的植物群，不会因为这些传播而相互混合，它们将和现在一样，各自保持着独自的状态。从海流的方向可知，种子不会从北美洲带到英国，但却可以从西印度把种子带到英国的西海岸，只是那种子即使没有因长期被海水浸泡而死去，也不一定会忍耐住欧洲的气候。几乎每年都有一二只陆鸟，从北美洲乘风越过大西洋，来到爱尔兰或英格兰的西部海岸。但只有一个方法可以使这种稀有的漂泊者传播种子，即黏附在它们喙上或爪上的泥土中，这是极其稀罕偶然的事。而且在这种情况下，要使种子落在适宜的土地上，生长至成熟，其机会又是多么小啊!但是，如果像大不列颠那样生物繁盛的岛，在最近几百年里，已知没有因偶然的传播方式从欧洲大陆或其他大陆上迁来植物（此事难以证明），因而就以为那些缺乏生物的贫瘠的海岛，离大陆更远，也不能用类似的方法传入移居的植物时，那就大错而特错了。如果有100种植物种子或动物，移居到一个海岛上，尽管这个岛上的生物远远没有不列颠的那样繁茂，而且能够适应新家园、可被驯化的只是一个物种。但在悠久的地质时期里，如果那个海岛正在升起，岛上尚没有繁多的生物，这种偶然的传播方法的效果，不能没有根据地予以否认。在一个几近不毛之地的岛上，很少有或根本没有害虫或鸟类，几乎每一粒偶然落到这里来的种子，只要有适宜的气候，可能都会发芽和生存的。

冰期时的传播

由数百英里宽的低地分隔开的一些高山顶上，生长着许多完全相同的植物和动物。由于高山物种是不能在低地生存的，因而我们便难以理解，为何同一物种能生活在相距较远而隔离的地方，因为我们还没有关于它们能从一个地方迁徙到另一个地方的生动事例。我们看到，在阿尔卑斯山和比利牛斯山（Pyrenees）的积雪地带，以及欧洲最北面的地区有许多相同的植物存在，这确实是值得注意的事实。而美国的怀特山（White Mountains）上的植物和拉布拉多（Labrador）的植物完全相同，正如阿沙格雷说的，它们又和欧洲最高山顶上的植物几乎是一模一样的，这更是一件值得人们注意的事情了。早在1747年，葛美伦（Gmelin）就这同样的事实下过断言，说同一物种，可以在许多相距遥远的不同地方分别创生出来。要不是阿加西斯和其他学者提醒人们注意在冰河时代的生物分布，我们可能仍然保持着过去的观点。冰河时期，正像我们立刻就会看到的，可以给这些事实一个简明的解释。我们有各种可以相信的证据，包括有机的和无机的证据，证实最近的地质时期内，欧洲中部和北美洲都曾处于北极型气候下。苏格兰和威尔士的山岳，从它们山腰的冰川划痕、光滑的表面和摆放在高处的漂石，表明在最近的地质时期里山谷曾充满了冰川。这些痕迹比着火后房屋废墟更清楚地表明了以前的经历，欧洲气候变化非常剧烈，在意大利北部古冰川所遗留下的巨大冰碛石上，现在已经长满了葡萄和玉米。在美国的大部分地区，都能看到冰川漂石和有划痕的岩石，清楚地表明以前那里有一个寒冷的时期。

根据福布斯的解释，以前的冰期气候对欧洲生物的分布，可有如下的影响：我们假设有一个新冰期，缓缓地到来，接着又像以前的冰期那样逐渐地过去，这样我们就更容易体会到它们的各种变化。当严寒来临时，处于南方各地区的气候，变得适宜于北方生物的生存，北方的生物必然向南迁移，占据以前温带生物的位置。同时温带的生物，也会一步一步地向南迁移，除非有障碍物将它们阻挡而死亡。这时的高山将被冰雪覆盖，原来的高山生物，向山下迁移到平原地区。当严寒达到极点时，北极地区的动物群，遍布于欧洲中部，并一直向南延伸分布到阿尔卑斯山及比利牛斯山，甚至延伸到西班牙。现在美国的温带地区，当时也同样遍布北极型的动物和植物，而且和欧洲的动植物种类基本相同，因为上面我们假设北极圈里的生物要向南迁移，所以不论在地球的哪一处，生物类型是相同的。

当温暖的气候逐渐回转时，北极型的生物可能要向北退却，接踵而来的是温带地区的生物也北移。当山上的积雪开始由山脚下融化时，北极型生物便占据了这个解冻的空旷地带。随着温度逐渐增高，融雪也逐渐向山上移动，北极型生物也渐渐移到高山上去，这时它们同类型的一部分生物则逐渐向北退去。因此，当温度完全恢复为正常时，原先曾在北美及欧洲平原的北极型同种生物，一部分回到欧洲和北美洲北部的寒冷地区，另一些就留在相距甚远而又隔离的高山顶上了。

这样，我们就可知道，为什么在相距遥远的地区，例如北美和欧洲的高山上，会有那么多的相同植物。我们还可以知道，为什么每个山脉的高山植物，和它们正北方或近似正北方的植物，有更特殊的密切关系。因为严寒来临时开始向南迁移和气候转暖时向北退却，迁移的路线通常是正南或正北的。例如华生先生所说的苏格兰的高山植物，以及雷蒙德先生所说的比利牛斯山的植物和斯堪的纳维亚北部的植物特别相似；美国和拉布拉多的高山植物类似；西伯利亚高山上的植物和俄国北极区的相似。这些观点，是以过去确实存在的冰期为依据的。所以我认为，它能非常圆满地解释现代欧洲和美洲的高山植物及北极型植物的分布情况。当我们在其他地区相距很远的山顶上找到同种生物时，就是没有别的证据，我们也可以断定，从前这里有过寒冷的气候，使这些生物迁徙时通过高山之间的低地，但现在这些低地变得温度太高，不适宜寒冷植物生存了。

由于北极型生物开始向南迁移，后来又向北退回，都是随着气候的变化进行的，因此在它们的长途迁徙时，没有遇到温度的剧烈变化，又因为这些生物是集体进行迁徙的，致使它们之间的相互关系也没什么大变动。所以，按照本书反复论证的原理，这些类型不会发生较大的改变。然而高山植物在温度回升的时候就相互隔离了，开始是在山脚下，最后留在山顶上，但其具体情况也会有些差别，因为并不是所有同种的北极型生物都能遗留到各个相距甚远的山顶上且长期生存下去。况且还有冰期以前就生存在山顶上，在冰期最严寒时暂时被驱逐到平原上来的古代高山物种，可能与这些新遗留的北极型物种相混合，它们还会受到各山脉之间稍有不同的气候的影响。因此，这些遗留下的物种之间的相互关系，多多少少受到了扰动，因而也很容易产生变异。实际上，它们确已发生了变异：若是以欧洲几大山脉现今存在的所有高山动物和植物相互比较时，可以看到，虽然还有许多相同的物种，可是有些却成为变种，有些成为可疑的物种或亚种，甚至有些已经成为近缘而不同的物种，构成各个山脉特有的代表物种了。

华生（Hewett Cottrell Watson，1804—1881），英国植物学家。

在上述的说明中，我曾假定这种设想的冰期在刚开始时，环绕北极地区的北极型生物，是和现在我们所见到的情况十分一致。不过我们还得假定，当初地球上的亚北极和少数温带生物也是相同的，因为现在生存在较低山坡和北美洲、欧洲平原上的物种，也有一部分是相同的。可能有人要问，在真正的大冰期开始的时候，该怎样解释全世界亚北极生物和温带生物相同的程度呢？现今美洲和欧洲亚北极带和温带的生物，被整个大西洋和北太平洋隔开了。在冰期中，这两个大陆生物栖息地的位置在现今栖息地的南方，彼此之间肯定被更广阔的大洋所隔开。所以，人们会有疑问：同一物种怎样在冰期或在冰期之前进入这两个大陆的？我相信问题解释的关键是在冰期开始之前的气候特征。在晚上新世时期，地球上大多数生物种类与现在相同，我们有充足的理由相信，当时的气候比现在温暖。因此，我们可以假定，现在生活在北纬60°以南的生物，在上新世时却生活在更北方的66°至67°之间，即更靠近北极圈的地方；而现在的北极生物，那时则生活在十分靠近北极点的各个小陆块上。如果我们观察一下地球仪，就可看到在北极圈内，从欧洲西部，穿过西伯利亚直到美洲东部，陆地几乎是相连接的。这种环形陆地的连续性，使生物可以在适宜的气候下自由地迁徙。这样，欧洲和美洲亚北极生物和温带生物在冰期之前是相同的假设就有了理由。

据上述种种理由我们可以相信，尽管海平面有巨大的上下颤动，但我们各个大陆的相对位置长期以来几乎没有任何变化。我愿意引申这一观点，以便推论更早更温暖时期的情况。例如，较老的上新世，有大量相同的植物和动物，在几乎连续的环极陆地上生存；临近冰期到来之前，随着气候逐渐变冷，无论是在欧洲还是美洲生存的动植物，就开始慢慢地向南迁移。正如我所认为的那样，现在我们在欧洲中部和美国所看见的它们的后代，多数已发生了变异。依据这种观点，我们能够理解北美洲与欧洲的生物为什么很少是完全相同的。如果考虑到这两个大陆相距之远，中间又有整个大西洋相隔时，这种关系就格外令人注意。对于几个观察家所提出的另一个奇特事实，我们也有了进一步的理解，这就是欧美两大洲晚第三纪生物之间的关系，比现在更为密切，其原因是晚第三纪较温暖的时期，欧美两大洲的北部陆地几乎相连，作为陆桥使两洲生物迁徙，后来因为严寒降临，该处不能通行了。

当上新世温度渐渐降低时，在欧洲和美洲生存的相同物种，很快都从北极圈向南方迁徙，这样，两大洲的生物之间便断绝了联系。在两大洲较温暖地区的生物，必定在很久以前就发生了这种隔离。这些北极动植物向南迁移，在美洲必然会与美洲土著动植物混合而产生生存斗争；在另一大陆欧洲，也发生了同样的事情。因此，一切情况都有利于它们产生大量的变异，其程度远非高山生物可比。高山生物只是被隔离在欧洲和美洲的高山顶上和北极地区，而且时代也近得多。所以，若将欧洲和美洲两大陆现代温带生物进行比较时，我们只能找到少数相同的物种。（尽管阿萨格雷近期指出，两洲相同种类的植物，比我们以前估计的要多）但是，我们发现每一个纲里都有很多类型在分类上引起争执，并被不同的博物学家要么列为地理亚种，要么干脆列为不同的物种。当然也有许多非常相近的或代表性类型被博物学家们一致公认是不同的物种。

海水中和陆地上的情况一样，在上新世，甚至在更早的时期，海洋生物几乎一致地沿着北极圈内连续的海岸慢慢向南迁移，按照变异的学说，我们可以解释为什么完全隔离的海洋里会有很多非常相似的生物类型存在。同样，我们也可以解释，为什么在北美洲东西两岸的温带地区里，已绝灭的和现存生物之间存在密切相似的关系。我们还可解释一些更奇怪的事情，例如地中海和日本海的许多甲壳类（如达纳的优秀著作中所描述的）、某些鱼类及其他海相动物都有密切的关系，而现在地中海和日本海已经被整个亚洲大陆和宽广的海洋隔开了。

对于那些有关物种之间有密切相似关系的

事实——现在和以前在北美洲东西两岸海洋的生物；地中海和日本海的生物；北美和欧洲温带陆栖生物间的密切相似关系等等，都无法用创造学说来解释。我们不认为，这些地区的自然地理条件类似，就一定能创造出相似的物种来。因为如果我们把南美洲的某些地区和南非洲或者澳洲的某些地区进行比较，我们就可看到在自然地理条件相似的地区里生存着颇不相同的生物。

南北冰期的交替

现在我们必须转而讨论更直接的问题。我确信，福布斯的观点可以广泛应用。在欧洲，我们从不列颠西海岸到乌拉尔山脉，南至比利牛斯山，都能见到以前冰期留下的最明显的证据。我们可以从冰冻的哺乳动物和山上植物的性状来推断西伯利亚也曾受到类似的影响。按照胡克博士的观察，在黎巴嫩（Labanen）永久性的积雪曾经覆盖了那里山脉的中脊。它所形成的冰川，从400英尺的高度直倾泻到山谷里。最近胡克在非洲北部的阿特拉斯（Atlas）山脉的低地，发现了冰川遗留下的大堆冰碛物。沿着喜马拉雅山，在相距900英里远的地方，尚有冰川以前下泻的痕迹。胡克博士在锡金（Sikkim）[①] 还看到古代留下的巨大冰碛物上长着玉米。从亚洲大陆向南，直到赤道的另一边，根据哈斯特博士（Dr. J. Haast）和赫克托博士（Dr. Hector）杰出的研究，我们知道在新西兰以前也有过冰川流到低地的情况。胡克博士在这个岛上也发现相距甚远的山上，长着相同的植物，说明这里以前曾有寒冷时期的经历。从克拉克牧师（Rev. W. B. Clarke）写信告诉我的事实来看，好像澳洲东南角的山上也有以前冰川活动的痕迹。

再看看美洲的情况：在北美洲的东侧，向南直到纬度36°～37°的地方；在北美洲的西侧，从现在气候有很大差别的太平洋沿岸起，向南直到纬度46°的地方，皆发现了冰川带来的冰碛物。在落基山上，也曾见到漂石。在南美洲的科迪勒拉山，几乎就位于赤道上，冰川曾一度远远地伸展到目前的雪线以下。在智利中部，我曾调查过一个由岩石碎块（内含大砾石）堆成的大山丘，横在保地罗（Portillo）山谷里。毫无疑问，那里曾一度形成过巨大的冰碛堆积。D.福布斯先生曾告诉我，他在南纬13°～30°之间，高度约12000英尺的科迪勒拉山上，发现与挪威相似的有很深擦痕的岩石和含有带凹痕小砾石的大碎石堆。在整个科迪勒拉山地区，即使在最高处，现在已经不再有真正的冰川了。沿着这个大陆的两侧再向南，即从南纬41°到大陆的最南端，我们可以看到以前冰川活动的最明显证据，那里有无数从很远的地方运过来的巨大漂石。

基于下列的这些事实：由于冰川作用曾遍及南北两个半球；由于两半球的冰期从地质意义上说，都属于近代的；由冰期所引起的效果来看，南北半球的冰期持续时间都很长；最后，由于在

① 现为印度的一个邦。

胡克从喜马拉雅山脉采集到的植物图版及其探险路上的素描图。

近代冰川曾沿科迪勒拉山的走向向下延伸至低地平面。我曾做出这样的结论：全球的温度，在冰期曾同时降低。现在，克罗尔先生在一系列优秀专著里，试图说明冰河气候是各种物理原因造成的后果，而这些物理原因是由于地球轨道离心率的增加而引起的。所有的原因都导致了同一个后果——冰期形成，而其中最主要的原因，则是地球轨道的离心率对海流的间接影响。据克罗尔先生的说法，每隔一万年或一万五千年，冰期就会有规律地循环发生一次。在长久的间冰期之后，这种严寒由于某种偶然事件，会极端严酷。这些偶然事件中最重要的，就是莱伊尔先生所说的海陆的相对位置变化。克罗尔先生相信最近一次冰期发生在24万年以前，持续了大约16万年，其间气候仅有轻微变化。对于更古老的冰期，几个地质学家则根据直接证据，相信在中新世和始新世也曾有过冰期。至于更久远的，就无须再提了。但是克罗尔所得出的结论中，对我们最重要的就是：当北半球经受严寒的时候，南半球由于海流方向的改变，温度实际上是升高了，冬季也变得温暖了。相反，当南半球经历冰期时，北半球的情况也是如此。这个结论，对说明冰期生物的地理分布极有帮助。对此我坚信不疑，不过，我要先列举几个需要解释的实例来。

胡克博士曾经指出，在南美洲火地岛的开花植物（它们在当地贫乏的植物中占据不少的部分）中，除了许多极其相似的物种之外，尚有四五十种和北美洲与欧洲的完全相同。我们知道，这几处地方彼此相距遥远，且处于地球相反的两个半球上。在美洲赤道地区的高山上，有大群独特的属于欧洲属的物种。加得纳（Gardner）在巴西的奥更山（Organ Mountains）的植物中发现有少数欧洲温带属、某些南极属和某些安第斯山（Andean）的属，都是山脉之间低凹热带地区所未有的植物。在加拉加斯（Caraccas）的西拉（Silla），著名的洪堡先生早就发现了归类于科迪勒拉山特有属的一些物种。在非洲的阿比西尼亚山上，生长着几种欧洲特有的类型和少数好望角植物的代表类型。在好望角，可以相信有非人为引进的少量欧洲物种，在山上也有一些不是非洲热带地区的欧洲代表类型。胡克博士也在最近指出，几内亚湾内高耸的费尔南多波（Fernado Po）岛高地和相邻的喀麦隆山上，有几种植物与阿比西尼亚山上的和欧洲温带的植物有密切的关系。我听胡克说过，有几种相同的温带植物已经被罗夫牧师在弗得角群岛上找到了。相同的温带类型几乎沿着赤道横穿过整个非洲大陆，延伸到弗得角群岛的山上，这是自有植物分布记录以来最令人吃惊的事实了。

在喜马拉雅山和印度半岛各个隔离的山脉上，在锡兰（现称斯里兰卡——译者注）高地以及爪哇的火山顶等地方，有很多完全相同的植物。或者某一地方的植物既是那一地方的代表种类，但同时又都是欧洲植物的代表类型，即各山脉之间低凹炎热地区所没有的植物。在爪哇高山上所采集的各属植物的名单，竟好像是欧洲丘陵上所采集植物名单的复制品。更让人惊奇的是，有些婆罗洲（又名加里曼丹——译者注）山顶上生长的植物，竟然代表了澳洲的特有类型。我听胡克博士说，这些澳洲植物有的沿马六甲半岛高地向外延伸，一些稀稀落落地散布于印度，另一些则向北延伸到日本。

米勒博士曾在澳洲南部的山上，发现过一些欧洲的物种，而在低地上也发现生长着非人为引进的其他类型的欧洲物种。胡克博士告诉我，在澳洲所发现的欧洲植物的属可以列成一长串名单，而这些都是两大洲之间的热带地区所没有的植物。在令人称赞的《新西兰植物导论》一本书中，胡克对这个大岛上的植物，列举了类似的

巴西的奥根山（Organ Mountains）的植物中也有少数欧洲温带的属。

奇特事实。因此，我们可以看到，全世界热带地区的高山上生长着的某些植物，和南北温带平原上的植物要么是同一物种，要么是同一物种的变种。然而我们应该观察到，这些植物并不是真正的北极类型，因为按照华生所说的“从北极向赤道地区迁移时，高山或山地植物群的北极特征实际上变得越来越少了”。除了这些完全相同的和非常类似的类型外，还有很多现在中间热带低地所没有的植物属，生长在这些同样遥远而又隔离的地区。

这些简单叙述仅就植物而言，但在陆相动物方面，也有少量的类似事实。海相生物也存在类似的情况。我可以引用最高权威达纳教授的叙述为例子，他说：“新西兰的甲壳动物和大不列颠的非常相似，而这两地却处在地球上正相反的位置上，这确实是一件令人惊奇的事情。”理查逊爵士也说过：在新西兰和塔斯马尼亚岛（Tasmania）的海岸边，有北方的鱼类出现。胡克博士还告诉我，新西兰和欧洲有25种海藻是相同的，但在它们中间的热带海洋里却没有这些藻类。

按照上面所叙述的事实，温带型的生物存在于下列地方：横穿非洲的整个赤道地区，沿着印度半岛直到锡兰和马来群岛。此外，温带生物还不太显著地穿过了南美洲广阔的热带地区等等。可见，在以前的某个时期，无疑是在冰河期达到鼎盛的时候，有相当数量的温带类型生物曾迁移到这些大陆赤道地区的各个低地上生存。那时候，赤道地区海平面上的气候，可能和现在同一纬度五六千英尺高的地方相同，说不定还要更冷些。在最严寒的时期，热带植物和温带植物混杂丛生着布满了赤道地区的低地。就像胡克所描述的现代喜马拉雅山四五千英尺高的低山坡上混生的植物一样，只是温带类型可能更多一些。与此相同，在几内亚湾里的费尔南多波海岛的山上，曼先生发现欧洲温带类型的植物大约在5000英尺高的地方开始出现。西曼博士（Dr. Seemann）在巴拿马2000英尺高的山上就发现了和墨西哥类似的植物，“热带型植物与温带型植物协调地混合着”。

现在，让我们看一下克罗尔先生做出的结论：当北半球经受大冰期严寒的时候，南半球实际上是暖和的。这对于现在无法解释的两半球的温带地区和热带高山地区植物的分布，给了某种清楚的解释。冰期，如果以年代计算，必然极长久。但是当我们记起在几百年时间里，有些动植物在驯化后又扩散到多么广大的地区时，那么冰期时间之长，对于任何数量生物的迁移都是足够的。当寒冷越来越严酷的时候，我们知道，北极型生物便侵入了温带地区。按照上面所讲的事实，某些较健壮的、具有优势、分布又广的温带生物必定会侵入赤道地区的低地，而热带低地的生物必然同时也向着南方的热带及亚热带地区迁移，因为当时南半球是比较温暖的。当冰期即将结束时，由于南北两半球慢慢恢复了原来的温度，生活在赤道低地的北温带生物要么被驱逐回原来的家乡，要么就趋于灭亡，而被由南方返回来的赤道类型生物所代替。然而，肯定有些北温带的生物在撤退时登上了某些邻近的高原。如果这些高原有足够的高度，它们就会像欧洲山顶上的北极类型那样永久地生存在那里。即便是气候不完全适宜，它们也能继续生存，因为温度的升高肯定是很缓慢的，而植物确实也有一定的适应新气候的能力，它们会把这种抵抗冷和热的不同的能力遗传给后代，就证明了这一点。

按照事物的正常发展规律，在轮到南半球遭受严酷的冰期时，北半球则变得温暖些，于是南温带的生物就侵入到赤道低地。以前留在高山上的北方类型，这时也向山下迁移而同南方类型混合在一起。当温度回转，南方类型必然要回到以前的家乡去，也会有少数物种遗留在高山上，而且挟带着某些从山上迁移下来的北温带类型，一起返回南方。因此，在南北温带地区和中间热带地区的高山上，会有极少数的物种是完全相同的。但是这些长期留在山上或是留在另一半球的物种，不得不和许多新类型竞争，并处在与家乡稍许不同的自然地理条件下。所以这些物种非常容易发生变异，以至它们现在以变种或代表种形式存在，实际情况也的确如此。我们必须记住，南北两个半球以前都经历过冰期。只有这样，才能用相同的原理来解释，在相同自然条件而又相距甚远的南北半球的温带地区，生存着中间热带没有的、彼此又不大相同的许多物种的事实。

有一件值得注意的事实，就是胡克和德·康多尔分别对美洲和澳洲的生物研究后，都坚定地认为，物种（不论相同的还是稍有变异的）从北向南迁移时，要比从南向北迁移得多。但无论如何，我们在婆罗洲和阿比西尼亚的山上还是看到少数南方类型生物。我推测，从北向南迁移的物种之所以占多数，是因为北方陆地范围比较广，北方类型在北大陆的家乡生存的数量较多；其结果是，经过自然选择和生存竞争，它们就比南方类型进化的完善程度更高，或占有更优势的力量。因此，当南北冰期交替的时候，南北两大类型在赤道地区相混合，北方类型的力量较强，能够保住它们在山上的地盘，以后又能和南方类型一同向南迁移，然而，南方类型却不能这样对付北方类型。今天仍存在同样的情况，我们看到许多欧洲的生物长满了拉普拉它和新西兰的地面，在澳洲也是如此（程度稍弱一点），它们排挤了那里的土著生物。另一方面，虽然有容易黏附种子的皮革羊毛及其他物品在近两三百年以来从拉普拉它大量运往欧洲；在最近四五十年以来，从澳洲运往欧洲的也很多；但是，仅有极少数南方类型能在北半球的某个地方被驯化。然而，在印度的尼尔盖利山（Neilgherrie Mountains）却出现了某些例外。我听胡克博士说，在那里的澳洲类型繁殖很快，已经被驯化了。毫无疑问，在最后的大冰期到来之前，热带高山上生长着土著高山类型植物，但是后来这些类型几乎在各个地方，都向占据更广阔地区、繁殖率更高的，有更大优势的北方植物让出了自己的地盘。许多海岛上土著植物的数量，和入侵者差不多相等，或许更少些，这是它们趋向灭亡的第一阶段。山岳是陆地上的岛屿，山上的土著生物，已向北方广大地区繁衍的生物让位，就像真正海岛上的土著生物处处向北方入侵者让出自己的地盘，并将继续向由人类活动驯化的大陆型生物让出自己的地盘一样。

在北温带、南温带和热带山上的陆相动物和海相生物，都适用同样的原理。在冰期最严酷的时候，洋流方向和现在的不一样，有些温带海洋的生物可以到达赤道，其中可能有少数生物能够立即顺着寒流继续向南迁移，剩下的则留在较冷的深海里生存，一直轮换到南半球受到冰期气候影响时，它们才得以继续前进。就像福布斯所说的，这种情况就和现在北极的生物仍在北温带海洋深处个别地方生存的现象如出一辙。

我虽不能回答，现在相距遥远的南方、北方、有时还在中间高山上生活的同一物种和近缘物种，在其分布和亲缘关系上的一切难题，但都可以运用上述观点来概要解释；我们尚无法指出它们迁徙的实际路线；我们更不能说明，为什么有些物种迁徙了，而另一些却没有迁徙；为什么有些物种产生了变异并形成了新类型，而其他物种却保持不变。我们没有期望能够解释这些事实，除非我们有能力解释下面的问题时才有可能。为什么某一物种在异地由人类活动驯化而其他物种则不能？或者为什么一个物种的分布比本乡的另一物种广阔二至三倍，数量上也多二至三倍呢？

尚有各种各样的难题等待解决。例如，胡克博士所指出的同种植物在克尔格伦岛（Ker Guelenland）、新西兰和弗纪亚（Fuegia）这样相距遥远的地方都有生存。不过按照莱伊尔的观点，可能是冰山同这些植物的分布有关系。更值得注意的是，在南半球的这些地方和其他遥远的地方，生存着虽不同种却又完全是南方属的生物。这些物种之间的差异很大，以至于使人难以想象它们自最后一次大冰期开始后，能有足够的时间供它们迁徙和其后再发生如此程度的变异。这些事实似乎说明，同一属的各个物种是从一个中心点向外辐射迁移的。我倒是倾向于认为南半球和北半球情形一样，在最后冰期到来之前，曾有一个温暖时期。现在覆盖着冰雪的南极大陆，那时候会有一个和外界隔绝又非常特殊的植物群系。我们可以假设，当最后一次冰期尚未绝灭这个植物群之前，已有少数类型借助偶然的传播方法，经过那些当时尚未沉没的岛屿作为歇脚点，朝着南半球各地方广泛地散布开了，所以美洲、澳洲和新西兰的南岸等地，都有稀疏分布的这种特殊类型的生物了。

莱伊尔在一篇十分有说服力的文章里，用和我几乎相同的说法，推测了全球气候大变化对生物地理分布的影响。现在我们又看到了克罗尔先生的结论：一个半球上逐次发生的冰期，恰是另一半球上温暖的时期。这个结论和物种缓慢演变的观点结合在一起，可以对相同的或相似的生物散布于全球各地的事实做出解释。携带着生物的洋流，在一段时期里从北向南流，而在另一时期里则又从南向北流，总之，都曾流过赤道地区。可是从北向南的洋流，力量比由南向北流的更大，以至能在南方自由扩散。由于洋流把它携带的漂浮生物沿着水平面搁浅遗留在各处，且洋流水面愈高，遗留的地点也愈高，所以携带生物的洋流从北极的低地到赤道的高地，沿着一条慢慢上升的线把漂浮的生物遗留到热带的山顶上。这些遗留下来的各种生物，与人类中未开化的民族相似，他们被驱逐退让到各个深山险地生存，成为以前土著居民生活在周围低地的一项很有说服力的证据。

第13章

生物的地理分布（续）

Geographical Distribution-continued

淡水生物的分布——海岛上的生物——海岛上没有两栖类和陆栖哺乳类——海岛生物与邻近大陆生物的关系和生物从最近的起源地向海岛迁居及其后的演变——上一章及本章的摘要

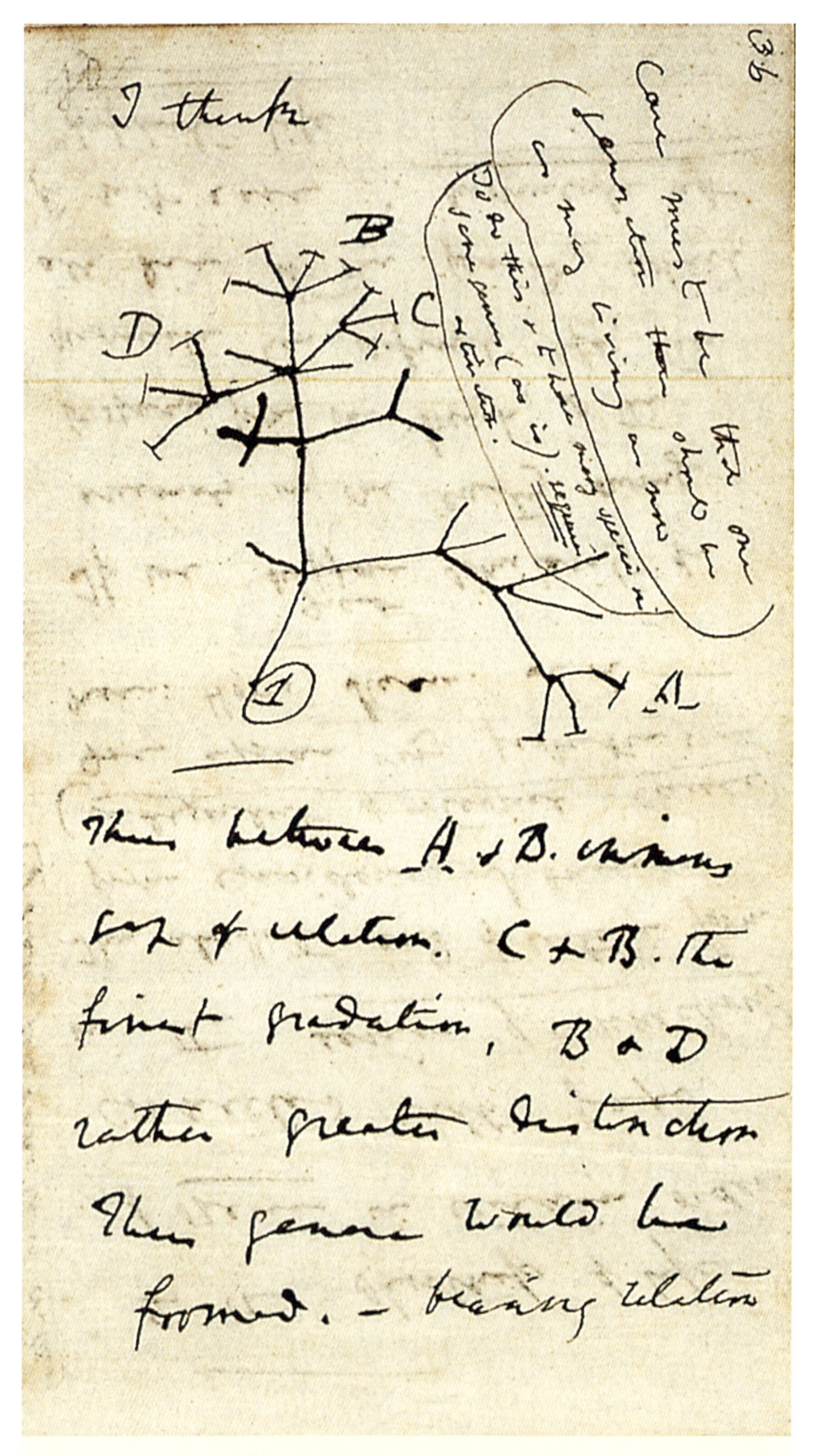

达尔文1837年勾画的“动物演化树”。

淡水生物的分布

因为陆地的障碍使得湖泊和河流系统彼此分隔，所以人们可能会认为淡水生物在某个地区里不能很广泛地分布。又因为海洋是它们更难逾越的障碍，所以又以为淡水生物似乎永远也不能扩展到遥远的地方去。然而事实恰恰相反。不仅有不同纲的许多淡水物种分布极广，而且近缘物种也可以出人意料地遍布全球。我还记得我第一次在巴西淡水中采集标本时，看到那里的淡水昆虫、贝类等等，和不列颠的极其相似，而周围陆地上的生物却与不列颠的大相径庭时，感到十分惊奇。

对于淡水生物广泛分布的能力，我认为在大多数情况下，可以这样解释：它们以一种对自己极为有利的方式，逐渐适应了从一个池塘到另一个池塘，或是从一条河流到另一条河流的短距离的、频繁的、地区内的迁移。凭借这样短距离迁移的能力而扩展到广泛的地理分布，乃是必然的结果。在此，我们只能讨论几个例子，其中最难解释的要数鱼类的分布。以前我们以为，同一种淡水鱼决不会在相距遥远的两个大陆上存在。可是最近根特博士指出：南乳鱼（Galaxias attenuatus）栖息在塔斯马尼亚（Tasmania）、新西兰、福克兰（Falkland）群岛和南美洲大陆上。这是一个奇特的例子，表明这种鱼可能在以前某个温暖的时期，从南极的中心向周围各地散布。不过这个属里的物种，也许会用某种未知的方法渡过宽广的海洋。所以在某种程度上说，根特的例子就算不上太稀奇了。这一属内还有一个物种，在相距约230英里的新西兰和奥克兰（Auckland）群岛上都栖息着。在同一个大陆上，淡水鱼类的分布经常是广泛而又毫无规律的，因为在两条相邻的河流里，有些物种是相同的，而另一些则截然相反。

淡水鱼类偶尔也会以意外的方式传播开去。例如，旋风可以把鱼卷起吹送到很远的地方后仍能存活；众所周知，从水里取出的鱼卵，经过相当长的时间仍能保存活力。然而，淡水鱼分布很广的主要原因还在于近期内地平面的升降变迁，使各河流可以相互沟通所致。还例如，在发洪水的时候，地平面虽然没变化，各河流却可彼此沟通。自古以来，大多数连绵的山脉阻碍了山两侧河流的汇合，使两侧河流里的鱼类截然不同，这也导致得出与上面相同的结论。有些淡水鱼类属于很古老的类型。在这种情况下，它们

这种小地雀（*Geospiza fuliginosa*）后来和其他类似的种类被统称为“达尔文雀”。(何鑫 摄于加拉帕戈斯群岛)

长期经历缓慢的地理变迁，因而也就有足够的时间和利用各种方式进行大规模的迁移。此外，根特博士最近进行了一些研究后，得出鱼类可以长期保持同一种类型的结论。海水鱼类经过仔细的处理后，可以慢慢地习惯淡水生活。依照瓦伦西奈（Valenciennes）的说法，几乎没有一个类群的鱼，其全部成员都只生活在淡水里。因而属于淡水鱼类群里的海水种，可以很容易地沿着海岸游得很远，然后在远处陆地河湖中再次适应淡水生活。

某些种类的淡水贝的分布范围很广，其近缘物种也布满全球。根据我们的理论，从一个共同祖先传衍下来的物种，肯定是从一个单一的发源地产生的。起初，我对它们这样广的分布疑惑不解，因为它们的卵不像是由鸟类传播的，而且卵和成体一样，在遇到海水时，立刻就会死亡。甚至于我也不明白，某些已经驯化的物种，怎么能在同一地区很快地四处传播。然而，我所看到的两个事实（肯定还会发现许多其他的事实），会对这个问题的解释有所启发。我两次看到鸭子从布满浮萍的池塘里突然浮出来时，背上都粘着浮萍；还曾发生过这样的事，我把一个水族箱里的一些浮萍，移到另一个水族箱时，无意中却将贝类也挟带移了过去。不过另一种媒介或许更为有效：我把一只鸭子的脚，挂到水族箱里，箱内正有许多淡水贝类的卵在孵化，我发现许多极微小的，刚刚孵出的贝类爬在鸭脚上，牢固地黏附着，以至于把鸭脚拿出水面，它们也不会脱落，虽然它们再长大一些时自己就会脱落的。这些刚孵出的软体动物，虽然它们的本性是水生的，但在鸭脚上的潮湿空气中，还可存活12~20个

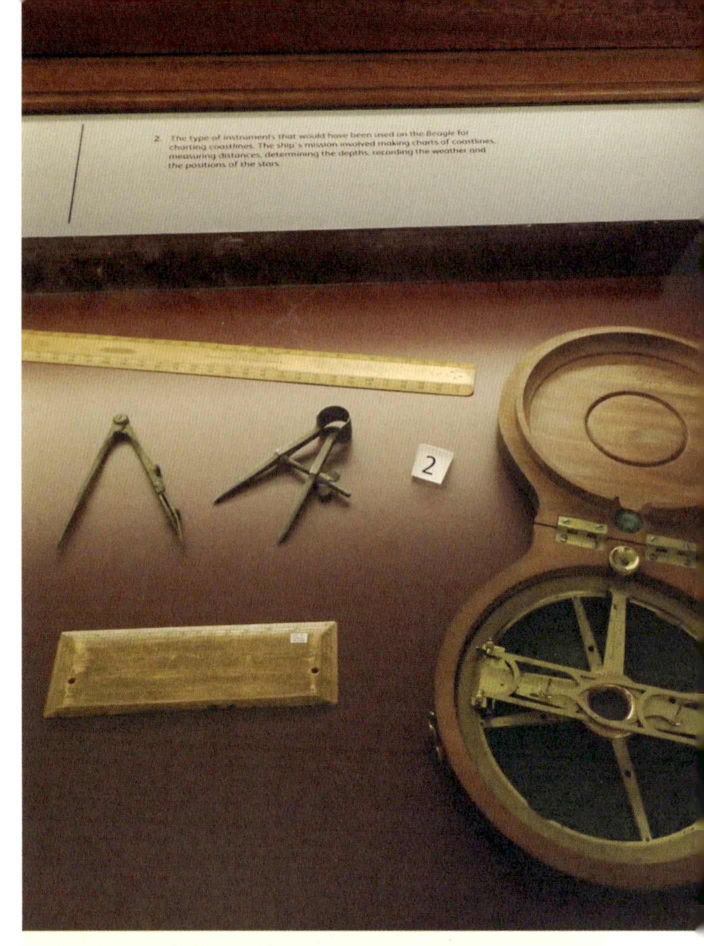

达尔文当年可能使用过与图相同型号的研究工具。（朱磊摄于剑桥大学塞奇威克博物馆）

小时，在这段时间里，一只鸭子或鹭（Heron）至少可以飞行六七百英里。若是遇到顺风能飞过海洋，到达一个海岛或是其他某个遥远的地方，必然会在池塘里或小河里降落。莱伊尔告诉我，他曾捉住过一只龙虱（Dytiscus），在它身上黏附着一只盾螺（Ancylus）［一种类似蝛（Limpet）的淡水贝类］；还有一次在“贝格尔号”船上，看见了同科水甲虫的另一物种细纹龙虱（Colymbetes），当时此船离最近的陆地为45英里，如果遇到顺风，恐怕没有人能断定，这龙虱可以吹到多远的地方去。

有关植物方面，我们早已知道有许多淡水植物，甚至是沼泽植物的种类，无论是在大陆上还是在海岛上，都分布得十分广泛。按照德·康多

尔所说的，在那些大的陆生植物的物种群里，含有极少数的水生物种，其分布更是惊人，好像由于它们是水生的，即刻就会有广大的分布范围似的。我想，它们有效的传播方式可以解释这个事实。在前面章节里，我曾提到鸟类的脚和喙有时会粘上少量的泥土。经常徘徊于池塘岸边污泥里的涉禽类，如果突然受惊起飞，脚上多半会沾着泥土。涉禽目里的鸟比其他类型的鸟漫游的范围更广，偶尔它们也会来到大洋中最遥远荒凉的海岛上。当然它们不会降落在海面上，这样脚上的泥土也就不致被洗掉。在它们到达陆地之后，必定会飞到它们经常出没的天然淡水栖息地。我不相信植物学家会知道池塘里的泥土中含有多少植物种子，我曾试着做了几个小实验，这里仅举出其中一个最典型的例子：二月份，我在一个小池塘岸边，从水下三处不同地方取了三汤匙泥土，经过干燥，这些泥土仅有6.75盎司重。我把它放到加盖的容器中，摆在书房里六个月时间。每当长出一株植物来时，就把它拔掉，并统计数字，一共长出了537棵植物，它们属于很多类型。而这块粘泥的体积，一只早餐用的杯子就可以盛下了。考虑到这些事实，我认为，假如说水鸟没有把淡水植物的种子传播到远方，也没有长着植物的小池塘和小溪流，反倒成了怪事了。淡水中某些小动物的卵，也可利用同样的水鸟传媒来进行传播。

或许还有其他未知的媒介物也起过传播的作用。我曾说过，淡水鱼吞吃某些种类植物的种子（尽管有的种子吞下后又再吐了出来）。甚至小型的鱼也可吞食相当大的种子，例如黄睡莲和眼子菜（Potamogeton）之类。鹭和其他的鸟类，一个世纪接着一个世纪地不断捕食鱼类，它们食后就飞到其他的河湖池塘，或是顺风飞越海面。我们已经知道，种子在若干小时之后以小团块废物被吐出来或以粪便排泄出来，仍可保持着发芽能力。当初我看到漂亮的莲花（Nelumbium）的种子很大，又回忆起德·康多尔关于它分布情况的叙述时，便觉得它的传播方式，难以让人理解。但是奥杜邦说，他曾在鹭的胃里发现南方莲花的种子（据胡克博士说，可能是大型北美黄莲花）。这种鹭必然常常在胃里装满了莲子之后，又飞到远处其他池塘，再吃一顿丰盛的鱼宴。类似的推断使我相信，它会把适宜发芽的种子随着粪便排泄出来。

在我们讨论上述几种传播方法的时候，应该记住：当某个池塘或小溪流最初形成时，例如在一个刚刚隆起的小岛上形成时，里面肯定没有生物，那时一粒种子或一个卵都将有很好的成功机会。在同一池塘里生存的生物，不管种类怎么少，相互间总是有某种生存斗争。不过即便以生物非常繁盛的池塘和相同面积上生存的陆栖生物比较，物种的数量还是要少些。所以，池塘里物种间的竞争也就没有陆栖物种间的竞争残酷。结果，一种外来入侵的水生生物，就会比陆地上的移居者有更好的机会获得新的地盘。我们还应该记住，许多淡水生物在自然系统上的分类地位是较低等的。所以我们有理由相信，这些生物的变异要比高等生物缓慢，这就使得水生生物有更多迁徙的时间。我们也不要忘记存在这一种可能性：许多淡水类型原来曾在广大区域里连续分布着，后来分布在中间地区的生物却绝灭了。然而广泛分布的淡水植物和低等动物，不论它们仍然保持原有类型或是发生了某种程度的变异，很明显它们主要依靠动物，尤其是依靠具有强大飞翔能力的、可以从这一片水域飞到另一片水域的淡水鸟类来广泛传播它们的种子和卵。

海岛上的生物

我在前面曾指出，不仅同一物种的所有个体，是由某一个地方向外迁徙而来的，就连目前在彼此相隔甚远的地点生存着的相似物种也是由同一个地方——即它们的远祖发源地向外迁徙出来的。按照这一观点，我曾选择出有关生物分布最难解释的三类事实（前章已讨论过两类）。现在就最后一类事实加以讨论。我已经列举出种种理由，说明我不相信在现存物种的期间内，陆地的范围曾极大地扩展，而使几个大洋中的岛屿都连成大陆而充满了现代陆相生物的观点。虽然这个观点可以消除许多解释上的困难，但却和有关岛屿生物的真相不符合。在下面的论述中，我并不只局限于生物的分布问题，同时也将讨论生物的特创论和遗传变异进化论二者孰是孰非的问题。

生存在海岛上的所有生物种类的数目比大陆上同样面积上生存的生物要少。德·康多尔认为植物的情况是这样的，沃拉斯顿认为昆虫情况也是这样的。例如，新西兰有高耸的山脉，有各种各样的地形，南北长达780英里，其外围诸岛有奥克兰、坎贝尔（Campbell）和查塔姆（Chatham）等，但是所有的显花植物总共才有960种；如果我们把这个不大的数字，和澳洲西南部或好望角的相等面积上种类繁多的生物相比较，我们一定会承认：是某种与自然条件无关的因素，使两地物种的数目有如此巨大的差别。甚至在地势平坦的剑桥郡，就有显花植物847种，小小的安格尔西岛上也有764种，不过有少数蕨类植物和外地引进植物的种类也包含在这两个数字中，同时这种比较就其他方面而言，也并不十分公平。我们有证据表明，阿森松（Ascension）（位于非洲西面的大西洋上——译者注）这个贫瘠的荒岛原先只有六种显花植物，而现在那里已有很多移居来的物种被驯化了，就像新西兰和其他可以叫得出名字来的海岛的情况一样。我们有理由相信，在圣海伦那岛（St. Helena）外来驯化了的植物和动物已经把许多土著生物全部灭绝了或几乎灭绝了。凡是信奉特创论的人，就不得不承认这样的事实，许多适应性最强的动植物，并不是海岛上原来就有的，而是人类无意之中带到海岛上的动植物。在这方面，人类的能力远比大自然做得更充分、更完善。

海岛上物种的数目虽然很少，但本地特有的种类所占的比例往往极大。例如，我们把马德拉岛上的特有的陆栖贝类，或者加拉帕戈斯群岛上特有的鸟类数目，和任何大陆上特有的贝类或岛类进行比较，然后再把岛屿的面积与大陆面积比较时，就可知道这是确实的。这种事实在理论上也是可以预料到的，因为，就像早已说明过的那样，物种偶然到达一个新的孤立地区之后，势必会和那里的新伙伴进行竞争，极容易发生变异并产生出成群的变异了的后代。然而在一个海岛上，我们决不能因为某个纲的物种差不多都是岛上特有的，就认为其他纲的一切物种或同纲的其他部分物种也必然是特有的；这种差异性，好像部分地是因为许多未变异的物种，曾是集体迁入该地区的，因而它们之间的自然关系就没有什么变动；另一部分则是由于没有变异的物种经常从原产地迁入该地，并和岛屿上的生物进行了杂交。应该记住，这种杂交所得的后代，肯定会很强壮，所以甚至一次偶然的杂交，产生的后果之大，常常超出预料之外。我要举出几个例子来说明上面的观点：在加拉帕戈斯群岛上有26种陆栖鸟类，其中有21种（或23种）是岛上特有的，但是在11种海鸟中却只有两种是特有的，很明显这是因为海鸟比陆鸟更容易、也更频繁地飞到海岛上来的缘故。另一方面，百慕大群岛（Bermuda）和北美洲大陆的距离，与加拉帕戈斯群岛和南美洲大陆的距离差不多相等，而且百慕大群岛上的土壤又很特殊，然而却没有一种岛上特有的陆鸟。根据琼斯先生（Mr. J. M. Jones）关于百慕大群岛精彩的描述中知道，很多北美洲的鸟类，不时地飞到这个群岛上。哈考特先生（Mr. E. V. Harcourt）告诉我，差不多年年都有一些鸟从欧洲或非洲，被风吹到马德拉群岛，该岛上共有99种鸟，其中仅有一种是特有的，也和欧洲的一种鸟很相近；此外，另有三四种鸟是马德拉群岛和加那利群岛所特有的。所以，百慕大和马德拉两个群岛，都从相邻的大陆上飞来了许多鸟，长期以来那些鸟彼此进行竞争，现在已经相互适应了。因此，它们在新家乡定居以后，仍然还会彼此牵制，使每一物种都保持自己固有的习惯和在自然界的位置，这样它们就不容易发生变异。还有，在原产地（大陆）没有发生变异的原种频繁地迁入该岛与早来者进行杂交，这也阻止了变异的产生。马德拉群岛有数量惊人的特有陆栖贝类，却没有一种海栖贝类是该群岛海域所特有的。目前我们虽然尚未知道海栖贝类是如何传播的，可是我们能够知道，它们的卵和幼体，可以附着在海草、漂浮的木头上或涉禽的脚上，以越过三四百英里的海洋，在这方面要比陆栖贝类容易得多。生存在马德拉群岛上的各目昆虫，也有相似的情况。

有时海岛上缺少某些纲的动物。它们在自然界的位置，由其他纲动物所代替。这样，在加拉帕戈斯群岛上的爬行类，新西兰的巨型无翅鸟，都代替了或在近代曾经代替了哺乳动物的位置。虽然这里仍将新西兰当作海岛来讨论，但是否应该这样划分，在某种程度上是有疑问的，因为

加岛哀鸽（*Zenaida galapagoensis*）。（何鑫 摄于加拉帕戈斯群岛）

它的面积很大，又没有较深的海把它和澳洲分隔开。根据新西兰的地质特点和山脉的走向，克拉克牧师最近主张新西兰和新喀里多尼亚岛（New Caledonia）都应该归属于澳大利亚。在植物方面，胡克博士曾指出，在加拉帕戈斯群岛上，各目植物的比例与其他地方的大不一样。所有这种数量上的差别和某些整群动植物的缺失，通常都是用海岛上自然条件不同来解释的，但这种解释到底是否正确，却令人怀疑。生物迁入岛上的难易程度，应该和环境条件的性质是同等重要的。

有关海岛上的生物，还有许多小事情应该注意。例如，有的海岛上，连一只哺乳动物也没有，可是本岛特有的植物却长着奇特的带钩的种子。钩的作用是把种子挂在哺乳动物的毛或毛皮上传播出去的，这是最明显的用途。因此，这种有钩的植物种子，可能不是兽类而是由别的方法带到岛上来的，其后又经过变异成为本岛特有的物种，并仍然保留着它们的小钩，这钩已成了毫无用处的附属物了，就像许多岛上的昆虫，在它们已经愈合的翅鞘下仍有退化翅膀的突起。另外，海岛上经常长着许多乔木和灌木，而和它们同属于一目的植物，在其他地方则只有草本物种。按照德·康多尔的解释，不管什么原因，木本植物的分布范围常是受到限制的。所以树木极少可能传播到遥远的海岛上，而草本植物不可能和生长在陆地上的许多发育完全的树木竞争而取胜。因此，一旦草本植物在海岛上定居，就会长得愈来愈高，超过其他草本植物而占优势。在这种情况下，自然选择的倾向就是增加植物的高度。因此不论植物是哪一个目，都能够变成灌木，然后再演化为乔木。

海岛上没有两栖类和陆栖哺乳类

关于海岛上没有整个动物目的情况，文森特（St. Vincent）先生很早以前就报道过。点缀在大洋里的岛屿虽有很多，但从未发现有蛙、蟾蜍、蝾螈等两栖类存在。我曾不遗余力地验证此说的真伪，发现除了新西兰、新喀里多尼亚、安达曼（Andaman）群岛，或许还有所罗门群岛和塞舌耳群岛之外，这种说法是正确的。但我前面说过，新西兰和新喀里多尼亚是否应该列为海岛，尚有疑问，至于安达曼、所罗门群岛及塞舌尔群岛是否应该列为海岛，就更有疑问了。在这么多真正的海岛上面，都没有蛙、蟾蜍及蝾螈，绝不是能用海岛的自然条件就可以解释的。显然，海岛上还特别适宜这些动物生存，因为蛙曾经被引进马德拉、亚速尔和毛里求斯等岛，它们在那里大量繁殖，竟泛滥成灾。但是，蛙和它的卵一碰到海水马上就会死亡（现在已知有一个印度种是例外），当然也就难以越过海洋传播，所以我们可以知道为什么它们在真正的海岛上不能存在。然而，要问为什么它们不在海岛上被创造出来，那么按照特创论的观点，就很难解释了。

哺乳类提供了另一个类似的情况。我曾详细查阅了最早的航海记录，没有找到一个确凿的实例，可以证明陆栖哺乳动物（土著人饲养的家畜除外）在离大陆或大的陆岛约300英里以外的海岛上生存，就是在离大陆更近的许多海岛上也同样没有。只在福克兰群岛（马尔维纳斯群岛）上有一种像狼的狐狸。这似乎是个例外情况，不过福克兰群岛（马尔维纳斯群岛）不能作为海岛看待，因为它位于一个和大陆相接的沙堤上，离大陆仅有280英里，在以前，还有冰山曾把漂石运到它的西海岸，那时可能也把狐狸顺便带了过去，就像现在北极地区常常发生的事情一样。我们不能说，小海岛就连小型的哺乳动物也养活不了，因为在世界很多靠近大陆的小岛上就有小型哺乳动物生存。而且我们几乎说不出有哪一个小岛，小型哺乳动物不能在那里驯化并滋生繁衍的。根据特创论的一般观点，也不能说没有足够的时间去创造哺乳动物。实际上，有许多火山岛是很古老的，从它们经历的巨大侵蚀作用和岛上存在的第三纪地层便可证明，在这些岛上有足够的时间产生本地特有的其他纲的物种。而在大陆上，我们知道哺乳动物新种的出现和绝灭，其速度要比其他低等动物快。尽管海岛上没有陆栖哺乳动物，但飞行的哺乳类几乎遍布每一个海岛。新西兰有欧美其他地方都没有的蝙蝠；诺福克（Norfolk）岛，维提（Viti）群岛、小笠原（Borin）群岛、加罗林和马利亚纳（Marianne）群岛和毛里求斯岛，各自都有特殊类型的蝙蝠。也许人们会问，为什么所谓的创造力在这些遥远的海岛上只产生蝙蝠而不产生其他的哺乳动物呢？按照我的观点，这个问题很容易回答：因为没有陆栖哺乳类能够越过广阔的海洋，而蝙蝠却可以飞越。曾经有人看到蝙蝠在大白天远远地飞行在大西洋上

加拉帕戈斯群岛的海鬣蜥。（何鑫 摄）

加拉帕戈斯群岛上的陆鬣蜥，已经受到了人为特别保护。（舒德干 摄）

空。在离开大陆有600英里的百慕大群岛，也有北美洲的2种蝙蝠定期地或偶然地访问那里。专门研究蝙蝠的专家汤姆斯先生（Mr. Tomes）告诉我，许多种类的蝙蝠，分布范围非常广泛，在大陆和遥远的海岛上都能找到它们的踪影。因此，我们只要推想这类到处迁移的物种，在新家乡由于它们在自然界中的新位置而发生变异，我们就会理解，为什么海岛上只有本地特有的蝙蝠，而没有其他哺乳动物。

还有另一种有趣的关系，就是各个海岛之间，或是海岛与最邻近的大陆之间所隔海水的深浅程度，与它们哺乳动物亲缘关系的疏密程度之间存在着一定的关系。埃尔先生（Mr. Windsor Earl）对此问题做了深入的观察，后来又被华莱士先生在庞大的马来群岛所做的卓越研究加以扩充：马来群岛和相邻的西里伯斯（Celebes）群岛以一片深海相隔，两边群岛上的哺乳动物截然不同，但每一边的海岛周围都是相当浅的海底沙滩，岛上有相同的或非常近似的哺乳动物生存。我还没有时间在世界各地去研究这类问题，但是据我所知，这种关系是正确的。例如，不列颠与欧洲中间仅隔着浅海峡，所以两边的哺乳动物是相同的；澳洲海岸附近的所有岛屿上的情况也是如此。与之相反，西印度群岛位于深达1000英寻的沙洲上，我们虽然在那里找到了美洲类型的生物，但属和种却很不相同。因为一切动物发生的变异量部分地取决于所经历的时间长短，又因为彼此间由浅海所分隔的岛屿或与大陆分隔的岛屿，比那些被深海隔开的岛屿更有可能在近代连成一片。所以我们可以知道，两个地区哺乳动物的亲缘程度，和隔开它们的海水深度有一定的关系。然而，如果根据特创论的学说，则是无法解释的。

以上是关于海岛生物的叙述——即物种的总数目很少而本地特有类型占的比例较大——同一纲里有的类群产生变异，而其他类群却不起变化——有些目，例如两栖类和哺乳类全部缺失，尽管能飞翔的蝙蝠存在。——有些目的植物出现特殊的比例——草本类型的植物发展成为乔木等等。按照我的意见，认为长期内以偶然方式传播是有效的观点，要比认为所有海岛在以前同最近的大陆连接在

加拉帕戈斯群岛的加岛海狮（*Zalophus wollebaeki*）。（何鑫 摄）

一起的观点，更符合实际情况。因为按后一种观点，可能不同纲的生物会一起迁入海岛，且因为是物种集体迁入的，物种间相互关系没有多大变动，结果它们要么保持不变，要么所有的物种都以相同的方式发生变异。

我不否认，在弄清楚遥远海岛上的许多生物（不管它们仍然是保持原来的物种，还是以后发生了变异），究竟怎样来到它们现在栖息地方的问题上，还存在着许多重大的难点。但是，决不能忽视这样的可能性，即以前可能有其他岛屿作过生物迁徙时的歇脚点，而如今却没有留下任何痕迹。我要详细叙述一个难以解释的情况：几乎所有的海岛，即使完全孤立，面积又最小的岛上，也有陆栖贝类生存。这些贝一般是本地特有的物种，有时也是和其他地方共有的物种。古尔德博士曾列举出太平洋岛屿上存在这类情况的生动例子。众所周知，海水很容易杀死陆栖贝类。它们的卵，起码是我试验过的那些卵，一遇到海水就下沉而死亡。但是，必定还会有未知的、偶然有效的某些方法将它们传播开去。刚刚孵化出来的幼体会不会偶然黏附在地面上栖息着的鸟儿的脚上而传播呢？我想起陆地贝类在冬眠时壳口上盖着膜罩，可以黏附于木头的缝隙中漂浮着渡过相当宽的海湾。我发现几种贝类，于休眠状态下浸泡在海水中七天而没有受到伤害。一种罗马蜗牛（Helixpomatia）经过这样的处置后，当再次休眠时又将它放到海水中浸泡20天，也能完全恢复。在这么长的时间里，按照海流平均速度计算，这种蜗牛可以漂过660英里远的距离。这类蜗牛壳口长着厚厚的石灰质的口盖（Operculum）。我把一个蜗牛原来的口盖除掉，待新的口盖形成后，又将它浸泡到海水里14天，它还是复活了，慢慢地爬走了。后来，奥甲必登男爵（Boron Aucapitaine）也做了类似的试验：他用分别属于10个种类的100个陆栖贝类，放到扎了许多小孔的盒子里，浸泡到海水中两个星期，取出后在100个贝中有27个复活了。看起来口盖的有无至关重要。圆口螺（*Cyclostoma elegans*）因为有口盖，在12个螺中，就有11个复活了。值得注意的是，我在试验中用的那种罗马蜗牛可以很好地抗御海水侵蚀，而奥甲必登用另外四种罗马蜗牛的54个个体做试验，结果竟无一个可以复活。然而，陆栖贝类的传播，绝不可能经常采用这种方式，利用鸟类的脚来传播可能是一个更普遍的方式。

加拉帕戈斯群岛的蓝脚鲣鸟（*Sula nebouxii*）。（何鑫 摄）

海岛生物与邻近大陆生物的关系和生物从最近的起源地向海岛迁居及其后的演变

对我们而言，最生动最重要的事实，莫过于海岛上生存的物种与最邻近大陆上的物种相近但又不完全相同的亲缘关系。此类情况的例子，我们可以举不胜举。位于赤道处的加拉帕戈斯群岛，距离南美洲海岸500～600英里，那里几乎每一种水生和陆栖生物都打上明显的美洲大陆的烙印。群岛上共有26种陆栖鸟类。其中有21种或23种和大陆的鸟种不相同，过去一般认为它们是在群岛上创造出来的。但是，群岛上的大多数鸟类，在诸如习性、姿态、鸣叫的音调等许多基本特性上，又都表现出与美洲物种有密切的亲缘关系。其他动物的情况也是如此。根据胡克博士有关该群岛的优秀著作《植物志》，大多数植物也有这种相似而又不完全相同的现象。站在离大陆几百英里远的这些太平洋火山岛上，博物学家观察周围的生物，似乎感觉置身于美洲大陆上。为什么会产生这种感觉呢？为什么设想是在加拉帕戈斯群岛创造出来的，而不是在其他地方创造出来的物种，竟然如此清楚地显示出和美洲动物种的亲缘关系呢？在生活条件、岛上的地质特征、岛的高度或气候或者共同生活的各纲生物的比例方面，没有一条和南美洲沿岸的情况类似，实际上所有各条都与南美洲大不相同。另一方面，加拉帕戈斯群岛和弗得角群岛，在土壤的火山性质、气候、高度和岛的大小等方面，在相当程度上是近似的，然而两个群岛上的生物却完全不同。弗得角群岛的生物和非洲生物的关系，恰如加拉帕戈斯群岛的生物和美洲生物的关系。根据特创论的观点，对这种事实，是根本解释不通的。与此相反，按照本书所提出的观点，显而易见，加拉帕戈斯群岛可能接受从美洲迁移来的生物，不管是由于偶然传播的方式还是由于以前连在一起的陆地的原因（尽管我不相信此学说），而弗得角群岛则接纳了从非洲迁移来的生物。这些移入的生物虽然容易产生变异，但遗传因素仍旧泄露了它们原产地的天机。

还可举出许多类似的实例，海岛上特有的生物和最邻近大陆上或者最邻近大岛上的生物相关联，几乎是一个普遍的规律。只有少数情况例外，而且大部分例外的原因也可得到合理的解释。例如，我们从胡克博士的报告中得知，克尔格伦（Kergulen）岛离非洲的距离近，离美洲远，但岛上的植物不但和美洲的有亲缘关系，而且关系还非常密切。如若我们认为岛上的植物，主要是随着定期海流漂来的冰山带来的种子及泥土石块的话，这种例外就可以解释了。新西兰的土著植物，和最邻近的澳洲大陆植物的关系，要比其他地区的关系密切得多，这也许是我们预料之中的事；然而新西兰的土著植物明显地和南美洲的植物也有关系，虽说南美洲是第二个邻近的大陆，可两者相距是那么遥远，因而这事也就成了例外。但是，按照下面的观点解释时，部分难

加拉帕戈斯象龟的繁育场。过去很长一段时间加岛象龟在生存竞争中遭受自然和人为双重压力，数量不断减少。现在由于采取人工繁育措施，其种群数量稳步上升。（舒德干 摄）

点就可以解决了，这就是：新西兰、南美洲和其他南方地区的部分生物，是在比较温暖的第三纪和最后一次大冰期开始之前，从位于它们中间的、遥远的、当时长满植物的南极诸岛迁移而来的。澳洲西南角的植物群和好望角的植物群之间亲缘关系疏远，这是更值得注意的事实，不过只在植物方面有这种亲缘关系，这种情况将来必定有一天会得到合理的解释。

决定海岛生物和最邻近大陆生物之间亲缘关系的规律，有时也适用于范围较小的同一群岛之内，只是这种情况更为有趣：在加拉帕戈斯群岛中每一个孤立的岛屿上，都有许多互不相同的物种，这个小事很奇怪。各岛上的物种间的关系比它们与美洲大陆或其他任何地方物种的关系都密切得多，这是人们预料中的事，因为各个岛屿之间的距离很近，必然会接受同一原产地物种的迁入，也必然会有各岛物种之间的相互迁入。在这些彼此可以相望的海岛上，具有相同的地质特征，相同的海拔高度和气候，却为什么迁入的许多物种会产生略有差别的变异呢？长期以来，我对这个问题感到棘手，主要原因是束缚于一个根深蒂固的错误观点——即认为一个地区的自然条件是至关重要的观点。但是，不可辩驳的是，每个物种必须同其他物种进行竞争，因此竞争对手（即其他物种）的性质，对于这一物种能否成功地生存下来，起码和自然条件是同等重要的，或许更为重要。现在，我们观察一下加拉帕戈斯群岛与世界其他地方共同拥有的物种，就会发现，在几个岛上的同一物种有相当大的差异。如果海岛上的生物是由偶然方式传播而来的。例如，一种植物的种子传到了这个岛上，而另一种植物的种子传到了另一个岛上，尽管一切种子都是从同一个原产地传播而来，但不同岛屿上物种在分布上的差别就是预料之中的事。所以，在从前一个物种先传播到某一个海岛上，尔后又从此岛传播到另一个海岛上，这个物种在不同的岛上必然要遇到不同的条件，因为它势必要和一批不同的生物进行竞争。例如，一种植物，在各岛上找到最适宜于它生存的地方，而该地方已被各岛稍有不同的物种占据着，因而会遭到不同竞争对手的排挤。这时，如果这个物种发生了变异，自然选择就可能使不同海岛上产生出不同的变种。不管怎样，有些物种仍能向外岛传播而保持着同样的性状，就像我们在大陆上所见到的分布很广而保持着同样性状的物种一样。

在加拉帕戈斯群岛的这些例子及其他类似例子中，最使人感到惊奇的是，每一新物种在岛上形成之后，并不迅速地传播到其他各岛。因为这些海岛，虽然可以彼此相望，中间却被深海湾所隔开，而且多数海湾比不列颠海峡还要宽，所以我们也没有理由认为它们以前曾是连着的。各海岛之间的海流湍急汹涌，且又很少刮大风，所以各岛相互之间隔离的程度，要比地图上所显示的实际距离大。虽然如此，也有一些物种，包括群岛特有的和与世界其他地区所共有的物种，为若干个岛屿所共有。按现在它们分布的状态，我们可以推测，最初它们是从一个岛上传播到其他岛上去的。然而我想，我们经常有一种错误的观念，认为非常相近的物种，在相互自由往来时，会有相互侵占对方地盘的可能。毫无疑问，如果一个物种对另一物种有某种优势时，它将在短时间内把对方全部或部分地排挤掉。但若两个物种都能很好地适应于各自生存的地方（岛屿），那么在相当长的时期内，它们将在彼此分离的岛屿上，各自保持着自己的地盘。我们都知道，许多物种经过人类作用驯化后，能以惊人的速度在广大地区内传播开的事实。这使我们很容易地推想到，绝大多数的物种也是这样传播的。但是我们应该记住，那些在新地区驯化了的物种，通常和本地区土著物种并不大相似，而是差别显著。正如德·康多尔所说的，大部分情况下是不同属的物种。甚至于许多鸟类，在加拉帕戈斯群岛，可以非常方便地从一个海岛飞往另一个海岛，但实际上各个岛的鸟还是不相同的。例如，有三种亲缘关系很近的嘲鸫，它们各自分布在不同的岛屿上。现在，让我们假设这种情况：查塔姆（Chatham）岛上的效舌鸫被风吹到查尔斯（Charles）岛上，而查尔斯岛已有自己特有的效舌鸫，它们怎么能容忍外岛来的效舌鸫成功地在自己的岛上定居呢？我们可以稳妥地推断：查尔斯岛上已经被本岛类型的效舌鸫所饱和，每年所产的卵和孵出的幼鸟，必然超出了该岛的养育能力。我们还可以推测，查尔斯岛上特有的效舌鸫，对自己本岛的良好适应能力并不亚于查塔姆

美洲斑蛎鹬（*Haematopus palliatus*）。（何鑫 摄于加拉帕戈斯群岛）

岛上的特有种。有关这一类的问题，莱伊尔爵士和沃拉斯顿先生曾写信告诉我一件很明显的事情，就是马德拉群岛和它相邻的小岛圣港（Porto santo），各有许多不同的陆栖贝类的代表种，其中有些种是在石缝里生活的，尽管每一年都从圣港把大量的石块运送到马德拉群岛，但是并没有圣港的贝类迁移到马德拉群岛来。然而，欧洲陆栖贝类的移入者，在圣港和马德拉群岛上都繁衍着，毫无疑问，这些欧洲贝类比本地物种占有某种优势。根据这些研究，我想，对于加拉帕戈斯群岛某些岛屿上的特有土著物种，不从一个岛上传播到另一岛，是不必大惊小怪的。还有，在同一大陆上，“先入为主”的惯例，在阻止相似地理条件下，不同地区物种的混入，可能起了很重要的作用。因此，澳洲东南地区和西南地区，自然地理条件差不多相同，中间又有连续的陆地相接，可是两地区许多哺乳类、鸟类和植物却不相同。据贝茨先生说，在辽阔连续的亚马逊河谷，生存的蝶类和其他动物，也存在这种现象。

上述控制海岛生物基本面貌的法则，即移居的生物和它们最容易迁出的原产地的关系以及生物迁到新地区后发生变异的法则，在自然界是广为适用的。在每一个山顶上，每一个湖泊及沼泽里，我们都可以看到这个法则的作用。就高山物种而言，除了那些在大冰期内已经广泛分布的物种之外，其余的都和周围低地的物种有关系；例如，南美洲高山蜂鸟（Hummingbird）、高山啮齿类和高山植物等，所有的物种都属于严格的美

圣地亚哥岛。（何鑫 摄于加拉帕戈斯群岛）

南广场岛（何鑫 摄于加拉帕戈斯群岛）

洲类型。显而易见，当一座山脉慢慢隆起时，就会从周围低地迁来许多生物。除了那些由于传播十分方便、而能广泛分布在世界大多数地区的类型以外，湖泊和沼泽里的生物也是这样。我们还可以看到这一法则同样适用于欧洲和美洲洞穴里大多数瞎眼动物的分布特征。我还可举出其他类似的实例。我相信，下述情况是真实的：任何两个地区，不管它们相距多么遥远，只要是有许多近缘物种或代表种存在，就必定会有相同的物种存在。并且，无论在什么地方，只要是有许多近缘物种存在，就必定有许多类型在分类上有争议：它们被一些博物学家认为是不同的物种，又被另一些博物学家只认为是变种。这些有疑问的类型，代表了物种在变异进程中的各个阶段。

一些亲缘关系极密切的物种，可以分布在世界上彼此相距很远的地区，这正好反映了现存或过去的某些物种具有较强的迁移能力和较大的迁徙范围。下面一些例子也能说明这种因果对应关系。比如，古尔德先生以前曾告诉过我，如果有些鸟属是世界性的，那么其中许多物种必然是广为分布的。尽管这条规律难以确证，但我不怀疑它的正确性。在哺乳类中，蝙蝠的分布明显地符合这条规律；猫科和犬科的情况稍差一点，但大体上也符合这一规律；蝴蝶和甲虫的分布也符合这同一规律。大多数的淡水生物的分布也是如此，因为各纲里都有许多属，分布遍于全世界，其中就有很多物种有广大的分布范围。然而，这并不意味着，所有的物种都是分布广的，而是指其中一部分物种分布范围广；这也并不意味着，这些属里的所有物种的广布性均等，这多半要看变异进行的程度而定。例如，同一物种有两个变种，分别在美洲和欧洲生存，因此这个物种就有广泛的分布范围；但是，如果变异继续进行下去，这两个变种就可成为不同的物种，它们的分布范围因此而大大地缩小了。这也不意味着，凡是有越过障碍物的能力而能够向远处分布的物种，像某些有强壮翅膀的鸟类，就必然分布得很广，因为我们永远不能忘记：分布广泛的含义，不仅是指具备越过障碍物的能力，而且指具有在遥远地方与当地土著生物在生存斗争中取得胜利的能力。一切同属的物种，即使在世界最遥远的地方分布着，但都是从一个祖先传下来的。按照这个观点，我们可以在这属里，应该找到，而且也确实找到了某些分布很广泛的物种。

我们应该记住，在一切纲里，有许多起源非常古老的属，所以在这种

圣克鲁斯岛上的达尔文中心门口。
（何鑫摄于加拉帕戈斯群岛）

情况下，它们的物种就有充足的时间向外扩散并相继发生变异。就地质方面的证据而言，我们也有理由相信，在各个纲里，较低等生物变异的速度，比高等生物的变异速度缓慢些。其结果是，前者有较好的机会向远处扩散并保持同一物种的特性。这个事实和大多数低等生物的种子及卵都很细小、更适宜于远程传播的事实合在一起，就能说明一个早已观察到的定律，即“愈低级的生物，分布得愈广泛”。最近德·康多尔先生就植物方面的分布，也讨论了这条定律。

刚才讨论过的各种关系，就是——较低等的生物比高等生物分布更广远——在分布广远的属内，某些物种的分布也同样广远——高山，湖泊、沼泽的生物往往同周围低地和干地上栖息的生物有关系——海岛上生物与最邻近大陆上的生物之间有明显的关系——同一群岛内诸岛上的不同生物之间有更加密切的亲缘关系——依据各个物种独立创造出来的特创论观点，对所有这些事实都无法解释。但是如果我们承认移居的生物来自最近、传播最便利的原产地，以及移居者后来对新栖息地的适应，那么，这一切事实都很容易理解了。

上一章及本章摘要

在这两章里，我想努力说明：如果我们能如实地承认，我们对于近期确实发生的气候变化、陆地水平面变迁和其他方面的变动所引起生物在分布上的所有后果知之甚少，——如果我们记得，我们对生物各种奇妙的、偶然的传播方式仍然一知半解；如果我们还记得（这是很重要的一条），一个物种原先在广大地区里连续分布，尔后在中间地带绝灭了的事实，是何等频繁地发生，——那么，我们就不难相信，同一物种的所有个体，不论是在何处发现的，都是由一个共同祖先传下来的。根据各方面综合性的研究，尤其是根据各种传播障碍物的重要性和根据亚属、属和科的相似分布情况，我们和许多博物学家都得出了一致的结论，并称之为“生物单一中心起源论”。

根据我们的学说，同属内的不同物种，都是从同一个原产地传播出去的。假如我们像上面那样承认我们知识的贫乏，并且记住某些生物类型变异很慢，因而有足够长的时间供它们迁徙时，那么，这一观点在解释上的困难，就不是不能克服的了，尽管在这种情况下，困难还是很大的，就像解释“同一物种的个体分布”所遇到的情况一样。

为了说明气候变化对生物分布的影响，我曾指出最后一次大冰期起了非常重要的作用，甚至在赤道地区也受到它的影响。而在南北冰期交替的时候，使南北两个半球的生物彼此混合，并把一部分生物遗留在世界各地的山顶上。为了说明生物各式各样偶然的传播方式，我还较为详细地讨论了淡水生物的传播。

如果我们能承认在很长的时期内，同种的一切个体和同属的若干物种，都是来自于某一个原产地，那么，所有生物地理分布方面的主要事实，都可以按照迁徙的理论，以及迁徙后的变异和新类型的增加而得到合理的解释。这样，我们就能知道障碍物的极大重要性，——不管障碍物是海洋还是陆地，不仅使动植物分隔开来，而且形成了若干动物区系和植物区系。这样，我们便可以知道，为何近缘物种集中分布在同一地区，为何在不同的纬度下，例如南美洲的平原、高山、森林、沼泽及沙漠的生物，都以神奇的方式联系在一起，而且和原来在同一大陆上栖息的已绝灭生物有同样的联系。如果我们承认生物与生物之间的亲缘关系，是所有关系中最重要的，我们就可知道为什么在自然地理条件几乎完全相同的两个地区，栖息着截然不同的生物；因为根据生物迁入新地区后的时间长短；根据生物迁移的难易程度，使不同地区迁入生物的种类和数量都有差别；根据生物迁入以后，新老居民之间生存斗争激烈的程度；还根据迁入生物产生变异的快慢；凡此种种，便会在两个地区或多个地区里，不论其自然地理条件如何，这些生物的生活条件却千差万别，——就是这些不同的生活条件，使生物与生物之间，在有机界与无机界之间，造成了极其错综复杂的关系。其结果是，一些生物类群发生了显著变异，另一些却变异轻微；一些类群大大地发展了，另一些类群的生物却寥寥无几。这种种现象，我们在世界几个大地理区内，确实可以看到。

根据这些相同的原理，我们可以明白，（如前面我曾努力说明的情况，）为什么海岛上只有很少数量的生物类型，且其中大部分又是本地所特有的种类；为什么由于迁移的方式不同，有的类群里所有的物种都是海岛上特有类型，而另外的类群，甚至是同纲的另一类型，其所有的物种和邻近地区完全相同。我们还能够理解，为什么整个大类的生物，例如两栖类和哺乳类在海岛上完全缺失，而另一方面，飞行的哺乳类即蝙蝠，即使在最孤立的小海岛上，也有其特有的种类。我们也可以知道，为什么海岛上是否存在哺乳动物（或

在圣地亚哥岛东南侧有一座很小的岛叫作松布雷罗秦岛（Sombrero Chino Island），西班牙语的意思就是中国帽岛，原因是这个小岛的造型宛如西方传统观念中中国人戴的帽子的形状。岛上岩石不断风化形成土壤，植被生长日愈繁茂。（何鑫摄于加拉帕戈斯群岛）

多或少发生了变异的），与该岛和大陆之间海洋的深度有某种关系。我们能清楚地看到，为什么一个群岛上的一切生物，虽然在各小岛上的种类不同，但彼此间却有着密切的亲缘关系，并和最邻近的大陆生物或其他迁徙来源地的生物也存在着某种亲缘关系，尽管这种关系稍微疏远了一点。我们更能领会，如果两个地区内有极近缘的物种存在，则不论这两地相距多远，总会找到若干相同的物种。

正如已故的福布斯先生所主张的那样，支配生命的规律在时间和空间上呈现出显著的相似性。控制过去时代生物演替的规律，与控制现代不同地区生物类型差异的规律几乎是相同的，我们可以从许多事实中看到这个情况。在时间上，每一物种和每一物种群的分布都是连续的；由于这一规律只有极少数例外——某种生物在一套地层的上下层位里都存在，而在中间层位里缺失，所以我们便合理地认为例外的原因是目前我们尚未在中间层位找到该物种。在空间分布上也是如此，即一物种或一物种群的栖息地区是连续的，这无疑是一个普遍规律，尽管例外情况不少。但如我以前指出的，这些都可以根据以前迁徙时遇到的不同情况，或是偶然传播方法的不同，或是该物种在中间地带的绝灭而得到合理解释。在时间和空间上，物种和物种群都有自己发展的顶点。在同一时代或同一地区内栖息的物种群，往往有共同的细微特征，如纹饰和颜色之类。我们观察过去漫长连续的时代，如同观察全世界遥远的地区一样，会发现某些纲的物种相互间仅稍有差异，而另一些纲或目里不同组的物种之间却大不相同。在时间和空间上，每个纲里构造低等的成员通常要比构造高等的成员变异少。当然在这两种情况中，这一规律都有显著的例外。根据我们的学说，生物的时、空分布规律都是很清楚的，因为我们观察的那些近缘生物，不论它们是在连续时代中产生的变异，还是迁移到远地以后所产生的变异，都遵循同一谱系演变法则；在这两种情况中，变异规律都是一样的，而且所产生的变异，都是经过自然选择作用积累起来的。

第14章

生物间的亲缘关系：形态学、胚胎学和退化器官的证据

Mutual Affinities of Organic Beings: Morphology; Embryology; Rudimentary Organs

分类、群下有群——自然系统——分类的规则与困难，根据变异学说的解释——变种的分类——常用在分类方面的世代——相似的和适应的性状——常见的、复杂的和辐射性的亲缘关系——灭绝使种群的界限趋于明显——同一纲内不同分子间和同一种内不同个体间的形态学——胚胎学及其规则，根据变异不在早期发生而在后来的相应时期遗传来解释——退化器官及其起源——摘要

达尔文随船航行的5年里，每天记录生活中的主要事件，例如他的勘探、科学考察以及思想和感情。

分 类

从地球历史的最古时期以来，已发现生物彼此间的相似程度是有差别的，因此可以划分成大小不同的类别。这种分类不像将星座中的星分成星群那样随意。如果一个类别仅仅适于陆地生活，另外的类别只能生活在水中；一种以肉食为生，另外的则为食植物而生，那么这样的划分就过于简单了。实际情况并非如此，甚至同一亚群内的分子常常具有不同的习性，这也是人所共知的事实。在第2章和第4章内，关于变异和自然选择，我试图指出，在每一个地区，凡是广泛传播、分散和常见的物种，也就是每一纲较大的属内最有优势的物种，是最能变异的。先产生变种或者最初的变种，最后变成新的、特征鲜明的种；根据遗传法则，这些物种将会产生其他新的、占主导地位的新种。因此，目前是巨大的、通常包括许多优势种的类群（Groups）将继续增大。我又进一步指出，由于每一物种变异中的后代，都要在自然经济中占有尽可能多的各式各样的地位。因而，它们顽强地趋向于性状的分歧。这一点，得到如下事实的支持：在任何一个小区域内物种的繁多，彼此竞争的剧烈以及物种驯化等。我也曾试图指出，凡是数目不断增加、性状不断分歧的类别具有排挤、取代原先的较少分歧和较少改良种类的趋向。请读者翻阅前面说明这几项原理的图表（见第4章）。不难看出，必然的结果是，从一个祖先传下来的已经改变了的后代，可以分化成为很多的群，而且群下有群。图表顶线上的每一个字母代表一个属，包括若干个种，沿上线的全部属共同组成一个纲，因为这些属是从一个远祖传下来的，因此遗传了很多共同的特性。同样的道理，左边的三个属有许多共性，形成一个亚科，不同于包含右边两个属的另一亚科，它们是从共同的祖先在图表上的第五个阶段开始分歧的。这五个属也有许多共同点，虽然没有隶属于亚科内各属之间那样关系密切；它们组成一个科，与更右边的三个属组成的科有所区分，后者在更早的时期便已分歧。所以从（A）传下来的这些属组成一个目，区别于由（I）传下来的那些属。所以我们这里有许多由单一祖先传下来的物种，组成了许多属；这些属组成亚科，由亚科再组成科，由科组成目，并都归入于一个大纲之下。生物可以自然地划分为大小不等的类别这一重要事实并不令人奇怪。在我看来，对此可以作如下解释：无疑，生物体就像其他物体一样，可以根据许多方法进行分类，或者根据单一性状人为地分类，或者依据多种性状自然地分类。我们知道，矿物或元素就可以这样分类。当然，在这种情况下，既没有系统演替的关系，目前又没有分类原理可说。但是，生物的情况则不同。上述看法是与群下有群的自然排列相一致的，截至目前还没有人做过别的解释。

正如我们所看到的，博物学者们都试图用所谓自然体系来排列每一纲内的种、属和科。但是，这个体系的意义是什么呢？有的学者认为，

林奈（Carl von Linné，1707—1778）说："不是特征造成属，而是属显示特征。"

这不过是一个清单，把最相似的生物排列在一起，把最不相似的分开；或者认为，这是一种人为的、最简单的陈述普通命题的方法——就是用一句话表示一群生物共同的特征，例如用一句话表明一切哺乳动物的特征，用另一句话表示一切食肉兽的特征，再用一句话表明狗属的特征，然后再加一句话完成对每一种狗的描述。这个体系的独创性和实用意义是无可置疑的。但是，许多博物学者认为这种自然体系的意义远非如此。他们相信，这个体系揭示了"造物主"计划；关于这个"造物主"计划，我认为除非能说明它在时间与空间方面的顺序，或者两方面的顺序，或者别的方面的意义，否则将很难对我们的知识有所补益。例如林奈先生那句名言，我们常常在文献中见到，它或多或少以隐蔽的形式出现，他说："不是特征造成属，而是属显示特征"，这句话似乎在暗示我们的分类不仅在于类似，而且还含有更深层次的联系。我相信这是事实，这种联系就是共同的祖传体系，是生物密切类似的因素，虽然有不同程度的变更，但是，仍在我们的分类中已部分地显露出来了。

现在让我们考虑一下分类学所依据的法则，以及上面几种意见所引起的种种困难，即主张分类是一种表示某项不可知的上帝创造计划，或者主张分类不过是一种叙述普通命题的清单，把彼此最相似的类型集中到一起等。也许会有人认为（古时的想法）能够确定生活习性的构造部分和每一种生物在自然体系中的总体位置，将是分类的重要依据，可是没有比这种看法更错误的了。没有人认为老鼠与鼷鼠（Shrew）、儒艮与鲸、鲸与鱼外形的相似性有什么重要意义。这些相似性虽然与生物的整体生命密切联系，但是只具有"适应的与同功的性质"；这将留作以后讨论。然而，我们甚至可以认为这是一条普遍的法则：凡是与生物的特殊习性关系越小的构造，在分类学上的重要性就越大。举一个例子：欧文在谈到儒艮时曾说，"生殖器官对于动物的习性和食性关系最小，所以我总以为这是最能表示亲缘关系的构造。对于这种器官的改变，我们最容易避免误认适应的性状为主要的性状”。就植物来说，最引人注意的、生活所必需的营养器官在分类学上几乎没有什么价值；而生殖器官及其所产的种子与胚珠都是非常重要的!又如以前所讨论的一些形态特征，在功能上并不重要，而在分类上却具有极大的用处。这是因为这种器官的性状在许多同源的类群之间常很固定，这种固定主要是因为自然选择只对有用的性状起作用，而对于这种器官任何轻微的变异，不加保存和积累的缘故。

只凭器官的生理重要性并不能确定它的分类价值，这差不多已经得到事实证明了。据我们从各方面设想，在近缘类群中，同样的器官，几乎具有同样生理价值的，其在分类上的价值却各不相同。经过长时期研究之后，博物学者对各生物类群中的这种情况，没有不感到惊奇的；这几乎是每一位作者在著作中所完全认同的。这里只要引证最高权威布朗（Robert Brown）的话就足够了。他在讲述龙眼科（Proteaceae）内某些器官对于属的重要性时曾说：“据我所知，这和所有其他部分一样，不仅在这个科内，即使在其他的各自然科内，它们的价值也是不一样的，而在某些情况下似乎完全没有意义了。”在另外的著作中，他说：“牛栓藤科（Connaraceae）内的属，区别就在有一个或多个子房、有胚乳或没有胚乳，花瓣为叠瓦状或镊合状等方面。上述特征中的任何一个，其重要性常超过属的性状，在这里虽将一切性状合并，也不足以区别兰斯梯斯属

欧文在谈到儒艮时说：“生殖器官对于动物的习性和食性关系最小，所以我总以为这是最能表示亲缘关系的构造。”达尔文也认为，与生物的特殊习性关系越小的构造，在分类学上的重要性越大。

（*Cnestis*）与牛栓藤属（*Connarus*）。举一个昆虫的实例：韦斯沃特（Westwood）曾指出：在膜翅目的某一大支群内，触角的特征是最固定的，而在另一支群内部却有差异。这种差异在分类上是次要的；但是，不会有人说同一目内这两大支群的触角具有不等的生理重要性。此外，在同一类生物中，同样重要的器官在分类学上价值不一的例子实在是举不胜举。

另一方面，残留的和退化的器官具有高度生理的或生命的重大意义；毫无疑问，这类器官在分类上常具有很大价值。没有人会否认，年轻反刍动物上颌骨上的残留牙齿和腿部的残留骨骼，在显示反刍动物和厚皮动物密切的亲缘关系方面是大有用处的。布朗强调指出，禾本草类残留小花的位置，在分类上具有最重要的价值。

可以举出很多实例：有些构造在生理上很不重要，但是人们公认，它们的性状对于确定整个类群生物的定义极有用处，例如，据欧文说，从鼻腔至口内是否有一个敞开的通道，仅这一特征就完全可以区别鱼和爬行动物；其他如昆虫翅膀褶皱的方式，某些藻类的颜色，禾本科草类花上的细毛，脊椎动物真皮覆盖物的性质（例如毛或羽）等。假若鸭嘴兽体外生羽毛而不长毛，那么博物学者将认为这个外部细微的特征，将是鉴定这种奇怪的动物与鸟类亲缘关系远近的重要标准。

细小的性状在分类学上的重要性，主要决定于它们和许多其他性状的关系（后者多少也有几分重要性）。性状的集合在自然演化史中的价值是很明显的。因此，就像常听人说起的那样，一物种可以同它的近缘物种，在若干性状方面，即既在具高度生理重要性，又在具普遍的优势方面有差异，但这并不能使我们怀疑它的分类地位。因此，我们也常常看到，根据任何单项特征建立起来的分类系统，不论这种特征多么重要，必然是不可靠的；因为机体上没有一个部分是固定不变的。即使许多性状没有一个是重要的，但是一经集合，便有重大价值；这种性状集合的重要性，可以解释林奈的格言，即特征不能造成属，而是属显示特征；这似乎是建立在许多类似点的细微鉴别上，太细微了以至不能被鉴别，因而有此格言。金虎尾科内若干植物的花有的是完全的，有的则是退化了的；关于后者，朱西厄（Jussieu）曾说，原属于该种、该属、该科、该纲特有的大批性状消失了，这简直是对我们的分类开玩笑。”当亚司派卡巴属（*Aspicarpa*）进入法国时，数年内仅留下这些退化的花。它在许多构造上最重要的方面，都和本目典型的种相差甚远。但是据朱西厄所说，理查德（Richard）以他敏锐的眼光，仍然把该种列入金虎尾科内，这一点可以显示我们分类学者的精神。

实际上，博物学者在工作时，对于鉴定一个类群或任何一物种所依据的性状，并不顾及它们的生理价值如何。如果他们找到一种性状，相当地一致，而且是大多数类型所共有的，这性状的价值就算很高；如果仅有少数类型所共有，那就算是次要的。这个原则已被一些博物学者认为是正确的；而著名植物学者奥·圣堤雷尔（Aug. St. Hiaire）更是明确地给予承认。如果有好几个细小的性状常常被一起发现，虽然它们之间并无明显的同源联系，也应认为有特殊的价值。重要的器官，例如心脏、呼吸器，或者生殖器，在大多数动物群中都相当地一致，它们在分类上也就非常有用；但是，在某些类群中，这些最重要的生活器官所表现的性状，是相当次要的。因此，正如弗里茨·穆勒（Fritz Müller）最近所说的，同在甲壳纲内，海萤属（*Cypridina*）具有心脏，而和它密切相近的两个属，贝水蚤属（*Cypris*）与金星虫属（*Cytherea*）却没有心脏，海萤属类有一个种具有很发达的鳃片，另一种却没有。

我们可以看到，为什么胚胎的性状与成体的性状具有同等的重要性，因为自然分类法本来是包括一切年龄的。但是，依据通常的观点，尚未搞清，为什么胚胎的构造在分类上比成体的构造更加重要，而在自然组成中只有成体的构造才能发挥充分的作用。但是伟大的博物学者爱德华兹和阿加西斯极力主张，胚胎的性状在所有性状中是最重要的；而且普遍认为这一理论是正确的。然而，由于没有幼虫适应的性状，它们的重要性有时被夸大了。为了说明这一点，穆勒仅仅依据幼虫的性状排列了甲壳类这一大纲，结果说明这不是一个自然的排列。但是，毫无疑问，除了幼体性状以外，胚胎性状对于分类具有最高的价值。不仅动物是这样，植物也是如此。因此，显花植物的主要划分是依据胚胎形状的差异，即依据子叶的数目与位置、依据胚芽与胚根的发育方式。现在我们可以看出，为什么这些性状在分类上有如此高的价值，就是说，自然系统是依据谱系进行排列的。

我们的分类常常清楚地受到亲缘关系的直接影响。没有什么比确定所有鸟类共有的许多性状更容易的了；但是在甲壳类里，这样的确定迄今被认为是不可能的。在甲壳类系列两个极端的类型，几乎没有一个共同的性状；但是两极端的物种，因为清楚地与其他物种近似，而这些物种又与另一些物种近似，如此关联下去，就可以清楚地认为它属于甲壳类这一纲，而不是属于另一纲。

地理分布常常被用在分类上（也许不完全合理），特别是用在非常近似类型的很大类群的分类方面。邓明克（Temminck）认为这个方法在鸟类的某些群中是有效的。甚至是必要的；有些昆虫学者和植物学者也采用过这个方法。

最后，关于不同种群的比较价值，例如目、亚目、科、亚科和属，至少在现在，几乎是随意估定的。一些最优秀的植物学者，例如本瑟姆先生与其他人士都曾强烈主张它们的任意性价值。在植物和昆虫里面，一个类群起初被很有经验的博物学者仅仅定为一个属，后来提升为一个亚科或一个科；不是因为进一步的研究发现了重要构造上的差异，而是由于具有轻微差别的许多近似物种陆续地被发现的缘故。

如果我的看法没大错的话，那么上述关于分类的规则、依据和难点，都可以根据“自然体系基于世系演变”的见解加以解释。博物学者所认为能显示两种或两种以上物种之间真正亲缘关系的性状，是经过共同祖先的遗传而得来的。一切真正的分类都是依据谱系的；共同的谱系就是博物学者无意中找到的隐藏的联系，而不是一些不可知的造物主的设计，不是一种普通命题的叙述，更不是把多少相似的对象简单地合在一起或分开。

但是，我必须更充分地解释我的意思。我相信，要使我们对每一纲内各类群谱系的排列、彼此的地位与关系都做得很适当，必须严格依据它们的世系，才能更合乎自然；不过，在几个分支或类群内，虽然在血缘的远近方面距它们共同的祖先是相等的，而所显示的差异量可以大为不同，这是由于它们经历的演变程度不同的原因；这个差异量就由该类型放置在不同的属、科、分支或目中表示出来。假若读者能参阅第4章的插图，就可很好地理解它的意义。我们假设从字母A到L，代表生存于志留纪时期的近源属类，它们都是从更早的时代传下来的。其中三个属（A、F和I），都有一个种留下了变异的后代延续至今，由顶上横线的十五个属（a^{14}至z^{14}）来代表。现在，所有从这三种传下来的变异了的后代，彼此都具有相同的血缘与血统关系；可以把它们比喻为第100万代的堂兄弟；可是，它们彼此之间有着广泛的和不同程度的差异。从A传下来的类型，现在分解为两个或三个科，构成一个目。由I传下来的类型，也分解成两个科，组成了不同的目。由A传下来的现存物种已不能与亲种A归入同一个属；同样，从I传下来的现存物种也不能与亲种I归于同一个属。假设现存的F^{14}属依然存在，但稍有改变，于是它将与祖属F归于同一属；正像某些极少的现存生物属于志留纪的属一样。因此，这些在血统上都以同等程度相关联的生物，它们之间差异的比较价值就大大地不同了。虽然如此，它们谱系的排列，仍然是绝对正确的，不仅现在如此，而且在以后的时期也是如此。从A传下来的所有变异了的后代，都从它们的共同祖先继承了一些共同的性质，就像从I传下来的后代从自己的祖先那里继承下来的特性一样；在每一后续的时期，每一继承后代的每一旁支也是如此。然而，如果我们假设A或I的任何后代，已经发生了很多变异，以至失去它祖先的所有痕迹，在这种情况下，它在自然系统中的位置也将消失，一些极少的现存生物就发生过这种现象。沿着它的整个系统线，F属的一切后代，假定只有很少的变化，它们就形成一个单一的属。这个属虽然很孤立，但是一直占有特殊的中间位置。各种群的表示，如这里用平面图指出的，未免过分简单。各分支应向各个方向发射出去。如果各类群的名称只是依直线书写，它的表示就更加不自然了。在自然界中同一群生物间所发现的亲缘关系，企图用平面上的一条线来表示，显然是不可能的。因此，自然系统是依据世系排列的，好像一个家谱。但是不同类群所经历的演变量，必须由列入所谓不同的属、亚科、科、支目和纲来表示。

举一个语言的例子来说明这个分类的观点可能是有益的。如果我们拥有一部完善的人类谱系，那么人种的系统排列，将对全世界现在所用的不同语言提供最好的分类；假若所有废弃了的语言和所有中间性质及缓慢变化的方言也包括在内，那么这样的排列将是唯一可能的分类。但是，一些古老的语言改变很小，产生的新语言也很少，而其他的古老语言由于同宗民族在散布、隔离与文化状态方面的关系曾经有很大改变，因此产生了许多新的方言和语言。同一语系不同语言之间的不同程度的差异，必须用群下有群的方法来表示；但是合适的、甚至唯一可能的排列将是系统排列；而且将严格是自然的，因为它将把一切语言，古代的和近代的，根据密切的亲缘关系连接到一起，并且表示出每一种语言的分支与起源。

为了证实这一观点，让我们看一下已知的或者确信是从单一物种传下来的变种的分类。这些变种群集在物种之下，亚变种又群集在变种之下。在有些情况下，例如家鸽，还有其他等级的差异。变种分类与物种分类遵循着大致相同的规则。作者们坚决主张变种排列的必要性。都强调需要一种自然系统，以代替人为系统。例如，我们受到警告，不要仅仅因为凤梨（菠萝）的两个种的果实（虽然是最重要的）几乎相同，就把它们轻率地放在一起；没有人把瑞典薰菁与普通薰菁归到一起，虽然它们的块茎十分相似。凡是最固定的构造部分，可以用在变种分类方面。因此，伟大的农学家马歇尔说，在牛的分类上角最有用。因为与身体形状和颜色比较起来角的变化最小；但是羊类角的性质较不固定，很少用于分类。在变种分类中，我想，假若我们有一个真正的宗谱，系统分类法就会优先地广泛采用。实际上，在一些场合它已经被采用。因为我们可以确信，不管有多少变异，继承的原则将会使类似点最多的类型聚合在一起；关于翻飞鸽，虽然某些亚变种在喙长这样重要的性状方面有所不同，因为都有翻飞的共同习性，它们都会被归并在一起。但是，短面的种类已经几乎或完全丧失了这种习性；尽管如此，我们并没有考虑这一点，仍然把它们与翻飞的种类归入一起，因为它们在血统上相近，而且在其他方面也有类似之处。

关于自然状态下的物种，事实上每一位博物学者都在依据血统关系进行分类；因为他把两性都包括在最低单位——物种中。这些两性有时在最重要的性状方面表现了十分巨大的差异，这是每一个博物学者都了解的。例如，某些蔓足类的成年雄体与雌雄同体的个体之间几乎没有任何共同之处，但是没有人企图分开它们。三个兰花植物类型，即和尚兰（Monachanthus）、蝇兰（Myanthus）和龙须兰（Catasethus），曾经被列为三个不同的属，但是一经发现有时它们产在同一植株上时，就立刻被降为变种。现在我可以表明，它们分别是属于同一物种雄性的、雌性的和雌雄同株的个体。博物学者把同一个体的不同幼体阶段包括在一个物种里，不管它们彼此之间的差别与成虫的差别有多大。斯登斯特鲁普（Steenstrup）所谓交替的世代也是如此，它们只能在学术意义上被看作同一个体。博物学者把畸形和变种包括在一个物种内，不是因为它们部分地相似于亲本类型，而是由于它们是从同一亲本类型遗传下来的。

虽然雄体、雌体和幼体有时是极不相同的，但是，同种个体的分类，普遍地应用血统原理将它们归到一起；有一定改变的和有时有较大改变的变种也根据血统来分类。因此，种归于属、属归于较高的类群，一切归在所谓的自然体系之下，难道不是不知不觉地运用同一血统因素在分类吗？我相信它已经被不知不觉地应用了。这样，我们可以了解最优秀的分类学者们所依据的一些准则与纲领。因为我们没有既成的宗谱，只得靠某些种类的相似之点去追索血统的共同性。因此，我选择了那样一些性状来分类，即每一物种在最近的生活条件下最不容易发生变化的性状。从这一观点出发，残留构造与身体上未退化部分在分类上是同样重要的，有时甚至更为适用。不管一种性状多么微小，例如颚的角度大小、昆虫翅膀的折叠方式，皮肤被覆着毛发还是羽毛等，只要它在许多不同的物种中，特别是在那些生活习性很不相同的物种中是普遍存在的，它就具有了高度的分类学价值；因为我们只能用一个来自共同祖先的遗传，来解释为什么它能存在于如此众多的不同习性的类型里。如果只能根据某一构造来分类，我们就会犯错误。但是，即使很不重要的性状，只要它们同时存在于不同习性的一大群生物里，根据血统理论可以很有把握地认为，这些性状是从共同的祖先遗传下来的；我们知道，这种集合的性状在分类上具有特殊的价值。

我们可以理解，为什么一个物种或一个物种的集群，在它们的一些最重要的特征方面偏离自己的伙伴，而又被稳妥地与它们分类到一起。只要有足够数量的性状，不管是多么的不重要，显露出血统共同性的潜在联系，就可以稳妥地进行这样的分类，而且还可以经常这样做。即使两个类型没有一个性状是共同的，但如果这些极端的类型被中间类群的环节连接到一起，我们就能立刻推测出它们血统的共同性，就可以把它们置入同一纲内。因为我们发现在生理上高度重要的器官（在最不同的生存条件下用以保存生命的器官）通常是最固定的，所以我们赋予它们以特别的价值。但是如果这些相同的器官在另外一个群或某个群的一部分中发现存在很大的差异，我们将立刻在分类中降低对它们的评价。我们将会看到，为什么胚胎的性状具有如此高度的分类重要性。地理分布有时在大属的分类中能得到有效的作用，因为生活在不同地区和孤立地区同一属的全部物种，大概都是从同一祖先传下来的。

同功的类似性

根据上述观点，我们能够理解真正的亲缘关系与同功的或适应的类似性之间存在着很重要的区别。拉马克首先注意到了这个问题，在他之后还有马克里（Macleay）及其他人。在身体形状和鳍状前肢上，儒艮和鲸之间的类似，以及哺乳类与鱼类这两个目之间的类似，都是同功的。属于不同目的鼠与鼩鼱之间的类似也是同功的；米瓦特（Mivart）先生坚持主张的鼠与澳大利亚小型有袋动物（Antechinus）之间更加密切的类似也是同功的。依我的看法最后这两者的类似可以根据下述理由得到解释，即适于在灌木丛和草丛中作相似的积极活动以躲避敌害。

在昆虫中间也有无数类似的实例；林奈就曾被表面现象所迷惑，竟把一个同翅类的昆虫归入蛾类。在家养变种中，甚至可以看到类似的情况，例如中国猪和普通猪的改良品种在形体上有着显著的相似性，而它们却是从不同的物种遗传下来的；又如普通芜菁和极不相同的瑞典芜菁在加厚茎部方面也是相似的。细腰猎狗和赛马之间的类似，并不比有些作者所描述的大不相同的动物更为奇特。

性状，只有在揭示了血统关系时才对分类

具有真正的重要性。我们能够清楚地理解，为什么同功的或适应的性状，虽然对生物的繁荣具有极为重要的意义，但是对于分类学者来说，几乎毫无价值。因为两个血统极不相同的动物，可以变得适应类似的条件，并因此获得外部形态的相似。但是这样的类似不但不能揭示它们的血统关系，反而往往掩盖了它们的血统关系。因此，我们也能够理解这样的明显矛盾。当一个群与另一个群比较时，完全一样的性状是同功的。而当同一群的成员一起比较时，则显示了真正的亲缘关系。例如：当鲸和鱼比较时，身体形状和鳍状前肢仅仅是同功的，都是两个纲对于游泳功能的适应；但是在鲸族（科）的一些成员之间比较时，身体形状和鳍状前肢则提供了显示真正亲缘关系的性状；因为这些部分在整个科里都是非常相似的，以至我们不能不相信它们是从同一祖先遗传下来的。鱼类也是如此。

可以举出许多实例说明，在十分不同的生物中，由于适应于相同的功能，生物的某个部分和器官之间会出现惊人的相似。狗和塔斯马尼亚狼或袋狼是在自然系统中相距很远的两种动物，而它们的颚却是非常相似的。这就是一个很好的例子。但是这种相似只局限于一般外表，如犬齿的突出和臼齿的切割形状。实际上牙齿之间还有

黑背胡狼（吴海峰摄于肯尼亚）

很大的差异，例如狗的上颚的每一边有四颗前臼齿，仅有两个臼齿；而袋狼有三个前臼齿和四个臼齿。而这两种动物的臼齿在相对大小和构造方面也有很大的差异；而且在成齿长出之前，还有极为不同的乳齿。当然，任何人都不可否认，这两种动物的牙齿通过连续变异的自然选择，已经适应了撕裂肉食的需要。但是，如果承认这个曾在一个例子中发生，而在另外的例子中被否定，依我看这是不可理解的。我高兴地发现，像弗劳尔教授那样高级的权威也得出了同样的结论。

上一章里所举的特殊情况，例如具有闪电器官的很不相同的鱼类，具有发光器官的很不相同的昆虫，具有粘盘花粉块的兰科植物和萝摩科植物都可归入同功相似这个范畴内。但是，这些情况都是如此之奇特，以至被看作我们学说的困难与异议。在所有这些情形下，可以发现它们的器官的生长与发育有着根本的差异，一般在成年构造中也是如此。它们要达到的目的是相同的，所用的方法虽然表面上看来也是相同的，但是其本质却是不一样的。以前在同功变异的名义下提到的原则大概也常常在这些情况下起作用。同纲的成员虽然亲缘关系疏远，但是它们的体质继承了许多共同的特征，以至它们往往在相似的刺激因素下以相似的方式发生变异。显然是自然选择使它们获得彼此相似的构造与器官，而与由共同祖先的遗传无关。

属于不同纲的物种，由于连续轻微的变异，常常生活在几乎类似的环境条件下，例如生活在陆地、空中和水里这三种环境中。因此，我们或许可以理解，为什么有时会有数字上的平行现象出现在不同纲的亚群里边。一位被这种性质的平行现象打动的博物学者，由于任意地提高或降

狗

袋狼

狗和袋狼是在自然系统中相距很远的两种动物，但是它们的颚却非常相似。达尔文认为这是因为适应于相同的功能。

低某些纲内类群的分类价值（我们的所有经验表明，对它们的评价至今还是任意的），就能容易地把这种平行现象扩展到广阔的范围内。这样，就出现了七项的、五项的、四项的和三项标准的分类法。

另一类奇异的情况是，外表上十分类似并非由于适应相似的生活习性，而是因为保护作用才得到的。我指的是贝茨（Bates）先生首次描述过的一些蝴蝶，它们模拟了另外的、很不同的物种的奇异方式。这位优秀的观察者指出，在南美的一些地区，有一种透翅蝶（Ithomia），其数量很多，大群聚集，在这群蝴蝶中常常能发现另外一种蝴蝶，即异脉粉蝶（Leptalis），混杂在同一群内。后者与透翅蝶在颜色浓淡和条纹，甚至翅膀的形状方面极为相似，以使有11年采集标本历史且目光十分锐利的贝茨先生也难免受骗，尽管他总是处处警觉。当捕获到模拟者与被模拟者并加以比较时，人们发现它们的基本构造是很不相同的。它们不仅属于不同的属，而且常属于不同的科。如果这个模拟只见于一两个事例，可以被认为是一种奇怪的巧合。但是，如果我们撇开异脉粉蝶模拟透翅蝶不谈，还可以找到属于类似两个属的模拟者和被模拟者，而且同样极为相似。此种情况，包括模拟其他蝴蝶的物种在内总共不下10个属，模拟者和被模拟者总是生活在同一地区；我们从未发现一个模拟者生活在远离被模拟者的地方。模拟者几乎都是稀有昆虫；被模拟者几乎在所有情形下都是富集成大群的。在异脉粉蝶密切模拟透翅蝶的地方，有时还有别的鳞翅类昆虫模拟同一种透翅蝶。结果，在同一个地方能够找到三个属的蝴蝶，人们甚至还发现有一种蛾也非常相似于第四个属的蝴蝶。特别值得注意的是，异脉粉蝶的许多模拟者仅仅是同一物种的不同变种，被模拟者也是如此；而其他类型则无疑是不同的物种。但是人们会问：为什么我们要把某些类型看作是被模拟者，而把其他类型看作模拟者呢？贝茨先生令人满意地回答了这个问题。他说，被模拟的类型保持着它那一个群通常的装饰，而伪装者则改变了自己的装饰，并且与它们最近缘的类型不再相似了。

其次，我们来深究一下，是什么原因使某些蝴蝶和蛾类这样常常获得另一个相当不同类型的装饰。博物学者大惑不解，为什么“自然”会玩弄欺骗手段？毫无疑问贝茨先生已经想到了正确的解释。被模拟的类型总是富集成群的，它们必定能大批地逃避毁灭。不然，它们就无法保存得那么多。现在已经搜集到了大量的证据，证明它们是鸟类和许多食虫动物不喜欢吃的。另一方面，栖息在同一地区的模拟类型是比较稀少的，属于稀有的类群。因此，它们想必是习惯地忍受了一些危险，不然的话，根据所有蝶类的产卵数量，它们将会在三至四个世代内繁衍到整个地区。现在，如果一个这样被迫害的稀有的类群，其中一个成员获得一种外形，这种外形是如此类似于一种受良好保护的物种，以致它不断骗过富有经验的昆虫学家的眼睛，它也就常能骗过掠夺成性的鸟类和昆虫。因此，它常能逃过毁灭的厄运。几乎可以说，贝茨先生实际上目睹了模拟者变得如此相似被模拟者的过程；他发现异脉粉蝶的某些类型，模拟了许多其他的蝴蝶，因此以极端的程度发生变异。在一个地区产生的几个变种，其中仅有一个变种在某种程度上与该地区常

贝茨的笔记

见的透翅蝶相类似。在另外的地区有二至三个变种，其中一个远比其他变种常见，它极力地模拟着透翅蝶的另一种类型。根据这一事实，贝茨先生得出结论：异脉粉蝶首先发生变异；当一个变种和栖息在同一地区的任何普通蝴蝶在一定程度上相类似，那么这个变种由于和一个繁盛的、很少受迫害的类型相类似，就会有更好的机会避免被掠夺成性的鸟类和昆虫所毁灭，结果常常被保存下来。“肖似程度比较不完全的，就一代接一代地被排除了，只有肖似程度完全的，才能保存下来，繁衍它们的种类。”所以在这里，我们有了一个极好的自然选择的实例。

华莱士和特里门（Trimen）先生同样也描述了马来半岛和非洲鳞翅类昆虫和其他昆虫，描述过一些同样明显的模拟实例。但在大型四足类中尚未发现这样的模拟。在昆虫中，模拟的频率较之其他动物大得多，这大概是由于它们身体小的缘故。昆虫不能保护它们自己，除了确实带刺的种类之外。我从未听说过那些带刺种类模拟其他昆虫的例子，尽管它们常被他人模拟。昆虫由于不能通过飞翔来逃避吞食它们的更大动物；因此，它们就和大多数弱小动物一样，被迫采用欺骗和掩饰的手段，赖以生存。

应该说，模拟的过程大概不会发生在颜色大不相同的类型之间。而是从彼此有点儿类似的物种开始的。最密切的肖似，如果是有益的，就能以上述手段容易地办得到。如果被模拟的类型后来逐渐通过某种原因发生了变异，模拟的类型也会沿着同样的轨迹变化，几乎能改变到任何程度。这样，它就会获得与它所属的那一科的其他成员完全不同的外表或颜色。但是，在这一方面也会有一些困难，因为在某些情况下，我们必须假定，几个属于不同群的古老成员，在它们还没有分异到现在的程度以前，偶然地与另一个有保护群的一个成员肖似到足够的程度，从而得到了某些轻微的保护；这样就逐步产生了保护得最完全肖似的基础。

关于连接生物亲缘关系的性质

大属的优势物种中变异了的后代，有继承优越性的倾向。这种优越性使它们所属的群变得巨大，并使它们的双亲占有优势。因此，它们几乎肯定可以广为传播，在自然中占有越来越多的地方。每一纲里较大和较优势的群因此往往不断增大，以致排挤了许多较小和较弱的群。因此，我们能够解释这样的事实：所有现存的和已经灭绝了的生物，被包括在少数的大目和更少数的纲里边。这个事实是惊人的：较高级分类阶元的类群在数量上是非常之少，而它们在全世界的分布却又是何等的广泛。以致在澳洲被发现后，也未能增加一个可建立新纲的昆虫。我从胡克博士那里了解到，在植物界，也只增加了两个或三个小科。

在有关地层序列的那一章里，我曾说明，在漫长而连续的变异过程中，每个群的性状通常会分歧很多。为什么比较古老的生物类型的性状在一定程度上能代表现存种群之间的中间类型呢？因为某些古老的中间类型能把变异很少的后代遗传到今天，它们组成了我们所谓的中介物种（Osculant Species）或畸变物种（Aberrant Species）。一个类型越是畸形，则已经消失或完全消失的连接类型的数量就越大。我们有一些证据表明，畸形的类群由于灭绝而蒙受了严重损失，因为它们几乎仅有极少的代表物种。按照它们现存的情况来看，这些物种通常彼此很不相同，这更加意味着灭绝。例如鸭嘴兽和肺鱼属，如果不是像现在这样仅有单一的种，或两三个种，而是包含十几个种，大概它们也不会减少到如此异常的程度。我想我们只能根据以下情况进行解释：把畸变的类型看作被较为成功的竞争者所战败的类型，它们只有少数成员在非常有利的条件下残存了下来。

沃特豪斯（Waterhouse）先生曾经指出，当动物中一个群的成员对另一个很不同的群显示出亲缘关系时，在多数情况下这个亲缘关系是抽象的，而不是具体的。因此，根据沃特豪斯先生的意见，在所有的啮齿类中，绒鼠与有袋类的关系是最为密切的。但是，在它与有袋类接近的诸点中，它们的关系是一般性的。也就是说，它并不是与有袋类某一个具体的种更接近些。因为相信亲缘关系诸点是真实的，不只是适应性的，所以按照我们的观点，它们就必须归因于由共同的祖先遗传这一点。因此我们只能设想，或者包括绒鼠在内所有的啮齿类，是从某种古老的有袋类分支出来的，而这种古老的有袋类与所有现存的有袋类，在性状上或多或少地具有中间性质；或者啮齿类和有袋类二者都是从其共同的祖先中分支出来的，并且此后两者在不同的方向上又都经受了许多变异。不论依据哪种观点，我们都必须设定，绒鼠通过遗传从古老的祖先那里获得了比其他啮齿类更多的性状；因此，它不会与任何一种现存的有袋类有特别近的关系。但是，由于部分地保存了它们共同祖先的性状，或者该群某些早期成员的性状，因而间接地与一切或几乎一切有袋类有关系。另一方面，就像沃特豪斯先生所指出的那样，在一切有袋类中，袋熊（Phascolomys）与啮齿类最为相似，不是与某一个具体种，而是与整个啮齿目最为相似。但是，在这种情况下，完全值得怀疑，这种类似可能仅是同功的，因为袋熊已经适应了像啮齿类那样的习性。年长的德·康多尔（De Candolle）在不同科植物亲缘关系的一般性质方面也做过类似的观察。

根据由共同祖先遗传下来的物种性状会不断增多与渐次分支的原理，并且根据它们通过遗传保存了一些共同形状的事实，我们能够理解，通过极端复杂和辐射性的亲缘关系，将同一科或者更高阶元的群中的所有成员彼此连接到了一起。因为通过灭绝分裂成了群和亚群的整个科的共同祖先，将会把它的某些性状，经过不同方式和不同程度的改变，遗传给所有的物种。它们将通过各种长度的亲缘关系迂回线必定相互关联着（正如在前面经常提到的那个图解中看到的），并通过许多代祖先而进化。即使通过系统树的帮助，人们也很难表示古代贵族家庭无数亲属之间的血统关系。但是，如果没有系统树帮助，要搞清其血统关系，就几乎是不可能的。所以我们能够理解下述情况：博物学者在同一个大的自然纲里，已能看出许多现存的成员和灭绝成员之间的各种亲缘关系，但在没有图解帮助的情况下，要想描述这种关系是很困难的。

正如我们在第4章里已经看到的那样，灭绝作用在确定和加宽每一纲中几个群之间的间距方面起了重要作用。这样，我们可以解释各个纲彼此界限分明的原因，例如鸟类与其他脊椎动物的界限。如此说来，许多古老的生物类型已经完全消失了。这些绝灭类型将鸟类的早期祖先与当时较不分化的其他脊椎动物连接在一起。然而曾把鱼类和两栖类连接在一起的中间生物类型的灭绝就少得多。在一些纲内，例如甲壳纲，灭绝得更少。因为在这里，最奇异的类型仍然被一个很长的、仅有部分缺失的亲缘关系的锁链连接在一起。灭绝只能限定群的界限：灭绝不能制造群。因为如果曾经在这个地球上生活过的每一个类型突然重新出现，尽管我们不能给每一个群建立明显的界限，但至少能按其自然的排列关系建立一个自然分类体系。参阅图解我们能看出这一点；从字母A到L可代表志留纪的十一个属，其中有些已经产生出变异了后代的大群。每一个分支和亚支的每一个演化链条仍然存在，这些链条并不比现存变种之间的链条更大。在这种情况之下，将难以下一个定义，把一些群的一些成员与它们更直接的祖先和后代区别开来。尽管如此，图解上的排列仍然是有效的和自然的。因为按照遗传的原理，譬如所有从A遗传下来的类型将有一些共同点。在一棵树上我们能区分出这一枝和那一枝，虽然在分叉处二者是联合的并且融合在一起的。我说过，我们不能分清几个群的界限；但是我们能够选择模式或类型来表示每一群的大部性状，不管这个群是大还是小。这样就表示出了它们之间差异值的轮廓。要是我们能成功地搜集到某一个纲曾生活在一切时间和一切空间的所有类型就好了，这正是我们应依据的方法。但是，我们将永远不会完成这样圆满地工作。虽然如此，在某些纲里，我们正在向着这个目标前进。爱德华兹近来在一篇优秀论文里，坚持主张采用模式的高度重要性，不管我们能否把这些模式所属的群划分开来并确定它们的界限。

最后，我们看到了自然选择，它伴随竞争而来，几乎必然地导致了任何亲种的后代的灭绝与性状分歧。它解释了所有生物亲缘关系中最重要、最普遍的特征，即群下分群的从属关系。我们用血统这个要素，把两性个体与一切年龄的个体归在同一个物种之下，虽然它们仅有少数性状是共同的。我们依据血统对已知变种进行分类，不管它们可能与自己的双亲有多大的不同。我相信，血统这个要素就是博物学者在自然系统术语之下所追求的潜在的连接纽带。关于自然系统这个概念，在它完整的范围内，它的排列是系统的，其差异的程度用属、科和目等术语来表示。根据这一概念，我们就能够理解在我们的分类中必须遵循的规则，以及为什么我们认为某些相似性的价值远在其他相似性之上；为什么我们要采用残留的、无用的器官，或生理上用处很小的器官来进行分类；为什么在探讨不同类群的亲缘关系时，我们径直排除了同功的或适应的性状，而在同一群的范围内却利用这些性状。我们能够清楚地看到，所有的现存类型和灭绝类型为什么能够汇集在少数几个大纲里；每一纲的若干成员为什么能被最复杂的亲缘关系辐射线连接起来。大概我们将永远解不开某一个纲的成员之间亲缘关系的复杂“蜘蛛网”；但是，当我们在观念上有一个明确目标时，而且不去祈求某种未知的创造计划，我们就有希望得到确实的但是缓慢的进步。

海克尔（Häckel）教授最近在他的《普通形态学》和其他著作中，运用他渊博的知识与才能讨论了他的系统发生（Phylogeny），或称一切生物的血统图。在描绘的几个系统中，他主要依靠胚胎学的性状，也借助于同源器官和残留器官，以及各种生物类型首批出现在地层里的连续时期。这样他勇敢地走出了伟大的第一步，并向我们表明将来应如何处理自然分类问题。

形态学

我们看到，同一纲的成员不论生活习性如何，它们躯体的总体设计是彼此相似的。这种相似性常常以术语“构架一致”来表示，或者说一个纲不同种的某些构造和器官是同源的。整个命题包括在“形态学”这个总术语之中。这是自然历史最有趣的一门学科，而且几乎就是它的灵魂。适于抓握的人手，便于挖掘的鼹鼠的前肢、马的腿、海豚的鳍和蝙蝠的翅膀，都是以同一构架组成的，而且同一对应的位置上应当包括相似的骨骼。还有什么能比这些更加奇妙的呢？举一个次要的但却是惊人的例子：非常适于在开阔的平原上奔跑的袋鼠的后肢，善于攀登、吞食树叶的澳洲熊，即树袋熊（Koala）同样良好地适于抓握树枝的后肢，居住地下、捕食昆虫或树根的袋狸（Bondicoot）的后肢，以及其他一些澳洲有袋类的后肢，都是在同一特别的构架下形成的，即其第二、第三趾骨极其瘦长、被包在同一张皮内，结果看上去好像是具有两个爪的单独的趾。尽管有这种构架的类似，很明显，这几种动物的后肢在能想象到的范围内应用于各不相同的目的。这种情况由于美洲负子鼠而表现得更加惊人。它们的生活习性几乎同它们的澳洲亲戚相同，但它们的脚却有着普通的式样。这些陈述是弗劳尔教授提出的，他在结论中说：“我们可以

袋鼠　　树袋熊　　袋狸

非常适于在开阔的平原上奔跑的袋鼠，和善于攀登、吞食树叶的树袋熊，以及居住在地下、捕食昆虫和树根的袋狸，它们的后肢，都是在同一特别的构架下形成的。

把这叫做构架的一致性"，但对这种现象并未提供多少解释。然后又加一句："难道这不是暗示着真正的亲缘关系，并从共同的祖先继承下来的事实吗？"

圣·提雷尔极力主张同源部分的相对位置或连接关系；它们在形式和大小上几乎可以很不相同，但以相同的不变的顺序连接在一起。例如，我们从来没有发现肱骨与前臂骨，或大腿骨和小腿骨颠倒过位置。因此，相同的名称可以用在很不同的动物的同源骨骼上。我们在昆虫口器构造中看到了这一相同的重要规律：天蛾（Sphix-moth）的极长而呈螺旋性的喙，蜜蜂或臭虫（Bug）的奇异折合的喙，以及甲虫的极大的颚，有什么比它们彼此更加不同的呢？所有这些服务于不同目的的器官，都是由一个上唇、大颚和两对小颚经历无数变异而形成的。这一法则也支配着甲壳类的口器与附肢的构造。植物的花也一样。

企图采用功利主义或终极目的论来解释同一纲各成员构架的这种类似性，是最没有希望的。欧文在他的《四肢的性质》这部有趣的著作中认为这种企图是毫无希望的。根据每一种生物被独立创造的观点，它只能说它就是这样，即"造物主"根据一致的设计，把每一大纲里的动物和植物建造出来。但是，这根本不是科学的解释。

根据连续轻微变异的选择学说，其解释在很大程度上就简单得多了。每个变异对被改变的生物都有某种益处，但又常常因为相互作用影响生物体的其他部分。在这种性质的变化中，将很少或根本没有改变原始构架或变换各部分位置的倾向。一种附肢的骨骼可以缩短和变扁到任何程度同时被包以很厚的膜，以便当作鳍用；或一种有蹼的手可以使它的所有的骨骼，或某些骨骼变长到任何程度，同时，连接它们的膜可以扩大，以作为它们的翅膀。可是所有这些变异，并没有改变骨骼构造和各部分的联结关系。如果我们设想，所有哺乳类、鸟类和爬行类的一种早期祖先（这可以叫作原形）具有按照现行的一般构架建造起来的肢，不管它们用作何种目的，我们将立刻清楚地看出全纲动物肢的同源构造。昆虫的口器也是一样，我们只有设想，它们的共同祖先具有一个上唇、下颚（Mandibles）和两对小颚，而这些部分可能在形状上都很简单；于是自然选择可以解释昆虫的构造与功能上的无限多样性。尽管这样，可以想象，由于某些部分的减小和最后完全萎缩，或由于与其他部分的融合，或由于其他部分的重复或增加（这个变异都是在可能的范围内进行的），一种器官的一般构架可能变得极其隐晦不明，以致最后消失。在已经灭绝的巨型海蜥蜴（Sea-lizard）的鳍状物和某些吸附性甲壳类的口器中，它们的一般架构似乎已经模糊不清了。

由这个问题派生出的另一个同等重要的问题是系列同源（Serial homologies），或者说，同一个体不同部分或不同器官相比较，而不是同一纲不同成员之间相同部分与相同器官的比较。大多数生理学家相信，头骨与一定数目的椎骨的基本部分是同源的，就是说，在数量上和相互关联上总是一致的。前肢和后肢在所有较高级的脊椎动物纲里显然都是同源的。甲壳类非常复杂的颚和腿也是这样。几乎人人都熟知，在一朵花上，花萼、花瓣、雄蕊和雌蕊的相互位置以及它们的内部构造，呈螺旋形排列并由变态叶组成的观点，都是可以合理解释的。在畸形植物中，我们常可看到由一种器官转变成另一种器官的直接证据；在花发育的早期或胚胎阶段，以及在甲壳类和其他动物的同一阶段，实际上能够看到在成熟期变得极不相同的器官，起初却是非常相似的。

按照创造论的观点，系列同源的情况是多么的不可理解啊!为什么脑子（brain）包含在数目这么多的、形状如此奇特的、显然代表脊椎的骨片所组成的“盒子”里呢？正如欧文所说，分离的骨片便于哺乳类的分娩活动，但是由此产生的利益绝不能解释鸟类与爬行类头颅的同一构造。为什么创造出类似的骨骼形成了蝙蝠的翅膀和腿，而又被用于这样完全不同的目的，即飞和走呢？为什么具有由许多部分形成非常复杂口器的一种甲壳类，总只有很少的腿呢。或者反过来，具有许多腿的甲壳类却有着简单的口器呢？为什么每朵花里萼片、花瓣、雄蕊与雌蕊，虽已适应于这样不同的目的，但却是在同一模式下构成的呢？

按照自然选择的学说，我们能在一定程度上回答这些问题。这里我们不必考虑一些动物的身体最初怎样分为一系列的构造，或者它们怎样又分出具有相应器官的左侧与右侧，因为这类问题几乎是在我们的研究范围以外的。但是，一些系列构造大概是细胞分裂、增殖的结果，细胞分裂引起细胞的繁育以致各部构造的增殖。为了我们的目的，只需要记住以下事实就足够了：即同一部分与同一器官的无限制的重复，正如欧文指出的，是所有低级的或者很少特化（Specialised）类型的共同特征；所有脊椎动物的未知祖先大概具有许多椎骨；关节动物的未知祖先大概具有许多环节；显花植物的未知祖先具有排列成一个或多个螺旋形的叶。我们以前还看到，多次重复的部分不仅在数量上而且在形状上容易发生变异。因此，这样的部分由于已经具有相当的数量和高度的变异性，将自然而然地提供了服务于不同目的的材料；但是，它们将通过遗传的力量，一般会保存它们原始的或基本类似性的明显痕迹。这种变异通过自然选择为它们以后的变异提供了基础，并且从最初就具有类似的倾向，所以它们会更加保留这种类似性。这些部分在生长的早期是相似的，而几乎处于同样的条件之下。这样的部分，不管变异了多少，除非它们共同的起源完全隐晦不明，否则它们就是系列同源的。

在软体动物的大纲里，虽然能够显示不同物种的某些构造是同源的（仅少数为系列同源），例如，石鳖的壳瓣；也就是说，我们很少能够说出，同一个体的一部分与另一部分是同源的。我们能够理解这个事实；因为在软体动物中，甚至在本纲最低级的成员中，我们也几乎找不到某一构造那样无限制的重复，像我们在动物界和植物界其他大纲里所看到的那样。

但是，正如最近兰克斯特（Lankester）先生在一篇优秀的论文里充分说明的那样，形态学是一门比它最初出现时复杂得多的学科。他描述的某些纲之间的重要区别被博物学者一概列为同源。他指出，不同动物的类似构造，由于它们的血统来自共同的祖先，随后又发生了变异。他认为这种构造是同源的（homogenous）；凡是不能这样解释的类似构造，应该叫作同形的（homoplastic）。例如，他相信鸟类和哺乳类的心脏整体说来是同源的，就是说是从一个共同的祖先传下来的；但是，在两个纲里心脏的四个腔是同形的，即是独立发展起来的。兰克斯特先生也举出同一个体动物身体右侧或左侧的各部分的密切类似性。在这里，我们通常也叫作同源。然而它们与来自一个共同祖先的不同物种的血统毫无关系。同形构造与我分类的同功变化或同功类似是一样的，不过我的方法还很不完备。它们的形成可以归因于不同生物的各部分或同一生物的不同部分曾以相似的方式进行过变异；并且归因于部分相似的变异，为了同一目的或功能而被保存下来，对此，我们已经举过许多实例了。

博物学者常常谈到，认为头颅是由变形的脊椎形成的；螃蟹的颚是由变形的腿形成的；花的雄蕊与雌蕊是由变形的叶子形成的。正如赫胥黎所说，在大多数情况下，更正确地说，头颅和脊椎、颚和腿等等并不是说从现存的一种构造演变出另一种构造，而是说它们都从某种共同的、更为简单的原始构造变成的。但是，大部分博物学者仅仅在比喻的意义上运用这种语言。他们的原意并不是生物在悠久的遗传过程中，某一种类的原始器官（在一种例子中是椎骨，另一例子中是腿），曾经实际上转化成了颚或头颅。但是，这种情况的发生是如此明确而有说服力，以至博物学者几乎不可避免地使用含有这种清晰意义的语言。根据本书的观点，这种语言完全可以使用；而且以下奇异的事实都可部分地得到解释，例如螃蟹的颚，如果确实从真正的虽然极简单的腿变形而成，那么它们所保留的大批性状，大概是通过遗传而获得的。

发育与胚胎学

这是整个博物学中最重要的学科之一。每个人都熟知，昆虫的变态一般是由少数几个阶段突然达到的。但是，实际上具有无数个逐渐的、虽然是隐蔽的转化过程。正如卢布克（Lubbock）爵士阐明的，某些蜉蝣的昆虫（Chlöeon）在发育期间要蜕皮20次以上，而每次蜕皮都要发生一定量的变异。在这个例子里我们看见变态的活动是以原始的、渐变的方式完成的。许多昆虫，特别是某些甲壳类向我们显示，在发育过程中所完成的构造变化是多么奇异！而且，这样的变化在某些低等动物的所谓世代交替中达到了顶峰。例如，有一个惊人的事实，即一种分枝精巧的珊瑚性动物的水螅体（Polypi），星罗棋布地点缀在海底的岩石上。它首先由芽生、然后是横向分裂，产生出巨大的浮游水母群。这些水母产卵，从卵孵化出游泳的极微小的动物，它们附着在岩石上，发育成分枝的珊瑚状动物；这样，无止境地循环下去。世代交替和普通变态基本上是相同的观点，已进一步得到华格纳对幼虫发现的支持。他发现一种蚊即瘿蚊（Cecidomyia）的幼虫或蛆由无性生殖产生了其他幼虫，这些幼虫最后发育成为成熟的雄虫和雌虫，再以普通的方式用卵增殖它们的种类。

值得注意的是，当华格纳最初宣布他的杰

梅里安（Maria Sibylla Merian，1647—1717），德国自然艺术家。她最早用画笔记录了昆虫的变态发育过程。

出发现时，有人问我，对于这种蚊的幼虫获得无性生殖的能力这一点，应如何解释？只要这种情形是唯一的，就无法做出解答。但是，格里木（Grimm）已经示明，另一种蚊，即摇蚊（Chironomus）几乎也用同一种方式生殖。他相信，这种方式常见于这一目。摇蚊具有这个能力的是蛹，而不是幼虫；格里木进一步阐明，这个例子在一定程度上把“瘿蚊与介壳虫科（Coccidae）的单性生殖联系起来”；单性生殖这个术语意味着介壳虫科成熟的雌体不与雄体交配就可以产生出能育的卵。现在知道有几个纲的某些动物在很早的龄期就具备了通常的生殖能力；我们只要采取渐进的步骤促进单性生殖到更早的龄期（摇蚊所表示的正是中间阶段，即蛹的阶段），大概就可以解释瘿蚊的这种奇异的情形了。

已经讲过，同一个体的不同部分在胚胎早期阶段是完全相似的，但在成虫阶段才变得大不一样，并且用于完全相同的目的。同样，我也曾阐明，属于同一纲的最不相同的胚胎通常是十分相似的，但当完全发育后就变得大不相同。要证明最后一个事实，没有比冯·贝尔的陈述更好的了。他说："哺乳类、鸟类、蜥蜴类、蛇类，大概还包括龟鳖类在内的胚胎，在最早期阶段，不论是它们的整体还是各部分的发育方式，彼此都非常相似；事实上，它们这么相似，以致我们常常只能从大小上区别这些胚胎。我有两种浸在酒精里的小胚胎，因忘记把名称标签贴上，现在我已经说不清它们到底属于哪一纲了。它们可能是蜥蜴或是小鸟，或者很年轻的哺乳动物。这些动物的头和躯干的形成方式是极其相似的。然而，在这些早期胚胎中，尚缺少四肢。但是，即使在发育的最初阶段有四肢存在，我们也无法搞清它们的准确属性，因为蜥蜴和哺乳类的脚、鸟类的翅膀和脚，与人的手和脚一样，都是从同一基本类型中产生出来的。"在发育的相应阶段中，大部分甲壳类的幼虫彼此密切相似，而成虫则会变得很不一样了；许多其他动物也是这样。胚胎相似性的法则偶然地持续到很晚的年龄还保留有痕迹：这样，同一属和近似属的鸟，它们幼体的羽毛常常彼此相似；我们在鸫类的斑点羽毛上所看到的就是这样。在猫族中，大部分的物种在长成时都具有条纹与斑点。我们在植物中偶尔也可以看见类似现象，虽然很稀少。因此，金雀花（Furze）的首叶与假叶，金合欢属的首叶都像豆科植物的叶子，是羽状或分裂状的。

同一纲中很不相同的动物胚胎在构造上彼此相似的特点，与它们的生存条件常常并无直接关系。例如，在脊椎动物的胚胎中，鳃裂附近的动脉有一特殊的弧状构造，我们不能设想，这种构造在与母体子宫内得到营养的幼小哺乳动物、在巢内孵化出的鸟卵、在水中的蛙卵所处的生活条件相似有什么关系。我们没有更多的理由相信这样的关系，就像我们没有理由相信人的手、蝙蝠的翅膀、海豚的鳍内相似的骨骼是与相似的生活条件有关一样。没有人会设想，幼小狮子的条纹或幼小黑鸫鸟的斑点对于这些动物有什么用途。

可是，当一种动物在它的胚胎时期的某一阶段，如果它是活动的，而且必须为自己寻找食物，情形就不同了。活动的时期可发生在生命的较早期或较晚期；但是，不管发生在什么时期，幼体对于生活条件的适应，也会像成虫那样的完善与美妙。最近卢布克爵士已经对它们的发生过程进行了很好地说明：分属于很不相同的"目"的一些昆虫幼体密切相似，而在同一目中各昆虫的幼虫又却不相似，以上是依据它们的生活习性比较的。由于这类的适应，近缘动物幼体的相似性有时就很不清楚了；特别是在发育的不同阶段出现分工现象时尤其如此。就像同一幼虫在某一阶段必须寻找食物，另一阶段不得不寻找固着的地方一样。甚至有这样的情形，近缘物种或物种群的幼虫之间的差异要大于成体。但是，在大多数情况下，虽然是活动的幼体，也还或多或少地密切遵循着胚胎相似的法则，蔓足类提供了这方面的一个很好的实例，甚至连名声显赫的居维叶也未能看出藤壶是一种甲壳类；但是，只要看一下幼虫就会知道它属于甲壳类。蔓足类的两个主要类别：有柄蔓足类和无柄蔓足类，虽然在外表上很不相同，可是它们的幼虫在所有阶段中却区别很小。

胚胎在发育过程中，机体结构一般也在提高。虽然我知道几乎不可能清楚地确定机体结构的高级或低级，但是，我还是使用了这个说法。大概没有人会反对蝴蝶比毛虫更高级。但是，在

藤壶（Balanus）在外形上像贝类，所以连声名显赫的居维叶也未能看出来藤壶是一种甲壳类，但是，只要看一下其个体发育中的无节幼虫就很快能鉴定它应该属于节肢动物门的甲壳类。

某些情况下，成体动物在等级上常是被认为低于幼虫，例如某些寄生的甲壳类。再说蔓足动物：在第一阶段中的幼虫有三对运动器官，一个简单的单眼和一个吻状的嘴；就靠这个嘴它们吃许多食物，因此，它们的体积增大了许多。在第二阶段中，相当于蝴蝶的蛹期，它们有六对构造精致的游泳腿，一对巨大的复眼和极为复杂的触角；但是它们有一个紧闭的、不完善的嘴，不能吃食物；它们在这一阶段的功能是，用它们很发达的感觉器官去寻找，用它们积极的游泳能力去达到一个适宜的地点，以便附着在上面去完成它们最后的变态。完成变态之后，它们便固定下来生活了：它们的腿转化成为把握器官；它们重又得到了一个结构很好的嘴；但是它们失去了触角，两只眼也转化成细小的、单独的、简单的眼点。在最后的完成阶段中，蔓足动物的成体与其幼虫状态相比较，既是最高级又是最低级，均无不可。但是在某些属中，幼虫可以发育成具有普通构造的雌雄同体，还可以发育成我所谓的补雄体（Complemental male）；后者的发育确实是退步了，因为雄体仅仅是一个能短暂生活的囊，除了生殖器官以外，它缺少嘴、胃和其他重要器官。

我们已惯于看到胚胎与成体构造上的差异，因此，我们容易把这种差异看成是生长过程中必然发生的事情。但是，我们还无法搞清像蝙蝠的翅膀和海豚的鳍以及这些动物，为何在它们的某些构造开始现形时，其所有构造并不按适当的比例显现出来。在动物中某些整群和其他群的部分成员中，情况就是这样，不管在哪一个时期，胚胎与成体没有多大差异；欧文曾就乌贼的情况指出，“未经变态，头足类的性状在胚胎前的相当长时间就显示出来了”。陆栖贝类和淡水甲壳类生出来时就具有固有的形状，然而这两个大纲的海生成员，在它们的发育中常常要经过巨大的变化。而蜘蛛却几乎没有经受任何变态。大部分昆虫的幼虫都要经过一个蠕虫状的阶段，不管它们是积极活动以适应不同生活习性，还是处于适宜的养料之中，或受到亲体的哺育而不活动。但是在少数情况下，如果我们看到了赫胥黎教授关于昆虫发育的美妙的绘图，我们几乎就看不见蠕虫状阶段的任何痕迹。

有时，只是比较早期的发育阶段没有出现。据穆勒的惊人发现，某些虾形的甲壳类（与对虾属相近似），首先出现的是简单的无节幼体（Nauplius-form），接着经过两次或多次水蚤期（Zoea-stage），再经过糠虾期（Mysis-stage），最终获得了它们的成体构造。在这些甲壳类所属的整个庞大的软甲目内（Malacostracan），现在还未见其他成员要先经过无节幼体而发育起来，虽然许多是以水蚤出现的。尽管如此，穆勒还提出一些理由来支持自己的信念：如果没有发育上的抑制，所有这些甲壳类都会首先以无节幼虫出现的。

那么，我们应该怎样解释胚胎学上的这几个事实呢？即胚胎与成体之间在构造上虽然不是普遍一致的而是很一般化的差异；同一个体胚胎的各部分在生长的早期是相似的，最后又变得很不一样，并且服务于不同的目的；同一纲里不同种的胚胎和幼虫之间一般是相似的，但不是不变的。胚胎在卵或子宫里的时候，常保留一些无用的构造，这对那个时期或在以后的生命时期都是如此；另一方面，必须为自己提供食物的幼虫对于周围的条件是完全适应的；最后，某些幼体在机体构造的等级上高于它们将来发育成的成体。我相信对于所有这些事实可以做如下的解释。

因为畸形会影响胚胎的早期发育，所以，通常认为，轻微变异或个体差异必然出现在同样早的时期。对此我们很少有什么证据。相反，我们的证据却支持了完全不同的结论。因为人所共知，牛、马和其他观赏动物（Fancy animal）的饲养者，在动物出生后的一些时间里，无法明确指出它们幼小动物的优点和缺点。对于自己的孩子我们也清楚地看到了这一点；我们无法说出某个孩子将来是高还是矮，或者将一定有什么样的容貌。问题不在于每一变异发生在什么时期，而在于什么时期能表现出效果来。变异的原因可能产生在生殖作用之前，我们相信常常作用于亲体的一方或双方。值得注意的是，很幼小的动物，只要还保存在它的母体的子宫或卵内，只要还受到亲体的营养和保护，它的大部分性状不管是在生命的较早时期获得的，还是在较晚时期获得的，都并不重要。例如对于凭借钩状喙取食的鸟来说，在它幼小的时候，只要有亲体哺育，是否具有这种形状的喙，则是无关紧要的。

我曾在第1章中说过，一种变异不论在什么年龄首次出现在它们的亲代身上，这种变异就有可能在相应的年龄重新出现在它们后代的身上。一定的变异只能出现在相应的年龄段中；例如，蚕蛾在幼虫、茧或成体时的各种特性；或牛在完全成熟后其角的特点等。但是，就我们所知，最初出现的变异，不论在生命的早期还是晚期，同样有在后代或亲代的相应年龄中重新出现的可能。我绝不是说事情绝对如此，我也可以举出几个例外的变异事例（就这个术语的最广义而说），这些变异发生在子代的年龄比发生在亲代的年龄要早些。

这两条原理，即轻微变异总是出现在生命的不很早的时期，并且被遗传给后代也是在同一个不太早的时期，我相信这就能解释上述胚胎学上的主要事实。首先让我们看一看家养变种中一些类似的情况。一些论述过狗的作者，他们认为细腰猎狗与斗牛犬，虽然很不相像，但实际上是密切相似的变种，是从同一个野生种遗传下来的；因此，我非常好奇地想知道它们的幼狗彼此差异有多大。饲养者告诉我，幼狗之间的差异与亲代之间的差异完全一样。仅凭眼睛判断，这似乎是对的；但是，在实际测量老狗和出生仅有六日的狗崽时，我发现狗崽并没有获得它们同比例差异的全量。还有，人们又告诉我，拉车马和赛跑马，这些几乎完全在家养条件下由人工选择形成的品种，其小马之间的差异与充分成长的大马似乎一样；但是在仔细测量赛跑马和重型拉车马的母马和它们的出生仅三日的小马后，我发现情况并非如此。

因为我们有确实的证据可以证明，鸽的品种是从单一的野生种遗传下来的。我对孵化后12小时以内的雏鸽进行了比较；对野生的亲体种、凸胸鸽、扇尾鸽、侏儒鸽（即西班牙鸽）、巴巴鸽、龙鸽、信鸽和翻飞鸽，我都仔细地测量了（但这里不列举详细材料）喙的比例、嘴的宽度、鼻孔与眼睑的长度、脚的大小和腿的长度。在这些鸽子中，有一些在成熟时，在长度、喙的形状和其他性状方面变得极不相同。如果在自然状态下，它们应当被列为不同的属。但是，当把这几个刚孵出来的雏鸟排成一列时，虽然其中的大多数可以勉强区别开来，可是在上述各特殊点上的比例差异，比起充分成长的鸟来却是很小很小的了。其差异的某些特点，例如嘴的宽度，在幼鸟中几乎无法察觉出来。但是，对于这一法则，却有一个明显的例外，因为短脸翻飞鸽的雏鸽就和在成鸟阶段具有几乎完全相同的比例，这一点区别于野生岩鸽和其他品种的雏鸟。

上述两项原理解释了这些事实，饲养者是在狗、马和鸽等快成熟的时期才选择它们进行繁育的。他们并不关心所需的特征是在生命的较早时期或是较晚时期获得的，只要为成体动物能具有就行了。刚才所谈的情况，特别是鸽子的实例说明，由人工选择所积累起来的、并赋予其独有价值的特征，通常并不出现在生命的很早时期，也不是从相应的早期生命阶段遗传下来的。但是，短面翻飞鸽的情况，即刚生出来12小时就具有了它固有的性状，证明这并不是普遍的规律；因为在这里表现出来的特征，要么出现在比通常更早些，要么该特征不是从相对应的阶段，而是从更早的阶段遗传下来的。

现在，让我们运用这两个原理来解释一下自然状况下的物种。由某些古老的类型遗传下来的鸟类的一个群，为了适应不同的习性，通过自然选择发生了变化。于是，由于若干物种的许多轻微的变异，并不是在很早的年龄期发生的，而是在一个相应的年龄期遗传下来的，所以幼体很少发生变异，并且它们之间的相似程度也比成鸟之间更为密切，正如我们在各种鸽中所看到的那样。可以把这个观点引申到十分不同的构造和整个纲。例如前肢，遥远的祖先曾经把它当腿用，通过漫长的演化过程可能发生变化，在某一类的后代中适于当手用，在另一类中当桨状物，在其他类别中则当翅膀用。但是，根据上述两个原理，前肢在这几个类型的胚胎早期不会有大的变化。虽然在每一类型中，前肢在成体阶段将大为不同。不管长期连续地使用还是不使用某一器官，在改变某一物种的肢体或其他构造方面产生什么影响，主要是在或者只在它接近成熟、而迫使它用全部力量谋生时，才会对它产生影响。这样产生的影响将在相应接近成熟的年龄期传递给后代。这样，幼体各构造通过增强使用和不使用的效果，将不起变化或只有很轻微的变化。

就某些动物来说，连续变异可以在生命的很早期发生，或者诸级变异可以在比它们第一次产生时更早的年龄期遗传下来，像我们在短面翻飞鸽所看到的那样。在上述任一情况下，幼体或胚胎都密切地类似于成熟的亲体类型。在某些整群或者只在某些亚群中，例如在乌贼、陆生贝类、淡水甲壳类、蜘蛛和昆虫大纲的一些成员中，这是一条发育规律。至于这些类群的幼体不经过任何变态的根本原因，我们认为很可能是由于幼体不得不在幼年解决它们自己的需要，并且遵循与自己的亲代同样的生活习性。因为在这种情况下，它们要以其亲代同样的方式发生变异。为了生存，这是不可缺少的。还有，许多陆生的和淡水动物不曾经受任何变态，而同一群内的海生成员却要发生各种变态。关于这一奇特的事实，穆勒曾指出，一种动物生活在陆地上或淡水中，而不是在海里，这种缓慢的变化与适应过程，将由于不经过任何幼虫阶段而大大地简单化了。因为在这样新的环境和生活习性发生巨大改变的情况下，要想找到既适于幼虫阶段又适于成虫阶段，又没有被其他生物占领或不完全占领的地方，实在是不可能的。在这种情况下，在成体构造越来越提前的年龄期，渐进的获得将被自然选择所偏爱；于是，以前变态的一切痕迹也就消失了。

另一方面，一种动物的幼体所遵循的生活习性略微不同于它们亲体类型的生活习性，因而其构造也稍微不同。如果这样做有利的话，或者如果一种幼虫继续变化，已经不同于它的亲体，也是有利的话，按照在相应年龄期的遗传原理，幼体或幼虫将因自然选择变得越来越不同于它们的亲体，直至任何可以想象的程度。幼虫阶段的差异也可能变得与连续发育时期相当；因此，在第一阶段中的幼虫可能变得大大不同于第二阶段，许多动物就有这种情况。成体也可能变得适合于那样的地点与习性，即运动器官和感觉器官在那里都没有用处了；这样变态就退化了。

根据上述由于幼体构造的变化与变化了的生活习性一致原理，以及相应年龄遗传的原理，我们可以理解，为什么动物所经过的发育阶段与它们的成体发育的原始状态完全不同的原因。大多数优秀的权威现在都承认，昆虫的各种幼虫期和蛹期就是这样通过不断适应获得的，而不是通过遗传从古老类型那里获得的。芫菁属是一种经过某种异常发育阶段的甲虫，它的奇异情形可以解释其发生的过程。根据法布尔描述，第一批幼虫类型是一种活泼、微小的幼虫，具有六条腿、两根长触角和四只眼。这些幼虫孵化在蜂巢里；在春天当雄蜂在雌蜂之前羽化出室时，幼虫便跳到它们的身上，以后在雌雄交配时又爬到雌蜂身上。一旦雌蜂把卵产到蜂的蜜室上面时，芫菁属的幼虫就立刻跳到卵上，并且吃掉它们。此后，它们发生了根本的变化：眼睛消失了，腿和触角也残缺不全了，而且以蜜为生；此时，它们更像昆虫的普通幼虫了；后来它们经历了进一步的转化，最终成为完美的甲虫。现在，如果有一种昆虫，它的转化像芫菁属的变态过程，一旦变成新昆虫纲的祖先，那么这个新纲的发育过程就很不同于现在昆虫的发育过程；而第一批幼虫阶段肯定不会代表任何成体类型和古老类型以前的状态了。

另一方面，许多动物的胚胎阶段或成虫阶段，很可能大体完整地显示了整个类群祖先的成虫状态。在甲壳类这个大纲内，包括有彼此极为不同的类型，如吸着性的寄生虫类、蔓足类、切甲类，甚至软甲类，但最初它们都是以无节幼体出现的。因为这些幼虫在开阔的海洋里居住与觅食，而不适应任何特殊的生活习性。根据穆勒所提出的理由，很可能在一个很遥远的时期，就曾

某种芫菁。

有一种类似无节幼虫的独立成体动物存在过。后来，沿着几条分叉的血统线，产生了上述庞大的甲壳类群。还有，根据我们所知道的哺乳类、鸟类、鱼类和爬行类胚胎的知识，这些动物大概是某些古老祖先变异了的后代。上述古老的祖先在成体状态中，具有极适于水生生活的鳃、一个鳔、四个鳍状肢和一个长尾。

因为所有曾经生活过的生物，包括灭绝了的和现存的，能够排列在少数几个大纲里。根据我们的理论，在每一纲里有的所有成员由细微的分级连接到一起。如果我们的采集是近于完全的，那么最好的、唯一可能的分类将是依据谱系的分类；血统是博物学者们所寻找的在“自然系统”的术语之下相互联系的潜在纽带。根据这个观点，我们可以理解，在大多数博物学者眼里，对于分类来说胚胎的构造甚至比成体的构造更为重要。但是，在两个或更多的动物群里，不管它们的构造与习性在成体状态中有多大差异，如果它们经过极相似的胚胎阶段，那么我们就可以确定，它们是从同一个亲体类型遗传下来的，而且是密切相关的。这种胚胎构造的共同性显露了其血统的共同性。但是胚胎发育的不相同，不能证明血统的不一致，因为在两个类群的一个群中，发育阶段有可能被遏制，或者通过适应成新的生活习性而大大地改变了，因此而无法辨认。甚至在成体发生了极端变异的类群中，起源的共同性往往还会从幼虫的构造上显露出来。例如，我们明白，蔓足类虽然在外表上非常像贝类，可是根据它们的幼虫就立即知道，它们是属于甲壳类这个大纲的，因为胚胎清楚地展示给我们一个很少变异的古老甲壳类祖先的构造。所以，我们可以了解，为什么古老的、灭绝类型的成体状态，常常那样相似于同一纲现存种的胚胎。阿加西斯相信，这是自然界的一条普遍规律；我们以后还会看到，这条规律是真实的。但是只有在以下的情况下才能证明这条规律是真实的，即这个群的古代祖先，并没有由于生长在很早时期发生连续的变异，也没有由于这样的变异在早于它们第一次出现的较早龄期被遗传而全部淹没。还必须记住，尽管这条规律是正确的，但是由于地质记录在时间上延伸得还不够久远，因而可能很难得到证实。如果一个古老的类型在它的幼虫时期，变得适应于某种特殊的生活方式，而且把同一幼虫状态遗传给了整个群的后代，那么在这种情况下，这条规律也不能严格有效，因为这样的幼虫将不会与任何更古老类型的成体状态相类似。

因此依我看来，胚胎学上这个无与伦比的重要事实，可以根据变异原理得到解释。在一个古老祖先的许多后代中，其变异出现在生命周期不很早的时期，并且曾经在相应的时期遗传给了其后代。我们可以把胚胎看作一幅图画，虽然多少有些模糊，但仍可反映同一纲里所有成员的祖先形态；或是它的成体状态，或是它的幼体状态。这样，胚胎学便更加变得饶有趣味了。

退化的、萎缩的和停止发育的器官

在这些奇异状态中的器官和构造中，带着明显不同的标记。它们在整个自然界中是极其常见的，甚至是普遍的。要想举出一种不具退化或残迹构造的高级动物，那是不可能的。例如，在哺乳动物中，它的雄体具有退化的奶头；蛇类的肺有一叶是残缺的；鸟类的“庶出翼”（bastard-wing）可以有把握地看作发育不全的趾，而且在有些种内，整个翅膀是残缺不全的，以至无法用作飞翔；更奇异的是，鲸的胎儿具有牙齿，而长大以后却又没有牙齿；未出生的小牛上颌生有牙齿，可是从来不穿出牙龈。

残迹器官以各种方式显示出了它们的起源意义。属于非常近缘的物种，甚或同一种内的甲虫，或者具有很大而完全的翅，或者只具有残迹的膜，位于坚固地粘合在一起的翅鞘之下。遇到这种情况，就不能不怀疑这种残迹是代表翅的。痕迹器官有时还保留着它们的潜在能力：偶然见于雄性哺乳类的奶头，人们看到它们发育得很好，而且分泌乳汁。牛属的乳房也是这样，正常情况下它有四个发育的乳头，还有两个残迹的奶头；后者有时在家养奶牛里发育显著，而且产奶。关于植物，在同一物种的个体中，花瓣有时是残缺的，有时却是很发育的。在雌雄异花的某些植物中，凯洛伊德发现，使雄花具有残迹雌蕊的物种，与具有很发育雌蕊的雌雄同花的物种相杂交，在杂种后代中残迹雌蕊就显著增大了。这一点清楚地表明，残迹雌蕊与完全雌蕊在自然界基本上是相似的。一种动物在完全状态中的构造，在某种意义上可能是残迹的，因为它是无用的：像刘易斯先生所说的，普通蝾螈（Salamander）即水蝾螈的蝌蚪，“有鳃，生活在水中；但是，山蝾螈（*Salamander atra*）则生活在高山上，产出发育完全的幼体。这种动物从来不生活在水中。可是，如果剖开一个怀胎的雌体就会发现，其中的蝌蚪就具有精致的羽状鳃；如果把它们放入水中，它们就会像水蝾螈的蝌蚪一样在水中游泳。显然，这个水生的体制与这种动物未来的生活没有关系，也不是对胚胎条件的适应；它仅仅与祖先过去的适应有关系，它不过是重演了它的祖先发育过程中的一个阶段而已。”

兼有两种用途的器官，对其中一种用途，甚至较重要的用途，可能变为残迹或完全地不发育，而对于另一种用途却完全有效。例如，在植物中，雌蕊的功用在于使花粉管能达到子房里的胚珠。雌蕊是由受花柱支持的柱头所组成。但是其在某些聚合花科的植物中，不能授精的雄性小花只具有残迹的雌蕊，因为它没有柱头。但是其花柱仍然很发达，并且以通常的方式生有细毛，用来把周围的和邻区的花药刷下。还有一种器官可使原来的用途变成残迹的，而用于另一目的：在一些鱼类中，鳔的漂浮的固有功能似乎变成残迹了，它已转变成了原始的呼吸器官或肺。类似的实例还可以举出很多。

有用的器官，不管它多么不发育，也不应认为是残迹的，除非我们有理由设想它们曾经高度地发达过。它们可能处于一种初生的状态中，正向更加发育的将来前进。另一方面，残迹器官，或者根本无用，例如从来没有穿透过牙龈的牙齿；或者是近乎没有用处，例如鸵鸟的翅膀，仅能作为风篷使用。因为这种情况下的器官，在从前发育更差时，甚至比今天用处更小，所以它们不可能是通过变异和自然选择而产生出来的。自然选择的作用只在于保存有用的变异。由于遗传的力量，它们部分地被保存下来，并且与生物的以前状态有关系。但是，要区别残迹器官与初生器官常常是很困难的。因为我们只能用类推的方法来判断一种器官是否能进一步发达。只有在它们能进一步发达的情况下，才能被叫作初生的。这种状态的器官通常是很少的；因为具有这种器官的生物，常常会被具有更完善的同样器官的后继者排挤掉，而早已灭绝了。企鹅的翅膀有很大用途，它可以当鳍用；虽然它可能代表翅膀的初生状态，但我并不同意这个看法，因它更可能是一种缩小了的器官，只因为适应新的功能而发生了变异。另一方面，几维鸟（或称无翼鸟）的翅膀完全是无用的，的确是一种残迹。欧文认为，肺鱼简单的丝状肢是“高级脊椎动物获得充分功能性发展的器官的开端”。但是根据根特（Günther）博士后来提出的观点，它们大概是由坚固鳍轴构成的残迹，这个鳍轴具有不发达的鳍条和侧枝。鸭嘴兽的乳腺若与黄牛的乳房相比较，可以看作是初生状态的。某些蔓足类的卵带已不能作为卵的附着物，很不发达，它是初生状态的鳃。

同一物种的个体中，残迹器官的发育程度

几维鸟（或称无翼鸟）的翅膀完全是无用的，的确是一种残迹。

极易发生变异。在极其近缘的物种中，同一器官缩小的程度偶尔也差异很大。后面的事实被同一科雌蛾的翅膀状态提供了很好的例证。残迹器官可以完全停止发育；这就暗示在某些动物或植物中，有些器官完全缺失了，依据类推原理可望找到它们，而且在畸形个体中偶尔也真能够见到它们。在玄参科（Scrophulariaceae）的大多数植物中，第五条雄蕊完全萎缩；可是，我们可以断定，该第五条雄蕊曾经存在过，因为在该科的许多物种中可以找到它的残迹物，并且这种残迹物有时还能得到充分的发育，就像我们有时在普通的金鱼草中看到的那样。在同一纲不同成员的各种构造上追踪同源性时，没有什么比发现残迹物更为常见的了。为了充分理解各器官的关系，没有什么比发现残迹物更为有用的了。欧文所画的马、牛和犀牛腿骨的插图便很好显示了这一点。

残迹器官，例如鲸和反刍类上颚的牙齿在胚胎中往往可以见到，但是以后就消失了，这是一个重要事实。我相信这也是一条普遍的规律，即残迹器官与相邻器官比较，它在胚胎比在成体中要大一些；所以这种生命早期阶段的器官是很少残迹的，甚至几乎没有残迹。因此，成体的残迹器官往往被说成是还保留了它们的胚胎状态。

上面我列举了关于残迹器官的主要事实。回想这些事实，无论是谁都会感到惊异；因为同样的推论告诉我们，大多数部件和器官是如何巧妙地适应了某些目的，并且还明白地告诉我们，这些残迹器官和萎缩器官是不完全的和无用的。在博物学著作中，残迹器官通常被说成是“为了对称的缘故”，或是“为了完成自然的设计”而创造出来的。但是，这并不能算作一种解释，而只是事实的复述。其本身就是一个矛盾。例如王蛇（Boa constricter）有后肢与骨盆的残余物，如果说这些骨骼的保存是为了完成“自然的设计”，那么正如魏斯曼教授所质疑的，为什么其他的蛇不保存这些骨骼，它们甚至连这些骨骼的残迹都没有呢？如果认为卫星为了“对称的缘故”沿着椭圆形轨道围绕着它们的行星运行，而行星同样围绕着太阳运行，那么对于坚持这种主张的天文学者来说，他们又作何感想呢？有一位杰出的生理学者设想，残迹器官的存在，是用来排泄剩余物质，或排泄对系统有害物质的。但是，我们能够设想那微小的乳头（Papilla），它常常相当雄花中的雌蕊，并且仅由细胞组织构成，它能起到这样的作用吗？我们能够设想，以后将要消失的残迹的牙齿丧失掉磷酸钙这样贵重的物质，对于迅速生长的牛胚胎有益吗？当人的手指被切割时，我们知道，在断指上会出现不完全的指甲，我立刻会明白，指甲痕迹的发育是因为要排除角质物质的缘故。那么，海牛鳍上的残迹指甲也应该是因为同样的原因而发育的。

按照血统与变异的观点，解释残迹器官的起源是比较简单明了的；我们能够在很大程度上理解支配它们发育不完全的原因。在我们的家养生物中，有很多残迹器官的实例，例如，无尾种类中尾的残迹，无耳绵羊品种中耳的残迹，无角牛的品种，据尤亚特说，更特别的是小牛的下垂小角的重新出现，以及花椰菜（Cauliflower）完全花的状态。我们常常见到畸形动物中各个构造的残迹物；但是，我猜想这个例子除了能说明残迹器官的产生外，未必能说明在自然状态中残迹器官的成因；比较证据清楚地表明，自然状态下的物种并未经受巨大的和突然的变化。我们从家养动物的研究中得知，部分器官的不使用导致了它们的逐渐萎缩；而且，这种结果是遗传的。

不使用大概是器官衰退的主要因素。首先以缓慢的程度使器官慢慢缩小，最后变成残迹器官，就像栖息在暗洞里的动物的眼睛，栖息在海岛上的鸟的翅膀，就是这样。后者因为岛上无猛兽迫使它们飞行，最后竟失去了飞翔能力。又如有些器官在某些情况下是有用的，而在另外一些情况却变成了有害的。例如，生活在开阔小岛上甲壳虫的翅膀，就是这样；在这种情况下自然选择将会帮助这种器官缩小，直到成为无害而残迹的器官。

在构造上和功能上能够由细小阶段完成的任何变化，都是在自然选择的势力范围之内的。因此一种器官通过生活习性的改变，由于某种目的而变得无用或者有害时，大概可以改变并用做别的目的。一种器官，也可能因为它以前的某种功能而被保留下来。原来通过选择的帮助而形成的器官，当变得无用时，可以发生许多变异，因为它们的变异已不再受自然选择的抑制了。所有这些都与我们在自然界所看到的情况完全一致。还有，不管生活在哪一个时期，或者废弃，或者选择缩小一种器官，这一般是发生在生物到达成熟时期，因为这有利于发挥它的全部活力；相应年龄期遗传的原理有一种倾向，使缩小状态的器官在同一成熟年龄中重新出现。但是，这一原理将很难影响处于胚胎状态的器官。因此，我们能够理解，残迹器官在胚胎期内比相邻器官要大些，而在成体阶段，前者则相对较小些。例如，如果一种成体动物的指头在许多世代中，由于习性的某些变化，使用得越来越少。一种器官或腺体如果在功能上使用得越来越少，那么我们可以推论，它们在这个动物的成体后代上就会缩小，但是，在胚胎中几乎仍保持原始的发育程度。

但是，仍然存在难点。在一种器官停止使用，因而大为缩小以后，它又怎样进一步缩小，直到只剩下一点残迹呢，它又怎样最后完全消失呢？器官一旦在机能上变得无用以后，它几乎不可能产生任何进一步的影响。某些附加的解释在这里是需要的，但我现在还不能提出。然而，如果能够证明生物体各部分有这样的倾向：即它向着缩小方面比向着增大方面有更大程度的变异，于是，我们能理解，已经变成无用的器官为什么还受“不使用”的影响，而变成残迹的，直至最后完全消失；因为向着缩小方面的变异，将不再受自然选择的抑制。在上一章里解释过生长的经济原理。根据这一原理，形成任何部分的物质，如果对于所有者没有用处，将尽可能地被节省。也许这对于解释无用部分变成残迹还是有益的；但是，这一原理，几乎只能局限于缩小过程的较早阶段；因为我们不能设想，例如在雄花中代表雌花雌蕊并且只能形成细胞组织级的一种微小乳突，由于节省原料，能够进一步地缩小或消失。

最后值得指出的是，残迹器官，不管经过什么步骤使它们退化到了现在这样的无用状态，它们都是生物先前状态的记录。并且，它们完全是由遗传的力量保存下来的。根据系统分类的观点，我们能够理解，为什么分类学者把生物放在自然系统中的适当地位时，常会发现残迹器官与生理上极为重要的部分有同样的用处，甚至有更大的价值。残迹器官可以与英文单词中的某些字母相类比，尽管这个字母在单词的拼法上还保存着，但发音已无用处，不过还可用作指示该字来源的线索。根据变异的血统观点，我们可以断定，残迹的、不完全的、无用的或者完全消失的器官的存在，对于旧的生物特创论来说，必然是一个重大难题。但对本书阐明的学术观点来说，则在预料之中，并不是什么难点。

摘　要

在本章里，我要说明的是，在所有时期内的一切生物，可以排列成大大小小的谱系；一切现存的和灭绝了的生物，被复杂的、辐射状的和曲折的亲缘线连接到少数大纲内；博物学者在他们的分类中应遵循的原则和所遇到的困难；性状的价值在于它的稳定性和普遍性，而不在于生理上重要性的大小，不管它们是极重要的或较不重要的，还是像残迹器官那样毫不重要的；同功的即适应的性状与具有真正亲缘关系的性状之间在分类价值上的广泛对立；以及其他这类法则。如果我们承认同源类型有共同的祖先，它们通过变异和自然选择而发生变化，因而引起灭绝和性状分歧，那么，上述一切就是理所当然的了。在考虑这种观点时，必须注意，血统因素曾经得到普遍使用，将不同性别、年龄、两性的类型，以及同种中已知的变种都划分到了一起，而不管它们的构造是如何的不同。如果我们把血统因素——这是生物相似的一个内在因素——推而广之，我们就能理解什么是“自然系统”：自然系统就是按谱系进行排列，即用变种、种、属、科、目和纲等术语来表示它们获得差异的程度。

按照血统与变异的观点，“形态学”上的许多重大事实都变得可以理解了。无论我们观察同一纲的不同物种在它们的同源器官中所表现的同一模式，或者去观察同一个体动物和个体植物中的系列同源，都可以得到理解。

按照连续的、微小的变异不一定在或一般不在生命周期的很早期发生、并且遗传至相应时期的原理，我们可以理解“胚胎学”中的主要事实；即在成熟期其构造和功能变得大不相同的同源器官在胚胎中是非常相似的。在相近而明显不同的物种中，同源构造或器官在胚胎中是相似的，虽然在成体阶段它们适应于很不同的习性。幼虫是活动的胚胎，它们由于生活习性的关系或多或少地发生了特殊的变化，并且把它们的变化遗传到相应的年龄期。根据同样的原理，我们应当记住，当器官由于萎缩或通过自然选择而缩小时，一般是发生在生物必须解决自己生活需求的时期。还应该记住遗传的力量是十分强大的，于是残迹器官的产生就是预料之中的事了。根据自然分类必须按照谱系的观点，胚胎性状和残迹器官在分类上的重要性便完全可以理解了。

最后，依我看来，在本章中所提到的若干事实清楚地表明，生活在这个世界上的无数物种、属和科，在其各自的纲或群的范围之内，都是从共同祖先传下来的，并且都在生物发展的进程中发生了变化。即使暂时没有其他事实或证据的支持，我也会毫不含糊地采纳这个观点。

第15章

复述和结论

Recapitulation and Conclusion

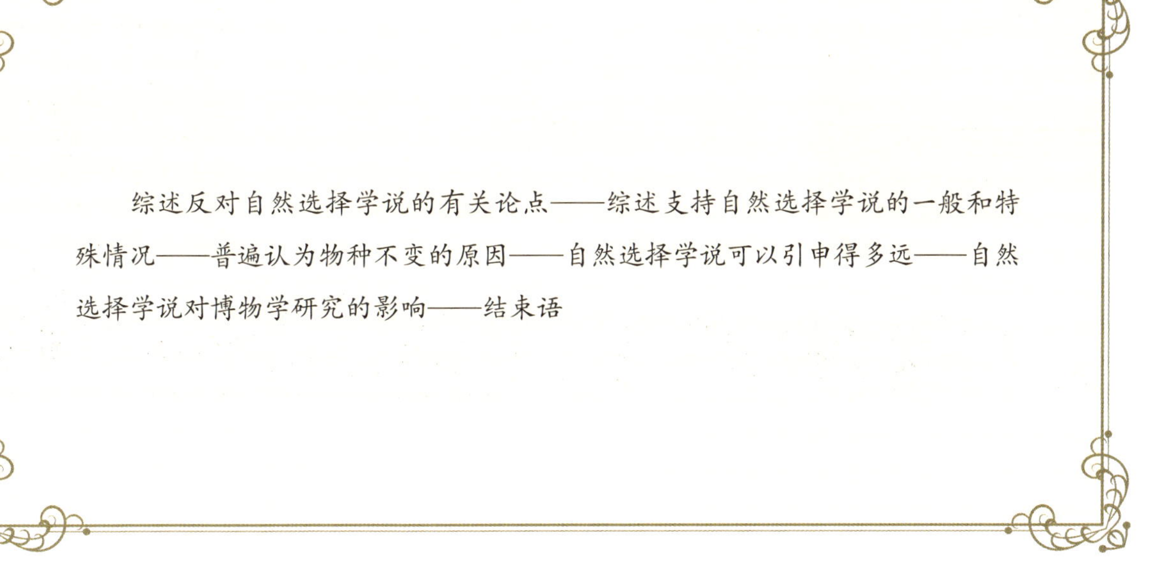

综述反对自然选择学说的有关论点——综述支持自然选择学说的一般和特殊情况——普遍认为物种不变的原因——自然选择学说可以引申得多远——自然选择学说对博物学研究的影响——结束语

位于英国伦敦自然历史博物馆的达尔文雕像。现代科学和人文学者舍默（M. Shermer）讲了一个简明而深刻的哲理：达尔文与进化论之所以特别重要，科学之所以特别重要，是因为他们在协力解答一个核心人文命题——我们是谁？我们从哪里来？到哪里去？

由于本书通篇是一个绵长的论争，因而为方便读者起见，有必要将书中主要的事实和推论在此做一概要的综述。

我并不否认，通过变异和自然选择产生改良的后代这一理论可能会遭到许多严厉的批驳，并且我也曾力图使这些反对意见能充分地发挥作用。初看起来，似乎没有比下述论点更难以置信的了，即认为那些较为复杂的器官和生物本能的完善，并不是通过类似于人类理性的方式，或超越于那种理性方式，而是通过对生物个体有益的无数微小变异的不断积累而完成的。尽管如此，这一难题似乎在我们的想象中仍是不可克服的，可是当我们承认以下命题时，它就不能算是一个真正的难点了。这些命题是：生物体的各个部分和生物本能至少存在着个体的差异，而生存斗争使得生物体构造或生物本能中的有利变异得以保存，最后在每一器官的完善化过程中，都存在着级进的阶元，并且每一阶元都越来越完善。这些命题的正确性，我看是无可非议的。

赫胥黎之女玛丽恩·科利尔（Marion Collier）画的达尔文像。

即使猜测一下许多生物构造是通过什么样的中间级进阶元完善的，看来是极端困难的，尤其是对于那些已经大规模绝灭的、不连续的和衰退的生物类群来说，更是如此。但是我们看到自然界有那么多奇异的过渡阶元存在，因此当我们说某一种器官或生物本能，或任何一个完整的生物构造，并不能通过许多级进的步骤达到现在的状态时，我们必须十分谨慎。必须承认，自然选择学说遇到了一些特别困难的情况，其中最奇怪的一点是同一居群中共存着两种或三种工蚁或不育雌蚁的明显等级。但是我已经设法提出了解决这些问题的办法。

物种在初次杂交过程中存在普遍的不育性，以及变种在杂交过程中会出现十分普遍的可育性。这两者之间形成了十分鲜明的对比。关于这点敬请读者参阅本书第9章结尾时对有关事实的综述。这些事实我认为与两种不同的树木不能嫁接在一起一样，没有任何特殊性可言，而仅是由于杂交物种间生殖系统上的偶然差异所致。这一结论的正确性可以在相同两个物种在互交时（即一个物种先用作父本，后又用作母本）所产生的巨大差异中得到证实。对那些具有两个和三个世代的植物进行对比研究，可以更为清晰地得出上述结论。因为当不同世代的两个类型的异性相配时，它们很少产生或甚至不产生种子，而且其后代也或多或少是不能生育的。

这些不同世代的类型毫无疑问地应属于同一物种，它们相互之间除生殖器官和生殖功能不同外，并无任何其他区别。

虽然有那么多的作者认为变种杂交以及它们杂交后的混种后代是普遍可育的，但自从权威学者格特纳（Gärtner）和凯洛依德（Kölreuter）列举了一些事例后，上述观点就不再被认为是十分正确的了。用作实验的变种，大多数是驯养条件下的产物；而且驯养（不单指圈养）总是具有消除不育性的倾向。同样的，当杂交时，这种不育性可以影响到亲种；所以我们也不能指望驯养会导致其变异的后代产生杂交不育。这种不育性的消除显然与人们能在不同的环境条件下使驯养的动物自由繁殖的原因相同，还与它们已经逐步适应其生活环境的不断变化有关。

两组同样的事实似乎较好地说明了物种初次杂交的不育性及其杂交后代不育性的原因。一方面我们有充分的理由相信，生活条件的些微变化会给所有生物带来活力，并增强其繁殖力；另一方面，我们又知道，同一变种的不同个体交配及不同变种间的交配会使其后代的数量增加，并且一定会使其个体增大，活力增强。这主要是由于交配者处于多少有些不同的生活环境中。因为我曾颇为辛苦地做过一系列实验，结果表明同一物种的所有个体如果在相同的生活条件下生活数代后，其在杂交过程中获得的优势将大大减小，甚至完全丧失，这是问题的一个方面。问题的另一方面，我们知道曾经长期生活在近乎相同条件下的物种在圈养时，由于外界环境条件大大改变，要么面临死亡，要么即使能够完全健康地存活下来，也会失去生育能力。然而驯养的生物由于长期处于变动的环境中，上述情形并不发生，或仅偶尔发生。我们发现两个不同物种的杂交后代，在受孕后不久或在幼年期就夭折了；即使生存了下来，也或多或少丧失了生殖能力，从而导致数量减少。这种情况很有可能是由于两个杂化物的环境条件发生了巨大改变。如果你能确切地解释，比方说，大象或狐狸，即使在其本土上圈养，也不会生育；而家畜，如猪狗之类，即使生活条件发生了巨大改变，它们也可以自由地繁殖，那么你就可以明确地解答下列问题了，即为什么两个不同的物种，包括它们的杂交后代在交配时，常常或多或少丧失了生殖能力，而两个驯养的变种，包括它们的混种后代在交配后却都是完全能育的。

就地理分布而言，遗传变异理论遇到了严峻的挑战。同一物种的所有个体，以及同一属的所有物种，甚至其更高一级分类阶元都是来源于共同的祖先。因而在世界的任何偏远角落里，都能找到它们的踪迹，它们必然是在生生不息的代代相传中，从最初的某个地方散布到全球各处的。这一迁徙过程是怎样完成的，人们很难猜测。然而，既然我们有证据表明有些物种在很长的一段时间里（长得难以用年来计算），仍能保持其独特的形态，因而其偶尔的广泛展布并不是一件很困难的事。因为在这段漫长的时间里，总是可以找到合适的机会，运用各种方式向远处迁移。至于生物分布的不连续或中断现象则可以用物种在中间地带的绝灭来解释。不可否认，目前人们对于晚近时期影响地球各种气候变化和地理变化的广度和深度，仍然是茫然无知的，而这种变化则往往有利于迁移的进行。作为例证，我曾试图证明冰期对于同一物种或一群近似物种在全球的分布产生了多么巨大的影响。然而，直至今日，人们对于物种偶然迁移的种种方式仍所知甚少。至于同一属内的不同物种为何能够生活在相隔如此遥远的地区，那是因为变异的过程一定是进展缓慢的，而在这一漫长的时间内任何一种迁移的方式都可能发生，从而对于这种同属物种的广泛分布现象也不应该大惊小怪了。

依照自然选择学说，先前一定有无数个中间类型存在，它们以类似于现存变种这样的微细阶元将每一类群中的所有物种连接起来。可能有人会问：为什么在我们的周围见不到这些连接类型呢？为什么所有生物没有混合在一起而形成不可分辨的混乱状态呢？关于现在的类型，除极少数情况外，我们不可能找到它们之间的直接过渡类型，这点必须牢记；而要找到这些过渡类型则必须在现已绝灭的或已被排挤掉的类型中去寻找。即使在一个长期连续且面积广大的地域上，其气候和其他生活条件从被某一物种所占据的地区向被另一近缘物种所占据的地区逐渐过渡的话，我们也别指望在其中间地带找到相应的中间变种。关于这点，我们可以这样解释一个属中仅有极少量的物种发生了变异，而其他的物种则已完全绝灭，并且没有留下变异的后代。即使在那些的确变异了的物种中，也只有极少数在同时同地发生了变化，而且这一变异过程还是十分缓慢的。此外，我还曾明确指出，中间物种大概最初存在于中间地带，但它们极易被两侧的近似物种排挤掉。后者由于数量较大，其变异和进化的速度通常超过了数目较少的中间变种，因而中间变种将会被排挤掉，并最终导致绝灭。

传统观点认为世界上现存生物和绝灭生物之间以及各个连续地质时期内绝灭物种和更老的物种之间，都有无数个已经绝灭了的过渡类型。然而，按照这一观点，为什么在各段地层沉积中没有充斥这些过渡类型呢？为什么每次采集的化石标本没有提供生物类型级进变化的明显证据呢？虽然地质研究发现了许多过渡类型，从而使得许多生物的亲缘关系拉得更近了。但是我们仍未找到现存物种与过去物种间本应该存在的无穷多个级进微细的阶元，而这恰是本学说所必需的。有人反对本学说，主要也是基于这点。再者，整群的近似物种何以会在地质历史中相继突然地出现？尽管这一突然性常是一种假象。另外我们知道生物的出现十分久远，远在寒武纪最低沉积层沉积之前就已存在了。但是奇怪的是，为什么在寒武纪之前的大套地层中并没有发现寒武纪化石的祖先？因为按照这一理论，这样的地层

埃玛于1839年嫁给达尔文，她是个虔诚的宗教徒，但达尔文却变成一个无神论者，这让埃玛常常感到忧心忡忡，幸运的是，达尔文尊重妻子的信仰。图为73岁的埃玛。

一定在地球历史的某一遥远而尚未搞清的时期内就已经在某个地方沉积了。

对于这些问题和疑问，我只能归结于地质记录的不完备性远较大多数地质学家所认为的大。我们博物馆内收藏的所有化石标本，若与世世代代生活在地球上的无数物种相比，其数量简直是微不足道。任何两个或更多个物种的祖先类型，不可能在所有性状上都直接介于变异的后代之间。正如岩鸽的嗉囊和尾巴的性状，未必介于其后代球胸鸽和扇尾鸽之间。即使我们已经做了细致周密的研究，在未找到大多数中间过渡类型之前，就不能因此确认一个物种是否是另一物种或另一变异物种的祖先。而且由于地质记录的不完备性，我们也不可能找到这么多的过渡类型。然而即使有两三个或更多个过渡类型被发现，它们也会很简单地被许多博物学家划归为新物种。尤其是当它们产于不同的地质亚期中，即使差异十分微小，也会定为新物种。现存的大量可疑类型或许都是变种，但是谁又敢断定在未来的日子里，人们不会发现数量众多的化石过渡类型，以至可以使博物学家们确认哪些可疑的类型为变种呢？世界上目前也仅有一部分地区作过地质勘查，只有某些纲的生物可以较多地保存为化石。许多物种自从形成后就再未发生过变化，随之绝灭了，未留下变异的后代。物种发生变异的时间虽然长得难以用年来计算，但与其保持某一形态不变的时期相比，则要短得多。优势种和广域种，最容易发生变异，而且变异也最明显，变异也仅在局部地区发生。由于上述两种原因，要在某一地层中发现中间过渡类型便显得十分困难。地方性变种只有当变异和改良达到一定程度后才会向远处扩散。而在其扩散后，并在某一地层中被发现时，它们常常像是突然创造出来似的，因而就被简单地定为一个新种。大多数地层在沉积过程中常有间断，它们延续的时间常较物种类型的平均延续的时间要短。在大多数情形下，连续的地层沉积常被较长时间的沉积间断所分割，因而通常只有在沉降海底上有较多沉积物的沉积时，含化石的地质层的厚度才足以抵消其后的侵蚀而积聚下来。在水平面上升和静止的交替时期，地质记录通常是空白的；在后一情况下，生物类型可能有较多的变异性，而在沉降期，则有较多的物种绝灭。

关于寒武纪地层之下缺乏富含化石的沉积层，我只能回到第10章所提出的假说上了，即虽然在很长的一段时间内大陆和海洋的相对位置几乎未变，但我们无法设想它永远保持这种情况。因此比现在所知更为古老的地层可能已经淹没在大洋中了。威廉·汤普森爵士（Sir Willian Thompson）曾提出过一个目前为止最为严厉的疑问：他认为地球自固结以来所经历的时间还不足以达到我们所

威廉·汤普森爵士（Sir William Thompson，1824—1907）

设想的生物演化量。对此，我只能说，第一，我们并不清楚应该怎样来计算生物物种的年变化速率；第二，许多哲学家至今仍不愿承认我们对于宇宙的构成及地球内部的认识还很肤浅，还不能准确地推断地球所经历的历史演变。

地质记录的不完备性是公认了的，但是要说这一不完备程度达到了我们学说所需要的程度，则很少有人同意了。如果我们从一个较长的时间尺度来看，地质学也明确地指明，所有的物种都发生过变化，而其变化的方式恰好符合了我们的学说，因为它们是以一种缓慢而渐进的方式进行的。我们可以清楚地看到，从连续接近的地层内找到的化石遗骸间的相互关系总是比那些在时间上相隔很远的地层中所见到的化石要密切得多。

上面是本学说所遇到的几个主要难题和异议，对此我已将我所能做出的解释和答复综述如上。许多年来，这些难题始终在困扰着我。但有一点值得特别注意，这就是那些比较重要的意见都与我们公认所知甚少的那些问题有关，而且我们甚至不清楚其中还有多少东西我们尚不了解。我们还不知道在最简单的和最完善的器官之间所有可能存在的过渡级进类型；也不能自认为已经搞清了在漫长的地质历程中生物“传播”的各种方式，更不能自认为对地质记录的不完备程度有了充分了解。然而，尽管反对者的论点是如此尖锐，但它还不足以推翻遗传变异的理论。

现在让我们转到争论的另一面。在圈养的情况下，我们看到许多变异是因生活条件的改变所引起的，或至少是由其激发的。但是往往由于情况不甚明了，于是我们很自然地认为这种变异是自发的。变异受许多复杂的规律所支配，如相关生长律、补偿律，某些器官使用频率增加或废弃使用，以及周围环境条件的作用等等。要确定驯养生物的变异量是比较困难的，可是要说这一变异量很大，则不会有什么问题。而且，这种变异还可以长久地遗传下去。某种已经遗传了许多世代的变异，若其周围生活条件不发生改变，则仍将继续不断地遗传下去。另外有证据表明，在驯养条件下，变异一经发生，则在很长一段时间内将不会停止，而且我们也从未见过停止的现象。即使在最为古老的驯养生物中，也会偶尔产生出新的变种。

事实上，变异并不是人为的，人们只是无意识地把生物放到新的生活条件之下。于是自然就对生物组织发生作用，引起变异。但是人们能够选择，并且确实选择了自然给予它的变异，并按某种需要的方式将变异积累起来。这样他便可以使动植物适合他的爱好或需求。他可能有计划地这样做，或者只是无意识地将那些对他最有用的或合乎他爱好的个体保留下来，但并不想改变它的品种。显然，经过这样几个世代的连续选择，保留那些除训练有素的人外，普通人很难区分的微细差异的个体，这就能大大影响一个品种的性状。这种无意识的选择过程，在形成最为特殊且最有用的驯养品种中曾起过重要作用。人们所培育的品种在很大程度上具有自然物种的性状，这可以表现在人们很难认清许多品种究竟是变种，还是其本身代表了不同的物种。

在驯养条件下这样有效发挥作用的原理，没有理由不在自然条件下也起作用。在不断进行的“生存斗争”中，优秀的个体或种族得以生存。在这里我们见到了一种强有力的、不断发生作用的选择形式。所有生物都在按几何级数快速增加，从而不可避免地引起生存斗争。这种快速的增长率可以用简单的计算来证明，许多动物和植物在一段较长且特别适宜的季节里，或在一新的地区归化时，数量都会迅猛增加。生物出生的数量常比可能存活的数量要多，自然天平的毫厘之差都可以决定哪个个体可以存活下去，而哪个个体又将会死亡；哪个变种或物种的数量会增加，哪个又将减少或最终死亡。同种中的不同个体，从各方面讲，关系最为密切，因而它们之间的竞争也就最为激烈和残酷。同一物种的不同变种间其斗争几乎也是同样激烈的，其次就是同属中的不同物种间的斗争。另一方面，在自然阶元中相距较远的生物之间的竞争也常是颇为残酷的。某些个体，无论其在哪个年龄段或哪个季节，只要比与其相竞争的个体占有哪怕十分微弱的优势，或者对周围自然条件有稍好的适应，都将使胜利的天平向它们倾斜。

在雌雄异体的动物中，大多数情况下都会发生雄性为争夺雌性而引发的竞争。最强壮的雄性或最能成功适应环境的雄性，通常会留下更多的后代。但成功与否往往取决于雄性动物是否具有特殊的武器、较好的防御手段或更具魅力。具有微弱的优势，就会走向成功。

灰冠鹤一般产1~4枚卵，平均2.5枚，虽然雏鸟在孵出后就可以离巢随亲鸟活动了，但在生命早期仍需要亲鸟喂食，在食物资源不足或捕食压力较大的年份，可能只有1只个体能够存活，就像图片中的这样。（吴海峰摄于肯尼亚）

地质学清楚地揭示，各个大陆过去都曾经历过巨大的环境条件变迁。所以我们可望在自然条件下看到生物的变异，如同它们在驯养情况下所发生的那样。只要在自然状况下有变异发生，那么认为自然选择不曾发挥作用就很难解释了。常常有人主张，在自然条件下，变异量仅局限在一个很小的范围内，但这是无法证实的。虽然只是作用于外部性状，并且其结果很难确定，但人们却可以将驯养生物个体的微小差异逐渐积累起来，并在一段不长的时期内产生巨大的效果。物种中存在着个体差异，这是大家所公认的。但是除了这些个体差异外，所有的博物学家还承认有自然变种的存在。它们相互之间的差别十分明显，值得在分类学著作中记上一笔。没有人能明确区分开个体差异和微小变异，也难以区分特征明显的变种和亚种，以及亚种和物种。在分离的大陆上，或在同一大陆被某种障碍所隔离的不同区域内，以及孤立的岛屿上，存在着如此多样的生物类型，它们被一些有经验的博物学家归为变种，或被另一些博物学家列为地理种或亚种，而另一些却将其列为亲缘很近、特征明显的物种。

如果动植物确有变异，不管这一变异是多么微小和缓慢，只要其变异或个体差异在某一方面有益于自身发展，它们为什么不会通过自然选择将其保存和积聚起来，即所谓最适者生存呢？如果人们能够耐心地选择有利于自己的变异，那么在复杂而多变的生活条件下，那些有利于自然界生物的变异为什么不会经常产生，并得到保存或选择呢？那些在漫长的时间长河里起作用的，并严格审视每一个生物的全部体制、构造和生活习性的选择力量——即择优弃劣的力量，会受到什么限制呢？据我看，没有任何东西可以限制这种缓慢的、并巧妙地使每一种生物类型都能适应最为错综复杂的生活条件的力量。仅此一点，自然选择学说已是极为可信的了。我已经尽可能忠实地将反对这一学说的种种疑难问题和意见加以概要地综述，现在我将转而谈谈支持这一学说的各种具体事实和论点。

物种只是特征显著而稳定的变种，而且每一物种开始时都只是变种。根据这种见解，我们就很难在通常认为是由特殊创造行为而产生的物种与由第二性法则所产生的变种间划出一条明确的界限来。而且我们还可以了解为什么在某一地区内已经产生了归入同一属内的许多物种，并且这些物种现在仍很繁盛，仍会有那么多的变种存在。因为在物种形成很活跃的地方，按照一般的规律，可以确信这种作用仍在继续。当变种是初期物种时，其情形确是如此。另外，大属内的物种，为了在某种程度上保留变种的性状，就需要产生大量的变种或初期物种，因为它们之间的相互差别要比小属内的物种为小。大属内亲缘关系密切的物种显然在分布上有明显的限制，它们按亲缘关系围绕着其他物种聚集成许多小的群体，这两点都与变种的特征相似。假如承认每一物种都是独立创造出来的，那么上述关系就显得颇为奇怪而无法理解了。但若认为它们起先是以变种形式存在的话，上述关系就颇易理解了。

由于每个物种都有按照几何级数过度繁殖的趋向，而且各个物种中变异了的后代，可以通过其习性及构造的多样化去占据自然条件下多种多样的生活场所，以满足数量不断增加的需要。所以自然选择的结果就更倾向于保存物种中那些

达尔文在党豪思的温室。达尔文在这里做了很多实验，研究攀援植物、食虫植物、兰科植物以及蚯蚓与腐殖土等问题。

最为歧异的后代。这样，在长期连续的变异过程中，同一物种的不同变种间细微的特征差异趋于增大，并成为同一属内不同物种间较大的特征差异。新的改良变种必将替代旧的、少有改良的中间变种，并使其绝灭；这样，物种在很大程度上就成为确定的、界限分明的自然群体了。每一纲中凡是属于较大种群中的优势物种，它更能产生新的优势类型，其结果必然是每一个大的种群在规模上更趋于增大，同时性状分异也就更大。由于地球上的生存空间有限，不可能允许所有的种群都扩大规模，其结果就是优势类型在竞争中打败了较不占优势的类型。这使大类群在规模上不断扩大，性状分异更趋明显，并不可避免地导致大量物种的绝灭；这就可以解释为什么仅有极少数大纲在竞争中自始至终占据着优势，而其中所有的生物类型都可以排列成许多大小不一的次一级生物群。用特创论的观点是完全不能解释为什么在自然系统下所有的生物都可以划归大小不等的类群这一重大事实。

由于自然选择仅通过对微小的连续且有益变异的逐步积累而产生作用，因而它不会导致巨大的突变，而只能按照缓慢而短小的步骤进行。所以，已为新知识所不断证实的“自然界中没有飞跃”这一格言也是符合自然选择学说的。我们可以看到，自然界中可以用几乎无穷多样的方式来达到一个共同的目的，其原因就在于每一种特性一经获得，便可永久遗传下去。通过不同方式变异了的构造必须适应一个同样的目的。总之，自然界是吝于重大革新但奢于微小变异的。但是假如说每一物种都是独立创造出来的话，那就无法理解这种现象如何构成了自然界的一条法则。

许多其他的事实，据我看也可用这一理论予以解释。下述现象似乎十分奇怪：一种像啄木鸟形态的鸟却在地面上捕食昆虫；高地上的鹅很少或根本不游泳，但却具有蹼状脚；一种像鸫的鸟却能潜水并取食水生昆虫；一种海燕却具有适合海雀的生活习性和构造，这样的例子不胜枚举。每一个物种总是力求扩大其个体数目，而且自然选择总是要求缓慢变异的后代去努力适应那些自然界中未被占据或尚未占尽的地盘。根据这种观点，那么上述的那些事实，不仅是不足为怪的，甚至是意料之中的。

在一定程度上，我们可以理解为什么自然界处处充满着美，这很大一部分应归功于自然选择。美对于人们的感观来说并不是无处不在的，人们只要见到过某些毒蛇，某些鱼类，或一些丑得像扭歪的人脸那样的蝙蝠，他就会承认这一点。性选择给了雄性以最鲜艳的色泽、优美的体态和其他华丽的装饰。有时在许多鸟类、蝴蝶和别的动物中，雌雄两性都是如此。拿鸟类来说，性选择使雄鸟的鸣叫声不仅取悦了雌鸟，同时也给人类以一种莫大的享受。花和果实由于有绿叶相衬，其色彩更为艳丽、醒目，更易被昆虫发现、光顾并传粉，而种子也会被鸟类散布开去。至于某些颜色、声音和形态何以能给人及动物以愉悦呢？即最简单的美感，最初是如何获得的呢？这是很难搞清楚的，就如同某种气味和味道，最初是怎样使人感觉舒适一样。

既然自然选择表现为竞争，它使各个地区的生物都得到适应与改良，而这仅对同时同地生物的关系而言是如此。所以某一地区的物种，虽然一般说来是为这个地区独创的，并且特别适合于那个地区的，但却会被从其他地区迁移来的、驯化的物种所打败和排挤掉。对此，我们不必惊奇。自然界的一切设计，就我们所知，并不是绝对完美无缺的，即使是我们的眼睛也不例外。或许其中的一些构造甚至不合情理，对此你也不必惊奇。为了抵御外敌，蜜蜂舍身刺敌；大量雄蜂的产生，却仅为单纯的交配，交配结束便被它们能

性选择给了雄性最鲜艳的色泽、优美的体态和其他华丽的装饰。求偶过程中的雄性蓝孔雀为了夸示自己，吸引雌孔雀的注意，便展开并树立其“尾羽”，尾上覆羽具美丽的眼斑。

育的姊妹们杀死；枞树花粉惊人的浪费；蜂后对于其能育的女儿们存有本能的仇视；姬蜂在毛虫体内求食，以及诸如此类的其他例子，都不足为奇。依照自然选择学说，真正奇怪的倒是没能发现更多完美无缺的例子。

就我们的判断，控制变种产生的复杂而又不甚明了的规律，和那控制物种产生的规律是相同的。在这两种情况下，自然条件似乎产生了直接和确定的效果，但这种效果究竟有多大，还很难说。于是，当变种进入一个新的地区，有时它们就可以获得该地物种所固有的某些性状。对于物种和变种，某些器官的使用与废弃对它们产生了相当的效果，当我们看到下列情形时，就不可能反对这一结论了。例如：大头鸭有着不能飞翔的翅膀，和家鸭的情形几乎相同；一种穴居的栉鼠，有时眼睛是瞎的，而某些鼹鼠，更多为瞎子，其眼睛被皮肤遮盖着；栖息在美洲和欧洲黑暗洞穴中的许多动物也常是瞎的。相关变异在变种和物种中似乎都起着重要作用，因而当身体的某一部分产生变异，其他部分也要随之发生改变。返祖现象有时也会在变种和物种间出现。马属内若干物种及其杂交变种中，有时在肩部和腿部会出现斑纹，这是用特创论无法解释的。但是如果我们相信这些物种都是由具斑纹的祖先继承下来的，如同许多家鸽品种是由具条纹的蓝色岩鸽所遗传的那样，那么上述事例的解释也就十分简单了。

按照每一物种都是特创的这一世俗观点，很难解释为什么种的特征，即同一属中不同物种间彼此得以区别的特征比它们所共有的属的特征有更多的变异呢？比如，花朵的颜色，一个属中任何一种花的颜色，为什么当同属内的不同物种间花色不同时，要比只有一种花色时，更加容易发生变异呢？如果说物种只是特征明显的变种，并且其特征已变得十分稳定，那么就很好理解了，因为它们从一个共同祖先分支出来以后，它们的某些特征就已经发生过变异，这就是它们得以彼此区别的基础，因而这些相同的特征若与那些长久未发生变异的遗传属的特征相比，当然就更易发生变异了。如果某一属中有一个物种的部分器官异常发育，很自然地我们会认为这一部分器官对该物种应具重要作用，但是它却很明显地更易发生变异。这种情况用特创论难以解释，但依据我们的观点，自这些物种从一个共同祖先分支出来后，这些器官已经发生了异常改变和变异，因此可以预料这种变异的过程还将继续下去。但是一个异常发育的器官，如蝙蝠的翅膀，若为许多从属类型所共有的，当为长期遗传的结果，那么它就不会比别的构造更易于发生变异了。因为在这种情况下，长期连续的自然选择作用已使它变得十分稳定了。

再看一看本能吧。某些本能虽然神奇，可是根据连续、微小、有利变异的自然选择学说，它并不比身体构造更难解释。这样我们就可以解释为什么自然在赋予同一纲中不同动物的许多本能时是采取循序渐进的方式进行的。我曾试图用级进原理来解释蜜蜂那令人叹为观止的建筑能力。习性无疑常对本能的改变起着重要的作用，但它并不是不可或缺的，就像在中性昆虫中所看到的那样，它们并无后代来遗传其长期连续的习性效果。根据同属内的所有物种都是从一个共同祖先而来，并且继承了很多共同的性状这一观点，我们就可以理解为什么边缘物种虽处于极不相同的生活条件下，但仍具有几乎相同的本能。例如：为什么南美洲热带和温带的鸫类，与我们英国的那些物种一样，要在其所筑的巢内糊上一层泥土。根据本能是通过自然选择而缓慢获得的这种观点，当我们发现某些动物的本能并不完美和易于发生错误，甚而许多本能还会使其他动物受害时，就无须大惊小怪了。

如果物种只是特征明显而稳定的变种，我们马上就会发现其杂交的后代，在某些性质和程度上，如在连续杂交之后，彼此可以融合等方面，酷似其父母，并且都如公认的变种的杂交后代一样，遵循着同样复杂的法则。如果物种是独立创造的，而变种是由第二法则所产生的，上述相似性就变得颇为离奇了。

如果我们承认地质记录的极端不完备性，那么地质记录所提供的事实就强有力地支持了遗传变异理论。新的物种缓慢地出现在连续的时间间隔内，而在相同的时段内不同类群的变化量是很不相同的。物种和整个类群的绝灭，在生物演化史上起着非常显著的作用，是遵循自然选择原理的必然结果，因为旧的生物类型要为新的改良类型所取代。世代链条一旦中断，单个的物种也好，成群的物种也罢，将不再重现。优势类型的逐渐散布，伴随着其后代的缓慢变异，从而使得经过一段较长的时间间隔后，生物类型好像很突然地在全世界范围内都发生了变化。各地质层中的化石，其性状在某种程度上，介于其上下地层的化石之间，这一事实可以简单地以它们处于世系链的中间来解释。一切绝灭了的生物可以与所有现生生物一样进行分类。这一重大事实是现生生物与绝灭生物来源于同一共同祖先的必然结果。由于生物在漫长的演化和变异历程中，通常其性状都随之发生了分异。所以我们便能理解为什么那些比较古老的类型或每一生物群的早期祖先类型，在分类谱系上常或多或少地处于各现生类群之间的位置。总的来说，现生类型的组织结构要较古代类型更为高级，因为在生存竞争中，新的改良类型征服了较老的、较少改良的类型；同时，前者的器官也更为特化以适应不同的功能。这一事实与大量生物由于生活条件简单，因而仍保留着简单且改造少的构造相吻合。同样的，某些类型在生物演化的各个阶段中为了更好地适应新的、退化的生活习性，而在体制上发生了退化。最后，同一大陆上的近缘类型，如澳洲的有袋类、美洲的贫齿类等诸如此类的例子，为何能长期共存在一起，也就可以理解了，因为在同一地区，现存的和绝灭的类型通过世系关系紧密地联系在一起。

谈到地理分布，如果我们承认在漫长的地质历史时期，由于气候及地理的变化，以及由于诸多偶然而未知的散布方式，生物曾发生过从某一地区向另一地区的大规模迁移；那么根据遗传变异学说，我们就能很好地理解有关生物分布上的许多重要事实。为什么生物在整个地质地理、时空分布上呈现着明显的平行现象呢，其原因在于生物都是以共同的世代谱系相连接，并且其变异的方式也相同。在同一块大陆上，在极为不同的条件下，在炎热和寒冷的环境中，在高山和低地，在沙漠与沼泽，每一大纲中的大多数生物是有明显联系的。这使每一个旅游者都会感到惊奇，但对我们来说，所有这些都是很容易理解的，因为它们是同一祖先和早期迁入者的后代。根据前述迁徙理论，加之在多数情况下的生物变异，我们借助于冰期事件便可以很容易地理解为什么在最遥远的山区，在南北温带中会有少数植物是相同的，而其他许多植物也是很相似的；同时也容易理解，为什么虽然有整个热带海洋的间隔，南北温带海洋生物中仍有些也极为相似。虽然两个地区具有适于同一物种生活的相同的自然条件，但如果两个地区长期隔离的话，它们之间的生物存在极大的差异，人们也就不必为怪了，因为生物与生物之间的关系是一切关系中最重要的。而且，在这两个地区，在不同的阶段内，从其他地区或者这两个地区之间彼此接受的迁移来的生物的比例也是不同的。所以，这两个地区中生物变异的过程也就必然是不同的。

根据这种迁徙的观点，以及随之而来的生物变异，我们可以理解为什么海岛上仅有极少量的物种栖息着，而其中的许多还是特殊的地方性类型。我们清楚地看到为什么那些不能横渡广阔大洋的动物类群，如蛙类和陆栖哺乳类，没有在海岛上居住；另一方面，为什么那些能够飞越海洋的动物，如蝙蝠中的一些新的特殊类群却在远离任何陆地的海岛上被发现。海岛上有特殊类型的蝙蝠存在，但却没有发现任何陆生哺乳动物的事实也是特创论根本无法解释的。

达尔文1837年的日记。

按照遗传变异学说，在任何两个地区若存在着亲缘关系很近的、有代表性的物种的话，就暗示着相同的祖先类型曾经居住在这两个地区。并且无论在什么地方，若有亲缘关系密切的物种栖息在两个地区，我们必然还会在那里发现这两个地区所共有的物种；无论在什么地方，若有许多亲缘关系密切的特征性物种出现的话，那么属于同一类群的一些可疑类型和变种也同样会在那里出现。各个地区的生物，必然与其最邻近的迁徙源区的生物有关，这是一个极为一般性的法则。我们可以看到在加拉帕戈斯群岛、胡安·斐尔南德斯（Juar Fernandez）群岛以及其他美洲岛屿上的动植物均与其相邻近的美洲大陆的动植物有着惊人的联系。同样的，佛德角群岛及其他非洲岛屿上的生物与非洲大陆上的生物间也存在着这种联系。必须承认，靠特创论无法对这些事实进行解释。

我们已经注意到，所有过去的和现在的生物均可以按不同的等级归入几个大纲内，并且已绝灭的生物群其等级常介于现生生物群之间，这是自然选择及其所引起的绝灭和性状分歧学说可以解释的。根据同样的原理，我们也可以理解为什么同一纲中的生物相互之间的亲缘关系是如此复杂和曲折，为什么在生物分类上某些特征远较另一些特征更为实用；为什么生物的适应特征虽然对于生物本身的生活和生存极其重要，但在生物分类学上的价值却极小；与此相反，某些退化器官的性状，虽说对生物本身毫无用处，但在分类上却具有重要的价值；同时我们也可以理解，为什么胚胎的性状在生物分类学上最有价值。所有生物的真正亲缘关系，并不在于适应的相似性，而在于遗传或世系的共同性。自然分类法是一种谱系的排列，依照各自的等级差异，用变种、种、属、科等来表示。我们必须依据最稳定的生物性状，而不管其在生活上重要与否，去寻找生物的谱系线。

人的手，蝙蝠的翅膀，海豚的鳍和马的蹄子都由相同的骨骼结构所组成。长颈鹿的脖子和大象的颈都由相同数目的脊椎所组成；以及大量诸如此类的事实，都可用生物遗传变异理论来解释。蝙蝠的翅膀和腿，螃蟹的颚和脚，以及花的花瓣、雄蕊和雌蕊等虽然其用途各不相同，但它们的结构却是相似的。这些器官或身体的某一构造在各个纲的早期祖先中原本是相类似的，但随后逐渐发生了变异。根据这一观点，上述的种种相似性在很大程度上便可予以解释。根据连续的变异并不总在生命的早期阶段进行，而且其遗传作用相应的也不应在生命的早期阶段进行，这样我们就可以明白为什么哺乳类、鸟类、爬行类和鱼类的胚胎是如此的相似，但其成体间却大为不同。我们也不必惊异那些呼吸空气的哺乳类和鸟类在其胚胎阶段具有鳃裂和弧状动脉（鱼类都有很发达鳃和鳃裂，它们的作用在于呼吸水中溶解的空气）。

加拉帕戈斯群岛上的青年达尔文塑像。（舒德干摄）

器官不使用，有时加上自然选择作用，往往会使那些由于生活习性和生活环境改变而变得无用的器官逐渐萎缩，从而我们也就理解了退化器官的意义。但是不使用和自然选择只是在每一个生物达到成熟期并在生存斗争必须充分发挥其作用时，才能产生影响；而对幼年期的生物器官却影响甚微，因而那个不再使用的器官在其生命的早期不会萎缩，也不会发育不全。例如小牛，具有从早期有发达牙齿的祖先那里遗传下来的牙齿，然而这些牙齿却从来不能突破上颌的牙龈而长出来。对此我们可以理解为成熟的牛由于自然选择作用，其舌和腭或唇已变得颇为适合于咀嚼草料，而不再需要牙齿的帮助了；所以在其成熟前就因为不使用而萎缩了。而在小牛中，牙齿并未受任何影响。根据遗传发生在对应年龄段的原则，它们的牙齿是从远古时期一直遗传至今的。根据特创论的观点，每一生物的各个部分都是被上帝特意创造出来的，那么那些显然无用的器官，如胚胎期牛的牙齿，许多甲虫类位于愈合的翅鞘之下萎缩的翅膀等，将作何解释呢？可以说，自然界曾经煞费苦心地利用退化器官、胚胎构造以及同源构造等来泄露其变异的过程，但我们实在是太马虎了，未能理解它的真实意图。

这里我已经将有关事实和论据作了一番综述，因而我坚信，物种在悠久的生物演化过程中曾经发生了变化。它主要通过对无数微小连续且有益变异的自然选择作用而实现的。并且借助于生物体部分器官的使用和废弃这一重要手段，同时还有一种不大重要的手段，即外界环境条件对过去或现在的适应性构造的直接影响，以及目前似乎尚不明了的自发性变异作用的影响。以前我可能低估了自然选择作用之外的也能导致生物构造永久变形的自发变异的频度和价值。对于我的结论，目前多有误解，有人说我将物种的演变完全归因于自然选择，对此请让我作一项声明。在本书的第一版，以及随后各版中，曾经在最显著、最醒目的位置，即“绪论”的结尾处，印着如下的一段话：“我坚信自然选择是物种演变的最主要，但并非唯一的手段。”可是这句话并未引起注意。误解的力量真大，但值得庆幸的是科学史上这种力量决不会延续很长。

很难设想，一种错误的学说会像自然选择学说那样能给上述如此多的重大事实以圆满的答案。然而近来有人反对说，这并不是一种可靠的辩论方法。但是我要说这是用来判断日常事理的方法，也是最伟大的物理学家们时常采用的。光的波动说就是这样得来的，而地球绕其中轴旋转的信条至今尚无直接的证据。要说科学目前尚不能对生命的本质或生命起源这一高深的问题提出合理的解释，也算不上是有力的反驳。谁能解释地心引力的本质呢？然而现在已经没有谁会去反对人们遵循地心引力这一未知因素所得出的结果，尽管莱布尼兹（Leibnitz）曾谴责牛顿，说他将“玄妙的不可思议的东西带入了哲学”。

我找不到很好的理由来解释为什么本书所提出的观点会震动某些人的宗教感情。但如果我们记住，即使像地心引力这样人类最伟大的发现，也曾受到莱布尼兹的攻击，以为它“破坏了自然信条，从而也就导致了宗教信仰的破灭”。那么就可以看出这种影响是十分短暂的，我们也可以满足了。曾有一位著名的作家和神学家写信给我说：“他已渐渐觉得，相信上帝创造出了少数几种原始类型，这些类型又能自我发展而形成其他必要的类型，与相信上帝需要一种新的创造作用去弥补因他的法则作用所引起的空白，二者对于上帝来说是同等崇高的。”

也许有人会问，为什么直到目前为止，几乎所有在世的著名博物学家和地质学家都不相信物种的可变性呢？人们绝不能断言生物在自然条件下不发生变异；也不可能证明生物在其漫长的演化过程中其变异量十分之有限；在变种与种之间并没有也不可能有明确的区分标志。我们也不能肯定物种的杂交必然导致不育，而变种的杂交却必然是可育的；或者认为不育性是创造的一种特殊标志和禀赋。如果把地球的历史看作是十分短暂的，就不可避免地会认为物种是不变的产物；目前我们对地质历史的时间已有了一些新的认识，在毫无证据的情况下，我们便不会轻率地推断如果物种已发生变异，则地质记录的完备性就一定会提供有关变异的明显证据。

但是很自然地，人们不愿承认一个物种会产生特征明显的其他不同物种，其主要原因在于人们在尚未搞清变异所经历的有关步骤前，不会贸然承认这种物种巨变的存在。这种情形在地质学中也曾遇到过。当莱伊尔最初提出陆地上岩壁的形成和大峡谷的凹下都是由于目前仍在作用着的动力所引起时，地质学家也同样觉得难以置信。对于100万年这样的时间概念，人们已很难理解其全部含义了，而对于经过无数世代所积累起来的微小变异，其全部效果如何，人们则更难理解其真谛了。

虽然我完全相信本书提要中所给出的各项观点的正确性，但是我并不想说服那些富有经验的博物学家们。他们在长期的实践中，积累了大量的相关事实，却得出了与我完全相反的结论。在"创造计划""设计一致"这样的幌子下，人们很容易掩盖自己的无知，有时仅仅是将有关的事实复述一遍，就认为自己已经给出了某种解释，不管谁只要过多地强调未能解释的难题，而不对某些事实进行解释，他就必然会反对我们这个学说。少数头脑尚未僵化的博物学家们，如果他们已经开始怀疑物种不变这个信条的话，本书或许会对他们有所启示。我对未来充满了信心，希望那些年轻的、后起的博物学家们，能够公正地从正反两个方面看待这个学说。凡是已经相信物种可变的人们，如果能够坦诚地表示他的信念，他就是做了一件好事。因为只有如此，才能消除这一问题所遭受的重重偏见。

几位著名的博物学家最近发表了他们的看法，认为每一属中都有许多公认的物种不是真正的种，只有其中一部分才是，即那些分别创造出来的种。依我看，这个结论颇为奇怪。他们承认直到最近还被他们认为是分别创造出来的物种，并且目前仍被大多数博物学家认为是特创的类型，却具有真正物种所应有的那些外部特征，它们是由变异所产生的，但是他们不愿将这一观点引申到其他稍微不同的类型中去。然而，他们也并未假装能够确定，甚至猜测哪些是被创造出来的生物类型，哪些是由第二性法则产生出来的。在有些情况下，他们也承认变异是形成物种的真实原因，但在另一种情况下却又断然否认，却未指出这两种情况有何区别。总有一天，这将成为说明先入为主盲目性的一个奇怪的例子。这些学者认为这种奇迹般的创造作用并不比普通的生殖更为惊奇。但是他们是否真正相信，在地球历史上，曾有那么多次，一些元素的原子突然被某种神奇的力量所控制而聚集成活的组织呢？他们能相信在每次假定的创造活动中，都有一个或多个个体产生出来吗？所有这些不可胜数的动植物在被创造出来时究竟是卵子或种子，还是完全长成的成体呢？对于哺乳动物，它们在被创造出来时是否就带有可以从母体中吸收养料这一虚假的印证呢？显然，对于那些认为只有少数生物类型或仅有某种生物是被创造出来的人来说，这类问题是无法回答的。几位作者曾指出，承认有一种生物是创造出来的，与承认成千上万种生物都是创造出来的，其间并没有什么差异；但是，莫帛邱（Maupertuis）之"最少行动"的哲学格言，使人们更愿接受最初创造出来的是少数物种。当然我们不应就此相信，每一大纲内数不清的生物，在被创造出来时就带有从一个单一祖先遗传下来的、某些明显具欺骗性的印记。

在以上诸段中以及本书的其他章节里，我曾用几句话来陈述某些博物学家乐于坚持每一物种都是分别创造出来的观点，而这不过是记录了一些既往事实。但正因为这一点，我却受到了莫大责难。其实，在本书初版时，公众的认识确实是这样的。我曾与许许多多博物学家谈论过进化论的问题，但是却从未得到些许同情的认可。当时他们中确有些人已相信了进化论，但是他们要么保持缄默，要么模棱两可，含糊其词，使人不知所云。现在，情形完全改变了。几乎每一个博物学家都相信进化论这一伟大理论。然而，现在有的人仍认为物种是以一种不可解释的方式，突然大量产生出来的新的类型。但是许多有力的证据可以反驳这种巨大突变的观念。从科学的角度讲，为未来进一步研究着想，承认新的生物类型是以一种不可解释的方式从旧的、全然不同的类型中突然发展起来的，与承认旧的信条，即认为物种是由地球上的尘土中创造出来的观点，其实并没有什么实质性进步。

英国自然历史博物馆里的达尔文坐像。（庞虹 摄）

有人或许会问，我究竟想把物种变异的学说推广到多远。这个问题确实很难回答。因为我们所讨论的生物类型差异越大，支持它们来源于共同祖先的论据就越少，也更缺乏说服力。但是某些颇具说服力的证据却可以使这一学说推广得很远，如所有各纲内的生物都以亲缘为纽带联系在一起，都可以用相同的原则划分为不同的等级。化石有时可以弥补现存各目之间存在的巨大空白等等。

退化状态下的器官清楚地显示，在其早期祖先中该器官是高度发达的。在某种程度上，这也暗示着它们的后代存在着巨大变异。在所有各纲内，各种生物构造都是由同一构架所形成的，因其胚胎的最早期阶段都是十分相似的。因而我并不怀疑生物的遗传变异理论可以包括同一大纲或同一界内的所有成员。我认为动物至多是由四或五个原始祖先繁衍而来的，而植物也是从差不多同样数量或更少数量的祖先繁衍而来的。

据此类推，我们可以进一步推想，所有的动植物都是从某一个原始类型繁衍下来的。但是类比有可能将我们导入迷途。虽然如此，所有生物在其化学成分、细胞结构、生长规律以及它们对有害影响的敏感性上都有许多共同点。我们甚至在一些细小的事实面前也能看到这一点。例如同一毒素常常对各种动植物能产生相似的影响；瘿蜂所分泌的毒汁可以引起野蔷薇或橡树产生畸形的瘤；所有的生物，除某些最低等的外，其有性生殖方式在本质上说是基本相似的；所有生物，就目前所知，其胚珠是相同的，因为所有的生物都是同源的。如果我们仅对生物中两个主要的界，即动物界和植物界加以观察，其中就有一些低等生物的特性介于二者之间，使得博物学家们对其归属常常争论不休。正如阿萨·格雷教授（Asa Gray）所指出的："许多低等藻类的孢子和其他生殖体起初可以说是动物性的，其后却又成为真正的植物。"因而根据遗传变异的理论，动物和植物均是从这些低等的中间类型中发展起来的。这种观点并不是不可信的，而且如果我们承认这一点，我们也就必须承认地球上所有的生物都是从某一个原始类型繁衍下来的。但是，这一推断主要是基于类比而得来的，它是否被接受无关紧要。然而，正如刘易斯（G. H. Lewes）所主张的，在地球上生命开始之初，就有许多不同的生物类型演化出来。无疑，这也是可能的。但若果真是如此，我们就可断定仅有极少数类型留下了变异的后代。因为如我最近所指出的，每一大界的成员们，如脊椎动物，有关节类或节肢类等，在胚胎同源性上及退化器官的构造上都有明显的证据，可以证明同一界中所有成员都来源于某个单一祖先。

我在本书中所提出的这些观点，以及华莱士先生的那些观点，或者有关物种起源的类似观点，一旦得到普遍接受，我们可以隐约预见到博物学中一场大的变革即将来临。分类学家们仍将一如既往地从事他们的工作，但他们再不会时常被某个生物是否为真正的物种这些捉摸不定的问题所困扰。我想，仅此一点，对他们来说就是一种莫大的解脱了。对英国大约50种左右的黑草莓是否是真实物种这样一些无休止的争论也就可以告一段落了。分类学家们所要做的只是确定某一类型是否足够稳定（这也并非易事），是否与其他类型有所区别，可否予以定义。假如可以确定，就要再看一下这些区别是否重要到足以定一个种名。这后一项考虑将比现在所认识的更为重要。因为两个生物类型的差别不管有多小，只要其间没有级进的性状将其混淆，大多数博物学家就会认为足可以将二者都提升为种。

从此以后，我们将不得不承认物种与特征显著的变种之间的区别仅在于：人们普遍承认各变种间目前仍存在许多中间级进性状将其联系在一起，而物种则只在先前曾有过这样一种联系。所以，我们在坚持考察某两个类型之间目前是否存在中间级进性状时，便会仔细权衡、认真评价这两个类型之间的实际差异量。很有可能，目前普遍认为是变种的类型，将来会被认为值得给一个种名。这样一来，学名和俗名就变得一致了。总之，对于物种，我们必须同博物学家对于属的态度一样，而属被他们看作仅是为了方便而人为组合在一起的。尽管这一前景似乎不容乐观，但是至少我们不会再枉费心机地去寻找物种这一术语所隐含的那些尚未发现和不可能发现的要义了。

博物学中其他更为普通的学科将会引起人们更大的兴趣。博物学家们所使用的术语，如亲缘关系、构架的同一性、父系、形态学、适应性状及退化器官等，将不再是一些隐喻词，而应该赋有明确的含义。当人们看待生物时，不会再像未开化的人们看待船只那样，以为是什么无法理解的东西；当我们将自然界的某一件东西都看作具有一段悠久历史的时候，当我们把某一种复杂的生物构造和生物本能都看作是有利于生物体本身的许多精巧设计的综合积累，并且类似于某一种伟大的机械发明是由无数工人的劳动、经验、智慧，甚至于失误的综合积累时，当我们用这种方式来观察每一个生物体时，就我以往的经验，恐怕再没有什么比博物学研究更为有趣的了。

在变异的起因和规律、相关性、某些器官使用或废弃所导致的结果以及外界条件的直接作用等方面，一片广阔而尚未有人涉足的研究领域即将为人们所开辟。人工驯养生物的研究价值将大大提高，人类培育出来的一个变种的学术价值远远大于在成千上万个已知物种中增加上一个新种。我们将尽可能按照谱系关系来对生物进行分类，那时它们将能真正体现出所谓创造性计划了。当我们有了确定目标的时候，分类的原则将变得十分简单。我们并没有现成的族谱或族徽，我们必须根据长久遗传下来的任何一种性状去发现和追寻自然谱系中许多分支的演化关系。退化器官可以准确无误地揭示早已失去的构造特征。那些畸变的种或类群，或被称作活化石的类型，将有助于我们重绘一张古代生物类型的图卷。胚胎学常能揭示各大纲内原始祖先的构造，不过多少有点模糊而已。

当我们能够确定出同种内所有个体以及大多数属内亲缘关系密切的所有物种，在距今并不遥远的过去是从一个共同的祖先传下来的并且是从同一发源地迁徙而来时；当我们能够更清楚地了解生物迁徙的各种不同途径，并且依赖于地质学目前业已揭示、并将继续揭示的有关地质时期气候变化及地平面变化的资料时，我们就可以用一种令人惊叹的方式追寻出地球上地史时期生物迁徙的情形。即使现在，我们通过对比某一大陆相对于两侧海生生物的差异，以及那块大陆上各种生物的特征，同时结合其主要的迁移方式，我们就能对古代的地理状况有个大概的了解。

地质学这门高尚的学科，却由于地质记录的极端不完备而损失了光辉。埋藏着生物遗骸的地壳并不像一个内容充实的博物馆，倒更像人们在零碎的时空里偶尔捡拾了 一些收藏品。每一个较厚的化石层沉积，都需要一个十分有利的环境条件，而其上下不含化石的层段一定代表了很长的一段时间间隔。但是，通过对前后生物类型的比较，我们多少可以估算出这些间隔的时间量。如果两段地层中所产的化石在属种上很不相同，则根据生物类型的一般演替规律，在断定它们是否严格的同时，我们必须十分谨慎。由于物种的产生与绝灭是由缓慢进行的、现今仍在起作用的因素所造成的，而不是由于什么神奇的创造作用的结果，更因为引起生物改变的最重要的因素是生物与生物之间的相互关系，即一种生物的改进会导致其他生物的改进或绝灭，但却几乎与变化了的或突然变化的自然条件没有多大关系，所以连续沉积层内古生物的变化量虽不能用来测定实际经过的时间，但却可以估算相对的时间变化量。许多生物集中成一个团体时可以长期保持不变。同时，其中的一些物种却迁徙到了新的地区，同那里共生的生物展开竞争，导致变异的发生。所以用生物变化量来作为衡量时间的尺度，其作用不容过高估计。

坐落在中山大学生命科学学院门前的达尔文塑像。（庞虹 摄）

展望未来，我发现了一个更重要也更为广阔的研究领域。心理学将在赫尔伯特·斯宾塞先生所奠定的基础，即每一智力和智能都是通过级进方式而获得的这一理论上稳固地建立起来的。人类的起源和历史也因此将得到莫大的启示。

最卓越的作者们似乎十分满足于物种特创说。依我看，地球上过去的和现生的生物之产生与绝灭，与决定个体出生与死亡的原因一样，是由第二性法则所决定的，这恰恰符合了我们所知的“造物主”给物质以印证的法则。当我们视所有的生物并不是特创的，而是寒武纪最老地层沉积之前就已存在的某些极少数生物的直系后代时，它们便显得尊贵了。根据过去的事实判断，我们可以明确地说，没有哪个现生物种可以维持其原有特征而传至遥远的未来，而且只有极少数现生的物种可能在遥远的未来留下它们的后代。其原因在于依据生物的分类方式看，每一属中的大多数物种或众多属中的全部物种都没有留下任何后代便完全绝灭了。放眼未来，我们可以预见，能产生新的优势物种的那些最终的胜利者应该属于各个纲中较大优势群内那些最为常见的、广泛分布的物种。既然所有现生生物都是那些远在寒武纪以前就已生存过的生物的直系后代，我们可以断定，通常情况下的世代演替从来都没有中断过，而且也没有使全球生物绝灭的灾变发生。因此，我们会有一个安全、久远的未来。由于自然选择只对各个生物发生作用，并且是为了每一个生物的利益而工作，所以一切肉体上的，以及心智上的禀赋必将更加趋于完美。

看一眼缤纷的河岸吧!那里草木丛生，鸟儿鸣于丛林，昆虫飞舞其间，蠕虫在湿木中穿行，这些生物的设计是多么的精巧啊！彼此虽然如此不同，但却用同样复杂的方式互相依存；而它们又都是由发生在我们周围的那些法则产生出来的，这岂不妙哉妙哉!这些法则，广义上讲就是伴随着“生殖”的“生长”；隐含在生殖之中的“遗传”；由于生活条件的直接或间接作用，以及器官的使用与废弃而导致的变异；由过度繁殖引起生存斗争，从而导致自然选择、性状分化及较少改良类型的绝灭。这样，从自然界的战争中，从饥饿和死亡里，产生了自然界最可赞美的东西——高等动物。认为生命及其种种力量是由“造物主”（这里指“大自然”，而非宗教上的造物主——译者注）注入少数几个或仅仅一个类型中去的，而且认为地球这个行星按照地球的引力法则，旋转不息，并从最简单的无形物体演化出如此美丽和令人惊叹的生命体，而且这一演化过程仍在继续，这才是一种真正伟大的思想理念!

2009年是达尔文诞辰200周年暨《物种起源》出版150周年，世界各地都举行了大规模的纪念活动。在达尔文的故乡，更是以“Darwin’s Shrewsbury 2009 Festival”举行了全城纪念活动，英国政府特别发行了纪念钱币和邮票。

伦敦自然历史博物馆举办了以达尔文为主题的大型展览。

2009年11月14日，由英国文化委员会（British Council）主办的以“达尔文活的遗产”（Darwin’s Living Legacy）为主题的国际会议，在埃及历史名城亚历山大图书馆的会议中心举行。图为达尔文孙女的孙子Randal Keynes致辞。（吴国盛 摄）

2009年7—12月，英国大使馆/总领事馆文化教育处和中国科技部科学技术交流中心合作，在北京、西安、重庆、上海和东莞等地举办“永远的达尔文教育巡展”。国内各种相关机构也积极开展形式多样的纪念活动。CCTV-10也推出了7集纪录片《自然之子》。

本书译者舒德干教授受邀赴日本就达尔文进化论发表演讲。

世界各地的艺术家充分发挥自己的创造力，创作了很多独具特色的艺术设计来纪念达尔文。

2009年，很多世界知名杂志纷纷刊出专题纪念达尔文及其《物种起源》。

当《物种起源》首次发表时，英国几乎每家保守的报刊都登载过漫画，讽刺达尔文，把他画成猿或大猩猩。而如今，就连那些反对达尔文理论的人也承认：达尔文是一名伟人，他显然很重要，他的思想改变了世界。

1.《自然》（*Nature*）杂志
2.《科学》（*Science*）杂志
3.《新科学家》（*New Scientist*）杂志
4.《科学美国人》（*Scientific American*）杂志
5.《国家地理》（*National Geographic*）杂志
6.《史密森尼》（*Smithsonian*）杂志
7.《自由探索》（*Free inquiry*）杂志
8.《科学家》（*The Scientist*）杂志
9.《新闻周刊》（*News Week*）杂志
10.《科学新闻》（*Science News*）杂志
11.《微生物学趋势》（*Trends in Microbiology*）杂志

1

2

3

4

5

6

7

8

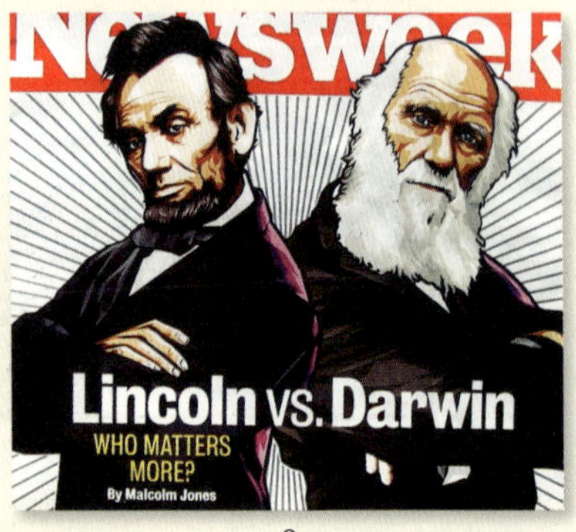

9

10

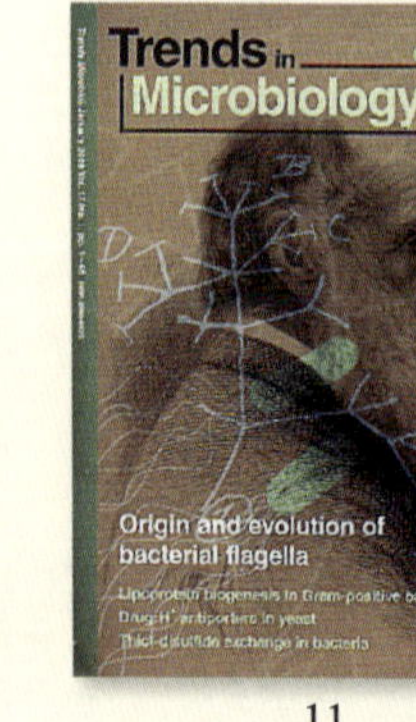

11

葡萄牙为纪念达尔文诞辰200周年而发行的邮票。图上有达尔文肖像和他研究的兰科植物。

2009年，英国政府为纪念达尔文诞辰200周年暨《物种起源》发表150周年而发行的邮票。

塞尔维亚发行的纪念达尔文邮票。

福克兰群岛（马尔维纳斯群岛）行的纪念达尔文邮票。邮票上印着达尔文肖像和“达氏蒲包花”。

加拉帕戈斯群岛国家公园50周年暨纪念达尔文诞生200周年小全张邮票。

2009年，英国为纪念达尔文诞辰及《物种起源》发表而铸造的2英镑钱币。

达尔文奖章

著名的《柳叶刀》杂志以Darwin’s Gifts为主题的封面和插画。

1964年，为了纪念达尔文家族，剑桥大学建立了达尔文学院。

附　录

进化论的十大猜想

Appendix

舒德干

（西北大学教授 中国科学院院士）

免费扫码收看舒德干院士激情演讲

在科学思想界，达尔文革命是继哥白尼革命之后的一次最深刻、影响最久远的革命；它将从根本上改变整个人类的自然观和世界观。诱发这一革命并驱动它不断前行的主要引擎是一些伟大的科学猜想以及人们对这些猜想执着的求证。达尔文之前的拉马克猜想部分奠定了进化论的基础；尽管达尔文及其后继者的几个猜想正使进化论日臻完善，但革命远未成功。

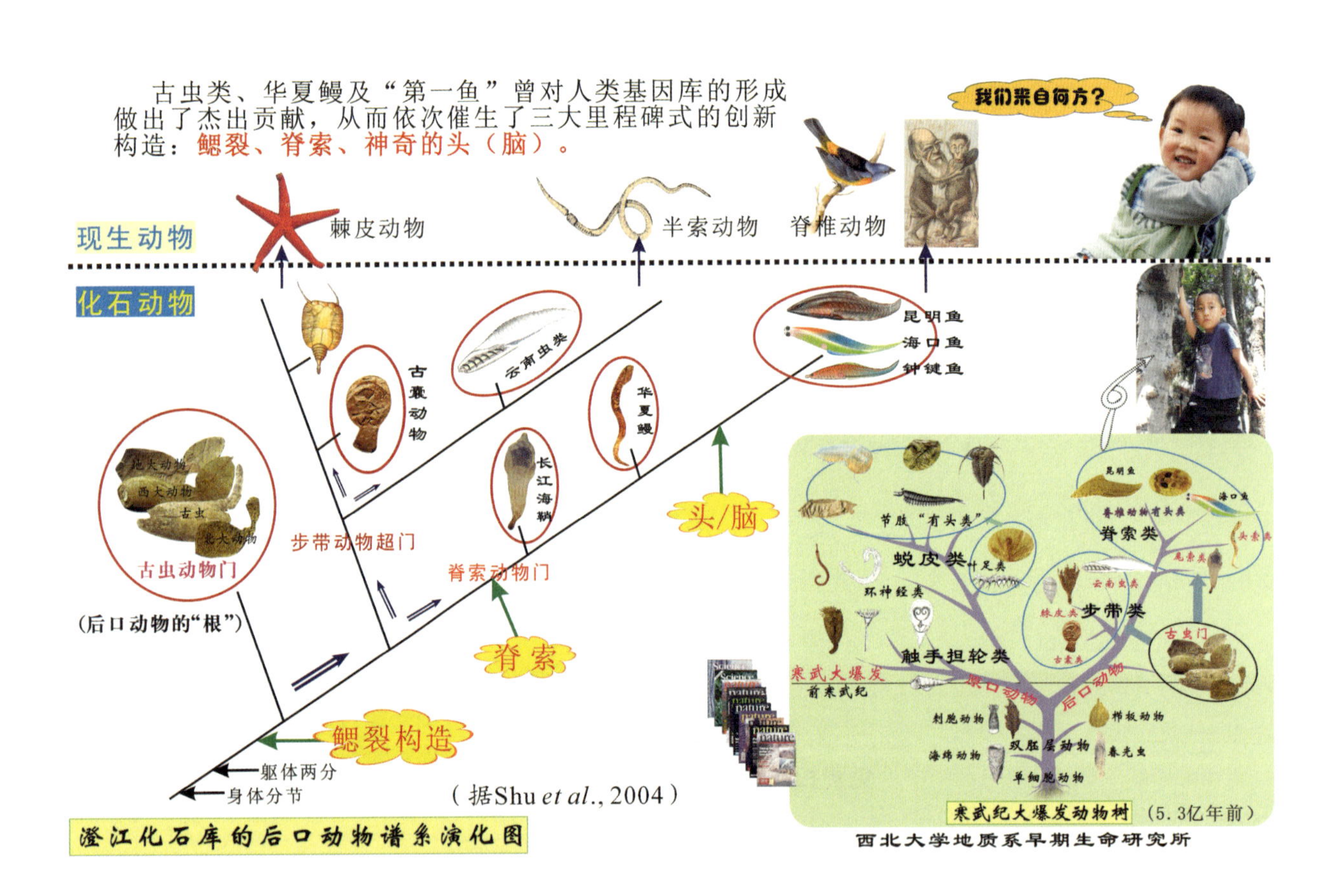

依据在寒武纪早期澄江动物群研究的一系列重要发现，舒德干团队提出早期后口动物亚界起源演化谱系图，揭示出人类远祖的鳃裂、脊索和头脑起源的化石证据（2004年发表于英国*Nature*杂志。）

关键词 达尔文革命 三幕式寒武大爆发猜想 动物树成型 昆明鱼目 古虫动物门 广义人类由来假说

在科学思想界，达尔文革命是继哥白尼革命之后的一次思想文化体系上最深刻、影响最久远的革命；它将从根本上改变整个人类的世界观。诱发这一革命并驱动它不断前行的主要引擎是若干个伟大的科学猜想以及人们对这些猜想的执着求证。达尔文之前的拉马克猜想初步奠定了进化论的基础；而达尔文的几个“理论性”（或“哲学思辨性”）猜想及其后继者的几个“实证性”猜想（包括分子中性进化论猜想、真核生物的内共生起源猜想、三幕式寒武创新大爆发或动物树三幕式成型猜想）正使进化论日臻完善。我们过去已经知道，人类的近代祖先出自约六百万年前的古猿；现在可以确认，从鱼到人的所有脊椎动物皆共享“三分体型”（头—躯干—肛后尾）；并业已实证，人类5亿多年前的远祖源自三分体型的首创者“天下第一鱼”昆明鱼目，在那里我们的头脑、眼睛、心脏、脊椎都找到了自己的源头。继续往前追溯，我们便见到无头无脊索的“二分体型”（即有创造第一鳃裂的前体和具有肠道、肛门的后体）的绝灭动物门类古虫动物门。最后，在接近显生宙起点处，中国学者在陕西南部终于成功发现了接近“天下第一口”的皱囊虫（单囊体约1毫米，具真口，尚无肛门），她应该离学界期盼已久的始祖不远了。上述动物明星化石在国际上都被广泛认同，它们将成为人们书写《人类的由来》升级版的关键实证。倘达尔文在天有灵，当含笑九泉。

1. 引言

在科学史上，引领各分支科学不断进步的思想革命，不计其数。然而，能改变人类世界观并在整体上长期驱动所有分支科学加速进步的思想革命，却只有两次，一次是16世纪启动、18世纪便大功告成的无机科学界的哥白尼革命，另一次则是始自19世纪生命科学界的更为艰难曲折的达尔文革命[1]。这次革命的直接结果就是进化论的诞生和迈向成熟。尽管它一直伴随科技的进步而不断进步，但旅程远未结束。

在科学界，2009年是伽利略年，也是拉马克年，更是达尔文年。整400年前，伽利略将自制的望远镜指向无垠的太空，为哥白尼的日心说猜想寻找实证。他不仅新发现了一些星体的卫星，还观察到金星的盈亏和太阳黑子等天文现象，终于为揭示太阳系结构的庐山真面目建立了盖世奇功；这些发现不仅支撑了哥白尼学说，也为后来的牛顿力学三大定律提供了依据，更为两个多世纪之后的达尔文革命开辟了道路。整200年前，拉马克的《动物学哲学》问世。尽管身陷神创论的一统天下的重压，但这位思想革命的先驱能冒天下之大不韪，勇敢地为进化论科学大厦铺垫基础。凑巧的是，同年2月12日，更伟大而求实睿智的科学思想家达尔文呱呱坠地；50年后的11月24日（注：不是误传的10月24日），他的《物种起源》第一版正式发行[2]。至此进化论已自成体系。今天，在回顾进化论创立和发展来龙去脉的时刻，我们会发现，诱发这一革命并不断将它引向深纵发展的驱动力乃是一些伟大的科学猜想以及人们对这些猜想执着的求证。在科学的征程上，人们既须有冲破藩篱继续前行的勇气和决心，同时，在崎岖山路上更须臾离不开思想灯塔的指引。那么，在进化论的形成和发展的进程中，到底有哪些最值得关注的灯塔？谁又是这些灯塔的建造者？对此，本文拟做些初步讨论，冒昧地归纳出十大猜想概念。在众说纷纭的学术界，笔者希望所论之概念能接近生命进化的历史真实而不致形成误导。错漏之处，恳请同仁们、朋友们惠予指正。

进化论与其他自然科学不同之处，就在于它直接涉及我们人类自身的性质和价值取向；它不仅影响到科学界的方方面面，而且还深刻地触动着世俗社会的中枢神经。同时，也由于民族不同，时代不同，文化信仰不同以及所从事的学科不同，人们对进化论各种学术主张的认同和毁誉自然也各不相同。18世纪至20世纪，进化论在英、法、德、美各国的际遇多有差别；20世纪上半叶，进化论在苏联和我们贫弱的祖国仍显幼稚和肤浅，盛行的言论主张也多偏离进化论的核心价值。150年前，英国《自然》杂志的创建，至少部分地是为了捍卫和发展科学进化论。21世纪的今天，面对这份厚重无比的人类共享的科学和文化双重遗产的继承和光大，我国的《自然杂志》和其他各种媒体也许会有较大的作为。目前，我国的科学技术和经济皆尚欠发达。当这个两千多年传统儒学文化与近代的“五四文化”、现代的“延安文化”和“文革文化”等多重文化基因交融的社会体大举改革开放之际，面对主要来自西方形形色色的进化论猜想和质疑，中国现代学者和文化人会做怎样的选择呢？

2. 进化论的进化简史

由于进化论独特的科学与人文双重属性，使得它的产生及发展历史，在不同的民族和文化背景中变得错综复杂。

2.1 18世纪：进化思想启蒙

当今，在科学技术、经济和军事诸方面，美国无疑是老大。然而，在1776年7月4日美国刚作为一个弱小国家独立面世时，欧洲的科技已经独占鳌头；其科学思想十分活跃，进化思想也顺势破土而出，法国首当其冲。

在博物学界，1707年诞生了两位伟大人物，一个是瑞典的林奈，另一个是法国的布丰。前者对进化思想贡献甚微，而后者却是史上杰出的进化思想启蒙大师。

17世纪以后，博物学家已搜集到大量的动植物和化石标本。到了18世纪，单单已知的植物种就有近2万个。此时，对物种进行科学的分类就变得极为迫切。林奈的出生恰逢其时，他的学术兴趣和能力更成就了他的伟业。

林奈的父亲是一位乡村牧师。幼时的小林奈，受到父亲的影响，十分喜爱植物，八岁时得“小植物学家”的别名。从1727年起，他先后进入龙得大学和乌普萨拉大学学习博物学以及采制生物标本的知识和方法。1735年，周游欧洲各国，并在荷兰取得了医学博士学位。1753年发表了《植物种志》。林奈最杰出的贡献是正确地选择了“自然”分类方法，建立了沿用至今的人为分类体系，并完善了物种的双名制命名法，将前人的全部动植物知识系统化。尽管他是一个物种不变论者，但他的生物分类系统却在客观上启发了后人探索自然生命的演化内涵。

18世纪的地质学诸多发现为博物学注入了大量的新知识，从而促进了生物进化思想的萌生和发展。那时的人们普遍相信，创世的神话能够自圆其说地解释地球的形成及地球上生物的起源。然而，在那个时代假如有人能证明地球的历史十分悠久，远不止六千年，而且其间还曾发生过巨大变化的话，那一定会引导人们去怀疑《圣经·创世记》中生命起源故事的真实性，上帝存在的真实性也随之可能被质疑。实际上，布丰就是如此借助科学挑逗上帝的第一人。

布丰出生于一个律师家庭，21岁大学法律专业毕业，但不久却对科学产生了浓厚兴趣。1753年当选为法国科学院院士，以后又被选为英国皇家学会院士、德国和俄国的科学院院士，的确十分了得。布丰一生最大的贡献是编著了35卷《自然史：总论和各论》（死后又由他的学生续编出版了9卷）。44卷《自然史》内容广泛，共分为地球史、矿物史、动物史、鸟类史、人类史五大部分。布丰强调环境变化对物种变异的影响，著作中包含了物种进化的思想萌芽。尽管他的思想曾发生过动摇，但其论述的自然界及生物界广泛进化的事实，使进化思想开始萌生于法国。作为进化论的先驱，布丰的贡献除了直接阐述进化思想之外，他还先后为进化论培养了两位早期奠基人：拉马克和圣伊莱尔。

2.2 进化论奠基

早期为进化论奠基贡献最大的人当数拉马克（达尔文的祖父也做出了值得称道的贡献）。拉马克幼时就读于教会学校，1761—1768年在军队服役，其间锻炼了他的斗争精神。有意思的是，他服役时便开始对植物学发生了兴趣，至1778年出版了3卷集的《法国植物志》，颇有声望。1783年被任命为科学院院士。他发明了“生物学”一词；还第一个将动物分为脊椎动物和无脊椎动物两大类（1794），首先提出“无脊椎动物”一词，由此建立了无脊椎动物学。他的代表作是《无脊椎动物系统》（1801）和《动物学哲学》（1809）。在这两本巨著中，他提出了有机界的发生说和较为系统的进化学说。遗憾的是，他信奉的“有机生命自然发生说”虽然在当时有某种积极意义，但它后来一直没能被证实。

圣伊莱尔（1772—1844）早年受过僧侣教育，但不久即转攻博物学，成为法国著名的动物解剖学家、胚胎学家；他也主张物种可变。

历史上，进化论和神创论的斗争一直绵延不断，但著名的公开大辩论、大论战却只有3次。第二次大辩论是1860年发生在英国的关于“猴子祖先”的故事。辩论双方（英国圣公会主教威尔伯福斯与进化论的热情捍卫者赫胥黎）打了个平手，这为进化论后来的发展留下了空间。第三次大辩论发生在20世纪的美国，反进化论者动用了法律，将在课堂上讲授达尔文进化论的中学教师判罪，导致在法庭上的公开辩论。此时科学进步了，时代进步了：这场审判使反进化论者陷于窘境，以后极少再能明目张胆地反对进化论了。然而，第一次大辩论发生得太早了。在社会舆论尚未做好准备时，即使是革命的、进步的思想，也难逃失败厄运。那是在1830年，辩论的一方是圣伊莱尔，另一方是进化论的反对者居维叶。尽管居维叶在分类学、比较解剖学、古生物学上做出了很大贡献，但他却用上帝操控的灾变来解释不同地层中的不同化石的间断性，优秀科学家竟成了神创论的帮凶，着实可悲，也令人深思。这次斗争失利给进化论以深刻教训：科学绝不能自然而然的战胜神创论，要成功须先取得足够的有说服力的客观证据方有可能，尤其要求古生物学不断努力发掘证据并深入研究生命演化史，以尽可能详尽地填补地层中那些不连续的物种之间的空白。

2.3 达尔文时代

这个时代始于1831年达尔文启动环球航行。正是这次彻底改变他人生轨迹的壮举，才使他直接感受到大自然活生生的海量进化事实。他花了28年博采众长，经深思熟虑才完成了进化论大厦的构建。接下来的几十年，他的进化论在绵延不绝的争论中逐步为越来越多的学者和世俗凡人所接受。关于对他不寻常的人生和研究生涯的评价，不计其数，在这里可以节省些笔墨。有兴趣者也可参阅笔者在《物种起源》导读中的“达尔文生平及其科研活动简介”章节。达尔文的工作在很大程度上改变了整个人类的世界观：不仅限于自然观，甚至还深深触及社会观，人生观；它引导人类思想的解放，从而极大地解放了生产力。他的功绩将与人类文明史共存。

2.4 达尔文主义的“日食”时期

所谓“日食”，是指达尔文主义的光辉暂时被遮盖。这种不幸发生在1900年前后的10余年间。其表现是，尽管多数人认同生物是进化的，但相当多的学者开始不相信自然选择学说，转而寻求其他机制来解释生命演化。这段历史相当复杂，其中既有特创论作祟，也有达尔文学术主张先天不足的缘由。苍蝇不叮无缝的鸡蛋。比如，达尔文进化论中的最大缺陷是缺失遗传学基础。于是，他提出用“泛生论”（Pangenesis）来附和似是而非的“融合遗传”假说。孟德尔颗粒遗传理论被学界接受后，融合遗传假说便理所当然地遭到了摒弃。不幸的是，历史首次作弄了自然选择学说，让它也跟着倒霉，屡遭诟病。实际上，融合遗传假说从本质上与自然选择理论格格不入。道理很简单，假如融合遗传是真实可信的话，那么它必然导致生物的变异会越来越少；而作为自然选择的“原料”，变异少了，自然选择作用也就越来越成为无米之炊了。此外，达尔文在讨论新物种形成机理时，没有强调地理隔离的作用，这也招致了学术界的强烈批评。

2.5 进化论再度走向新的辉煌

孟德尔主义与达尔文主义的两极分化和“对立”局面，到1920年以后开始好转。此时，人们顿悟并逐步取得共识，颗粒遗传假说原本就应该是自然选择学说得以完善之“必需品”，而非对立物。此后，上述两派的融合，以及后来逐步与群体遗传学、生物地理学、古生物学等多学科的综合，形成了现代进化论，更逐步走向成熟、走向成功，并成为主流学派。分子中性假说“挑战”自然选择说，后来被证明是对进化论的补充。间断平衡假说从达尔文时代的隐晦语变成旗帜鲜明的理论，从而对传统渐变论进行了修正和发展。对此，笔者在《物种起源》导读中专辟了一节《达尔文学说问世以来生物进化论的发展概况及其展望》[9]，供同仁们参考和斧正。

现在，已经没有人怀疑，进化论大厦的核心构建者是达尔文：他的思想构成了进化论的主体和灵魂。但是，我们也注意到，在有些人中间存在一些倾向，他们将进化论完全等同于达尔文主义。显然，那也是片面的。从这一节的简略历史回顾可以看出，进化论是人类社会特有的科学与人文双重演化发展的联合产物。达尔文的聪明和幸运就在于他“爬上了巨人的肩膀”。当代进化论者古尔德曾正确地指出：达尔文进化论观点是多元论和广容性的。而且他也认为，这是面对复杂世界的唯一合理的态度（S.Gould，1977，《自达尔文以来》）。我想，今天，我们后来者应持的正确态度，就是坚持历史唯物主义，客观地面对所有历史文化遗产；其实，这更是令后来人会有所作为的基础。在达尔文之前，确有不少进化思想萌芽，而真正为进化论早期奠基的主要是拉马克，尽管其基础还不够全面和坚实。在拉马克-达尔文时代，遗传学尚未诞生；他们构建的进化论大厦毕竟显得有些单薄。多亏了孟德尔的“颗粒遗传”猜想（它后来发展为基因论）才使得这个科学大厦的内涵变得更充实、丰富和牢靠。

3. 生物进化论的十个主要学术猜想

本文所简要讨论的十个猜想，并非灵机一动的臆测，而是历史上那些由积淀而生、并长期左右进化理论不断发展的主要学术思想；它们潜在性地接近真理或包含较多真理。不过，它们的最终确立仍需要学者们耗费精力和智慧继续努力求证才能实现，恰如数学中的哥德巴赫猜想和费马大定理［或费马最后猜想（Femat’s last theriom）］。进化论猜想，林林总总，难以胜数，本文拟概括性讨论其中10个影响最广泛、最久远的思想。早期经典的“理论性”（或“哲学思辨性”）猜想大多形成于19世纪，其中与拉马克贡献相关的猜想有2条，由达尔文主导提出的有4条，由孟德尔实验引发的有1条；20世纪出现并发育成型的“实证性”猜想越来越多，主要产生于对微观进化领域奥秘和生命树重大演化节点的探索研究，其中最为重要的有分子中性进化论猜想、真核生物的内共生起源猜想、寒武幕式创新大爆发或动物树幕式成型猜想。

3.1 拉马克第一猜想：物种渐变猜想

它包括两层意思，一是物种可变，二是变化的途径主要靠渐变，一小步一小步地碎步连续向前。前者是对两千多年来的物种不变论的否定，后者则向主张“地史中的物种互不相关、互不连续”的神创论发起了挑战。近半个世纪以来生物学的重要发现和进步既对物种渐变猜想提出了挑战和修正，另一方面也给予它进一步的支持。前者主要来自古生物学的研究成果，它复活了达尔文当年悟到却没有详尽论证的“间断平衡猜想”。而后者则来自分子遗传学的发现：即是说，无论是同源蛋白质还是DNA分子，其进化速率都是大体恒定的；由此甚至还导出了与放射性元素等速衰变相类似的分子钟概念。

2009年5月27日我国《科学时报》以整版的篇幅刊载了一位研究型记者的长篇文章《200年，永远的达尔文》。客观地说，该采访文章的评述有相当的广度和深度，但也存在欠严谨的地方。比如，作者在评价达尔文的核心贡献时说："在《物种起源》中，达尔文提出了两个基本理论，第一，他认为所有的动植物都是由较早期、较原始的形式演变而来；其次，他认为生物进化是通过自然选择而来。"其实，这种评价在学界很有代表性。高等教育出版社2006年出版的《基础生命科学》也持相同看法："Darwin进化论主要包括了两方面的基本含义：① 现代所有的生物都是从过去的生物进化来的；② 自然选择是生物适应环境而进化的原因。[3]"二十多年前，笔者在应邀给《物种起源》撰写导读时，对类似概述性的评论也没觉得有什么不妥，但近些年的一些再思考，使我深感这样的评述既不够全面，也有失精准和公允。其中，至少有三点值得商榷。① "物种是可变的，因而所有生物都是由更早期、更原始的生命形式逐渐演变而来"的科学猜想其实并不是由达尔文首先"提出"的。除了早期一些哲学家类似的推测之外，第一个真正从科学上提出这一思想概念的应该是拉马克[2]。② 在现代进化论看来，比上述两条更具核心价值的思想应该是"万物共祖"的"生命树"猜想。③ 自然选择猜想并不是达尔文最先"提出"的。达尔文在《物种起源》的第三版的"引言"中坦诚地写道："在物种起源问题上进行过较深入探讨并引起广泛关注的，应首推拉马克。这位著名的博物学者在1801年首次发表了他的基本观点，随后在1809年的《动物学哲学》和1815年的《无脊椎动物学》中做了进一步发挥。在这些著作中，他明确指出，包括人类在内的一切物种都是从其他物种演变而来的。拉马克的卓越贡献就在于，他第一个唤起人们注意到有机界跟无机界一样，万物皆变，这是自然法则，而不是神灵干预的结果。拉马克物种渐变的结论，主要是根据物种与变种间的极端相似性、有些物种之间存在着完善的过渡系列以及家养动植物的比较形态学得出的。"而达尔文本人的丰功伟绩在于，他首次综合了当时比较形态学、比较胚胎发育学、生物地理学和古生物学四个方面的论据，成功地论证了拉马克物种渐变猜想的正确性。而近几十年来，分子生物学的快速发展，更从DNA（或基因）和蛋白质变化的微观层次上确证了物种在不断演变，而且其主要基调是渐变[4]。客观而公允地看，拉马克应该是渐变猜想的提出者，而达尔文则是这一猜想的主要证明者。这正如数学中的费马最后猜想（或费马大定理）和哥德巴赫猜想一样，绝不会因后来有伟大的数学天才对它们进行了成功的证明而更名。将物种可变思想的首创权归于拉马克比归于达尔文应该更符合科学历史的真实。

3.2 拉马克第二猜想：用进废退及获得性遗传猜想

这是进化论中争议最大，最难求证的一个猜想。在《动物学哲学》中，拉马克提出了生物演化的两条法则。一是"用进废退法则"，二是"获得性遗传法则[5]"。其实，这两条法则密切相关，可以将它们合二为一。其含义是生物体经常使用的器官构造常会趋于发达，反之会弱化；而这种后天获得的更发达或弱化的性状，如果为雌雄两性的个体同时具有，那么便会通过有性繁殖遗传给后代，从而使生物定向演化。新、老拉马克主义者最常举的说明例证便是长颈鹿脖子的形成。然而，自20世纪初遗传学开始形成以来，拉马克这一猜想在理论上和实践上皆未得到遗传学的明确支持。

遗传学认为，遗传物质亦即基因，是以DNA为载体的。遗传的基本过程是DNA先转录为RNA，然后翻译为蛋白质，最后通过蛋白质复杂的互相作用，决定了生物体的表观形态。在这个过程中，DNA的序列是决定性的因素；即是说，生物的形态最终由DNA的序列决定。在遗传过程中，父母的生殖细胞中的DNA通过细胞减数分裂和受精作用传给子女。由于上一代在后天获得的性状不会影响到生殖细胞中的DNA序列，所以这些性状也就无法遗传到下一代。也就是说，获得性遗传过程不可能实现，因而用进废退也就成为空中楼阁。在过去一个世纪，人们做了许多实验以检验这一过程，但获得性遗传几乎从未得到过肯定性证据的支持。同时但大家也注意到，这些实验多局限于细菌等低等生命。

有趣的是，最近兴起的表观遗传学（epigenetics）揭示出了获得性遗传的可能性。随着求证工作的深入，将来它也许能成为达尔文自然选择思想的一个重要补充，正如达尔文当年认为的那样。目前，该领域研究成果极富吸引力，以致英国《自然》杂志用一期专题的形式对它作了全面分析和介绍[6—7]。表观遗传学的研究对象是一类无须改变DNA序列便可改变生物性状的机制。概括地说，DNA虽然对蛋白质的表达握有决定权，但是，从DNA到蛋白质的过程中却存在很多可以调控的步骤，如DNA的甲基化、组蛋白的甲基化和乙酰化等；甚至蛋白质的不同折叠也能影响蛋白的表达和功能。epigenetics这个名词在半个多世纪之前便出现了，这些调控机制过去早已为人知晓。表观遗传学近年之所以引起人们极大关注，主要得益于一些实验的新发现。这些发现揭示出上述调控机制具有两个特征：一是它们能够长久不断地受到自然的后天影响（可获得性），二是它们还可以遗传下去（可遗传性）。如果将这两种因素结合在一起，那么获得性遗传就不是不可能了。

3.3 威尔斯·达尔文·华莱士猜想：自然选择猜想。

几乎所有了解一点科学知识的人都知道，达尔文进化论的精髓之一是自然选择理论。该理论正确地指出，在生物宏观表型性状的演化过程中，自然选择作用是最重要的驱动力。然而，必须指出，自然选择思想并非达尔文首创。他在《物种起源》开篇的“引言”中坦诚承认，至少有另外2人捷足先登提出了自然选择思想。尤其是威尔斯博士最先提出了该思想，最有资格享受创立该思想的优先权。达尔文指出：“1813年威尔斯博士在英国皇家学会宣读了一篇题为《一个白人妇女皮肤与黑人局部相似》的论文。……在该文中，他已经清楚认识到自然选择原理，这是对这一学说的首次认知；尽管他的自然选择只限于人类，甚至人类的某些性状特征。”另一方面，我们也必须看到，正是达尔文首次较全面地成功地论证了自然选择作用。现代达尔文主义在群体遗传学的基础上，对传统个体选择假说做了较大的补充和发展，指出自然界中应该存在着多种选择模式，如消除有害等位基因的“正常化选择”，促进有利突变等位基因频率增加的“定向选择”，在位点上保留不同等位基因的“平衡性选择”，还有与“遗传同化”相似的“稳定性选择”。值得一提的是，20世纪六七十年代出现的所谓《非达尔文主义进化》的“中性学说”。现在，越来越多的实验证据显示，自然选择在分子水平仍然可以发挥作用；中性学说很可能在微观层次或分子进化层次探索上抓住了许多真理，但它是对达尔文学说的补充而非否定。当然，尽管威尔斯、达尔文、华莱士三人都对自然选择猜想的建立做出了实质性贡献，但达尔文的贡献应该最大、最系统、最有说服力。

3.4 达尔文核心猜想：生命树猜想。

进化论的核心价值是什么？不同的学者常有不同的解读。我国著名进化论者张昀的看法独到而精辟；他一语中的：“现代进化概念的核心是‘万物同源’及分化、发展的思想[8]”。说得直白一点就是，现代进化理论的核心价值是生命树及其演替的思想。这也恰恰是达尔文对现代进化论的核心贡献。

在《物种起源》中，达尔文在系统论证“物种可变”思想和自然选择思想上都做出了前无古人的杰出贡献，然而他并不拥有这些创新思想的优先权。但对于“生命树”猜想，情况就不一样了。在达尔文时代之前，主张“突变”和“灾变”的学者构成了当时的主流学派，他们大多是神创论者。倡导“渐变论”且有重要建树的进化论代表人物，当属拉马克。但非常不幸的是，他误信了其老师布丰留下的“生命自发形成论”，结果提出了所谓“平行演化”假说（插图1）[1, 9]；这一严重失误使这位进化论的先驱斗士与生命树理论失之交臂。

达尔文很幸运，到他那个时代，“生命自发形成论”已经被许多科学实验证伪而遭抛弃。于是，当他刚完

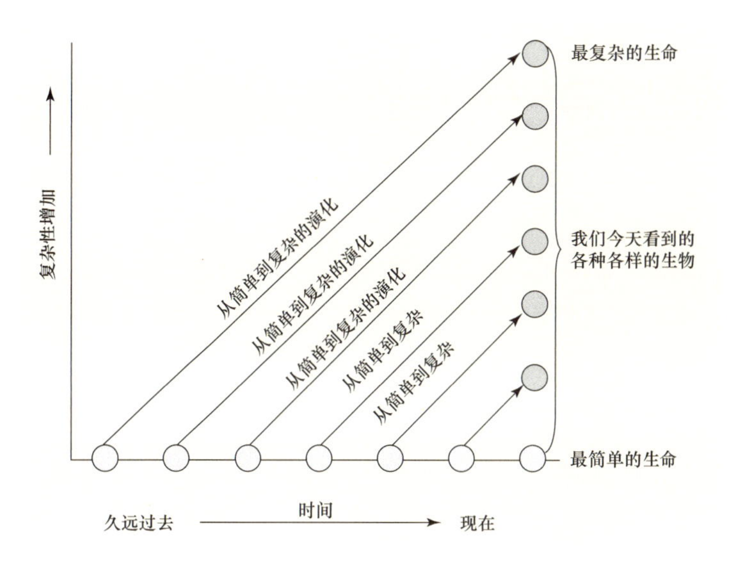

插图1　拉马克的平行演化假说

成5年环球航行不久，并于1837年确立了“物种可变”思想时，便在其第一本关于物种起源的笔记本中“偷偷地”勾画了一幅物种分支演化草图（“Branching tree” sketch）（插图2），这是“生命树”的第一幅萌芽思想简图。正是这幅不起眼的草图，以其深刻的思想开始不动声色地挑战“万能上帝六日定乾坤”的经典说教。大家都知道，22年后发表的《物种起源》里只有一幅插图。人们不难理解，深谋远虑的作者显然是要用它来表达自己学术大厦的核心思想；而这幅图正是他1837年那幅草图的翻版和规范[10]！

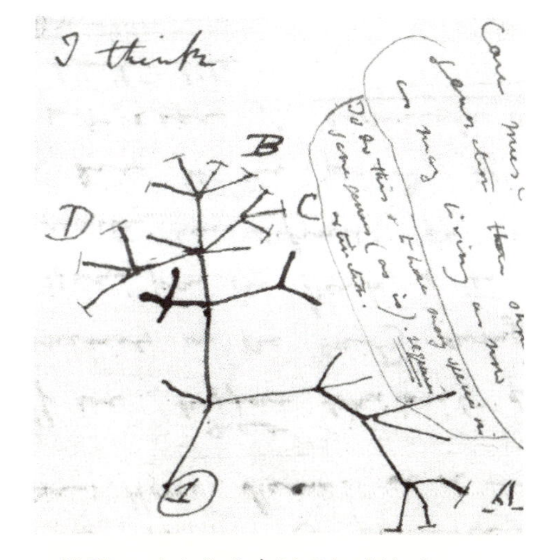

插图2　达尔文生命树思想的雏形

人们还注意到，在该书最后一章的最后一节，作者用浪漫散文诗式的语句表述了他对地球生命真谛的理解；而其最后一句更是全书的画龙点睛之笔。它多少有点含蓄、但又十分精到地表达了作者“生命树”的伟大猜想；那就是：地球上的所有生命皆源出于一个或少数几个共同祖先，随后沿着38亿年时间长轴的延展而不断开枝散叶，最终形成了今天这棵枝繁叶茂的生命大树。天下生命原本一家亲！

《物种起源》问世不久，不少富有灵性的学者已经敏锐地感悟到，达尔文深刻思想的内核并不在生物是否进化、渐变论或自然选择，而是生命树猜想。于是，德国著名的进化论追随者海克尔便根据当时的形态学和胚胎学知识画出了各种“生命树”，其中有些图谱至今仍被广泛引用。

实际上，近几十年来，生命树理论不仅被越来越多的生物学和古生物学证据所佐证，而且还不断地得到分子生物学新数据的强有力支撑。现存地球上的所有生命都享用同一套DNA遗传密码，这从生命本质上证明了，她们皆理应同居一树，同根同源。

21世纪伊始，北美和欧洲科学界决定继承达尔文的遗愿，分别投入巨额资金，启动了规模庞大的“生命树研究计划”，对生命树进行间接或直接的证明和完善。人们期待着，它将使这个“理论之树”逐步转变成一个日趋完善的看得见摸得着的“实践之树”。近年来，古生物学家正在积极地与现代生物学家联手，力图逐步勾画出能够综合历史生命信息与现代生命信息的各级各类动物树、植物树、真菌树、原核生命树，乃至统一的地球生命大树。著名的美国地质古生物学家A.Knoll等人近年勾画的生命树框架，就是一个较为成功的初步尝试[11]。需要指出的是，在许多低等生命（诸如细菌、古细菌，甚至病毒）之间，近年来发现它们不仅遵循遗传学上正常的“纵向基因传递”，同时还存在不少出人意料的“基因横向转移”。即不同物种之间、甚至不同门、纲之间也会发生基因转移。这样一来，生命树的下部和根部很可能构成了极其复杂的纵横交错“网”，而不是过去设想的“单一树干”。尽管如此，位居这种“榕树型”生命树末端的几个大枝，尤其是“动物枝”或“动物树”，其结构则要简单得多；因为在那里还很少见到那种令人困惑的“基因横向转移”。于是，我们仍可满怀期待地在寒武纪大爆发前后找到地球上的动物树逐步发育成长的隐秘证据；从而勾画出最初成型的动物树轮廓图（舒德干，2005）。

3.5 达尔文-艾/古猜想：间断平衡猜想（或稳态速变猜想）

间断平衡猜想是艾垂奇（N.Eldredge）和古尔德（S.Gould）在1972年根据地层中多数化石随时间变化所呈现出来的形态变化现象而极力倡导的一个物种进化的模式。它是对现代综合进化论的渐变说的修正和补充。经过科学界内部以及科学与宗教界之间的激烈争论，现在多数人尤其是古生物工作者已经广为认同这一假说[12]。间断平衡假说是建立在质变与量变、突变与渐变辩证统一基础上的猜想。它认为生物演化是这两种变化不断交替的过程。大多数物种的形成是在地质上极短的时间内完成的，即所谓快速成种作用（speciation）过程。而新物种一旦形成，常常会保持一种长时期的稳态（stasis）。成种作用是产生种及种以上分类单元迅速变异的宏进化（macroevolution），种系渐变则是产生种内变异的微演化（microevolution）。有人还将这一假说放大延伸，用以解释寒武纪大爆发现象，似乎也言之成理。但是，这次生命大爆发绝非西方一些媒体所宣扬的那样“突然”快速；“几乎所有动物门类的祖先都站在同一起跑线上”的说法其实也不符合历史真实。实际上，即使是狭义的寒武纪大爆发从5.4亿年前开始到大爆发结束，也历经了约2千万年。如果将前寒武纪末期的各种低等动物（基础动物亚界）出现包括在“广义寒武纪大爆发”事件之内的话，那时限至少在4千万年以上；而且，基础动物亚界、原口动物亚界、后口动物亚界的“起跑线”彼此相距约在2千万年左右[9]。

“间断平衡”是“punctuated equilibrium”的一种最常见的中文译法。其实，对普通中国读者来说，译成“稳态速变”也许更明白更贴切些（物种可长期保持稳态不变，却能在相对较短的时期内快速演变为新种）；况且，物种演化应该是一个连续的过程，其间并无间断，区别只在于演化速率不同而已；而且，“间断”还是神创论非常钟爱的一个术语。

过去，不少人误以为达尔文是个绝对的渐变论者，其实不然。只要认真仔细审读《物种起源》，便会发现，他曾多次这样描述地史时期物种变化的规律：“物种的变化，如以年代为单位计算，是长久的；然而它与物种维持不变的年代相比，却显得十分短暂。”显然，这与现代“间断平衡论”的内涵完全一致[10]。于是，这里产生一个疑问，既然达尔文当时已经认识到地史时期的物种的演化是以快速突变与慢速渐变交替方式进行的，那他为何总爱强调渐变呢？我想，这也许与达尔文的论战策略有关。达尔文深深懂得，物种不变论的根基是顽固的神创论。而神创论坚持物种由上帝特创和物种不变的护身法宝便是突变论和灾变论。在神创论或特创论看来，物种是被上帝一个一个单独创造出来的；一旦物种被快速创造出来，便不再改变。而当地球上的大灾难（如大洪水）毁灭了大群旧物种时，上帝便立即再快速创造出一批新物种。显然要想攻破具有强大传统势力的特创论，在当时，达尔文也许只能坚持“自然界不存在飞跃”的渐变论，而完全摒弃任何形式的快速突变的说辞，以不致留给特创论任何可乘之机。这应该是达尔文论战的高明之处。

达尔文这一猜想也是其学术思想与拉马克绝对渐变论的区别之一。从历史唯物主义的观点看，达尔文应该有资格享受间断平衡猜想的首发权。乍看起来，“间断平衡”学说好像很简单。但实际上，如许多专家所言，其中仍有很多讲不清楚的机制。比如说，为什么一个物种会长时间处于稳态？无论从基因、生态、生物地理、环境变化各方面的研究看，都还难以解释得明明白白。

3.6 布丰–达尔文猜想：人类的自然起源猜想

布丰完成了44卷《博物志》巨著，使他成为进化思想的先驱。他推断，地球形成之后，表面发生了一系列变化，相继出现了海洋、陆地、矿石、植物、鱼类、陆地动物、鸟类，最后才出现了人。他的这些天才的推测与后来科学证实的情况几乎完全一致。布丰非常强调环境变化对物种变异的影响。他认为，随着地质的演变，地面气候、环境、食物也在不断地变化，人就是这种变化的产物。所以，达尔文在《物种起源》的“引言”中说，布丰是“以科学眼光看待物种变化的第一人”。或者说，布丰是提出“人类源出于自然”猜想的第一人。

在布丰之后，他的学生拉马克也坚持人类源出自然的思想。但是，真正较全面而深入求证这一猜想的却是达尔文。达尔文著作等身，但其直接指向神创论要害的只是其中的两部“起源”的姊妹篇。在《物种起源》写作将要封笔之前，达尔文透露了他最想说的心里话：“展望未来，我发现了一个更重要也更为广阔的研究领域。……由此，人类的起源和历史将得到莫大的启示。”12年后，他感到时机成熟了；于是，《人类的由来及性选择》（*The Descent of Man and Selection in Relation to Sex*）高调面世[13]。

达尔文深信，地球所有生命构成了一棵谱系大树，而我们人类不过是某个枝条上的一片小叶。尽管如此，他心里也十分明白，像这样石破天惊的猜想，如不经受严格的证明，人们长期形成的文化心理障碍将令他们无法接受这一猜想。科学求证过程至少包括两大步：第一步是探索“人类的近期由来”（人科的演化），而第二大步则要追溯“人类的远古由来”，这至少需搞清灵长类出现之前的一系列重大器官构造创新事件的历史证据。

《人类的由来及性选择》所探索的主要是人类的近期由来。而且，由于19世纪还极少发现古人类化石证据，达尔文的方法基本上局限于现代生物学的间接推测，诸如讨论人与动物之间“相同的形态解剖构造”“相同的胚胎期发育”“相同的残留结构”“共同的本能”和“相似的社会性行为”等等。客观地说，达尔文终究取得了初步成功。

19世纪晚期，荷兰青年杜布瓦到遥远的东方去寻找化石“缺环”，并首先发现了“直立猿人”（俗称爪哇人）。20世纪二三十年代，中外学者合作在周口店的发掘取得了巨大成功，“北京猿人”很快成为学术界的宠儿。更可喜的是，后来在非洲寻觅人类近祖的探索取得了更大的历史性突破。这里的化石比亚洲更丰富、更完好，演化序列更趋完整；“缺环”系列的填补越来越密集。可以说，“人类的近期由来”，或者“狭义人类由来”的历史论证取得了决定性的成功。

谈到人类更远古的由来，人们不禁要追问，我们能成为“智慧生灵”，应该归功于脑的发育。那么，人类脑的起源始点在哪里？我们之所以能“告别动物”，发端于直立行走，无疑主要靠脊梁骨的支撑。那么，最初的脊椎骨起自何处？而脊椎骨的前身脊索又最先诞生于哪些古老祖先？如果继续往前追溯，由于人类是后口动物亚界超级大家庭的一员；早期的后口类祖先创生了鳃裂构造，引发了新陈代谢革命而与原口类分道扬镳。那么，哪些化石祖先创造了第一鳃裂呢？疑团一个接一个。令人欣慰的是，作为寒武纪大爆发的最佳科学窗口，澄江化石库历经三十余年的研究，舒德干等人首次揭示出早期后口动物亚界完整的谱系演化图[14—35]。由此，我们可以真实地看到从低等动物通达人类漫长旅途中那些最初创生鳃裂、脊索和脑/头的原始祖先。而且，近年韩健等人发现的微型皱囊虫很可能是最接近“第一口”原始的真动物，将始祖的探索更推进了一大步。如此追溯人类祖先各类基础器官源头的假说，我们可以称作“广义人类由来”猜想。

3.7 孟德尔猜想：颗粒遗传猜想（基因遗传猜想）

在达尔文时代，学界对遗传的本质几乎一无所知。人们所观察到的子代，常表现出父母双亲的中间性状。于是“融合遗传”假说应运而生。这种遗传现象恰如将两种不同色彩混合在一起便产生了中间颜色一样简单。这种似是而非的理论统治学术界将近半个世纪。其实，它极不可靠。假如融合遗传果真存在的话，那么，物种内任何一个能相互交配的群体内和群体之间的个体差别都会变得越来越小，最终会变为同质。于是变异便消失了，自然选择也就成了无米之炊，无法发挥任何作用。而且，由于同质化，即使能偶尔产生变异，它们也会随之消失。就在达尔文进化论进退维谷的关键时刻，孟德尔颗粒遗传假说问世，这是对融合遗传的根本否定，它为现代进化论的发展奠定了坚实基础[36]。孟德尔是奥地利的神父兼学者，与达尔文为同时代人。他通过实验得出的两个遗传定律（分离定律和自由组合定律）已经广泛地写进各种生物学教材。20世纪20年代摩尔根提出了“连锁遗传定律”，这是对孟德尔第二定律的重要补充和发展。他基此创立了《基因论》，并因这一著名理论而荣膺诺贝尔奖。

此后，杜布赞斯基等一批著名学者将基因论、群体遗传学的基本原理与自然选择学说整合在一起，创立了新达尔文主义。接着，更为广泛的学科综合导致了现代达尔文主义或现代综合进化论的问世。这一当代主流学科的问世，孟德尔猜想功不可没。

3.8 木村资生猜想：分子中性演化及分子钟猜想

上述7个猜想都成型于19世纪。进入20世纪之后，思想界更为活跃。随着科学技术的快速发展，进化论不仅在生物学界催生了一些新猜想，而且还最终征服了长期固守还原论和稳态宇宙理念的物理学界，迎来了“宇宙大爆炸猜想”的诞生和成熟。宇宙并非稳态，它在不断演化。20世纪生物学最重大的发现是1953年沃森和克里克解密的DNA双螺旋结构。由此，基因获得了分子水平上的全新概念：基因实际上是DNA大分子中的一些片段，是控制生物性状的遗传物质的功能单位和结构单位。于是，随着分子生物学的快速发展，真正分子水平上的进化研究也开始启程；期间，数学工具发挥了更大的作用，进化论也更多地由“推理性”向“实证性”转轨。其中影响最大、最具代表性的成果是木村资生主要建立在数理统计学基础之上的分子中性演化学说（1968）及其与之密切相关的分子钟猜想。所谓“中性”演化是针对自然选择作用的对象或“原料”而言的：之所以说自然选择的“原料”基因突变大多呈“中性”，是由于它们并不影响遗传物质核酸和蛋白质的功能，因而对生物个体的生存既无害也无益，呈现所谓的“中性”；这些突变通过随机的遗传漂变（random drift）在种群中固定下来，并一代一代传递下去，于是，自然选择在分子层次上就无法发挥作用。换句话说，中性突变不能影响表型的变化，对生命体的生殖能力和生活能力都没有影响，因而自然选择对中性突变不起作用。这使得某些极端主义者甚至称该假说为“非达尔文主义”，历史再次给达尔文开了个玩笑？其实，即使在分子生物学出现之前，达尔文本人就认识到了中性突变的存在。他指出，无害也无利的变异不受自然选择的作用。综合进化论的主将杜布赞斯基也认为中性突变是存在的。但是，这两位大师都觉得中性突变为非主流变异，并不影响自然选择的总体效应。该假说还认为，生物的进化速率是由中性突变的速率所决定的，或者说是由遗传物质核苷酸和蛋白质构件氨基酸的置换速率所决定的；而这些速率对所有生物而言近乎恒定不变，恰如放射性同位素的恒速衰变一样。于是，基此便提出了与同位素测年原理相类似的分子钟猜想："生物的微观演化速率像时钟一样匀速而精准。"经过40多年的反复检验和激烈讨论，目前学术界已经认同了"中性进化"理论；而且，分子钟在许多古脊椎动物起源演化的测年应用上也得到了较好的验证（然而，也有实验结果显示，分子演替的速率并非一直绝对恒定）。另一方面，不少人也通过实验观察到，自然选择不仅是表型进化的主要驱动力，而且在分子水平上也能直接和间接地发挥作用。目前，探索仍在且将继续在分子发育进化生物学中进行下去。现在人们普遍认同的是，中性进化论不是对自然选择理论的否定，而是对后者的补充和发展。

3.9 真核生命树内共生成型猜想

在"实证性"进化生物学领域，科学猜想主要涉及"生命树"中大大小小的生命类群的起源和演化。无疑，其中最最重要的应该是关于真核生物的起源猜想和动物树起源成型的猜想。

相较于结构简单的细菌和古细菌那样的"原核生物"，包括植物、动物和真菌在内的真核生命则要复杂得多，它们不仅具有不一样的细胞核，而且还形成了真正的核膜，核外更兼有各种重要功能的细胞器（如线粒体和叶绿体）。由于已知最早的真核生物化石比最早的原核生物化石约晚10亿年，加上喜氧的真核生命无法存活于地球早期的极端还原性环境之中，所以学界的共识是，真核生命树应该源出于早期的原核生命。基此，1970年马古丽斯等人提出的"真核生命内共生起源"猜想得到了广泛的认同。该猜想又称为"内共生学说"（endosymbiotic theory），其要点是：某些原始厌氧原核细胞靠吞食别的较小原核生物为生，其间有时会发生某种奇特现象：被吞食者未被消化，而是与"寄主"友好共生，最终还成为寄主的某种细胞器，共同构成了一个新的高级生命体——真核细胞。尽管该假说或猜想尚不能完满地解释细胞核的形成，但总体上说，它已经得到分子生物学和发育生物学诸多证据的有力支持，因而被学术界广泛认同。

3.10 动物树三幕式爆发成型猜想（或三幕式寒武大爆发假说）

分子生物学和形态学都证实，在庞大的生命树中，动物界构成一个独立的演化谱系。而且，无论在分子层次，还是在细胞层次、器官构造层次和个体或各级群体层次，整个动物界（或动物树）的形成过程都明显表现出由简单到复杂、由低等到高等的演化阶段性（Nielsen，2001；舒德干，2005）。目前的共识是，动物界主要包括三个亚界，由低等到高等依次是以双胚层动物为主体的"基础动物"亚界，三胚层动物的原口动物亚界和包括脊椎动物的后口动物亚界。显然，合乎进化逻辑的推理是，这三个亚界在地史时期应该呈阶段性的三幕式成型。非常有意思的是，半个多世纪以来，古生物学对全球的约5.6亿年前的埃迪卡拉生物群、5.4亿年前的小壳生物群和5.2亿年前的澄江动物群的深入探索显示，从前寒武纪末至寒武纪早期约4千万年间先后集中发生了3次动物门类创新性爆发事件，分别完成了上述三个亚界的成型（舒德干，2008；舒德干等，2009）[37，38]。

值得强调的是，该学术猜想之所以得以形成，历时三十多年的澄江动物群研究做出了突出贡献：① 正当寒武纪大爆发与动物树形成关系的探索陷入找不到大爆发终点的尴尬境地之时，正是澄江动物群中完整的后口动物亚界"5+1"类群的发现和论证，明确界定了寒武纪大爆发的终点，使学术界清楚看到了寒武纪三幕式爆发对应完成了三个动物亚界成型的全过程。② 澄江动物群与我们人类远祖的早期器官起源紧密相关，因为她产出的最古老的脊椎动物"昆明鱼目"（包括昆明鱼、海口鱼、钟健鱼）十分接近、甚至有可能恰好是人类的远古祖先。我们人类今天之所以无所不能，主要得益于三大武器：智慧非凡的头颅和大脑，挺直腰杆的中央支撑轴——脊椎，提供不竭运动能源的驱动器——心脏。今天，我们欣喜地看到，这三大器官创造都能在老祖宗昆明鱼目那里找到自己对应的源头（舒德干等，1999，2003，2009a，2009b；舒德干，2003，2008）。此外，在澄江动物群中古生物学家还发现了比最古老“三分体型”（头—躯干—肛后尾）“天下第一鱼”昆明鱼目更为原始的无头无脊索的“二分体型”代表古虫动物门，不仅其后体具有肠道和肛门，而且其前体诞生了“第一鳃裂”，引发了影响深远的新陈代谢革命（舒德干等，*Nature*, 2001,2004）。2017年初，在比澄江动物群更古老约一千多万年的陕西宽川铺动物群，西北大学韩健等人成功发现了单一微球囊型“第一口”动物皱囊虫（直径约1毫米，具大口，尚无肛门），其形态解剖学特征显示，这个远古“夏娃”应该离学界期盼已久的始祖不远了（韩健等，*Nature*, 2017）。上述比始祖鸟重要得多的明星化石在国际上都引起了强烈反响和认同，它们将成为人们书写《人类的由来》升级版的关键实证。

总之，动物树三幕式爆发成型猜想（或三幕式寒武大爆发假说）的要点是：① 早期动物谱系树成型与地质、古生物学的化石记录构成了彼此耦合的三幕式爆发（如果划分得更精细些，也可构成四幕式或五幕式），两者吻合一致；大爆发共持续了约4千万年，并非短短的一两百万年。② 多幕式爆发是由量变到质变的常态，是渐变与突变交替的必然，也是远离平衡态的生命体系进行非线性自组织作用的自然演化的结果，无须假上帝之手。③ 寒武大爆发产生了两大效应：一是构建了地球上以“吞噬”作用为基本取食方式的“消费者”的形态学和生态学的多样性框架；二是标定了地球智慧生命（具头、脑、高效视觉）的始点，这将使得地球变得极不寻常；独特的社会文化（文明）演化使人类成为这一效应的幸运天使。

此外，20世纪中叶以来，与上述十大猜想相关或由它们引发出来的较为重要的猜想还有：① 关于生命起源的“RNA世界”猜想。由于它同时考虑了遗传信息分子核酸和生命功能分子蛋白质的起源，即所谓“鸡与蛋的共生起源”，因而比早期只关注蛋白质起源的“团聚体假说”（据奥巴林）和“微球粒假说”（据福克斯）在逻辑上更接近真理。② 沃兹等人构建的“生命全树”三分框架（细菌–古细菌–真核生物）猜想。③ 在生命全树里，还会分化出无数关于各级分类单元的起源猜想（如多细胞动物起源，双胚层动物起源，原口动物亚界起源，后口动物亚界起源，植物界起源，节肢动物门起源，脊椎动物起源，四足类起源，鸟类起源，灵长目起源等等，不一而足）。这些猜想现在有的已经开始被验证而成型，但更多的仍处于朦胧状态或探索之中，其理论成型和求证之旅仍有待时日。显然，即使这些生物类群的起源探索将来被越来越多的证据支撑而形成真正的甚至完美的科学猜想，但它们与真核生命树内共生成型猜想和动物树三幕式爆发成型猜想这样的“一级”猜想相较，充其量也只能算是“二级”猜想或“三级”猜想。④ 以杜布赞斯基为代表提出的“综合进化论”猜想，其本身并不包含实质性重大发现；它主要立足于对达尔文自然选择论和孟德尔主义的综合，因而又称为“现代达尔文主义”。目前，它仍是当代进化论的主流学派。该理论主张生物进化的单位是群体而不是个体，强调隔离在物种形成中的不可或缺性；它将自然选择细分为平衡性选择、正常化选择、定向选择和稳定性选择，这是对传统自然选择猜想的重要发展。⑤ “新灾变论”（据德国的辛德沃尔夫等）猜想。它与居维叶的灾变论的根本区别，在于它断然与神创论分道扬镳。该猜想已经得到越来越多的地史记录和多学科资料的证实，也成为当代地球科学的一个研究热点。正是这些地内和天外的重大灾难给旧有生态系统带来灭顶之灾，同时也给新生命界的诞生和发展开创了新天地。

4. 结语

进化论从初创至今已历经了整整两个世纪。应该说，从纯科学层面上看，其思想体系或框架的构建业已完成，今天留给我们的主要任务则是对猜想的求证、完善、修正和发展。具体地说，在上述10个猜想的求证道路上，进展仍不尽相同。有些猜想（如拉马克第一猜想、威尔斯–达尔文–华莱士猜想和孟德尔猜想）的证明已基本完成，甚至有人觉得这些猜想已经可以认同为“事实”。至于达尔文核心猜想，由于地史时期99%以上的物种没有留下任何化石印记，所以历史生命树的细节实际上将永远是个无法实证的谜。当然，科、目级以上的生命树的演替轮廓，会随着探索研究的深入日渐清晰地呈现在人们眼前。特别值得期待的是，随着分子生物学的迅速发展和生命树宏伟研究计划的持续推进，一个庞大的现代生命树终会迈向完善。然而，另一些猜想，如拉马克第二猜想、达尔文-艾/古猜想和布丰-达尔文猜想的求证之旅仍将十分漫长，有些也许永远无法达到终点，尽管我们正逐步接近理想中的终极目标。

我们更不能忘记，进化论既是一门科学，也是世俗文化系统的一个主体构件。在这里，它面临的宿敌神创论绝不会完全消亡，因为其主要载体——多种宗教将由于显而易见的原因长存于世俗社会。科学与宗教，两者很可能会长期相反相成。由于科学技术的快速进步，人类本身正不断弱化自然选择给自身的压力，并由纯粹生物学演化逐步转轨走向文化演化的特殊道路。此时，我们不仅需要威力无比的科技武器以满足自己无边的私欲，同时也必将离不开包括宗教在内的多种文化基因的陪伴。纯粹的冷酷的“自私基因”无法自立；基因既“自私”又“协作”，“利他”才是它的本质内涵；而人类和谐的文化社会永远是协作的大本营。我们千万要清醒，二百年来，进化论革命取得了重大进展，但远未取得决定性成功。革命的真正成功，不仅需要各门学科的科学家不懈的共同努力，还需要一大批开明的政治家和睿智的社会活动家长时期的通力协作；对此，我们虔诚地期待着，奋斗着。

参考文献

[1] BOWLER P. *Evolution: The History of an Idea*. the University of California Press. 1989.（鲍勒·J. 皮特. 进化思想史. 田洺译. 南昌：江西教育出版社，1999：1—450）

[2] 达尔文. 物种起源. 舒德干等译. 北京：北京大学出版社，2005：1—294.

[3] 吴庆余. 基础生命科学. 北京：高等教育出版社，2006：213—214.

[4] 李难. 进化生物学基础. 北京：高等教育出版社，2005：156—283.

[5] 朱洗. 生物的进化. 北京：科学出版社，1980：23—26.

[6] BIRD A. Perceptions of epigenetics. *Nature*，2007，447（7143）：396—8.

[7] REIK W. Stability and flexibility of epigenetic gene regulation in mammalian development. *Nature*，2007，447（7143）：425—32.

[8] 张昀. 生物进化. 北京：北京大学出版社，1998：1—220.

[9] SHU D G.. Cambrian Explosion：Birth of Tree of Animals. *Gondwana Research*，2008，14：219—240.（又见：舒德干，2009：再论寒武纪大爆发与动物树成型。古生物学报，48卷，130—143页）

[10] 舒德干.《物种起源》导读.（见达尔文《物种起源》）北京：北京大学出版社，2005：1—30.

[11] KNOLL A H，CARROLL S B. Early animal evolution：Emerging views from comparative biology and geology. Science，1999，284：2129—2137.

[12] 穆西南，古生物研究的新理论新假说。北京：科学出版社，1993.

[13] 达尔文. 人类的由来及性选择. 叶笃庄，杨习之译. 北京：科学出版社，1982：1—180.

[14] SHU D，ZHANG X L，CHEN L. Reinterpretation of *Yunnanozoon* as the earliest known hemichordate. *Nature*，1996a，380：428—430.

[15] SHU D，CONWAY MORRIS S，ZHANG X L. A Pikaia-like chordate from the Lower Cambrian of China. *Nature*，1996b，384：157—158.

[16] SHU D, CONWAY MORRIS S, ZHANG X, CHEN L, et al. A pipiscid-like fossil from the Lower Cambrian of South China. *Nature*, 1999a, 400: 746—749.

[17] SHU D, LUO H, CONWAY MORRIS S, ZHANG X L, HU S, CHEN L, HAN J, ZHU M, LI Y. Early Cambrian vertebrates from South China. *Nature*, 1999b, 402: 42—46.

[18] SHU D, CHEN L, HAN J, ZHANG X L. An early Cambrian tunicate from China. *Nature*, 2001a, 411: 472—473.

[19] SHU, D, CONWAY MORRIS S, HAN J, CHEN L, ZHANG X L, et al. Primitive deuterostomes from the Chengjiang Lagerstatte (Lower Cambrian, China). *Nature*, 2001b, 414: 419—424.

[20] SHU D, CONWAY MORRIS S, HAN J, ZHANG Z F, YASUI K, JANVIER P, CHEN L, et al. Head and backbone of the Early Cambrian vertebrate *Haikouichthys*. *Nature*, 2003, 421: 526—529.

[21] SHU D, CONWAY MORRIS S, ZHANG Z F, et al. A New Species of Yunnanozoan with Implications for Deuterostome Evolution. *Science*, 2003, 299: 1380—1384.

[22] 舒德干，脊椎动物实证起源，科学通报，48（6）：541—550；SHU, D-G., A paleontological perspective of vertebrate origin, Chinese Science Bulletin, 2003, 48（8）：725—735.

[23] SHU D, CONWAY MORRIS S. Response to Comment on "A New Species of Yunnanozoan with Implications for Deuterostome Evolution", *Science*, 2003, 300: 1372 and 1372d.（网上评述论文）

[24] SHU D, CONWAY MORRIS S, HAN J, ZHANG Z F, et al. Ancestral echinoderms from the Chengjiang deposits of China. *Nature*, 2004, 430: 422—428.

[25] SHU D, CONWAY MORRIS S, HAN J, et al. Lower Cambrian Vendobionts from China and Early Diploblast Evolution. *Science*, 2006, 312: 731—734.

[26] 舒德干，论古虫动物门，科学通报，2005，50（19）：2114—2126.；SHU D. On the Phylum Vetulicolia, 50（20）：2342—2354.

[27] SHU D G., CONWAY MORRIS S, ZHANG Z F, HAN J. The earliest history of the deuterostomes: the importance of the Chengjiang Fossil-Lagerstätte, Proceedings of Royal Society B, 2009,（in press and published online）.

[28] 舒德干. 澄江化石库中主要后口动物类群起源的初探. 见戎嘉余：生物的起源、辐射与多样性演变——华夏化石记录的启示. 合肥：中国科学技术大学出版社，2004：109—123，841—844.

[29] BENTON M. *Vertebrate Palaeontology*（Third Edition）. Blackwell Publishing, Oxford. 2005.

[30] DAWKINS R. *The Ancestor's Tale-A Pilgrimage to the Dawn of Life*. Weidenfeld & Nicolson, 2004: 528pp.

[31] CONWAY MORRIS S. *The Crucible of Creation: The Burgess Shale and the Rise of Animals*. Oxford University Press, 1998: 242pp.

[32] GEE H. On the vetulicolians. *Nature*, 2001, 414: 407—409.

[33] HALANYCH K M. The new view of animal phylogeny. Annual Reviews of Ecology and Evolutionary Systematics, 2004, 35: 229—256.

[34] JANVIER P. Catching the first fish. *Nature*, 1999, 402: 21—22.

[35] VALENTINE J W. *On the Origin of Phyla*. University of Chicago Press, Chicago. 2004: 14 pp.

[36] LOIS N MAGNER. *A History of The Life Sciences*. New York, 1979.（李难，崔极谦，王水平. 生命科学史. 天津：百花文艺出版社，2001：587—604）

[37] SHU D G. Cambrian Explosion: Birth of tree of animals, *Gondwana Research*, 2008, 14: 219—240.

[38] 舒德干，张兴亮，韩健，张志飞，刘建妮，再论寒武纪大爆发与动物树成型，古生物学报，2009，48（3）：414—427.

（原文2009年发表于《自然》杂志，本文有少量改动。）

译后记

Postscript of Chinese Version

1996年，罗马教皇约翰·保罗二世致函教廷科学院全体会议说：“（天主教的）信仰并不反对生物进化论”，“新知识使人们承认，进化论不仅仅是一种假设”，“事实上，由于各学科的一系列发现，这一理论已被科学家普遍接受”。至此，教廷事实上已经被迫放弃了“上帝创造世界和人类始祖”的信条。

舒德干在加拉帕戈斯群岛著名的“达尔文湖”。达尔文原以为它是淡水湖，后来才发现湖水苦咸，不堪下咽。

达尔文的进化论（Evolution，或译为演化论），一直被公认为19世纪自然科学三大发现之一。自科学启蒙以来的漫长历史进程中，始终贯穿着科学自然观与神创论的殊死斗争。神创论是人类社会早期蒙昧时代的必然产物，但是，随着社会生产力的发展，作为扼杀人类主观能动性、禁锢人类创新能力的一种思想体系，越来越成为阻碍社会健康发展和科学技术进步的绊脚石。19世纪科学思想异常活跃，催生了进化思想集大成者《物种起源》的诞生，她最终攻破了神创论一个最顽固的思想堡垒，其深远影响大大超出了生命科学本身，因而成为整个人类科学思想发展史上一块最伟大最辉煌的划时代里程碑。

欧洲14—16世纪的文艺复兴运动最伟大的效应之一，就是将人类首次带入前所未有的"科学实验时代"，从而导引出一系列重大的科学发现和思想突破。近代科学先驱哥白尼通过精心的科学观测和数学运算，于1543年发表了创世之作《天体运行论》，从而破天荒地推翻了古哲人亚里士多德的"地球中心论"，建立起科学的天文学，首次将神创论的一统天下撕开一道长长的裂口，从根基上动摇了上帝在自然科学领域里的精神统治地位。近半个世纪之后，伽利略用自制的望远镜发现了木星、土星的卫星以及金星的盈亏和太阳黑子等天文现象。他的《关于托勒密和哥白尼两大世界体系的对话》以及后来在宗教监狱中完成的《新科学对话》，不仅进一步支撑了哥白尼学说，而且成为后来牛顿提出力学三大定律的依据。1687年，牛顿的巨著《自然哲学之数学原理》问世，成为当时科学革命理论的顶峰。他那完整的力学体系，将过去人们认为互不相关的地上物体运动规律与天体运动规律概括进一个统一的理论体系之中。他"站在巨人肩膀上"，集先师之大成，完成了科学史上第一次大综合，即天、地宏观运动大综合。显然，至此在整个无机界的统一理论体系中，无法继续保留上帝的教席了。一个半世纪之后，英法天文学家运用牛顿的万有引力定律对天王星进行数学运算，结果推导出了海王星的存在。之后不久，人们果真发现了海王星。至此，牛顿学说取得了完全胜利。在数、理、化、天、地、生自然科学的金字塔体系中，位于塔尖的生命科学无疑最为复杂、最为玄妙。当18世纪科学自然观在无机科学界始占上风时，人类对有机界的认识仍然十分幼稚。于是，与神创论在无机界的失利形成鲜明对照的是，它在有机科学界的阵地仍固若金汤。

到了19世纪，由于细胞学说的问世，诚如恩格斯指出的，"有机的，即有生命的自然产物的研究，如比较解剖学、生理学和胚胎学才得到了稳固的基础"，从而大大激发了人们描述各种生命现象的热情，并由此引发学者们对更深层次哲学命题的思考。军人出身的法国博物学家拉马克于1809年第一个从真正科学的角度向"物种不变论"提出挑战，但终因论证不足而暂告失利。整整半个世纪之后，《物种起源》以极其丰富而确凿的事实和严谨的逻辑、巧妙的思辨，不仅论证了物种可变和生物进化，而且还提出了可信的进化机制。达尔文主义第一次从生物变异——自然选择——物种形成——生物演化——生命树的逻辑系列中成功地论证了生物与自然环境的对立统一，这也是继牛顿首次进行无机界运动大综合之后的又一次更高层次的科学大综合，即无机界与有机界运动的大综合。无疑，《物种起源》的问世，无可避免地引发了一场规模宏大、旷日持久的大论战。结果，除了抱残守缺的宗教界，进化论几乎赢得了整个世界。在经过了近一个半世纪的风雨历程之后的今天，进化论已构成整个自然科学体系的理论基础。它不仅被公认为“生命科学的核心和灵魂”，而且，其演化思想还引发了无机科学界的一场深刻革命。几百年来，无机科学界的领头科学物理学一直以“还原论”为其基本学术指导思想，坚持认为宇宙在时间和空间上的无限性，坚持“稳态宇宙观”，否定宇宙可能处于任何有始有终的演化进程之中，连最伟大的物理学家牛顿和爱因斯坦也不例外。正是在达尔文关于有机科学界这一演化理论的启发下，基于宇宙星系的光谱“红移”现象和宇宙背景值等一系列科学发现，宇宙有其始也必将有其终的“大爆炸”（Big Bang）演化理论也终于成为当代科学界的共识了。

更值得欣慰的是，近年来终于见到从梵蒂冈城堡里羞羞答答地伸出两面白旗。1992年10月，罗马教皇约翰·保罗二世宣布伽利略的《关于托勒密和哥白尼两大世界体系的对话》一书不再是“异端邪说”了，从而为这位蒙冤三个半世纪的意大利伟大科学家“正式平反”。1996年，在生物进化论日趋深入人心的大背景下，这位教皇不得不改变教会对达尔文主义的否定态度，他致函教廷科学院全体会议说：“（天主教的）信仰并不反对生物进化论”，“新知识使人们承认，进化论不仅仅是一种假设”，“事实上，由于各学科的一系列发现，这一理论已被科学家普遍接受”。至此，教廷事实上已经被迫放弃了“上帝创造世界和人类始祖”的信条。在伦敦威斯敏斯特大教堂（Westminster）与牛顿比肩长眠的达尔文，倘若在天有灵，听到今天罗马教皇的声音，已与1860年牛津主教威尔伯福斯无知卑劣的挑衅大相径庭，定当感慨万千。作为译者，我们有幸能将这样一部不朽巨著译成占总数四分之一的人类使用的汉语，切盼他山之石，可以攻玉，顿觉平添了几分荣幸和自豪。

在《物种起源》面世12年后，达尔文又发表了他的又一力作《人种的起源》（或《人类的由来》），向神创论发起了更尖锐的挑战。在那个时代，尽管他凭借广博的学识使人们开始相信，人类很可能源自低等动物，但他切盼后继者能为这一科学猜想提供越来越多的由低等动物演化到人类的真实历史证据。尤其是远祖们创造基础代谢器官的化石证据。幸运的是，近年来我国学者对澄江化石宝库深入探索，已经发现了这一历史进程中那些最重大进化创新事件的可靠化石证据（请见附件《进化论中的重要猜想及其求证》）。在科学界，2009年是达尔文年，既是他的200周年诞辰，也是《物种起源》首发150周年。此时此刻，这些动物演化史上里程碑事件的发现，应该是对这位伟大科学思想家的最好纪念。

本译稿初版时，由于时间较紧，我们只好先共同拟定译稿体例和通则，然后分头完成。译序、导读和书后的两个附件由舒德干执笔。译文部分分工如下：引言、绪论和第1章：舒德干；第2、3、4章：陈锷；第5章：尹凤娟；第6、7、8、9章：蒙世杰；第10、11、12、13章：陈苓；第14章：邱树玉；第15章：华洪。全书由舒德干统校。译校时，我们还参阅了我国20世纪50年代以后出版的几个译本。那时，我们希望自己的译本能在译文的准确性和语言文字的现代化上有所改进。本书根据美国纽约现代图书出版社1936年的《物种起源与人类起源》第一版的前半部分译出。

2005年版本由舒德干再次统一审校（蒙世杰参加部分工作），对译文、导读和附件共修改、增删1400多处。衷心感谢热心读者的垂爱，使我们这个版本重印了20余次。在达尔文这部宏著面世150周年之际，我不敢懈怠，再次认真地对全书进行了校改，增删修改约两千余处，希望能在满足读者和编辑先生对译文"信、达、雅"的要求上有进一步改善。

在2018年新的彩图珍藏版修订中，陈静编辑花费了大量精力在国内外收集到许多与原著内容相关的图件和珍贵照片，这使得图文相得益彰，给译本增色不少；也使得全书更加生动有趣，读起来轻松愉快。真诚地感谢她的辛勤付出！今年是《物种起源》出版面世160周年，我再次对《导读》和《进化论的十大猜想》两部分进行了少量修改。

达尔文当年曾"为了消遣"，在阅读马尔萨斯的《人口论》时顿开茅塞，终于悟出了万物共祖的生命树和自然选择学说。我真诚地希望，达尔文先生这本书能像一盘可口的点心，也成为您闲暇时的消遣品，不仅好吃，而且有益于身心健康。祝福您！

舒德干

记于西北大学早期生命研究所

写于2009年11月，改于2018年3月，

再次改于2019年6月

舒德干院士一席演讲：5亿年前的人类远祖（视频版）

舒德干院士一席演讲：5亿年前的人类远祖（音频版·上）

舒德干院士一席演讲：5亿年前的人类远祖（音频版·下）

致　谢

本书的配图工作，得到了很多专家学者的帮助和鼓励。他们有的提供创作思路或线索，有的发来科考路上得来的珍贵照片，有的应邀拍摄相关物种，有的对配图进行审读并提出专业的修改意见……所有的帮助和鼓励都很重要，我们特别列在这里，一并表示诚挚的谢意。

舒德干（西北大学教授，中国科学院院士）
周忠和（中科院古脊椎动物与古人类研究所研究员，中国科学院院士）
何　鑫（上海自然博物馆自然史研究中心助理研究员，生态学博士）
刘　冰（中科院北京植物所助理研究员，植物学博士）
吴海峰（北京林业大学自然保护区学院）
高登义（中科院大气物理所研究员）
庞　虹（中山大学教授，中山大学昆虫博物馆馆长）
王直华（科普作家，高级编辑）
郭　耕（北京麋鹿生态实验中心副主任兼科普部主任）
谢伟亮（自由摄影师）
程美蓉（西北大学早期生命研究所）
傅　强（《生物进化》主编）
朱　磊（科普作家，鸟类学博士）
李北巍（自由摄影师）
马丽娟（澳门科技大学副教授）
边　缘（自由摄影师）

科学元典丛书

1	天体运行论	[波兰]哥白尼
2	关于托勒密和哥白尼两大世界体系的对话	[意]伽利略
3	心血运动论	[英]威廉·哈维
4	薛定谔讲演录	[奥地利]薛定谔
5	自然哲学之数学原理	[英]牛顿
6	牛顿光学	[英]牛顿
7	惠更斯光论（附《惠更斯评传》）	[荷兰]惠更斯
8	怀疑的化学家	[英]波义耳
9	化学哲学新体系	[英]道尔顿
10	控制论	[美]维纳
11	海陆的起源	[德]魏格纳
12	物种起源（增订版）	[英]达尔文
13	热的解析理论	[法]傅立叶
14	化学基础论	[法]拉瓦锡
15	笛卡儿几何	[法]笛卡儿
16	狭义与广义相对论浅说	[美]爱因斯坦
17	人类在自然界的位置（全译本）	[英]赫胥黎
18	基因论	[美]摩尔根
19	进化论与伦理学(全译本)(附《天演论》)	[英]赫胥黎
20	从存在到演化	[比利时]普里戈金
21	地质学原理	[英]莱伊尔
22	人类的由来及性选择	[英]达尔文
23	希尔伯特几何基础	[德]希尔伯特
24	人类和动物的表情	[英]达尔文
25	条件反射：动物高级神经活动	[俄]巴甫洛夫
26	电磁通论	[英]麦克斯韦
27	居里夫人文选	[法]玛丽·居里
28	计算机与人脑	[美]冯·诺伊曼
29	人有人的用处——控制论与社会	[美]维纳
30	李比希文选	[德]李比希
31	世界的和谐	[德]开普勒
32	遗传学经典文选	[奥地利]孟德尔 等
33	德布罗意文选	[法]德布罗意
34	行为主义	[美]华生
35	人类与动物心理学讲义	[德]冯特
36	心理学原理	[美]詹姆斯
37	大脑两半球机能讲义	[俄]巴甫洛夫
38	相对论的意义：爱因斯坦在普林斯顿大学的演讲	[美]爱因斯坦
39	关于两门新科学的对谈	[意]伽利略
40	玻尔讲演录	[丹麦]玻尔
41	动物和植物在家养下的变异	[英]达尔文

42 攀援植物的运动和习性 [英] 达尔文
43 食虫植物 [英] 达尔文
44 宇宙发展史概论 [德] 康德
45 兰科植物的受精 [英] 达尔文
46 星云世界 [美] 哈勃
47 费米讲演录 [美] 费米
48 宇宙体系 [英] 牛顿
49 对称 [德] 外尔
50 植物的运动本领 [英] 达尔文
51 博弈论与经济行为(60周年纪念版) [美] 冯·诺伊曼 摩根斯坦
52 生命是什么(附《我的世界观》) [奥地利] 薛定谔
53 同种植物的不同花型 [英] 达尔文
54 生命的奇迹 [德] 海克尔
55 阿基米德经典著作集 [古希腊] 阿基米德
56 性心理学、性教育与性道德 [英] 霭理士
57 宇宙之谜 [德] 海克尔
58 植物界异花和自花受精的效果 [英] 达尔文
59 盖伦经典著作选 [古罗马] 盖伦
60 超穷数理论基础(茹尔丹 齐民友 注释) [德] 康托
61 宇宙(第一卷) [德] 亚历山大·洪堡
62 圆锥曲线论 [古希腊] 阿波罗尼奥斯
化学键的本质 [美] 鲍林

科学元典丛书(彩图珍藏版)

自然哲学之数学原理(彩图珍藏版) [英] 牛顿
物种起源(彩图珍藏版)(附《进化论的十大猜想》) [英] 达尔文
狭义与广义相对论浅说(彩图珍藏版) [美] 爱因斯坦
关于两门新科学的对话(彩图珍藏版) [意] 伽利略
海陆的起源(彩图珍藏版) [德] 魏格纳

科学元典丛书(学生版)

1 天体运行论(学生版) [波兰] 哥白尼
2 关于两门新科学的对话(学生版) [意] 伽利略
3 笛卡儿几何(学生版) [法] 笛卡儿
4 自然哲学之数学原理(学生版) [英] 牛顿
5 化学基础论(学生版) [法] 拉瓦锡
6 物种起源(学生版) [英] 达尔文
7 基因论(学生版) [美] 摩尔根
8 居里夫人文选(学生版) [法] 玛丽·居里
9 狭义与广义相对论浅说(学生版) [美] 爱因斯坦
10 海陆的起源(学生版) [德] 魏格纳
11 生命是什么(学生版) [奥地利] 薛定谔
12 化学键的本质(学生版) [美] 鲍林
13 计算机与人脑(学生版) [美] 冯·诺伊曼
14 从存在到演化(学生版) [比利时] 普里戈金
15 九章算术(学生版) (汉)张苍 耿寿昌
16 几何原本(学生版) [古希腊] 欧几里得